生產與服務作業管理

林豐隆◎著

Production and Operations Management
—Manufacturing and Services

序

在鳳凰花開，蟬聲四起的炎炎夏日之中，結束了那段揮汗動筆的作業，為自己留下從事企業管理工作四十年及教學十年的紀念品，終於達成了，心中無比的高興與感觸。

回憶剛從海軍陸戰隊退伍，很快投入職場，進入台塑公司的大家庭，開始與生產作業管理結緣。雖然學校只學過工時學（工業工程的前身），但也派上用場，從事機械設計、製造、安裝、試車及維持一系列漫長而艱辛的訓練及歷練、奠下實務的基礎。此時，適逢台灣經濟起飛的階段，公司上下體驗資金及技術的不足，發揮克難的精神，為製造紙漿的抄漿機械大型齒輪搬上牛頭刨床在劃線上及日夜趕工聲中一刮又一刨的作業中完成；搬運台灣第一部3000kw火力發電機安裝過程，採用大型滑車，根據學理來搬運與安裝；自行設計台灣第一套自製紡紗機廠的空調系統及多次參與擴建工程，感謝蔣華樂先生的提攜及諸多前輩的指導，在磨練中成長。

為了圓一個自己對車輛工業的夢想，投入汽車工業的行業，一切從無到有，從頭開始，從一人開始的單槍匹馬到一個年青的團隊，灌注多少的心血培養成台灣新一代的工業人，只有從過去的體驗、國外彙集的資料及對汽車的熱愛去摸索、學習、前進；經歷自己設計輕型及重型鋼架結構新式廠房及水處理系統，引進歐日先進的精密機械，開創機械工業技術合作，採用台灣第一套FMC的使用及第一個應用JIT生產模式於台灣汽車工廠，並分別建立機械加工廠、鑄造廠、零件加工廠、汽車廠及行政支援單位擴建工程處及工業工程處的制度、規章、流程及表單，使每個人有所依循。

有幸參與大葉工學院的籌備工作，一草一木、一磚一瓦皆在詳細的規劃中完成，經歷颱風侵襲及921地震均安然無恙，證明在精密的設計及踏實的監工下定能生產出完美的成品。經歷進修的階段，融合理論與實務投入教職，並輔導中小企業經營管理近百家。有感於企業欠缺管理人才，而學校中的生產作業管理的課程偏重於理論部分內容欠缺時代的脈動，年青學子畢業後加入產業行列，欠缺資料參考，無從發揮。因而興起撰寫一本專書較符合

　　時代需求的生產作業管理，增添服務業作業、新科技、新資訊及相關新的管理方法，更兼加入實例可為參考，使讀者能更有正確的認識及應用。

　　本書各主題的撰寫，主要建立在四個架構上，計有：

1. 生產與服務作業管理是企業管理的重要領域之一。任何一個組織不管是製造業或服務業，它的業務一定會牽涉到服務作業，過去只有從事製造業的人，才需要這個領域的知識，現在服務業盛行，更需瞭解作業管理的重要理念及方法，否則根本無法提昇組織競爭力。故在本書各篇儘可能提示服務業的重點及差異，以引起讀者的重視。

2. 現今的作業我們有機會接觸新的科技、新的資訊（如自動化、資訊化、環境保護、成本管理、供應鏈管理、顧客關係管理……等嶄新的議題），生產與服務作業已無法置身度外。因此，除了專篇介紹外，更在相關章節提出討論，以免成為生產與服務作業外之課題。

3. 生產與作業管理是各種理論與方法的應用，所以實務的經驗是課程的重要關鍵，如何配合運用，是一門大學問，特將國內外企業發生的實例，詳述其過程及作業內容，以備就業的青年學子，在職場上都可參考運用其辦法、流程、作業及表單，使理論與實務印證，以增加工作的信心。

4. 企業管理的活動一般皆採用PDCA管理循環的方法來推動。本書撰寫亦依計畫、執行、查核及修正四階段分別討論製造及服務作業，並加入科技、新管理及實務操作，尤重於其定義、作業步驟及其作業細節，以期博得讀者的注意，自行閱讀、融入，可自我調整，開創新路徑。

　　全書共計十一章，第一章說明生產與服務作業的概念，第二章探討企業基本設施，第三章準備企業基本作業，第四章開創新局的研究開發，第五章至第十一章採用PDCA的方式撰寫，分為四階段，並加入實務操作及現代科技與管理的作法，尤重於其定義、作業的程序及其作業細節，使讀者具有正確的看法及想法。

　　作者將多年在業界服務的問題、作法、工作經驗及教學方法，撰寫成書付梓，以期對產業界的轉型、升級及國際化略盡一份心力，更對國家經濟發展中管理人才的培養有所助益。唯在時間壓力下倉促成書，疏漏或嚴謹度不足在所難免，尚祈諸位前輩、先進不吝指正。本書得以成，深深感謝八十八

高齡家母堅持老人大學上課的精神激勵及內子簡秀眞小姐默默的支持，得力
於吳松齡老師協助提供資料，大葉大學創新育成中心張月蘭小姐的校稿、劉
雅琪小姐辛勞的繕打及繪製圖表的協助，並承揚智文化對企業管理領域的付
出及編輯部同仁的支持，在此一併誌謝。

林豐隆　謹識

概念

❖緒論

❖生產與服務作業組織

❖生產與服務作業策略

緒論

✖ 管理功能與企業功能

✦ 企業管理矩陣觀點

在市場機制下的企業經營活動，只有憑藉著價值創造才能滿足消費者。而在企業經營活動中更交織不同的企業功能（business functions）與不同的管理功能（management functions）（圖1-1）。

1. 企業功能：係指企業創造產品或提供服務時，所需安排的功能性活動，包括：行銷、生產與作業、研究發展、人力資源、財務等，這些活動，能有效地幫助企業將各項投入要素轉換為消費者所需要的產品或服務，以創造企業的經營價值。

2. 管理功能：指企業為充分運用各項資源，創造經營價值，以達成企業目標的管理性活動，包括：規劃、組織、用人、領導、控制等。企業各項活動的展開，都需要配合相對應的管理功能活動，才能充分發揮效率，提高企業經營功能。

✦ 管理循環

企業為達到其經營的目標，必須經由各項管理功能，但並非隨興即至、雜亂無章，通常都可在其中發現某種規律，也就是管理循環（management

項目		管理功能				
		規劃	組織	用人	領導	控制
企業功能	生產／作業	生產與作業管理				
	行銷	行銷管理				
	人力資源	人力資源管理				
	研究發展	研究發展管理				
	財務	財務管理				

圖1-1　企業管理矩陣

cycle）。管理循環，乃就管理的內容加以動態的觀察而獲致的觀念。也就是管理自計畫開始，而又回到計畫的循環活動。一般企業大部分主管採用戴明之輪（Deming's wheel或日本式管理循環圖1-2）來運用，闡釋如下：（張志育，1998）。

圖1-2 日本式管理循環圖

1. 計畫（Plan）：擬定長期組織目標，而形成特定區域的目標，建立部門目標，再設立個人工作目標，擬定行動計畫。
2. 執行（Do）：執行各項行動、計畫作業及活動。
3. 查核（Check）：檢討各層次目標、計畫執行進度並與目標比較。
4. 修正（Action）：經由各項評估整體績效，增強員工行為、加強員工激勵及修正目標或計畫。

執行管理的過程未達成各管理功能負責的目的（經營方針目標）而加以控制的工作即為管理而必須以下列項目之有效運用來締造效果。

1. 人（人才）。
2. 物（設備機器、物料、資訊數據）。
3. 錢（資金）。
4. 時間。

✦ 生產作業管理與組織其他功能的關係

不論企業的本質為何？有能力生產社會需要的產品或服務，而為企業生存的要件，而此一能力則有賴基本活動循環運作及生產（圖1-3）。企業須先累積資本以獲得生產所需的各項生產要素；其次，即將生產要素轉換或產品或服務；接著經由行銷活動，將產品或服務再度轉化成資金。最後，這些資金再投入獲取更多的生產要素，如此反覆循環不已使組織得以永續經營。

企業經營的循環活動，必須依賴人員來推動，同時也需要不斷地進行研究發展，使得財務、生產／作業及行銷三方面都能創新、進步，唯有如此，組織才能生存。

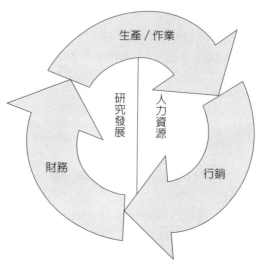

圖1-3 組織基本活動循環圖

✦作業管理的重要性

　　企業中任何企業功能發生問題或有弱點均影響到其他功能的運作。是故，作業管理有其重要性，其理由為：（Chase & Aquilano, 1996）

　1.國內及國際的市場競爭激烈，為求能在全球市場保持競爭力，必須生產高品質且有價格競爭力的產品（服務），是作業管理的基本任務。

　2.新的作業技術和管制系統已明顯影響公司的經營，並主導企業努力的方向。不論企業具有何種的專長，作業管理的專業知識影響經營決策。

　3.作業管理不論服務業或製造業的公司，皆同樣重要，大多數企業皆依賴良好的作業管理邁向成功之路。

　4.作業與服務的品質常是顧客區別一家公司優劣唯一因素，亦是購買商品或服務的重要理由。因此，作業管理的觀念和方法，是企業管理者所關注的課題。

　5.作業管理範圍廣泛，為此，作業管理的擔綱者是企業經營的重要幹部，它必須具備廣博的知識並且善用其技術與工具，使之運作順利。

⚒ 生產作業系統

✦ 製造、生產、服務與作業的意義

我們常被生產作業相關名詞所混淆或交替使用，但事實上其意義及內容有所不同。

1.製造（Manufacturing）

改變物品的物理或化學性質或是組合數種零組件而成為一種產品的過程。其相關作業包括：製造程序、製造方法、製造步驟等。（李友錚，2003）

2.生產（Production）

（1）狹義：為適應使用者的要求或市場的期待，而投入材料，並經人為的處理而加以變形或變質以產生製品的過程及活動。（陳文哲等，1991）活動包括：採購、存貨管理、品管、排程等。也就是生產所需的資源組合或投入因素後，轉換變成產品或勞務輸出。

（2）廣義：生產可分為產品導向（製造、裝配作業）及服務導向（健康、保健、運輸、餐飲、零售），不僅只是生產產品的生產，亦包括服務也是一種產品。也可說是任何改變形體、地點、時間及所有權而能提高效用（滿足需求）的活動。

3.服務（Service）

用以直接銷售或配合貨品銷售所提供的各種活動，利益與滿足。也就是服務提供者提供其技術、專業、知識、資訊、設施、時間或空間給顧客，以期為顧客辦理某些事情、解決某些問題或娛樂顧客、服侍顧客，讓顧客心情愉悅、身心舒暢等。（楊錦洲，2002）

4.作業（Operations）

企業活動中除管理以外的一切活動。企業營運可包括由生產開始，直到貨品交給顧客為止間的活動。其範圍比生產更大，它除了包括生產有形的產品之外，亦包括提供無形的服務。它可說廣義的生產，適用於製造業及服務業。

5.管理（Management）

為達到組織的目標，採用有效的、有效率的方式，藉由規劃、組織、用人、領導及控制組織的資源。（Daft, 1988）也就是說，經由人把事情做好的各項活動。

6. 生產管理（Production Management, PM）

為處理有關生產過程的決策，並期求以最低的成本，依照規定，適時提供適量的產品與服務。生產管理一般涉及生產系統的設計及控制兩個領域。（圖1-4及圖1-5）（Buffa, 1963）也可說就是將生產系統（投入——轉換——產出）加以計畫執行及控制，使生產效率提高的系列活動。

7. 作業管理（Operations Management, OM）

執行轉換的過程，將人力、資本、材料投入而產出產品及服務。管理創造商品或服務的流程系統，其包括：預測、產能規劃、排程、存貨管理、品質保證、激勵員工、設廠地點的決策以及其他更多的活動。（Hanna & Newman, 2001）。

由上述定義可知各種定義的範圍（圖1-6），過去較常用於製造業的生產管理，現今而作業管理包含生產及服務，範圍較大。

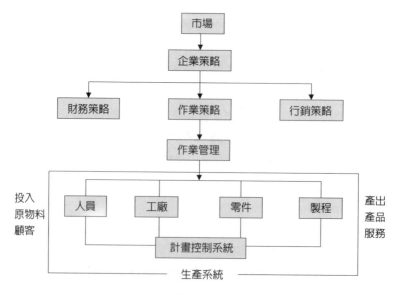

圖1-4 生產作業管理領域的簡要模式

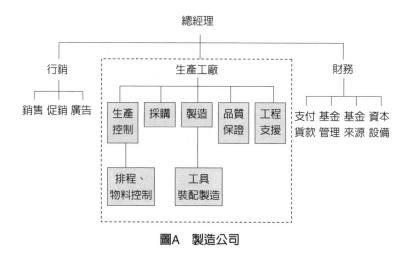

圖A　製造公司

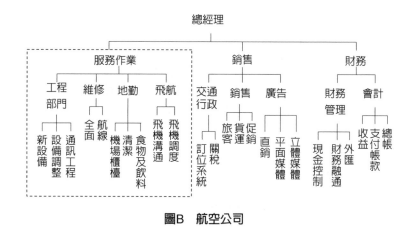

圖B　航空公司

圖1-5　生產作業管理在組織層級中的地位

作業系統

1.架構

（1）製造業：作業系統（operations system）係指從生產要素的投入，經由轉換過程，產出產品或服務的整個過程而言。而作業系統（圖1-7）包括：投入、轉換、產出管制及回饋等部分。產出價值與投入價值間的差就是附加價值。

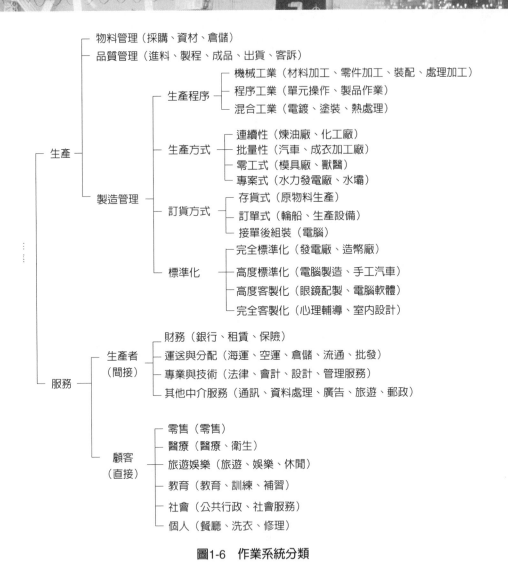

圖1-6 作業系統分類

　　作業系統的例子，不勝枚舉（表1-1），而轉換方式有許多方式，待後詳加說明。

（2）服務業：服務作業系統（圖1-8）與製造作業系統比較，前者包括更多「人」及「無形」因素的考量及顧客參與的影響，故服務作業系統的設計與管理較為複雜。

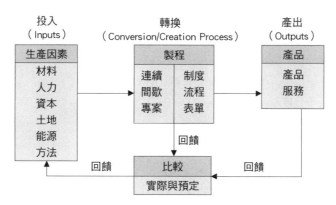

圖1-7　生產作業系統

表1-1　投入／產出實例說明

系統	投入	組成分子	轉換	產出	回饋與控制
汽車／機車裝配廠（製造業）	鋼板、引擎、零組件	模具、冶具、夾具、生產設備、人工	焊接、塗裝、裝配、測試	高性能及品質汽車／機車	人工成本、生產數量、產品品質
汽車／機車修護廠（服務業）	維修車輛	維修檢測、儀器、設備、人工	檢測、維修、更換零組件	維修廠信用	車輛性能、消費者安心
大學（服務業）	高中、高職畢業生	教師、書籍、教室、設備、儀器	教授知識和技能、測試、實作	社會有用之人才或研究成果	學生的素質、社會的評語、企業服務的貢獻
醫院（服務業）	病人	主治醫師、護士、醫療補給品、設備	醫療保健（手術、藥物、管理、診療）	健康的人、醫學研究報告	藥物反應、手術併發症、醫院口碑
農場（製造業）	種子、肥料	土地、設備、人力	插種、噴灑、收割	水果、蔬菜、稻米	每公頃產量、產品品質等級

2.附加價值

（1）製造業：增加附加價值的生產，也就是使外部顧客更容易使用我們的產品，其方法為：（Hanna & Newman, 2001）

　　a. 變化：以物理方式改變投入材料的形狀。

　　b. 運輸：運輸材料或顧客需求的所在。

　　c. 儲存與配送：儲存材料、產品符合顧客所需，並依配送要求辦

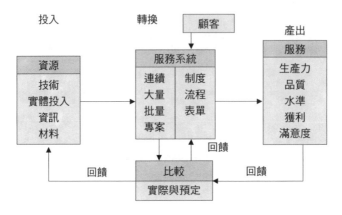

圖1-8　服務作業系統

理。

d. 檢驗：藉層級、比較或證實有些已定特性的標準或規範，確保其品質。

e. 交換：將良好的設施轉變成產品或服務。

f. 資訊：移轉或傳播有價值的資訊。

g. 生理：產品的功能能改善顧客生理或精神狀態。

(2) 服務業：增加附加功能的服務，簡單地說就是使外部顧客更易於使用我們的產品，或使內部顧客因為我們的服務，而更易於發揮他們特殊的功能，其方法為：（Chase, Aquilauo & Jacobs, 1999）

a. 資訊（information）：資訊是指能對產品性能，製造過程中的參考指標、成本資料給內部的團體及外部顧客，而使應用這些數據的人能據此以改善他們的管理方式和產品（品管部門提供產品測試資料給銷售人員和服務人員），發揮資訊價值。

b. 解決問題（problem solving）：幫助內部或外部顧客解決問題，特別是品質問題（現場主管和銷售人員一起拜訪客戶品質難題共思解決方案）。造就機會成本價值。

c. 銷售支援（sales support）：依靠展示公司所欲出售的科技、設備或生產系統，由現場人員實際操作或使用來強化行銷能力，使顧客具有感受價值。

d. 現場支援（field support）：對於公司有缺點的零件或缺貨的產

品，可以很快支援克服難處，更加速零件或生產即時補貨的作業，而得到作業價值。

由於增加附加價值的服務，使公司具有效益：

a. 使公司與競爭者區隔出差異化服務，而不易模仿。

b. 創造出顧客和組織的緊密關係，將現場員工與顧客建立良好的互動。

✦ 作業系統的分類

不同的作業系統，其管理重點亦不相同。一般可分為：

1.生產程序（陳文哲等，1991）

（1）機械工業

　　a.材料加工

　　　a）材料二次加工：壓延、拉伸、擠壓、彎曲（板材、管線）。

　　　b）粗形材料：鍛造、鑄造。

　　b.零件加工

　　　a）切削：可分為一般加工（車床、銑床、鑽床等如圖1-9）及特殊加工（滾齒、磨齒、搪孔、車螺紋）。

　　　b）塑形加工：可分為沖壓（沖孔、沖彎、成形）鈑金及切斷（鋸床、焊斷、剪床、線割）。

　　c.裝配

　　　a）接著：分為焊接（瓦斯、電弧）及焊錫。

　　　b）結合：分為自由式（螺釘、固定銷）及固定式（崁壓）。

　　d.處理

　　　a）表面處理（塗裝、電鍍、防鏽）。

　　　b）熱處理（淬火、退火、滲碳）。

（2）程序工業

　　a.基本作業：本體生產所需的作業由搬運（容器、輸送帶、配管等）、粉碎、篩選、混合、溶解、分散、過濾、加熱、冷卻、乾燥、蒸發、加壓、減壓、脫水、遠心分離等單元作業所形成稱為單元操作（unit operation）。

　　b.製品作業：程序工業的產品多為粉末或液體狀，因此，在最終

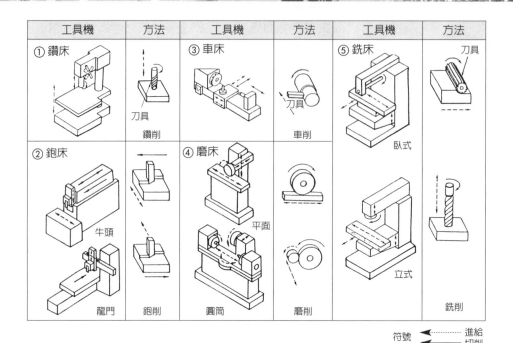

工具機	方法	工具機	方法	工具機	方法
① 鑽床	鑽削	③ 車床	車削	⑤ 銑床 臥式	銑削
② 鉋床 牛頭 龍門	鉋削	④ 磨床 平面 圓筒	磨削	立式	

符號 ┈┈┈◀ 進給
　　　 ━━━◀ 切削

圖1-9　機械工業生產程序

製程需要把製品裝入容器，此作業以人工、半自動、自動方式
為主，可分為：

a）準備容器（清洗、準備等）。

b）裝填、秤量（重量、容積等）。

c）包裝、捆包（裝蓋、裝箱、包裝等）。

c.其他工業：某些產品的生產介於機械與程序工業之間或混合型
態，例如，橡膠、皮革、工具機等產品皆有之。

2.製程生產方式的作業流程

作業流程可分為：（**圖1-10**）（賴士葆，1995）

（1）直線式流程：這種流程效率高，但較不具彈性，適用於產品（服
務）標準化程度高，且需求量大的情況下。它又可區分為：

a.連續性生產流程：具有產品標準化、分工細、設備保養複雜及
24小時持續運作等特性，適用於鋼鐵、石油、塑膠工業等，從
進料到成品採順序連續性方式生產。

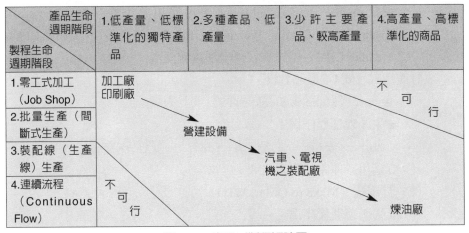

	1.低產量、低標準化的獨特產品	2.多種產品、低產量	3.少許主要產品、較高產量	4.高產量、高標準化的商品
1.零工式加工（Job Shop）	加工廠印刷廠			不可行
2.批量生產（間斷式生產）		營建設備		
3.裝配線（生產線）生產			汽車、電視機之裝配廠	
4.連續流程（Continuous Flow）	不可行			煉油廠

圖1-10　產品／製程矩陣圖

b.大量生產（mass production）：具有生產規格種類繁多，使用物料需求計畫的特性，適用於電子、汽車、家電等生產裝配為幾種標準化之項目，並在一定的時段內從事大量生產，通常擁有高度專業化的生產系統。

（2）間歇式（intermittent）流程：將相同或類似機器設備與具備操作這些設備技能的員工予以彙集在一起，而成為一個工作站或工作中心（work center），當產品需要利用此一工作中心時，則運送至該中心進行加工或相關的工作。具有效率較低，但頗具彈性；此外，由於此類產品數量都不甚大（與大量生產比較），而係以批量（batch）的方式生產，亦稱批量式生產流程，適用於馬達製造工廠。

（3）零工式（job shop）流程：具有設備不易移動、少量生產、生產線不易平衡、生產進度難掌握及品質不易控制等特性，適用於小型零組件加工廠、修護廠、印刷廠、理髮店等，通常適合處理具有多樣性過程需求的低產量項目，故產品依客戶的規格少量生產。嚴格說來亦屬於間歇式生產。

（4）專案式（project）流程：具有集中裝配、生產時間長、進度控制困難等特性，適用於建築水壩、造船工業、高速鐵公路等建設專案，新產品之開發及推展、規劃等生產系統，須整合不同部門資

源的複雜系統之獨特性工作，可應用計畫評核術（Program Evaluation & Review Techniclne, PERT）或要徑法（Critical Path Method, CPM）的特殊技術來加以處理。

3.訂貨方式（表1-2及圖1-11）

(1) 存貨式（Make to Stock, MTS）或計畫式

a.生產管理程序為：

設計 → 安排 → 生產作業 → 庫存 → 受訂 → 交貨

b.適用於原物料大量生產。

(2) 訂單式（Make to Order, MTO）

a.生產管理程序為：

受訂 → 設計 → 安排 → 生產作業 → 交貨

b.適用於多樣少量或規格不一樣的產品，諸如輪船或生產設備等。

(3) 接單後組裝生產（Assemble to Order, ATO）：先以存貨製造完成半成品，等待顧客訂單或規格確認後，才開始進行最後的裝配工作。兼採存貨式生產速度上較快的優點與訂單式生產在存貨上較低的優點。一般適用於電腦業。

4.標準化（李友錚，2003）

(1) 完全標準化：完全標準化的作業，產出完全一致性的產品與服務。

表1-2　存貨與訂單生產比較表

項目	存貨	訂單
機器	專門性、可自動化	一般（泛用）性、不易自動化
員工	生產技術不高	須較高技術
布置	按照流程，須注意各工作站間的平衡	按照機器類別而布置，須注意機器間負荷的平衡
物料	存貨少；在製品移動快	在製品及材料移動慢，等待時間長、成本高
生產依據	銷售預測來規劃生產	依據客戶訂單從事生產
工作重點	生產什麼賣什麼	賣什麼則生產什麼
製造產品	投入、產出、步驟及操作順序皆以標準化	依照訂單要求的規格來生產，製造順序、步驟、方法、投入都不相同
優點	快速出貨、高度標準化產品、品質穩定	存貨較低、生產具有彈性、配合顧客需求

1.存貨生產方式的初次生產

```
┌─────────┐      ┌─────────┐
│ 產品設計 │─────▶│ 生產計畫 │
└─────────┘      └─────────┘
                      │
                      ▼
                 ┌─────────┐
                 │ 工程分析 │
                 └─────────┘
                      │
      ┌───────────────┴───────────────┐
      ▼                                ▼
┌─────────┐      ┌─────────┐
│ 進度安排 │◀─────│ 物料管制 │
└─────────┘      └─────────┘
      │
      ▼
┌─────────┐
│ 派　工 │
└─────────┘
      │
      ▼
┌─────────┐
│ 進度追查 │
└─────────┘
```

2.存貨生產方式的非初次生產

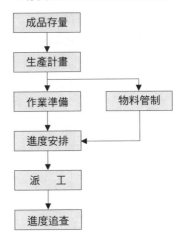

3.訂單生產方式的初次生產

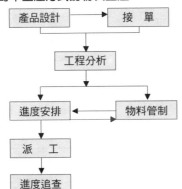

4.訂單生產方式的非初次生產

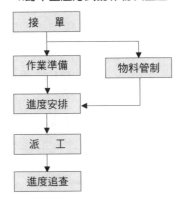

圖1-11 存貨與訂單生產管制順序

（2）高度標準化：即產出的產品或服務，具有高度一致性，但會配合顧客要求做小幅度的客製化生產。

（3）高度客製化：作業系統的產出，標準化程度更低，一般只有少部分標準產品或服務，大部分產出皆由顧客另行指定。

（4）完全客製化：產品不具一致性，只有在顧客需求決定後，才進行規劃。

5.產業別

　製造業與服務業在理論上是可區隔的（圖1-12及表1-3），但在實務上，由於製造業與服務業之間的交流與學習，使得許多企業已具備了其他行業的特色，而難以明確的區分為製造業或服務業。其兩者的關係具有：依存關係（圖1-13）（李友錚，2003）

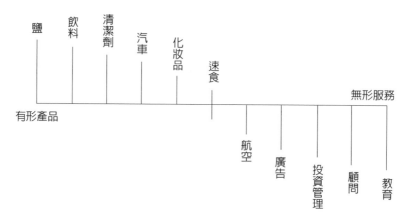

圖1-12 有形產品及無形服務程度差異

表1-3 產品與服務特性之比較

特性	產品	服務
產出	有形	無形
產出一致性	高	低
投入一致性	高	低
勞力密集	低	高
顧客接觸程度	低	高
顧客參與程度	低	高
消費場所	在廠外	當場消費
資金與設備	密集、大量	較不密集，較少量
品質衡量	較易	很困難
生產力衡量	容易	困難
成品儲存	可以	不可以
生產前置時間	較長	較短
生產批量	大	小
市場範圍	可以包含大範圍	限於當地
評估	容易	困難
專利申請	容易	困難

（1）服務業為製造業創造了新市場：運輸、流通發展，使製造具有更大及快速銷售網路。

（2）服務業促進製造業國際化：由於電訊、空運、海運、運輸發達，使製造業考慮運用國際各地不同優勢的原物料、零件、人工和市場等予以組合。

（3）服務業吸收製造業剩餘人口：由於生產效率提升及自動化的影響而去裁減員工，大部分由服務業吸收（圖1-14）。

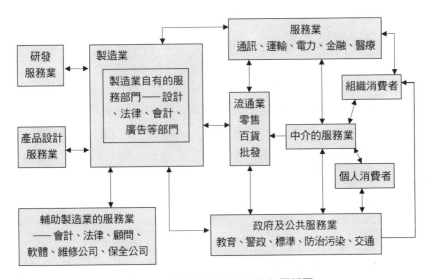

圖1-13　製造業及服務業依存關係圖

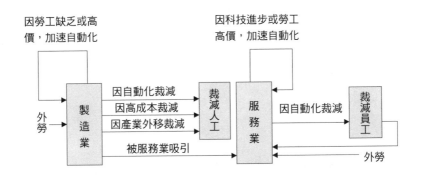

圖1-14　製造業與服務業人力流動動態圖

（4）服務業改善製造業的市場反應力：製造業需有快速的市場反應蒐集能力及更快速、準確的送貨系統皆有賴整合服務系統。

（5）製造業變成服務業的製造商：部分製造業廠商收益大幅來自服務，而轉型為服務業。

（6）服務業降低製造成本及增加收益：製造業要降低成本，則需服務的幫忙，則可減少製造業的投資。

6.生產管制制度別

（1）訂單管制型（order control）：以管制一般之接受訂單之生產事業。

（2）流程管制型（flow control）：以管制連續性生產之製造狀況為主。

（3）負荷管制型（load control）：以管制設備生產狀況為主。

（4）批量管制型（block control）：以管制製造過程受到裝配順序、尺寸、色澤等因素嚴格限制下之特殊狀況為主。這種管制方式適合於選擇性之裝配或組合生產方式，與一般互換性生產方式在作法上有即不同。

（5）批次（配料）管制型（batch control）：以管制製造流程使用容器（缸、爐、桶等）做配料生產之類型，一般應用於橡膠、製藥、化工、食品、染料等化工業均屬此種管制。

（6）專案管制型（project control）：以管制專案性工作之進行狀況為主。

7.互動關係

製造業與服務業存在強烈的互動（圖1-15）。製造業朝向經濟規模生產，則需服務業系統協助，才可創造更大的市場及需求；另一方面服務業為提高生產力與降低成本，以及追求全天及全時的服務，更追求穩定服務品質與因應服務需求變化，則有賴製造業自動化及電腦化的發展。因此，兩者的互動密切又頻繁。

✦作業管理的演進

作業管理領域的歷史沿革之時間表列（表1-4）中可追溯到人類開始生產產品或服務的年代，而作業管理的重點，集中於最近二百年。

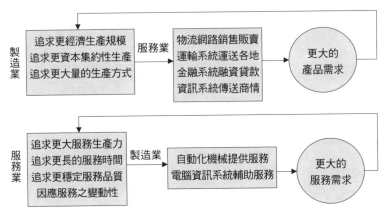

圖1-15　製造業與服務業互動關係圖

✦ 生產作業觀念之演進

　　人類的生產活動已經有千年的歷史，但是企業大規模產品生產活動，可說是肇始於二十世紀初，不過已經經歷多次主要的型態轉變。這些作業觀念與生產方法的變遷，主要是受到經濟、科技、社會等環境因素變動的影響，也反應人類在工業化的過程中，充分運用各種技術創新，創造更高的產品價值的表現。（表1-5）

1.工匠時代（era of craftsmanship）

　　最早的經濟活動，係以農耕為主體，農作物在適當的天候下，逐漸長成具有經濟價值的產品；此種農牧生產型態屬於看天型的生產型態。在農業社會時代裡，也有部分人工製造的產品，例如，鐵匠憑藉其經驗進行，各式農具的生產。

　　早期的生產活動，都是憑藉工匠的技術能力與經濟，生產各式產品；而技術的流傳，則是以師父帶徒弟的方式進行。簡言之，一切的生產活動，係以工匠的專屬技藝為核心，即使產品內容逐漸複雜，此種制度依舊主導著當時的產品生產活動，稱之工匠時代。

　　在此時代，所有產品生產活動，都是依客戶指定的產品規格進行生產，而以工匠為產品生產活動的主力；所有產品規格與設計是依據工匠的經驗、技術及零組件而定。因而，即使同一工匠製造同一批產品，也可能出現規格

表1-4　生產管理技術發展史

年代	原則	工具	觀念產生者或發展者
1430年	零件標準化		義大利威尼斯海軍兵工廠
1769年	工廠	蒸汽機	瓦特（James Watt）
1776年	國富論	分工	亞當史密斯（Adam Smith）
1798年	零件互換		惠特尼（Eli Whitmey）
1832年	機器與製造經濟論	科學方法分析企業問題、時間研究、廠房位置經濟分析獎工制度	巴貝奇（Charles Babbage）
1908年	移動式裝配線	作業排程	福特（Henry Ford）
1911年	科學管理的原則	時間研究和工作研究觀念	泰勒（Frederick W. Taylor）
	工業心理學	動作研究	吉爾博斯（Frank Gilbreth）
1914年	工作觀念	時序安排圖	甘特（Henry Gantt）
1917年	存貨控制	經濟批量	哈里斯（F. W. Harris）
1931年	品質控制	統計品管	修華特（W. Shawhart）
		工作抽樣	修貝特（L. H. C. Tippett）
1933年	霍桑實驗	工作設計與激勵	梅友（Elton Mayo）
1935年	品質管制	統計抽樣、抽樣計畫	道奇（H. E. Dodge）
1940年	作業研究	線性規劃之單純法	丹吉克（George B. Dantzig）
		隨機過程	W. W. Cooper
		二次大戰應用	Blaket. P. M. S.
	電腦	硬體及軟體	Sperry公司（Unisys）
1950年	大量OR工具	等候線理論、決策理論、數學規劃	美國及西歐學者
		專案管理（PERT, CPM）	Rand公司
1960年	OR工具	電腦模擬	高頓等人（Geofftrey Gordon）
1970年	大量應用電腦	物料需求規劃、排程、物料管理、預測、專案管理	歐利奇（Joseph Orlicky）、IBM公司
	服務品質與生產力	麥當勞服務業大量生產	W.Skinner、R. H. Hayes、S. C. Weelwright
1980年	機器人	無人操作	迪瓦（George C. Devol）
	製造策略	以製造為競爭武器	史克尼（W. Skinner）
	JIT	看板、防呆、平準化、生產	大野耐一
	TQC	統計品管	戴明（W. E. Deming）、朱蘭（J. M. Juran）
	生產電腦化	CAD／CAM	美國工程專家
	同步生產	瓶頸分析、OPT、限制理論	高爾特（Eliyahu. M .Goldratt）
1990年	TQM	美國國家品質獎、ISO9000認證、品質機能展開、同步工程、價值工程	美國及歐洲品質學會及國際標準組織

（續）表1-4　生產管理技術發展史

年代	原則	工具	觀念產生者或發展者
1990年	企業流程再造	徹底改革	漢默（Michael Hammer）
	電子化企業	網際網路	美國政府、Netscape、Mircrosoft
	供應鍊管理	SAP／R3	SAP（德國）
		主從架構軟體	Oracle（美國）
2000年	電子商務	網際網路、全球資訊網	Amazom，e-bay，American，online，yahoo

表1-5　生產模式比較表

項目	工匠生產（1850年以前）	大量生產（1850～1975）	平準／生產（1975～1994）	訂製生產（1995～）
重點	高度變異，顧客量身訂製的產出；一個或少數技術工人負責整個生產或產出	大量標準化產量。大量投資於分工、專業設備與可互換的零件	中量至大量產出比大量生產具有變異性，注重品質、員工參與、工作團隊	應用資訊及數位化科技使用生產系統整合，重視顧客需求
產業	室內裝潢、衣服裁製、肖像繪製、傷害診斷與醫治，外科手術	汽車、電腦。家電、光碟、郵件分類	類似於大量生產	類似於大量生產
優點	選擇範圍寬廣、產出依顧客需要而做	低單位成本，所需工人多屬低技術者	彈性、變異、高品質	近似大量生產成本，生產符合消費者期望產品
缺點	速度慢，需要熟練技術工人、缺乏經濟規模，高成本、低標準化	系統僵硬，難以適應產出量、產品設計或製程設計之變化。重視數量，忽略品質	員工升遷機會較大，員工壓力較大，比大量生產還需要技術的工人	資訊系統日新月異需不斷投資，方能適應潮流，另方面病毒及故障排除是須努力的課題

不一的情形，更因其產量有限，則產品價格高昂，為現代化工業生產的雛型。

　　2.大量生產時代（era of mass production）

　　1908年亨利‧福特來自美國芝加哥屠牛場輸送帶（Conveyor）生產方法於逆向操作的構想，建立在美國底特律高地公園的第一座現代化汽車生產組裝線，可以用生產線大量生產的T型車，首次以大量製造觀念設計的汽車，跳脫過去的邏輯。

　　大量生產系統，突破過去的作法，首度利用輸送帶的方式拉動等待裝配的汽車車體，讓裝配線上的作業員在簡單的動作下安裝汽車的各個零件及零組件，逐步完成一輛汽車的生產，這是運用裝配線（assembly line）方式，進行大量生產的模式（圖1-16）。進而主導現代工業的發展，直到現在。

　　大量生產系統使之成為少樣多量的生產，採用過去不同生產管理的生產技術與管理的作法，計有：

（1）採用可互換（interchangeable）的零組件及容易組裝的零件結合方式，設計出規格相同的零件及產品。

（2）工匠生產技術予以拆解、簡化、刪除、合併、分工，並提供必要的工具，讓作業員從事生產作業。運用三原則：

1.車裝工廠生產流程

2.壓造工廠生產流程

3.車體工廠生產流程

4.塗裝工廠生產流程

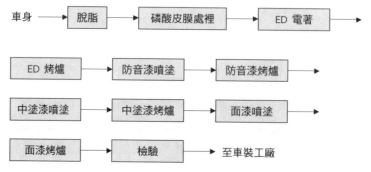

圖1-16　汽車裝配製造流程

a.簡單化（simplification）：將原來相當複雜的生產技術，予以
　拆解、簡化複雜且需技工負責的工作方法，讓不具備熟練技術
　員工也能操作。

b.標準化（standardization）：將產品生產組裝的作業程序，設計
　成一套作業標準，使作業員工可以依循，並成為後續生產管制
　作業的基礎。

c.專業化（spercialization）：設計各種專用工具，協助作業員以
　最有效方法，展開各項生產作業。

(3) 裝配線上各個不同的組裝作業之間，基本上是次序相依
　（sequential interdependence）關係，即前一站作業若不順利，後
　續的作業項目會受到影響。所以，生產現場的半成品（work in
　process）就成為不同裝配作業間的緩衝機制。

大量生產具有下列的好處，使許多企業採用：

(1) 裝配工人只要經歷簡單的裝配訓練之後，即可上線生產，不須
　仰賴專業的工匠。

(2) 許多員工同時在生產線分別從事各項裝配工作，所以能在很短
　時間內完成一部汽車生產，使產量大增。

(3) 由於大量生產，汽車產品的成本大幅下降，購車者也不必等待
　工匠技師的設計組裝，明顯的縮短交貨時間，得有機會迅速占
　有市場。

(4) 大量生產，降低車價，使汽車成為重要的代步工具。

3.平準化生產時代（era of lean production）

　大量生產的觀念，帶動了現代化生產型態的轉型，此種少樣多量的生產
模式，往往無法滿足市場多樣化需求。日本豐田公司大野耐一先生到美國學
習汽車生產技術，發覺大量生產系統的少樣多量生產特性以及運用大量半成
品庫存的生產型態，並不能解決豐田汽車超越既有的競爭對手，因而重新研
議不同的生產體系，於1980年代成功的運用。

　平準化生產，採用的基本精神為：

(1) 市場需要多少，便生產多少的生產邏輯：生產作業係根據市場
　最終的需求項目與數量為生產活動的基礎，則滿足市場多樣少
　量的需求生產模式。

（2）零庫存：及時將零組件需求單位送上組裝線，絕不在生產線旁等候。

（3）看板：由零組件需求單位依據所需的零組件種類與數量透過看板傳達給上游相關零組件生產單位，依看板內容生產供應。

（4）系統標準化：儘量做到小批量生產，則必須降低每一項作業的前置時間（lead time）及設置時間（setup time），為此須維持設備及模具等保持隨時可使用，達到及時生產（just in time）的境界。

（5）作業現場的改善：藉由品管圈及其他品管手法，由現場的所有員工，針對生產作業的問題，集思廣益，並展開改善。

JIT的推動，具有下列的好處：

（1）為日本汽車業界帶來相當明顯的全球競爭力，而為各國學習的對象。

（2）展現以快速提供多樣少量的產品生產為主軸，配合客戶指定的產品規格生產，達到滿足消費者的需求。

（3）配合各種生產流程中的防錯設計以及全員參與品質改善活動，達成高品質的生產效能。

4.大量訂製時代（era of mass customization）

90年代，資訊科技的創新與應用普及化，再加上模組化的設計以及彈性製造系統，已經影響到產品的生產組裝活動。由於資訊處理的速度與成本大幅改善，使得電腦控制的設備成本逐漸降低，企業可以大規模的接受個別訂製式的產品，且以低成本、高品質的生產作業滿足消費者的個別需求。因而為創造顧客價值、管理客戶關係，形成行銷競爭的利器。

大量訂製的企業具有下列的特色：（Bateman & Snell, 2002）

（1）產品設計：採用協力設計且不斷創新，並重視客戶意見，產品開發週期短。

（2）作業與流程：依訂單生產，使用彈性流程，採用模組生產，降低前置時間及設定與更換次數，以JIT方式運送並處理材料與零組件，善用資訊科技以得較短時間循環，鼓勵持續改善運用企業流程再造（BPR）的方式進行。

（3）品質管理：依客戶喜好來衡量品質，瑕疵視為品質能力失效。

（4）組織管理：以團隊爲基礎架構，運用由自動化單元所構成的動態網路、整合價值鏈，使組織學習彼此密切的關係。

（5）人力管理：重視知識、資訊及員工各種才能的價值，積極訓練員工賦能，使之具有更寬廣的工作內容，同時培養新產品工作團隊。

　　日本本田汽車公司在全世界拓展旗艦產品雅哥（Accord）時曾面臨重大難題，美國人認爲1994年版的雅哥太窄小，日本消費者則感覺不夠時尚。爲了延續並強化雅哥在海外銷售，本田針對個別市場設計不同車款，是必然的行銷決策，但本田無法像通用汽車公司投入鉅額的研發活動。四年後，本田1998年度雅哥上市，美國版長189英吋，寬70英吋，車頂挑高提供額外的垂直空間與寬敞的內裝，是款式保守的中型家庭房車，用以對抗福特金牛座（Taurus）；而日本的雅哥短少6吋，鋼板也薄了，車頂較低，車內配備有高科技，是爲年輕專業人士所設計的小跑車；歐洲版的雅哥，車身短窄，以適應歐洲特有的狹小巷道，設計者著重歐洲消費者所偏好的操控略帶生硬，如賽車般的感受駕馭感。本田得以推出三款屬性不同的新雅哥，關鍵採用大量客制化用於設計精緻車身骨架做爲產品家族的共用平台（plat form），此平台使製造者得以縮放架上的車體，相對開發案本田只花費6億美元較福特金牛座28億爲少，增加競爭力。

✦ 生產與生產管理的職責

1. 製造業的目標（賴士葆，1995）

（1）數量：生產足量的產品或服務，且適時地滿足客戶需求。管理工作人員可藉預測產品或服務未來的需求，將其需求轉化成對各生產要素的需求，進而獲得所需的生產要素，更利用此生產要素生產產品或服務。

（2）成本：儘量以最低的成本（或高效率）生產產品或提供服務。管理工作人員可尋求最經濟的工作方法，建立工作標準，並激勵員工來運用最有效的工作方法以符合工作標準。

（3）品質：使產品或服務的品質令顧客滿意。管理工作人員需設定適當的產品（服務）規格，並努力去維持達成品質要求的環境，設計檢驗程序，應用控制品質的方法來達成。

（4）交期：確保產品（服務）製程的彈性，能配合客戶的交期。管理工作人員可預測需求型態來擬定機器、製程、產品、人員、數量、擴充之彈性程度，完成客戶所需求的時間。

2.服務業的目標（Heskett, 1997）

（1）品質：在服務業，在處理的事務，基本上是由人傳遞給人的。在顧客心目中，公司的員工也是產品的一部分。員工的表現每天都改變，所以，服務品質的水準和傳達給消費者的表現，也未必能保持一定。另外服務品質不均，可能會增加公司的成本。

（2）成本：製造業的成本會計方法，服務業並不適用，很少甚至或根本沒有直接物料及人力，經常開銷也較固定，而且受重視的存貨成本也派不上用場。一般多以整個企業的盈虧來衡量，所以都依賴預算制度，努力控制開銷，以達成預算目標，爲成本控制的主要方法，以因應不再像過去享受保護的高利潤行業。

（3）資產：服務業非常注意經營規模的大小，公司無法避免大量的固定投資，又無法降低尖峰需求量，只有以提供顧客多大的業務量，從而決定設備規模，增加固定資產的投資。固定成本高、市場起伏很大的服務業，較難生存，唯有能夠減少固定投資的公司，其資產就有彈性，可大可小，從容應付。

（4）勞力：在所有專業服務公司，人力都占一半以上的成本，人力運用得當與否，往往是成功或失敗關鍵。在控制人力成本最基本的問題，是如何調整適當的員工人數及分派工作，以因應市場需求的高、低峰期。

3.目的

生產管理的目的，係依據產品的市場需求，制定生產目標，展開產品（服務）的生產活動，爲順利達成生產目標，生產管理的工作，需要整合產品生產製造單位與市場行銷單位，進行緊密的產銷協調工作，才能充分提供市場所需的各式產品，方不至出現生產和銷售不能同步配合的現象。通常企業內部會設置產銷協調中心或生產管制中心來協調生產與銷售差異，排定生產計畫。

生產管理人員在協調具有三大任務：（陳定國，2003）

（1）產品的製造應以市場行銷爲出發點，在產品之設計或新產品開

發之前，應先對市場顧客之需求詳細研究，合乎顧客要求的產品才是應該生產的產品（市場顧客導向的觀念）。

(2) 生產管理人員應該設法降低成本，提高品質，以增加產品（服務）在市場上之競爭能力。

(3) 產品售後服務亦為市場行銷的一部分，服務的品質是顧客決定是否重購的重要因素。但服務必然發生成本，故障勢必影響消費者之忠誠度；為此，最基本的辦法就是提高產品使用之信賴度。

生產管理最高的境界在於使員工人人都發揮潛力，提高品質，降低成本，培養以廠為家的至高心態。因此，高階管理者應有延攬一流管理人才的雅量、引進優良技術的眼光，更要有不怕高薪支付員工，只怕員工效率低落的觀念及作法，則可增加企業總體利潤及對社會大眾的服務。

4.範圍

生產管理活動的範圍包括：生產（現場操作）及管理（非現場操作）的管理（圖1-17）。

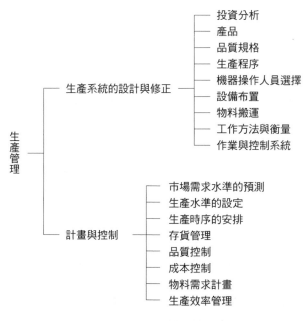

圖1-17　生產管理的範圍

5.生產管理推行方法

(1) 生產計畫爲首要：生產管理是否上軌道，首先取決於生產計畫（production planning）是否十分妥善？因爲，所有的活動均取決於沒有良好的生產計畫，則生產過程及其管制無從著手，勢必造成紛亂。

(2) 重視生產程序：生產程序是經由廠房規劃及設備布置能使生產所需的機器設備與人力配置，做有經濟有效的進行。因此，如何整合生產什麼、如何生產及生產多少是一個重要課題，影響深遠，而不容易改變。

(3) 嚴謹生產管制花費多少心血所構成生產程序，並經精心排定生產計畫，而製造及生管單位不加控制管理，則無法達成計畫、目標，更何況時間資源運用已過，要再追回已不可能。因此，如何在生產的當前，嚴謹管制人員、設備、物料……等的協調配合，是須做到今日事今日畢的精神。

(4) 重點管理：生產的計畫中就能預知生產的瓶頸或問題。因此，身爲製造主管或生管人員就須全力以赴，對重點的物料、設備、人員皆須關注，則可節省不少資源，更能達成目標。

(5) 例外處理：生產管理過程中，時常有一些異常現象，針對這些例外事件必須事先釐定處理原則，而能迅速採取對策或緊急措施，以免浪費不應支付的資源。

(6) 數據、資源管理：在生產管理活動中，必須蒐集大量的資料及數據，以供科學客觀方法來做精確分析，來調整計畫與實際的差距。因此，如何要求各工作站的工作日報表及相關資訊能及時送至生管人員或主管手中，是須嚴格要求，才有助於重點管理及例外處理，以維持生產之正常。

✦作業管理的趨勢

在今日競爭激烈的環境下，生產作業管理的趨勢爲：

1.整體生產管理的時代：以往生產管理僅考慮在工廠內部的生產活動，但現今市場競爭十分激烈及以顧客至上爲經營導向，生產管理除考慮生產外，更應考慮市場營運的配合，包括：原料、配件、供應商及生

產代工廠的供應鏈體系以及顧客關係管理體系，所以是整體性生產管理的時代。

2. **全球性運籌**：世界貿易組織（World Trade Organization, WTO）的勢力影響劇增，在市場全球化、生產據點多國化，買主要求交期短的營運架構下，全球運籌系統（global logistics）就成為必要的，需要以最低營運成本，同時滿足不同市場的供貨需求，供應商要維持生產作業的全球整合，又須提供部分因應市場需求的彈性調整空間。因此，生產作業管理須建構一套完善的體系。

3. **策略外包**：面對快速的變動，過去採用多數產品自製的方式，須轉變為外購，使企業本身有機會充分發揮核心能力專長，採用產業分工型態，透過專業分工與有效的企業間能力結合，有機會建構為具競爭力的產業價值創造鏈。

4. **短交期訂單生產**：現今買主皆在市場需求出現之後才下單採購且要求立即交貨，而成生產作業機能的一項新的挑戰，唯有朝向零組件標準化及系統組合彈性化的產品設計概念，生產作業預先生產各式標準化零組件方可配合交期及提高產品變化幅度及彈性。因此，須改變生產製程、產品的及強化生產彈性能力，以做市場需求應變的基礎。

5. **有效運用新科技**：近年來資訊科技及自動化皆有長足的進步，要能有效地將新科技整合在生產系統中，運用來強化生產的整體能力。科技的引用牽涉到整個組織的運作，也會對公司長遠的營運有重大影響，故生產管理者對此能提供明智的決策，而中階及基層人員須勇於接受及學習，方能提高生產力。

6. **充分應用管理生產系統的網路**：未來的生產管理將更資訊化及國際化，生產作業管理全面電腦化是必走之路，如何從全球的觀點來選擇供應商建立後勤物流系統外，更能做好內部作業資訊傳遞，應有效應用資訊的系統（硬體、軟體及人員）是一個重要的課題。

7. **管理多樣化的員工**：在多元的社會裡，員工的國籍、種族、語言、信仰能力及價值觀等可能有很大的差異，如何去召募、訓練及培養，並使這些人融合在一起，為組織的目標共同努力，是值得生產管理者深思的。

8. **環保和道德受到重視**：高度工業化與商業化的結果，人類居住品質已

大受影響。因此，環保議題將更重視，而相關道德（工業安全、勞資關係、智慧財產權、產品責任與消費者保護），亦是未來作業管理趨勢之一。

9.積極研究或改善服務產品與產業：隨著經濟發展，服務業日漸成長，應加強應用生產與作業管理中的理論與方法或著手改善服務的流程，並進行製造與服務的整合工作，以提昇服務業生產力。

生產與服務作業組織

組織意義為安排有系統性的活動去達成企業的目標。而組織包含人員具有特殊職務，須協調為組織目標而貢獻。一般敘述組織皆採用組織表。由於企業目的不同，因而有各種不同的組織型態，且內部溝通與工作流程亦不相同。（Dessler, 2001）

✦ 製造業

1.分類

組織為了專業分工，通常會將組織予以部門劃分，劃分的方式可依企業性質、生產型態來區分：

（1）目的：產品別、地區別、顧客別及行銷通路別的部別劃分。

（2）工作程序：企業功能別（**圖1-18**）、工作程序別、設備別部門劃分。

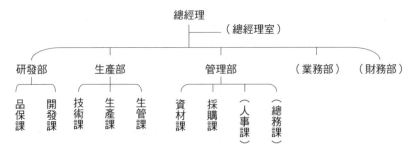

圖1-18　部門別組織圖

註：括弧者為非生產作業部門。

（3）專案式：一般指矩陣組織。

　　一般企業生產型態是個別（unit）或分批（batch）生產，是訂貨生產，為偏向高度顧客化所以較適合以目的為原則來規劃組織，即產品別、顧客別等部門劃分為組織。

　　大量生產型態的採自動化或專業化的機器設備，運用連續生產過程的方式生產，可採用工作程序或設備別來劃分。

　　專案生產是指某一種單一目標有關的所有生產活動，通常專案規模均相當大，如新產品開發、自動化生產線裝設、電腦資訊化、整廠設備之移轉等，它有某特定的開始與結束的時刻。

2. 生產部門職掌

（1）資材課

　　a. 年度目標計畫與推行事項。

　　b. 各項制度、辦法、作業、流程之擬定、實施。

　　c. 參與原物料、產品、包材分類編號系統之檢討。

　　d. 整理原物料、在製品、產品之收發手續與核對、登記收發數量。

　　e. 原物料、在製品、產品入庫過磅，依使用發貨先後順序按照批次排列。

　　f. 會同品管辦理原料、在製品、產品品質檢驗，如有不符者，辦理退換手續。

　　g. 原物料、在製品、產品之搬運，排放整齊、數量清點及盤存。

　　h. 收料日報表、領料日報表、庫存月報表之填寫（key in）。

　　i. 建立原物料、在製品、產品收發檔案、帳務。

　　j. 原物料、在製品、產品盤點差異之統計、分析及報告。

　　k. 不良、呆、廢原物料、在製品之整理統計及報告。

　　l. 原物料、在製品、產品存量低於安全庫存量提報。

　　m. 倉儲安全及衛生規劃與管理。

（2）採購課

　　a. 年度目標計畫與推行事項。

　　b. 各項制度、辦法、作業、流程、表單之擬定、實施。

　　c. 配合銷售計畫，擬定採購年度計畫及實績管理。

d. 國內外設備、原物料、產品訂購有關事項（詢價、比價、議價、訂購作業）。

e. 國內外設備、原物料、產品之追蹤、進貨、催貨、退貨及付款有關事項。

f. 國內外設備、原物料、產品供應商之開發、調查、管理及評鑑事項。

g. 國內外設備、原物料、產品成本分析與價格協商事項。

h. 海外設備、原物料、產品等付款、報關、運輸作業辦理。

i. 與採購作業有關之紀錄、簿冊、帳冊管理。

j. 設備、原物料、產品行情資訊蒐集。

（3）開發課

a. 年度目標計畫與推行事項。

b. 各項制度、辦法、作業、流程、表單之擬定、實施。

c. 新產品之研究開發及進度控制。

d. 新材料及材料新用途之研究、推廣。

e. 相關技術資料之蒐集、保管、引進。

f. 技術問題之發掘及協助解決。

g. 新樣品之打樣、試驗。

h. 樣品管理。

i. 各種平面刊物、展覽的執行。

j. 包裝材料、印刷及包裝方式之設計、開發。

k. 原物料、產品、設備等分類編號系統之規劃、推行。

（4）品保課

a. 品質規劃、改善。

　a）年度目標計畫與推行事項。

　b）各項制度、辦法、作業、流程、表單之擬定、實施。

　c）品管制度與系統建立與推行事宜。

　d）擔任品質管理委員會執行幹事。

　e）產品品質檢驗報表統計、分析保管。

　f）不良率、統計、分析與改善對策。

　g）品質稽核缺點處理之改善與追蹤。

　h）　新產品開發之品質確認。

　i）　儀器、量具之驗收、保管、及管理。

　j）　品質異常之對策建議及品質標準之擬定與提出。

　k）　客戶抱怨統計分析、改善對策、回饋處理。

　l）　競爭廠商產品品質評價、檢討。

　m）　品質在職教育訓練計畫與稽核。

　n）　品質統計方法之制度維護。

　o）　產品售後服務。

b. 品質檢驗

　a）原物料、製程、委外加工、成品、出貨之抽樣檢驗、執行、督導。

　b）檢驗標準建立與維護。

　c）執行檢驗儀器定期保養與校正。

　d）管制圖表的繪製與分析。

　e）不良品處理與廠商聯繫。

　f）不良品缺點處理、整修與督導。

　g）各單位設備入廠驗收。

（5）生管課

　a. 年度目標計畫與推行事項。

　b. 各項制度、辦法、作業、流程、表單之擬定、實施。

　c. 接受工作製造命令之內容，生產計畫排定、執行、管制、修正。

　d. 掌握生產單位之生產進度。

　e. 生產異常之對策建議及生產標準之擬定提出。

　f. 原物料、在製品（自製）、委外加工品、成品管理。

　g. 委外加工廠商之開發、調查、管理及評鑑事項。

　h. 委外加工訂購有關事項（詢價、比價、議價、訂購作業）。

　i. 委外加工廠商之領料、交貨、催貨、退貨及付款有關事項。

　j. 產銷配合與生產計畫作成及統計。

　k. 生產績效辦法擬定、執行與控制。

　l. 司機工作之排定、調度。

（6）生產課

　　a. 年度目標計畫與推行事項。

　　b. 各項制度、辦法、作業、流程、表單之擬定、實施。

　　c. 各生產單位製造加工工作安排。

　　d. 生量之控制、追蹤與紀錄。

　　e. 生產操作標準方法之執行。

　　f. 製程品質之控制（首件、自主巡迴檢驗）與紀錄。

　　g. 生產線平衡及人力配置分析並研擬對策。

　　h. 機器設備、冶、夾、刀、工具管理及故障請修。

　　i. 現場5S活動擬定、執行與控制。

　　j. 人員合理之安排與調派。

　　k. 各項工作改善計畫擬定、執行與控制。

（7）技術課

　　a. 生產技術

　　　a）年度目標計畫與推行事項。

　　　b）各項制度、辦法、作業、流程、表單之擬定、實施。

　　　c）產品製造技術之分析、解決、改善對策之擬定、執行。

　　　d）冶、夾具設計與製造技術之擬定、執行、改善。

　　　e）生產線生產技術及平衡。

　　　f）新式設備及生產技術彙集。

　　　g）操作標準之擬定、執行及修正

　　　h）委外加工發包成本之計算提出。

　　　i）生產標準工時之擬定、執行及修正。

　　b. 保養

　　　a）年度目標計畫與推行事項。

　　　b）各項制度、辦法、作業、流程、表單之擬定、實施。

　　　c）機器設備預防維護保養計畫之擬定、執行。

　　　d）機器設備之定期維護保養執行作業。

　　　e）公用設備之定期維護保養執行作業。

　　　f）電氣供應線路系統之定期維護及執行作業。

　　　g）潤滑制度之擬定、執行。

h）設備、電氣之故障外包修護提出及管理。

3.生產部門各管理職位工作表

（1）生產部經理

a. 制度建立

a）生產作業流程、辦法、標準、表單之擬定及維持。

b）生產目標、預算之擬定及執行。

b. 產銷協調

a）生產資源整合（5M）。

b）產品組合調整。

c）生產線調整。

c. 產能規劃

a）生產資源總需要。

b）短、中、長期計畫。

d. 預算審核

a）原料、包材、工資、直接製造費用審核。

b）動力費、間接製造費、管理費用分攤。

e. 生產管理體系建立

a）合理化。

b）標準化。

c）制度化。

d）電腦化。

f. 績效管理

a）生產目標達成。

b）稼動率分析。

c）庫存資金檢討。

g. 人力管理

a）召人、選人、用人、育人作業。

b）出勤、績效考核。

c）激勵措施規劃。

（2）生產課長

a. 生產排程

b. 電腦管理

c. 成本檢討

　　a）產品別成本檢討。

　　b）個人產值。

d. 預算編列

　　a）原料、包材、工資編別。

　　b）直接製造費（本課費用＋折舊）分攤。

e. 異常處理

　　a）生產效率。

　　b）品質不良。

　　c）設備故障。

　　d）方法錯誤。

f. 資訊管理

　　a. 資訊統計。

　　b. 資訊分析。

　　c. 改善對策。

（3）生產組長

a. 現場合理化

b. 標準化管理

c. 人機布置

d. 生產目標達成

　　a）生產數量。

　　b）生產品質。

　　c）生產交期。

e. 現場管理

　　a）工業安全。

　　b）5S活動。

　　c）資訊提報。

　　d）設備管理。

　　e）人員管理。

（4） 技術員（操作員）

　　a. 製造條件。

　　b. 操作方法。

　　c. 機械保養。

　　d. 環境衛生（5S活動）。

　　e. 工作紀律。

　　f. 工作效率（生產力）。

（5） 生產部經理主要現場工作項目

　　a. 品質：降低不良、提高品質、防止抱怨、減少異常、減少變異、維持管制狀態、減少修整工作。

　　b. 成本：降低費用、減少工時、活用時間、縮短時間、節省材料零件、降低購入價格。

　　c. 設備：提高效率、預防故障、自動化、機械化、減少工時、改良模工具、布置改善。

　　d. 失誤：減少失誤、減少疏忽、防呆（fool proof）、減少事故、檢驗遺漏、資訊錯誤等。

　　e. 效率：生產力、產量、縮短時間、時效性改善、減少等待時間、縮減庫存量、進度管制、交期改善、時間研究、動作研究、程序分析。

　　f. 管制：制定標準、標準化、達成標準、採取對策、管制點、防止再發、作業稽核。

　　g. 進修：品質管制技術的教育訓練，提高水準。

　　h. 安全：安全、疲勞、環境整理。

　　i. 環境：環境的改善、人因工程、姿勢、布置、適性之檢討。

　　j. 士氣：人際關係、提高士氣、踴躍提案、改善資訊通道、提高出勤率。

　　k. 發展：強化與企業外部關係、主管及幕僚幹部之溝通、部門間關係協調之改善、品管圈活動活躍化、交流、發表會、觀摩。

　　l. 其他：方針、理想、切身的主題、事務流程及表格改善。

✦ 服務業

1.觀念

由於服務業的蓬勃發展，其所營造的「服務時代」已來臨，促使組織革命性的改變，其重要的觀念為：（顧志遠，1998）

（1）強調以服務為導向的領導型態：過去金字塔型的層級式與權威式領導，改變為倒三角領導模式（**圖1-19**）。過去總經理領導經理，經理領導第一線工作人員的模式改變為總經理服務經理，經理服務第一線工作人員，而第一線工作人員服務顧客的服務組織模式。

（2）永遠把顧客擺在最優先位置：要讓顧客第一先選擇我們，則須考慮持續評估顧客的期望和認知，多思考及討論一些有關顧客的事情，把能為顧客帶來最大利益做為最優先的解決方案、和顧客發生爭論不妥協、顧客受不平等待遇給予誠實補償，採取確實達到來解決顧客抱怨，當顧客不滿意服務品質時重新設計資源重新分配等。

（3）少管理多領導，讓員工自動自發完成工作。

（4）有滿意的服務人員，才會有滿意的顧客。

（5）服務人員和組織是生命共同體，使利益相結合，才能維繫員工的向力心及發揮其能力。

（6）管理本身就是服務，以服務代替管理，增加顧客及服務人員滿意度。

（7）給服務人員有更多的責任與職權，才能快速有效處理顧客問題。

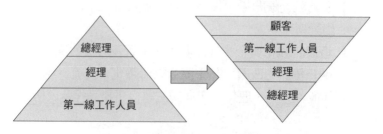

圖1-19　服務業時代組織之改變

（8）建立服務文化，建立組織注重服務品質的文化，使品質為組織氣候及服務人員習慣的一部分。

2.服務系統

服務需求的產生，來自顧客的需要，而顧客同時受到過去經驗、朋友推介及市場宣傳等影響，而產生對服務的期望。另一方面業者成立提供服務的公司，並制定公司的企業任務與服務理念。最後顧客的服務需求與業者提供的服務一接觸，則蘊釀出服務系統的運作。顧客與業者的服務互動主要發生在服務系統中。

服務系統的架構由前屋、後屋兩部分及三條介面線所組成（圖1-20），其詳細作業內容為：（顧志遠，1998）

（1）前屋：顧客接受服務的地方，由顧客、服務人員、現場作業及現場設備等構成的服務系統。其活動主要是顧客、服務人員環境與作業的交互作用。顧客經由排隊等候後，接受服務人員面對面服務或自動化服務而顧客體認到企業服務的品質，也就是服務系統的產出。

（2）後屋：現場服務後面的作業，顧客一般是接觸不到，但其一直提供服務現場所需的服務。其活動主要是生產作業、管理作業及一些輔助系統作業所組成。由於顧客不介入後屋作業，故可以技術為核心將後屋設計成生產系統方式的作業。

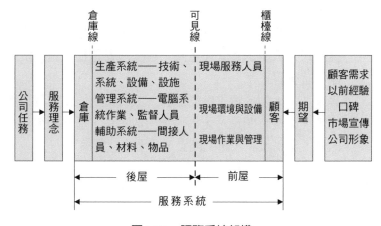

圖1-20 服務系統架構

（3）介面線：

a. 前屋及後屋被可見線分開。

b. 櫃檯線將顧客隔在櫃檯外。

c. 倉庫線將倉庫列爲後屋系統的最後端或角落。

3.類型（Davis, Aquilano & Chase, 2001）

（1）客戶互動

a.服務企業（service business）：經營的事業需要與顧客互動，以生產服務。如銀行、航空業、醫院、律師事務所、零售商和餐廳……等。

b.顧客支援服務（customer support service）：對已經購買公司商品或服務的外部顧客提供支援服務（產品維修）。

c.內部服務（internal service）：支援較大型組織活動所需的服務，這些服務包括：資料處理、會計、工程和維修服務。

（2）作業流程

a.連續型：有些服務即使顧客未有需要，但隨時在待命爲顧客服務，服務標準化高爲其特色，這些服務包括：電話業務、警政服務、119勤務等。

b.大量型：服務項目較標準化或刻意將服務簡化到可大量的重複提供，需求量大且穩定、服務手續簡單且不需與顧客接觸爲其特點，這些服務包括：自助餐、身體體檢、郵政服務、櫃檯售票等。

c.批量型：服務顧客採批量方式處理，具有相當的效率，則需每批服務人數多是其管理重點，這些服務包括：電影院、巴士運輸、航空運輸等。

d.專案型：大型或特殊性的服務，其特徵爲服務項目依顧客需求而定，花費時間長、差異性大、成本高，這些服務包括：軟體開發、建築設計、研究開發，及廣告企劃案等。

生產與服務作業策略

⚒ 企業策略

策略是為了達到組織的基本目標而設計的一套統一協調的、廣泛性、整合性的計畫。也就是策略是代表達成某特定目的所採取的手段，藉著對重要資源的調配方式來達成目標。例如，公司為達成快速成長的目的，選擇合併其他公司的方式，這即代表一種企業的策略。（Glueck, 1976）

策略規劃的目的，在於規劃、指導並調整企業的策略或經營方針，使企業得以邁向更高的層次。一般策略層次可分為公司策略是組織整體的策略，其次為事業單位策略，皆是個別功能策略的基礎（圖1-21）。（John, Richand & Richand, 1982）

企業規模較大時，則將整個企業分成為數個策略事業單位（Strategic Business Unit, SBU），一方面承接總公司所交付的使命，另一方面須保持本身的競爭優勢。而策略事業單位可選擇策略為：（賴士葆，1995）

1. 技術拓荒者（technological frontiersmen）：具有很強的研究發展的能力，通常是產品技術領先者的企業。
2. 技術開發者（technology exploiters）：企業引進新產品而且在產品生命週期的任何階段皆從事製造、生產，亦即到了產品成熟期價格競爭時，仍然繼續生產。

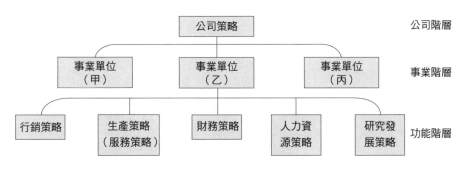

圖1-21　各層次策略間關係

3. 技術服務員（technological service people）：為產品技術領先者，但接受少量顧客與市場特殊訂單。

4. 顧客化（customizer）：企業本身較少創新，接受顧客本身的產品設計，且從事少量生產（公司的衛星部門）。

5. 成本極小顧客化（cost-minimizing customizer）：此類企業製造少量的成熟產品給特定顧客（造船廠）。

6. 成本極小化（cost minimizing）：對於成熟產品進行大量的低成本生產（家電產品）。

當公司或策略事業單位選定上述任一策略後，即推動了各功能別的策略，例如，財務、行銷、生產作業等；當然，這些功能性的策略亦需與公司或策略事業單位的策略保持一致。

✖ 作業策略

生產（服務）作業策略是公司策略規劃的功能性策略之一，作業策略主要是設定廣泛的政策及計畫，來使用公司生產資源，以對公司長期競爭策略作最佳的支持。透過與公司策略的整合，作業策略才算完整。

作業策略包括：製造業及服務業（表1-6），其重點在於：（顧志遠，1998）

表1-6　服務業與製造業之生產策略之比較

公司策略	製造業	服務業
成本與價格	以產品數量為基礎	以顧客認知為基礎
生產力	有形產出／有形投入	無形產出／（無形投入＋有形投入）
供需配合	改變存貨調整	改變顧客行為調整
經濟規模	單位成本持續下降	單位成本暫時下降
學習曲線	生產成本隨累計量增加而減少	服務品質隨服務量增加而增加間接影響形象
成長／規模／占有率	直接影響獲利	間接影響形象
進入市場障礙	產品專利、技術與資本	人力資本、顧客與網路
變革	決定於高層人員共識	決定於服務人員共識
引進新產品	可用試賣方法降低風險	必須更多顧客試用高風險

1.製程設計：選擇適當的科技水準、長期的製程規模、製程中庫存地位及製程設計地點。
2.基礎建設：規劃與控制系統的基本邏輯、品質保證及管制基本手法、薪資結構及作業部門組織。

⚒ 生產作業策略

1.目的（圖1-22）

（1）可靠性（dependability）：藉由未來的預測及獲取所需生產要素來生產足量的產品（服務），且適時滿足顧客的需求，即為需求的可靠度。

（2）低成本、高效率：尋求最經濟的工作方法，建立工作標準及激勵員工達成以最低成本生產產品（服務）。

（3）品質：設定適當品質規格、維持品質環境、設計檢驗程序及運用品質工具，使產品或服務品質使顧客滿意。

（4）適度的彈性：配合消費者需求多樣化，對設備、製程、產品、數量、擴充等皆具有彈性，確保其充分配合。

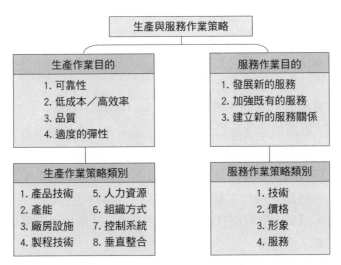

圖1-22　生產與服務作業策略主要架構

2. 類別

（1）產品技術：產品技術包括：產品的選擇與技術的強調。前者決策者可選定標準品、特殊規格或顧客化的產品爲企業的主要產品，當然可混合使用；而後者係指產品的主要功能（產品的性能、可靠度、耐久性等結構性設計）及次要功能（產品的造型、外觀設計、包裝設計等）。

產品技術的來源，亦應全盤規劃是自行發展或外界發展。自行發展係指自行成立研究發展單位進行產品開發，而後者指購買國外技術（或授權製造）、委外研究後進行技術移轉、合資等方式。

（2）產能：產能是指企業在既有的內、外環境之限制條件下所能獲得之最大產出量。有關產能方面最重要的決策不外乎產能擴充的時機與擴充的產量。

一般企業就擴充產量而言，皆以規模經濟（economics of scale）爲主要考慮因素，亦即生產的產量愈大時，則單位成本愈低（管理費用、廠房設備成本……等固定成本）會因產量的增加，而可分攤較低的費用，可由學習效果（learning effect）而使成本降低；但規模超過某個數量則會因運輸和人力費用增加，而失去規模經濟的效用。

（3）廠房設施：製造產品所需的設備（equipment）、土地、建築物以及其他支援性的設施，決策者在一變數所考慮的項目主要爲地點。決策者所面臨的選擇爲單一廠房或多廠房的政策，而考慮因素爲運輸成本與存貨成本。

至於地點的選擇，考慮因素包括：市場、原料、技術人員的來源、社區的態度、風水……等。決策者可依各種因素予以不同的權重來加以評分決擇。

（4）製程技術：製程技術係指公司在製造過程（包括：生產中各種活動、檢驗、操作、搬運、包裝等）或轉換過程中，所使用的系統、設備、生財機具或方法，透過該等技術生產出滿足顧客所需的產品或服務。

a.製程的層次：製程的層次可分爲：（Hayes & Wheelwright, 1979）

a) 技術專家（technical specialists）：最低階層或第一階層的觀點，認為製程技術包括：製造工程（Process Engineering）、工業工程（Industrial Engineering）及物料管理（Material Management）。製造工程的技術係指常見五大類型的製造方法（改變物理性質、改變材料形狀、切削加工、表面處理、物件的連結）來從事生產。而工業工程則包括：製程選擇、生產計畫與管制、工時研究、人因工程、工程經濟、作業研究等。其目的乃在於透過工作方法的研究改進，以達到提高工作效率，降低成本。物料管理則包括：物料陳列、帳目、經濟訂購量、訂購點等，以達到對物料從事經濟性的管理。此外資源管理及勞資管理亦在此範圍。

b) 作業經理：中階主管係指作業經理（廠長）的觀點，其所關心的製程包括：作業系統的特性與限制條件、設備使用的經濟性，以及作業系統所面臨的主要作業問題（整合人員、設備、物料、金錢等），因此，特別重視製程型態（零工式、批量式生產線及連續生產）的選擇，以達到預定的生產目標。

c) 高階主管：高階主管乃指企業的董事長、總經理或部門最高管理者主要關心製程技術配合特定需求的程度。這些需求包括：顧客需求、財務上的限制、新產品發展週期、長短期成本，相關部門配合……等。因此，高階主管的看法應界定為改進員工、製程工程師、外包廠商之間的聯繫、流程與控制技術，並且是整體性、廣泛性的，以及有機性（organic）的改進。

現階段的製程技術，重點在於資訊科技和自動化，前者強調製程間資訊的配合、聯繫和相互支援，而達到減少存貨或避免擁有太多的緩衝裝置。而後者在降低人工的工作量，快速且大量地生產。而其共同的目標為提高產能、減低工作危險及疲勞、增進產品品質、減少變異性、降低成本、減少勞資問題等。因此，各階層人員皆需去關注資訊科技和自動化日新月異的進步及變化。

b.製程的作業流程：一般分為直線（連續、大量生產）、間歇、零工及專案式四種。

（5）人力資源：決策者對於企業內部人力資源，應包含：

a.工作管理：人力規劃、工作分析、工作評價、任用。

b.開發管理：教育訓練、人事考核、紀律管理（獎懲、申訴）異動管理（晉升、調任、降職、解僱）。

c.報酬管理：薪資管理（薪資結構、給付型態），福利措施管理（勞健保險、退休、撫卹）及勞動條件（工作條件、工作時間、工作環境、工作安全）。

d.互動管理：人際關係、勞資關係、溝通管道、離職管理。

（6）組織方式：任何一個組織，是為實現群體的共同目標，經由職責、職權的配置與層級的結構所結合而成的結構體。組織係將人、事做有系統及最適的組合，同時建立完善的溝通系統，以達成企業目標，並使組織成員獲得工作滿足感。通常組織，為了專業分工，而將組織依目的、工作程序及專案予以部門劃分。企業的生產方式是個別或分批生產，採訂貨生產，則可採用目的原則來規劃規劃組織。而大量生產、連續性生產，則可採用工作程序或設備別來劃分；至於專案生產得視某特定的開始與結束的時刻來調配人力。

（7）控制系統：對此一構面，係指高階管理者對於生產作業過程中，所牽涉的有關進度、品質、物料、資訊、配銷等活動，可能採取不同的控制系統。

a.進度：最短作業時間、到期日、關鍵比率等控制系統。

b.品質：統計品質、全面品管、品管圈等品管不同體系。

c.物料：零庫存、經濟訂購點、安全存量、兩箱式等體系。

d.資訊：集中式、分散式管理系統。

e.配銷：拉式（pull）、推式（push）系統。

（8）垂直整合：企業與外界的資源交換，首重其與上下游廠商的關係發展（圖1-23），一般將企業原材料或零組件的供應來源稱為上游，而承接企業產出之企業，不論是最終消費或是再加工製造的個體或企業，稱為下游。若將企業的上下游連結起來，則構成產

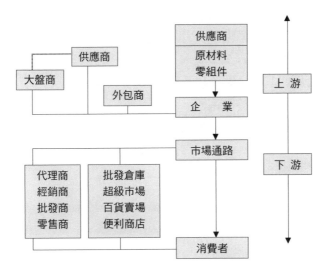

圖1-23 企業上下游關係

業價值鏈。在競爭的環境中企業面臨重要決策之一是如何定位自己,而從生產作業功能觀點,則常用垂直整合(vertical integration)決策,應注意自己所從事的業務範圍,與上下游的關係及如何因應業務經營範圍等問題。所以,採用向上或向下的整合活動,可分別或同時進行,而使企業保持競爭優勢。

3. 運用

(1)提高彈性、低成本、交貨準時(日本)

a. 彈性製造系統。

b. 工作自動化。

c. 為新產品而發展新製程。

d. 生產與存貨控制系統。

e. 品管圈。

f. 整合性製造資訊系統。

g. 外包商的品質。

h. 激勵直接人工。

i. 領班的訓練。

（2）一致性品質、準時交貨（歐、美）

　　a. 直接人工的激勵。

　　b. 整合性製造資訊系統。

　　c. 跨部門的整合性資訊系統。

　　d. 生產與存貨控制系統。

　　e. 為新產品而發展新製程。

　　f. 領班的訓練。

　　g. 外包廠商的品質。

　　h. 統計的製程管制。

　　i. 工作自動化。

⚒ 服務作業策略

1. 目的（顧志遠，1998）

（1）發展新的服務：發展新的服務提供給顧客，如保險公司利用業務人員發展直銷服務；銀行提供理財專戶服務。

（2）加強既有的服務：加強既有的服務或增加服務的成分，如電腦販賣增加訓練課程或維修服務；7-11便利商店增加影印、繳稅款服務。

（3）建立新的服務關係：將原為販賣產品的顧客關係轉變為服務關係，如以前販賣電腦商現改替客戶系統分析選擇。

2. 類別

（1）技術策略：發展及維持強大的生產或服務技術。

（2）價格策略：利用價值水準或提供特別價格。

（3）形象策略：運用密集的廣告或溝通方式推銷其產品或服務。

（4）服務策略：創造一連串的服務方式，以提昇與顧客關係。

3. 運用

波特（Michael Porter）的三種基本競爭策略：（Heskett, 1997）

（1）全面性成本原則（低成本）

　　a. 尋找低成本的顧客。（開車到超市的顧客）

　　b. 服務的標準化。（旅館標準化房間設計，產生信賴）

　　c. 減少人力。（自動櫃檯機）

　　d. 降低作業網路的牽制性。（網路重新設計，降低投資）

　　e. 以離線取代線上服務。（型錄銷售取代人員銷售）

（2）獨特性原則（高特色）

　　a. 使無形變成有形。（書面保險單的精美外觀、清晰語句，印象
　　　深刻）

　　b. 使標準產品符合顧客的需求。（飯店服務人員記住客人姓名）

　　c. 加強員工訓練以提高附加價值。（競爭對手難模仿）

　　d. 控制品質。（建立員工對組織具有強烈的價值觀）

　　e. 影響顧客對品質的期望。（針對顧客需求，配合服務品質改
　　　進）

（3）集中原則（高特色與低成本）

　　a. 自己動手合於顧客的需求。（Salad Bar降低人工成本）

　　b. 以標準化的方式來控制品質。（速食連鎖業）

　　c. 降低作業過程的個人判斷。（制定詳細工作說明書）

　　d. 掌握供給與需求。（電力公司的尖鋒負載訂價法）

　　e. 發揮會員基礎。（成立俱樂部、協調建立會員關係）

　　f. 透過所有權以加強控制。（可降低成本，提昇服務品質）

　　g. 特殊技能的槓桿作用。（資深與資淺員工工作搭配）

　　h. 選擇性的技術運用。（科技軟硬體的應用）

　　i. 以資訊代替資產。（建立各種不同的資料庫）

　　j. 掌握人力與設備的組合。

　　k. 掌握服務金三角。（公司、顧客和服務人員）

　　l. 集中提供一種基本服務。（航空公司低價、準時、方便服務）

第 2 章

基礎設施

- ✄ 廠址選擇
- ✄ 設備布置
- ✄ 設備管理
- ✄ 案例

廠址選擇

✖ 廠址選擇的重要性

廠址選擇是各種行業都可能面臨的重要決策問題，其影響的範圍如下：

1.長期承諾（long-term commitment）

地點的決定是一項長期性的考量，代表企業願意在此做長期的投資對顧客、員工、股東、供應商……等任務環境的成員，建構產業價值鏈（industry value chain），企業與供應商構築了產業上下游之企業間關係，透由共同合作以提供消費者有價值的產品或服務，因此，彼此間有高度的相互依存（depedence）關係，而廠址設置是最佳的保證。

2.生產與經營成本

廠址選擇對投資需求、經營成本及收入，以及作業影響很大。一項不好的地點決策，將會導致多餘的運輸成本、合格勞工的短缺、原物料缺乏、競爭優勢的降低（土地、賦稅影響成本），以及其他影響作業類似的因素；對於服務業而言，地點不良會直接影響到客戶的數量，以及提高經營的成本。

3.供應鏈具有策略性影響

供應鏈（supply chain）是指組織一連串的活動，涉及其生產與配送產品或服務的設施、功能及活動。這一連串的流程，始於原料供應商，而延伸到最終的顧客。包括：物料的實體移動及資訊流的交換。

位於供應鏈開端之企業，若其涉及原料供應，則選擇地點，通常會希望能接近原料供應地。至於位於供應鏈中間部分企業，可能會基於各種狀況，而選擇鄰近供應商或是市場處。若是位於供應鏈末端的零售業，則地點會集中在較可接觸客戶地理分布樣本（人口密集度、年齡分布、平均購買者的收入）交通狀況以及本地客戶上。而以網路為基礎的零售業則在地點的選擇上有較大的獨立性，可存在於任何地點。

4.未來擴充與發展

設廠後由於建地面積、環境及法令的限制，必對未來的擴充與發展產生影響，而這些影響都不易於短期內改變。

5.對生態環境的影響

近年來環保意識的抬頭，大眾對於建廠所會帶來的污染、公害、噪音及生態環境影響日益重視，也造成廠址選擇的困擾，而在建廠之後其對環境規劃及影響亦不易改變。

⚒ 廠址選擇的問題

廠址問題存在於現有與新設的企業中，其規劃是企業是否成功的關鍵，值得慎重。

✦ 選擇的時機

新設公司或現有公司皆有廠址選擇的時機。但現有公司的管理者亦有終其一生，也沒有遇到這個問題，一般狀況如表2-1。

✦ 影響決策的因素

企業在選擇廠址時必要的決策，須同時進行評估策略、區域、次區域以及社區的選擇方法，通常採宏觀分析（macro analysis），使用因素評分法、線性規劃法、重力中心法，每項方法都有對應的成本分析，而且必須與企業策略相互結合。而在評估特定的地點，則是微觀分析（micro analysis）。（Chase, Aquilano & Jacobs, 1999）

表2-1　廠址選擇的時機

狀況	問題	可行方案
新設公司	無生產設施及工作場所	建廠、租廠或買廠
現有公司	組織部門擴大、場所不足	建廠、租廠或買廠
新產品或現有產品	產能不足	建廠（遷廠）擴廠、外包、加班、改成輪班
新產品	並無可用科技	改善製程、建廠、擴廠
現有產品	產品設計改變造成場所不足	改善製程、建廠、擴廠
現有產品	市場需求下降	改善製程、關廠、降低工資
現有產品	市場區域改變	關廠或遷廠
現有產品	勞工及科技成本上升	遷廠、工會情商
產品原料	供應不足	關廠或遷廠

1.地區或國際之選擇（regional/international selection）

（1）市場區域：包括：市場潛力、市場占有率及作業成本。

（2）次區域：包括：運輸成本（市場、原料、租稅、原料成本、勞力成本及取得的便利性）。

2.社區選擇（community selection）

在社區之選擇應注意市場及材料的便利性、材料成本、勞工成本與便利性、當地社區的租稅、公共設施完善性、治安、學校、醫療、消防、購物區域性便利（環保、電力、水源等）。

3.地點選擇（site selection）

地點之選擇包括：交通運輸網路（機場、車站、道路）、廠址特性（地點）、土地成本、建設成本、環境法規限制（工業區、商業區……）、公共服務便利性等。

4.工廠製造策略

當公司擁有多個製造設施時，可能以下列方式組織作業。（Stevenson, 2002）

（1）產品工廠策略（product plant strategy）：將全部商品或產品線分散至不同的工廠生產，而每一工廠通常供應整個國內市場，為分散式策略。每個工廠專注供應特定產品，需要專業化勞工，物料及產品線的設備。通常較能產生經濟規模，比多用途工廠較低成本。

（2）市場區域工廠策略（market area plant strategy）：每個工廠負責不同地理區域（如北、中、南及東部），每個工廠生產大部分的產品，並且供應有限的地理區域。雖然作業成本會高於產品工廠，但明顯可節省運輸費用，尤其是當運輸成本因數量、重量、體積等因素所占比例偏高時。此策略具有配銷速度快以及反應當地需求的優點。不過，此法需要集中化的協調決策來決定增加、減少適應市場的狀況。

（3）製程工廠策略（process plant strategy）：不同的廠房集中不同的製造層面，最適合用於多種組件的產品，分開各組件的生產，可降低在同一地點混亂的程度。此策略最主要的課題在於協調整個系統生產，需要高度溝通與集中式的行政管理，具有個別工廠高

表2-2　製造業與服務業場址選定比較

製造業	服務業
1. 產品製造的地方。	1. 服務顧客的地方。
2. 產品製造及銷售的地方分開。	2. 服務作業及銷售在相同地點。
3. 常設在資源豐富的地方。	3. 常設在人口眾多且聚集的地方。
4. 常設立一大規模工廠，以享受經濟規模的效應。	4. 常分設許多小型據點，以期更接近顧客。
5. 以成本考量為重點。	5. 以收益考量為重點。

度專業化並擁有經濟效應的數量的優點外，更能增加彼此學習機會，共享相似的問題及其解決對策。一般車輛製造業採取此策略。

5.服務與零售業的策略（顧志遠，1998）

場址的選擇都是以系統設計為最基本的考慮，但考慮重點不同（表2-2）。生產製造者為了能大量生產或較低成本生產，常會基於原料及土地取得方便、交通便利及享用經濟規模等因素來選擇廠址。但對服務與零售業而言，主要在於服務多以接觸互動的方式提供給顧客，則場址選擇均選靠近人群的地點。

服務系統設計所面臨之選擇，其重點為：（顧志遠，1998）

（1）服務場地型式與立地之選擇：服務場地條件決定了未來業者與顧客互動方式及可及性，也影響到潛在的商機與未來的發展，可說為先天條件。

（2）建立與互動的關係：服務系統是由組織（服務業者）、服務人員、顧客三主體組成互動系統（圖2-1），為地利條件。服務即是在一連串互動活動中完成，也顯示出服務系統的動態性，可說為地利條件。

服務業者的服務理念，可用下列的服務策略：

（1）將顧客吸引到服務場址接受服務：設計吸引大區域的廣大客戶群，為單一場址型，管理及資源調配極具效率，如商品組合齊全的百貨公司、大型教學醫院、飯店、中央銀行。

（2）將服務場址設在靠近顧客的地方：著眼吸引小區域顧客群的服務，靠近社區，為多場址型，構成需求資訊網、建立企業標誌、存貨及行銷調度，如連鎖超商、速食店、郵局、消防隊。

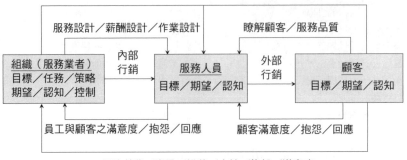

圖2-1　服務主體互動系統觀

（3）將服務場址移到顧客所在地：隨著顧客群的移動而移動，雖提供服務有限，但更接近顧客，為移動式場址，不需土地成本，生產力極高，服務簡單標準化，如巡迴醫療車、快餐車、流動郵局、捐血車等。

（4）將服務場址放在顧客的旁邊：可大量放在顧客的左右，由於電腦科技及自動化代替人工的新方法，為大量小型式場址，更能深入群眾，主動創造需求，亦具隱密性，固定、移動或遍立皆有，如電話亭、飲料的販賣機、自動提款機、郵筒等。

✖ 廠址選擇的步驟

廠址選擇的步驟分述如下：

✦ 計畫開始與組成

企業在執行廠址選擇專案過程，在計畫開始，以臨時組織成立專案小組（圖2-2），由企業體內部相關部門的主管或人員組成，必要時外聘專業人員協助。一般專案小組負責人由總經理兼任，執行者概由未來新廠負責人或企劃部主管負責，並定期召開會議進行。

規劃組：排定工作進度，完成建廠計畫書、廠地布置規劃及細部規劃、預算與控制。

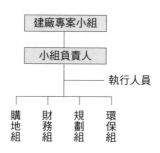

圖2-2　建廠選擇組織

環保組：環境調查、預測、分析、完成環境先期審查報告、辦理環境影
　　　　響評估作業，取得相關許可證照。

購地組：購買土地及完成土地購置各項手續、當地居民溝通。

財務組：購置土地資金籌備、支付及管理。

✦ 定義問題

　　確定廠址規劃的問題，是因何種因素要進行地點規劃？此因素存在否？
是否不是地點規劃的問題等？是否有別的規劃手段？在此一步驟必須由企業
的整體策略分析開始。

1.製造業的發展及策略計畫

　　有關製造業的發展及策略計畫如下：（王文洋，1992）

　（1）製造發展計畫

　　　　a.生產產品類型。

　　　　b.原料及工業服務。

　　　　c.人工。

　　　　d.公用設施及燃料。

　（2）製造策略計畫

　　　　a.產品與企業和產業的性質。

　　　　b.企業主要成員（股東與管理幹部）之條件。

　　　　c.企業財務狀況。

　　　　d.計畫能否迎合市場需求。

　　　　e.成長的潛力。

f.企業能否順利生產該項產品。

g.產品投資的獲利能力。

h.風險性。

2.服務業的發展及策略計畫

有關服務業的發展及策略計畫如下：（顧志遠，1998）

（1）服務發展計畫

a.服務類型。

b.規模、投資額及人數。

c.服務地點數目。

d.顧客市場類型。

e.顧客市場位置。

f.地點選取評估因素。

（2）服務策略計畫

a.產品／服務範圍。

b.競爭優勢。

c.核心能力。

d.風險程度。

e.未來發展與投入資源。

✦ 確認目標與目的

確認產業的特性（表2-3）、需求等因素，並分析目標與限制條件等要項。除此之外，企業並應確認影響目標的重要因素（表2-4）。並對這些因素，予以不同的權數做為重要性的區隔。

表2-3　製造／配銷與服務／零售在地點考選的重點表

製造／配銷業	服務／零售業
成本考量	收益考量
·運輸模式、成本	·地理樣本區：年齡、收入、教育程度
·能源取得、成本	·人口、吸引力
·勞工成本、取得、技術	·競爭力
·建築、租賃成本	·交通流量、型態
	·客戶可進入程度、停車

資料來源：Stevenson (2002).

表2-4　製造地點與服務地點規劃要素之比較

要素	製造地點規劃 項目	服務地點規劃 項目
供應因素	・易腐因素 ・原料運輸成本 ・土地成本 ・動力（能源）成本、廢棄物處理 ・通訊網	・適合建物或大樓 ・娛樂及文化機構 ・動力供應 ・醫療及社會福利 ・通訊設備 ・土地與建築成本 ・警政與消防 ・銀行系統、廢棄物處理
市場因素	・便利性因素 ・競爭因素 ・產品易腐因素 ・產品運輸成本	・區域劃分 ・區域人口數及結構（平均家庭收入、大小及人口密度） ・區域內市場潛力 ・競爭狀況 ・擴張潛力
勞工因素	・勞工成本因素 ・技能因素 ・數量因素 ・工作態度因素	・員工獲得成本 ・員工習性與文化 ・員工技能因素
政治因素	・政治穩定性 ・對本國的態度 ・法律保障因素	・政治穩定性 ・對本國的態度 ・法律保障因素
租稅因素	・稅率因素 ・獎勵制度	・稅率因素 ・獎勵制度
地理因素	・氣候因素 ・地質地形因素 ・水質因素	・氣候因素 ・水土與環境保護
交通因素	・交通便利性 ・運輸成本	・步行狀況 ・交通與道路網 ・路況與停車
文化因素	文化同質性因素	・教育與文化設施 ・文化同質性因素
社區因素	居民接受程度	・生活水準 ・社區態度 ・該地一般組織氣候

✦ 決定企業所需廠房建物之條件

企業完成廠房投資計畫書，其主要工作內容包括：（林豐隆，1999）

1.企業概述

　（1）經營型態。

　（2）企業地點。

　（3）產品說明。

　（4）市場情況與競爭力分析。

2.企業定位、目標、行銷策略和定位策略

　（1）產品定位。

　（2）產品目標。

　（3）產品行銷策略。

　（4）產品定位策略。

3.企業概述

工廠設備布置計畫（作業程序詳見設備布置程序章節）

　（1）經營型態。

　（2）產能規劃。

　（3）設備需求。

　（4）適宜設置地區。

　（5）廠房建築類型。

　（6）廠房與基地面積。

　（7）法令限制。

　（8）水電需求狀況。

　（9）交通、環境。

4.環境規劃

5.所需資本和資金運用情況

　（1）所需籌措資本。

　（2）資金運用。

6.工作進度擬定

7.市場描述

8.競爭力分析（SWOT表）

9.行銷策略：4P

10.企業未來組織表

（1）所需籌措資本。

（2）投資額及週轉金估計。

（3）結論與建議。

11.計畫投資可行性分析

✦ 所在地之選擇

依建廠計畫得知所需的面積，列出可行地區、列出可行地區的幾個可行社區、每個社區的幾個可行位置，則宜選擇多個適合建廠之地點，可由地圖或地籍謄本著手進行。使用之地圖以能包含原料供應與產品市場為宜，比例不宜過大，若能標上都市計畫狀況、人口及平均所得水準則更理想。地圖圖面上之研究，可得適合的地點，以便進行下一步之實地訪查與過濾。

✦ 調查可取得之用地

本步驟工作係由地圖上已選擇之若干適合地點進行查訪，尋找可獲得之建物，並作初步之取捨工作。建地之查訪可透過仲介業的介紹或直接與地主洽商，初步取捨工作可用檢核表、問卷式回答、評分表或比較方法協助分析，以求較客觀與周到之考慮。

✦ 分析評估

在前面的步驟已選定之可得建地以客觀與科學方式進行分析，說明如下：

1.有形成本因素之估計

例如，運輸成本、工資水準、勞務成本、廠房建築費用等，可由相關人員分別計算。

2.無形成本因素之考慮

諸如環境、法令、居民素質、地區發展等因素，可由有關人員以投票方式決定其重要性及各可取得建地之排名、評分和各因素之權數。

依量化及非量化分析各可行方案再依目標因素，再予以分別評價、選擇最佳方案，有關詳細之分析評估方法，於後說明之。

✦ 廠址決定前進一步調查與考慮

由分析評估所得之結論雖具有極大的參考性，但仍必須做進一步的調查與考慮，包括：實地的再次查訪、產權調查、地目變更及其他有無疏忽之因素等。

✦ 對環境的影響評估與當地居民之反應

環境，包括：生活環境（考量因子為空氣、水質、土壤、噪音、廢棄物、振動、地層下陷、惡臭、風害等）、自然環境（考量因子為氣象、地文、水文、動植物等）、社會環境（考量因子為社區環境、景觀及休閒、文化資產等）及經濟環境（成本效益、財務健全性等）的綜合環境。而工廠或商場的設立勢必影響環境及土地資源的利用。

環境影響評估的理念乃在於事先解決環境問題，避免事後公害事件之發生。因此，企業在擬訂重大開發計畫時，在其定案或正式實施前，就開發或建廠前，需對環境可能影響之程度或範圍，事先加以客觀且綜合之調查、預測和評定，進而提出公開說明，並付諸審議之程序，以決定開發或建廠計畫可否實施。

當地居民對此開發或建廠之態度，也是選擇時的一項重要考慮之因素，在此環境保護受到重視之時需特別關心，因為關係到爾後之勞力取得、土地使用、排水及廢棄物處理等問題。如果當地居民反對，則不可勉強設廠，否則，將招致極大的後患。

在此階段，須由企業指派專業人員檢討環境的各項考量因子及須有措施外，更需暗中派人拜訪社區關鍵人員，聽取意見，以謀共識，達成溝通之目的，並獲得地方之支持。

✦ 決定及購置土地

依分析評估、產權及地目的調查、檢討環境影響評估及當地居民之反應，則可正式決定購置土地，並與地主洽商價錢及移交進度。

✦ 建廠工作展開

購妥土地，則可進行廠房細部規劃工作及環境影響評估審查及查驗作業流程。（圖2-3A、圖2-3B、圖2-3C、圖2-3D表2-5）（http://www.chepb.gov.tw/service/, 2004.2.3）

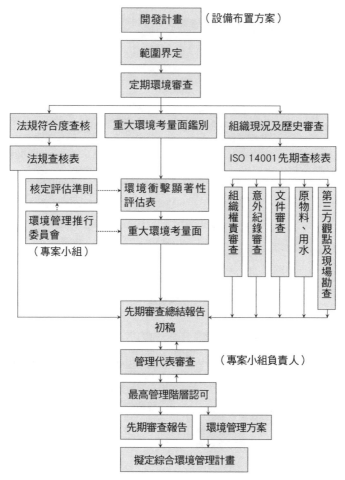

說明：依 ISO 14001 作業流程。

圖2-3A 環境影響評估技術作業流程（一）

⚒ 廠址選擇的評估方法

✦ 製造業

1.損益兩平分析法（Break-even-Analysis）（賴士葆，1995）
主要用來評估單一廠房的決策問題，可用經濟面的比較來決定較低成本

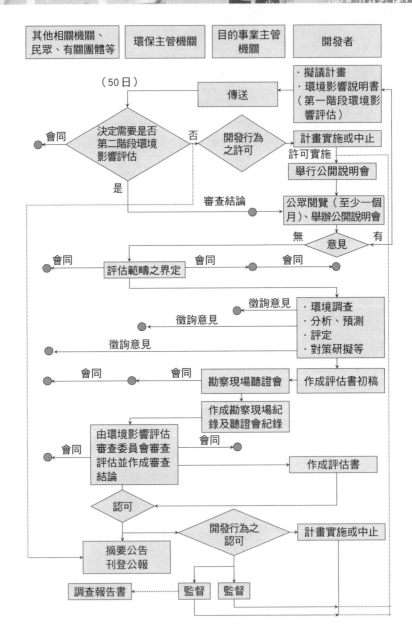

圖2-3B　環境影響評估技術作業流程（二）

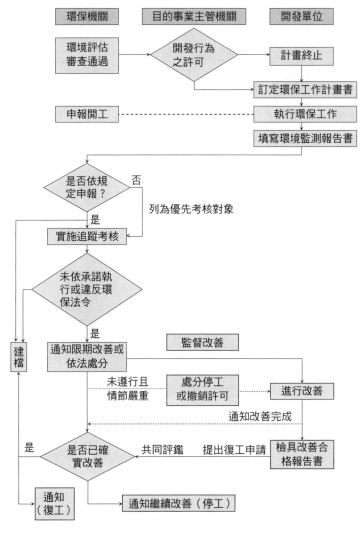

圖2-3C 環境影響評估技術作業流程（三）

（或較高收益）的廠址。此法假設的前提為：

（1） 固定成本維持不變。

（2） 變動成本與產出水準呈線性關係。

（3） 市場需求能夠準確地加以預估。

（4） 只生產一種產品。

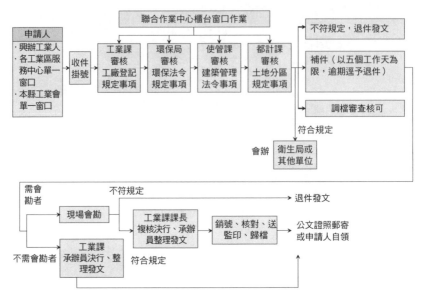

處理期限：

一、 變更工廠名稱、負責人、門牌整編、註銷、換證、抄錄、證明案件採隨到隨辦為原則，當日結案。

二、 工廠登記、變更廠址、建築物面積、使用電力、容量或熱能案件自收文日起三天內結案。

三、 需會同衛生局查廠或辦理聯合會勘案件於會簽後三天內結案。

四、 依目的事業主管機關規定，需行政審查者，直接退件。

圖2-3D　環境影響評估技術作業流程（四）

進行的步驟為：

（1）決定各廠址間的固定成本與變動成本。

（2）繪出各廠址總成本線。

（3）在預期的產出水準下，選出最低總成本的廠址。

　　總成本＝FC＋C×Q

　　FC＝固定成本　　　C＝每單位變動成本　　　Q＝產量或數量

2. 因素評比系統（Factor Rating System）

依主觀方式將影響選擇的各種因素包括：定量與定性投入，視其輕重及功能，例如，原料、勞工、交通、能源、稅法、地價等，然後依其相對間的重要性給予權值，用記分法，最重要者予以最高分，其次遞減，然後總和其所得而比較之。一般皆運用於單一廠址的決定，其採用步驟為：

表2-5 工廠登記、變更申請資料表

應附書表及份數 \ 登記事項	登記	廠名變更	負責人變更	廠址或建物面積變更	使用電力容量或熱能變更	產業類別變更	產品名稱變更	註銷	換證	門牌整編
一 工廠登記申請書。	3									
二 工廠變更登記申請書。		3	3	3	3	3	3			
三 建築物配置平面簡圖及建築物面積計算表。	2			2						
四 如為非都市土地，應檢附土地登記簿謄本（標示部），如為都市計畫範圍內之土地，應檢附土地使用分區證明。	2			2	2	2	2			
五 符合用途之使用執照影本或合法房屋證明（含門牌整編證明）	2			2						2
六 工廠負責人身分證影本及具有行為能力切結書。工廠負責人如為華僑或外國人，應檢附在台設定居所證明文件。	2		2							
七 環保主管機關出具之證明文件，惟如屬環保法令規定管制之事業種類、範圍及規模者，應依環境影響評估、水污染防治、空氣污染防治、廢棄物清理等類別分別檢附各項核準或許可證明文件。	2					2	2			
八 原領工廠登記證正本1份。（如遺失應檢附登報遺失啟事2份）		2				2		2	2	2
九 屬工廠管理輔導法第十五條第一項第六款規定產品，應檢附該法令主管機關出具之許可文件。	2					2	2			
十 位於設有污水處理廠之政府開發工業區，應檢附工業區管理機構核發之廢（污）水聯接使用或同意自行排放之證明文件。	3				3	3	3			

（1）決定哪些因素是相關的（例如，市場地點、水的供應、停車設施、潛在收入）。

（2）在比較各因素的相對重要性後，指派每項因素一個權數。一般而言，各權數的總和為1.00。

（3）針對每個因素，決定一個共同的尺度。

（4）評定每個地點方案的分數。

（5）將每個因素的權數乘以各因素之分數，並且加總各個地點方案的結果。

（6）選出最高綜合分數的方案。

3. 運輸模式（Transportation Model）

運輸模式是線性規劃（linear programming）方法中所發展出的第一個通用模型，協助企業處理多廠址多倉儲中心間之產品運輸問題。亦可應用在廠址選擇，將進出各該地點之貨物運費計算出來，並選擇能使總運費極小化的設廠地點。也就是說，假如我們要在兩個可用之廠址中選擇一個，而運費是一個重要考量因素，則在選擇時，可將兩個廠址分別配入原有系統中，並分別計算出其總成本。在兩個總成本均計算出來之後，則可選擇總成本較低之廠址爲設廠地點。一般運用於單一廠址的決定，其方法爲：（賴士葆，1995）

（1）西北角法（Northwest-corner Method）：本法在概念上相當簡單，先從運輸模型矩陣的左上方格（西北角）開始分配，然後逐漸向右下方塡補，直到供需條件均獲得滿足爲止。此種分配方式的缺點是沒有考慮成本的因素，所得結果往往距離最佳解很遠。因此，從求解效率的觀點，這並不是一個極理想的方式。

（2）最小成本法（Minimal Cost Method）：本法分配時將成本因素考慮在內，它先在整個成本矩陣中尋找最小的成本元素，然後就該方格分配，至於分配多少，則與西北法相同，即比較該方格橫列與縱行所剩餘未分配數字，並選擇較小者。對於已滿足條件的橫列或縱行，則從成本矩陣中刪除。其次，就未刪除的成本矩陣中再尋找最小者，選爲第二次分配的方格，然後依前述規則分配數量。循此方法反覆演算，直到全部分配完畢。但本法未考慮成本元素間的相互關係，亦未顧及成本相對效益的問題。

（3）差額法（Vogel's Approximation Method, VAM）：本法著重於成本相對性的懲罰，其方法是就每一橫列或縱行，找出最低與次低成本的差額（若最低的兩個是相同額，則差額等於零）。此差額即表示，若不依最佳在使用運輸模式時即需要的資訊有（表2-6及表2-7）：

a.每期的供應量（工廠）。

表2-6 運輸法釋例表

目的地 供應地		物流中心			工廠供應量（千個）
		甲	乙	丙	
工廠	A	17	10	6	80
	B	7	12	14	40
需求量 （千個）		80	40	30	

表2-7 運送單位成本表

目的地 工廠	甲	乙	丙
C	10	8	15
D	12	13	5

b.每期的需求量（市場或倉庫）。

c.從工廠送貨至市場或倉庫的每單位成本。

【例題】：已知某製造冷藏午餐便當的公司現有二廠工廠（A、B），將其運送至三個物流中心轉送至各便利商店，目前因為市場每日需求超出供給量，該公司需要再蓋一新廠生產相同產品，經初步選擇之後剩下X與Y兩個地點，而決策者需在這兩者之間選擇一個，其主要考慮為運輸成本，已知相關資料如下：

a.原有A廠供應量為每月6萬個便當，B廠供應量為每日5萬個便當，已知甲物流中心需求每日8萬個，乙物流中心每日4萬個，丙物流中心需求每日為3萬個。新設工廠需供應4萬個才能滿足需求。各工廠運送產品至各物流中心單位，成本如表2-6中各方格右上角數字。

b.新設工廠之運送單位成本：分配方法將使費用增加懲罰額。因此，應先選擇差額最大的行或列，並就該行或該列的最低成本方格進行分配。至於分配數額，則與前兩法相同，即比較剩餘未分配額，也選擇較小者，對於已滿足條

件者，則予以刪除。然後再繼續求算差額，重複前述步驟，直到全部分配完畢爲止。

有關進一步線性規劃過程，有興趣的讀者可逕行參閱有關作業研究（Operations Research, O. R.）的書籍，本章節不深入討論。

4.重心法（Center of Gravity Method）

本法爲單一廠址的選擇技術，主要考慮到現有措施，彼此之間的距離與商品的運輸量，此技術常用於半成品或物流倉儲的決策。此法在於確保進貨與出貨之運輸成本相等，同時未考量未滿載的特殊運輸成本。也就是找出將配銷成本最小化的配銷中心地點（倉儲），其配銷成本視爲距離與搬運數量構成的線性函數。（Stevenson, 2002）

這個方法也使用地圖顯示目的地的位置，其必須精確並且劃上刻度，圖上畫有座標系統，以確知相對的位置。假若搬運至每個目的地的數量相等，經由找出X座標與Y座標的平均值，便可得重心的座標（即配送中心的位置）。這些平均值可得下列公式：

$$\overline{X} = \frac{\sum X_1}{n} \qquad \overline{Y} = \frac{\sum Y_1}{n}$$

X：目的地 i 的 X 座標
Y：目的地 i 的 Y 座標
n：目的地數目

如果搬運至每一個目的地的數量不同時（通常是這種情形），則必須用加權平均法來求重心座標，其權數即爲運送的數量。其公式爲：

$$\overline{X} = \frac{\sum X_1 Qi}{\sum Qi} \qquad \overline{Y} = \frac{\sum Y_1 Qi}{\sum Qi}$$

Qi：搬運至目的地 i 的數量
Xi：目的地 i 的 X 座標
Yi：目的地 i 的 Y 座標

✦ 服務業

1.服務場址選定方法

服務場址的選定可採用因素評比系統（須多加考慮非計量的因素）、損益兩平分析法及重心法來評估。

2.地點策略

爲了能給予顧客更好的服務，服務業依不同顧客之特定需求，而採取不同的地點策略，來滿足客人需求的方法。

（1）零售店：主要考慮需求量的大小，即區域內人口的多少、年所得、教育水準、年齡、家庭經濟、就業情形等有關的人口統計學數據，再加上考慮同業的競爭及交通情況等，可運用因素評比系統法來選擇。

（2）公共服務設施：一般公共服務措施，包括：郵局、學校、公園、銀行等，所需考慮的因素，通常均可量化，尤重於顧客來往所需的平均距離和時間等，可用重心法來評估。

（3）緊急設施：緊急設施指消防隊、急診中心、警察局等，主要為縮短從接到緊急事故發生的通知後，趕到現場的時間。因此，選定所要的極小化，是任一單一事件所需的反應時間，也就是使單一事件最大的反應時間的極小化。

（4）移動場址：一般指販賣食品移動設施、活動郵局、捐血車等是服務業新趨勢，可用路徑理論找出移動場址的最佳移動路線（能經過最多顧客群）。另外亦可利用人因工程設計移動場址之特徵、外觀及陳設，以增加服務及宣傳效果。

（5）多場址及大量小場址可用運輸理論來評估自動販賣機，由於無人看管，更可用人因工程設計位置標示、操作標示、人機介面及確保安全衛生等，以增加服務及宣傳效果。

3.電腦程式軟體

（1）地理資訊系統（Geographic Information System, GIS）（Davis, Aguilano & Chase, 2001）：為服務業評估不同地點優劣的電腦工具，能更快速且準確地執行地點的分析。地點資訊系統可將大量資料以圖形顯示，提供服務業的管理者鳥瞰某特定區域的機會，包括：用人口統計資料來尋找零售地；分析不同區域所產生的總銷售額比率來設立購物中心；提出非關鍵性之急診病患需求數以及符合這些要求之診所和醫師間的差距。

（2）汽車旅館選擇軟體（Kimes & Fitzsirmos, 1990）：選擇好地點對連鎖飯店等服務業是非常重要的，在行銷主要考量的重點為產品、價格、促銷和地點，尤其是地點及產品為最佳的競爭優勢。Kimes及Fitzsimons研究出協助La Quinta選出汽車旅館的潛在地點，包含35種變數，資料由其他57家La Quinta汽車旅館蒐集成為

一個探究資料分析法（exploratory data analysis）的技術辦認出16
種在1983年與1986年之作業利潤有相關的變數（表2-8），然後建
構一個複迴歸模式為：

> 獲利力＝39.05－5.41×每家旅館平均分配到的州人口數（千人）
> ＋5.86×旅館價格－3.91×這個區域收入之中位數的平方根
> （1,000）＋1.75×四哩內的大學生人數

這個模式顯示市場滲透性會負面影響獲利力，價格則是正面影
響，高收入為負面影響（這家旅館在中低收入地區生意較好），
在大學附近則是正面影響。

🔧 國外設廠

多國企業的興起使得國外設廠逐漸成為一個重要的課題，除了國際分工
此一理念外，企業亦可能因為原料、勞工成本、擴展市場、避免貿易障礙及
環境保護等理由，而考慮國外設廠。

海外設廠之選擇及評估方法，可依前面章節所述辦理，基本上考慮的因
素比國內設廠時更多且更複雜，其主要因素如下：

✦ 國外設廠模式（李吉仁、陳振祥，1999）

1.技術授權

表2-8　與作業利潤相關聯之變數簡圖

變數	1983	1986	變數	1983	1986
出入性	.20		總距離		.22
年紀	.29	.49	全體居民數	-.51	
四哩內之大學人數		.25	辦公大樓數	.30	
行政大樓數		-.22	一般民眾	.30	.35
受薪人數	-.22	-.22	價格	.38	.58
薪資額度		-.23	稅率		.27
			州	-.32	-.33
			訪客數	.25	
			交通	.32	
			城郊	-.22	-.26

授權係指由擁有專屬技術知識的業者，提供有條件的技術知識使用權利予投資國的特定廠商，而被授權廠商必須依生產數量支付一定額度的權利金給予授權主，可以用來授權的範圍包括：專利技術、配方、創新製程、設計、文字所有權或商標等。其最大利益在於不須另行投資，可以讓業者的專屬技術而產生額外價值，也就是外溢效果（spillover effects），對欲進入限制外人投資或設立高關稅障礙國家，風險並不高，但往往使得授權者有機會成為潛在的競爭者。

2.連銷加盟

可說是一種特殊形式的授權，授權的標的物包括：品牌及整套的營運系統，尤其因為海外加盟者（franchisee）與加盟授權廠商（franchisor）共同使用同一品牌，所有加盟者被要求必須在相同的品質規範下作業，以確保整齊劃一的產品或服務品質，而授權內容包含協助加盟者建立品質的輔導過程。

3.合資

國際合資係指業者與地主國的合作夥伴，以議定比例共同持有股份的方式，成立新的合資企業，以成共同的策略目的。合資的模式不同於前者的特質，合資有股權的介入，對廠商而言，資源承諾度與風險度相對提高。然而，合資不比獨資優異，因為一則可取得當地資源，降低學習的成本，二則又可與當地合作夥伴共同分擔商業風險。但若因兩方合資的決策方向若有衝突，往往容易導致合資企業的無效率，甚至以解散該事業或是由一方完全承購收場。

4.獨資

獨資係指由廠商以100%股權於投資國成立子公司（wholly-owned sub-sidiary），這個子公司可以新成立的事業或透過併購當地既有事業達成。獨資具有緊密掌握本身技術資源、決策較趨單純化，使企業在連動市場的協調配合較易等優點。但是，必須自行擔負所有商業與財務風險。此法為台商較為常用的模式。

✦ 投資的環境

1.本國政府對海外設廠的法律規定。

2.當地投資國對於國外投資的法律規定，例如，外資比率、國外員工比

率、盈餘的處理等。

3.當地投資國的政治環境，如政治穩定性、對外投資的態度等。

4.當地投資國的經濟環境，如生活水準、國民所得、成長情況，財政穩定性等。

5.當地投資國的社會與文化環境，如宗教信仰、民俗文化等影響員工作息時間及工作態度。

✦ 海外規劃要素

海外規劃要素除依前述表2-4考慮外，應增加之要素為：

1.合作的夥伴：技術授權、連鎖加盟、合資、獨資、併購。

2.金融制度：外匯政策、銀行業務、金融交易。

3.進軍地域：先進國家、開發中國家。

4.管理體制：管理制度、辦法、流程、表單。

5.人力資源：人員派遣及當地人員的培訓與管理。

海外投資設廠，最重要的是決策者須重視風險管理，為達成風險最少化的方法，有必要準備多項具體措施，首先必須做好根據企業經營策略的事前調查，而且須徹底（**圖2-4**）（瀧澤正雄，1999）， 方可減少和合作對象的糾紛、銷售不理想、品質不良等許多負面因素，或導致面臨撤退或終止契約等的嚴重危機。

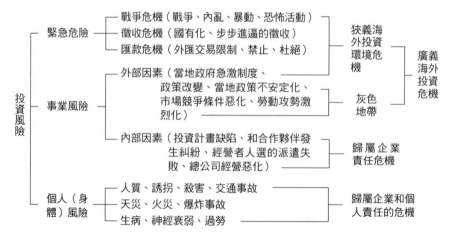

圖2-4　投資風險和海外投資環境危機的關係

✖ 廠址選擇與環境保護

　　無論製造業或服務業的設立，對社區可能帶來就業機會、納稅來源等實質經濟利益，但社會期待企業成為好鄰居、好鄉親，不希望因企業的存在而影響社區的生活條件。實際上，企業在營運的過程對社區可能產生的衝擊，包括：所形成的噪音、空氣污染、水污染及廢棄物排放等直接危及大自然環境的品質，甚至破壞生態環境後果，造成社區民的不安而產生衝突與糾紛。

　　對自然生態的保育觀念，必須融入企業經營決策之中，更且需將敦親睦鄰的觀念亦加入企業價值創造過程，使社區成為企業實體營運植根的所在，愈能建立與自然環境的永續關係，企業方能使經營績效更為提昇。因此，須做好環境規劃及環境評估的工作。

　　所謂環境規劃是企業在擬訂重大開發計畫（建廠）時，在其定案或正式實施前，就開發或建廠前，對環境所可能影響之程度或範圍，事先加以客觀且綜合之調查、預測和評定，進而提出解決方案。完成環境先期審查報告，而環境影響評估是將企業之先期審查報告先提交環境保護主管機關予以公開說明，並付諸審議之程序，以決定開發或建廠計畫可否實施。

　　環境影響評估具有下列的特色：（陳文哲、劉樹童，1994）

1. 事先發現問題予以解決，化事後之補救為事前之預防。
2. 居民參與為一必備之要件，以謀共識，達成溝通之目的，並獲得地方之支持。
3. 為科技整合之工作，具有組合調整之功能，以謀求環境保護與經濟發展之整體平衡。

✖ 廠址選擇忽略之事項

　　廠址選擇對企業而言，是一件作業繁鉅、大量資源投入的工作，但中小企業仍然容易疏忽下列的問題：

1. 未來做好籌備組織與計畫，由決策者獨斷，缺乏深入的研討及全面考慮。
2. 中小企業資金短絀，往往急於產品或服務上市，時間短促，規劃未能完整性。

3.受決策者或計畫者私人偏好所左右。

4.對於地區之選擇缺乏調查及長期眼光。

5.傾向選擇現有建物或廠房，影響未來產能規劃及作業，影響生產效率。

6.為降低人工成本選擇高級人才不樂意就職地區，造成未來企業發展的困擾。

7.對未來企業的發展過於樂觀，購置廠址面積過大，設備過多，形成財務及業務壓力。

8.未重視環境的規劃及影響評估，造成問題。

9. 疏忽與當地區民溝通，形成建廠困擾。

✖ 廠址選擇的趨勢

近年來由於運輸、交通及通訊的普及化、環保活動的重視及國際性投資之日益擴大，對廠址選擇形成了未來的趨勢。

✦ 集中於工業園區

工商業之蓬勃發展，地價偏高、建廠成本增加，政府為解決此問題，大力開發工業建地，形成工業區，不僅租稅獎勵，更因各工業區皆集中廢水及廢棄物處理，減少困擾。是故，各企業莫不紛紛進駐。

✦ 成立專業工業區

不論製造業或服務業，依生產供應鏈及服務叢聚現象（產生共生的現象），營造專業的形象，可避免供應廠商及人才之不足，有利產業之發展。例如，工具機、襪子、螺絲五金專業工業區。

✦ 廠址分散

分區設廠或服務據點，具有下列優點：

1.分區若遇火警、天災、人禍，其影響僅及一處，不致累及全部。

2.分區可就近市場，供應商區及服務方便。

3.分區規模較小，管理層級簡化，人員較少，員工召募容易，管理具有效率。

✦ 服務大型化

大眾生活水準提高，電腦與通訊技術發達、管理與行銷方法創新、政府管制開放及國外合作等因素，致使服務業不斷擴大經營，帶動服務場址日趨大型化。可區分為：

1.單場址大型化

能節省經營成本，提供更多樣服務，可符合顧客需求，產生獨占、寡占的效果。

2.多場址大型化

經由不斷加盟的分店，形成一個巨大服務網，其聲譽可吸引許多顧客。

✦ 網路化服務

為更接近顧客群，同時也保有業者的專長服務，部分業者特重設置完善網路設備及系統，並走向在交通便捷地點（靠近機場、交流道）設立發貨及服務中心，提供易於複製學習、市場資訊與物流網交換及產品維修的服務。

設備布置

✖ 設備布置的定義

設備布置（equipment layout）是為使生產能經濟有利的進行，而安排生產所需之機器設備與人力之配置。要達成此項任務，設備布置必須儘可能減少零件及人員移動，以及零件製造時間，如此方可減少人工及其他費用。設備布置是製程設計之延伸，它是就製程設計，並考慮生產數量，而發展出經濟有效的生產系統。（陳定國，2003）

有效的生產系統，由工程師分析、設計及執行系統以作為產品或服務的生產。其設計通常代表一個地板計畫（floor plan）或一個實體設備（設備、土地、建築物、公共設施）的配置，以使作業人員、物料流程、資訊流程和生產方法做整合性思考及規劃方式來達到最佳化的配合，完成企業目標。

⚒ 設備布置的重要性

設備布置的目的在於決定設施內的設備（機器）、工作站、保持有存貨的位置予以妥善的安排，以促使工作生產流程暢通。也可說是使投入（物料）經過轉換，自每一套設備產出是在最短的時間和可接受的成本。

布置與部門、工作中心及設備相關，尤重於系統中工作（顧客或物料）的移動。就像系統設計的其他領域，布置決策很重要的三項基本理由如下：（Stevenson, 2002）

1.需要大量投資金錢與心力。

2.涵蓋企業長期的承諾，以致於造成的錯誤很難解決。

3.對作業成本與效率有重大影響。

面對顧客的需求是變動，或者需求不確定以及無法正確預測的情況下，唯有採取彈性的競爭策略，但彈性在製程決策中，並不一定提供最佳選擇。彈性系統或設備通常比較昂貴，而且不一定比彈性較差的選擇更有效率。因此，企業決策者必須慎重在設計新設施或重新設計現有設施過程中詳加以檢討得失後，再行決策。

⚒ 設備布置的目標

設備布置是要去尋找一個設計及操作的生產系統。一個好的工廠（辦公室）的布置，可提供真正競爭物料及資訊流程的利益，以及豐富工作者的生活。亦可得一個好的服務布置使服務步驟具有好的相聚（顧志遠，1998）。

基本上製造業及服務業布置的重點有差異（表2-9）（顧志遠，1998），其目標為：

1.製造及後勤操作方式：（Chase, Aquilano & Jacobs, 1998）

（1）直線式流程（或可調整）。

（2）退貨保持最少。

（3）生產時間可預測。

（4）少量在製品存量。

（5）開放流程可見問題的發生。

（6）生產瓶頸可以控制。

表2-9 製造業與服務業設施布置差異比較

製造業	服務業
1.著重在各工作站間的運轉效率及方便性。	1.著重在各服務站間顧客動線的舒適性及方便性。
2.設計設備如何擺放。	2.設計服務站如何設置。
3.通常有原料、在製品及成品的存貨管理問題。	3.通常只有輔助服務物品的存貨管理問題。
4.由生產線的規劃引出工廠布置的各種問題。	4.由服務包設計引出各種服務場所布置問題。
5.不需要考慮與顧客接觸的問題。	5.需要考慮與顧客接觸方便及互動問題。
6.加工機械設備較大且重，故一旦擺定，不易移動。	6.較無笨重機械，故布置較易重新擺放。

（7）工作站緊密在一起。

（8）可控制搬運及庫存物料。

（9）不發生重複搬運。

（10）容易調整改變生產條件。

2.面對面服務操作方式

（1）簡潔服務流程。

（2）適當等待能量。

（3）容易與顧客溝通。

（4）容易監督顧客。

（5）寬敞出入口以調整結帳能力。

（6）顧客容易看見各部門及流程的安排。

（7）等待區與服務區的平衡。

（8）最少的走動及物料移動。

（9）不會產生雜亂。

（10）每平方公尺面積具最高銷售能力。

⚒ 設備布置的時機

企業在下列狀況下，需要進行布置活動：（陳文哲、劉樹童，1994）

1.設立新廠時。

2.產品設計變更時。

3.增加新產品時。

4.擴充或縮減工作組織單位時。

5.改變生產方式,增加生產設備時。

6.增加新工作項目須設置工作部門時。

7.為合理調配作業順序而必須遷移工作單位時。

8.生產單位具有問題者,亦須考慮重新布置。

（1）原布置不合於新的生產方式,如直線生產方式已不合時宜。

（2）建築物陳舊,有危險或不合所需時。

（3）製程改變時。

（4）新增設備與原有流程不合適者。

（5）無法分析閒置及遲延因素發生。

（6）庫存管制發生困難。

（7）新增加防污、防震、防噪音等設備時。

（8）工廠缺安全通道須增加設置時。

（9）工作場所不夠使用。

（10）某部分生產量偏低、效率低落時。

（11）搬運物料常發生停滯、擁塞、逆回等現象者。

（12）工作場所堆積過量在製品時。

（13）物料流程不順暢,造成嚴重瓶頸。

（14）生產序列就現有布置難以安排者。

（15）工人與機器閒置。

（16）生產費時。

（17）時間調配不妥,有些過擠或空曠。

（18）室內空氣、溫度、光線不合需要,易生危險者。

（19）無法推行科學管理者。

（20）工廠設備維修及保養困難者。

（21）物料儲存和成品交運發生阻礙時。

✖ 影響設備布置的因素

✦ 產品（服務）流程的類型

製造業作業流程可分為直線式（連續性、大量生產）、間歇式（批量）、零工式及專案式生產，而服務業可分為零售、倉儲及辦公室等類型，不同的類型，其作業流程均有不同的設備布置方式才能符合所需。

✦ 生產量（服務量）的大小

生產量或服務量影響所需從事作業的員工人數、機器的生產能力及物料的供應，同時也影響產品（服務）流量的類型，故而影響設備布置的形式。

✦ 產品（服務）的形狀與體積

工業產品的形狀有固體和液體之分，體積有大小輕重之別，而服務產品亦有實體與軟體之異，因此對原材料、製成品及服務的傳遞設備與工具，亦有不同的選擇與運用，故對設備布置發生影響。

✦ 操作方法的類型

工業或服務的操作，可分為各種不同的類型，因此工作者、設備及運搬器具皆有所不同，則設備布置各自不同。

✦ 勞工的類型

勞工的體能、技能、宗教不相同，則設備亦有所不同，應在布置時妥為考慮。

✦ 資金的多寡

企業資金的多寡，則購買土地及建築廠房的使用方式不同，另外設備購置不同，則布置空間、高度會有不同的規劃。

✦ 生產系統及設備自動化的程度

生產系統自動化包括：材料處理或裝配、運搬或儲存、管制及建立資訊

以支援前者工作,而自動化設備的採用人工、半自動、自動及全自動的方式,會影響公共設施及運搬設備的要求,則工廠會配合資金及員工素質亦需考慮。

✦ 環境要求的條件

影響工作效率及設備運作的重要因素,影響員工個人的士氣、舒適與安全,尤其光線、聲音、溫濕度、污染、廢棄物、消防及安全措施皆會影響工廠的布置。

⚒ 設備布置的步驟

✦ 設備布置實施階段

設備布置的實施,可分為六個階段(**圖2-5**),而且需與廠址選擇緊密的配合,方可順利進行,其內容如下:

1.第一階段:設備布置計畫籌設準備。(決定計畫的組織及程序)
2.第二階段:系統規劃設計。(建立廠區布置整體之安排各種方案)
3.第三階段:方案選擇評估。(完成投資計畫書及環境先期審查報告,並依經濟效益評估準則作方案選擇)
4.第四階段:廠址選擇。(依方案進行購地方案及完成環境影響評估報

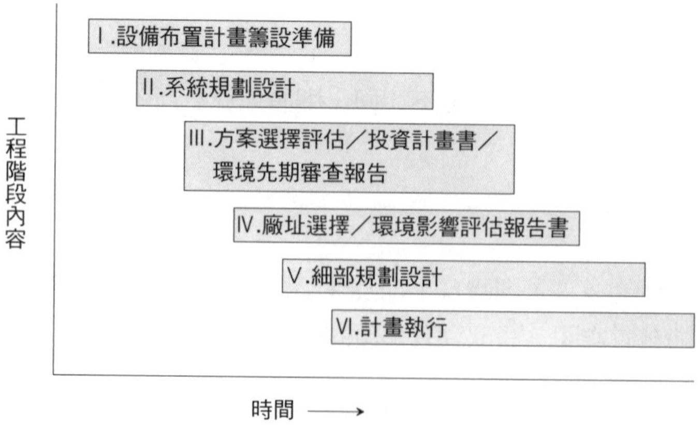

圖2-5　設備布置步驟圖

告書）

5.第五階段：細部規劃設計。（確定各部門機器設備位置及相關公共設
施，並著手進行管理軟體等工作）

6.第六階段：計畫執行。（設置計畫之擬定、核准、實體及軟體建設之
進行、控制，包含環保執照之申請）

　　一般新事業新廠的實施，依此步驟進行，而舊廠擴建時，則可省略廠址
選擇（第四階段）工作。

✦ 設備布置的程序

　　規劃工廠（服務工作站），其系統方法（**圖2-6**）為：（許敦牟等，
1997）

1.計畫籌設準備

（1）計畫開始與組成

　　a.組織：一般企業在執行專案過程，專案的組成與執行有下列幾
種類型：

　　a）以企業體內相關部門的主管或人員組成。

　　b）委聘技術顧問或專案參與專案。

　　c）與國外業界合作。

　　d）委由設備供應廠商規劃。

　　e）委交工程技術顧問公司進行規劃。

　　b.作業

　　a）由企業高階管理者決定。

　　b）由企業內成員（或其他方式）組成專案小組，並指派負責
人。

　　c）定期召開會議，推行各項作業。

（2）基礎規劃資料之蒐集

　　a.現場訪談（相關人員）紀錄。

　　b.資料表單蒐集。

　　c.製造業現行作業資料蒐集與分析

　　a）基本營運資料。

　　b）產品資料：公司所產生的產品，包括：原物料、外購零

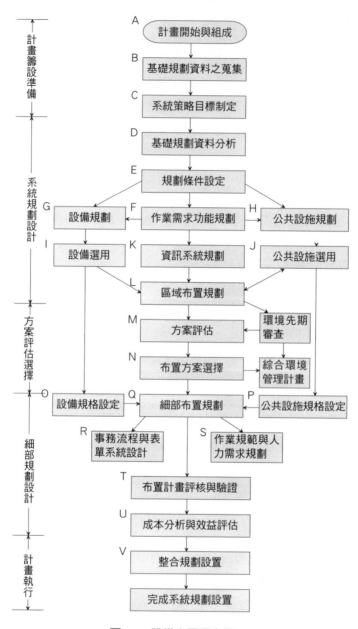

圖2-6 設備布置程序圖

件、在製品、成品及勞務等。

(a) 質能平衡分析：若連續式直線生產如化工、金屬冶金業，首先需考慮此質能平衡分析，係依據在一定時間內進入反應的物質總和及能量總和與離開反應之物質和與能量總和相等之原因來分析計算各反應製程前後之物質、能量之關係，進而設計所需設備和管路大小，而其所需之技術，涉及化工之專業技術，請自行查有關化工書籍。

(b) 零件圖面分析：若非直線連續式生產，則需有裝配圖及零件圖，必須進行零件圖面分析。計包括；零件特性瞭解、裝配圖與次裝配圖（零組件圖）的瞭解、零件依其重要性予以ABC分類、選擇物料、估計廢品率、規格研究、公差分析、製造順序分析、加工作業規範等項工作，請參考機械製造專書。

c) 訂單資料及生產資料：指生產、供應及使用之數量、交期。

d) 產品及物品特性資料。

e) 銷售資料。

f) 作業流程：指生產之操作方法及程序（自製或外包）。

g) 事務流程及使用表單。

h) 廠房設施資料：指使用設備及公共設施之設備。

i) 人力及作業工時資料。

j) 物料、產品搬運資料。

k) 工作站與分布。

l) 時間：指何時、多久、時效等因素。

d.服務業現行作業資料蒐集與分析

a) 基本營運資料。

b) 服務資料：公司所服務的內容（各項服務工作分類）。

c) 動線資料：正式資訊流通動線及非正式資訊流通動線。動線或流通距離乘上發生頻率。

d) 溝通資料：人員與顧客溝通管道及通話溝通管道。

e) 工作人員資料：工作人員職級分析、個人特別需要分析。

f) 服務需求量的彈性。

g) 服務多樣性及服務成本。

h) 服務顧客化程度及服務互動性。

i) 作業流程：指服務的方式及程序。

j) 事務流程及使用表單。

k) 設施資料：指使用設備及公共設施之設備。

l) 人力及服務工時資料。

m) 物料搬運資料。

n) 服務站與分布。

o) 時間：何時、多久、時效等因素。

e.未來規劃需求資料的蒐集

a) 經營策略與中長程發展計畫。

b) 產品未來需求預測資料

c) 品項數量的變動趨勢。

d) 可能預定廠址與面積。

e) 作業實施限制與範圍。

f) 主要設備、附屬設備（模具、冶具、夾具、工具、刀具、儀器）及公共設施之需求。

g) 預算範圍與經營模式。

h) 時程限制。

i) 預期工作時數與人力。

j) 未來擴充之需求。

（3）系統策略目標制定

a.程序

a) 企業組織策略：高階管理者的經營策略及中長期策略目標。

b) 各部門策略：生產、行銷、研發、管理等策略。

c) 工廠布置的策略目標

（a）目標設定

· 非量化的執行方法。

· 實現未來發展的具體化手段。

· 具體執行概念與抽象概念的中期目標。

　　　　（b）目的設定

　　　　　　・定量化的執行目標。

　　　　　　・計畫執行者經營管理的具體化目標。

　　b.限制因素

　　a）計畫預定執行時程。

　　b）預期可使用人力及來源。

　　c）預期使用年限。

　　d）計畫預算資金限制及來源。

　　e）預定設置地點及土地取得可能性。

　　f）預期投資效益的水準。

2.系統規劃設計

（1）基礎規劃資料分析

　　a.基本生產（服務）單位及生產（服務）能力之規劃（定量化分析）：

　　a）生產（服務）單位與數量分析。

　　b）物品物流分析（入庫單位、儲存單位、出貨單位、容器單位）。

　　c）訂單（服務）變動趨勢分析（長期趨勢、季節、循環與偶然變動）。

　　d）訂單（服務）品項與數量分析

　　　　（a）訂單出貨（服務）資料分析（訂單量、訂貨品項數、品項數量、品項受訂次數）。

　　　　（b）訂單出貨（服務）資料取樣（單位別出貨量進行分析、找出可能作業週期及波動）。

　　　　（c）資料統計分析（柏拉圖、次數、ABC、交叉）。

　　b.物流及資訊流規劃（定性化分析）

　　a）人力需求分析與素質分析。

　　b）作業流程分析及時程分析。

　　c）自動化分析（手動、半自動、自動、全自動）。

　　d）事務流程分析。

（2）規劃條件設定

a.基本生產單位之規劃。

b.基本生產能量之規劃。

c.自動化程度之規劃。

（3）作業需求功能規劃

　　a.原則

　　　a）合理化。

　　　b）簡單化。

　　　c）自動化。

　　b.作業流程規劃

　　　a）產品實體流程（服務）。

　　　b）作業流程分析。

　　c.作業區域之需求功能規劃（空間需求）

　　　a）一般性物流作業區域。

　　　b）退貨性物流作業區域。

　　　c）換貨、補貨作業區域。

　　　d）生產加工（服務）作業區域。

　　　e）物流配合作業區域。

　　　f）倉儲管理作業區域（搬運工具、儲存容器、倉架等）。

　　　g）附屬設備作業區域（模、冶、夾、刀、工、檢具等）。

　　　h）公共設備作業區域（空氣、水、電、蒸汽、瓦斯、消防等）。

　　　i）廠房使用配合作業區域。

　　　j）辦公事務配合作業區域。

　　　k）電腦配合作業區域。

　　　l）勞務性質配合作業區域。

　　　m）休閒配合作業區域。

　　　n）廠房相關活動配合作業區域。

（4）作業需求功能規劃：一般規劃生產各區域需求時，應以生產加工（服務）作業區為主，再延伸至周邊區域，可依流程出入順序逐區規劃。

　　a.生產加工區規劃。

　　b.倉儲區容量規劃

　　　E＝C×（A＋D）

　　　E：規劃倉容量。

　　　A：年運轉量。

　　　C：估計倉容量＝年週轉量÷週轉次數。

　　　D：寬放比。

（5）生產加工區設備產能規劃及選用

　　a.年生產量計算。

　　b.估計工作天數。

　　c.計算每日生產數量。

　　d.生產設備流程設定。

　　e.決定各生產設備及其附屬設備規範。

　　f.計算生產設備所需的數量。

　　g.每台生產設備所需單位容積（長度、寬、高度）及其操作及物料容積。

　　h.統計所需總容積。

　　i.提出設備採購需求。

（6）公共設施規劃及選用

　　a.物流作業區域設施

　　　a）容器設施。

　　　b）儲存設備。

　　　c）物料、成品搬運設備。

　　　d）物流周邊配合設備。

　　b.輔助作業區域設施

　　　a）辦公設施（辦公桌椅、會議簡報設施、文件保管設備、休閒康樂設施等）。

　　　b）電腦與電腦周邊設施（資訊系統設施、電腦主機、網路設施及相關周邊設備等）。

　　　c）勞務設施（餐廳、宿舍、廁所、康樂室、休息室、綠地、醫務室等）。

　　c.公共設施

   a）廠房結構。

   b）公共用水（自來水、純水、廢水、蒸汽）。

   c）公用電力（高、低壓）。

   d）空氣（廢氣、空調）。

   e）安全消防。

   f）其他（瓦斯、特殊氣體、液體）。

（7）資訊系統規劃

  a.銷售機能（訂單處理、訂單變更、市場分析）。

  b.倉儲保管機能（採購議價、銷存資料、儲位、庫存管理）。

  c.生產製造機能（生產製造、品質管制之計畫、執行及異常處理）。

  d.輸配送機能（交貨計畫、車輛調配、出貨運輸）。

  e.資訊提供機能（績效管理、決策支援分析、資源機能）。

（8）區域布置規劃

  a.活動關聯分析

   a）程序性關係。

   b）組織上關係。

   c）功能上關係。

   d）環境上關係。

  b.作業空間規劃

   a）通道空間。

   b）進出原料、成品區作業空間。

   c）倉儲區作業空間。

   d）生產設備及其附屬設備作業空間。

   e）公共設施作業空間。

   f）在製品作業空間。

   g）行政勞務作業空間。

   h）廠區作業空間。

  c.活動關聯與區域面積配置。

  d.活動流程動線分析。

  e.實體限制修正。

3.方案評估選擇

（1）評估方法：一般採用優缺點列舉法、因素分析法、點評估法、權值分析法、成本比較法及層次分析法（AHP為基礎）等來評估設備布置方案。優缺點列舉法著重文字敘述方案特色，決策者較不易衡量出各方案的選擇優先順序；而成本比較法則偏重於財務分析，但無形效益分析、技術與整體系統、策略問題等均是決策者必須兼顧的重要因素。因素分析、點評、權值法及AHP法因其系統化的評估程序，數值化的表達方式與考慮因素其涵蓋層面較廣等。因此，在應用上較具說服力。AHP、因素分析、點評及權值法都是要因權重評估比較法的一種，具有下列共同點：

a.必須組成小組或委員會藉腦力激盪等方法，共同討論決定方案評估的主要因素，成員包括：決策者、使用者及規劃者。

b.要因項目及類別視系統目標需求而定（有形、無形、定性、定量）。

c.評估要因因系統目標需求的差異而彼此間重要度亦有所不同。

d.各要因的權重，大多採表決或兩種比較方式決定。因此主觀因素及決策邏輯的不一致性將對決策品質造成影響。

e.各方案要因的評點若缺乏客觀的評估基準時，對方案決策也會造成影響。

（2）評估重點

a.經濟面：土地面積、廠房建築、機器設備成本、人力成本、能源耗用性、公共設施成本。

b.技術面：設備保養、設備可靠度、自動化程度。

c.系統作業面：人力素質需求、人員安全性、系統擴充性、系統作業彈性、場所運用彈性。

4.細部規劃設計

（1）設備規格設定

a.主要設備：形式、性質、特性、數量、生產量、使用壽命、加工精度、自動化程度、限制條件、保養方式、備品、附屬設備、基礎、成本。

b.周邊設計：企業象徵選用、顏色、工作安全、溫濕度調節、公

用設施、其他特殊要求及限制。

(2) 公共設施規格設定

　　a.電力需求與電控箱配置。

　　b.壓縮空氣設備需求及配置。

　　c.供水、排水及廢水處理設備需求及配置。

　　d.照明需求配置。

　　e.空調或排氣需求配置。

　　f.消防需求配置。

　　g.其他設施配置（蒸汽、瓦斯、特殊氣體、液體等）。

(3) 細部布置規劃

　　a.設備面積與實際方位配置。

　　b.實體限制調整

　　　a）配合廠房條件與環境調整。

　　　b）配合廠房特性調整。

　　　c）廠房通道要求調整。

　　　d）配合作業管制程序調整。

　　　e）配合政府法令限制調整（工安、GMP）。

　　c.物流、周邊設施、公共設施之整合。

(4) 事務流程與表單系統設計

　　a.事務流程。

　　b.資訊系統細部設計。

(5) 作業規範與人力需求計畫

　　a.作業時序安排。

　　b.作業規範。

　　c.人力配置計畫。

(6) 布置計畫評核與驗證

　　a.設備評價（整體布置、設備能力、對建築要求、保養需求、故障對策、生產作業的困難點、作業安全、工作環境、公害對策）。

　　b.運用評價（進料、製造、儲存、出貨、配送、對作業指示難易及正確性、人力計畫）。

c.費用評價（初期成本、營運資金、生產單位成本、生產力評估）。

（7）成本分析與效益評估

　　a.成本分析。

　　b.效益評估（期初投資成本分析、營運期間成本分析）。

　　c.財務可行性分析。

　　d.投資效益分析。

　　e.財務效益分析。

　　f.風險評估分析（競爭優劣勢分析──SWOT、工程可行性、環境接受性、外部效益及成本、不確定性分析）。

5.計畫執行

（1）設備採購。

（2）工程設計（包括公共設施）、進度管制。

（3）工程發包、試車、驗收。

（4）生產附屬設備（模、冶、夾、刀、工、檢具、容器、搬運器具等）。

（5）設備安裝、試車、驗收。

⚒ 設備布置的類型

✦ 基本生產布置型式（Heizer & Render, 2001）

1. 產品布置（product layout）
   （1）布置方式：依照生產某一產品的製造過程（圖2-7），將設備按順序排列而成的生產線（圖2-8及表2-10）。
   （2）布置重點
   　　a.高度的勞力及設備使用，強調生產線平衡。
   　　b.機器設備按照產品的製造流程依直線或U型方式擺設。
   （3）適用行業：適用於大規模的工廠作業，如石化工廠、電子廠、車輛製造廠等。

2.程序布置（process layout）

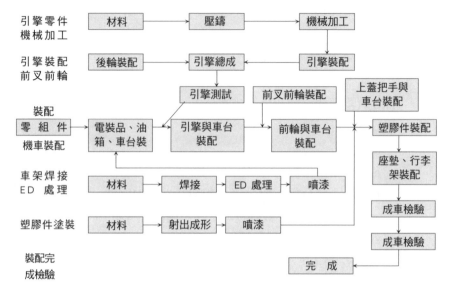

圖2-7　機車製造流程圖

圖2-8　產品布置圖

表2-10　產品布置優缺點

優點	缺點
1.產出率高。	1.過度分工，為重複性工作，員工士氣低落，及易成壓力傷害。
2.大量生產能降低成本（昂貴設備成本可分攤至各單位）。	2.技術差員工，對品質管理及維修技術不感興趣。
3.人工專業化降低訓練時間、費用、監督幅度較廣。	3.系統對於產出量、產品及製程設計缺乏彈性。
4.單位物料搬運成本低，可節省物料搬運。	4.系統易因設備故障及人員缺勤而停工。
5.人工與設備高度利用。	5.預防保養、維修能力及備份存量是必要支出費用。
6.設計系統時即建立途程與排程，運轉時較少事故。	6.個人獎勵計畫不合需要，易引起員工差異，影響生產。
7.會計、採購與存貨管制為例行性工作。	

（1）布置方式：將功能相同的機器或類似的作業集中在一起，成為一個部門或機器中心（圖2-9及表2-11）。

（2）布置重點

　　a. 相同的設備與機器，放在同一區布置。

　　b. 沒有固定的生產路徑，較有彈性。

（3）適用行業：適用於小產量且式樣多的工廠，如工作母機製造業。而非製造業的醫院、銀行、圖書館、汽車修護廠等。（林豐隆，1999）

（4）電腦化布置技術：一般使用作業／單位關係圖表法，而採用電腦軟體應用以CRAFT（Computeried Relative Allocation of

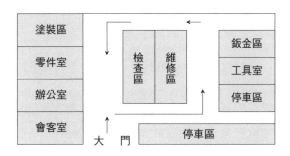

圖2-9　程序布置圖（汽車修護廠）

表2-11　程序布置優缺點

優點	缺點
1.系統可處理各種不同的製程需求。	1.在製造系統中採批量加工，則在製品的存貨成本可能較高。
2.系統不容易因設備故障而停頓。	2.途程與排程面臨持續性挑戰。
3.泛用型設備較產品布置專業化設備的成本低廉、維修容易、成本較低。	3.設備利用率低。
4.可以採用個人激勵方式。	4.緩慢而無效率的物料搬運，使單位成本較產品布置高。
5.工作站操作人員或監督人員，必須完全投入使用功能相同械器，易從工作經驗中成為專家。	5.工作複雜度會降低監督幅度，而使成本比產品布置高。
6.各種性質相似設備可分開分置各區域，便於噪音、震動、氣味等控制。	6.針對不同客戶的產品和訂單，須花費心思去製作，使產品單位成本增加。
	7.與產品布置比較，與會計、存貨管制及採購關係密切。

Facilities Technique）最普遍使用。經由衡量總物料處理成本而改善部門間的配置（部門間物料處理成本＝負荷數量×部門間的移動垂直距離×成本單位距離），藉由部門間之轉換，把成本降到最低。

3. 定位布置（fixed-position layout）
（1）布置方式：所有工具、機器、人員以及其他物料，配合產品尺寸大小或重量的緣故，全部作業都在固定位置完成。（表2-12）
（2）布置重點
a. 將人力、原料、設備移至生產產品的所在地。
b. 生產較沒有效率且生產設備較少的產品。
（3）適用行業：適用技術性高、小量生產、速度慢、機器及工具簡單、主件很大、很重或搬運費用高的行業，如製鞋、雕刻、造船等。

4. 群組技術（Group Technology, GT）
（1）概念
a. 群組技術是製造上的新觀念，以小批量生產系統的技術，應用到大量生產布置的設計。
b. 對零件的特性及相關的製程，加以分析及安排，以便將其設計及機械加工相似性予以歸納，作為機器或設備劃分群組

表2-12　定位布置優缺點

優點	缺點
1. 工具與設備投資較少，工具也較便宜。	1. 無法大量生產及高度標準化。
2. 減少主件的搬運。	2. 需要專業技術員工，較難尋找。
3. 可經常改變產品設計及工作順序。	3. 工作單調。
4. 布置費用少，彈性大，生產管理較簡單。	4. 工人需花費很多時間去尋找物料及工具，故工作效率低。宜遵守先後順序。
5. 作業人員集中一起，較方便管理，若其中某些作業中斷，對整個作業進度影響不大。	5. 物料存儲多，易造成搬運及空間問題。
6. 投資損失之風險小。	6. 可能產生生產變異的問題甚多，容易造成混亂的局面。
7. 允許高技術員工充分自我發揮，提供員工自我成就和滿足。	
8. 便於中途插入另一產品的生產。	

（groups）與族（family）的基礎。

c.工廠將準備生產的全部產品、零件，依其形狀、尺寸及加工技術等十三種因素，加以詳細歸類，對其相類似的工件分別歸併組成工作族系，而各族利用已分組或分群的工具機，以及具有相同性質的模具、冶具、夾具等，按照相同或類似的操作方法加以使用，並藉以減少工作準備及安裝所需的勞力、時間及費用。

（2）布置方式：把零件依生產的過程，區分出不同的零件族，使在批量生產的環境下，對這些零件族採用大量生產的方式。（圖2-10及表2-13）

（3）布置重點

a.將不同種類的機器布置於同一工作中心，並將相同製程的產品一起加工製造。

b.結合產品布置與程序布置方式的製造系統，具彈性及高效率。

（4）適用行業：適用於汽機車、工具機業的零件生產。

5. 生產型態與布置型態的對應

設備布置乃研究自取得原料開始，經過生產製造，並完成交貨的整體系統，要如何規劃生產活動才能使材料的搬運、人員的調配、生產品質及數量符合顧客的需求。

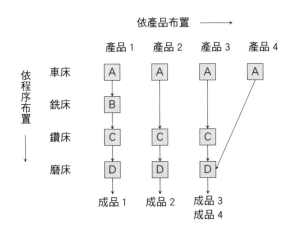

圖2-10　群組技術布置

表2-13　群組技術優缺點

優點	缺點
1.可配合某些特殊情況。 2.製程有彈性，配合市場需求。 3.縮短週程時間，降低存貨水準。 4.每群組主管即為品質及交期責任者，事權容易專一。 5.降低搬運和整備成本。 6.文書工作簡化，生產控制較易。 7.群組員工任務清楚，減少協調溝通。 8.降低每單位產出之投資。	1.設備保養成本較高。 2.排程不易規劃。 3.不適用簡單生產線流程。

　　生產活動按程序而以重複式及使用性而區分為連續、間歇及專案生產各有其特色（表2-14）（林豐隆，1999），亦與設備布置息息相關。

　　（1）　連續性生產，大部採用產品布置。

　　（2）　間歇性生產，大部採用程序布置。

　　（3）　專案性生產，大部採用定位布置。

　　（4）　小單位生產，大部採用群組布置。

✦ 服務布置型式

　　除了先前描述的基本布置型式，可應用於服務業之外，還有其他服務布置型式。

　　服務業的設備布置時，額外、獨特的服務議題必須列入考量。

1. 每單位面積所產生之銷售利益最大化

　　服務業的每平方公尺土地成本，通常較製造業的土地成本為高。為此，盡可能減少後場的空間，才能有更大的空間作為顧客的座位之用。例如，餐廳採用較低成本的集中式發放食物。

2. 獨特服務轉變過程中有顧客參與

　　許多顧客喜歡參與服務過程，因為能由自己控制，容易取得顧客的信任，讓顧客瞭解所節省的成本，會使顧客得益、速度及便利性、追蹤服務程序是否有效率地使用。在本質上，必須將顧客轉變為員工，訓練他們知道該做什麼，並能有防呆措施，防範顧客犯錯。例如，加油站的自助加油式油價、旅館內的咖啡沖泡設備。

表2-14　布置型式之比較

項目	產品布置	製程布置	定點布置	群組技術
說明	人員順序性安排與設備設計，以提供標準化的加工	人員功能性安排與設備設計，以處理多樣化的加工要求	產品或工作項目保持固定，而人員原料與設備依需要而移動設計	產品之設計特性或製造特性相似性檢討，以提供系統化的加工要求
布置焦點	平衡生產以規避瓶頸，並達到工作流程順暢	安排設備或部門，使運輸成本與交通擁塞最小化	注重原料與設備，避免在工作場所放置，使儲存空間最大化	重視產品設計與製造特性相互關聯性，使運搬成本合理化
製程	重複或連續	零工式生產或批量	零工式生產	批量
生產製造業、服務業	汽車、音響、洗車、麥當勞	家具、烤煮食品、汽車修理、健康檢查	飛機、造船、救火、造屋	金屬加工、裝配工作、醫院、超級市場
產品或服務之變異	低度	中度至高度	低度至高度	中度
典型加工工人之技術水準	低、半技術	半技術至高技術	低、半技術及高技術	半技術
彈性	很低	中度至高度	高度	中度
數量	大量	低量至中量	低量	中量
在製品存貨水準	低	高	低	中
物料搬運	固定路徑	變動路徑	變動路徑	固定路徑
設備維護之主要方法	預防保養	視需要而定	視需要而定	預防保養
利益	低單位成本、高生產率	能處理各種不同的加工需求	設備投資較少	低單位生產成本之效率

3. 服務景觀（servicescape）

1992年Mary Jo Bitnet 提出此觀念，描述服務作業區之實體環境特性而可能影響顧客對服務的認知。服務景觀包括下列要素：（Bitner, 1992）

（1）周圍條件（ambient conditions）：指背景的特性如噪音的大小、音樂、燈光、室內溫度以及氣氛都會影響從業人員的績效與工作士氣，更且傳達不同的訊息給顧客。

（2）空間布置和功能（spatial layout & functionality）：不同於製造業布置之目的在於使物料在各區間移動的成本最小化，而服務作

業的目的之一則為使員工走動時間最小化，或在部分情況下其對象是顧客。也就是努力使顧客多在各種場合接觸可增加他們消費的機會，因而從每位顧客身上所得之獲利最大。

（3）標誌、符號和裝飾品（signs, symbols & artifacts）：指具社會重要指標意義之服務特性，如建築物設計的象徵，或某些物品特徵、位置、大小與範圍都在建立顧客對公司作業之期待上有著不同的訊息。

在服務業系統中，設備規劃的研究更形重要，因為所選擇的布置方式可能會複製數以百計，重複應用。

a.零售設施布置（retail layout）：零售設施（商店、銀行以及餐廳）是著重於流程空間的利用及考慮顧客的需求，取決於顧客對商品的熟悉（接觸），許多商品愈暴露在顧客面前，則可賣得更好及報酬。因此，無不設法來擺設，使每平方公尺的淨利潤極大化。一般的重點為：（Heizer & Render, 2001）

a）將常用的商品放置在四周（常見牛奶在超商的一邊，而麵包及烤物在另一邊）。

b）突出的地方放置刺激性（使人想買）的商品（家用品、化妝品、洗髮精）。

c）將具有吸引力的商品掛在商品行列，以增加顧客看到其他的商品。

d）善加利用商品行列的尾端，是很高顯示商品的地方。

e）將商品的特色放在特選的位置（現成食品是商店的特色，則將現烤麵包部門選在顧客方便之處）。

一旦擺放策略決定，則採用SLIM（Store Labor & Inventory Management）程式來協助主管來決定何地的擺設架可放置整箱的商品。另外亦可採用COSMOS（Computerized Optimization & Simulation Modeling for Operating Supermakets）來決定擺設架的空間減少訂貨及送貨時間，便於增加服務速度。

b.倉庫設施布置（Warehousing and storage Layouts）：倉庫設施布置是一種設計，為減低成本費用，著重於空間及物器的操作作業的相互運用。也就是要找到最佳的利益在操作費用與倉庫

的空間。產品操作費用包括：所有進貨運送、貯存、出貨運送，這費用包括：設備、人員、物料、監督、保險及損耗。有效的倉庫布置是減少倉庫物料的損害及損失。

管理是為了減少花費在尋找物料的搬運及減少其損害。一個倉庫只儲存少樣的物料的密度高於多樣物料的密度，而多樣物料的儲存和取貨完全依靠好的布置設計。現在的倉庫管理常採用自動化的方式。可運用在血庫、超級市場及銀行保險箱等行業。

倉庫的布置最重要的因素是在於接收及取物的兩種關連。儲存設計是依據何種物品的存放，用何種運送工具（卡車、鐵路貨廂、貨櫃）及在何處下貨。有些企業的收貨及取貨是在同一地點，有時是上午是收貨工作而在下午為出貨工作。

倉庫存取方式，可為：

a）交互存取方式（Cross-Docking Type）：交互存取方式是避免使物品存入倉庫時間延誤及人員增加，而是在收到物品就將其處理。在工廠，則成品直接來自生產線。而配送中心在物品到達時就地貼商標及分類，是在運達時就即時處理，以減少收貨、儲存和取貨的作業，此作業並未增加物品的價值，而能減少付出。Wal-mart公司為早期的倡導者，而能保持低價的策略。因為減低分配費用並且加速商店的再進貨，而能改善顧客的服務，但必須注意：

　（a）緊湊的時間表。

　（b）用條碼（bar code）來辨認貨品，並能正確送到出貨的地方。

b）隨機儲存方式（random stocking type）：隨機儲存方式是倉庫使用知其何處有空間在倉庫中，這方式表示倉庫不需要具有特定的空間給特定物品使用，可充分利用倉庫空間。一般常使用自動辨視系統（Automatic Identification System, AIS），藉條碼正確快速地表示物品，使企業的主管知道每一物品的數量和放置的地點。而這些資訊可用人工或自動儲存取料系統來作業，更能善用空間，不必特別為某一特定物品

或同類留下空間，隨機儲存系統包括下列的作業：

(a) 維護具有空間的清單。

(b) 保持物品及存放處正確的紀錄。

(c) 訂貨單中相關連的物品集合在一起，以便減少取貨時尋找的時間。

(d) 合併的訂貨可減少取貨時間。

(e) 特定物品（常用物品）設法使取貨的距離為最短。

c）專業倉庫方式（customizing storage type）：專業倉庫是利用在庫存中經過的物品藉整理、整修、貼商標及包裝而增加其價值。雖然在倉庫中我們希望最少的產品存放在最短的時間，若能在倉庫中增其價值，則可運用在競爭性、快速改變的產品上。例如，倉庫中存放電腦零件、組合電腦、下載電腦程式、維修、貼標籤、打包則很快能放在展示架上。更進一步，倉庫若與機場接近，配合快遞公司，就可隔夜運送。例如，顧客電腦故障，明早就可將新機送上，而當顧客的機件回倉庫時，就被維修送給另外的顧客。此種作業方式集合專業、低成本及快速回饋的優勢。

c.辦公室布置（office layout）：辦公室布置是一群工作者、設備及空間、辦公室提供舒適安全及資訊。辦公室和工廠的最主要不同在於資訊。無論如何在辦公室的環境中，資訊就如同生產製造中的材料之流程。一般的布置方式是依照紙上工作的作業流程，但似需考慮面對面工作的幕僚人員集合在一起而成為工作中心。

有關辦公室布置，首先將辦公室所需的設備與面積，可用面積計算表（表2-15）統計而得總面積。（陳文哲、劉樹童，1994）現今辦公室皆採用開放式的辦公室，個人工作空間是以矮隔板分隔，拆除固定牆壁以加速溝通速度與形成團隊的工作。前面服務景觀所討論的標誌、符號及裝飾品，在此，更顯得重要。

由於最近電子科技的發展，辦公室須增加電子資訊分析，辦公室雖保持工作基礎取向，但須特別注意電子及方便溝通、個別需求及工作人員效率之課題，尤重視軟體工程師（程式設計）

表2-15　辦公室布置所需設備與面積計算表

（A）桌子與椅子	（B）工作檯：0.93㎡	（G）100%寬裕包括：面談、
1. 總經理＝4.65㎡	（C）檔案0.47㎡	休息室、通道、普通共用
2. 經理＝3.72㎡	（D）附屬椅子：0.74㎡	空間、牆壁、柱子
3. 主管＝3.52㎡	（E）書架：0.28㎡	
4. 一般人員＝2.79㎡	（F）其他：（估計地板面積）	

單人全部面積（T1）＝（A＋B＋C＋D＋E＋F）×200%

總面積＝$T_1 + T_2 + \ldots\ldots T_n$

在辦公室的位置，是如何就近來支援各工作人員。另外在大型公司更需建立可移動、模組而得到最大的彈性及節省空間，例如，採用旅館式的辦公室布置，需要使用者到公司櫃檯去申請需要使用時間、空間及服務。

辦公室布置亦是服務業要和顧客面對面或用電訊設備溝通，多屬於行政、規劃及思考工作，如律師、會計師、整體開發公司、設計公司及仲介公司等，則可使用面積計算表後再行布置利於提供顧客服務，及方便服務人員處理事務，唯服務量有限。

⚒ 設備布置常用的工具

✦ 產品產量圖表

產品產量圖表（Product-quantity chart, PQ chart），是一種產品種類及產量分析（volume-variety analysis）的工具，非常有用。它可作為選擇布置方式的基礎。一般在使用PQ chart時，其步驟為：（陳文哲、劉樹童，1994）

1. 產品分門別類。

2. 將各產品別產品之產量做一統計紀錄。

3. 再將產品按產量大小依序劃成圖（**圖2-11**）。

4. 根據產量之大小而決定各產品或各類產品所應使用之布置方式。

（1）大多數的公司，其中二至五種少數產品之產量，幾乎占全部產

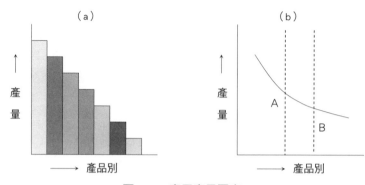

圖2-11　產品產量圖表

量之70%以上，故把公司內各種產品項品分類爲A、B兩類。

（2）A類產品適合大量生產方式，可採用產品式布置。

（3）B類產品適合批量生產方式，可採用程序式布置。

（4）AB之間的產品則可採用群組生產方式。

✦ 物料進出量

在生產或服務過程中，原物料、半成品（在製品）及成品在各設備、部門、廠區及工作站間流動。在考慮各單位間之距離時，各單位之間的物料（成品）流動量是一個重要的考量因素。企業的物料進出量是將各單位間物料流動量做出計算及統計資料的工具，其工具爲：

1.流動強度（indensity of flow）

$$I = \frac{np}{t}$$

I：流動強度（單位時間內物料流動數量）。

n：物料或產品的單位數量。

p：物料或產品的量測單位（公斤、公噸、立方公尺等）。

t：單位時間（分、小時、日、週等）。

例如，每小時1公噸運送量。

2.運輸作功（transport work）

$$TW = I \times D$$

TW：運輸作功（運輸物料或產品所作的功，其單位為噸、公尺／
　　日）。

D：搬運距離（公寸、公尺）。

規劃部門在決定如何安排各部門的空間位置前，可將各單位間之物料流
動量列表，然後決定哪些單位應該坐落在附近。而運輸作功，則可規劃搬運
設備的規範，得以安排布置。

✦ 作業／單位關係圖表

1.重要性

一個生產（服務）的企業，除了物料（成品）的流程外，尚有許多補助
生產（服務）的支援與活動，這些支援活動不僅擔任支援生產的任務，更對
生產活動的效率、安全和順利進行有必然的貢獻。而就設備布置而言，亦需
依照這些支援活動的重要性，與生產協調配置於適當的位置。因此，對各種
活動的相關性，可用關係圖表（relationship chart）予以分析，以利整體布置
設計之進行，並改善布置決策的品質。

2.支援活動的分類

一般而言，企業的支援活動可分為：（陳文哲、劉樹童，1994）

（1）生產支援：工業工程、生產管制、品質管制、保養維修、收發
　　　倉庫、運輸及搬運設備、工具及儀器室等。

（2）公用支援：水、電（電力、電訊）、空氣等公共設施、廢料貯
　　　存、消防設備、樓梯、走道、電梯、廠房防護設施等。

（3）管理支援：全企業相關部門、主管及工作人員。

（4）人事支援：醫務室、食品提供服務（廚房、餐廳、販賣機）、休
　　　息室、接待室、停車場、衛浴設施、宿舍等。

3.支援相關的分類與程度

（1）支援活動的分類：

a. 兩個生產性活動間。

b. 一個生產性活動和一個支援性活動間。

c. 兩個支援性活動間。

（2）活動相關程度（表2-16及表2-17）。

表2-16 關係密切程序分類

代號	顏色	關係密切程度	說明
A	紅色	絕對必要	兩活動需要位置彼此緊接相鄰
E	橘色	特別重要	兩活動關係特別密切
I	綠色	重要	兩活動關係密切
O	藍色	普通接近	兩活動位置普通接近
U	沒有顏色	不重要	兩活動位置是否接近並不重要
X	茶色	不要接近	兩活動位置不要接近

表2-17 關係密切程度之原因

代號	關係密切程度之原因
1	工作流程之順序
2	使用相同之設備
3	共同相同之工作人員
4	共同空間
5	工作人員接觸程度
6	公文上之來往
7	使用相同資料
8	類似工作
9	噪音、震動、煙霧、危險
10	其他原因

4. 相關重要相互影響的因素

在規劃活動時主要是依據各部門本身所需的特別作業和個別要求，以及與其他單位的相互聯繫關係來決定。但仍有許多因素會與各活動相關間產生相互的影響，特別是建築和設備，更有其重要的影響。首先發展出作業所需的特殊要求，然後再行與各相關單位協調。一般重要的相互影響因素如下：

（1）建築物的特性：包括：型式、大小、外觀、形狀、結構、樓層數、淨高度、支柱的位置與大小、支柱間的空間、門的位置、擴充方向。

（2）建築物的地點：包括：位置、大小、地形、外觀、形狀、建築物的方位、氣候、風水。

（3）對外聯繫設備：包括：交通運輸型式、停車場、公用設施、通訊設施、其他補助設施。

（4）擴廠的準備：包括：未來生產流程和布置改變、走道的位置及寬

度、活動場所能擴充的位置及順序、永久性設備、額外空間及計
畫增加樓層數、建築物的外觀與形狀、支柱的位置及間隔。

5.活動相關圖作業

（1）確認所有重要生產或支援活動，可依支援活動分類項目書寫。

（2）區別為生產或支援活動。

（3）蒐集物料、資訊和人事支援的流程資料。

（4）決定哪個因素或次因素該用，以決定相關性。

　　a.生產物料流程。

　　b.公用設施。

　　c.管理流程。

　　d.人事關係。

　　e.生產關係。

（5）準備一張表格如圖2-12及圖2-13。

（6）記載要分析的活動於左手邊，次序並不重要。

（7）記載每一對活動的接近評分字母在直線相交的菱形上半部，選
　　定字母應注意公平原則，且不能發生過多的A及E。

（8）菱形下半部數字符號表示接近評分選定字母的理由。最好與有
　　關人員商討，以便得到準確資料。

（9）與有關人員查核活動相關圖，並由此獲得活動相關重要性之確
　　認（A部門則必須接近的布置，而X部門則需分開的布置）。

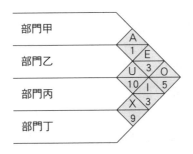

圖2-12　部門間關係圖表

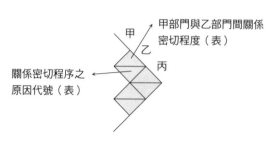

甲部門與乙部門間關係
密切程度（表）

關係密切程序之
原因代號（表）

圖2-13　關係密切程度圖表

✦ 生產線平衡

1.定義

在進行直線式設計布置最主要的重點在於生產線平衡（line balanc-ing），是指使生產線上各工作站的產出相等，使原料、零件在生產線上得以平穩的按照既定速度流動，以避免瓶頸作業之產生。為了達成此一目的，管理者必須根據產量的需求及操作流程而決定工作站的數目，然後嘗試正式配備工作至各工作站。在完成上項配置之後，管理者並就總體及各工作站之產能利用率或效率進行計算，以決定瓶頸作業及生產線之效率。

2. 一般生產線不平衡原因

一般生產線不平衡其原因如下：（陳弘等，2002）

（1）操作作業分割困難：製造加工的過程細分到某一程度或作業精度要求，即無法再分割。

（2）作業的先行關係不能任意合併：例如，機件油漆，須先除鏽、油底漆、靜置乾燥、面漆、乾燥等過程。

（3）分區的限制：受限於安全等因素，原料與作業地點分開放置，各工作站亦不可相連結，以免發生危險。例如，紡織廠的易燃原料需分開儲存。

（4）作業與作業之間無法相容：受限等待時間，作業無法串連。例如，鑄件澆鑄後需待冷卻後方可進行表面處理。

（5）作業員的素質無法配合生產線循環時間。

3.作業

在進行生產線平衡時（表2-18），須尋找出一個適當的工作週期（cycle

表2-18 生產線平衡一般程序

1.求出循環時間與工作站之最低數量。 2.從工作站1開始，依序對工作站進行工作指派。透過順序圖從左向右移動，將工作指派給工作站。 3.在每一工作指派之前，使用下列標準，求出哪些工作適於指派給工作站： 　(1) 所有先行工作依序業已指派過。 　(2) 工作時間不會超過工作停留在工作站的時間，假若沒有合適的工作，則移往下一工作站。 4.在每一工作站指派之後，從循環時間減去已經指派的工作時間之總和，求出在目前工作站上停留時間。 5.假若發生打結，則使用下列法則之一： 　(1) 以最長的工作時間，進行工作指派。 　(2) 以最多的後續工作數，進行工作指派。 6.繼續進行工作指派，直到所有的工作業已指派給工作站為止。 7.為所有的工作指派，計算適當的衡量指標（閒置時間百分比、效率）。

time）以便在同一生產線上的所有工作站都能同步完成工作。所謂工作週期，亦稱為循環時間，是一條生產線生產一件產品所需的時間，在這個工作週期之內，生產線上的各工作站各自完成其所負責的一部分工作，而總合起來，則一件成品便已生產完成。除了工作週期之外，在這個工作週期的限制之下，如何把生產作業分組，並交給各工作站同步完成，是另一個需要解決的問題。

　　簡單示例便可指出工作群組與循環時間。（Stevenson, 2002）假若製造某產品之工作可分為各個單位之工作（圖2-14）。

工作站 1　工作站 2　工作站 3　工作站 4　工作站 5

投入 → 0.3分 → 0.6分 → 1.0分 → 0.4分 → 0.5分 → 產出

圖2-14 生產線圖

　　依上列資料，可分析各工作單位處理時間的總和以及最長處理時間，最長處理時間（1.0分）是可能的最短循環時間（兩個零件或產品生產完成離開生產線的間隔時距），而處理時間總和（0.3+0.6+1.0+0.4+0.5＝2.8）則可能是最長循環時間。由最長和最短循環時間可知生產線潛在產量的上下限。如下式：

產出能力（Output Capacity, OC）$= \dfrac{\text{OT}}{\text{CT}}$

OT：生產線每天作業時間（Operating Time）

CT：循環時間

則生產線每天產能OC可計算出，假定一天8小時，扣除休息20分，則可知：

最大產能Ocmax：$\dfrac{460\text{分／天}}{1.0\text{分／天}} = 460$單位／天

最小產能Ocmax：$\dfrac{460\text{分／天}}{2.80\text{分／天}} = 146$單位／天

一般而言，循環時間係受廠商預期產量（Desired Output, DO）而決定。換言之，先選定預期的產出水準，再計算出循環時間，所得循環時間若超出最長或最短循環時間，必須修正預期產量。

工作站數目的配置必須考慮預期產出水準和實際如何安排工作單元，最少工作站數可由下式算出。

$$N = \dfrac{\text{Do} \times \Sigma t}{\text{OT}}$$

Σt：生產單元所需時間總和。

N：最少工作站數（理論所得，可化為整數化或修正）。

假定最大的產能為460單位／天，而循環時間為1分／單位，若要達成，則其所需之工作站約為3站。

$$N = \dfrac{460\text{單位／天} \times 2.80\text{分／天}}{460\text{分／天}} = 2.8 \fallingdotseq 3\text{站}$$

則列圖如下：

投入 → 工作站1（0.3分+0.6分）→ 工作站2（1.0分）→ 工作站3（0.4分+0.5分）→ 產出

在某些狀況下，由於工作分派上的問題，工作站可能超過以公式所計算出之工作站數，此時，生產線上之效率可能下降，生產效率之計算方式為：

(1) 各站閒置時間

工作站	各站處理時間	各站閒置時間
1	0.9	0.1
2	1.0	0.0
3	0.9	0.1
每次循環總閒置時間		0.2

(2) 閒置時間比率

$$閒置時間比率 = \frac{每次循環閒置時間}{N \times CT} = \frac{0.2}{3 \times (1.0)} = 0.066 \doteqdot 7\%$$

(3) 生產線效率

生產線效率 = 1 - 閒置時間比率 = 1 - 0.07 = 93%

4. 解決生產線不平衡問題的方法（林豐隆，1988）

(1) 採用合理化作業改善

a.在主生產線外，先行設置分裝配工作站，以吸收主生產線的工程差。

b.在主生產線增設修整工作站，做好製程品質檢驗及修整作業，以抵消不良品所生的工數差異。

c.改變工作機器（儀器）速度或數量，藉著改變機器投入速度及生產速度可減少單元操作完成時間，或增加機器數量亦可達成。

d.改良工作方法，藉著改善工作方法（同步配料化、操作者沿生產線移動）、改良工具（料箱標準化、料架立體化）及改進夾持器具（模具、冶具、夾具、刀具、工具等）及生產線布置，求得更好生產線平衡效率。

(2) 改善作業人員的動作及方法，提昇素質

a.新進人員需訓練合格後，方可上線，以減少工時延誤及不良品率。

b.現有人員強化訓練，具有正確操作方法，可配合生產線速度，不影響整線生產。

（3）不製造不良在製品及產品

a.加強全員品質意識。

b.品質人員嚴格檢驗，不讓不良品入線。

c.強化製程檢驗人員的工作能力，檢核在製品良品率。

d.設立首件檢驗辦法，嚴格追蹤執行。

e.統計不良品檢驗資料，回饋現場作業人員及主管，並督促改善。

設備管理

✖ 設備管理的定義

凡將原料經加工成為成品或半成品之機具及其輔助機具者稱為設備；設備管理從設備採購、安裝、試車、生產　，以至該設備淘汰為止，將其作最有效的應用。

設備管理，應包含兩個概念：（駱家麟，1983）

1.性能管理：設備創新、改造、更新、修護等建設及保養上的管理，亦稱技術管理。

2.價值管理：設備最有效（經濟）利用，是設備預算管制，固定資產管理亦為成本管理。

保養依據JIS Z8115可靠度用語解釋是：「維持系統在使用及運用可能的狀態，或者為了恢復故障、缺點採取的一切處理及活動。」又在備註上，將保養在管理上的分類（**圖2-14**）整理。

✖ 設備管理的目的

設備管理的目的（**圖2-15**）可以說是使企業的生產性提高（或者機會損

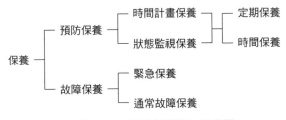

圖2-14 保養在管理上的分類

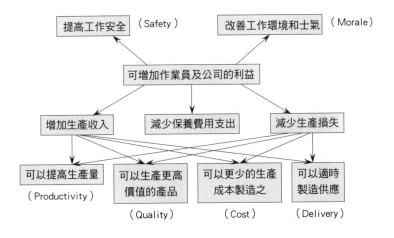

圖2-15 設備管理目標圖

失減少）及獲利性增加，而為企業的重要方針。就設備而言，係依計畫、維護及不斷地改進，而使設備的機能發揮到最大極限的應用。（林俊雄，1983）

⚒ 設備管理的目標

一般企業，以工廠保養單位為中心之設備管理，其目標為：

✦ 資訊目標

1.減少紙上作業。
2.資源、數據、資料易於獲得。
3.部門間資訊快速傳送。

4.紀錄之統計、分類、分析。

5.例外報告之可能性。

6.有價值、意義的報告提出。

✦ 保養目標

1.提高設備稼動率（減低保養時間、延長停機保養週期）。

2.能迅速的處理緊急停機修護，並降低突發修護事件。

3.能順應設備及方法之改變。

4.自主保養的計畫和執行。

✦ 管理及成本控制目標

1.即時之處理摘要，以供決策之用。

2.緊急計畫制定。

3.保養成本之控制。

4.減低備品庫存量。

✖ 設備管理的範圍

✦ 設備

1.生產設備：在機械方面，包括：機械、設備、裝置；在用具方面，包括：冶具、工具、刀具、夾具、模具、檢具、儀器。

2.公用設施：建物、建地、附帶設備（廢水、廢氣、空調、昇降）。

3.消防器材。

4.能源設備（水、電、瓦斯、太陽能）。

5.車輛。

6.其他設備。

✦ 過程

從設備的計畫、選擇、設計、製造及安裝在內，因此真正的設備管理應包含具有建設及保養兩個過程，同時在其過程中，皆有技術面及經濟面。

（圖2-16）（林豐隆，1983）

建設過程係包括：設備革新、設備計畫（投資分析）、設備預算編製、

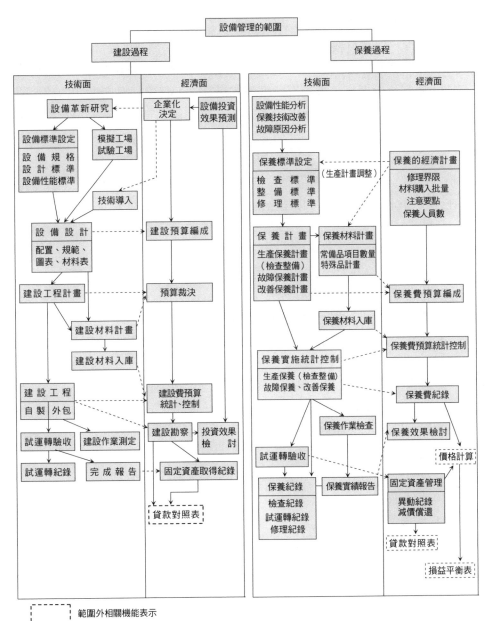

圖2-16 設備管理範圍

設備建設、資金籌措、建設預算控制、新設備工程完成、設備投資的效果分析及配置等，同時現有設備能保持其機能的質及量的能力皆在內，其他諸如新設、增設、修改及更新皆屬之。

　　保養過程係包括：設備保養的組織、保養制度（PM制度包括在內）、工程管理制度、保養材料管理、保養費用控制、設備標準（設計標準）、保養教育訓練、表單流程制度、故障統計、設備改善及設備更新等，同時維持現有機能品質及量提高，實施現狀維護的活動（即日常保養所做的給油、清掃、調整及零件更換等）、檢查、修理等。更與固定資產相關的現有物品、材料的管理制度、財務管理制度的價值管理重要事項皆屬之。

　　在設備管理範圍內，其組織的機能包括：技術、製造、採購、倉儲、財務、企劃、勞力等，有賴各單位協調，才能發揮其效率。而一般業界皆疏忽在建設過程中的重要性，以及全企業各組織機能的協調。

✦ 作業資訊

1. 設備資料（電力、製造商、繪圖、地點、資本額及折舊率等）。
2. 物料單及維修工作命令。
3. 基礎圖、配置圖及公共設施供應圖。
4. 保養計畫（日常點檢週期、定期保養、保養人力預估、備品預估、工令排程）。
5. 設備現況需求（自主檢查表、設備修護申請表）。
6. 設備安全事項。
7. 保養病歷（設備保養卡）。
8. 固定資產管理卡。
9. 設備分析（故障點、修護價值、代用品、最佳供應商）。
10. 備品存量卡。
11. 保養工作日報表。
12. 保養工作月報表。
13. 保養成本預算表。
14. 每月保養成本計算表（工令分級、工作形成、成本中心）。

⚒ 設備管理的發展階段

1.故障保養（Breakdown Maintenance, BM）

在故障發生後，再行製造、拆卸、裝配及追加等工作，原先的設備管理採用此方法。

2.計畫保養（Schedule Maintenance, SM）

故障預先知道，早期發現，其修理有計畫性，一切按計畫進行檢查、測定及效率的測定。

3.預防保養（Preventive Maintenance, PM）

1925年始於美國，日本係在韓戰時，美軍為確保其兵器的可靠性，維持其用良好的情況，而做故障預防及早期處理，推行週期性的檢查、調整、注油及整修一連串的保養措施，更因航空事業的發展應用，而盛行於各國。

4.生產保養（Productive Maintenance, PM）

1954年美國通用電氣公司，為提高生產性而推行，而生產保養使其目的達成，須包括：改善保養及預防保養工作，而成整體系統。

5.改善保養（Corrective Maintenance, CM）

1957年所盛行，係將材質或設備變更，而使設備壽命延長，檢查修理改善，亦可說係設備體質的改善。

6.保養預防（Maintenance Prevention, MP）

1960年所提倡，在修理零件或設備製作時，須做確實的檢查、測定及試行運轉等工作，則導致保養容易，其設備的運轉操作及可靠性為之提高。

7.潤滑管理（Lubrication Management）

1966年英人Peter Jost提供有效運用已有的磨潤知識，可以節省大量保養費用，而在英國業界大量投入，成效驚人，而受重視。

8.追蹤紀錄保養（Tero-Technology Maintenance）

1970年推動依據設備過去運轉故障、修護時間紀錄，依其資料進行保養工作。

9.狀況基準保養（Condition Base Maintenance）

1972年建立以掌握現在設備狀況（劣化、故障、強度、性能等），而對其判斷，再對設備進行定期保養的實施。

10.設備診斷技術保養（Condition Diagnosis Technique, CDT）

1975年歐美推行，係發展出以設備監視及設備正常分析診斷的技術，進行故障檢查（fault detection）及自動調整（automatic checkout），以節省保養失誤。

11.全面生產保養（Total Productive Maintenance, TPM）

1971年日本推行以生產部門的TPM，更在1989年推動全公司性的TPM。TPM係從上級主管至一般的操作人員，以及其他有關設備的企劃、設計及運轉人員皆參與，而由保養單位負責全部保養的實施。也可以說係預防保養、改善保養、保養預防之系統化，及生產保養的效果化。此種制度盛行各國，頗有成效。

✖ 設備管理的組織

設備管理的組織，其目的在於有效地利用設備提高企業的生產率。因此，不僅是考慮設備的保養，還必須考慮到設備工程的全部職能。

組織採用地區分散制度（area maintenance system）或中央集中制度（central maintenance system），各有優缺點，一直為企業爭論的問題。

一般小型工廠，機械設備不多且較不複雜，在保養方面的工作，因人員易於訓練，工作負荷輕，所花費成本不高，所以可以用「班」的小型組織形態，直接納入生產單位，由生產主管統一督導，並無中央或地區保養制度的存在。

至於中型工廠，由於設備較多且規模較大，繁雜性增高，保養工作負荷亦增，部門層次要提高，其行政上隸屬工廠經理由其負責督導，而保養部門之領導者由保養課長負責。公司的保養單位只做保養支援和大型工程承包工作。可說為地區分散制度。（圖2-17）

大型工廠，由於設備龐大而複雜，一般採用中央集權保養制度居多，各生產廠並無自己直屬保養單位，所有保養資源皆集中在保養處，而保養處與生產廠為平行單位。平時保養處會派一批保養人員駐廠，做日常保養，而遇有較大的、較困難者，則由保養處來支援解決。（圖2-18）

不論組織的大小，其保護工作內容（圖2-19）均需著手處理（鄭達才，2000）及各種保養工作（圖2-20）。（Armstrong, 1996）

圖2-17 中型工廠保養組織

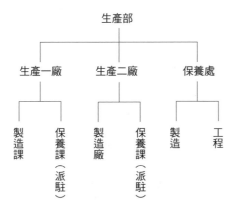

圖2-18 大型工廠保養組織

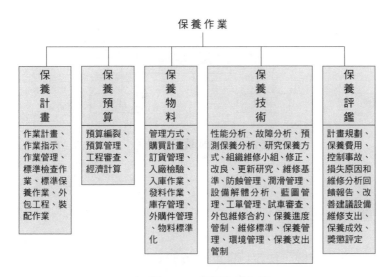

圖2-19 保養作業內容

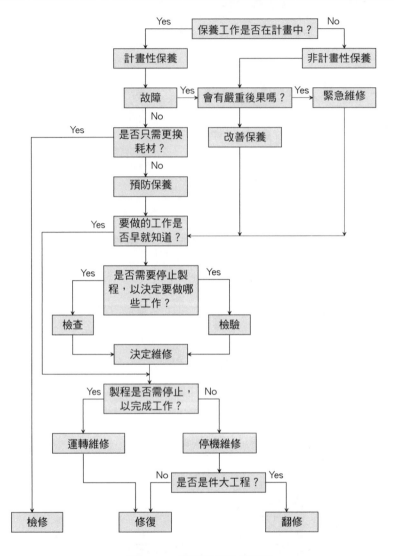

圖2-20　各種保養工作關係

✕ 設備管理的過程與作法

　　企業在適當的時機，決定巨額的投資於設備，為求未來能達到人機一體，有賴全體人員的參與，而成為整體的系統工作觀念，必須從企劃、設計

開始，經過採購、裝機、生產製造、生產維護及生產與經營的結合，而導致設備管理的領域，邁向前一大步。其重點工作如下：

✦ 設計、企劃爲設備管理的根本

設備在其設計、企劃階段，須設法依設計資訊的流程，以彈性製造系統爲例（**圖2-21**），在基本上係以生產系統的基本構造之設計開始，自動化的程度，配置的決定、選擇，不僅關係其性能，而且與保養計畫息息相關，影響未來的效率。最後經經濟評估後，其延續以往的設備管理範圍，擴大其工作內容。一般所採用經濟評估的重點及方法爲：

1. 重點
   （1）直接人工費用降低。
   （2）刀、冶具費用節省。
   （3）庫存品減少。
   （4）生產能力增加。
   （5）程式設計費用減低。
   （6）檢查費用節省。

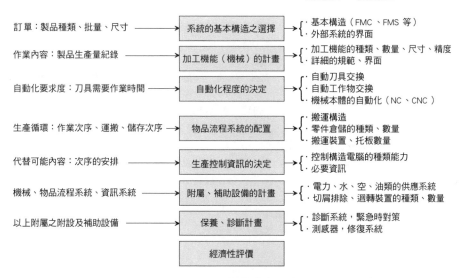

圖2-21　FMS的設計資訊流

（7）各工程間工作件搬運費用減少。

2.方法

設備選擇的評估項目如表2-19。

✦ 安裝、使用為設備管理的基石

設備的安裝及使用條件的好壞是設備操作的基石，它影響設備性能的優

表2-19　評估設備表

生產製造	1. 設備是否達成生產任務？ 2. 尚需購置相關其他機器設備？ 3. 這些設備需外購或國內採購？ 4. 機器設備特性如何？附屬配件如何？ 5. 未來設備動力？公共設施？ 6. 機械設備如何配置？ 7. 機械設備安全措施？ 8. 機械設備檢驗方式？
專案小組	1. 專案小組為臨時編組，其定位如何？ 2. 小組任務確定包括：規格擬定、設備評估、安裝、試車、檢驗、維護、操作及財務工作等項。 3. 選擇設備小組負責人？其他成員？ 4. 工作進度及預算編列。
設備評估	1. 供應商能力評估。 2. 設備規格、功能、維修等項比較及利益分析（現在及未來）。 3. 如何與舊有設備配合、規劃？ 4. 新設備操作及保養人員培訓？ 5. 新設備備用零件、模具、冶具、夾具、工具、刀具、檢具之供應及包裝條件。 6. 設備使用現狀的深入瞭解（必要時參觀）。 7. 採用何項分析方法（回收時間、投資報酬率……）？
設備採購	1. 尋找合適供應廠商。 2. 採購合約檢討，包括：範圍、供應項目、中止要點、設計需求、製造中檢驗、安裝前檢驗、測試檢驗、包裝方式、運送時間、安裝試車使用期限、使用有效期限、安全保險、技術人員派遣、議定價格（匯率）、付款日期、付款方式、異常處理等項。
財務及會計	1. 資金籌劃（自有、借貸）。 2. 資金借貸方式。 3. 設備抵押方式及作業。 4. 付款條件、時間、方式。

劣、故障、意外及其使用壽命，應注意如下：

1. 安裝

（1）依供應商要求做好基礎工作。

（2）依供應商要求供應充分的公共設施（水、電、空氣、蒸汽等項）。

（3）依供應商要求做好搬運及拆箱作業。

（4）依供應商要求安裝說明書，配合廠商工程師，依序進行安裝及試車。

（5）做好設備安裝時水平、垂直度及中心線校正及固緊工作，確保設備最高精度。

（6）檢查各項模、冶、夾、刀、工、檢具的正常或損壞。

（7）操作及維修說明書編譯完成。

（8）會同試車做好性能、規格驗收作業。

（9）操作人員順利操作應用。

2. 使用

（1）操作人員遵守正常操作標準書（S. O. P.）工作，不超負荷作業。

（2）操作人員每日做好一級保養工作（清潔、潤滑）。

（3）制定保養計畫，確保設備定期核驗，維護設備精度。

（4）制定環境測試程序並遵守之。（有些貴重設備必須在20℃，濕度50%之情況下作業）

（5）照明、通風、噪音、消除、廢水處理及空氣污染須做適當處理。

（6）公共設施指派專人管理及定期保養。

（7）制定維修系統組織及工作，能適時排除故障。

（8）不定期稽核機具操作及保養工作，優獎劣罰。

（9）經常調查各機器設備備份零件之存量，適時補充。

（10）舉辦各種機具操作機能之講習及訓練。

✦ 保養為設備管理的保證

企業各級主管重視修護保養，則設備保證其使用壽命可持久，設備精度

可保持，可使平凡的機器製造出產品品質高於用價格昂貴設備製造出的產品品質，更可減少修護人員疲於奔命。先總統　蔣中正先生明示：「保養重於修理，修理重於購置」。若設備管理層次提高就是降低不必要的費用支出，其方法為：

1. 訂定企業設備保養制度及系統。
2. 各生產線機器設備，操作者自行做好一級保養工作。
3. 保養單位每天派員赴各生產線設備檢查，異常徵兆則立即停機處理。
4. 建立機器設備保養管制卡，使操作者或生產線指定人員專人專司維護保養工作。
5. 建立機器設備使用時間管制卡，分析機具閒置原因（機具不良、操作不良、配件不全、物料短缺）找出原因，對症下藥。
6. 建立機器設備故障分析及處理對策卡，一方面便於現階段修理人員修理，更重要的是便於以後新進修理人員易於找出故障原因，最後可分析是否未來優先汰舊更新之依據。
7. 在生產空檔，將設備進行整修及塗裝作業。
8. 所有設備予以分類及編號，可利用電腦建檔，以利維護檢查及保養。
9. 定期實施保養計畫，追蹤及考核。
10. 保養人員定期訓練、測驗。

✦ 整理、整頓廢舊設備

設備不適用，放在廠房占有空間，每天須派人保養浪費人才，是故，須做下列處理：

1. 企業內進行調配，或投資於工業較落後國家使用。
2. 轉賣於其他企業使用。
3. 留作研究開發新設備用。
4. 予以局部改裝另作他種用途。
5. 捐贈學校作教學用。
6. 無法捐贈則以廢品標售。

⚒ 設備管理的活動

✦ 生產保養系統的建立

1.生產保養系統建立

工廠保養工作要在經濟原則下，制定保養計畫、實施計畫檢查、定期潤滑、小修等，以減少停工、減產時間及設備大量的修理，爲最基本的保養的工作。生產保養系統（PM）（圖2-22）是由故障保養、預防保養及改善保養等加以綜合運用（圖2-23及表2-20），以達成生產經濟的目標。（林豐隆，2003）

2.保養等級

設備管理的保養工作範圍很廣，清潔、潤滑、紀錄檢查、試驗、調整、修改、修理、大修等都屬於保養的內容。保養工作可以集中、分散進行，也可以有些集中，有些分由使用部門負責。同時，由於一般企業的機器設備種類、數目甚多，保養工作繁多，也可以將保養工作分成不同的等級，依序實行之。

（1）預防保養
    a. 一級保養：包含日常清潔、檢查、上油、調整、使用紀錄、異常紀錄等。可由使用或保管單位負責。
    b. 二級保養：採每週、每月派員至現場檢查設備，並進行調整、小修等方式。一般由保養單位負責。

（2）改善保養
    a. 三級保養：每季或每半年一次，包括：更換零件、定期修理等，由保養單位負責。
    b. 四級保養：通常在年終停工時進行，包括設備主要部件翻修、更換以及設備全部大修等，尤其應用在連續性生產體系的設備，亦由保養單位負責。

✦ 潤滑管理

工廠設備中損壞大部分均與磨耗有關係，而潤滑的優劣在摩擦作用劇烈

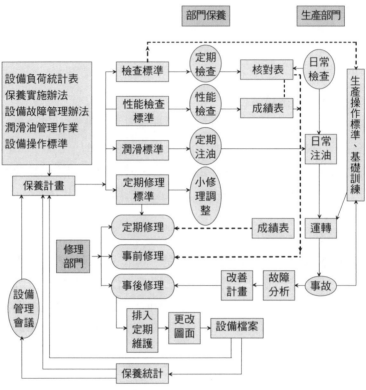

圖2-22　設備管理體系

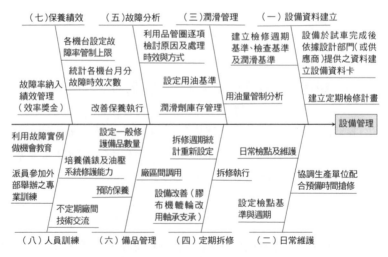

圖2-23　設備管理特性要因分析

表2-20　生產保養系統現場審查稽核表

項目	稽核重點
1.方針與目標	・方針與設備管理有什樣的關聯？ ・設備管理的方針，目標的決定方法、內容及重點的作法適當否？ ・管理指標、評價尺度的決定方法是否好？ ・長期計畫與年度計畫的關聯性良否？ ・方針、目標充分、徹底作了否？ ・方針、目標的達成狀況是否被確實檢驗？ ・結果是否被反映在下年度？
2.組織與營運	・關於設備管理、組織與人員配置適當否？ ・TPM的推行組織適當否？ ・推行組織與職務制度的關係緊密否？ ・對於TPM各部門的參與狀況良否？ ・母公司與衛星工場之間的協調績效良否？ ・資訊的傳達與活用有無障礙？ ・設備、模具、夾具以及與保養作業外包前的關係良好否？
3.小組活動與自主保養	・小組（週期、成員等）的組成適當否？ ・小組目標的決定方法適當否？ ・集會熱烈否？ ・提案狀況與處理如何？ ・如何確認目標達成？ ・操作員的自主保養如何實行？
4.教育訓練	・對於TPM各階層理解的程度深否？ ・各階層的教育訓練計畫與水準適當否？ ・是否照計畫實行教育訓練？ ・對於外部的教育訓練等的參加狀況如何？ ・具有技能檢定資格者有多少位？ ・對於保養實務的知識、技能程度如何？ ・有否適當執行技術評價？ ・有否利用教育訓練的效果？
5.設備狀態的管理	・5S作到何種程度？ 　＊灰塵、垃圾、油、鏽、切屑、原料等有否污染設備？ 　＊對於灰屑、垃圾的發生源，點檢、清掃、給油困難地方有否檢討對策？ 　＊給油標記、計器限界值的表示，螺栓、螺帽等鎖合記號，這些「目視管理」的工夫具備否？ 　＊模具、夾具、測定具與清掃用具、原料等整理、整頓良否？ ・針對下列現象，設備診斷技術有否活用？ 　＊破裂、腐蝕、鬆弛。 　＊異常振動、異音、異溫。

（續）表2-20　生產保養系統現場審查稽核表

項目	稽核重點
5.設備狀態的管理	＊水、空氣、蒸氣、瓦斯、油等的漏洩。 ·配線、配管、油空壓、電氣控制等的安裝方法、安裝位置良否？ ·潤滑劑、潤滑用機器的選擇及給油方法、換油方式等的實施適當否？
6.保養的計畫和管理	·保養品質、保養能率的提高對策適當否？ ·設備檢查的標準設定與計畫的實施適當否？ ·年度、月等的保養工事計畫建立方法及實施適當否？ ·備品等的保養用資材的常備品、採購點、採購量的決定方法以及現品的保管狀況良否？ ·與設備有關的圖面管理良否？ ·模具、夾具、測定具等的管理良否？ ·設備的劣化狀態、故障停機、保養工時等與保養有關的紀錄與數據處理方法適當否？ ·根據數據的活用所作之改善對策適當否？ ·管理手法適當否？
7.生產量、交期、品質、成本管理的關係	·新產品、新流程開發與設備計畫的關係適當否？ ·設備投資的經濟性比較法適當否？ ·設備預算的編成與管理適當否？ ·對MP改善案的設備設計標準的反映迅速確實否？ ·設備的選擇、設備、配置計畫等的信賴性、保養性充分考慮否？ ·設備的試車、驗收、初期流動管理確實實施否？ ·設備、模具、夾具的自行開發優良否？ ·對重大故障的再發生防止之對策是否迅速確實？ ·固定資產管理適當否？
8.安全衛生與環境的管理	·生產量、交期的管理與設備管理的關聯性良否？ ·品質管理與設備管理的關聯良否？ ·保養費的預算編成與管理是否確實執行？ ·省資源、省能源無充分執行？
9.安全衛生與環境的管理	·安全衛生與環境管理之方針良否？ ·安全衛生、環境管理的組織適當否？ ·安全衛生、環境管理的方法適當否？ ·安全衛生、環境管理的設備管理的關聯良否？ ·安全衛生管理的綜合成果如何？ ·環境管理適合法規否？
10.效果與評價	·有無適切進行效果測定？ ·方針、目標達成狀況良否？ ·從生產性提高的經營來看，保養效果的評價如何？ ·是否抓住現狀問題點？ ·今後之推行計畫確立否？

表2-21 TQC與TPM活動比較表

	項目與活動	TQC	TPM
特色	目的	企業體質的改善（提高經營績效，創造理想的工作環境）	
	管理的對象	品質（著重結果）	設備（著重原因）
	達成目的的手段	管理的體系化（軟體導向）	實現現場、現物應有的型態（硬體導向）
	人才的訓練	管理技術為主（QC手法）	原有技術為主（設備技術保養技能）
	小集團活動	自主性的小組活動	行政組織編制和小集團活動的一體化
	目標	PPM級品質	損失、浪費的徹底排除（零指標）
活動內容	主要目的及效果	提昇勞動生產性（確保高品質）	提昇設備總合效率（設備故障、零不良率）
	測定對象	製成品品質	六大損失
	檢測問題的方式	品質的偏差	六大損失的發生
	解決問題的手法	管理圖表、要因分析	分析
	現場活動	QC小組	自主保全的小集團活動

的轉動面與滑動面間扮演了決定性的角色，透過正確的潤滑，不但可使機械磨損減低、壽命延長、減少設備拆裝及更能提高設備的效率，降低能源的消耗。因潤滑管理的實施可以節省大量保養費用，已成為設備管理重要的一環。（林榮盛，1987）

1. 潤滑管理注意重點
 （1）適油：選擇適當的潤滑劑。
 （2）適時：在適當的時間加油、檢查或換油。
 （3）適量：使用適當份量的潤滑劑。
 （4）適位：潤滑劑加到需要潤滑的部位。
 （5）經濟：考慮成本問題，確實評估不同潤滑油功能和價格。

2. 潤滑管理其執行方法
 （1）使用油脂選定（新增或更換時，需考慮設備荷重、速率、溫度、元件材質及加工精度）。
 （2）編定潤滑基準表（設備名稱、潤滑部位、方法、週期、加油量、用料）。

（3）制定換油基準（定期檢驗計畫及報告）。

（4）制定潤滑劑庫存。

（5）潤滑油脂消耗量檢討。

（6）潤滑油脂技術檢討及相關設備機構改善（漏油、油箱起泡）。

（7）潤滑管理系統相關單位之責任劃分（管理、保養、倉儲、檢驗、使用等部門）。

（8）制定潤滑管理系統運作作業流程。

3. 實施潤滑管理的利益

（1）減少不預期的機械故障，避免不必要修理及停止，以提高生產效率。

（2）節省人力、零件消耗，以節省物料及人力費用。

（3）減少磨損，延長機械使用壽命。

（4）降低摩擦，節省工廠動力消耗。

（5）調整潤滑系統，配合機械改進，使用適當潤滑油脂，以提高機械故障率。

（6）節省潤滑油脂浪費，降低生產成本。

✦ 全面生產保養

1. 淵源

1970年英國政府考慮其經濟情勢，確立設備保養的方式，提倡多種科技保養（Tero-Technology Maintenance），而為學術界及業界所贊同，並在歐洲保養之協會（European Federation of National Maintenance Society, EFNMS）廣泛介紹，逐盛行於歐洲各先進國家，更因美國國防部及後勤單位採用，而更有成效。各種科技保養為「經濟的壽命週期及成本（Life Cycle Cost, LCC）的探討，有形資產合理的管理，財務、技術等其他實際活動的綜合科技。」，也就是強調有形資產的LCC之經濟問題。

日本在1969年由日本電裝株式會社引進，並在1971年獲得日本保養協會PM獎稱之TPM，逐盛行於各地，而為業界所採用。一直到1989年以後，TPM發展成生產源流系統效率化活動，亦即以設備硬體為導向，由點、線擴大至全公司全面參與的活動，而與TQC活動有差異（表2-21）。（徐世輝，1999）

2.TPM目標

（1）1971年以生產部門為對象，其目標為：

　　a. 設備效率達到最高綜合效率及目標。

　　b. 設備的壽命週期及對象，確立其整體的保養系統。

　　c. 設備的計畫、使用、保養等相關部門皆參與。

　　d. 最高主管至生產作業人員等全體人員皆參與。

　　e. 以小組自立活動及PM的推動，來達到TPM。

（2）1989年，不僅限生產部門，更跨越開發、業務、管理等所有部門，成為全公司性，其目標為：（圖2-24）

　　a. 建立並追求生產系統的高效率化之企業體質為目標。

　　b. 在現場以現物所構築之生產系統的設備週期為對象，追求「零故障、零不良、零災害」等目標，並建立防止任何損失（六大損失）於未來的結構。

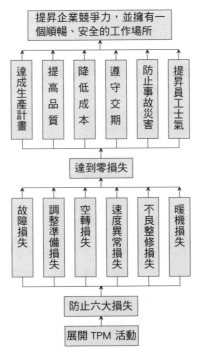

圖2-24　TPM目標

c.除生產部門以外，有關開發、業務、管理等所有部門，也均應參與活動。

d.從高階主管到第一線人員全員參與。

e.以重複小集團活動來達成零損失之活動。

3.TPM理念

TPM理念為下列三項：（林榮盛，1987）

（1）人員的體質改善：設備操作者不僅只管設備運轉生產，還必須做好保養工作，所以必須具備設備保養的技術、技能及改善設備的興趣、能力。

（2）設備的體質改善：為了完全地消除與設備有關的損失而做的設備改良。

（3）企業的體質改善：為使TPM理念具體化而實施自主保養、個別改善及計畫保養等，是否減少設備故障，提高設備綜合率，降低不良率及成本，並建立舒適的工作環境，使工作更順暢，提高公司競爭力。

4. 綜合效率

綜合效率為設備的時間可靠度（時間稼動率）速度稼動率及良品率的相乘值，時間稼動率為設備之可使用性，速度稼動率為循環時間其理論與實際之比，其公式為：

$$A_o = \frac{T_u}{T_u + T_o}$$

T_u：運轉時間。

T_o：停工時間。

5. LCC的經濟性

各種科技保養，特別重視購置成本、操作成本及保養成本等問題的檢討，更與設備的壽命、可靠性、利率、通貨膨脹息息相關。

保養成本可分為維護成本（觀察、維護及修護）及損壞成本（設備停機、產品損壞）。原則上保養做得愈好，則維護成本愈高，則損壞成本愈低，這兩種成本合計便是保養成本，而總成本最低時的保養品質便是最合理的保養水準。

6.TPM推行組織

TPM推行組織，是以職級制重疊式小集團來運作，使用由上而下的政策（top down）得以貫徹，而由下而上的意見（botton up）能反應和溝通，以部門別機能來主導八大分科會運作，其推動組織（圖2-25）、活動體系（圖2-26）及營運架構（圖2-27）。（楊博統，2003）

7.TPM八大支柱活動

TPM內容主要是以5S為基礎及八大支柱為主軸來推動，其八大支柱活動內容為：

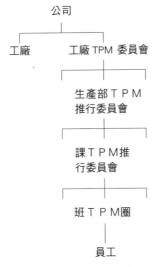

部門別 分科會	製造部	保養部	生技部	設計部	品保部	人力 資源部	間接部門	工業 安全部
自主保養	◎	○	○			○		○
計畫保養	○	◎		○		○		○
個別改善	○	○	◎	○	○			○
開發管理		○	○	◎	○			○
品質保全	○	○	○	○	◎			○
教育訓練	○	○	○	○	○	◎	○	○
間接部門 事務效率化	○					○	◎	
安全衛生	○	○				○		◎
說明：◎分科會召集人　　○支援及配合單位								

圖2-25　TPM推進組織

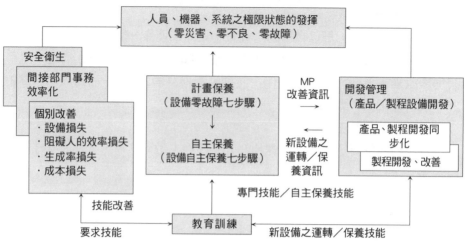

圖2-26　TPM活動體系

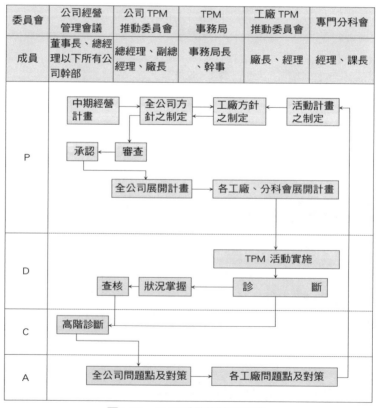

圖2-27　TPM活動的營運架構

（1）自主保養：此活動是以作業人員為主，對設備、裝置保養技術施以適當的教育訓練，使其能對微小的故障做些簡單的修理。為了使作業員瞭解自己的設備須由自己保養維護，因此每個人皆須熟知其所使用設備的構造及功能，而且學習日常保養的技能，達成每個作業人員能自主保養以提高作業的水準。

自主保養活動展開包括了七大步驟：

a.初期清掃（清潔點檢）：以設備本體為中心的垃圾、污垢全部清除及實施加油、鎖緊螺栓，並尋找設備不妥處及使其復原。

b.發生源、困難處的對策：改善污染的發生源、粉塵飛散的防止及清掃、加油、點檢困難處所，以使清掃、加油、點檢等時間縮短。

c.自主保養臨時基準的訂定：訂定能在時間內確實維持清掃、加油、點檢、鎖緊螺栓的動作基準（必須訂定能在日常作業期間內使用的時間表）。

d.總點檢：依據點檢手冊所做的檢查技能教育與總點檢的實施，以指出設備微缺陷並使之復原。

e.自主點檢：編訂確實有效維持的清掃、加油、點檢基準，並編訂實施自主點檢檢查表。

f.標準化：各種現場管理項目標準化，以使維護管理完全系統化。例如，現場之物流基準、數據紀錄之標準化、模具、冶具與工具之標準化、工程品質保證基準等。

g.自主管理的徹底執行：確實依公司方針、目標展開，持續改善及標準化。例如，設備總合效率、平均修護後可用時間（Mean Time Before Failure, MTBF）分析紀錄，並予以解析後進行設備改善。

（2）計畫保養：計畫保養是以保養人員為主的重要活動，保養部門應建立一套適合公司自己的保養管理系統，對設備進行健康管理。使得保全的體制能夠完備充實，從事後保養一直到預防保全乃至於預知保養的水準提升，並提高整個生產設備的可靠度。

（3）個別改善：個別改善的進行方法依序分別為：示範設備的選定；專案計畫小組的組成；六大損失的掌握確認；課題解決推行計畫

編成：課題解析、對策、改善及效果確認……等，以達設備效率
之提升。

（4）開發管理：開發管理流程參見圖2-28。

（5）教育訓練：TPM展開的基礎上其中一項的目的就是「建立對設備
能力強的從業人員」。因此以作業人員為主的自主保養活動中對
作業的基本技能等方面的教育都是必要的；另一方面以維修人員
為主的專門保養活動，也須給予新的技術導入教育。

而在教育訓練上可分為導入期及推展期：

a. 導入期

　　a）　TPM概念的導入教育。

　　b）　個別公司的見習。

　　c）　TPM展開的教育。

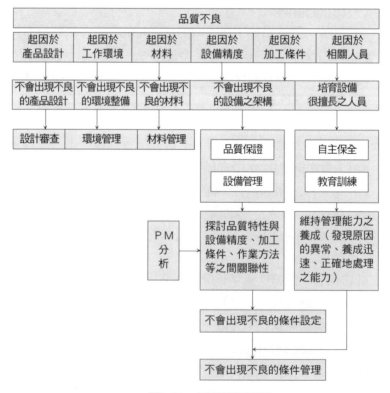

圖2-28　開發管理流程

　　　d）改善手法研修教育。

　　b. 推展期：包含專門分科會教育……等，可視公司或工廠之實際
　　　需要而再予以增加所應學習的項目。

（6）品質保養：品質保養展開之基本概念參見圖2-29。

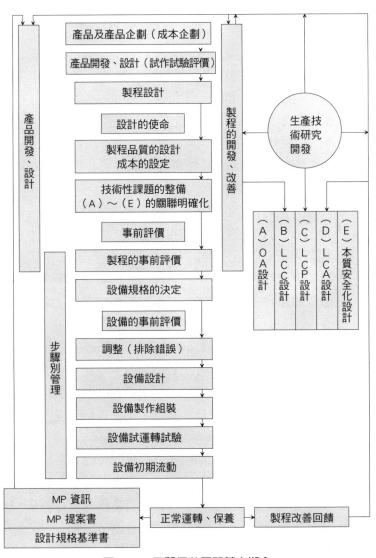

圖2-29　品質保養展開基本概念

（7）間接部門事務效率化：間接部門在整個TPM活動中應考慮「支援製造部門及其他部門的TPM活動時，必須實施哪些事？」及「追求自己部門工作品質的提升和業務效率化時，必須選擇何種課題，且如何解決？」進行間接部門的TPM活動，基本上從五個主要內容著手。

a. 事務之個別改善：針對事務機能的有效性、系統的運作檢討。

b. 事務的自主保養：涵蓋事務機能與事務環境等兩方面進行辦公室5S。

c. 教育訓練：培養具資訊處理能力強的人才，是企業的重大課題。可從下述等觀念來進行。

　　a）準備依職務、職位別之各種教育訓練。

　　b）編製教育訓練用之課程。

　　c）訂定必要知識、技能學習之基準。

　　d）實施教育訓練。

d. 建立人員之彈性應用系統：事務間接單位最大的經費就是人事費，因此須重視有效率的用人方法，例如，配合事務量來彈性編制人員。

e. 建立事務評價體制：針對各部門之任務建立衡量指標，例如，減少問題發生率、成本削減率、期間縮短率、庫存削減率……等。

（8）安全與衛生：安全、環境衛生和污染管制在工廠管理上相當重要，例如，失火或爆炸等災難的發生，不僅造成工廠財物、人命的損失，可能還會使工廠周邊環境遭受破壞，引起生態的浩劫，甚至讓一個公司毀於一旦。TPM活動在工廠管理方面應將重視這些易發生危險的區域。

在工廠內，新的生產設備組裝或設備的修改、系統的更換，操作者若對設備的技術並不熟悉的話，也極易發生事故。因此工廠須建立起有關安全及環境衛生等方面有系統的教育訓練，因為設備不僅是生產而已，設備發生問題亦會直接影響人的安全及意外事故的發生，所以有關工廠設備安全及評估方法應該列入考慮。

欲建立零災害體質有七項步驟，分別如下：

a. 現狀調查與問題點整理。

b. 問題點的解決與發生源對策。

c. 必要條件之整備。

d. 總點檢。

e. 潛在危險處之發掘與對策。

f. 安全的事前評價與工程上的對策。

g. 自主管理。

而在充分瞭解七步驟的內容與TPM活動的「自主保養」、「計畫保養」等各活動之關聯後再進行展開，較能有效地推展。

評價指標爲達成零災害、零缺點、零故障等零損失，八大支柱的分科會活動依其方針設定目標，內容涵蓋一般管理及P（Productivity）、Q（Quality）、C（Cost）、D（Delivery）、S（Safety）、M（Morale）等量化指標。

✦ 設備診斷技術及設備保養

設備保養仍然實施，但在超負載則使設備在機能及構造等生產特徵，諸如聲音、振動、熱量、腐蝕、電流等，皆有賴於測感器的診斷，而作適當的保養措施，並研究改進，且配合保養週期的實施，而有顯著的效果。係最新的科技。（圖2-30、圖2-31及圖2-32）

✦ 保養自動化

工廠的自動化、無人化，而彈性製造系統（FMS）使之實現爲企業的夢想，原有工廠其僅餘工作人員的工作，由一般的操作逐漸轉移至保養工作，保養工作所占的比例增加，因而在自動化及無人化的前提下，則電子技術爲保養工程的中心——電子，並使控制系統簡化及輕型，兼具更優越的效果，達成設計及生產自動化，爲發揮其眞正的效益，業界未來的重要課題爲保養自動化，以期配合FMS。

保養自動化，爲合理化、標準化的保養，單體的集合設計，而成工廠全體集中保養管理方式，進而應用電腦，達到無人化保養的地步。

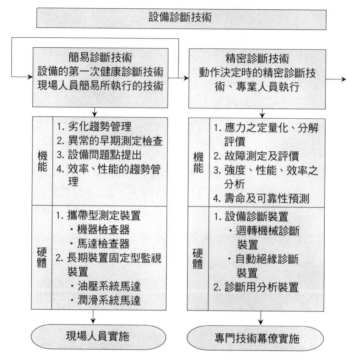

圖2-30　設備診斷技術的基本系統

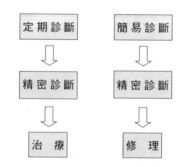

圖2-31　診備診斷的工作方法

圖2-32　監視診斷流程圖

✕ 可靠與保養度

✦ 可靠度

可靠度（reliability）視爲衡量物品本身好壞的尺度，依RETMA（Radio Electronics Television Manufactures Association）所下的定義：「爲某裝置在規定的使用條件下，能於規定的期間裡，毫無故障地發揮其特定功能的機率。」也就是說一個產品、設備或系統在預計狀況下正常運作的機率。（Calabro, 1984）

系統或設備具有可靠度是指滿足下列條件而言（**圖2-33**）：（陳耀茂，1996）

1.使故障不發生：儘可能維持系統或設備的正常狀態。

2.如有故障或不滿意立即保養：一個系統或產品愈是複雜，要使它完全不發生故障愈是不可能，要使它可靠度提高必須花費成本。因此，故障出現時，要儘快察覺，設法使它回復原狀。此回復能力可以用保養度（保養＋可用度）來測量。

3.整體而言處於令人滿意的狀態：指可用度高，即表示一邊進行維修（服務），一邊繼續操作中之系統或產品整體都處於滿足狀態的尺度。也可以說整體的使用率或可動率很高，係前兩者之總和。

✦ 保養度

保養度（maintainablity）是指：「可以加以維修之系統或產品在規定的條件下實施維修時，在一定的時間內完成維修的機率。」也就是除了物品的好壞之外，它還代表保養或服務的良窳。其重要三要素爲：

1.接受保養、服務之系統，產品本身的保養性品質。

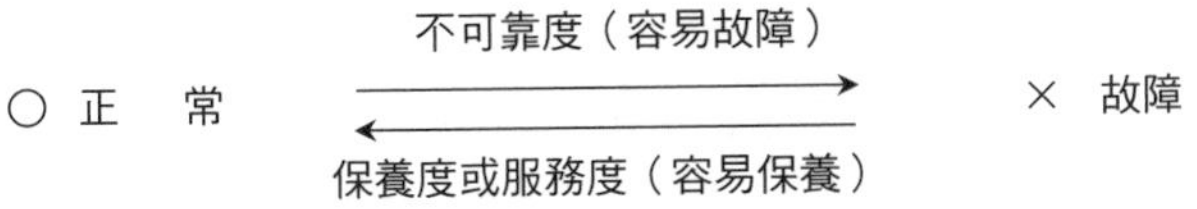

圖2-33　正常與故障狀態

2.實施保養、服務之技術者的能力（人員條件）。

3.支援保養的周邊設備，服務之周邊組織的品質。

在保養度的定義中，其所規定的保養條件裡，包含了上述2.及3.二項條件。因此，保養度的測量無法像測量可靠度一樣的明確。

管理者可以藉由下列方法來提高產品或系統的可靠度：（潘俊明，2003）

1. 增加備用零件或設備

在產品或設備中，常用的部分或受力較大的零件比較容易損壞，若增加備用零件或系統，可達成此目的。

2.提高零配件的可靠度

對「最易損壞」及「最重要」的零配件上，企業可以改變其設計來提高其可靠度。

3.改善工作狀況或系統

若前二者方法實施不易，則可改採減少設備工作量、增加停機時間、增設空調裝置、改用較佳機油等方式使設備工作量或損耗降低，進而提高可靠度。

4.推行預防保養

企業可事先計畫並安排，推行預防保養，進行檢查、保養及更換零件等工作以維持正常運作。

5.增加設備

假如設備非常重要，且該設備損壞極可能引起重大損失，則企業可以多增加一部相同設備，以備不時之需。是否購置與否，仍屬政策性的問題。

6.縮短修理時間

在短時間內搶修完成，減少停工損失，提高工作能力。

7. 將易損壞之工作隔離

若有生產過程中發生問題，則管理者可以在該處增加半成品存量應急，以免影響整體的運作。

8.忍受風險

假如無法提高可靠度或提高可靠度所需成本過高，企業有時只好保持現況，忍受可靠度不高的風險。此時，管理者應量力而為，減小產能利用率，設法注意安全，以免造成困擾。

⚒ 保養費用管理

保養費用是每家生產工廠總支出的一個大項，但卻爲管理者所疏忽。一般而言，約占產品價格的5%，因此，將保養成本保持在合理範圍內，是保養單位及每位保養人員努力的目標之一。

保養費用（圖2-34）的管理可以採用目標管理的方法，其重點如下：

1. 人是最重要的資源，爲充分地發揮這項資源的功能，訓練費用的編列是絕對必要的。訓練費用的投入，可以使保養技術人員的技術提昇，進而提高保養的水準，甚至改良設備，提高設備性能。

2. 保養費用中的物料，包括：外購、自製器材、潤滑油料、工具、消耗性材料（如氧氣、乙炔、焊條等）及備品等；而人工保養費用包括：各單位保養人員工時及協力廠商人員工時。成本管理在於每筆費用支出前仔細考慮是否該使用，支出後追蹤是否浪費，並時時檢討，注意各成本科目的上升下降的趨勢，務必做到合理化的成本控制。

3. 最重要是將成本觀念輸入每一位保養人員的腦海中，使其在每天的工作中注意有無浪費材料及人工，甚至這項工作是否值得，以及一次做好，以免第二次重做的浪費。

⚒ 設備管理績效

企業設備管理的領域的好壞，影響企業的經營狀況，因此必須加以考核。一般皆採用蒐集保養管理的紀錄，對其詳加檢討、分析、評估相關數

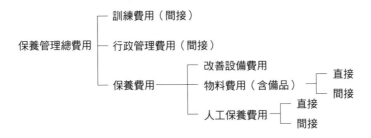

圖2-34　保養費用項目

據，與當初設定的標準比較，再做最後的績效評定與日後改進建議。保養績效的評定，相當於設備管理上的PDCA循環的Check部分，其評定結果向計畫和執行回饋，而做修正改善，是重要的工作。

保養管理績效指標種類很多，可採用杜邦公司的規劃、工作量、保養費用及生產力四類指標（**表2-22**）依部門來做好每月、每年的比較。（劉水深，1984）

表2-22　保養管理績效指標

項目		因素	採用單位	計算公式
一	規劃	1.人員工作效能	%	實際生產工作時間／安排保養工作總工時
		2.實際保養工作與計畫保養工作比率	%	實際保養工作總工時／計畫保養工作總工時
		3.每天突發事故比較	%	突發事故修理總工時／實際保養工作總工時
		4.每月加班比率	%	保養工作加班總工時／日常保養工作總工時
二	工作量	1.現在可進行保養工作之總工時	小時	小時
		2.全部保養工作總工時	小時	小時
		3.每月預防保養工作比率	%	預防保養工作總工時／實際保養工作總工時
		4.每月日常保養工作比率	%	日常保養工作總工時／實際保養工作總工時（註：3+4＝100%）
三	保養費用	1.保養費用對投資比率	%	保養費用／總投資額（會計帳）
		2.單位產量之保養費增減比率	%	（上期保養費－本期保養費）／單位產量金額（2年之平均值）
		3.直接保養費比率	%	直接保養費／總保養費
		4.間接保養費比率	%	間接保養費／總保養費（註：3+4＝100%）
四	生產力	1.實際工作效率	%	一定時間內實際保養工時／一定時間內標準工時
		2.預測效能	%	已實施保養總工時／預測保養總工時
		3.因保養之每月機器停車比率	%	保養所費機器停車工時／機器實際運轉工時
		4.單位保養所增減之產量	%	（上期單位保養費所能生產量－本期單位保養費所能生產量）／上期平均每元保養費所能生產之產量

案例

✗ 美國阿拉巴馬州的吐思卡路沙──沙群賓士工廠區（Chase, Aquilano & Jacobs, 1999）

德國賓士汽車對其汽車採取不計成本的方式，但是現在與日本以及美國競爭者作比較，成本即有30%不利的差距。同時，自1980年代也被競爭者瓜分不少豪華車的市場。以再創新作為主要的考量因素，賓士決定採取豪華型跑車的計畫，此多功能的汽車（Multi-Purpose Vehiele, MPV）主要的目標是放在美國市場，因為美國是世界上此類車型的最大市場。主席Holmut Werner的代理人Andreas Renschler被任命主持這個計畫，同時被指示：「在德國之外選擇一區域以進行此項計畫。」從1993年1月起就展開在全世界各地尋找生產基地。

1993年4月份，賓士汽車宣布將其MPV工廠設在美國，研究顯示其勞工成本，運輸與零組件成本都是最低的。賓士考察美國35個州的100個地點之後，最後於1993年8月把選擇範圍設定在阿拉巴馬州、北卡羅萊納以及南卡羅萊納州。由於賓士汽車期望外銷一半以上的車子，因此主要的選擇基準是在運輸成本，MPV將只在美國工廠生產。

1993年9月，賓士汽車經營委員會核准工廠設在阿拉巴馬州的斐斯（Vance），整體計畫耗費資金3億美金，1,500名員工以及年產65,000輛的生產工廠。斐斯工廠位於阿拉巴馬州的吐思卡路沙（luscaloosa）與伯明罕（Buimigham）兩個城市之間，20號與50號州際公路的交接點，州政府把此地點重新命名為I-20/59賓士汽車城。依照賓士的說明，該州對於商業支持的氣氛是選擇該區域的重要因素，其它選擇的標準尚包括：

1. 州際高速公路的便利性。
2. 鐵路與港口的便利性。
3. 勞力的足夠性。
4. 財務的誘因與稅賦的減免。
5. Iuscaloosa與Brimingham間學校與大學的接近性。

6. 生活品質。

阿拉巴馬州的誘因利益達到2億5千3百萬元美金，超過BMW在南卡羅萊州設廠誘因的2倍。阿拉巴馬州誘因尚包括：

1. 以9千2百20萬美金收購966英畝，建立外國交易區域以及員工訓練中心。

2. 以7千7百50萬美金擴充水道、瓦斯及下水道並供應其他的基本設施。

3. 以6千美金訓練賓士汽車的員工、供應商以及相關工業的員工。

4. 私人企業的1千5百萬美金。

5. 870萬美金對於機器、設備以及建築材料的採購稅金折扣。

研究顯示，此方面的資金是值得投資，工廠的經濟效益在第一年達到3億6千5百萬美金，且在20年之後達73億美金。

在最後的三個廠址選擇過程中，商業氣氛、教育水準以及交通運輸皆不相上下。儘管有不同的誘因計畫，長期的操作成本應該幾乎一樣。工作權利的相關法律與工會並不是決策過程的主要因素。決定因素是阿拉巴馬州對此項計畫的熱心，最後一項因素是圍繞在該區域的樹林，彎曲的山丘極像德國賓士汽車總部──Shuttgart Swabian的景緻。

工廠從1994年春天開工，而汽車生產則在1997年1月開始。

✂ 日本麥當勞場址調查標準（賴山水，1995）

日本麥當勞，針對地點的選擇，有一套科學的場址調查標準，其中包括了三十多項，可從三個角度探討。

1. 店舖規模條件

（1）標準店規模為40坪以上。

（2）一樓面積約20坪，其餘可利用地下室或二樓來合計。

（3）店面高度至少6公尺以上。

（4）如果是「得來速」店（Drive Through）一定要面向主要道路，土地面積約在270～1,000坪。

2. 店舖所有商圈條件

（1）半徑2公里內，住戶數在3～4萬，人口10萬人左右。

（2）做商圈調查時要符合下列之標準：

　　　a.人口數及人口結構。

　　　b.住宅數。

　　　c.大、中、小學等學生數。

　　　d.店面前車流量。

　　　e.幼稚園、托兒所等學校數。

　　　f.公寓數和戶數。

　　　g.公司行號數和就業人數。

　　　h.生活水準。

（3）營業時間內，固定步行者15,000人以上。

3.營業條件

（1）初期年度營業額，預估在1億5千萬日幣以上（新台幣3千萬元）。

（2）為了配合高額的營業目標，因此須做好下列市場調查：

　　　a.商圈調查

　　　　a）鄰近競爭店狀況（距離遠近、店面面積、桌椅數、員工人數等）。

　　　　b）大型商業設施狀況（商圈的百貨公司、量販店）。

　　　b.消費者態度調查。

　　　c.通行流量調查（人潮、車潮）。

　　　d.對麥當勞喜好度調查。

⚒ 設備保養程序

1.目的：確保機器設備之運作生產隨時保持在最佳狀態下，以提升產品品質及生產效率。

2.範圍：凡與生產或組裝有關之所有機器設備之維修及保養皆屬之。

3.權責

　　3.1 一級保養：生產製造單位操作人員負責。

　　3.2 二級保養：設備保養單位人員負責。

　　3.3 特別保養：廠商之專業技術人員負責，廠務單位主管負責協調聯繫。

4.作業內容

4.1 一級保養

4.1.1 生產用之機器設備由操作人員負責實施每日保養檢查工作。

4.1.2 實施內容依「機器設備保養規範」進行,記錄於機器設備每日保養檢查表。

4.2 二級保養

4.2.1 設備保養主管依「設備保養規範」做出年度機器保養計畫表,將保養項目記載機器設備週保養紀錄表上面,如到保養時間,以打勾確認,如機器有換修零件時,才登記於機器設備保養維修紀錄卡。

4.3 特別保養

4.3.1 實施時機:維修範圍超出二級保養權責時適用。

4.3.2 維修人員:由廠外專業技術人員負責,廠內設備保養及機台操作人員配合實施。

4.3.3 維修結果由設備保養主管記錄於「機器設備保養維修紀錄卡」。

4.4 保養計畫

4.4.1 設備保養主管應對生產用之機器建立「機器設備一覽表」,並排定二級保養之「年度機器設備保養維修計畫表」。

4.4.2 保養計畫之修訂由設備保養主管負責,經副總經理核准後實施。

4.5 機器設備之異常處理

4.5.1 各級保養點檢時,若發現異常得自行修復,無法修復時必須依層級反應,以「請修單」呈核後轉請設備保養單位人員協助緊急搶修,請修單位應協助修護作業;其修護結果記錄於「機器設備保養維修紀錄卡」。

4.5.2 若機器異常情形需經由廠外專業技術人員修復時,機器設備修復後,應將維修過程及結果記錄於「機器設備保養維修紀錄卡」。

4.5.3 機器設備若經判定不堪使用時,則由使用單位填具報廢申

請單，經副總經理核准後予以報廢處理。

5.相關文件

5.1 生產管制程序。

5.2 機器設備保養規範。

6.使用表單

6.1 機器設備每日保養檢查表。（附件一）

6.2 請修單。（附件二）

6.3 機器設備保養維修紀錄卡。（附件三）

6.4 機器設備一覽表。（附件四）

6.5 年度機器設備週保養紀錄表。（附件五）

6.6 年度機器設備保養維修計畫表。（附件六）

附件一　機器設備每日保養檢查表

										主管			保全			
設備名稱						設備編號						日期				
日期	負責人	潤滑	油路	皮帶	開關	馬達	軸承	冶具	轉動	鬆動	噪音	洩漏	安全	清潔	單位主管	保養課
1																
2																
3																
4																
5																
6																
7																
8																
9																
10																
11																
12																
13																
14																
15																
16																
17																
18																
19																
20																
21																
22																
23																
24																
25																
26																
27																
28																
29																
30																
31																

負責人應逐日確實填報並簽名，月底彙集送交保全課，記錄符號：ˇ良好　　〇修理　　×待修

保養課：　　　　　　　　　　　　　　　意見：

附件二 請修單

編號：

申請單位		日　期	年　　月　　日
設備編號		設備名稱	
請修原因			
請修內容說明			

批示		保養主管		單位主管		申請人	

附件三 機器設備保養維修紀錄卡

設備編號：

設備名稱		機　型	
製造廠		製造日期	
使用年限		使用日期	

日期	保養內容	更換零件	維修者	審核	備註

附件四　機器設備一覽表

部門：

No	編號	廠　商機器編號	設備名稱	規格	數量	備註

審核：　　　　　　　　　　　　　　　　　　　製表人：

附件五　_____ 年度機器設備週保養紀錄表

設備名稱				機型		
製造廠				製造日期		
使用年限		啟用日期			保養者	

	保養項目	週											確認	備註
1														
2														
3														
4														
5														
6														
7														
8														

附件六 ＿＿＿＿＿ 年度機器設備保養維修計畫表

部門：

順序	編號	設備名稱	保養維修項目	1月	2月	3月	4月	5月	6月	7月	8月	9月	10月	11月	12月

批示： 保養主管： 製表人：

基本作業

- ✕ 工作設計
- ✕ 工作衡量

工作設計

✖ 定義

工作（job）係指個人所執行不同任務（task）；而工作設計（job design）則決定這些任務的責任範圍、工作環境與執行的方法，以使執行的結果能符合預定生產／作業目標。也可以說是將任務組合成一完整工作的方法。（Robbins, 1990）

在最早的時候，工作設計事實上幾乎是工作專精化（job specification）或工作簡單化（job simplification）的同義詞，並以此提高生產力或降低成本；這種途徑的基礎在於不需要較多熟練技術工，而其結果則可達成高產出與高效率；然而這種途徑最大的問題在於使員工感覺工作枯燥乏味，沒有挑戰性而覺得不滿足，從而產生較高的缺勤率與離職率。

為了克服專業化的缺點，而逐步發展出各種學派來克服並實施（表3-1）。（賴士葆，1995）

✖ 工作流程設計考慮的因素

工作流程設計的目的在於希望藉由系統的分析與規劃，建立具有效率以及生產力的工作系統。因此，須特別考慮下列因素：（Chase & Aquilane, 1996）

1.誰（who）：工人的心理及生理特徵。（表3-2）

表3-1　工作設計的學派

學派	建議範例	重視的結果
方法工程（IE）	採取工作簡化，細部分工，動作及時間研究。	效率
心理	提高工作自主性、技能與任務的多樣性以及社交性的互動關係。	滿足感
人因工程	機器與工作的設計力求簡單、安全、可靠性高，減少工作對員工心智上的要求。	系統信賴度
生物	改變坐姿，減少強度上的要求及減少噪音的干擾。	員工的舒適

表3-2 現今工作者價值觀

1.對組織或團體的歸屬感降低。
2.傾向對於權感與傳統的挑戰。
3.對於工作的忠誠度降低。
4.不再將工作看做比生活重要。
5.不會再那麼只投入於工作中。
6.不再傾向於大型、傳統或多層的企業中工作。
7.將休閒生活看得更為重要。
8.不願意接受一成不變的例行工作。
9.傾向於有更多參與決策的投票權。

2.什麼（what）：所欲執行的任務（有哪些工作要）。

3.何處（where）：組織的地理位置、工作區域的地點。

4.何時（when）：每天的工作時間、工作流程的時間。

5.為何（why）：工作的理由，工作的目標與激勵。

6.如何（how）：執行的方法。

✖ 範圍

工作設計係以科學方法，針對作業方法與程序，尋找出最經濟有效的工作方法，進一步可衡量時間的價值，作為管理的基礎，激勵作業員從事生產工作，以提高工作效率。工作設計的範圍，從原料的投入直到產品的產出過程，包括：人員、物料、機器設備、生產方法、工作環境、工廠布置等有系統的研究，以確保人員、物料及設備等都能做最有效的利用，一般論及設計可分為工作場所與工作環境設計（生理面）、社會與心理面設計、工作方法設計三大部分。

✦ 工作場所的設計

有關工作場所的設計所使用的原理為人因工程（Ergonomics/Human-factors engineering），是一門探討人的能力、限制及特徵的學問。其精神強調人類的生理與心理的考慮，經由工作場所、工具、儀器等的設計來增進人類工作能力。

1.人體計測

人因工程的設計是指運用人因工程的知識來設計產品、工具、機器、工作方法與工作環境等，以增進人員的安全、舒適與效率。為此，人因工程中最主要的課題之一就是人體計測（Amthropometry）。

人體計測是測量人體各肢體特性的技術，有關人體的身高、體重、身材為基本的計測。不僅如此，還包括：對各年齡層，各區域，各職掌，各族群等人體的各部尺寸、肢體活動角度範圍、體重、施力等數據加以量測分析，並建立數據庫，以為設計應用之依據。（林清河，2000）

人體計測以人體為主，其量測可分為：

（1） 靜態（static）：其數據是在人體靜止不動的標準姿勢下所測得，可供大部分產品設計時決定其靜態尺寸，如眼鏡、座椅、按鈕等。

（2） 動態（dymamic）：其數據是在身體以不同的工作姿勢與空間中的標準參考點相比較而測得，可供部分產品及工作空間設計決定其功能性尺寸規格之用，如把握大小須依使用者手掌尺寸及握持目的而定，而按鈕位置須依使用者手長及按鈕使用頻率、重要性等而定。

由於人體尺寸在量測時均採某種標準姿勢與狀態，如立姿、裸身、光腳等，其與實際應用時有些許差異。因此在應用人體計測尺寸於設計時，通常將人體計測資料庫所查得特定肢體數據之第五或第九十五百分位數（The 5th /95th percentiles）作為基本人體計測尺寸，再依據人機系統所在的環境、活動狀況、績效目標、使用者母體、使用裝備等予以適當增減，以作為設計之規格依據。

2.生物力學（Biomechanics）

生物力學是將人體視為一個簡化的機械硬體系統，則人體主要的部位即可用類比的方式描述為機械系統的元件，如骨架（skeleton）類比為支架、關節類比為接頭與軸承，肌肉可類比為動力源或緩衝器等。以此種方式，將複雜的人體活動，活動中人體受力狀況、不同負荷對人體施力的影響等就可以用力學的概念進行分析、模擬及驗證。

人體骨架其有206塊骨頭，骨頭之間以相連的組織及關節連結，形成人體的基本架構及槓桿系統。各個肢體因肌肉及關節特性相異，其施力、耐

力、活動角度與範圍等也各不相同。對此有透徹的瞭解之後，可對各種人體活動姿勢、方法、負荷與其工作績效或安全衛生的關係有所瞭解，進而可對影響績效或安全衛生的因素加以控制與改善。

✦ 工作環境的設計

工作環境的安排是生理面考慮的另一個重要構面。溫度、溼度、通風、照明等皆會影響作業員的生產力、產品品質及意外事件的發生。

1.世界職業安全與健康法案

1951年南非共和國，設置五星評等系統來維護礦坑意外件的發生。美國為確保提供健康的工作環境與減少工作傷害，於1970年通過世界職業安全與健康法案（Qccupational Safety & Health Act, OSHA），要求工商業遵守法規，違反者予以處罰。1982年美國職業安全衛生署提出自願保護計畫（Voluntary Protection Program, VPP）1994年5月ISO代表會議討論安全衛生的問題。而在1994年12月英國完成BS 8750「安全衛生管理體系指引」草案。1996年5月15日英國標準協會通過公布BS8800標準。1996年9月5日ISO召集「職業安全衛生管理體系標準化」會議議決暫時不制定國際標準。1999年4月七家國際驗證公司發布OHSAS標準18001要使用ISO來評估，但世界各企業仍待大力推動。（李穆生，1997）

VPP是鼓勵並輔導事業單位建立自主性安全衛生體制，改進安全衛生措施，落實施行自動檢查，以防止傷害，發揮自行保護功能。我國共計10大項及148項稽核問題（基本106項，進階為42項）其主要工作內容計有：

(1) 預防措施：管理規章、組織人員設置及運作、作業環境測定及監督計畫、機械設備管理、教育訓練及宣導（基本54項，進階29項）。

(2) 保護措施：工作場所安全設備、危險物及有害物管理、醫藥衛生服務的勞工健康、童工、女工危險工作管理（基本44項，進階3項）。

(3) 應變措施：事故調查處理制度及緊急應變計畫（基本8項，進階10項）。

我國推行VPP程序，包括：書面審查、人員訪談結果、現場巡視及查核、申請自願保護單位改善，並推行計畫書。而VPP推行具有成果獎勵方式

除頒發榮譽標誌，另一方面作業評分達90分，則可減少火災保護費用，即火災保險費減低至8%（優勢達的地點及工作狀況，成效達3年）。而2年即火災保險費降低6%，作業評分在85～90分之間；1年即火災保險費低至4%，作業評分在80～85分之間。

2.我國安全衛生沿革

1974年制定勞工安全衛生法（世界第三個，僅次於美、日）。1991年修正公布，其修訂過程如圖3-1。

3.環境影響疲勞的項目

（1）溫度（temperature）：工作場所溫度太高，會使作業人員汗流浹背，易於疲勞，而溫度太低則手腳僵硬不靈活，均會影響工作效率。一般辦公溫度在18～22℃，而中度勞動以12.5～18℃。較為激烈的勞動則在15.5～18℃之間。而平均環境的平均溫度（T）×黑球寒暖計示度（G）相乘積之調整係數查表得知若TG達到625以上，則增加疲勞寬放率，若1800則1.7。

（2）溼度（humidity）：一般舒適在30～50%之間較為舒適，而在高溫度下，所需溼度低較佳。

（3）通風（ventilation）：良好的通風是指將汙濁的空氣排出到室外，並引入新鮮的空氣至室內，因為室內二氧化碳的增加，導致空氣密度的改變，而使人員頭暈不舒服。因此，少用體力的工作場所，新鮮空氣每小時循環六次，耗用體力較多以十次為宜。一般工廠常用大型工業用電扇輔助之，而辦公室、儀器室

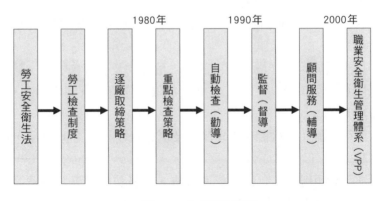

圖3-1　安全衛生沿革

則改裝空調設備。

(4) 照明（lumination）：光線太暗，作業人員會有昏昏欲睡的感覺，甚至會視力受損，容易造成產品不良率提高，產生工業災害，造成人員傷亡等安全事故，光線太亮則導致浪費能源，增加成本，因此照明的設計應均勻分布，達到柔和舒適，儘可能利用天然日光，須設法注意廠房及窗戶的設計。照明如在30Lux以內須調整（距離一英呎的燭光稱之foot candle，單位簡稱Lux）。

(5) 顏色（color）：不同的顏色會帶給人們不同的心理感受，而感受程度因人而異，但仍有相當的一致性（**表3-3**）。另一方面顏色亦可用來做為各種識別標幟。

(6) 噪音與震動（noise & vibration）：工作場所的噪音會使人厭煩而分心，對人員也會造成意外或破壞聽覺。噪音之測定常以dB分貝（decible）為單位，OSHA訂定140 dB為工作環境中噪音瞬間暴露的上限。人員若每日暴露8小時的噪音環境下，噪音限度是90dB；若低於8小時，則容許噪音水準可以每小時5dB的原則來調高。一般正常交談的噪音達65dB。

預防噪音可以從設備的選擇、地點的選定、隔音牆、隔音板的裝設著手，此外亦可利用耳塞、耳帽等保護裝置。

(7) 安全（safety）：一般意外的發生可能來自於作業人員的疏忽及意外傷害（accident hazands），使人員受傷、公司停止生產，並增加醫療費、補償金損失很大，應從下列方向著手：

a. 經由機器的重新設計來消除危險（防呆裝置）。

b. 運用安全防護的科技（感應器自動電源切斷器）。

表3-3 人員對顏色感受

顏色	距離感受	溫度感受	情緒感受
藍	遙遠	冷	平靜、冷酷、沉思熟慮、蕭條
紅	近	溫暖	熱烈、溫暖、活動及興奮
橘	很近	很溫暖	興奮、溫湲、吸引力
黃	近	很溫暖	興奮、爽朗、朝氣蓬勃
棕	很近	中性	平靜、低調
綠	近	冷	平靜、沉穩

c. 使用警告信號與標幟。

d. 訓練及教導工作人員。

e. 規定戴上個人防護設備。

f. 建立安全手則，確實要求遵守，違反者重罰。（禁菸）

✦ 社會與心理面的設計

人的活動除了外顯的生理反應之外，內隱的心理反應自古以來即是哲學、醫學等相關學科的研究重心。心理的反應包含人類對刺激訊息自接收至決策的過程，原理十分複雜，且較難瞭解與控制，因此在人機系統設計之時，若未能有效地予以考量，必然會引起諸多問題與困擾，甚至會因而造成錯誤與無法挽回的嚴重後果。另一方面，由於生理面的設計著重藉由分工專業化等途徑所得的利益；而社會與心理面（行為面）則強調員工內心對工作滿足感，是提昇工作效率的重要方法之一，常用的手法為（圖3-2）：（Heizer & Render, 1996）

1. 工作輪調

工作輪調（job rotation）就是將某部門的員工，在其工作一段時間後，以水平調換方式調遷員工做橫向的工作活動，使工作者的活動有變化，消除工作單調感。此種作法具有其優缺點（表3-4）。（Albrecht, 1982）

2. 工作擴大化

工作擴大化（job enlargement）指工作內容（content）在水平方向的擴充，即增加員工工作時的多樣化，一般採用責任範圍擴大、工作輪調及工作

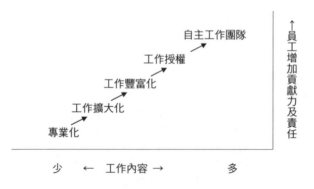

圖3-2　員工在社會及心理面工作階段

表3-4　工作輪調優缺點比較

優點	缺點
1. 操作員工可獲得各種工作技能，從而能有較多資格晉升人員。 2. 由工作環境、技能要求、工作內容改變、工作興趣因而提高。 3. 提高操作人員的技能和工作彈性，管理工作帶來方便。	1. 例規性喪失，產量會下降。 2. 許多工作時間因變換工作而浪費。 3. 工作職位會因地位或技術水準有所區別，操作工作的「地位感」有時會喪失。 4. 操作者初期都會對新工作不熟悉，工作效率也會受影響。

調節三種方式。此種作法具有其優缺點（表3-5）。

　　3.工作豐富化

　　工作豐富化（job enrichment）是指員工的工作責任呈垂直方向的擴充，讓員工有較大的控制權，能肩負起通常由上司擔任的工作（本身工作的規則、執行及評估）。此種作法具有其優缺點（表3-6）。

表3-5　工作擴大化優缺點比較

優點	缺點
1. 可減少工作疲勞和因高度專業化及重複性工作所引起厭倦感。 2. 使得操作工作人員對自己的工作速度有更多控制權，可自行運用技巧。	1. 使員工工作滿足感，效率不若高度專業化。 2. 生產制度使工作擴大化受限制。 3. 克服資深員工已完全習慣於原有生產模式。

表3-6　工作豐富化優缺點比較

優點	缺點
1. 可產生具多重技能的員工，當關鍵性員工缺勤時，不會產生問題。 2. 員工可在自己的步調下工作，可減少生理和情緒問題。 3. 個人和工作小組是半自主，可自行查核和檢驗，監督人員數量可減少。 4. 使曠職和人事流動率降低。	1. 採用時，須選用有責任感的人，予以徹底訓練。 2. 工具和廠商布置須重新設計，成本高。 3. 組織氣候和組織文化必須正確，上下各階層人員需支持。 4. 不易應用到缺乏實體性的最終產品作業上（研究發展工作）。 5. 推行不易成功，須個人和團體配合適應。 6. 須與工會協調。 7. 薪資制度化須合理，不然會產生問題。

4. 工作群體（李友錚，2003）

工作群體（work group）係指員工組成一工作小組，共同負責多種不同的工作，具有工作彈性（員工請假，其餘員工可代勞），增加團隊精神（員工對工作滿足感與向心力增加）及發揮與激發創意（員工互動增加，創意將更形增加）的優點。

5.品管圈

品管圈（Quality Circle, QC）詳見第十章品質管理章節。

6.薪資的誘因

薪資是激勵員工工作的動力之一，一般都採用績效薪酬制（perform-ance-base compensation）的形成，其內容包括：按件計酬、工作獎金、利潤分享及淨額紅利（lump-sum bonus）。這些形式的薪酬制和傳統的按時計酬的差異在於，前者將薪酬與績效聯結起來。這裡所指的績效也許是個人、部門或公司的績效。績效薪酬制當中，兩種使用最廣的是，針對生產員工的按件計酬制及針對資深主管的年底分紅制。一般而言，採用計件或計時制皆有其優缺點（表3-7）。（賴士葆，1995）

7.彈性上班時間

彈性上班時間（flextime）係指員工每天上下班時間可自行調整，只要每天工作滿八小時即可。此法不僅能提高員工的工作效率，更能避免錯誤率的提高；更可在員工心理面提高員工工作滿足感，降低其對工作的抱怨，進而降低員工曠職率。如此一來，不僅是公司，甚至員工的家庭生活品質亦能相對提高。

表3-7 計時薪與計件薪優缺點比較

項目	優點		缺點	
	對管理者	對員工	對管理者	對員工
計時制	1. 穩定的勞工。 2. 易於管理。 3. 簡化計薪。 4. 穩定的產出。	1. 穩定的收入。 2. 較少的壓力。	沒有激勵作用來增加產出。	額外的努力沒有報酬。
計件制	1. 較低的單位成本。 2. 較大的產出。	1. 薪資與努力成正比。 2. 有機會賺更多的錢。	1. 工資計算較困難。 2. 需計算個別產出量。 3. 品質可能較差。 4. 對工資難予控制。 5. 增加排程問題。	1. 工資收入變動。 2. 員工可能由於非可控制因素（如停電）而無法賺更多的錢。

彈性上班時間的方式可分為：

（1）完全彈性上班時間：指一天的上下班時間完全由員工自由決定。一星期工作時數44小時，可由員工自由調整星期一至星期六。

（2）附核心時間的彈性上時間：指一天內較忙碌的時段需全員到齊外，其餘時間可自由調配。

彈性上班時間對於身體或心智活動頻繁以及作業依賴性較高的工作（工廠的裝配線作業），此種作業間連接性極強則不適合採用。相對地，個人所負責的業務較具獨立性，以及不需要主管命令監督的工作，可採用於設計人員、會計、採購等工作。

8.自動化

自動化詳見第八章自動化及資訊化管理章節。

9.工作特性模式

工作特性模式（Job Characteristics Model, JCM）係由Hackman與Oldham所提出的一完整理論架構，是可以做為經理人在評估工作時的指引，並能協助預測員工的士氣、工作績效與工作滿足感。（Hackman & Oldham, 1975）

工作特性模式的核心構面可分為（**圖3-3**）：

（1）技能多樣性（skill variety）：工作中需要從事各種不同活動，使員工發揮多種技能與才華的程度。

（2）任務完整性（task identity）：工作中的任務是否夠完整及可辨

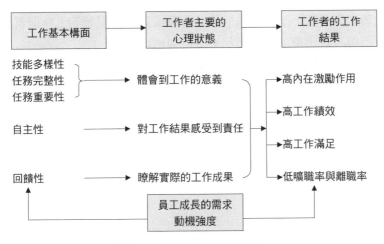

圖3-3 工作特性模式構面

認出成果的程度。

（3）任務重要性（task significance）：工作對其他人的生活或工作有實質影響力的程度。

（4）自主性（autonomy）：工作讓員工有實質自由、獨立作業及裁決權，使員工可以自己安排進度及決定工作方法的程度。

（5）回饋性（feedback）：工作讓員工能直接而清楚地獲知個人工作績效情形的程度。

一般常用將工作特性模式組合起來，可得出一項預測指標，稱為激勵潛能指標（Motivating Potential Score, MPS），可得下列的結論：

（1）激勵潛能指標得分較高的工作，在職者的士氣、滿足感與生產力比較高。

（2）激勵潛能指標並不能直接影響工作績效與滿足感而是要先透過心理感受的影響。

$$\text{激勵潛能指標} = \left[\frac{\text{技能多樣性}+\text{任務完整性}+\text{任務重要性}}{3}\right] \times \text{自主性} \times \text{回饋性}$$

✦ 工作方法的設計

對新工作而言，工作方法的設計不可或缺；對現有的工作而言，工作方法的分析與改善也很重要。因此，須特別加以探討。

1.工作方法設計目的（林清河，2000）

（1）發展出最適切的系統或方法（成本最低的系統或方法）。

（2）將此最佳的系統或方法予以標準化。

（3）訂定各作業或操作所需的標準時間，而此標準時間的數據的取得由一受過訓練的合格操作員，在適宜的環境下測量的。

（4）協助企業訓練員工。

2.工作方法設計對象

（1）工作方法。

（2）材料。

（3）工具和設備。

（4）管理方法或程序。

（5）工作環境。

3.運用技術

（1）工作方法分析（work method analysis）

a.發掘問題：管理者發掘問題通常先計算成本、品質、交期、彈性等各方面的表現，再與目標加以比較後找出需要改進的地方。

b.描述問題：在整個工作方法分析過程中，爲易於瞭解整個流程的運作，通常使用簡單的符號、圖形、表格與口頭說明，將問題描述清楚。常使用的工具爲：

a）流程程序圖（flow process chart）：流程程序圖與一般常見的流程圖極爲相似，都是敘述作業流程的一種方式，所不同的是流程程序圖將作業流程拆解後，是以操作（○）、檢驗（◇）、延遲（D）、搬運（⇨）儲存（▽）等五種符號記錄或敘述該流程。主要是針對每一零組件或加工單獨作圖，探討其搬運距離、遲延、儲存時間等的浪費。（圖3-4）

流程程序圖爲製程分析最基本的技術，亦爲去除隱藏成本最有效的解決工具，管理者可據以研討，以設法減少各種事項的次數所花的時間與距離。程序改善原則爲：

（a）減少事項次數。

（b）改變事項的組合。

（c）減少遲延量及次數。

（d）檢驗問題的改善。

（e）善用搬運改善原則。

（f）簡化加工程序。

（g）作業人員妥善安排與任用。

b）人機配合圖（man-machine combination chart）：人機配合圖可將操作週期內人與機器的動作及其相互關係清楚地顯現出來。由此圖可以研究縮短人或機器的閒置時間或無效時間，如何提升發揮人機緊密共同運作。（圖3-5）

流程程序圖 工作出差費申請	分析人員	頁次	操作	搬運	檢驗	延遲	儲存
1.出差填出差申請單			●	⇨	◇	D	▽
2.將申請單送至主管核准			●	⇨	◇	D	▽
3.送至人事室			○	➡	◇	D	▽
4.人事室核准			●	⇨	◇	D	▽
5.申請單送至出差人			○	➡	◇	D	▽
6.出差人保存申請單			○	⇨	◇	D	▼
7.出差人完成後檢附收據，隨同申請單並計算出差旅費			●	⇨	◇	D	▽
8.出差申請單及收據送至主管核准			●	⇨	◇	D	▽
9.申請單及收據送至人事室			○	➡	◇	D	▽
10.人事室檢查申請單資料及內容正確核准出差費用			○	⇨	◆	D	▽
11.人事室將申請單及收據送至會計室			○	➡	◇	D	▽
12.會計室核備申請單請款作業			○	⇨	◆	D	▽
13.申請單存會計室，付款給申請人帳戶			○	⇨	◇	D	▼

圖3-4　流程程序圖的表單

作業人員	時間	機器（CNC車床）
依加工零件設定加工程序	1	機器被占用
放置及固緊加工零件於機器上	2	機器被占用
高速切削加工零件	3	機器運轉
切削完成停機	4	機器運轉
取下加工零件	5	機器被占用
檢驗加工零件切削尺寸	6	閒置
加工零件放置儲存容器	7	閒置
檢查及準備下一零件	8	閒置

圖3-5　人機配合圖（CNC車床切削不鏽鋼管接頭）

人機配合圖繪製的步驟為：

（a）分析作業員及機器在一操作週期的作業內容。

（b）分析這些作業的先後順序及相互關係。

（c）量測各作業的作業時間。

（d）決定作業週期的開始或完成的作業點，依據各作業間的先後順序或同時關係，繪製現況人機圖。

（e）分析作業員與機器的等待時間，設法改變作業順序以減少人與機器的等待時間。

（f）依前步驟改變的作業順序，繪製改善人機圖，再詳細探討改善的對策，並預估改善效果。

c）操作流程圖（operation process chart）：操作流程圖又稱左右手圖，用來分析作業員雙手（左右手）及其他身體部位的動作。此圖對於左右手的作業是以流程圖方式來表示，而非僅僅只是文字的敘述。（圖3-6）

操作流程圖主要用途，在於記錄某一工作站內，單一操作人員的作業程序，一般較常使用於產品的設計設立新生產線的階段，藉由操作人員的左右手動作分析來改善操作方法。

d）事務作業流程圖：所謂事務，說是以企業管理為目的，作資訊蒐集，並加以整理，作成報告，然後傳達至各部門，並加以控制的一連串的反覆作業。也就是事務是管理活動必要的資訊之傳達及處理的事情，事務是循一定的手續，依規章、

作業項目：水龍頭軸裝配	
左手	右手
1. 拿起基座	1. 拿起軸
2. 持住基座	2. 將軸銷上基座
3. 持住基座	3. 拿起華司（墊片）
4. 持住基座	4. 裝上華司（墊片）
5. 持住基座	5. 拿起螺絲
6. 持住基座	6. 插入螺絲
7. 持住基座	7. 拿起螺絲起子
8. 持住基座	8. 鎖緊螺絲
9. 將完成組件放入容器	9. 放下螺絲起子

圖3-6　操作流程圖（左右手圖）

手冊或各種制度與基準而施行的。（高原眞，1989）

事務為管理有關資訊作業或動作，其作業項目可分為：

(a) 閱讀、書寫（紀錄）及計算（統計）三項為事務作業的主要工作，可以使用事務機械來協助達到效率化。

(b) 說話（會談、洽商）、整理（文書處理）及搬運（文書搬運）三項，可採用標準化及專門化來處理達到改善。

(c) 其他雜務，是隨上述作業所產生的事項，如掃除、包裝及茶水準備等。（並木高矣、島田清一，昭和六十三年）

事務，是事務人員在組織的各部門中，利用各種工具或機器所進行的工作，所以事務管理的對象就人、場所、物及工作方法等。在企業組織中，主要是對非直接業務部門（會計、採購、文書、人事、總務）及分散於直接部門（業務、生產）所用的相關事務，制定基本處理的原則與程序（工作標準、作業圖表、工作流程、管理辦法、工作準則、資料檔案、組織與職責劃分）。

既定事務手續加以制度化，其理由為：

(a) 常重複同一種業務，尤其是控制業務每日頻繁反覆。

(b) 關聯業務和事務上的連帶關係（銷售、資材、倉庫、檢驗等）。

(c) 迅速且正確的處理內容繁雜的業務。

事務作業流程圖可運用一些符號（**圖3-7**），繪製成圖。事務從人到人，單位到單位間利用表單、表格、文件、電話、口頭或傳眞等作媒體的移動程序，利用目視寫成的一種圖表，而達成作業標準化、改善工作、資料及資訊傳達、電腦檔案等項工作。（林豐隆，2003）

事務作業流程圖符號種類很多，本書介紹日本事務能率協會（**NOMA**）的方式，在台灣為台塑關係企業及大同公司所採用。現以佳美公司設備請購作業流程為例（**圖3-8**）。

請購作業流程文書說明為：

(a) 設備需用的使用單位，填寫請購單（一式兩聯），註明

符號	說明	備註
□	手抄表單、報表	物品
⊂	簿冊、卡片、檔案	物品
 ⊗ $	成品、貨物或現金	物品
○	作業、填寫、整理、輸入	作業
○ ◎	轉記	作業
 ⊂○ ◎⊃	拷具、事務機器的轉記或列印	作業
 ■■■➡	物料之移動	流向
⌐__|	表單之移動	流向
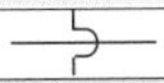 ╨	流程之分叉	流向
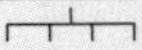 ╥	表單之分開	流向
□ ◇	物品檢查　□數量檢查　◇品質檢查	作業
◈	內容之檢查、制定	作業
◎	批示、簽章、核准	作業
◇ ◇	兩者核對	作業
▽	歸檔、儲存	作業
▼	暫存	作業
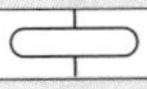 ⊏⊐	下接（上承）流程、接上頁、承上頁	作業
⊡	磁碟片	物品
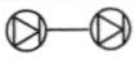 ⊗⊸⊙	電話聯絡	作業
▭	電腦表單、報表	物品
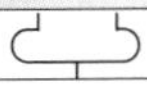 ⊔	表單合拼	作業

圖3-7　事務作業流程圖符號

所需設備規格、性能及數量，經呈該該單位主管核准後，請購單第一聯自存，第二聯送至管理部採購課。

(b) 採購課依據請購單經向廠商詢價，比價作業後，送呈主管核准。

(c) 採購課依據核准請購單，開立訂單（一式兩聯），自存第一聯，第二聯送廠商為訂購之依據。

(d) 廠商依訂單生製造產品完成後，開立統一發票（一式三聯）及交貨單（一式二聯），隨同產品送交採購課。

(e) 採購人員經點收作業簽收，廠商自存統一發票第三聯及交貨單第二聯，為爾後領款之依據。

(f) 採購人員會同相關人員檢驗合格後，開立支付傳票（一式一聯）、財產卡及財產目錄，皆一式兩聯，連同設備

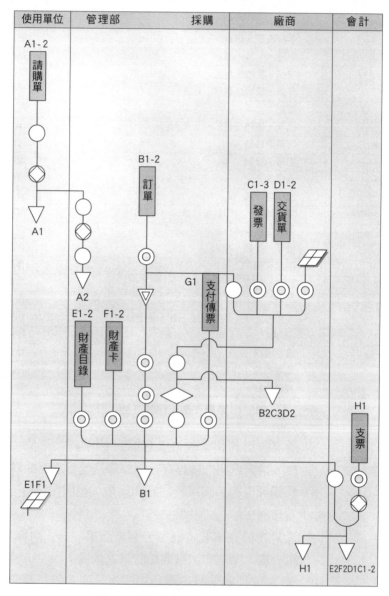

圖3-8　佳美公司設備請購作業流程圖

　　　　送使用單位自存財產卡及財產目錄第一聯。

（g）採購將支付傳票、統一發票第一及第二聯、交貨單第一
　　　聯、財產目錄及財產卡第二聯，一併送至會計課。

（h）會計課依上述資料，開立付款支票並主管核章，送廠商完成付款作業。

c.分析問題：對每一個工作的細節，以質疑的態度加以分析，將問題逐一找出，可從下列方向進行：

a）剔除（elimination）：剔除不必要的動作或作業。

b）合併（combination）：合併兩種或多種動作（作業）爲一種，以節省多餘不必要的動作。

c）簡化（simplification）：用最簡單的方法及設備，以簡化動作或作業，節省人力、時間與設備。

d）重組（rearrangement）：重新排列必要的動作及作業，以得最佳的動作順序。

d.發展新的工作方法：新的工作方法，有賴操作者、單位主管及工業工程、企業管理等人員，大家通力合作，貢獻其智慧、經驗、熱忱、創造力及想像力，才能設計出最佳的工作方法。許多公司爲鼓勵員工的參與，都設有提案改善獎勵制度。

e.選擇與評估新的工作方法：選擇與評估新的工作方法最重要的決定因素爲成本效益的考量，以過去歷史資料爲基礎，綜合各方面有關的意見，並經研究分析後針對新的工作方法加以適度修正。在評估各種方法時常用財務分析、工程經濟或決策分析等。

（2）動作分析（motion analysis）

a.意義：爲分析及研究有效率的工作方法，從事程序分析與動作分析實爲兩大著手的途徑。由上述可知程序分析係從大處著眼，以程序圖記錄分析製造過程的種種浪費，從程序的安排中尋求效率改革的方案。而動作分析則是在程序決定之後，針對人體動作細微處的浪費，設法尋求其經濟之道。（陳文哲、葉宏謨，1992）

動作分析的定義，乃在縝密分析工作中的各細微身體動作，刪除其無效的動作，促進其有效的動作。其目的爲：

a）發現人員在動作方面的無效或浪費，簡化操作方法，減少工人疲勞，進而訂定標準操作方法。

b）發現閒餘時間，刪除不必要的動作，進而預定動作時間標準。

b.方法：動作分析係由吉伯萊（Gilbreth）夫婦所首創，最初為手動作，導致其他的發明。由於精確程度不同，往往採用不同的方法：

a）目視動作分析（visual motion analysis）：即直接用眼睛觀測人體動作，以尋找工作改善的方法。

b）動素分析（therblig analysis）：係將動作細分為17種動素，再將工作依動素加以劃分，並逐項分析各動素，以謀求改善。

c）影片分析（film analysis）：係利用攝影機將動作拍成影片，再藉由影片加以分析。又因拍攝速度不同，又可分為細微動作分析（micro-motion analysis）及微速度動作分析（memo-motion analysis）兩種。

c.動作經濟原則（principles of motion economy）：動作經濟原則為吉伯萊茲首創，再經伯恩斯（Barnes）加以改善而得，22項的動作經濟原則，茲分述如下。（賴士葆，1995）

a）有關人體運用方面

（a）雙手應該同時開始及同時完成動作。

（b）除了在休息期間外，雙手不應同時空閒。

（c）雙臂的動作應對稱，反向及同時進行。

（d）手的動作應以最低等級（最省力）而能達到滿意的結果為之。

（e）物體的動能應儘量加以利用來幫助工作人員，但如需要靠肌力來停止時，則應使其減少到最低程度。

（f）手部平穩連續的曲線動作比有方向突變的直線運動為佳。

（g）彈道式的運動比被控制受限的運動較為迅速、簡單及精確。

（h）儘可能安排工作簡單及有自然的節奏。

（i）儘可能使眼睛凝視少一點，並使物品靠近。

　　b）有關工作場所的安排方面

　　　（a）所有的工具與材料均要有固定的置放處所。

　　　（b）工具、物料及控制設備應該布置於接近使用地點。

　　　（c）物料運送可以利用重力輸送至使用地點附近。

　　　（d）墜送（drop deliveries）的運送方式應儘可能利用。

　　　（e）物料及工具應依照最佳的工作順序排列。

　　　（f）應提供適當環境及良好的照明設備使視覺滿意舒適。

　　　（g）工作桌椅的高度應使工作者坐或立均適宜。

　　　（h）工作椅的式樣及高度，應可使每位工作者保持良好的姿勢。

　　c）有關工具與設備設計方面

　　　（a）儘量解除手部的工作，而使用冶具、夾具或足踏工具來代替。

　　　（b）儘可能將兩種工具合併。

　　　（c）工具與物料應可能預先放在固定的位置。

　　　（d）當運用手指工作時（如打字），應按個別不同手指的能力加以分配工作負荷量。

　　　（e）機器上的槓桿、十字桿及手輪的位置，應使工作者極少變動其身體位置，且易於操作，能利用最大的機械能力。

　d.動作經濟原則的檢討：事實上，細研這22條原則，即可發現下列四大基本原則的延伸：

　a）兩手同時使用：檢討「不可避免的遲延」及「持住」等動素。

　b）動作單元力求減少：檢討「尋找」、「選擇」、「計畫」、「預對」等動素，簡化「握取」與「裝配」。

　c）動作距離力求縮短：檢討手腕動作的距離，減少全身移動的動作。

　d）舒適的工作：減少動作的困難性，避免改變工作姿勢，減少須用力的動作（利用慣力、重力及自然力）。

　e.動素分析（Therbligs analysis）：吉柏萊茲將微小的基本運動稱

為動素（Therbligs），其認為欲改善人的動作，應從動素分析研究做起，其依人類細微的動作特性，將動素分為17種，可區分為四類：

a）實體性（physical）：為動作最主要的部分，工作的順利進行主要靠此類動素，包括：伸手（reach）、移動（move）、握取（grasp）、放手（release）、對準（position）及使用（use）等六種。

b）目標性（objective）：為使達成某項目標的動素，其亦為工作的重要因素，故亦受到相當程度的重視，其包括：裝配（assemble）、拆卸（disassemble）及預對（preposition）三種。

c）心智性成或半心智性（mental or semi-mental）：其為使動作發生延遲的動作，包括：尋找（search）、選擇（select）、計畫（plan）及檢驗（inspect）等四種無效率的動素。

d）遲延性（delay）：係屬於停頓的動素，包括：持住（hold）、不可避免的遲延（unavoidable delay）、可避免的遲延（avoidable delay）、休息（rest）等四種亦屬刪除之例。

動素的分析有時要以肉眼精確觀測實為不可能，因而吉伯萊茲利用影片拍攝動作，然後逐框分析研究，周詳地記錄高度重複性作業的動作，此種方法稱為細微動作分析。透過動素及微動作的分析，可以設計最有效的工作方法。

⚒ 工作設計的趨勢

工作設計是為了發展一個符合組織與技術水準，而且滿足工作者個人期望與需求的工作指派。因此，須朝向現代的工作設計的趨勢。

1.做好產品的品質是全公司的共識，品質控制是員工工作的一分子，品質控制是與授權（empowerment）觀念息息相關的。是故，在工作設計中須加以考慮其自主性及參與決策的機會。

2.交叉訓練員工來執行更多樣技能的工作，在多樣少量及快速交貨生產系統下，多職工是必要的。因此，雖然員工壓力增大，但工作設計須

預先規劃。

3.電腦的應用可規劃成日常員工的工作項目,現今資訊業軟體的發達,電腦及網路的操作是不可避免。工作設計者應將其列入重點來使用。

4.任何時間,任何地點的生產,工廠或公司藉著資訊系統有能力隨時解決一項工作是全球的趨勢。因此,工作設計者應考慮如何能快速移轉到不同民族及文化員工的工作習慣。

5.自動化已是現代化工廠的基礎,如何使用自動化的設備及其維護工作是現今的重點。工作設計者如何與製程設計工程師結合應用,是新的挑戰。

6.現今員工不似過去工作人員的價值觀,特別重視組織承諾所提供有意義和值得付出的工作。是故,工作設計者須在設計時尊重員工意見及其尊嚴、規劃優良工作環境及強調一起努力、共享報酬的作法,方能符合員工及組織的需求。

✖ 服務工作設計

✦ 前言

　　無論是製造業或服務業,勞工(服務人員)總是位居第一線的工作位置。由於這些人員在工作上的表現對產品(服務)品質有絕對影響力,故工作設計對任何產業而言,都受到極大關注。製造業員工主要工作是依照工作製造命令操作機器或從事裝配的工作,而服務業人員則是以和顧客的溝通及提供服務為主要工作項目,因此生產系統與服務系統在工作設計上有許多差異(表3-8)。(顧志遠,1998)

✦ 服務流程設計考慮因素

1.誰(who)

　(1)何人是顧客?

　(2)誰主導服務觸點的互動?

　(3)誰主導服務流程的互動?

2.什麼(what)

表3-8　服務業與製造業工作設計差異比較

製造業	服務業
1. 多為單技能工作，且和其他人的工作獨立。	1. 常需要多技能，且以團隊方式完成。
2. 工作單純，只須瞭解分內工作即可。	2. 工作繁雜，須瞭解整個系統的工作。
3. 只需做，不需多用腦筋想。	3. 不但要做，還需想怎麼做。
4. 組織呈金字塔型，工作人員依命令行事。	4. 組織呈扁平型，人員有建議權。
5. 員工所視為工作零件的一種。	5. 員工所視為創造利潤的有用資源。
6. 經濟不景氣時即裁員。	6. 經濟不景氣時避免裁員。
7. 以工作的分類、職位給予薪水。	7. 以個人的績效、表現給予薪水。
8. 勞資雙方往往對立。	8. 勞資雙方有共同利益。
9. 勞工停工待料時間短。	9. 服務人員等待顧客時間長。
10. 每個時段工作量平均。	10. 尖峰及離峰工作量差異大。
11. 易做工作抽樣及訂定標準工時。	11. 不易做工作抽樣及訂定標準工時。
12. 有較強而有力工會組織。	12. 工會組織較弱。
13. 顧客不參與生產活動。	13. 顧客在過程中是重要的一環。
14. 只有生產活動。	14. 有服務工作及銷售活動。
15. 許多工作可由機械和自動化設備代替。	15. 許多工作可由OA或電腦化設備代勞。
16. 工作的介面是勞工與機器。	16. 工作的介面是服務人員及顧客。
17. 工作環境較危險，易造成職業傷害。	17. 工作環境較舒適，不易造成職業傷害。
18. 白領與藍領人員工作、階段有顯著不同。	18. 白領與藍領工作不易區別。
19. 工廠很少僱用部分時間工作人員。	19. 經常僱用部分時間工作人員。

（1）顧客有什麼需求？

（2）我們希望有什麼樣的服務結果？

（3）有哪些服務的流程與步驟？

（4）服務流程設計有哪些績效標準？

（5）什麼是影響流程設計的障礙？

3.何處（where）

（1）顧客服務觸點在哪裡？設計界限在哪裡？

（2）哪些流程可能是服務的瓶頸？

（3）哪些流程是服務包的設計重點？

4.何時（when）

（1）每一個服務步驟的開始與結束在何時？

（2）每一個服務步驟執行的配合時間？

（3）何時要採取補救或應變的措施？

5.為何（why）

（1）為什麼需要這個服務步驟？

（2）為什麼要如此設計流程？

（3）為什麼這個步驟要用多個服務點？

6.如何（how）

（1）服務包如何設計與遞送給顧客？

（2）如何防止服務人員的沮喪與疲憊？

（3）如何衡量每一個服務步驟的績效？

（4）如何解決服務瓶頸的問題？

（5）緊急狀況時如何處理？

（6）如何即時瞭解服務流程的狀況並因應？

✦ 方案選擇

服務工作設計的考慮，如同製造業可由工作場所與工作環境設計、社會與心理面設計及工作方法設計三大部分著手，但因服務業為應付需求的變化以及維持人力調派的彈性，則其人力的運用有較多的型態，不若製造業單純以專職人員為主。對服務業人力有選擇的方案：

1.專職人員

聘用專職員工是服務人力的主要來源之一。專職員工多半是管理人員、專業行銷人員或和顧客接觸度大的服務人員，如銀行人員、醫療人員、律師、會計師等。專職人員成本高，若需求量變化大時，則利用率低是其缺點，而其服務品質較易確保，且忠誠度高是其優點。

就專職人員的工作設計而言，會因業務型態不同而有不同的工作設計方式，如共有工作制、壓縮時間制、縮短時間工作制、彈性時間工作制等方式可選擇。

2.兼職人員

聘用自願及正常情況下，工作時間少於法定工作時間者（每週44小時，每日8小時），是現今服務業的一大特色，如翻譯社、特約新聞社、速食店、送報服務等。

兼職人員具有協助企業應付尖峰需求、人事成本低（福利費用少）、提供專職員工的來源等優點，並符合現今新新人類的工作觀念（低忠誠度和高

自由度），仍有成長的空間。

3.顧客本身

基於人事成本的考量或基於讓顧客有自我選擇及隱密性原因，服務業的服務人員不再局限於專職或兼職人員，也可包含顧客，如自助式餐廳，自動販賣機等。

一般而言，可以由顧客本身自我服務的項目，必定是標準化極高且不須服務人員在旁說明的服務，則此類服務必須有水準較高及行為較一致的顧客配合才可，不然服務品質很難確保。故其工作設計重視自助服務的設計。

✦ 服務工作設計的技術與方法

1.服務流程設計藍圖（Service Map/Blueprint）

服務藍圖（又稱流程圖）是用來設計及表達服務流程的一項管理工具。服務藍圖呈現服務過程中所有的服務工作與活動、決策內容、資源流動、顧客與人員互動、服務順序等內容。可幫助業者瞭解服務邏輯的正確性以及找出可能的瓶頸。製作藍圖觀念由於被利用於生產系統的設計分析，近年來才被引用在服務流程的設計分析，兩者有差異（表3-9）

服務設計藍圖是將影響服務品質因素（有形性、可靠度、反應力、信任感及關懷度），並根據一般服務流程所繪製之設計藍圖。特別標示作業與決策活動用界面線劃分其關係（圖4-34）（Parasuraman, Zeithaml & Berry, 1985）

（1）互動線：顧客與服務人員的互動關係的界面。

表3-9　製造業與服務業流程圖比較

製造業	服務業
1. 表達原物料的投入，而啟動生產流程。	1. 顧客對服務的請求是主要投入因素，並啟動服務流程。
2. 流程圖絕大部分是生產命令及作業。	2. 流程圖中，充滿顧客的決策，啟動顧客與服務人員或系統的服務關係。
3. 使用標準的符號與表達方式，固定的格式。	3. 未有固定的格式，視服務的特性及實際需求表達。
4. 藍圖未劃分作業及決策活動，可分別繪製。	4. 藍圖統一繪製採用互動線、可見線、內部互動線及執行線來劃分作業及決策活動，以表現服務重要觸點位置。

（2）可見線：服務流程中前後屋作業界線。通常顧客可看見前屋作業。

（3）內部互動線：內部服務人員彼此互動關係的界面。

（4）執行線：用來區分管理功能與作業功能的界線。

2.製造工作設計技術與方法應用（顧志遠，1998）

（1）用工作簡單化及合理化方法，使服務人員工作效率增加。

（2）用工作豐富化及擴大化，使服務人員工作較具挑戰性及減少工作單調性。也由於服務人員工作豐富化及擴大化，使得員工成為多職能員工，因此在服務需求量大時，可因應調度。

（3）用人因工程的方法，研究服務作業中服務人員疲勞的克服問題。

（4）由於服務業需求變化大，故可用工作輪調及多職能工訓練的方式，因應服務業需求的變化。

（5）顧客自我服務最怕的是標示不明，造成顧客不知所措，因而導致服務程序阻塞。故可用人因工程設計明顯的標示，提高顧客自我服務的效率。

（6）應用工作抽查法與標準時間法，分析服務工作所需的時間。由於服務的工作是個溝通接觸的過程，故所需服務的時間差異範圍較大。

（7）應用工作研究的技術從事服務工作設計，可以將工作方式與所需的時間標準化，使得服務具有同質化。

（8）為加強服務工作分析，工作抽查及服務流程圖等技術可引用到服務業。

（9）使用事務作業流程圖的方法，建立標準作業規範及表單，有助OA及電腦化在服務業的應用。

3.服務工作時間與方式 （Tepas, 1993）

專職人員服務工作時間與方式，Tepas提出下列的方式：

（1）輪班工作（shift work）：大部分公司員工有一定的工作時間，一般來講在8小時左右。並依據實際狀況，有早班、午班及夜班的安排，常見於不能中斷的服務業（電話服務、消防隊、超商）。

（2）可分割工作（split work）：爲配合多個需求尖峰時間，將一天8
小時的工作區分成多個時段上，如中午及傍晚是餐廳顧客尖峰
需求時間，故將服務人員工作時間分成兩段配合。

（3）壓縮時間工作（compressed workweek）：有些公司規定每週工
作時數，如一般44小時計，但允許員工可增加平時工作時間，
如每天上班10小時，以換取較少的工作天數，如設計工作常需
連續不斷的工作。

（4）縮短時間工作（shortened workweek）：這是一種專職工作，其
工作時間非傳統的8小時，可能是每日上班只要7小時或5小時。
這些工作適合既要照顧家庭也要工作的婦女，如販賣早餐業、
菜市場等。

（5）共有工作（share work）：這是一種專職工作，由於每週工作時
數超過一個人每週工作小時，但又少於兩個人的週工作小時，
如60小時，則由兩人分擔工作，每週30小時，有些專賣店設有
此制度。

（6）必要加班工作（required overtime）：有些服務業每天工作時數
都會超過8小時，因此業者和服務人員約定，言明加班是責任但
非永久，並且給予加班時間較高工資。

（7）彈性時間工作。

4.顧客自助服務設計

顧客喜歡自助式的服務，其原因有二：

（1）顧客本身就很有意願參與自我服務，即使是價格已含有服務人
員的費用。

（2）顧客希望藉由自助服務獲得更高的折扣。

服務作業採用自我服務的設計，一般有下列選擇的方案：
（Langeard, Bateson, Lovelock & Eigler, 1981）

（1）改由設備代替服務人員：顧客只需按鈕或依機器指示說明使
用，即可取得所需的服務。

（2）改爲服務人員在旁指導：服務人員以指導與監督方式從旁協
助，取代原先爲顧客服務的方式。

（3）改爲顧客向服務台詢問：服務現場不再設服務人員，完全由顧

客自我服務，但顧客若有問題，可向服務台詢問或請求服務。

（4）改爲指示看板說明服務：現場服務不再設服務人員，但在牆壁或明顯地方設置看板說明與指導顧客自我服務。

✦ 服務工作設計的趨勢

服務工作設計的趨勢大致如下：

1. 顧客是服務作業中的重要參與人員，因此，除了設計服務人員工作外，也要研究設計服務過程中顧客的角色及工作內容。

2. 研究目前已有的工作抽樣及工時計算的設備，由於服務人員並非於固定位置工作，故可研究如何透過監視資訊系統，做更完整及客觀的資料及分析。

3. 爲使服務人員有較自主的工作時間，並同時增加組織生產力，故可研究組織彈性上班的方式及影響。

4. 由於資訊的發達，未來將有部分服務業的人員在家上班（如軟體寫作），故可研究員工在家的監督及考核。

5. 針對各類服務業人員，建立不同的薪酬計算模式與給付方法。

6. 從事服務業人力資源管理各相關問題的研究。

7. 研究以授權爲核心的工作方式，並設計爲因應授權而必須建立的稽核或控制系統。

8. 如何使服務業從業人員感到快樂及滿足：

（1）設計各種服務業從業人員工作內容及訓練計畫。

（2）設計服務業從業人員意見回饋系統。

（3）設計服務人員工作，使其更爲豐富化。

9. 配合新人類的工作觀與企業再造理論，探討服務人員的生涯規劃問題。

10. 對個人工作者而言，訓練計畫（學習曲線理論）、人因工程及交談式建議系統（interactive suggestion system），均能使工作者效率及品質提高。

11. 研究各種專任工作的勞資雙方權利義務，以求適用性，共創雙贏。

工作衡量

✗ 意義及目的

✦ 意義

工作衡量（work measurement），猶如衡量物體或事情的一把尺，主要在決定「合理的一天工作量」。如未有明確的基準時，每個人或許會擅自決定一天或一小時的工作量，當然就無法適切的管理。當管理者把作業交給作業員，或是把一項任務交給事務員時，同時也應該明示標準時間，此標準時間是作業員或事務員完成所交付工作所需的時間基準。工作衡量一般又稱時間研究（time study）。

✦ 目的

工作衡量的目的在於建立工作績效的標準，亦即建立標準的工作時間（簡稱標準工時、Standard Time, ST），以為評估特定員工之工作績效的基本依據。（賴士葆，1995）

✗ 標準工時

✦ 定義

ST是指一受過訓練的平均員工（average worker），在一定標準條件下的方法、設備、工具與工作環境，以正常步調（normal pace）來完成標準作業的工作任務所需的時間。

1. **標準條件**：標準條件＝標準員工＋標準作業＋標準努力度。
2. **標準員工**：指員工為受過訓練，且能以有效的方法（工作方法分析、動作研究的應用）工作。
3. **工作環境**：標準的設備及環境的標準化。

4.**正常步調**：不快不慢、不慌不忙穩定的工作速度，在不產生異常疲勞的情形下，能持續地工作。

5.**標準作業**：由工程表、作業表所限定的標準作業條件技術觀點。

6.**標準努力度**：速度、節奏、步調。

✦ 標準時間的架構

標準時間的架構如**圖3-9**。

1.**標準時間**：標準時間＝正常時間＋寬放時間。

　　　　　　　　＝正常時間×（1＋寬放率）。

2.**正常時間**：正常時間＝選擇時間×績效評比係數。

3.**選擇時間**（selected time）：是將各個工作單元的測定時間，予以加總平均而得，但需將異常值剔除。

4.**績效評比**（performance rating）：由於操作人員在被告知測定工時，常故意將工作做得較快、較慢或是熟練度不同等因素之影響，此時需判斷其績效以作為調整之依據。此績效評比的判斷能力，可藉訓練可達成，美國的高級管理學會（Society of Advanced Management, SAM）即提供若干影片，予以訓練。

5.**寬放時間**（allowance time）

寬放時間可分為：

（1）工程別寬放

　　a.疲勞寬放：工作人員在作業時會產生疲勞狀況，包括：生理與心理的疲勞，皆會降低工作者意願。影響疲勞的主要因素有工作環境（照明、溫度、濕度、空氣新鮮度、房間顏色與環境、噪音）、工作本身（專心程度、身體動作是否單調、工作之位置移動、肌肉的疲乏）及工人的身體健康狀況（生理狀態、飲食、休息、情緒穩定、家庭狀況）。

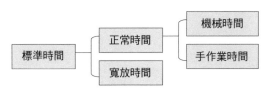

圖3-9　標準時間架構

b.私事寬放：維持工作人員在正常舒適狀況下所需要的時間（更衣、擦汗、喝水、上洗手間）。影響最大因素是工作環境及工作等級。一般在標準狀態下，約為全部工作時間5%左右。

c.遲延寬放

　　a）可避免遲延：可由操作人員控制的事項（個人的社交）。

　　b）不可避免遲延：非操作人員意志所能控制（領班打擾、清鐵屑、暖車、空車運轉、材料放置不當、機器注油、刀工具交換、製品整理、檢驗等待、動力等待、工作指示等待）。

（2）編成寬放

a.定員保障：針對新進員工給予較大寬放或是勞資協議。

b.成線寬放：將各工作間組成一生產線，則各工作站工時不一，為求統一，則有部分犧牲的工時（生產線平衡），則為Σ工程標準間×（5～10%）。

c.瓶頸寬放：公司的設備不足或工作站（技術）產生瓶頸，所造成生產線各工作站之差距的閒置時間，則為瓶頸工程標準時間×定員人數。

✖ 時間研究

✦ 歷史資料法

歷史資料法（historical time data）即是以過去工作日報表所做的時間紀錄，推算標準工時。也就是從工作日報表的起迄時間及完成數量推算之，其優點為可以快速得到資料，同時觀測人員不需經過特別訓練，而且工人可以依自己方式改進自己的工作方法而不受時間標準嚴格的限制。但缺點是對技術難易度、工作安排的干擾、私事遲延及其他不可避免的遲延等時間的估算與掌握，可能較不易得到真正的工作時間。

✦ 馬錶時間法

1.定義

馬錶時間法（stop watch time data）又稱直接測量法，是由科學管理之

父泰勒所創，它是勞力密集時期最廣泛使用的技術，是經由一合格的工業工程師依標準方法，直接取用馬錶來量測某一特定工作實際所耗用的時間，進而估算該項工作的標準時間。

2.步驟（林清河，2000）

（1）選定實施此項工作的作業員。

（2）蒐集及記錄與此項研析工作之一切相關資料。

（3）分析待研析工作的作業方法，並將此工作之操作過程劃分為基本單元（重複、間歇、定值、變值、手動、機器、管制、外來）且完整記錄之。

（4）研訂待研析工作的觀測次數及觀測週期數。

（5）觀測並記錄操作單元所花費的時間，此為測時工作。

（6）評比各單元的工作速度。

（7）統計觀測時間，並依評比結果正常作業時間。

（8）訂定正常操作時間外的寬放時間，亦即決定寬放值。

（9）計算待研析作業所需的標準時間。

3.使用設備

（1）測時設備

　　a.馬錶（歸零式、連續式及三只馬錶聯動式）。

　　b.電影攝影機及錄影機。

　　c.時間紀錄器。

　　d.時間觀測板及觀測表。（表3-10）

表3-10　標準工時觀測表

零件編號：												零件名稱：				日　期：		
操作編號：																開始時間：		
操作說明：																完成時間：		
設　備：																操作人員：		

工作單元	測時週期										平均觀測時間	績效評比	正常時間	寬放時間	標準時間
	1	2	3	4	5	6	7	8	9	10					

表3-11 奇異（GE）觀測週期數表

工作週程時間（分）	建議觀測週期數	工作週程時間（分）	建議觀測週期數
0.10	200	2.00	20
0.25	100	4.00～5.00	15
0.50	60	5.00～10.00	10
0.75	40	10.00～20.00	8
1.00	30	20.00～40.00	5
		40.00以上	3

（2）輔助設備

　　a.計算機：資料之計算。

　　b.變速指示器：偵測工作母機的實際轉速。

4.觀測次數

通常觀測週期的決定，取決觀測人員技術的優劣、作業本身安定性、經濟性與觀測之人數的多寡。美國奇異（GE）公司訂定觀測週期數表（表3-11）。

5.評比

評比是一種判斷技術，其將觀測時間調整爲「平均工人」的「正常步調」，正常步調基準爲：

　　（1）平均體力的人，徒手在平直的路上，以每步27吋（69公分）的步調，每小時行走3哩（4.8公里），或在0.38分鐘內走完100呎（305公尺）的距離。

　　（2）半分鐘內將52張撲克牌分成見方四堆，且每堆相距1呎（3公尺）。

　　（3）插棒：在板上鑽有計30個帶有喇叭口的圓孔（6行5列），兩手各取一圓棒且其方向相反但動作對稱，近於身體中央孔起，逐漸向遠離身體的方向插入，恰於0.41分鐘內將30個孔插完。

廣泛的評比方法有：

　　（1）西屋法（the westing house system）：爲美國西屋電氣公司所創，其考慮因素爲：

　　　　a.技術（skill）：進行某一既定方法的熟練程度。

　　　　b.努力程度（effort）：在工作時測量之作業人員增進效率之意願

程度表現。

c.工作環境（condition）：工作環境因素有溫度、通風、光線、噪音等，而在不同狀況下工作的表現。

d.一致性（consistency）：同一操作人員在觀測週期時間內其表現是否一致。

此法將各因素考慮進行實際觀測後，給予評等係數，最後取四項因素係數總合，而得之。通常以西屋法最正確，但也最繁雜。有關係數表請查閱相關書籍。

（2）速度評比（speed rating）：速度評比是最簡單方法，是以正常工作人員的速度為基準，將相同的工作速度相對於正常速度，以百分比方式來評估，此法雖然簡單，但憑主觀，故需肯定觀測人員對該項工作有詳細的瞭解與知識，否則評比就不準確，有賴平時的訓練與培養，若用公式表示，則為：

$$NT = P \times Se$$

NT：正常時間。

P：速度評比係數。

Se：觀測時間的平均數（選擇時間）。

（3）客觀評比（objective rating）：速度評比與西屋法均靠主觀的判斷來決定評比的各種情況與條件，而M. E. Mundel博士另外發展客觀評比法，來消除正常速度主觀衡量的困難。此法分成兩大步驟：

a.第一次調整係數：先將某一工作的觀測速度所設定的正常速度加以比較而得出比率，而不再設定正常速度，以減少主觀判斷的誤差。

b.第二次調整係數：衡量影響該員工困難性的因素（使用身體的程度、足踏情形、兩手工作、眼與手配合、控制或感應的要求程度、搬運動量或阻力）調整係數，而調整係數皆有表可查。

$$NT = P_1 \times P_2 \times Se$$

P_1：第一次調整的評比係數（速度評比）。

P₂：第二次調整的評比係數（工作難易度）。

（4）合成平準化法（synthetic leveling）：合成法是由R. L. Morrow所建立評比方法，認為只由觀測人員主觀評比是不夠的，必須和預定標準時間法（PTS）的時間資料加以比較，採取取樣方式來消除主觀成分，求得其評比係數，其公式為：

$$P = \frac{Ft}{Se}$$

P：績效評比（平準因子）。

Ft：預定動作時間數據（PTS）。

✦ 標準單元時間法

標準單元時間法（standard element times）是一間接衡量的方法，將過去時間研究的標準歷史資料，應用於工作單元。資料依工作單元和單元時間分類，以便將數據應用於同類工作的作業條件上。這種方法適用於動作經常重複的狀況。本法的基本程序為：

1.分析工作以瞭解工作所包括的標準動作元素。

2.查詢歷史檔案，以瞭解標準動作的標準工時或使用時間研究法求出新資料。

3.若有必要，則對歷史資料加以修正。

4.加總各元素的標準工時，以建立工作的標準工時。

採用此種方法之優點包括：節省時間及人力，不會破壞（或破壞程序較低）正常的工作運作及不需評比。亦具有資料可能不齊全及較不準確的缺點。

✦ 預定標準時間法

利用馬錶直接測時法來觀測極短時間所需的時間甚為困難，故時間研究人員利用標準數據，期望測時迅速簡便且結果可較為正確，預定標準時間法（Predetermined Time Standard, PTS）為一種不透過直接測時，而採預先制訂工作所需的正常時間之一種標準時間測定法，其所訂定的時間值，係以低階的動素或極基本的細微單位為對象而定之。（張保隆等，2000）

　　預定標準時間法將人體的動作分析至極小的操作單元，再依照各種可能發生的狀況，利用精密的儀器衡量各微小單位各種狀況的標準時間，分門別類製成表，而成有系統的可利用的大量數據。則對任一工作，只要先詳細分析其構成該項工作的單元，訂定其工作程序與動作種類以及所須控制的操作狀況，即可由各相關表內查出各單元所需的時間，累加之後即爲該工作的正常時間，然後再給予適當的寬放，即得標準時間，以取代馬錶測時法。

　　預定標準時間法至目前約有40種之多，係由一些相似基本原理產生，惟其構成的基本動作及動作速度不同而已，較著名者計有：

　　1.工作因素法（Work Factor, WF）

　　1935年由J. H. Quick、W. J. Shea 及 R.E. Kohler所創，乃經由微動作技術與馬錶程序及電子影片時間紀錄器長時間研究而得。此法將影響工作時間因素分爲：

　　（1）身體使用的部位：分爲手指、手、手臂、腳、腿、軀體、前臂。

　　（2）移動距離：以直線距離衡量，單位爲英吋。

　　（3）搬運重量：用磅衡量再轉換爲工作因素。

　　（4）手動控制的要求：包括注意、方向控制、改變方向、停止在特定位置。

　　在工作系統中，將各種工作區分爲八種標準工作單元（Standard Elements of Work），包括：運送、抓取、預對裝配、使用、拆解、心智程序、放手，而依狀況查表得其數據。在台灣美國無線電公司（RCA）即以此法制定各項作業的ST，做爲成本計算獎工制度的依據。

　　2.方法時間衡量（Method Time Measurement, MTM）

　　1940年爲H. B. Maynard、G. J. Stegementim及P. W. Schwab三個人所發展而成，它是經由精密的影片分析及統計方法將任何操作分成若干個基本動作並賦予每個動作各個狀況下的標準時間，並將其製成表格，應用此表格便可直接，分析任何動作，而可預先衡量該動作的時間，故可以不像傳統的馬錶法要直接觀察及評比，而是很方便，可以紙上作業，而得到ST。

　　MTM建立10種基本動素單元時間數據表，包括：伸手、移動、旋轉、加壓、握取、對準、放手、拆卸、眼睛的轉動和眼睛的注視、身體、腿、足的動作及兩者同時動作的干擾等，其中每種基本動素單元乃是按照不同的狀

況、移動的距離及旋轉的角度等因素的不同，可計算出不同的時間數據，其計時的基本單位為TMU（Time Measurement Unit），一個TMU時間等於0.036秒，即1秒時間等於27.78TMU。我國金屬工業發展中心，獲得MTM授權，設有特別訓練課程，訓練標準時間測定人員，通過測試後發給藍卡（blue card），目前在機械業及電子業皆採用。

✦ 工作抽查

直接測時法中，除馬錶測時，還有一種分散抽樣方法，其稱之為工作抽查（work sampling），是英國統計學者L. H. C. Tippett於1934年正式發表織布機工廠機器停止狀態之研究所創。它是在一段較長的期間，以隨機的方式進行多次的觀測，以求得各活動所占時間比率的技術，其結果可以有效瞭解各項作業的寬放、機器及人員的操作情形，憑以訂定生產的標準時間。

工作抽查的目的在於探討作業人員或各機器所花費的生產性時間與非生產性時間的多寡，此技術的施行方法簡單且成本較低（方法工程師及操作者不需進行長時間的連續觀測），故其適用的範圍日益普及，並被廣泛採用於非製造性的作業，目前業已被擴大運用於商店、辦公室、醫院、倉庫等場所。

工作抽查的實施程序，可為：
1.確立主要目的。
2.觀測項目分類。
3.設計紀錄表格。（表3-12）
4.決定觀測之數。
5.確定觀測時刻、方式與觀測方法。

表3-12　工作抽查表

單位：　　　　　　　　　　　　　　日期：　　年　　月　　日起至　　年　　月　　日止

項目 \ 分類	操作	修理	故障	停電	準備工作	搬運	等待材料	等待檢驗	洽商	洗手	合計	操作率(%)
機器A												
機器B												
張三												
李四												

6.執行並記錄實況。

7.檢討與回饋。

工作抽查法主要用途除了訂定標準工時外,還可用於估計作業或機器、工作與閒置時間的比率,做為工作改善的基準,可應用下列公式:

$$作業時間比率 = \frac{觀察到人(機器)在工作的時間}{某作業週程時間} \times 100\%$$

$$閒置時間比率 = \frac{觀察到人(機器)在工作的時間}{某作業週程時間} \times 100\%$$

此比率的準確度與觀察總次數之多少有關,根據統計原理,觀察次數愈多,其結果愈精確,然而所需成本愈高,耗時愈久。因此,要先設定其信賴度,再按統計學公式計算合理的隨機觀察次數。

$$n = \frac{(Z\frac{\alpha}{2})^2 \hat{P}(1-\hat{P})}{E^2}$$

$Z\frac{\alpha}{2}$: 信賴度。　　　$\hat{P}$: 實際觀測的空閒率。

✖ 運用

✦ 標準時間的活用

標準時間可運用於生產管理(圖3-10),其項目為:(黃明沂,1988)

1.設備能力、餘力管理

【例題】:塑膠成型押出機(k001)每月(每日)生產塑膠水桶幾件?目前的負荷量多少?尚有多少剩餘能力?

$$能力 = \frac{月份稼動時間}{標準工時} = \frac{上班日數 \times 上班時數 \times 60分 \times 稼動率}{標準工時}$$

負荷量 = 標準工時 × 生產件數

剩餘能力 = 能力 - 負荷量

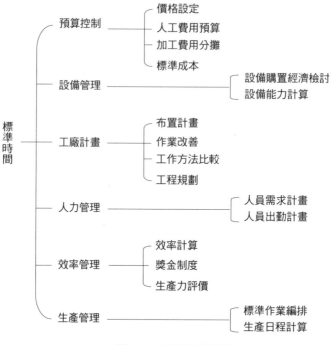

圖3-10　標準時間用途

2.效率管理

【例題】：張三對工作的努力程度如何？作業成績如何？

$$效率 = \frac{應有的標準作業時間}{實際作業時間} \times 100\%$$

$$= \frac{生產件數 \times 標準工時}{實際作業時間} \times 100\%$$

3.人力需求計畫

【例題】：下月計畫生產50c.c.機車2,500台，需要多少作業人員？

$$需求人力數 = \frac{生產作業負荷}{月份稼動時間}$$

$$= \frac{生產量 \times 標準工時}{（上班時數 \times 60分）\times 上班日數 \times 出勤率 \times 直接率}$$

需求人員（增加）＝總需求人數－現有在廠人員

4.日程計畫與管理

【例題】：機車公司裝配50c.c.機車200台，希望在2004年10月20日以前完成，如何安排各有關工場的加工預定日期，才能完成？

加工別	8	9	10	11	12	13	14	15	16	17	18	19	20
鋁壓鑄場		2.5 日 60分×200／480分											
機械加工廠						1.8 日 45分×200／480分							
裝配廠									3.4 日 80分×200／480分				

5.標準作業編排

【例題】：下列數項工作，其標準工時各為2分、2分、3分、5分、8分、10分及15分，如何將這些工作分配給甲、乙、丙三名作業者，才能做到公平及減少無效的時間損失？

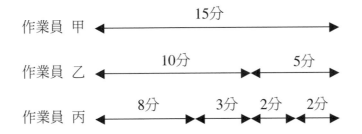

作業員 甲　15分

作業員 乙　10分　5分

作業員 丙　8分　3分　2分　2分

6. 加工費用計算

【例題】：機車引擎蓋加工200件，預計要花費多少加工費用？

$$預計加工費 = \frac{標準工時×生產量×單位加工費用}{稼動率}$$

$$= 5分×200×100元（每分鐘成本）÷0.85＝117,647元$$

✦ 電腦科技

隨著電腦科技的進步，電腦已成為今日工作衡量分析的主要工具，當使用電腦來運用，只要標準時間資料存在（不論用何種方法而得），則可配合

使用，其理由為：

1.使用基本動作資料系統（如預定標準時間）者日漸眾多。

2.個人電腦價廉且記憶容量增大。

3.許多使用者或教育機構發展及教授軟體以供使用。

4.統計與數理方法知識的普及（多元迴歸、線性規劃、工作抽樣）。

5.自動化的資料蒐集方式也日漸增加。

第 4 章

創新作業——
產品研究發展與管理

產品研究發展概論

⚒ 研究發展的定義

研究發展為研究（research）及發展（development）兩詞的組合，這兩詞在意義上有相當的差異，以下為兩者的定義：

1.研究

韋氏字典的定義為：「尋求事實及原理所進行調查或檢驗工作」，或為「實驗性的調查工作」與科學活動的「求知」精神非常接近，皆以探索未知的事務為對象。而在企業上，則認為是「將企業開發作為目的」，藉自然科學的方法，來追求新的事物。

2.發展

韋氏字典的定義為：「採用自然或固定的方法及程序，促使事物一個階段推展至另一階段」與事務演進的階段較有關聯，而且強調推廣的結果。發展一詞亦可譯為開發，則強調所從事工作的主導性，與發展的狀態有顯著差異。因此發展一詞多用於學術分析，而開發二字則多用於工程或經建計畫。而在企業上，亦認為是「將企業利潤作為目的，利用研究結果或原有知識，組合發展，以製造新產品，並且創造新方法」。（呂鴻德等，1989；唐富藏，1988）

研究和發展雖為不同之活動，但卻有密切的關係。一般習慣上，研究發展，多指未知事務的探索及開發，其結果可能為知識，亦可能為事務的演進。依據經濟合作暨開發組織（OECD）的解釋，所謂研究發展乃是為增進知識存量所做的有系統之創作性活動。此等知識包括：科學、文化及社會的方面利用此等知識可發展出新的應用途徑研究與發展，為現代社會進步的主要泉源，藉著醫藥、科技、運輸通訊的進步，人類的生活水準才有極大的改進（Organization for Economic Cooperation & Development, 1974）。

⚒ 研究發展的種類

據經濟合作暨開發組織的界定，研究發展可以區分為：（Organization

for Economic Cooperation & Development, 1974）

1.基礎研究（basic research）

專指無特定目標（特別是商業目標）的研究。純粹係求取某一領域知識的鑽研，而主要在分析事務的特質、結構或關係，以便測試或建立假設、理論或定律，它們的成果是學術性的。例如，物理、化學、半導體材料、陶瓷材料等研究。

2.應用研究（applied research）

專指有固定（特別是商業上）的目標所做研究。一般皆是將基礎研究的發現做進一步實際的應用，更重要的事在此階段中，其工作性質皆具有某一特定的實用目標，通常是對特定的產品，生產程序方法或系統所做具有商業目的性質之理論性研究。如微處理器、超大型積體電路、防污染觸媒器、陶瓷引擎、電池等。

3.發展或開發（development）

將研究的結果轉換具體的產品。也就是將研究發展發現或既有的科學知識應用於新的或重大改進的產品、生產程序、生產系統或服務水準的一連串非例行性（non-routine）技術活動。如電腦開發、低污染機車、太陽能汽車、電動機車或汽車等。

豐田汽車公司的創始人豐田英二曾在南山大學的名譽博士授予儀式上說明產品研發的意義為：（中鳴靖著，文汨澤，1998）

（1）產品研發是創造價值、創造文明的原點。

（2）產品研發和「技術」的發展有著密切的關係，而這也是經濟成長的原動力。

（3）產品研發是需要所從事的「人」及「知識」的累積來完成的，一旦產品研發出現了空洞化，是難以再復原。

✕ 新產品定義

許士軍認為新產品，可能是指產品在實體上之創新或式樣、設計、用途或用料等方面的改良，也可能是指產品形象之改變。並清楚將新產品定義為：「對於顧客需要或消費系統能提供不同滿足能力的產品，也代表一種更有效率之手段，解決顧客之問題」。（許士軍，1983）

Booz、Allen 和 Hamilton依照產品對公司的新奇程度與對市場的新奇程度兩個構面來辨認。而將新產品歸納成六大種類：（Allen & Hamilton, 1982）

1.全世界的新產品（new to the world products）

此一產品對全世界而言都算新，故可稱世界級的新產品，例如，車輛產品中之腳踏車使用碳纖維、鎂合金的車架；機車的自動變速裝置、汽車的法國雪鐵龍（Citroen）的前輪驅動裝置、自動排擋裝置、安全氣囊；以及生產管理作業模式亨利福特的大量生產、豐田平準化生產等。

2.公司的新產品線（new product lines）

例如，國內中華汽車公司於1970年開始生產商用車，有鑑於商用車市場日趨飽和成長有限之下，為了適應汽車市場需求，進而生產轎車的生產；此種汽車對大眾而言雖已不算新品，但對公司而言是新開發的產品，則於1993年推出菱帥汽車（1600c.c.車輛），成功進入轎車市場，也就是公司本身增加一條產品線，即可稱為新產品。

3. 強化公司設有的產品線（additions to existing lines）

例如，日本豐田汽車公司，有鑑於國內外對高級汽車的需求，為了建立企業形象，特開發在既有汽車生產線中，增加凌志（Lexus）高級汽車的生產，此即為強化公司既有的產品線。

4.現有產品的改良與修正（improvements/revisions to existing products）

這裡所指的產品改良與修正，包括：產品的主要特性、次要特性、工業設計（主要為外觀設計）與商業設計（亦即包裝設計），皆可算是新產品。例如，羽田機械公司生產日本大發1000c.c.祥瑞小轎車，自行開發設計增加後行李廂裝置，而成新車種銀翼小轎車。

5. 產品目標市場的重新定位（reposition）

產品不變，但目標市場改變，對此目標市場而言，這即是一個新產品；例如，國內所製造的腳踏車，雖國內市場已屬於成熟期（或衰退期），但轉銷售至大陸地區，則仍屬於交通工具使用，則處於成長期。若銷售至歐美地區，則屬休閒用具使用，亦處於成長期，皆可視之為新產品。

6.降低成本的新產品

降低成本（cost reduction）不等於偷工減料，而是透過價值分析（value analysis），來尋求成本（cost）的減少。所謂價值分析，就是計算功能

（function）與成本的比值，為採購或設計人員的重要工作之一。其主要意義在於找尋產品中的替代零組件，使產品成本降低（但維持相同產品功能），或提高產品功能（而維持相同成本），或兩者皆增加，但使功能與成本的比值能夠提高。例如，汽車輛車所使用前後擋泥板，製造材質由鐵材改成PU材料；汽車轎車座所使用座椅墊使用布料染成灰色改為使用黑、白兩色紗紡混可降低染整色差之損耗量。

產品研究發展計畫

✖ 新產品發展的動機

　　企業發展新產品是一項成本浩大的工作，企業必須事先投入大量的資金、人力和時間在研究發展、設計製造及市場測試上，而這些成本能否回收甚至獲利，必須視新產品被市場接受程度而定。既然新產品發展有相當的風險，為什麼仍然一再強調它的重要性呢？為什麼仍然有許多企業孜孜致力於開發新產品呢？其動機可分為（圖4-1）（呂鴻德等，1989）：

✦ 企業內部因素

　　企業內部因以下因素而主動從事新產品之開發。

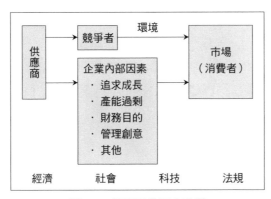

圖4-1　新產品發展之動機

1. 追求成長

業績（或利潤）之成長是企業經營的主要目標，發展新產品可為企業帶來新的銷售方向、開發或穩固市場，接替或延續原產品生命週期，以保持企業之成長活動。例如，1980年美國汽車巨人艾科卡接掌克萊斯勒公司，因為推出K型車系列（K-Car）成功使克萊斯勒公司可以浴火重生，還清債款。

2. 財務目的

根據美國Booz、Allen和Hamilton之調查研究顯示，廠商認為未來五年內之利潤有40%來自新產品，例如，劉水深等的研究指出，新產品銷售額占總銷售額的比例依產業而不同，電子業29.03%，機械業為29.61%；而賴士葆的研究亦指出，新產品開發績效高的廠商其新產品營業額占總營業額約52.22%，低績效群則為15.6%（賴士葆，1995）；Takeuchi 和 Nonake指出新產品對利潤的貢獻更由70年代的四分之一提升至80年代的三分之一；（Takenchi & Nonaka, 1986）Haas指出，在美國的製造業中，有40%營收來自新產品的銷售，32%的利潤亦來自於新產品的貢獻（Hass, 1989）；就國內汽車零件業而言，個別的零件廠商必須面對這些中心工廠的需求，持續配合開發新產品，不然亦失去大量訂單，而影響公司運作。

3. 產能過剩

當企業本身未獲充分利用之生產設備、人力或副產品時，新產品之開發製造可以增加過剩產能的使用。例如，羽田機械公司於1979年設廠生產汽車（轎車）設備，規劃月產3,000台生產線，但初期導入法國標緻（Peugeot）汽車製造，生產量為月產1,000台，產能過剩，則再於1982年與日本大發汽車公司合作生產祥瑞及銀翼小型汽車，使產能得予充分使用。

4. 管理創意

管理者的創造力、新構想和發明亦為企業新產品的源頭活水。例如，日本本田公司創辦人本田宗一郎，不斷擁有新構想，開發C110型摩托車（自動離合器、聚酯樹脂製造引擎套）及N360小汽車（空冷直列二汽缸、流線型跑車）及CVCC汽車引擎（水冷、低公害引擎）等產品，使公司內部保持創造的動力。

5. 其他

企業為配合多角化經營策略，抵銷季節或彈性波動之影響，或保持收入及組織穩定，都開發新產品的理由。例如，捷安特腳踏車公司，為保持收入

及組織穩定，不僅由原有的腳踏車生產，更不斷推出越野腳踏車、電動腳踏車及折疊式腳踏車等新產品。

✦ 企業外部因素

除了企業內部力量以外，新產品發展也時常受到外部環境因素的影響，其項目為：

1.市場（顧客）需求

市場需求是促使企業從事開發新產品的主要原因。由於生活習慣改變，對於便利、速度、安全等要求提高，價值觀念的轉移，使得人口變數（demographics）、生活型態及顧客品味有大幅改變，以致產生新的需要。例如，婦女就業人口增加，對於容易操控、停車方便的小型車需求，則十分殷切。對於政府提倡週休二日制，顧客對現有轎車不能滿足旅遊所產生不滿足，而使休閒旅行車近年來為之暢銷，國內各汽車廠莫不全力投入。

2.競爭力量

企業為了鞏固市場地位或回應競爭對手之挑戰常開發新產品為主要的策略。例如，美國通用汽車公司，面臨日本汽車廠商的挑戰，為維持世界汽車領導者，藉保持其領先地位。除了與豐田汽車合作設廠於美國加州生產混血車，另外，更自行獨立投資設立釷星汽車公司開發生產新車，有別於原有通用車種為因應之策。因此，「沒有競爭就沒有進步。」

3.供應來源

供應來源的二種變化會使廠商去開發新產品，一是新原料、零組件之取得，或現有原料、零組件的廠商可提供生產更高級、有利的產品，例如，供應商提供安全氣囊、自動變速器及汽車導航裝置等新產品，各汽車廠皆以最快速裝設，更顯現不同；二是原有的原料來源中斷，廠商必須另起爐灶。例如，石油價格高漲，則為配合減少依賴石油，因而汽車、機車行業莫不全力以赴開發混合油氣、太陽能、電動汽、機車。

4.總體環境

總體環境包括：經濟、社會、科技、法規等各層面，對於新產品開發均或多或少有其影響力。例如，石油危機、油價高漲、使汽車廠商與消費者簽訂「汽車買賣定型化契約」（1998年公布實施）。又如環保及勞工意識高漲，也是推動汽車商生產製程設備投資〔日本日產汽車公司在美國田納西州的史

麥納廠，藉由重複使用容器盛裝零件及原料，降低垃圾量；降低汽車中塑膠零件使用數目，並重新設計某些零件，以利塑膠回收；噴漆用塗料全部改用水漆，降低VOCs的排放量達標準75%；塗裝副產品污泥（sludge），是未附在車身上塗料殘留物處理由掩埋方式，改進焚化爐燃燒〕。凡此種種，皆屬社會公眾的影響力。

科技環境的改變，直接、間接改變廠商生產技術、製造方法，使其提供更好的產品。例如，汽車生產管理技術由亨利福特所倡導的大量生產，進展至日本豐田平準化生產，現在又推向大量訂製的生產系統，製造方法大量投入機器人及量測設備，使汽車的品質更上一層樓。

政府法規之制定或解除亦為企業考慮新產品發展因素。例如，法令規定車輛在2000年停止使用高級汽油，一律使用無鉛汽油。另外，在機車所排放的廢氣規格（為全世界最先進的標準），則廠商必須開發或改良產品為適用汽、機車。

新產品開發管理者，對於上述造成新產品發展的因素應該作深入清楚分析，當第一個或數個因素出現時，管理者必須儘早察覺，採取對策，以掌握新產品開發之契機。同時企業若能對新產品動機及目的有所決定，將有助於選擇適當的新產品項目及方向，使產品之未來收益極大，而風險則降至最小的程度。

✖ 新產品發展計畫的特殊問題（陳定國，2003）

1.產品發展的策略必須符合企業最高策略

對企業而言，企業主將經營理念轉化成企業目標之後，必須開發產品，然後生產、上市，以取得新、舊市場的占有率與利潤。所以產品發展的方向，只要按照最高管理階層的需要而決定，方能符合企業的需求。

2.產品發展目標的建立是一連續變化的過程

在行銷或生產的目標，皆有設定量化及非量化管制的標準，可以事先設定並藉以控制其行銷或生產的活動，其變化程度可以預期及掌握。但在產品發展計畫進行中，新知識（新材料、新設備、新方法、新創意）的產生，而導致新目標的作法有莫大的變化，則無法將計畫與控制嚴明分開。在新知識不斷發展情況下，需要決定是否控制產品發展的活動，使其真正達成原先的

目標，還是轉而建立新目標。

3.產品發展計畫及預算必須要有彈性以適應新機會

新知識不斷的產生，因此在制訂產品發展預算時，並不能完全涵蓋預算期間內所有新的產品發展的目標。所以預算及計畫的制定程序，必須隨實際需要而檢討調整。

新產品發展計畫的時間及深度

在企業中，正式的產品發展計畫，一般皆建立制式的計畫及書面紀錄。通常具有三種方法：

1.作業計畫——研發工程師（基層計畫）

（1）專業構想的產生。

（2）個人專業工作內容、進度、預算及控制方法。

（3）專業計畫的評價及選擇標準擬定。

2.管理計畫——研發主管（中層計畫）

（1）審查及管制計畫、預算及各部門工作進度。

（2）審查專案計畫的評價及選擇標準。

（3）依職責、資訊及工作流程等項整合企業資源分配結構。

（4） 取得企業各種資源。

3.策略計畫——總經理（高層計畫）

（1）建立公司整體目標。

（2）設定公司策略。

（3）主要資源的調配（財務、人力）。

（4）專案評估及選擇標準建立。

產品發展的計畫，得視產業的科技水準與產品市場情況而定。一般技術穩定發展的行業（汽車、機車、機械、食品加工）則其計畫重點在於中層及基層作業計畫上。而科技及產品改變迅速的行業（電子、化工、服務）或者企業本身正致力改變其產品市場地位時，則高層計畫爲重心，再輔以中層及基層作業。

✗ 產品發展目標

產品發展的計畫，是研究計畫中最能使用經濟方式來表示。因此，每一個重要的發展專案計畫都應該有適當的目標及優先順序，通常可使用下列方法為之：

1.投資報酬率。

2.內部報酬率。

產品發展計畫之目標可列出如下：

1.新產品銷售成本若干元。

2.每年新銷售額貢獻若干元。

3.到年底以前減少Ａ方法工作程序若干元。

4.每年新利潤貢獻率若干。

✗ 產品發展策略

✦ 策略是達成目標的重要手段

產品發展策略應為企業最高策略的延伸，來明示企業成員追求新產品及新市場的機會、整合企業成員的成長及擴充的努力，以及評價機會是否符合企業所希望成長之方向。另外，須與產品市場策略相符合，其目的在於分配產品發展的預算及指導所希望之方向。在**圖4-2**中，表示新舊產品及市場努

	現有產品	新產品
現有市場	市場滲透 （防禦性策略）	產品開發 （攻擊性策略）
新市場	市場開發 （攻擊及防禦 性策略）	多角化 （攻擊性策略）

市場

產品

說明：括弧為研究發展策略

圖4-2 產品市場策略與研究發展策略關係

力的策略。

　　企業不是為了研究發展而存在，因此企業不能為了研究發展而研究發展，研究發展的目的是為了彌補企業在追求成長中所出現的策略差距（strategic gap）。因此，欲有效提高企業研究發展生產力，首先必須考慮與企業經營策略配合。

　　廠商或企業對成長採取攻擊性的政策，願意導入新產品及進入新市場，可藉專利權獲得市場定位來保護其創新，目標在於高銷售量或高收益的市場，擁有財務來源，所需人員、時間，並可避免其創新被競爭者所超越時，則適合採取主動的策略。而當企業面對的各種不同的情況時，其因應競爭壓力所採取的最佳策略，稱之被動的策略，此時研發有不同的作法及投入（圖4-3）。（徐氏基金會，1989）

　　學者H. Igor Ansoff與John. M. Stewart認為R&D策略可分為：（1）首入市場（first to market）者。（2）跟隨者（follower）。（3）購買技術。（4）應用工程（application engineering），見表4-1，由表4-1可知採首入市場則須投入資金最大即風險最大，但獲利最高；相反的，愈後者則資金投入少，在

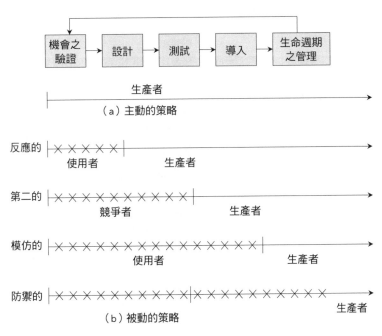

圖4-3　主動與被動研究發展策略

表4-1　研究發展策略與其有關特性

研究發展策略	公司特性	市場特性	利潤與財務上的涵義	研究發展的規模	研究發展的種類
首入市場者（攻擊者）	·充沛的資源供給技術能力、行銷努力等。 ·高階人員充分瞭解與支持。	·無不利的法規限制。 ·新產品的充分優勢，如低成本、新能力等。	·高成本。 ·可能高利潤（如福特T型車）或極大損失（Rolls Royce RB-211引擎、MAZDA 渦輪引擎）	·R&D費用高。 ·一般均為銷售額的4%～12%。	·介於基礎與應用研究之間。 ·強調長期計畫。
跟隨者（或「我亦是」）	·適度的研究能力。 ·很好的技術開發能力。 ·彈性組織對外反應快。	·市場很大，首入市場者尚未完全占有。	·成本仍然高，但比「首入市場者」低（如豐田Lexus高級車）。	·R&D費用高，但低於「首入市場者」。	·強調中期計畫。 ·對於科技的跟隨較沒有興趣。
授權製造（或購買技術）	·很少或沒有R&D。 ·專精於低成本生產技術。 ·製造費用低。	·以價格在市場上競爭。 ·以技術的觀點而言，產品的差異很小。	·低成本。 ·邊際利潤低。 ·短期內可得到的高利潤（開發中國家引進汽車當地裝配，如三陽裝配本田汽車）。	·R&D費用低。	·無一般準則。
應用工程（防禦型）	·偏好本身較熟悉的產品。 ·良好的開發與包裝能力。 ·良好的R&D與行銷溝通。	·用現有產品線來服務顧客。 ·沒有實質上技術上突破。	·R&D費用相當低，但行銷費用很高。 ·邊際利潤很低，但長時間的營業額高。 ·有時透過製程改進得到較高的利潤。（如羽田汽車修改大發祥瑞汽車增加後行李小箱而成銀翼汽車）。	·R&D剛開始的費用低，但市場趨於成熟時，需要投入較大資金來改善產品。	·強調開發能力。 ·強調已有科技的探索。

應用工程僅著眼於開發能力與包裝能力，則風險較少，相對獲利亦降低不少。（賴士葆，1995）

✦ 將產品發展成為企業策略的來源

企業的產品市場策略有部分來自目標，另一部分決定於經濟新趨勢、新機會及新威脅。此外，科技的趨勢亦為產品市場策略的機會來源之一。提供這項投入的責任，則在產品發展的管理者身上。

一般公司皆採用下列可使用的幾種思考創新之方向。

1. 生產要素或資源市場

（1）新功能。

（2）新組合。

（3）新包裝。

（4）新創意。

2.消費市場

（1）新產品。

（2）新生產方法。

（3）新材料運用。

（4）新市場拓展。

✦ 研發創新焦聚化

企業資源有限，包括：人力、資金及時間皆不容許過多的使用與浪費，尤其研發創新更多且益增企業經營風險。因此，身為決策者更應採取精兵方案，建立核心能力，即研究專案有焦點，重點突破，不準備多份的分配，方有成功的機會。

✦ 產品發展的自製或外購策略

企業必須衡量現有的研究發展的資源，評估產品發展能的能力，來決定另一個產品發展策略的重要層面就是自製成外購。前者由企業自行研究，而後者則向外界購買成品、技術授權（技術移轉）、委託外界研發或使用公開的研究報告等來源。

自製或外購的主要考慮範圍包括：企業的研發能力、成本、專利權、只有自行研究才能獲得各項去檢討比較，則可得最佳的選擇及決策。

⚒ 技術移轉與研究發展

1.定義

廣義的技術指的是系統的知識，凡是有關產品與服務的生產設計，生產方法或一套管理制度所牽涉的硬體或軟體的知識可稱做技術。狹義的技術則偏向產品方面，所謂專門技術（know how）則是指解決某特殊問題的一套特定技術及方法。也就是指研究的結果轉換成具體產品的例行技術活動是發展或開發的衍生所成。（Branson, 1996）

在我國「技術合作條例」中，將「技術」定義更詳細：（呂鴻德等，1989）

（1）能生產或製造新產品者。

（2）能增加產量、改善品質或降低成本者。

（3）能改善營運管理設計或操作之技術或其他有利的改善者。

（4）具有經濟值，為投資事業之所需者。

2.技術的特性

技術的形式是複合的一組套裝，可能包括：設備、原料、專門技術及專業人員……等。更涵蓋必要的資訊，如相關的專利權及使用此技術時的有關資訊。技術亦有成本的存在，往往取得一種技術的投資都不是小數目。由此可知，技術為重要的生產要素之一，進步的技術，亦是工業升級的必要條件，而技術進步的表現促使經濟發展。

3.技術移轉與研究發展關係

技術移轉（technology transfer）是指一個組織或體系所產生的創新，被另一個組織或體系所採取及使用的過程。（Rogers, 1983）

一個組織一旦決定採用技術移轉方式取得技術，受限於資金及人力，本身可能就不再投入研究資源。因此，兩者之間具有替代性，但是引進技術並不一定完全適合需要，所以就須投入更多調適性的研究發展支出。

事實上，技術移轉的過程必須與研究發展相互配合，以收相輔相成之效，一個有計畫的技術移轉，必須考慮到修改技術的可能以及能否吸引新技術不斷充實、改良，因此對技術取得而言，本身的研究發展能力是未來獲利最大的潛能。而對於已具相當研究發展能力的廠商來說，適當的技術移轉所取得的技術及過程，可提升其研發能力，更得到啟發及激盪的機會。

企業在技術移轉時，大部分皆由研發部門負責移轉之配合方式，亦由研發部門協助生產部門執行技術移轉過程。因此，研發部門人員亦接受到技術提供者的訓練、諮詢及資料。同時，亦可對取得技術進行改良及創新。（呂鴻德等，1989）

4.技術移轉的目的與效益

從技術取得者的立場，技術移轉的目的包括：取得技術、擴大產品市場並爭取商品化時效、降低成本（分攤固定成本、縮短研發時間及減少投入）及提高獲利能力。

有關技術移轉的效益，可從不同的角色論之（表4-2）。

5.技術移轉的類型

技術移轉的分類，可從各個不同方式來劃分：（呂鴻德等，1989）

（1）依對象主體區分

　　a.同一企業或組織內的轉移：公司將創新的製造技術由研發部門

表4-2　技術移轉效益表

技術提供者	1. 透過技術的優勢，以控制及擴大己有或相關市場。 2. 獲取技術權利金以回收研究發展的投資。 3. 確保資源有效取得及利用。 4. 出售對自己相對而言已無比較利益的舊技術，以獲取剩餘之利益。 5. 加強本身技術優越性的宣傳效果。 6. 必要時與投資方法結合，以增加競爭力並獲得更高的利潤。 7. 若本身係參與更大的技術移轉計畫，可藉參與來學習更多方面及更大規模的技術。
技術取得者	1. 技術水準提高。 2. 不需從頭開始研究，可節省研發成本，並避免研發風險。 3. 可比較各現有技術，做最適當的選擇。 4. 一旦有自立自主的技術，可進一步投資，做成果的改良。
技術引進者	1. 對合作企業之開發新產品，提高品質、降低不良率及生產成本，延伸加工層次上，皆有正面效果，直接效益。 2. 達到技術擴散（technology diffusion）目的 (1) 由技術提供者向國內合作企業的原料或零件衛星工廠提供技術，達到業務擴散。 (2) 技術取得者的新技術、新產品、新製程及新服務會激勵其他的學習與開發，有助產品擴散。 (3) 外資及合作事業員工的流動，成為國內產業發展的重要資源，有助人才擴散。

移轉至生產部門以利生產，或將技術資料移轉至行銷部門以利銷售，甚至對新進人員的職前訓練均稱之。

b.同一國度內不同組織之間的移轉：包括：不同企業間的移轉以及學術單位，研究機構將研究成果移轉至產業界開發應用的部分。如國內工業技術研究院便常將創新技術移轉民間企業去生產開發。

c.國際間的技術移轉：包括：不同國度內之各企業間或各機構之相關技術的提供及採用。如日本三菱公司將生產汽車相關技術提供給我國中華汽車公司。而中華汽車公司又自行開發廂型車技術提供大陸廈杏汽車公司。

（2）依移轉型態區分

a.垂直移轉（vertical transfer）：指技術資訊的傳遞方式是由基本研究逐次傳遞到應用研究實驗開發乃至於生產、銷售及服務部門的方式。例如，福特汽車公司將基本研究成果移轉至全球各生產子公司。

b.水平移轉（horizontal transfer）：指某企業、組織或地區所使用的技術，直接移轉至另一企業組織、地區的方式。例如，羽田機械公司由法國標緻汽車裝配技術或三陽及光陽公司由日本本田引進機車裝配技術。

（3）技術範圍區分（行政院科技顧問室，1983）

a.製造技術移轉：係指生產機械設備、冶具、工具、模具、操作技術、產品圖樣、材料規格、加工方法、操作標準、檢驗標準等，以達到製造產品為目的，但該產品之研發與設計原始資料、品管制度及生產控制數據之移轉一般皆未包括在內，而成合作外商之附庸。初期台灣的機車、汽車的移轉皆是如此。

b.設計技術移轉：將有關產品之研究開發與設計技術等原始數據之移轉。一般多與外籍顧問公司技術合作，合夥共組工程公司，以議價方式承攬專業工程，同時給國內工程師在職訓練。台灣以建築、土木工程業居多，而汽、機車業較少。

c.管理技術移轉：對企業有關經營開發成功的特殊管理技巧，包括：行銷、財務、人事服務以及管理資訊系統之移轉。如克萊

斯勒公司對台灣汽車銷售及服務廠進行管理技術移轉。

　（4）依技術流動方向

　　　　a.技術引進：一般開發中國家的技術發展狀況是由先進國家引進技術，然後在國內生根發展。我國引進技術途徑，一般分為技術合作、僑外投資及國內投資國外高科技事業以引進尖端科技等。

　　　　b.技術輸出：將生產技術、服務設計及專利權等，供應給國外的買主。我國技術輸出方式可分為整廠輸出、對外投資、技術合作及顧問服務等。

6.技術移轉的通路

由於技術移轉的性質及種類不同，技術移轉的通路也有所不同。（江泮聰，1980）

　（1）市場通路：係由雙方在技術移轉中，進行商業交易，如技術專利或專門技術的買賣、技術合作、技術授權、直接投資、投資同時移轉技術、套裝或散裝機械設備及技術購買有代價的技術顧問或指導及技術人員的僱用。

　（2）外部經濟通路：係指技術移轉並無商業交易發生，原因在於技術擁有者無法阻止其技術傳播出去。另一方面技術取得者可以不花代價獲得技術。例如，技術擁有者常必須將其技術具體化為商品或服務，因而廠商可藉學習及模仿獲得技術。

　（3）教育學習通路：係雙方透過自覺的教育學習途徑進行技術移轉，不易歸類，如參加博覽會、產品展示會、技術示範等實務展示活動，專業雜誌、技術出版物等傳播月刊、研討會、演講等意見交換活動，正式教育訓練安排包含派員到國外學術機構留學進修等。而為台灣業界大量採用。

7.技術移轉的重點及階段

Rodrigues認為技術移轉是指把技術做新用途或轉給新的使用者。而技術移轉的重點為：

　（1）技術移轉必須生根。

　（2）技術移轉不可輕易態度持之。

　（3）僅靠技術移轉不能成為一流技術，必須再予創新。

（4）尖端科技通常不會外流，因此非自己踏實出去做不可。

技術移轉一般可分為四階段：

（1）產品資訊、新聞及雜誌等資訊。

（2）技術文件（規格書、設計圖、操作手冊、技術資料）。

（3）產品、程序等技術實體。

（4）技術觀念、設計構想。

✖ 計畫與實施間的聯繫

產品發展部門與企業其他部門的管理功能一樣，產品發展專案計畫的實施，均需依規劃、組織、用人、領導及控制等五大功能之運用，其內容如下：

1.規劃（planning）

事先設定目標並確實決定該如何達成目標實施步驟擬定的一個過程。產品發展部門須為產品發展專案排定進度、要求工作績效及完成預算。

2.組織（organizing）

指派、協調工作與資源來完成目標的一個過程。產品管理者依不同的業務，將一個組織、機構劃分成若干部門，並賦予適當的職責，以收分工之效。並負責資源的分配及安排，而協調及指派各種人員來完成不同的工作任務。

3.用人（staffing）

即是企業召募、甄選、訓練員工使員工在組織得到自我發展，並能符合公司的目標。一般皆以選才、育才、用人、晉才為工作的重點。

4.領導（leading）

指影響員工的一個過程，讓管理者指導員工依事先計畫向目標邁進，且須和員工溝通目標、鼓勵他們完成目標。

5.控制（controlling）

設定和執行計畫的一個偵察、比較和改正的過程，以確保目標的達成，控制的重點在於衡量目標完成度的進展如何，必要的時候，採取正確的措施。

產品發展部門對其專案計畫的實施，一般採用專案計畫評核術（Project

Evaluation & Review Technique, PERT）或要徑法（Critical Path Method, CPM）
來做進度管制，而控制的重點為：

1. 預算及使產品商品化的全部預估成本。

2. 目標及其衍生的項目。

3. 過去的計畫檢討與核准。

4. 計畫與實際表現的紀錄。

5. 計畫與實際成本的比較。

6. 計畫發生問題及其對策的紀錄。

7. 工作全部表現的評價與成本比較。

產品研究發展組織

✖ 組織定義

組織（organization）係指一群人以某種型式的協調性或合作共同努力達成目標而工作在一起的團體。因此，組織應是一種工具，憑以推動分別由個人工作無法達成的策略之執行及目標的達成。組織的過程是將為達成的共同目標（表4-3）所必須的作業編組，並為各組指派一個管理人員，賦予該位管理人員督導員工執行作業的職權。因此，組織程序基本上是分工及隨之而至的適當之職權的授權。適當組織的結果，會將資源作更佳的運用。（Rue & Brarys, 1998）

表4-3　研發單位的組織目標

項次	目標重點
1	改善現有產品、製程的品質和產能，開發更廣泛的應用。
2	新產品、製程的發展已產生重要的商業競爭優勢。
3	對於未來可能產品、製程改善的知識之研究。
4	降低現有產品的生產成本。
5	拉近與競爭者在產品製造創新上的落後。
6	調整設計、製程以改進原料供應來源和降低原料成本。
7	符合健康、安全、噪音、污染等法令的限制。

組織是建立隸屬關係，可使團體產生秩序。亦可藉由群體中分工或加強協調而得的綜合效果（synergism）改善工作效率及品質。更能因一個完善組織架構明確地定義組織各個成員間的溝通管道，確保有效率的溝通。

組織架構（organization structure），可以定義為組織中所欲完成工作說明及工作彼此關係。簡單的說，企業就像一部汽車，所有的汽車都有引擎、四個輪子、輪套和其他結構的組件、乘客的間隔與各種操作系統（油料、煞車、空調等）。雖然每個零件都有特定的功能，但是也必須和其他零件配合才行。此外，每輛車子的外觀都不相同，卻包含相似的基本組件。同樣的，所有的企業也有相似的組織及作業組件，每一組件有特定目的，也必須相互配合才行。（Ebert & Giffin, 1997）

大多數企業以組織圖（organization chart）來說明組織結構及讓員工知道自己在組織中的位置。圖4-4為公司的組織圖。圖中每一個方格代表一件工作（job），連接方格的直線是命令鏈（chain of command）或稱之為報告關係（reporting relationship）。

任何組織結構的第一步，是決定誰做什麼事，也就是指確認哪些特定工作須要完成及指派該項工作人選的程序。另一方面須部門劃分（departmentalization），係決定作哪些事的人，最適合集合在一起。換言之，在專業劃分工之後將工作集合為合乎邏輯單位的程序，可依顧客、產品、程序、地區

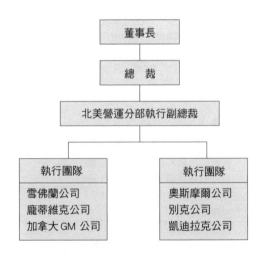

圖4-4　1984年通用汽車公司北美營運部的產品型組織結構

或功能等方式進行部門劃分，當然也可以採用混合式。

✕ 常見研究發展組織

企業開始要建立自己的研究發展組織，都會面臨缺人、缺技術及缺錢等三大困難。因此，研究發展部門如何從無到有，以及研究發展部門和企業內其他部門之間協調溝通，乃是企業經營階層重要之考量課題。

研究發展組織發展階段可分為：（呂鴻德等，1989）

✦ 草創期

企業開始要設置本身研究發展部門之初，基本上通常沒有自行開發新產品及新技術的能力，因此必須藉由外力。最直接的方式就是購買其他公司的技術，來累積本身的技術。雖然這種作法不太可能買到最先進的技術，但企業可藉由這些技術的購買來開發自己所需要的新產品或新技術，以取得競爭優勢。

累積技術並非盲目引入各種技術，而是針對企業長期發展策略所需要的核心技術，有系統且經通盤規劃之後，按步引入。

由於本階段研發組織規模不大，且通常隸屬生產部門（**圖4-5**）所示，採用功能性結構，且成員多半為生產部門的工程師。使研發和生產部門之間

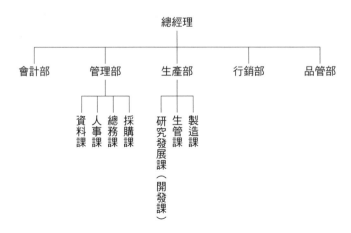

圖4-5　隸屬生產部門之研究發展組織設計

關係密切，也使研發任務較偏向技術引入、累積技術和製程改善。

　　功能性結構的優點是專業化，類似的專業技術人員集合在一起導致經濟規模，人員與設備之重複性程度可減至最低，並且同一群的成員可以使用「同樣的語言」彼此交談，感覺較舒服且有滿足感。但是，各部門往往追求自己的目標，部門中的成員被隔離起來，對於其他部門所作所為較少瞭解，各功能部門只著重於本身事務，更因彼此的利益和所見不同，易成持續性的衝突存在，視為缺點，有賴高階主管注意。

　　另外有一些企業為表示對研究發展部門特別重視，將研究發展組織為行政支援單位之一，可直接向總經理報告（圖4-6）。雖在組織架構上為獨立在生產部門之外，但研發與生產部門仍維持密切關係。

✦ 成長期

　　隨著企業繼續成長，研究發展部門的經費及人力均有顯著增加。處於本階段的研究發展部門已累積相當技術能力，具備從事新產品設計和發展的條件；另一方面由於具備技術研發的能力，因此可藉自己發展出來的技術與其他廠商技術合作，透過技術交流可以加速本身技術累積。成長期主要任務是創新產品及建立研究發展制度，在本階段研究發展部門已有相當規模，因此研究發展部、行銷部及生產部之間的協調和溝通成為績效好壞的關鍵因素。圖4-7、圖4-8及圖4-9兩種成長期研究發展組織設計。

　　圖4-7係功能式組織分工，行銷部門負責新產品市場調查及上市；生產部門負責生產線，以配合新產品生產需要，研究發展部門則負責新產品設計及發展。各種分工通常由行銷部門負責控制整體進度。圖4-8為研發部的組

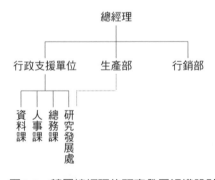

圖4-6　隸屬總經理的研究發展組織設計

圖4-7 成長期研究發展組織設計（一）　　圖4-9 成長期研究發展組織設計（二）

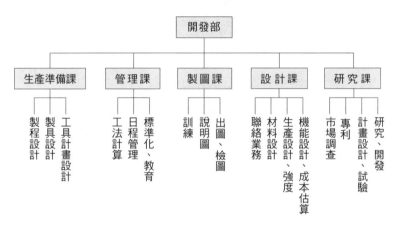

圖4-8 開發設計部門的組織

織圖，下設研究、設計、製圖、管理及生產準備課（表4-4），圖4-9、圖4-10為專案式矩陣式管理：由行銷、生產及研究發展等部門負責某項新產品的成員所構成專案團隊（project team）的矩陣式組織架構。

　　由於本階段協調和溝通，關係研究發展成果的成敗。在草創期單位小，且部門互動較具彈性；到了成長期就有必要建構一套研究發展的制度。大部分的汽車公司皆採用矩陣式管理。

　　圖4-10為台灣福特產品開發處的組織，依整體產品開發設計流程所需而設立的。新車係依據市場策略決定後，專案工程部隨之主導整個開發設計工程，並負責整體計畫時程、成本及品質之責。待整車工程規格確立後，產品設計中心、CAD/CAE中心、零件研發部與相關之零件專業廠商，即進行造型、系統性能與零件細部設計開發工作。當各零組件完成試作與驗證符合各

表4-4　開發設計作業內容

部門	具體的內容（任務職掌）
研究課	需求狀況調查，技術情報分析，同業狀況調查、實驗、研究試作。 零件、系統既完成品試驗規格做成。
設計課	機能設計、生產設計、連續生產製品設計。個別受訂製設計，設計關聯規格制定，標準組件標準部品制定，製圖，圖表變更。產品規格書作成，估價（設計）書作成，使用說明書原稿作成，購入品規格書作成產品維修手冊制定，標準工時制定。
製圖課	圖面複寫、出圖、原稿保管、專業知識訓練。
生產準備課	製品組立調整要領作成，模、冶、夾及工具之設計。 量試及量產問題分析及對策，標準工時的修正。
管理課	專利申請、UL等項規格受理申請、事故、抱怨處理、工程進度管理、研發費用控制。

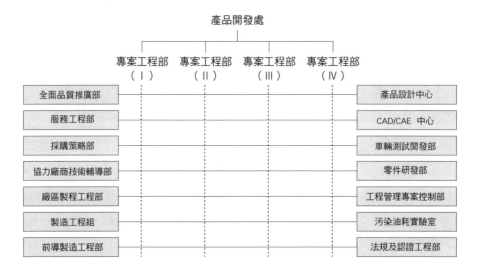

圖4-10　台灣福特產品開發處矩陣組織圖

項工程規範後，即經零件、系統、原型車試作之程序，改善與測試確認符合全球福特之工程標準與計畫所設定之目標。在產品順利上市後，專案工程部仍繼續領導服務工程部、協力廠商技術輔導部與全面品質推動部對產品品質作持續不斷的追蹤、分析及改善，以期達成100%的顧客滿意度，並將顧客的需求與實驗的經驗回饋到下一個新車種的開發。（福特台灣產品開發設計簡訊，1998）

　　矩陣組織（matrix organization）的成員中有二位直屬上司，一位是直線管理者，另一位是幕僚管理者，這是一個具有高度彈性的組織，以適應各種變化環境。在此結構下，參與專案工作者均是由組織正式指派至專案小組，這些成員同時隸屬於原單位。專案主管被賦予職權及職責，以便達成有關新產品開發、產品成本、品質、數量及競爭時間等專案目標。然後專案主管再從原組織中，指派必要的人員至該專案工作。因此，為了執行專案，在原垂直直線結構中，發展出另一個橫向直線的組織。在此一制度下，專案主管指派及考核該專案小組來自各不同功能部門之員工。當專案或工作完成後，各功能部門人員歸回到原單位。

　　矩陣組織主要優點是人員及資源的組合可因專案需要上之改變，隨時準備調整。具有使專案小組人員全力放置於專案上。但卻亦有嚴重的缺點，他違背指揮統一的原則，倘若專案主管的職權，未能與功能管理者的職權作明確劃分，可能同時接受不同的指示而產生混淆，則專案小組成員會產生角色衝突。但此種組織受企業所愛，主要是因為企業希望增快決策制定的速度。企業若以投入時間為競爭重點時，則矩陣組織是理想的結構。

✦ 成熟期

　　進入成熟期的研究發展組織如圖4-11所示。研究發展部門晉身與事業相同等級的策略單位（Strategic Business Unit, SBU）。本階段的研究發展規模龐大，有能力從事基礎研究並加強新產品及新技術的開發。過去各階段研究發展工作多著重於應用研究和產品發展上，直到本階段才算是具備完整的研究發展能力。這是公司的遠景，也是研究發展部門未來方向。

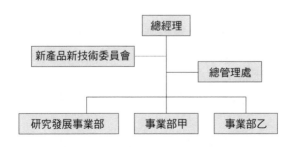

圖4-11　成熟期研究發展組織設計

⚒ 組織的層次

依組織架構可分為下列的層次：

1.技術層次

亦為專案（project）層次，各工程師、技術員及專家為研發組織基層工作人員，以Team Leader為中心，以達成具體任務為目的，而其運作是否成功，著重在領導人的才能，是結合各方面專家及技術人員循研究發展程序進行。其任務為領導。

2.管理層次

代表一種功能（function），對應於組織內的一個部門，以研究發展主管為中心，負責機構中研究發展之規劃、推動、考核各專案之提出、進行、評估及協調。對內協調各專案資源、人力、財力等之調配及人才訓練、培育及人事管理等事宜。對外與其他功能取得協調，包括財務、行銷、生產、製造等方面。其任務為協調。

3.策略層次

代表整體企業的觀點，是屬於高階主管的責任，當企業在尋求新的方向時，應用研究發展作為策略的手段，同時配合其他部門手段，增強競爭能力，替企業創造新市場，開發新事業，俾能居於更有利的競爭地位。其任務為環境的調適。

⚒ 研究部門與其他部門互動

✦ 互動領域

所謂互動（interaction），係指兩群體（或兩群體以上），在某些事件上，彼此相互影響的現象。而在新產品的活動中，確實有某些事情會牽涉到R&D與各部門；此時，這些共同（或重疊）的工作範圍亦可稱為界面（interface）。在相關的研究中，研究者常將互動與界面視為同義字。（賴士葆，1992）

在高科技本位的企業中，由於周遭環境的激烈競爭，使得研究發展的地位變得非常重要，企業內的研究發展部門，其最主要的任務是改善現有產品

的品質與功能與開發新產品（劉水深、賴士葆、吳思華，1986），但這些研究發展要能成功，需仰賴所有員工將許多任務做好，任何一樣輕微的疏忽都可能帶來失敗，所以在進行新的研究發展前，對任務作一整體性的規劃是絕對必要的。

任何新產品、新技術的開發或改良，其最終目的是要完成商品化，並在市場上獲致利潤（嚴永晃，1987）。而市場是瞬息萬變、充滿不確定性的，因此需要行銷部門提供充分而有效的訊息。並在研究發展初期便介入策略擬定及相關問題，方能成功。

研究發展結果，終究將交由製造部門來執行，因此一個研究發展計畫必須考慮製造部的生產流程、原物料供應……等問題，以期能順利完成商品化。研究開發的失敗率是很高的，有些是技術失敗，不得不如此。但絕大多數是財務（即資金）支援不足，所以研究發展如何與財務配合。最後，任何企業都要「人」來經營，再好的研究發展計畫，若無適合的人來執行，其成功率仍等於零，研究發展單位在人力運用上需注意的問題，包括：基本管理和激勵等，其詳細互動領域，如表4-5。

表4-5 研究發展部門與各部門互動領域項目表

部門	項目
行銷	1. 決定新產品開發項目之優先順序。 2. 決定新產品的開發時間表。 3. 評估新產品經濟之可行性。 4. 評估新產品技術之可行性。 5. 蒐集有關新產品之市場資料及產品規格。 6. 維修手冊編訂。 7. 維修零件清單建立。 8. 維修異常問題之檢討對策。
生產技術	1. 評估新產品生產之可行性。 2. 評估生產線現有設備新產品之能力與限制。 3. 決定生產新產品所需增加或改良的設備。 4. 生產設備之設計及安裝。 5. 製造組裝程序。 6. 模具及冶、夾、檢具的設計與製作。 7. 量試後的模、冶、夾、檢具的修正。 8. 生產線安排。 9. 裝配手冊編訂。 10. 生產用材料清單（B.O.M.）的建立。

(續) 表4-5 研究發展部門與各部門互動領域項目表

部門	項目
生產管理	1. 生產用材料清單的建立。 2. 生產設備能力負荷表。 3. 製造組裝程序。 4. 製造、裝配用的標準工時。 5. 生產製造所需模具及冶、夾、檢、刀、工具表。 6. 產品設計變更管制。
品質管理	1. 目標品質的設定。 2. 品質檢驗標準。 3. 產品認證測試。 4. 產品驗證測試。 5. 開發零件認可。 6. 量試與量試後各種檢視工作（包括產品功能測試等）。 7. 品質問題點檢討改善。
生產製造	1. 製造組裝可行性。 2. 標準工時的計算與縮減。 3. 製造與組裝訓練。 4. 產品設計變更管制。 5. 量試、量產、裝配問題檢討改善。
人力資源	1. 研發組織及職掌制定。 2. 研發人員召募計畫。 3. 研發人員教育訓練計畫。 4. 研發人員生涯規劃。 5. 研發人員管理作業。 6. 研發人員績效評估作業。 7. 研發人員激勵作業。 8. 研發人員薪資作業。
財務	1. 新產品研究開發投資企劃與預算。 2. 決定研究發展新產品投資報酬。 3. 評估研究發展新產品風險。 4. 購買生產新產品新設備及其相關附屬配件金額。 5. 生產用材料清單的建立。 6. 製造裝配用標準工時。 7. 製造成本估算表。

✦ 互動問題

　　有關研究發展／行銷／製造三部門，依賴士葆先生對國內機械、汽車、電子、資訊等產業進行的先前研究結果，可分述如下：（賴士葆，1995）

　　1.研究發展與行銷部門的互動問題

　　（1）組織面

　　　　a.組織氣候與制度不利新產品的發展。

　　　　b.研究發展與行銷部門各自爲政。

　　　　c.組織內缺乏相關的激勵措施配合。

　　　　d.缺乏輪調的機會。

　　（2）行爲面

　　　　a.研究發展本位主義且輕視行銷部門。

　　　　b.行銷單位不熱衷參與互動領域的工作。

　　　　c.忽略上市後兩部門的互動。

　　　　d.兩部門彼此推諉失敗責任。

2.研究發展與製造部門的互動問題

　　（1）技術面

　　　　a.製造條件不足：亦即負責接收研究發展技術移轉的製造單位，其人員素質、設備水準……等方面，與研究發展部門配合不上。

　　　　b.原設計欠周詳：製造單位在製造時所發現的設計問題，與爲了降低成本所作的設計變更建議，研究發展部門常不能接受。

　　　　c.對於產品可用性（workability）的看法不同，亦導致技術轉移困難：研究發展只著重在雛型的開發，因此較不注意產品日後的服務問題；而製造單位則較關心量產的過程及顧客使用環境。

　　（2）非技術面（或行爲面）

　　　　a.研究發展人員主觀且本位主義，總認爲其地位高於製造單位。

　　　　b.製造單位人員在公司內的地位往往被矮化。

　　　　c.背景差異影響互動，特別是研究發展與製造人員對於時間、知識與行動的看法，由於其所受的專業訓練不同，而呈現極大的差距。

　　　　d.製造人員素質較差。

　　（3）組織面

　　　　a.組織內的軟、硬體影響互動。

　　　　b.人事政策影響互動。

總之，除以上所述行銷／製造與研究發展互動問題外，另一方面在財

務、品管及人事皆有此問題，一個企業若在新產品發展過程中，愈無上述所提互動問題，則表示其互動領域中合作愉快，則新產品發展的績效愈高，反之亦然。

✦ 對研究發展的批評和要求

　　就公司內部生產製造人員對於研究發展部門的批評進行調查（圖4-12、圖4-13及圖4-14），其中有些批評如「圖面一再變更，增加不少作業麻煩」，實在令人費解。也許會認為不應一而再，再而三的變更圖面，甚至應該完全不做更改才好。但是，如不順應著客觀作業的要求而機動性的調整圖面，也會被人批評「缺乏坦誠地接納現場意見的雅量或圖面變更作業太慢」。圖面之所以需要變更，就某種意義來說，是由於設計能力不足的緣故，而一旦有了差距，圖面變更就是非常必要。所以惟有研究發展能力提高，否則要做出一個完滿、不需要更改的設計是不可能的，而且圖面變更較慢也是不能避免的事。（遠藤建兒著設計管理研究小組譯，1996）

　　會產生這種問題，基本上在於研究發展與生產製造部門的人員，有下列層次的差異：（呂鴻德等，1989）

　　1.結構嚴密的不同：兩部門之業務規劃鬆嚴程度（製造較為嚴格）、管理控制的幅度（製造作業單純、較廣且層級多）、績效檢討的次數（製造為每日）和專門程度（製造為量化資料）等皆有不同。

　　2.時間導向的不同：時間視野的長短不同，研究發展較為長期1～3年，而製造分日、週、月、季、年的短期（一年內）。

　　3.對其他組織成員的導向不同：人際關係開放程度（研究發展較開放無限制）和容忍度（研究發展較易接受別人的意見）的不同。

　　4.對目標導向和對組織環境認識角度不同：研究發展重視科學知識，製造為材料和加工成本。

　　不僅是生產製造人員對研究發展人員及部門有所不滿，由研究發展部門的互動得知行銷、財務、人事……等公司內部各部門皆會有類似的抱怨，值得研究發展部門及人員去思考如何去改變此種觀點。

✦ 互動問題的解決之道

　　既然適度的降低研究發展與相關部門的互動可提高新產品發展績效，因此

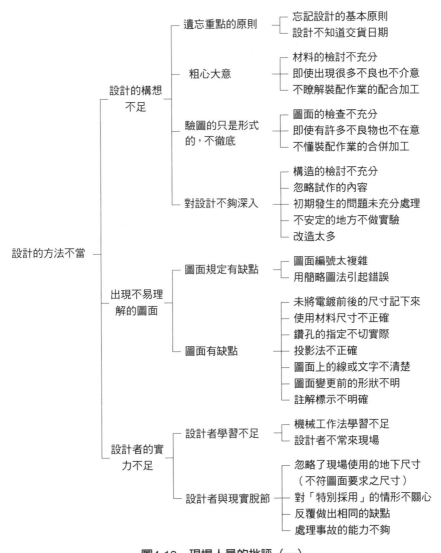

圖4-12　現場人員的批評（一）

如何解決互動問題，或如何維持良性互動，則有待努力，可歸納出以下幾點：

1.各功能性部門政策與作業重新予以檢討修正：鑑於新產品發展所具有
的策略性意義，各功能性部門（特別是研究發展、行銷與製造三部門）
有重新檢討現有作業的必要，汰除不合宜的規定及作法，並重新調整

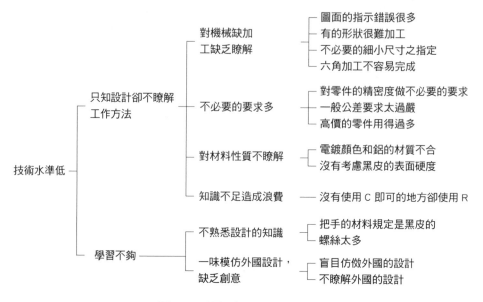

圖4-13　現場人員的批評（二）

資源運用的原則，以提高部門間的良性互動。

2. 新產品發展活動負責部門之安排：雖然以研究發展爲主軸，而分別與行銷、製造等有關部門互動的方式，是一般企業所認爲的理想模式。但這並不表示任何一部門於新產品發展過程中擁有特殊的權力和地位；同樣的，任何部門亦不應單獨負責所有失敗的責任；換句話說，這是一項團隊工作。而管理者或總工程師所面臨的挑戰即在於如何建立對開發目標的共識，並調和各方的努力，以完成任務；他必須使參與部門接觸瞭解彼此的互依性，亦需衡量各方的條件，以決定最適當的互動領域；同時，他亦需設計出一套適當且公平的獎勵制度，以刺激參與的意願；最後，他亦須時時注意參與部門於相關互動領域內的行爲，及各種互動問題，以確保良好的互動品質。

3. 新產品發展是一種反覆且平行發展的活動：由於產品、冶夾具、生產流程等方面的設計皆係相關且彼此配合的，因此產品設計若有變更，其餘設計亦須隨之變動，此一情況除了會使參與單位感到困擾外，亦會影響進度的達成，而若產業係處於競爭激烈的環境，則在上市時間的壓力下，各部門的工作品質將因此而下降，且情緒上的問題亦可能

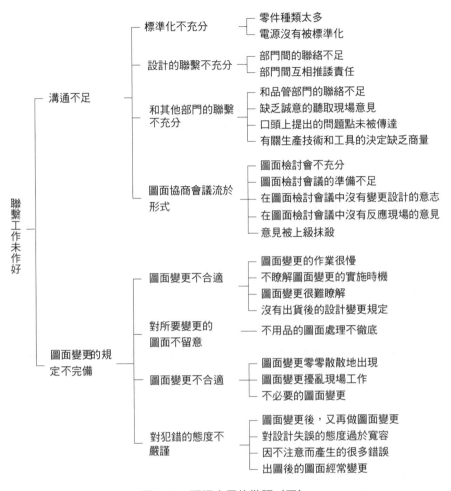

圖4-14　現場人員的批評（三）

進而使互動品質受損；一般新產品開發在設計上的變更平均約在五次左右，且似乎是所有企業必然面臨的問題。因此，對管理者而言，除一方面設法降低修改的次數外，另一方面亦可考慮引進較先進的產品設計、開發軟體（如AUTOCAD等）縮短修改的時間。當然如同一般專家所一再強調的，這些系統的引進並非絕對有必要的，特別是對小型企業而言；此外，它的使用是有前提的，亦即須先解決互動等方面的問題才行。

4.設計人員須敞開胸懷、虛心傾聽批評的雅量：互動部門間可能會對設計方面有很多不滿，有些是不根據事實只圖自己方便的無理要求，有些則是由於誤認事實而對設計部門產生反感，有些是理想論者，如果按照他們的要求變更的話，可能會招致重大的損失。但是，這些抱怨或異議，即顯示了設計內容或設計管理的缺點，就研究發展部門而言，姑且不談解決方法，若能傾聽，則有助於誤會化解，千萬不可高高在上。

產品研究發展活動

✕ 製造業新產品開發程序

依據Cooper的研究，其所認知的新產品開發程序（圖4-15）這套程序的階段劃分、時間的長短及作業，隨公司之需要而有所不同，其活動為：（Cooper, 1988；呂鴻德等，1989）

✦ 產品構想

基於市場需求或科技發展因素，來自客戶、供應商、市調、研發及其他人員，提出產品構想（product idea），須經過下列的步驟：

1.品類甄選（category screening）：首先對新產品在公司策略之地位做研究，並選擇最具發展潛力的產品種類。

2.創意發掘（idea generation）：產品種類決定之後（可能不只一類產品），便進入創意發掘的階段。為了激發良品的創意，企業可公開向公司內、外部去尋求來源，並有多種技巧、方法可供運用。如圖4-16。

3.構想設計（product process pattern of design）：設計案開始展開各項工作計畫前，必須就設計問題界定，主要的目的是使設計者清楚知道整體工作內容及設計方向，並且認識設計目標所在，也才能擬訂適當有效的工作計畫。對設計案開始之初，須界定問題主要是企業本身或設計委託者之需求，此需求大致包括：企業政策、市場需求、成本因素

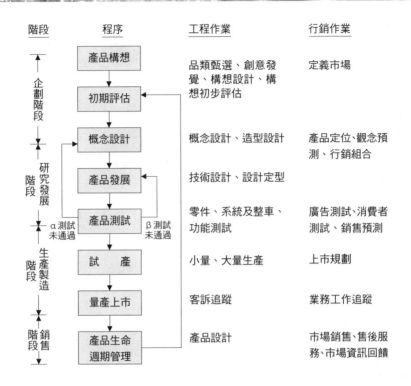

階段	程序	工程作業	行銷作業

企劃階段
- 產品構想 —— 品類甄選、創意發覺、構想設計、構想初步評估 —— 定義市場
- 初期評估

研究發展階段
- 概念設計 —— 概念設計、造型設計 —— 產品定位、觀念預測、行銷組合
- 產品發展 —— 技術設計、設計定型
- 產品測試 —— 零件、系統及整車、功能測試 —— 廣告測試、消費者測試、銷售預測
  - α測試未通過　β測試未通過

生產製造階段
- 試 產 —— 小量、大量生產 —— 上市規劃
- 量產上市 —— 客訴追蹤 —— 業務工作追蹤

銷售階段
- 產品生命週期管理 —— 產品設計 —— 市場銷售、售後服務、市場資訊回饋

說明：α 及 β 測試詳見產品測試章節

圖4-15　新產品開發程序圖

及設計限制。而其內容包括：問題界定、資料分析及綜合整理後明確設計目標。

4. **構想發展（idea development）**：本項工作，可說是設計過程中將結果具體化的最重要步驟，經過構想設計所得設計目標，透過工業設計師運用其創造力與表達的技法，將其所有可能解答方式透過圖面表達或立體模型予以呈現。一般圖面包括：構想草圖（創意及概念構想）、構想圖（設計方向與限制之整合）及預想精描圖（以實際尺寸及比例提出與實物相近圖示法）。

5. **構想初步評估**：為避免公司浪費無謂的精力、時間及金錢起見，必須先行完成此作業，刪除與公司目標、能力不符的創意，可從產品、市場及財務三方面著手 （表4-6及表4-7），可由研發主管負責，研發及行銷人員參與評分。

創意來源
· 顧客（現有及潛在）。
· 競爭者。
· 市場研究機構。
· 技術雜誌。
· 展覽。
· 政府法規。
· 經銷商。
· 銷售人員。
· 高層管理人。
· 研究發展部門。
· 其他員工。
· 研討會。
· 考察。
· 關係企業。

激發創意的來源
· 集體深度討論法（focus groups）。
· 屬性列舉法（attribute listing）。
· 強迫關係法（forced relationships）。
· 結構分析術（structure analysis）。
· 腦力激盪法（brainstorming）。
· 問題庫分析法（problem inventory analysis）
· 反腦力激盪法（reverse brainstorming）。
· 綜合法（synectics）。

新產品創意
· 概念（concept）。
· 原型（prototype）。
· 產品（product）。

圖4-16　獲得創意來源與方法

表4-6　新產品創意之各項評估項目

準則	加權數	極佳	頗佳	良好	普通	不良	沒意見
產品標準							
■產品獨特性							
■現有設備、技術的使用							
■專利地位							
■服務必要性							
■技術可行性							
■技術祕訣							
■法律要件的考慮							
■組織內支持程度							
■季節性							
■經濟環境變遷的衝擊							
■原料容易取得							
市場標準							
■市場規模							
■市場成長潛力							
■消費者的需求							
■對現有產品線的影響							
■配銷通路條件							
■市場壽命							
■競爭優勢							
財務標準							
■進入成本							
■利潤貢獻							
■現金流量的影響							
■還本期間							
■投資報酬							

表4-7　新產品構想評估

新產品名稱：					
編　　　號：					
評　估　值：					

A.財務方面		−2	−1	+1	+2
1.投資報酬率	− 2 低於20%				
	− 1 20%至25%				
	+ 1 25%至30%				
	+ 2 大於30%				
2.銷售預測	+ 2 低於美元 10萬				
	− 1 美元10萬至100萬				
	+ 1 美元100萬至500萬				
	+ 2 多於美元500萬				
3.固定投資回收時間	− 2 超過5年				
	− 1 3至5年				
	+ 1 2至3年				
	+ 2 不到2年				
4.達到頂點銷售之時間	− 2 超過5年				
	− 1 3至5年				
	+ 1 1至3年				
	+ 2 不到1年				
B.研究發展方面		−2	−1	+1	+2
1.研究費用回收時間	− 2 超過3年				
	− 1 2至3年				
	+ 1 1至2年				
	+ 2 不到1年				
2.發展費用回收時間	− 2 超過3年				
	− 1 2至3年				
	+ 1 1至2年				
	+ 2 不到1年				
3.研究技術能力	− 2 無過去經驗及其他應用				
	− 1 僅部分新科技無過去經驗				
	+ 1 具部分經驗或新的研究心得				
	+ 2 具技術經驗或潛力				
4.專利情況	− 2 專利權尚未解決				
	− 1 無專利權限				
	+ 1 只少數廠商獲利專利使用權				
	+ 2 已獲專利或獨家獲得使用權				
5.市場開拓難易	− 2 需龐大的消費者教育計畫				
	− 1 須作適量的消費者教育				
	+ 1 須作部分的推廣工作				
	+ 2 很少需要推廣				

（續）表4-7　新產品構想評估

B.研究發展方面		−2	−1	+1	+2
6.產品競爭情況	− 2　屬於競爭產品				
	− 1　尚屬於競爭性的產品				
	＋ 1　尚屬獨占性產品				
	＋ 2　純獨占性產品				
7.產品價格品質與競爭產品比較	− 2　同品質價格高				
	− 1　處於競爭激烈地位、高價格、高品質				
	＋ 1　價格競爭激烈，但品質較好				
	＋ 2　價格及品質在市場上皆有利				
8.產品壽命	− 2　可能1至3年				
	− 1　可能3至5年				
	＋ 1　可能5至10年				
	＋ 2　可能超過10年				
9.週期性或季節性	− 2　受季節性及週期性影響				
	− 1　受季節性影響				
	＋ 1　受商業週期性影響				
	＋ 2　高度穩定性				
C.生產製造與工程技術		−2	−1	+1	+2
1.所需求企業規模（構想價值與規模成正比）	− 2　任何規模均能製造				
	− 1　一般規模均能製造				
	＋ 1　中型規模企業				
	＋ 2　大規模企業				
2.原料	− 2　原料來源有限				
	− 1　國外購料來源無虞				
	＋ 1　國內購料來源無虞				
	＋ 2　原料不需依賴外界				
3.設備	− 2　全部需購置新設備				
	− 1　大部分設備需添購				
	＋ 1　僅需添置少量設備				
	＋ 2　現有設備已可充分利用				
4.製造技術	− 2　需要新製造技術				
	− 1　只需部分新製造技術				
	＋ 1　絕大部分可利用現有製造技術				
	＋ 2　全部可利用現有製造技術				
D.市場推廣方面		−2	−1	+1	+2
1.與現有產品線之配合	− 2　需設新產品線				
	− 1　部分配合				
	＋ 1　尚可配合				
	＋ 2　完全配合				
2.對現有產品之影響	− 2　完全取代現有產品市場				
	− 1　減少現有產品銷售量				
	＋ 1　促進現有產品銷售量有限				
	＋ 2　促進現有產品銷售量				

（續）表4-7　新產品構想評估

D.市場推廣方面		−2	−1	+1	+2
3.現在顧客之接受	−2 完全需尋找新的顧客				
	−1 只部分新顧客會接受				
	+1 大部分是現有顧客				
	+2 全部現有顧客均能接受				
4.潛在顧客之多寡	−2 很有限				
	−1 有限				
	+1 普通				
	+2 甚多				
5.與現有銷售能力之配合	−2 須完全開拓新的路線				
	−1 須部分加強				
	+1 僅須極少部分加強				
	+2 完全配合現有銷售路線				
6.市場之穩定性	−2 市場狀況動盪不安，價格起伏不定				
	−1 市場狀況不穩定				
	+1 市場狀況良好				
	+2 高度穩定性的市場				
7.市場趨勢	−2 已飽和的市場				
	−1 漸趨飽和的市場				
	+1 成長中市場				
	+2 潛在的市場				
8.售後服務	−2 需不斷的售後服務				
	−1 不定期的售後服務				
	+1 定期的售後服務				
	+2 無需售後服務				

✦ 初期評估

　　進入初期評估（preliminary assessment）階段由專案負責人，針對新產品構想進行評估，並選擇最佳產品概念，然後進入概念設計之觀念。初期評估內容包括：確定市場目標、確認使用者需求、分析競爭者產品、研發及工程能力技術評估、初步製造成本估算、檢視是否有專利權問題及進一步產品概念評估等工作項目。新產品評估方式可採用日本日比宗平較為實務嚴謹。（日比宗平，1984）亦可依筆者的看法（林豐隆，1992），使用新產品商品魅力度評估，針對市場、技術、生產、行銷、經濟五大項（如表4-8、如表4-9、表4-10、表4-11、表4-12、表4-13）而總分超過600分者，則可進入下階段。此評估可在新產品開發程序各步驟進行中，不同時點，有不同的變化，

表4-8 市場能力標準表

詳細項目	比重	狀況	係數	摘要
需要程度	3.0	非常需要	10	非此產品不可
		需　要	8	需要此產品
		普　通	6	一般需要
		不太需要	4	少部分需要
		少數需要	2	少許需要
競爭性	3.0	完全優勢	10	完全領先
		具優勢	8	類似品有一家已開發
		普　通	6	類似品有三家已開發
		已有競爭	4	溫和競爭
		不利競爭	2	激烈競爭
延續性	2.0	長時間	10	200億台幣市場
		較長時間	8	100億台幣市場
		一　般	6	20億台幣市場
		較短時間	4	10台幣市場
		非常短	2	2億台幣市場
成長性	2.0	非常容易	10	年20%以上
		容　易	8	年15～19%
		普　通	6	年10～14%
		不　易	4	年5～9%
		非常困難	2	年0～4%

表4-9 技術能力標準表

詳細項目	比重	狀況	係數	摘要
難易程度	3.0	非常容易	10	技術優越、容易成功
		容　易	8	技術良好、不會失敗
		普　通	6	技術無困難、會有一些小問題
		不　易	4	技術生產困難、成功可能性較小
		非常困難	2	技術非常困難、絕對不能成功
所需時間	2.0	非常短	10	短時間內可完成（6個月）
		較短時間	8	比較短時間內可完成（6～12個月）
		一　般	6	短時間不可完成（1～2年）
		較長時間	4	長時間方可完成（2～3年）
		長時間	2	需非常長時間可完成（3年以上）
研究經費	2.0	非常少	10	最少經費（100萬台幣以下）
		少　量	8	少許經費（100～500萬台幣）
		一　般	6	一般容許經費（100～1,000萬台幣）
		中　量	4	較多經費（1,000～5,000萬台幣）
		鉅　額	2	鉅額經費（5,000萬台幣以上）

（續）表4-9　技術能力標準表

詳細項目	比重	狀況	係數	摘要
負荷狀況	2.0	優　越	10	充裕處理能力
		精　良	8	具依進度表之組成可以處理能力
		一　般	6	具依專案之優先順序處理能力
		不　良	4	專案排序困難、人員處理有問題
相關產品	1.0	非常相關	10	與其他產品無相關,其高度相關
		相關性佳	8	與其他產品亦相關,其高度相關
		一　般	6	與其他產品相關,無負相關
		相關性差	4	與其他產品相關性差
		無　相　關	2	與其他產品相關性高

表4-10　生產能力標準表

詳細項目	比重	狀況	係數	摘要
難易程度	4.0	非常容易	10	生產優越、容易成功
		容　易	8	生產良好、不會失敗
		普　通	6	生產無困難、會有一些小問題
		不　易	4	生產困難、成功可能性較小
		非常困難	2	生產非常困難、絕對不能成功
材料費比率	3.0	非 常 少	10	10%以下
		少　量	8	10～30%
		一　般	6	30～50%
		中　量	4	50～70%
		鉅　額	2	70%以上
負荷狀況	2.0	優　越	10	現有設備,充裕處理能力
		精　良	8	設備修改,可以處理
		一　般	6	新穎設備,即可處理
		不　良	4	新設廠房,設備方可處理
設備費用	1.0	非 常 少	10	最少經費（500萬台幣以下）
		少　量	8	少許經費（500～1,000萬台幣）
		一　般	6	一般容許經費（1,000～5,000萬台幣）
		中　量	4	較多經費（5,000萬～1億台幣）
		鉅　額	2	鉅額經費（1億台幣以上）

表4-11　行銷能力標準表

詳細項目	比重	狀況	係數	摘要
難易程度	2.0	非常容易	10	行銷優越、容易成功
		容　易	8	行銷良好、不會失敗
		普　通	6	行銷無困難、會有一些小問題
		不　易	4	行銷困難、成功可能性較小
		非常困難	2	行銷非常困難、絕對不能成功
行銷通路	5.0	非常方便	10	現有管道，完全可用
		方　便	8	現有管道，擴大強化
		普　通	6	現有管道＋新設管道
		不　易	4	新設管道
		有困難	2	新設管道＋廣告宣傳
負荷狀況	2.0	優　越	10	銷售線具充裕處理能力
		精　良	8	具依進度表之組成可以處理能力
		一　般	6	具專案之優先順序處理能力
		不　良	4	專案排序困難，人員處理有問題
行銷費用	1.0	非常少	10	最少經費（100萬台幣以下）
		少　量	8	少許經費（100～500萬台幣）
		一　般	6	一般容許經費（100～1,000萬台幣）
		中　量	4	較多經費（1,000～5,000萬台幣）
		鉅　額	2	鉅額經費（5,000萬台幣以上）

表4-12　經濟能力標準表

詳細項目	比重	狀況	係數	摘要
經營強烈需求	2.0	強烈需求	10	重大影響企業的需求
		需　求	8	相當影響企業的需求
		一　般	6	普遍影響企業的需求
		少許需要	4	輕微影響企業的需求
		無需求	2	不影響企業的需求
投資回收期間	3.0	非常短	10	短時間內可回收（1年內）
		較短時間	8	比較時間內可回收（1～2年）
		一　般	6	長時間可回收（2～3年）
		較長時間	4	長時間可回收（3～5年）
		長時間	2	需非常長時間方回收（5年以上）
事業貢獻度	3.0	很　大	10	有培養主要事業的計畫
		有貢獻	8	能貢獻主力事業的成長
		一　般	6	替代現有的事業產品
		少　許	4	將現有的主力事業列入將來計畫中
		無	2	事業的貢獻不明
風險性	2.0	很　少	10	成功率很大，風險性小
		一　般	8	成功率大，風險性小
		普　通	6	成功率普遍，風險性中等
		有　些	4	成功率不大，具風險性
		很　大	2	成功率很少，風險性很大

表4-13 新產品商品化魅力度評估表

詳細項目	狀況	比重	評分	評點	比重	綜合評點
市場	需要程度	3.0	60	180	0.3	192
	競爭性	3.0	60	180		
	延續性	2.0	70	140		
	成長性	2.0	70	140		
	小計			640		
技術	難易程度	3.0	60	180	0.2	118
	所需時間	2.0	70	140		
	研究經費	2.0	40	80		
	負荷狀況	2.0	60	120		
	相關產品	1.0	70	70		
	小計			590		
生產	難易程度	4.0	60	240	0.1	42
	材料費比率	3.0	20	60		
	負荷狀況	2.0	40	80		
	設備費用	1.0	40	40		
	小計			420		
行銷	難易程度	2.0	80	160	0.2	114
	行銷通路	5.0	40	200		
	負荷狀況	2.0	70	140		
	行銷費用	1.0	70	70		
	小計			570		
經濟	經營強烈需求	2.0	90	180	0.2	150
	投資回數期間	3.0	60	180		
	事業貢獻度	3.0	90	270		
	風險性	2.0	60	750		
	小計					
合計						616

予以評估，可證明產品是否仍然繼續開發。

✦ 產品概念設計

係指將消費者的需求，轉化為一項具體且導引研究發展部門設定產品或服務效能的概念，謂之產品概念（product concept）。由於消費者需求的內涵，往往較為模糊，且為使用者觀點的說法，若要據以展開後續產品或服務開發的工作，可能導致開發方向不明確的困擾。因而研究部門需要將消費者需求，轉化為產品或服務的基本內涵或功能。

概念化設計之目的包括：更精確的定義產品、確認主要的競爭者及產品

市場定位，也就是對新產品的架構必須廓清產品概念，確保產品／屬性及組裝大綱加以定義，是以汽車總體的造型及性能的構想為主，並完成編寫設計任務書，最後是汽車總方案的決策，並完成總體方案圖。

日本豐田Lexus設計任務書為：

1.規格：全長4,970 M M，寬1,810MM（不另行生產中型車種）。

2.引擎：V8型，DOHC氣缸。

3.引擎排氣量：不足3800C.C.。

4.燃料消耗率：不超美國有關耗油大型汽車法案的規定。

5.最高速度：時速二百三十公里。不僅在西德的Autobahn高速公路上奔馳，更擁有超越寶馬7字頭系列及賓士S等級的性能。

6.Cd值：〇‧二八。

7.感性特質：確保乘坐感的舒適性。

8.商品概念

（1）是一輛具有威望的豪華型轎車。

（2）是一輛尊重人性的汽車。

（3）是一輛充滿知性的汽車。

9.主要銷售市場：以北美地區為主要目標，也包含歐洲各國以及澳大利亞。

10.主要銷售對象：戰後出生的各行業精英，以及所有的高知識職業層。

11.價格：比寶馬（7字頭系列）或賓士（S等級）更合理的價格。至少便宜五千至一萬美金。

除此之外，負責鈴木一郎先生，又追加五項，使之更為完滿。

1.高速平穩地行走：低耗油率將無法達成。

2.優異速操、安定性：犧牲舒適的乘坐感。

3.靜肅性：有礙車體的輕量化。

4.優美的樣式：優異的空氣阻力性能的障礙。

5.不將機能呈露在表面上的溫和感：與機能性的室內相互矛盾。

造型階段是將前段的決策加以具體化，即變成產品政策或規格，並進行汽車總體必要的設計與分析作業，如車身外型設計、模型風洞試驗等，為汽車總體設計最重要的階段，設計變更常因管理的不善而相當頻繁，惟此階段

大多以非實體的產品為主，現代化汽車公司皆採用虛擬實境方式為之，此階段活動稱之「概念測試」，在結束前，須決定零組件的特性並經可行性評估過程。因此，決策過程不可草率，以免下階段進行零組件設計，產生許多不必要的設計變更。（中鳴靖著，文汨澤，1998）

說明：

1. 概念辨別（concept identification）

辨別市場中的潛在購買者及使用者；這些顧客對目前的產品有哪些不滿意處、競爭產品的優缺點、新技術或新設計可獲得多少競爭力。爾後應如何規劃設計目標原則及方案，使新產品獲得市場，並贏得顧客的青睞。

2. 概念發展（concept development）

由概念辨別階段獲得的「對消費者而言，更好的產品」定義，轉入實體構想（操作性）的生產概念。

3. 概念測試（concept test）

主要目的在於測試概念市場的接受性。在此，仍對潛在購買者及使用者測試，然而不同於概念辨別的是概念測試已有了產品藍圖，汽車總布置之草圖（外型構想圖及彩色效果圖）、模型（製作1：5模型及其風洞試驗）。概念中的各個層面例如，特性、價格，以及促銷都必須加以評估，以確知概念之可行性，包括：所要進行測試的概念與目前主要競爭產品的所有層面，都必須審慎考慮。如此，任何有利點或不利點方可查知。以指導研究部門提出具有行銷力的產品。

設計師利用油土模型將概念展現於實體，此模型不僅提供造型的依據，同時其掃瞄資料更是評估設計可行性所不可或缺的，利用電腦輔助設計（CAD），將新舊資料在電腦上同時顯現，再透過斷面的分析，可清楚地呈現設計的差異及可行性，一般模具所需的三維CAD資料也以此為基礎展開（表4-14）

✦ 產品發展

當產品發展途徑、規格定義都已經制定之後，研究發展活動的重點，在於運用各種新技術、新材料及新方法，創造新的產品功能。產品開發，除了運用這些方法之外，更需要仔細選擇規劃與測試所使用的原材料與零組件，確保產品功能。產品開發（product developing）是產品研究發展過程中最關

表4-14　設計可行性評估過程簡介

- 板件及塑件可行性評估

  板件的材料、厚度、成型性及結構強度是評估的重點；塑膠射出零件則需特別考慮塑料的選擇、成型性、色差、縮水、變形及結構強度等。此外，不論板件及塑件均需針對產品品質、製程、不良率、包裝及測試驗證等加以考慮。

- 裝配可行性評估

  新零件的組裝方式需經裝配廠相關人員審核，以確保裝配可行性及組裝品質。對於新的鎖附支架與新零件的固定方式亦需諮詢裝配人員。

- 燈具可行性評估

  燈具的設計需考慮配光是否符合法規、內外燈殼外觀是否能滿足造型要求、燈泡角度調整方式，以及與車體結構的鎖附方式。

- 電腦輔助分析（CAE）

  電腦輔助分析可用來分析板件、塑件的成型性、結構強度及振動噪音等，燈具的配光性亦是其應用範圍之一。由於CAE能在CAD資料完成後短時間內檢驗產品可行性，因此在產品進入開發階段前完成必要的CAE分析能有效縮短產品開發時間。

- 引擎冷卻試驗

  若車身前段造型重大改變時，需要製作玻璃纖維模型，執行引擎冷卻試驗，以確保車身前端造型符合引擎散熱要求。

- 塗裝可行性評估

  車身板件塗裝時電膜（electrical coat）的附著／排洩以及特殊的防水要求需經塗裝場相關人員審核。

- 成本估算

  模具及零件成本的估算以任何異動須由計畫主持人全盤掌握，成本是決策者考慮的重要因素，儘速完成將有助於計畫的順利執行。

- 零件互換性評估

  當同一車系有不同車款的零件，需考慮零件的互換性，使共用件能組裝不同車款的零件，因此在設計共用件的鎖附孔時需考慮此一因素，以減少未來組裝複雜度。

- 顧客服務及零件索賠評估

  需由經銷商替換或調整的零件，必須經由顧客服務部審核，同時若新設計可能造成零件索賠增加，都應會同相關人員討論。

鍵的階段；在此階段中，需要集合多種創新方法、技術、材料，甚至設備，才能將設計理念與構想，化為具體的產品功能（表4-15）。

　　產品發展可分為技術設計及設計定型兩階段。前者依據設計任務書，以零組件的設計與分析及其相互的匹配為重點。零組件工程圖的繪製相當多，且設計變更的頻次因零組件負責單位間的介面溝通及管理問題而變化。一般而言，改變次數頻繁。因此，在傳統設計過程中占去大部分的開發時間。此

表4-15 產品發展須完成工作項目表

項目	工作內容
研究發展	零件工程圖檔的設計及規格的建立。 完成工業設計。 物料規格的建立。 外購標準件及生產機具規格的建立。 製程規劃。 生產機具設計。 物料清單的建立。 設計變更。
採購	原料及供應商的選擇。 生產機具及標準件採購。
品管	品管程序的建立。 建立雛型實驗計畫。 組裝及測試程序的定義。

時，零組件的外包或採購決策必須配合完成。

而設計定型階段，是以零組件試造、裝配爲主，並完成工程樣品車。因此，設計變更亦常因加工誤差或規格與藍圖的不完整而發生，尤其是外包的零組件，有時會因工程圖的解釋錯誤或工程圖版次錯誤，使製出的零件、零組件及樣品車的檢驗不合格等現象。

工程樣品車（engineering sample car）或原型開發（prototype development）在研究發展單位完成的各項細部設計之後，接著就需要展開產品試作，以確定產品開發能符合預定的產品功能，並進行實際生產組裝的演練作業包括：規劃生產線作業流程、標準作業程序，並確認所使用零組件、原材料等。通常工程樣品車階段需要確認使用的新材料、新技術、新方法等技術可行性。因而樣品車測試時間往往相當長。愈複雜的產品，愈需要經過縝密的樣品測試，確保產品功能與品質，也就是符合下列之原則：

1.符合消費者要求之產品優點或特性。

2.在正常狀況之下使用不會產生安全顧慮。

3.製造成本控制在預算範圍內。

通常，工程樣品車組裝由研究發展單位主導，產品生產製造單位提供必要的協助。換言之，生產部門在產品研究發展過程中，需要在工程樣品階段就需投入產品研發活動，以順利銜接後續相關作業。

✦ 產品測試

依據汽車總體，可再區分零件、次系統及系統之枝狀組成方式，因此，產品測試（product testing）的工作可分為：

1.測試

由於零件與零件間匹配之介面產生則汽車零件愈多，介面愈多，如表4-16，系統愈複雜，而汽車系統組成件愈多，整合愈不容易。一般單件、次系統或系統的劃分是為了方便管理，其劃分方式不是絕對的，然而須將單件與次系統兩者之間須有網路串聯才能整合起來，方能發揮系統的功能。若改變某一單件或次系統有可能牽一髮而動全身，而問題出現時可能與許多次系統有關（楊旻洲，1998）。

汽車產品與交通工具及駕駛者安全息息相關，須針對零件、系統及產品逐步做測試，方能減少性能的失誤，降低傷害。因此，在此複雜系統中須做好測試工作，且須有正確的觀念：

（1）品質是設計出來的，因此在設計過程中宜先做失效模式效應分析（FMEA），假設一個構成單元未能發揮其預定功能或失去功效，對系統有何影響或效應？（詳見品質管理章節——可靠度）失效樹分析（FTA，假設某項系統功能無法發揮，與哪些次系統或零件有關？如何相關？）如果會運用這兩種分析，則對系統特性的掌握會較清楚。

（2）做出來的試作品如果有問題，可有系統地解析，確實找出問題點再改正，避免用試誤法嘗試改正。

（3）誤差可分為「系統誤差與偶然誤差」，必須分析判斷才不至於徒勞無功。

表4-16　測試零件介面數表

零件數	最大介面數
1件	0
2件	1
3件	3
4件	6
⋮	⋮
N件	$N(N-1)/2$

　　至於試作品的零件、次系統或系統在測試時，可以 α 測試（評估雛型功能是否與原設計功能及使用者需求相符）及 β 測試（可靠度、效能及生命週期測試）方式來檢測不合目標或不理想的「數據」明確描述問題，諸如是什麼項目、零件或狀況；發生的位置；發生的時間、什麼狀況下會發生、偏差量的大小、影響的範圍，其原因分析可能為：（圖4-17）

（1）操作問題：有無依設計所設定的方式操作或檢測。

（2）設備問題：檢測設備是否校正。

（3）製造問題：零組件製作的規格、公差是否在設定目標值內（組裝之前應先檢驗）。

（4）組裝問題：系統組裝的冶夾具、順序是否正確。

（5）設計問題：單位或系統的設計不當。

　　根據可能原因分析判斷是否會引發描述的狀況以及是否會引發其他狀況，由此可刪除不可能的原因，稱之「效應分析」。最後依歸納的原因實施改正確認。

　　台灣三陽工業股份有限公司，於1973年推出野狼125機車，係自行研發製造，為確定此機車的性能，自行先行試製百輛同型機車，並組成專案測試小組，進行一年365天24小時的產品測試工作。由於當時台灣沒有測試的設備，則以台灣現有道路進行實車測試由試車人員經過安排的行程，進行各種

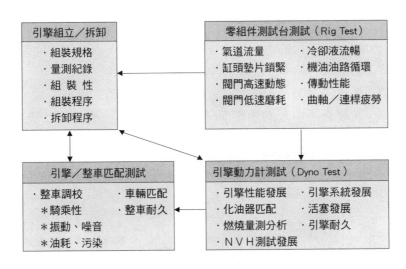

圖4-17　機車引擎測試發展項目

路況、地形及天候下的測試，每天記錄駕駛情形及車況，並設定每1,000公里進行檢測車輛各項零件損壞或磨耗的狀況，以這些資料提供該公司對機車設計修改的依據，而成未來新車種設計的參數，各種維修零件的準備作業以及維修手冊中的問題處理，雖然是採用土法測試，但卻使野狼建立性能的聲譽，在銷售市場上大發利市。並且完成機車設計用的基礎資料，開創機車自行開發的契機。

2.設計變更

零件、次系統或系統的改正確認，須藉由產品設計變更的系統來管制，其項目如下：（經濟部中小企業處，1992）

（1）規格基準的更新與傳遞。

（2）如何將變更前的既存事物作妥善管理，使不擾亂到變更後的生產線或出貨。

（3）如何在最快的時間內，讓整個設計與生產順暢。

（4）如何讓此變更不再發生。

（5）如何進行檔案（電腦檔、文件檔）的有效管理。

設計變更的目的在於有效地管制開發過程中的各種變更作業，包括：文件與產品的變更，其主要工作項目為：

（1）變更認定：為建立產品或文件等的認定基準，例如，零組件的編碼、規格文件的編碼等均須妥善的規定，以便產品或零件設計變更或文件更新的管制與檔案管理之用。一般編碼採用位數，依公司的產品特性與管理需要而異，有時文件與產品的編碼位數有時亦不相同。（表4-17）

（2）變更管制：在管理產品或文件發生變更時的處理方式，一般依其變更所引起的效應而分為一級（嚴重）變更與二級（一般）

表4-17 日本大發汽車零件編號範例

×××××			×××××			×××		
基礎編號			設計編號			顏色編號		
71	01	1	87	3	13	4	6	3
座椅	固定位置	零件詳細	自行設計	專用代號 車型代號	1300 C.C. 引擎	藍色	灰棕色	灰色

變更等兩種。嚴重者必須經過仔細的評估與分析後，認為效應
已能有效掌握或產生有利的效益時，始可進行有關變更作業。
設計變更除處理程序的管理外，對於設計變更發生時，既有的
產品亦應以標誌來識別或集中於生產線上的特定處理區等待進
一步的處理。

（3）變更紀錄：將現在變更基準記錄下來，並提報各部門的使用與
管理，或將重大變更的事蹟列入紀錄，以為各部門爾後的殷
鑑，此項功能類似電腦檔案的管理。

在設計自動化的開發過程中，部門與部門間可能同時開發同一項
產品，且屬上下游的工作關係，工作時均需從共用電腦資料庫中
擷取檔案。有時，因設計變過於頻繁，資料庫中新舊版本一齊存
在，若資料庫管理不善，工作時常會使用過時的版本進行有關設
計作業而不自知，浪費時間。或者將修改後的版本存入資料庫
中，將其他部門已完成的新檔案蓋去，產生部門間的工作干擾。
故須設立完善的資料庫管理制度，並指派專人負責為宜。

（4）變更稽核：為確保產品的品質，須有效執行設計變更作業，須
建立變更稽核工作，例行性檢驗各產品是否符合其既定的變更
規定，若有不合，即提出糾正，並進行有關的矯正行動。

3.生產員工教育訓練

生產力會隨著員工對工作熟悉程度而遞增，即員工之單位工時會隨操作
熟練、競爭心理、獎懲因素與方法改善而逐漸降低、效率逐漸提高。新產品
開發時，生產線的工作者，對新產品在製造中的產品設計、操作作業、使用
設備及工具、管理技術、供應零件不良品及供應零件的持續性，皆不熟悉，
較難發揮其生產量及品質的穩定，為求未來量產的工作順利，唯有從員工教
育訓練著手。

汽車產業具有裝配時間占作業循環時間的比例較大，則產生工時遞減效
果愈大。另方面裝配作業具高度反覆性及技術密集，其學習效果有顯著的反
應。故須做好教育訓練，依學習理論說明員工生產力隨著工作熟悉程度而提
高的現象。也就是一家公司在產量增加中，得以累積學習經驗，因而生產的
真實成本必能降低，有利於在使用人力估算更為正確、標準工作時間之訂定
更有彈性、做好日程安排及估算採購、產品成本，有益未來的企業經營管

理。（Chase & Aquilano, 1997）

4. 消費者測試（consumer tests）

邀請此類產品的消費者作評價在選擇固定樣本時，必須充分足量的樣本數，而且應足以代表潛在使用者適當性條件，以發現產品之市場接受性。選出的樣本必須能代表對新產品的購買興趣之市場區隔，因此有所謂「消費者固定樣本」（consumer panel）的產生。（Hisrich & Peter, 1987）

消費者固定樣本是將樣品車交給一群潛在顧客去使用，然後請他們記錄使用後的感想及優缺點，其測試方法有二：

（1）配對比較（pair comparison）：給使用者兩種車輛，一項是新產品，另一項是目前市場上之領導品牌。可以請受測者同時評估這兩項產品，稱之同步測試（side-by-side test），須注意避免受測者為了一定要比出高下，而刻意強調一些無謂的小差異。也可在不同時間內評估，稱為交錯測試（staggeted test），亦須注意不使測試結果受到測試順序先後之影響。（如圖4-18）（陳明

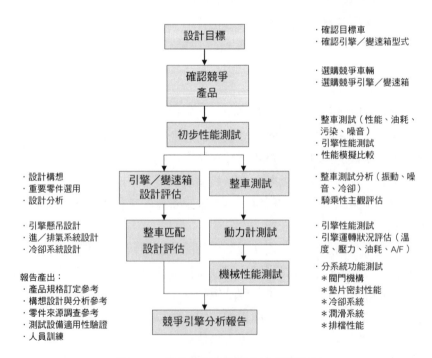

圖4-18　競爭產品測試評估流程與說明

志，1999）

耐久品之銷售前預測所採用的一種方法乃使用實驗室的診斷方式以測度對一新耐久品之反應，在考慮汽車之銷售前預測計畫，1998年的新型車在1996年即應進行測試，此新車乃是對現有汽車「小型化」，講究經濟佳，而不失其華貴性。將目標群體帶至會場中請其觀賞新車的廣告，試開原型車，並播放錄影帶，模仿消費者口口相傳推薦方式，並在廣告發表、試開原型車及播放錄影帶前後分別進行偏好及選擇的測度。三分之二的受訪者駕駛過新型車，而三分之一的受訪者駕駛過現有車輛，藉著比較對新車相對於現有車輛之反應，並模擬知名度，經銷商拜訪及口口相傳效果之增加結果，製作出一為期四年產品生產週期的銷貨預測。

此診斷結果指出此產品較現有汽車為佳，但在管理者的目標群中的銷售結果將不佳，而根據知覺繪圖的診斷資料引導其移向「外國車」的定位，並製作新廣告以強調汽車的可信度，採取這些行動之後，修正的預測值改進了15%，實際的市場銷售的結果將可決定此種方法究竟有多正確，但是首先在三個其他市場測試分析中的管理者及行銷研究人員均受到了鼓舞。對消費性耐久品而言，最初的模型之所以存在，乃在於市場推出之前即可預測全國性的銷售結果，並可降低失敗率風險以改良新產品。

（2）單項測試（monadic test）：使用者只就一項產品之各屬性進行評估，給分從1分到5分，1分代表「極劣」，5分代表「極優」。

✦ 試產

產品經測試證明其品質、安全及市場接受力之後，在上市之前還要再經過兩方面的試驗：生產方面經過小量試產及大量試產。另一方面在行銷面做好上市規劃（如圖4-19）（徐氏基金會，1989）

1.銷售規劃

產品經測試後，除修改不理想及準備試產外，同時，必須進行銷售上市規劃。一般而言，就行銷的產品、價格、通路及促銷的組合，所有定案。更需進一步做好全國性的計畫，包括：總體行銷計畫、媒體及各種變數之應用，更重要須完成銷售目標，以利生產之安排。

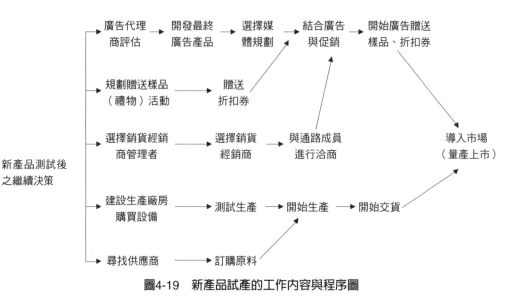

圖4-19　新產品試產的工作內容與程序圖

2.小量試產（pilot run）

當工程樣品通過各項產品功能檢測作業之後，就是進行產品的小量試產工作，進一步規劃後續大量生產作業的合理程序，並進行生產組裝作業的訓練，以順利展開大規模量產。通常，小量試產作業，是由生產製造單位主導，產品開發單位協助指導，轉移產品技術或修改產品設計內容，以提高產品組裝的效率，維持品質穩定。

通常，行銷部門在產品完成工程樣品之後，會展開新產上市前的各項準備工作；當新產品進入小量試產階段時，行銷部門開始爭取市場訂單，以期進入大量試產階段之前，獲得必要的訂單規模，展開必要的原材料、零組件的準備工作。

3.大量試產（pre-mass production）

在完成小量試產作業之後，需要展開準備各式原材料與零組件、安裝架設生產所需設備、儀器、夾具、冶具、工具，進行大量生產作業前準備。通常大量試產是用於測試生產線製造工程師的各項生產規劃，是否為有效可行的階段。一般皆依作業難度，分多次量試，數量亦逐次增加，若無法大量生產，將需要修正製程與改變使用設備、生產方法等。若製程規劃順暢，大量生產時的生產人員訓練，也在此一階段展開，生產部門已經開始主導整個產

個產品開發活動，這一階段也將決定大量生產的效率與製造品質的高低。

✦ 正式量產

在收到市場訂單之後，備妥各式零組件及原材料，就可以展開正式量產（mass-production）作業。這是研究發展單位完成產品開發活動的最後階段，考驗產品設計品質的關鍵階段，也是考驗各項有關產品開發活動與生產前準備事項是否完備的重要階段。若順利展開量產作業，表示多數在生產作業中可能出現的問題，都已被適度防範，而能順利交棒，由生產組裝部門順利銜接產品開發設計至生產組裝作業上；否則，兩個部門之間的協調事項，將會因為先前各項作業品質不良，出現許多衝突與困擾，並影響新產品上市的時程安排。

在行銷方面，正式推出上市，依公司所規劃的全國性的計畫、控制行銷變數的組合，混合運用以實現其行銷目標，包括：產品、價格、配銷通路和促銷活動，並設立客戶抱怨處理的專門單位，重視顧客的反應，更能進一步去瞭解競爭者及業界的反應。因而，做好成果的分析，以期對未來的經營管理有所助益。

✦ 產品生命週期管理

為對新產品的行銷計畫其每月或每季的目標是否達成，並修正其行動使實際成果（銷售額、市場占有率、配銷密度、目標市場的知名度之達成度及行銷費用控制在銷售額之百分比等）接近預期成果。由這些成果得知此產品在何種生命週期，體認競爭環境在改變，則須於產品生命週期的每一階段，做好因應之措施。（表4-18）（呂鴻德等，1989）

表4-18　產品生命週期各階段的對策

產品生命週期	因應之措施
導入期	重視研擬一套方法，以確認產品工程問題及市場區隔。
成長期	特別關心品牌定位、整體市場的空隙、新的市場區隔，以及競爭的定位。
成熟期	關心於反覆不斷的購買比率、產品改良、市場的擴大及新的促銷方法。
飽和期	仔細觀察產品衰退的徵候、評估可能產品改良、新使用者及新的區隔市場。
衰退期	具有足夠的資訊，以決定產品是否要從產品線中消除放棄。

✖ 服務業新產品開發程序

服務業，亦可使用Cooper的研究開發程序，只有在工程作業部分稍有差異，其內容如下：（吳松齡，2003）

✦ 產品構想

服務業首要的工作為對客戶服務需求的探索及檢討，不同於製造業產品的創新作業，其內容為：

1. **尋找目標市場及顧客**：掌握到目標市場及顧客是否具有成長的潛力，而且新商品一旦上市必須在三年內即有利潤產生。同時此一商品在市場中應符合企業地位之提昇與吸引力的需求，並且該項商品之有關資源及技術應為企業所能掌握。對企業而言，進入此商品市場的障礙不高。

2. **分析目標市場結構**：對目標市場有所瞭解，分析與審驗其市場區隔、生命週期及競爭者優劣勢分析等狀況，如此才能在未進入市場與新商品規劃前，即能有所瞭解企業本身資源及技術是否已準備妥當進入該市場。

3. **發掘目標顧客之需求與期望**：發掘目標顧客需求與期望，可採用下列方式：

　（1）蒐集或發掘7至10人左右顧客（在此商品領域具有代表性之消費者）對此商品的經驗或觀點進行深度訪談，找出需求。然須規劃所需的成本、對象的選擇、主談人員的能力與溝通技巧及周詳計畫。

　（2）使用市場調查方式進行定量的調查，需大量的消費者來執行及驗證，需注意調查人數、抽樣方式、詢答方式選擇等項。

4. **商品空間之檢討**：得知需求後，即可針對市調的結果來查驗商品間的位置關係圖。一般而言，此一階段乃屬商品的定位分析，即在數個商品間予以統計分析及評價。須注意此商品空間上的空隙（即該商品在目前並無存在）是否值得開發之問題。

5. **創意發掘**：其方式與製造類的方式雷同。

✦ 概念設計

將顧客之需求與期望轉化為虛擬商品，不論其機能、效益、活動方式、價值、形狀、大小、外觀等均在其品質標準之內完成商品任務書。

✦ 商品發展

1. **商品設計**：將商品任務書內容進行設計作業，形成商品草案、商品設計圖與有關品質需求計畫要求之資訊，並與相關人員溝通、修正及定案。
2. **商品試驗**：依商品之設計圖辦理採購、發包、施工與監督等作業，以進行新商品及服務的試製或模擬作業。

✦ 產品測試

試製或模擬作業後，即進行商品評價作業。可利用查核表或意見調查表進行評價，並將資料彙集、分析與建議方式處理。

✦ 試產（試銷）

1. **商品試銷**：進行小規模或特定對象之試銷作業，開放某些人或特定人士來參與，以瞭解其需求與期望是否滿足，若有落差時則予檢討、修正。
2. **市場測試**：經由市場實地試銷，予以測試市場的反應與接受度，可採較大的規模進行，並做促銷的活動，以瞭解顧客對新商品之接受狀況，以避免大規模上市時遭到慘敗。
3. **行銷策略測試**：較大規模試銷結果，正可測試出企業所採取行銷組合策略是否可行，以作為正式上市時參考及修正。
4. **市場需求量預測**：經此試銷市場，可經由消費者來推測市場潛在規模及需求量。
5. **市場評價**：由此可知消費者對企業商品之評價，得知市場需求，進而修改商品符合市場需求，評價可針對機能、功能、價值、形狀、外觀、售價與收益情形進行分析評價。

⚒ 新產品開發決策系統

　　企業開發新產品，在其過程每一階段均應做適當的決策，因每一階段的決策均影響下一階段工作之進行，包括：資源投入或原有階段修正調整依據。各行業依其企業組織、部門分工而對經營者或部門最高主管提出不同階段的方案，更兼因各相關部門參與研究發展活動的深淺，亦影響決策的品質與時效。但各單位在各階段中必須就其部門參與研究發展的程序中完成規劃、執行、控制及修正（PDCA）的回饋系統（圖4-20）。（徐氏基金會，1989）

　　對新產品欲施行主動策略，則採取決策的過程如圖4-21，圖中則描述這些步驟，誠如箭頭之所示，此乃超出一般的系統性過程，在每一步驟均有重

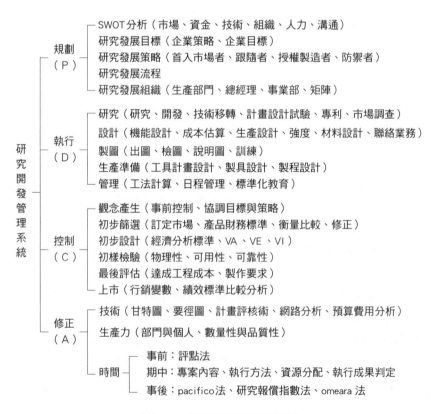

圖4-20　研究開發管理系統圖

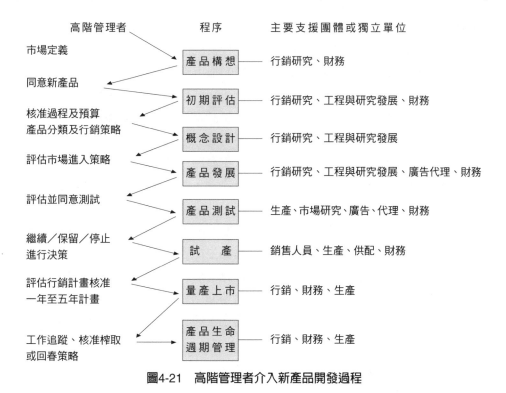

圖4-21 高階管理者介入新產品開發過程

複，而各步驟間亦有互動關係。在此，以「休閒的汽車個案研究」為例：

把握機會乃是決定可進入的最佳市場，並產生進入市場的基本構想。例如，在休閒車個案中，掌握機會即挑出於汽車市場極具發展潛力，並產生各種新的概念以描述休閒車，如果發現機會極具吸引力，則開始設計階段，否則就要對發覺概念及市場工作上做更多的努力。

設計乃透過工程、廣告與行銷而使概念轉換成實體或心理上之個體，例如，休閒車之概念需經測試並加以修正，以使其盡可能地滿足消費者之需求，其後則應設計實際產品（休閒車）、廣告及促銷戰，這些產品及策略應依照消費者之標準加以評估並修正，直到準備進行最後測試為止，當產品經評估證實產品不夠優秀時，則應做出否決之決定，而將努力轉向其他市場與設計。

如果發現設計極佳時，則開始測試。新產品的最終測試乃在試銷市場上進行，而最新潮流乃是實驗試銷市場中對設計的各種組合進行測試，以及測

試廣告及產品能否配合。在休閒車個案中，產品進行試驗，廣告中進行試看、試聽。而產品廣告及顏色之組合則在模擬的貯存環境中進行測試，只有在各種測試均令人滿意，產品方可在選擇的都市市場中正式銷售。

若最終測試的結果同樣令人滿意，則可正式推出產品。將產品正式導入市場，使其成真亦非一件易事，生產及行銷計畫亦需密切加以配合，在推出期間應仔細注意早期警告訊號，並在必要情況下修改策略。

在產品成功推出後，產品將正式進入生產線生產，並開始產品生命週期之管理。在此階段中為產品之成長應進行投資，並管理邁入成熟期之產品，使其獲得最大利潤，並避免競爭。此一部分非常重要，乃因為利潤是在早期過程中所從事創造的創造性努力及所承擔之風險報酬，故應加以審慎地管理，一個良好設計的產品及行銷策略在產品生命週期之收益階段中可以繼續施行，然而亦必須定期進行策略之修正以維持最大的獲利性。產品應加以適當的管理以決定是否何時將進入產品生命週期之衰退期，若處於衰退期，則應決定是否維持現有產品狀況、使產品再生、將其在新市場中重新定位或者結束此產品。

✖ 產品失敗的原因

根據統計，一般新產品的失敗率，消費品為40%，工業品為70%，服務業為18%；新產品發展率涉許多部門，時間又長、鉅額投資（一輛新汽車約需投入新台幣360億元左右），任何一環節出現問題，都可能導致失敗。其中造成失敗原因如表4-19。

在汽車業有許多失敗的實例，例如，日本馬自達汽車（Mazda）公司，未能注意到環境限制條件之改變——石油危機，而投入耗油的渦輪噴射引擎，雖具有動力之優點，但無法適應時代的變化而失敗；在90年代初期美國三大汽車公司未能體認消費者的改變，不承認小型汽車的需求，仍不斷推出大型汽車，造成積壓庫存，大量利益虧損；法國標緻汽車公司生產309車型，在生產及設計管理上有缺失，未能解決在細雨中的車輛漏水問題，雖然外觀獲得好評，且車輛其他性能不錯，亦無法挽回；美國福特汽車推出Edsel新車，亦因建立新的行銷體系而失敗。

在台灣裕隆汽車公司推出自行研發飛羚101車型，由於負責行銷國產汽

表4-19 新產品失敗原因及因應對策

原因	說明	因應對策
1.市場太過狹小	此類產品的需求不夠	在產品構想階段，應對市場加以限制，並粗略估計其市場潛力。
2.公司之配合不夠	公司的能力無法與產品的要求相配合	在開發進行前，應使構想與公司的能力及策略規劃相配合。
3.並不標新立異	構想拙劣、別無創意	產生創造性及系統性的構想並選擇使用者提供其認知構想。
4.未具實質利益	產品無法提供更好的表現	在設計階段，需認知構想之利益以及用來測試產品利益。
5.定位錯誤或不瞭解消費者之需求	所認知的產品屬性並非唯一或優秀的	運用觀念圖示法及偏好分析以產生定位良好的產品。
6.供配、銷售通路不當的支援	產品無法獲得預期的銷售通路支援	在預測市場階段即應評估經銷商反應。
7.預測錯誤	高估銷售狀況	在設計、預測及測試階段應使用系統化的方法預測消費的接受程度。
8.競爭者的反應	競爭者快速有效地抄襲產品	良好的設計及強有力的定位以搶先競爭，一旦競爭者有所動靜即應加以研判並立即反應。
9.消費者的反應	消費者偏好在產品獲致成功前改變	在開發期間及推出市場後應經常注意消費者觀念及偏好之變動。
10.環境限制之改變	主要的環境因素激烈地變動	在構想及設計階段應調整所有環境因素，並作適應性控制。
11.投資收益不足	邊際收益偏低而成本昂貴	謹慎選擇市場、預測銷售量及其成本，並作市場反應分析，以維持利潤。
12.企業本身的問題	企業內部衝突及管理實務太差（品質不穩定）	新產品開發由各部門共同負責，並加速企業內部溝通。

車公司未能充分配合而失敗；羽田汽車公司開發新車P4計畫，由於開發全車種，高估公司本身的財力及開發能力，造成半途而廢。因此，為了避免新產品發展失敗，周詳的新產品規劃與控制實屬必要。

產品研究發展預算

⚒ 研究發展的特性

產品發展活動之年度經費預算,是企業經營重要且困難的計畫之一。但近來一般企業卻是相當主觀、草率,其原因如下:

1. 專案計畫無法明確,則造成相當大的未知數或預測值。
2. 未有正確的數據將研究發展費用與收益連結一起比較。
3. 研究計畫的各項作業繁瑣,連帶預算編列不易。
4. 研究發展計畫成功率很難預測,則其成果很難下定論,不易評估。
5. 研發成本與收益問題存有「時間的遲延」(time lag),無法立竿見效,只有付出有形成本,但卻只有潛在利益的一種活動,經營者不感興趣。

⚒ 研究發展費用編列考慮因素

預算的形成很複雜,且須要與部門不斷來回研討,才能決定,因為須考慮下列因素:

1. 公司政策
   (1) 搶先上市:不僅在設備、人力投資外,更要加入行銷活動。
   (2) 老二主義:費用中等。
   (3) 仿冒抄襲:費用最少。
2. 科技趨勢
   預算會受個別產品市場科技趨勢影響,如果企業傳統地位受到威脅,則防禦性的研發費用就會增加。
3. 財務上考慮
   (1) 有無足夠的資金,可供研究及行銷、生產之用。
   (2) 投資報酬率比較研發與其他計畫,何者優勢。
   (3) 是否具有穩定的資金來支持研發。
4. 生產線能力
   以現有設備是否具有足夠能力生產新產品。

5.市場情況

舊產品壽命已到及具有市場利基者之開發案，則費用大幅增加。

研究發展費用編列方式

研究發展費用編列可從技術、財務、人事、高階主管及長短期觀點視之而編列，但無一定的規則，一般採用下列方法：（陳定國，2003）

1.從總營業額中提出定額百分比。

2.從淨利中提出定額百分比。

3.與競爭者亦步亦趨。

4.依本行業各廠商之一般平均金額定之。

5.求出公司以往每年之研究發展平均支出金額，再乘上公司內部成長率，作為年度的研發經費。

6.算出必須完成特定專案的年度預算後，再乘以某一百分率，作為其他「專案性」研究工作之經費。

7.在公司財力可以負擔之情況下，由研發部門人員實報實銷。

研究發展資金的項目

研究發展中對資金的需求，不外乎為經常支出和資本支出，表4-20所列。

表4-20　研究發展的主要經費需求項目

經常支出		資本支出
人事費	員工薪資	土地
	顧問費	廠房建築
業務費	訓練費	儀器設備
	實驗費	雜項設備
	其他	其他權利金
旅運費		
材料費		
維護費		
開工費（研發各階段）		
管理費		
管理及共同費用		

產品研究發展人員管理與激勵

✖ 研究發展人員特性

✦ 研究發展人員人格特質

一般而言，研究發展人員具有下列的兩種職業人格類型：一為調查型人格，另一為實際型人格。前者具有喜好分析、重視邏輯、理性的、精確的、聰明的、細心的、長於批評的、好奇的、獨立的、內向的、內省的、保守的、消極的及缺乏人緣的人格。後者具有踏實的、誠實的、古樸的、穩重的、與團體一致的、對人際關係不敏感的、不喜歡出風頭的、剛毅的、固執的、唯物的及害羞的人格。整體而言，研究發展人員最欠缺的是與人合作的能力，為因應現在及未來之需要，此問題值得管理者重視。也可以說，因而形成下列的特質：

1. 邏輯思考能力較強，層次較深；講求事實，傾向依賴證據做決定；因而需求較多研究思考的時間。
2. 對事的興趣比對人的興趣高；不注重人際關係，不善於表達自己。
3. 較為獨立的個性，擁有較高度的學習意願及自我優越意識，傾向目標導向的創造性工作。

由於人格形成的特質，則與製造人員在工作觀念及做事的方法有所不同，如表4-21。（Abita, 1985）

✦ 現代研究發展主管應具有的特質

傳統的研究發展主管是一個技術專家，他可能是物理家，也可能是一位工程師。現代的研究發展主管應具備「經營管理者」的氣質。他必須擅長策略規劃、瞭解趨勢，並具有企業家精神等特質，如表4-22。

✦ 研究發展人員需要具備的條件與能力

研究發展人員的基本任務是發揮個人創造力（creativity），以達到產品

表4-21　研究發展人員與製造部門人員的差異

研究發展	製造部門
1. 依計畫所需而尋求適度之工作人員協助。	1. 必須有常設的工程人員。
2. 由專家及工程師進行工作。	2. 由受過訓練之作業員操作。
3. 工作及溝通較具彈性。	3. 工作及溝通有制度。
4. 可嚴密控制原型規格。	4. 必須容許製造誤差。
5. 產出量少。	5. 產出量大。
6. 較為主動。	6. 較為被動。
7. 僅專注一、二件研究發展工作。	7. 大批量製造。
8. 主觀認定績效。	8. 績效有客觀評定標準。
9. 可廣泛性地重製。	9. 重製困難。
10. 設備可彈性運用。	10. 專用設備。
11. 流程不受干擾。	11. 流程易受干擾而產生階段性的延遲。
12. 需專精之文件或資料。	12. 需廣泛文件或資料。
13. 較不重視成本。	13. 重視成本。
14. 工作流程更改容易。	14. 工作流程更不易。
15. 可即時分析、追蹤，或回饋資料。	15. 不易作非例行性的分析。
16. QA是另一功能部門。	16. QA與製造合而為一。

表4-22　現代研究發展主管的特質

傳統	現代
技術專家本位	經營管理者本位
化學家	策略規劃人員
工程師	趨勢專家
物理學家	企業家
生物學家	國際化專家
數學家	行銷專才
電子科學家	政治長才
材料科學家	遊說長才
學者	安全管理專家
	品質管理專家
	廢棄物管理專家
	環保專家
	用人長才
	其他

或組織的創新。因此，研究發展人員需要具備的條件與能力分述如下：

1.能力

（1）一般能力：每個人有最適合其性向、能力發揮的領域，我們應避免只以智力來衡量一個人的能力。也就是具有：

a.發掘科技研究發展的機會。

b.執行研究發展所必須具備的知識及能力。

c.爭取研究發展所需之資源及支持。

d.組織研究發展單位。

e.坦誠研究發展之風險。

（2）創造力：創造力的四個標準

a.流暢力：觀念、點子是否夠多？

b.變通力：所提的觀念或點子類別多不多？

c.精進力：對於所提的想法是否能進一步發展、精緻化？

d.獨創力：創新的觀念或想法。

（3）研究能力：著重邏輯思考以及概念的具體化、文件化。

（4）專業能力。

2.內在動機

例如，認知需求較一般人高，以思考為樂，喜歡探求真實的人。

3.創造性格

（1）足夠活力，具有創新、創造力及求新求變，不墨守成規。

（2）好奇且具有正確的技術與管理判斷力，及必要的分析技巧、鍥而不捨。

（3）能夠保持開放胸襟，容忍鼓勵、合作協商及善於溝通，樂意與他人合作。

4.實作及研究經驗

開發設計人員應有現場工作經驗。

✦ 研究發展人員所關心的事務

從研究人員的人格特質，日本大西清先生研究歸納出研究發展人員所關心事務如下：（遠藤建兒著設計管理研究小組譯，1996）

1.物質方面的需求

　　設計人員對於薪資方面的期望與關心，並不僅限於每月的固定薪水，而是要求自己的薪水必須與其他同等程度的技術人員相同，或者希望更高一些。但對工作有興趣或抱著職業優越感者，對上述（薪水）的關心程度就會稍微減低。

2.職務的需求

（1）工作：一般廠商多以「有興趣的工作」、「新穎的工作」或「具挑戰性的工作」等號召來鼓勵技術人員，以便提高工作效率。

（2）昇遷的機會：與對薪水的要求一樣，技術人員認為在發揮自己的技術價值或能力後，應該得到一個合適的職位。

（3）負較大的責任：典型的技術人員，在企業方面都具有獨立性，對自己分內的工作都喜歡由自己負責開發，而不喜歡受別人的監督。

（4）受教育訓練的機會：大約在就職後的四、五年之間，技術人員希望能接受再教育訓練的慾望會很強烈，但過了這階段之後，慾望便漸次減低。

（5）因才適用：年輕的技術人員往往覺得始終擔任一種工作好像沒有前途遠景，而年紀較大的技術人員又常會產生沒有進步昇遷機會的失落感。一般技術人員似乎都較孤獨。尤其，愈是優秀的技術人員對於自己的工作往往熱衷，他可以不顧其他任何事情，甚至連休閒活動的機會都放棄了，而全神貫注於自己的工作。假如未能使這種人的能力充分發揮，他很可能就會產生悲觀，並萌生對工作的不滿。

3.職位的要求

（1）職務上的優越感：技術人員較其他職業人更重視自己的職業地位。他們大都會對自己在公司內的地位發生懷疑、或擔心自己是不是像專家一般受人尊敬。由於技術人員的薪水有時候沒有其他事務部門的人員高，結果到了某一年齡後，有些技術者就不願再待在技術部門，而希望到事務部門上班。而且，技術人員不但希望在公司內受到重視，同時也很注重是否受到外界的尊重。

（2）人事政策與業務：技術人員並不認為出勤狀況可做為考核技術人員勤惰的標準，因此，與其要求他們在規定時間內打卡上下班，

倒不如設立一個技術資料圖書館。如以不打卡制度來限制他們的自由，反而可使技術人員更積極、更賣力的去做。

（3）設備：即使是福利設施不好，但只要將實驗室或工作場所現代化，就可提高技術人員的工作效率及工作興趣。

（4）技術助理人員：技術人員所希望的理想工作環境是：讓助理人員處理一般的雜事，自己則專注於重要的工作。但目前技術人員通常較少將事情交給別人去做，往往有一手包辦的傾向。

✖ 研究發展人員管理與控制

✦ 管理

監督者的性格與作法對於技術人員的工作效率以及生產性影響很大。在以工作為本位、講求實際的監督者之監督下的技術者，通常工作會很積極，所得到的效果也最優良。模範的監督者必須具有將工作委任交待清楚的能力，並且能夠使工作有效率而公正地達成，絕不會妨害別人或壓制別人的創造天賦。

上面所談的可說只是一般性。現在一般公司的職員大都具有參加意識與自我表達的意念，雖然技術人員也不例外，但其具體表現方法卻有很大的不同。

根據上述諸要點，可知如何管理技術人員，是設計管理上的一門大學問也是重要的問題點。但是設計人員往往對自己所設計的東西認為是絕對正確而不容許他人批評，以致經常困擾著管理者。所以管理者應該活用設計分析的方法，方能避免設計者有我行我素的態度，這是相當重要的。

✦ 控制

一般而言，研究發展部門的管理者，可採用下列方式控制：

1.在研究發展程序中，達成初期評估後而從事概念設計之後的各階段，可採用目標管理為之，使研究專案的總體目標、策略與政策，為部門努力的目標，然而再轉換成工作項目，更賦予人力、物力及財力（預算）等資源運用，避免繁雜手續之層層呈核及批示。至於在產品構想

及初期評估階段可採用較放任式的領導,而非程序性的管理。

2. 平常管理者可使用定期會議來掌握研發工作進度、問題及各部門交換意見、協調事項,每週召開一次,並予記錄追蹤,有助於研發目標的成功。

3. 為使研發作業順暢,執行有效落實,使技術生根,亦可藉ISO內部品質稽核作業辦法,依規定,每半年予以稽核一次,檢核作業執行之確實性,亦有助研發工作的推行。

4. 運用計畫評核術及甘特圖,使研究複雜的計畫全盤托出,更能顯示重點及分工工作進度掌握時程。

✦ 開發制度及辦法

產品研究開發作業在運作中,除硬體的執行外,必須藉助於軟體(相關作業的規定)的建立。身為產品開發部門的主管,應及早建立下列制度及規章(表4-23)。(林豐隆,2003)

表4-23 研發專案計畫與成果管制制度架構表

項目	二階文件名稱	三階文件名稱
1. 專案計畫管理範圍	1. 開發管理程序 2. 專案計畫管理程序 3. 標準文件管制程序	
2. 專案計畫管理之組織與職掌	專案計畫之組織責任之制訂、修訂	
3. 專案計畫之人力資源管理	專案計畫之人力資源管理程序	1. 專案工時管理說明書 2. 研究紀錄簿使用說明書 3. 研究紀錄簿管理說明書 4. 研究紀錄簿撰寫說明書
4. 專案計畫之規劃與審核	專案計畫之規劃與審核程序	新產品開發資料調查說明書
5. 專案計畫之執行與控制	專案計畫之執行與控制程序	
6. 專案計畫之成果管理	1. 專案計畫之成果管理程序 2. 標準文件管制程序	智慧財產權管理說明書
7. 專案計畫之考核與績效評估	1. 專案計畫考核與績效評核程序 2. 內部品質稽核程序 3. 矯正預防管制程序	提案改善及研究發展獎勵說明書
8. 專案計畫之結案	專案計畫結案程序	

✕ 研究發展人員激勵

　　研究發展人員的激勵是針對人性的慾望，給予適當的滿足，用以產生較高的士氣與生產力，因達成組織既定目標的各種措施激勵功效，可用下列方式來說明：（呂鴻德等，1989）

　　1.金錢獎勵

　　一般常見的分紅、津貼，及科學管理時代，泰勒（F. W. Taylor）、甘特（H. C. Gantt）……等人所設的獎工制，都是屬於金錢上的獎勵。

　　2.精神獎勵

　　　包括：升級、榮譽、社會地位、工作成就感及事業保障與發展等。

　　3.管理及技術雙軌的晉升途徑

　　4.專業生涯發展的滿足

　　（1）學徒階段接受密切監督與指導。

　　（2）獨立階段擁有自己的計畫或責任範圍。

　　（3）督導階段對他人事業發展開始有影響力。

　　（4）領導階段具備創新意見及企業精神參與高層管理及領導組織的發展。

產品研究發展人員績效評估

✕ 定義

　　所謂績效評估，是定期由上司、同事、自己或專責單位根據工作的數據資料（產量、銷售額、勤缺情況）及主觀意見來評定此一期間之工作表現。良好的評估制度必須容易瞭解，便於執行及適當管理，且合乎成本效益原則。也就是說它需要最少的書面作業，具有時效性，而且被使用人贊同，並熱心執行。

✖ 目的

績效評估包含兩大目的：
1.作爲薪資調整以及人員升遷的參考。
2.明瞭未來績效發展和成長的方向。

✖ 步驟

一般而言，產品研究發展人員的績效評估可依下列方式進行：（呂鴻德等，1989）
1.比較實際績效與預期績效之差異。
2.實施之成本、進度與計畫成本、進度之相互比較。
3.到達顧客手中之產品與顧客所期望之相互比較。

✖ 考慮因素

績效評估時，主要考慮要素包括：（陳森輝，1998）
1.誰被評估？
2.評估什麼？
3.誰來評估？
4.評估方法爲何？
5.何時評估？
6.被評估部門特性對此作業的影響。（表4-24）

表4-24　研究發展部門特性對績效評估影響因素

1. 研發人員的專業障礙。
2. 工作成果難量化。
3. 任務週期長。
4. 研究發展部門的直接產出和公司獲利之間有許多干擾因素。
5. 缺乏明確可衡量的部門目標。
6. 大部分任務只發生一次，難建立績效標準。
7. 研究工作並非如生產工作一般可完全依原計畫實現。
8. 研究發展的產出大小和時間往往難以控制。

✖ 評估時機及方法

研發活動的評估，依評估時機可分為下列方式：（表4-25）

1.事前評估

事前評估，常用方法是評點法，是將此專業考慮的因素列項，各項分別評分，再根據實際狀況需要給予各因素加權，得到各個項目的評點，以此評點來決定此專案是否值得進行。

2.期中評估

主要重視專案內容及執行方法的修正，以及新資訊的導入。期中評估所達到的效果以課題選定的再考慮、資源再分配，以及執行成果的判定為主。

3.事後評估

事後評估的程序為確認事後評估的標準、評估工具的選擇、評估日程表的排定、事後評估預算的編列及評估人員的選定等步驟。而評估內容包括：目標的有效性及達成的程度、可行性分析是否正確、預估成本與實際成本差異分析、對專案完成時差異及產出質量差異比較、專案人員績效及推廣情形及對後續專案之建議或對策等項。

✖ 績效評估技術的種類

原則上，研究發展單位的工作性質愈是傾向基礎研究，其績效評估愈偏

表4-25　研發專案評估時點及目的

階段	時點	目的
事前評估	專案活動的觀念期及規劃期	・專案目標的設定 ・專案預算的決定 ・專案內容的選定
期中評估	專案活動的執行期	・專案進度追蹤 ・預算、目標的修正或中止 ・次年度預算估計的資訊提供
事後評估	專案活動的結束期	・成果鑑定，包括：目標達成率及目的滿意度等 ・專案人員績效鑑定 ・專案成果推廣狀況 ・專案成果效能審查

向定性評估分析（qualitative analysis）。工作性質若是傾向發展或產品改良，則適合採用定量評估分析（quantitative analysis）。應用性研究所採用的評估方法介於兩者之間，採用半定量評估分析（semi-quantitative analysis）。（圖4-22）

✦ 定性分析

定性分析是應用於抽象、創造性及非重複性的工作，也是一種主觀地判斷、具體的定性指標。

美國會計師學會曾對美國500家大企業中的29家公司37個研究發展實驗室作調查，發現他們在定性方面的研究發展成果評估有以下幾種（按使用家數的多寡排列）。

1.計畫完成所花的時間與成本。

2.由研究發展產品所增加的銷售與收入。

3.材料、人工、或其他成本的節省。

4.由研究發展產生一些有用的資訊。

5.技術的突破、專利的獲得。

6.顧客滿意程度的提高。

✦ 定量分析

定量分析是應用於具體、高制度化、重複性的工作，也是一特定之演算

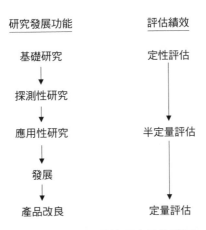

圖4-22　績效評估技巧應用的範圍

法或預定比率，藉以計算實際數值，而與其他專案或過去研究成果相互比較。此法易於做不同單位間或時間數列的比較，而且便於管理者作爲選擇方案或分配資源之依據，但卻無法分辨出各方案的特性及其異同，以及無法避免時間落後的問題。因此，對當期研究發展專案之改善較無助益。其方式爲：（楊啓元，1998）

1.綜合狀態指標

（1） 新產品貢獻度＝新產品銷售額／總銷售額。

（2） 研發費用比率＝研發費用／銷售額。

（3） 設計人員比率＝設計部門人數／總人數。

2.綜合生產力指標

（1） 設計人員平均銷售額＝銷售額／設計人數。

（2） 設計人員平均附加價值＝附加價值／設計人數。

（3） 設計人員平均開發件數＝開發件數／設計人數。

（4） 設計人員平均專利件數＝專利件數／設計人數。

3.設計部門狀態指標

（1） 管理幕僚比＝管理幕僚人數／設計部門人數。

（2） 設計外包比＝外包設計工時／總設計工時。

（3） 加班比＝總工時／正常時間工時。

（4） 自主開發比＝自主開發件數／總開發件數。

4.設計部門生產力指標

（1） A1圖面平均工時＝總工時／相當於A1張數。

（2） 品保損失比＝品質保證支出／銷售額。

（3） 成本降低率＝成本降低額／總成本。

（4） 時程達成率＝延遲出圖數／總出圖數。

✦ 半定量分析

基本上這方法由參與專案有關人員針對專案的績效加以評點，然後將所有人員的意見加以平均，即可得一個可供比較的數字，以供管理者決策之參考，是一種不錯的方法。其方式爲：

1.專案目標——成就評等法（project goal-achievement ratings method）

此法可就專案計畫對目標配合度及研究成果的企業機會之價值進行評

等。年終時實際成效和目標相互比較，然後以0～3的尺度來評點，其中各尺度代表之意義如下：

0：專案未能與目標配合。

1：專案有進展，但未能在時間及成本預算內達成目標。

2：專案完全達成目標。

3：專案成效顯著超過目標，並且節省時間預算或時間。

然後將各部門之專案績效評點與其所耗用的經費相乘，彙總後除以每一部門之總經費，即得出每一部門績效與目標間的加權平均指數。如此，主管即可做部門間或各年度間的比較，以追蹤考核研究發展部門或人員的績效，並提供「設定目標」及「執行方案」雙方人員溝通的基礎，也是評估工具以改善研究發展生產力或績效。

2.同伴互評法（the peer rating approach）

簡單地說，此法只是要求參與專案計畫的所有成員評估他們自己以及其他成員的績效，而利用一些數量的尺度來完成，然後主管人員根據這些資料加以處理而評估出等級，以做為研究人員績效考評的基礎。

此法具有下列的優點：

（1）人員或專案間的些微差可藉本法加以顯現。

（2）管理階層可藉此增加對自己員工的瞭解。

（3）同伴互評更有助於研究發展的管理。

產品研究發展人員管理失敗的原因

企業由具有各式專長的人員所組成，為員工塑造一個工作環境，合力達成共同的目標。所以，人是企業最重要的資產，也是企業永續經營的基礎。尤其，研究發展更是依賴高級專業人才的留住及其經驗的累積，方能使新產品開發順利成功，身為研究發展主管人員應去注意。

⚒ 研究發展人員流動管理

✦ 自動流動原因（陳森輝，1998）

1. 工作負荷過重，時間壓力大。
2. 工作欠缺挑戰性。
3. 若干研究醞釀期較長，在成效未彰顯之前被中途抽換掉。
4. 研究人員重視創造力而非利潤，與組織目標衝突。
5. 研發人員在組織內未受重視，或得不到應有的獎勵。
6. 薪資福利不具競爭力。

✦ 對策

1. 定期進行人員態度調查。
2. 加強研發主管之管理才能訓練。
3. 塑造開放、理性的研發環境。
4. 定期檢討管理制度。
5. 進行長期人員流動模式研究。
6. 離職晤談：藉由離職晤談瞭解組織的長、短處，降低離職員工對公司的惡意。
7. 機密安全的維護：諸如簽訂公司機密保密合同等方式，避免離職員工洩漏商業機密。

⚒ 累積技術資源與能力

　　研究發展技術累積，有助於新產品研究發展的績效。但是，有許多企業卻無法完成（圖4-23），而使研究發展因人才的數量、品質有所差異，值得關心，並設法改進。（郭鎮榮，1994）

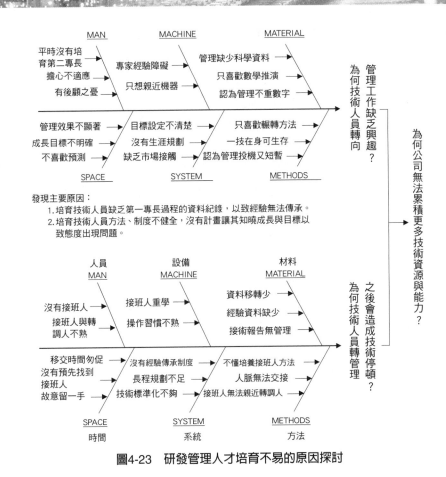

發現主要原因：
1. 培育技術人員缺乏第一專長過程的資料紀錄，以致經驗無法傳承。
2. 培育技術人員方法、制度不健全，沒有計畫讓其知曉成長與目標以致態度出現問題。

圖4-23　研發管理人才培育不易的原因探討

產品研究發展未來趨勢

由於環境的變化快速，科技不斷地推新與消費者（產品最終使用者）的偏好趨於多元化，使得產品生命週期急劇縮短，因而產品設計的未來走向，亦有巨大的變化。

✖ 電腦輔助設計

傳統上，新產品設計是一項冗長的工作，特別花費於各項工作上，並且

予以修正一般常用於工作上的工作，計有：（賴士葆，1995）

1. 裝配圖（assembly drawing）與物料清單（part list）：用來表示產品各個零件如何裝配及所需零件的清單，並可由此決定材料與機器的使用。（圖4-24、表4-26）

2. 零件圖（detailed engineering drawing）：人員必要的技術規格，並提供採購人員採購的依據。（圖4-25）

3. 裝配表（assembly chart）：顯示裝配產品的實際作業順序，它都是由左至右，由上而下經各工作站次裝配後而成之表示方式，裝配表對裝配線布置設計是很重要的工具。（圖4-26）

4. 操作程序圖（operation process chart）：是裝配表的延伸，裝配表沒有指出各自製零件之操作與檢驗的程序，操作程序圖則加入較詳細的作業及檢驗工作。（圖4-27）

5. 途程單（routing sheet）：顯示每個零件所需的加工作業和途程、需用機器標準操作時間等。（表4-27）

6. 流程過程圖（flow process chart）：將操作程序圖更詳細的顯示輸送及儲存作業，可用來分解各個製程找出不必要作業加以消除或改善，同時也可用於事務性的流程分析。（圖4-28）（林豐隆，1997）

但電腦輔助設計（Computer-aided Design, CAD）的出現，不但縮短了設計所需要的時間，亦使得設計成本節省不少。所謂電腦輔助設計是利用電腦的協助，在螢幕上直接設計，使得修正和設計變更的工作程度變得簡單且迅速（圖4-29）；此外，設計完成的產品藍圖亦可直接印出，無需處理。電腦輔助設計最大功用之一是它能在影幕上組合各個零組件，亦進行測試工作。同時，它亦能模擬產品的各種操作性能或績效。電腦輔助設計系統的主要功能為：（雷邵辰，1992；經濟部中小企業處，1992）

✦ 幾何模型的建立

幾何模型（geometric modeling）在利用數學模式來描述設計物體，並將資料存放在電腦資料庫中。也可說是設計者利用電腦指令〔如產生點、線、圖的基本幾何圖素（圖元）的指令、產生比例、旋轉及轉換的指令，產生結合圖素形狀的指令〕來進行，並經由顯示螢幕將設計的圖像顯現，其方法包括：線架構圖（wire frame models）以線條來表示所設計物體的邊緣，無法

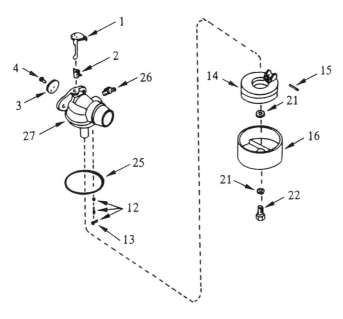

圖4-24 剪草機汽化器裝配圖

表4-26 化油器的零件清單

參考號碼	零件編號	零件名稱	自製 / 外購	工程圖編號
1	631615	節氣閥及桿裝配	自製	26079
2	630731	節氣閥彈回彈簧	外購	26080
3	631616	節氣閥關閉器	自製	20091
4	650506	螺絲墊圈頭	外購	25030
12	631021	針孔、座及夾裝配	自製	26026
13	631022	針孔彈夾	自製	26030
14	631023	汽化器蹼板	自製	26031
15	631024	蹼板開關	外購	26048
16	631700	浮碗	自製	26032
21	631334	碗與主體墊圈	外購	26049
22	631617	浮碗螺帽	外購	26352
25	631028	碗與主體墊圈	外購	26053
26	631775	燃料注入孔	自製	26054
27	631927	架構	自製	26058

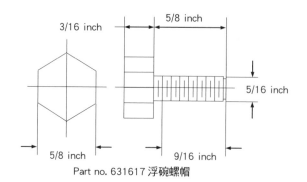

Part no. 631617 浮碗螺帽

圖4-25　詳細工程圖

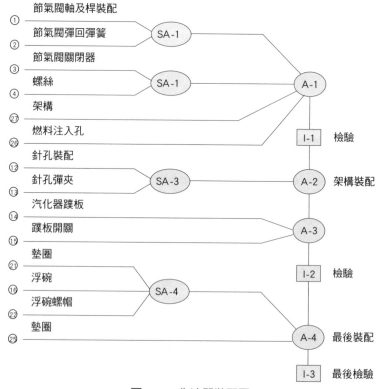

圖4-26　化油器裝配圖

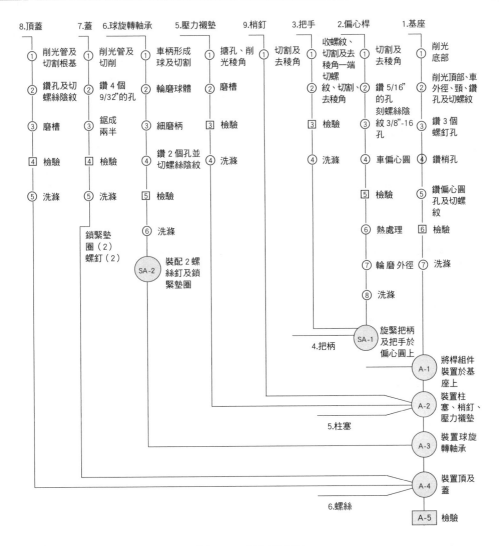

圖4-27 操作程序圖

表示曲面，缺乏幾何模型所需實體性質，但無法解決自動計算模型的物性（體積、重量、轉動慣量等）、表面模型（surface models），複雜曲面在模具及汽車工業中用得很多，目前以線架構模型來繪製3D圖形的電腦輔助設計系統中，複雜曲面大多用縱橫交錯的網狀線條來表示面曲度性質，即可稱表面模型及實體模型（solid models），較線架構者，更具真實感，較不易產生

表4-27　途程單

途程單							
零件名稱：基座 原料規格：					製圖號碼： 零件號碼：053		
操作編號	操作說明	機器名稱	夾具、工具等	部門別	標準時間（小時）	每小時產能	整備時間（小時）
1	削光底部	ＸＸＸ14"機力車床	特殊搯子、鏇具		0.168 0.045	80 28.6	
2	削光頂部、車外徑、頸、鑽子及切螺紋	ＸＸ多角車床	特殊搯子、面具、鑽子、鉸刀				
3	鑽3個螺釘孔	21"的xxx鑽床	箱形鑽模		0.0125	83.5	
4	鑽梢孔	xxx二軸鑽床	板形鑽模		0.0042	235	
5	鑽3/4"心孔及切螺紋		箱形鑽模		0.0150	64.8	
6	檢驗				0.0190	55.5	
7	洗滌	清洗機			0.007	140	

圖釋上的誤解，對工程分析甚有幫助，但電腦運算需要強大的計算能力方可執行，而任何一物體的模型均包括：物體的表面與邊的資料。一般採用組合式實體幾何法及邊界表示法。

✦ 電腦輔助工程分析與模擬

　　幾何模型確立後，為確定設計的物品能符合規格需求，常進行應力——應變計算、熱傳分析、計算結構振動及振模、質量、表面積、體積與慣性的計算分析等。電腦輔助工程分析與模擬（Computer-aided Engineering analysis, CAE）使用的分析方法，常見有P方法或H方法的有限元素法、邊界元素法及有限差分法等。

　　有限元素法可說是CAE系統功能最強的分析工具，執行時，先將待分析的物體分割成許多小單元（即前處理），然後使用計算能力強的電腦，對物體加以分析，可獲得應力——應變、熱傳特性等有關的數值，再經後續處理，即可將數據變成讓人易懂的圖形，並在顯示幕中出現。分析部分仍是極費力與費時的工作，惟藉助電腦，不僅可加快工作的速度，且一旦發現分析

流程程序圖	工作：發票處理			PAGE1OF1
詳細處理方法	符號	距離（英呎）	時間（分）	備註
1.收發票蓋日期章	● ⇨ □ D ▽			經由文件處理人員
2.送給文件處理人員	○ ➡ □ D ▽	20		
3.置於付款人員桌上	○ ⇨ ■ D ▽		1/2	
4.附上採購單	● ⇨ □ D ▽			
5.送給成本會計人員	○ ➡ □ D ▽	25		
6.放於成會人員桌上	○ ⇨ ■ D ▽		1/2	
7.工作件編號	● ⇨ □ D ▽			
8.送給付款人員	○ ➡ □ D ▽	25		
9.送給付款人員桌上	○ ⇨ ■ D ▽		1/2	
10.影印	● ⇨ □ D ▽			
11.原件送至專案經理處	○ ➡ □ D ▽	110		
12.放於經理桌上	○ ⇨ ■ D ▽		3	
13.經理檢討及核准	● ⇨ □ D ▽			
14.送給第二個付款人員	○ ➡ □ D ▽	90		
15.放於第二付款人員桌上	○ ⇨ ■ D ▽		1/2	
16.填上供應商編號及到期日並檢查	● ⇨ □ D ▽		1	
17.將日期鍵入磁片	○ ➡ □ D ▽		1	
18.付款	○ ⇨ ■ D ▽			
19.送至檔案管理人員處	● ⇨ □ D ▽	30		
20.檔案置於桌上	○ ➡ □ D ▽		2	
21.將發票歸檔	○ ⇨ ■ D ▽			

註：○表操作，□表檢驗，⇨ 表運輸，D表遲延，▽表儲存

圖4-28　流程過程圖（發票處理程序）

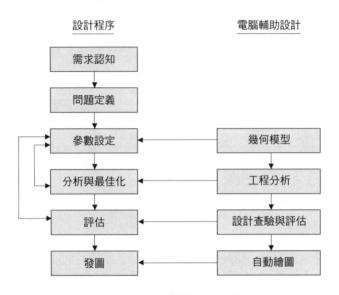

設計程序　　　　　　　　　　電腦輔助設計

需求認知

問題定義

參數設定　←　　幾何模型

分析與最佳化　←　　工程分析

評估　←　　設計查驗與評估

發圖　←　　自動繪圖

圖4-29　電腦輔助設計過程

結果不理想，可修改原設計，再重複進行分析，由於在短時間內可作多次的修改與分析，設計品質亦相對的提升，其分析流程如圖4-30。

　　由於有限元素法執行甚為費時且費力，雖有電腦輔助軟體作為前後處理，但在設計變更頻繁時，仍無法負荷。而邊界元素法則具有此方面的優點，其處理速度約快10至25倍，且其修改模型較前者容易且精確。因其在分析時只專注於分析物邊界上之元素，同時對三維實體結構的分析時僅用到二維的元素，並可直接求出實體邊界的應力，內部應力則可選擇性求出，更可僅做局部修正方便簡易。

✦ 設計審查與評估

　　CAD系統在設計審查與評估（design review & evaluation）功能如下：
1.螢幕的即時顯示，設計者可查驗設計的正確性，設計人員可利用CAD的各種編輯功能來查驗與評估設計圖面，並藉由任意角度的投影、剖面的功能將3D圖案充分表達在2D圖面上，提供2D手繪難以表示的所有圖面資訊。
2.區域放大，設計者可更清楚地查驗出重要部分設計的正確性及正確繪

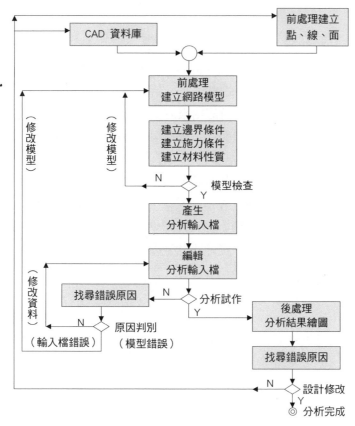

圖4-30　電腦輔助工程分析與模擬分析流程

製工程圖。

3.半自動尺寸標示及誤差標示，可查驗設計物的尺寸的正確性，減少誤差。

4.層（layer）的觀念，有助於查驗各層設計的正確性，一般CAD系統有250層可供使用，層的功能除類似描圖紙外，尚且有隨意抽換堆疊層並顯示的特性，且層可同時塗上顏色，另外亦具有圖元素選取設定及定位準確的功能，減少零件組合的誤差。

5.干涉檢查，可查驗分析裝配結構上的問題。

6.部分系統具有運動學（kinematics）的評估方法，可查驗出機構設計的運動軌跡正確性。

✦ 自動繪圖

CAD系統的快速自動繪圖（automated drafting）能力及其各種編輯功能的應用，可獲得最高品質的畫面。同時，其幾何模型的建立資料可經轉換成為CAE的分析模型資料，加速分析工作，因其具有下列功能：

1.直接從CAD系統資料庫轉印出來的工程圖。

2.可標示尺寸，可產生剖面線，層形可比例縮放，可產生（六個）視面圖。

3.可產生3D實體模型、線架繪圖及表面模型。

另外配合參數繪圖系統（在電腦系統上輸入圖形變動的幾何尺寸參數，並將變動後的圖形繪出的一種方法）及標準零件資料庫的妥善建立與管理，更有助於設計自動化的推行，提升設計生產力。

✦ 產品資料管理

1.由來

產品生命週期主要包括：顧客需求、設計階段、製造與生產管理、銷售與售後服務、回收棄置等，而前三個階段為產品開發階段。一般研發階段將占整體產品的品質及影響整個成本的80%總成本。所以，如何以一有效的管理方法與資訊統合工具──產品資料管理（Product Data Management, PDM）來處理設計階段所產生的各類型工程資訊，對提昇產品競爭力是非常重要。

2. 範圍（經濟部中小企業處，1992）

（1）設備管理整合服務（design integration management serivce）

　　a.設計版本控制服務：產品設計階段關於產品的概念會被落實成許多的設計文件，另在設計的過程中有設計的結果會因為某些因素或條件的變異而變更，連帶影響到其衍生的設計資訊有了不同的版本產生，而設計者擷取不正確版本資訊可能造成重大影響。因此，管理的重點為：

　　a）管制版本資訊功能：入庫留存（check-in）、出庫修改（check-out）、版本發行（release）、改版（revise）及正式版本（offical）。

　　b）版本擷取功能：包括：基本設計文件及進階產品結構版本

管理的取得最新正式版（get latest release）、取得最後版
（get latest revision）、版本變更歷程檢視（revision history）、
檔案檢視、變更資訊維護。

b.審核流程整合服務：當設計資料到某一完成點時需透過審核流
程來決定設計資料是否正確或符合設計規範，而一般流程大都
以表單為主，透過表單內定義的核簽順序，依序傳簽每個審核
人員進行資料審核動作。

為求較好的工作品質及速度，則使用電子化的流程管理環境使
用者透過圖形化的流程定義功能建立工作流程（圖形化流程設
定、流程工作角色指派、事件通知設定、代理人機制、審核歷
程追蹤）。而在流程事件通知，藉E-mail方式來通知參與者及文
件的作者，亦可透過系統的即時訊息服務來傳遞。

c.設計變更整合服務：當需變更已發行的資料，無論新增、修改
或刪除都必須經過設計變更流程確認後才能被變更，以期透過
系統化的方法來掌握設計變更資訊。

一般設計變更的過程，可分為設計變更提出、審查以及設計變
更命令的執行與結案通知兩階段，可採用下列方式處理：

a）制式化：主要提供制式化變更流程設定系統，使用者依據需
求進行流程的配置設定。當流程變更審核通過時，則系統自
動建立且執行。

b）客制化：為使企業的業務處理特性加入設計服務變更服務
中，使服務符合企業活動需求。而此一部分實作則必須由
顧問團隊來協助及調整。

d.專案進度控管整合服務：一般專案時程規劃步驟為：

a）依據專案目標組織專案成員並設定專案擁有的資源訂定專案
開始與完成日期。

b）規劃執行工作分項或建立子專案，並設立每一個工作事項的
完成日期、工作進度、成員工作分配以及進度查核點等。

c）啟動專案進行工作通知及查核。

此種服務，在使用者可以用E-mail傳遞，而工作分配採用樹狀
架構的方式，方便呈現大項到細項來進行工作規劃。

（2）協同式開發環境服務（collaboration development）：為有效降低成本與分散風險，將產品部分設計透過委外的方式與合約廠商一同進行產品開發。此時將面對資訊共享及控管的問題，以往受限資訊系統封閉性較高，以致皆用手動方式來進行，非常不便。

在此開發過程，採用下列型式，來增進速度：

a.藉產品設計服務平台中的資訊交換元件，以XML/HTTP協定來進行企業間資訊交換與整合。

b.透過中介軟體（middleware）來進行企業間的流程整合，而進度的控管則採用專案進度控管整合為之。

零組件標準化

由於企業的成長，滿足顧客的需求，產品種類日趨增多，但產品生命週期減短，為適應瞬息的變化，提高產品品質、降低成本及提高設計、採購、物料管理之效率，使繁複而急劇增加的零組件標準化（component standarization）、簡單化及專業化刻不容緩。（龜山芳雄著，1994）

ISO對「標準化」的說明為：「為順利達成某種特定活動的目的而作成之規則，且在使用這些規則的過程中，以有關人員之利益，特別是促進企業最佳經濟利益為目的，同時注意機能與安全等之要求。」標準化是建立於科學、技術及經驗的綜合結果基礎上，決定標準時，不僅要考慮目前的情形，也要考慮將來的發展，標準化必須配合進步的步調（詳見生產修正章節）。

標準化本質是一種簡單化的行為，其目的不只是在於減少目前的複雜性，也是預防將來不必要的複雜。一個企業標準化的零件及作業，皆源自設計單位的制訂及推動。初期以建立公司標準之零組件為主，第二期以建立標準手冊、軟體資料庫及評鑑作業為要，第三期以尋求廠商產品，並更新資料庫為重點。

日本工業標準（JIS）依據標準化的領域（有關主題的分類）大致分成17部門，其訂定規格內容，大致可分成三類：

1.製品規格：規定製品的形狀、尺寸、品質、機能等。

2.方法規格：規定試驗、分析、檢查及測定的方法、作業標準等。

3.基本規格：規定用語、記號、單位、數列等。

在設計部門推行標準化，具有下列的利益：

1.縮短設計工時，設計工程師可直接選用資料庫之圖形，避免重複繪製，可提高設計效率，增加產品可靠度。

2.零組件標準化以後，品質問題減少，研究開發、設計等部門很容易取得所需資料，減少零件選用困擾。

3.防止設計人員使用特殊、不經濟、不適當的零組件，而儘量採用共用件以免造成採購、品管及物料管理人員的困擾。

對業界標準及國家標準而言，零組件標準化的重要性就是有益產量、品質提升、降低成本、提高生產力，進而促進工業水準的提昇。另一方面亦因種類簡化、減少庫存壓力、促進產銷活動，達到工業標準化的理想。因而，各產業莫不全力以赴，從設計部門做起。

✖ 同步工程

同步工程（simultaneous engineering）亦可稱為平行設計（concurrent engineering）或配合製造性的設計（Design for Manufacturability, DFM），其主要精神為追求設計工程師、製造人員、採購、行銷、協力廠商之間更緊密的溝通與協調。

在產品開發設計的早期，是由專業技術人員，就產品功能與規格需求，提出基礎設計；然後在選用相關零組件或原材料時，整合不同的技術人力，以提升產品開發效率。由於早期的製造工程師，都是在產品完成開發工作之後，才進行產品製造程度的設計規劃，包括協力廠商（外包）支援計畫在內，階段性的劃分非常清楚。因而製造單位無法配合，造成諸多工程設計變更的情形，致無法規劃出最有效率的生產製程，影響到生產效率。而同步工程的開發概念，就是製造工程師提前參與產品開發階段，直接整合產品開發與生產的作業需求。也可說是從設計至生產過程的程序並非是一個由不同階段串聯而成，整個程序中的持續互動可確保設計優良的產品，準時上市並獲得較佳的價格。（Chase & Aquilano, 1997）

✖ 品質機能展開

✦ 簡介

在確認顧客需求之後，需將其融入功能爲依歸的產品設計中，而品質機能展開（Quality Function Deployment, QFD）便是其中一種方法，QFD是1994年由日本水野滋博士提出，並廣受世界各地所採用。圖4-31中的品質屋（house of quality）顯示，採用品質機能展開可協助設計工程師將顧客需求融入設計。品質屋的左牆列出顧客需求，屋頂則列出技術需求。（Mizuno & Akao, 1994）

QFD的觀念與之前所提的DFM非常接近，但強調的重點在於加強產品設計者，行銷人員與產品最終使用者（消費者）之間的溝通。也就是利用跨功能的團隊整合，藉以縮短產品開發時間與提高產品的品質。

✦ 定義

QFD係指將顧客對產品的需求，轉換爲產品開發過程中，各部門各階段

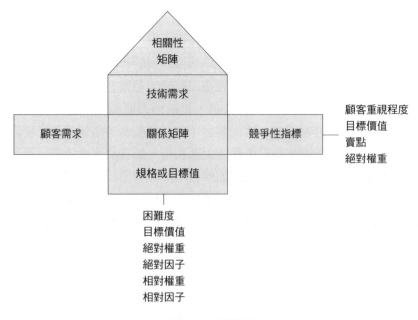

圖4-31　品質屋

的技術需求而言。

品質機能展開進行，首先須對顧客的反應做好蒐集及研究的工作，以便依據這些資訊來決定高品質產品的特性。經由對市場的研究之後，顧客對產品之需求及偏好會被分解及定義為顧客的屬性。例如，汽車製造公司想改善汽車的車門經其對顧客的調查與訪談之後，決定出汽車車門改善計畫中，對顧客兩個重要屬性，即「易開及易關」。定義出顧客的需求特性之後，再根據對顧客的判斷，給予各個屬性重要性高低的權重，其次便是要求顧客對公司及競爭者產品進行比較與排名，透過這些流程的協助，公司可以簡單找出對顧客來說最重要的屬性，並瞭解競爭廠商的產品特性，使公司得以集中力量在需要改善的地方。

顧客屬性是由一個稱之品質屋矩陣（**圖4-32**）所建立出來。顧客所傳送的訊息來作行銷、設計及工程的決策，經由此品質屋將顧客的屬性轉為具體的操作與工程的目標，使產品的特性和品質屋改進的目標得以緊密的結合。QFD就是將設計與行銷人員之間的互動，予以正式化，使得爾後在產品設計階段，即能充分考慮市場的需求。（Chase & Aquilano, 1997）

✦ 步驟

1. 品質要求之展開（品質要求展開表、品目種類、市場情報、比較分析）。
2. 品質特性之展開（品質特性展開表、品質表、客訴分析、品質企劃、開發評價）。
3. 固有技術之展開（機能展開表）。
4. 次系統之展開（次系統展開表、產品責任、成本分析、重要機件、VA、FMEA、品質評價項目、設計審查）。
5. 零件開發之展開（零件展開表）。
6. 工作方法之展開（工作方法研究）。
7. 工程之展開（QC工程計畫表、品質標準、作業標準、檢驗標準、設計審查、試作評審）。
8. 製造現場之展開（QC工程表、重點管理、外包展開、要因解析、回饋）。

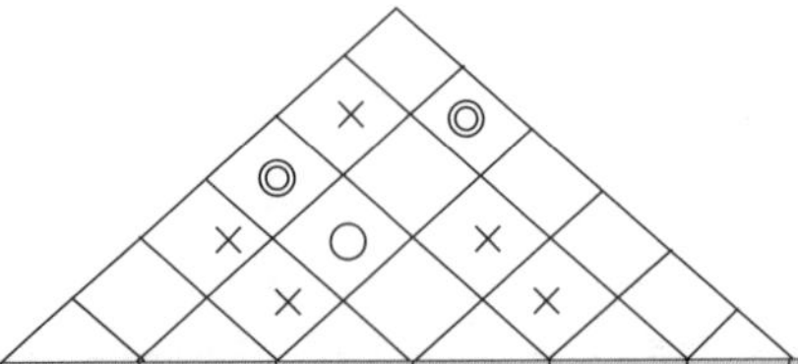

對顧客的重要性 顧客需求	工程的特性	關門所需的動力	門的緊閉	檢查水平面的力道	關門所需的動力	隔音窗的功能	防水	競爭者評價 X=我們 A=競爭者A B=競爭者B 1　2　3　4　5
容易關	7	◎	○					X　AB
在斜坡時可打開	5			◎				A B
容易開	3		○		◎			X　AB
下雨不漏水	3		◎				◎	A　XB
無噪音（隔音佳）	2		○			○		X　A　　　B
重要加權		10	6	6	9	2	3	關係
目標值		降低動力水準到7.5英呎/磅	保持目前的水準	降低力量到9磅	降低動力水準到7.5英呎/磅	保持現在的水準	保持現在的水準	◎強=9 ○中=3 △弱=1
技術評價 （5是最佳的）	5		BA				BA	
	4	B	X	B	B	BX	X	
						A		
	3	A		A	X			
	2		X	A				
	1	X						

圖4-32　車門之完整的品質屋矩陣

✖ 快速原型

　　快速原型（Rapid Prototypeing, RP）在近年來隨著設計電腦化之發展趨勢，在RP方面的使用亦更加普遍，它能提供相當精確的模型樣品，且與電腦輔助設計等應用結合（圖4-33）更能節省整體產品開發時效。

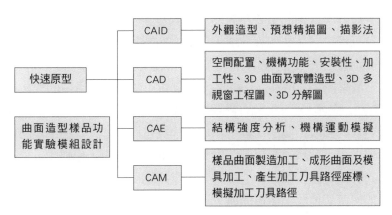

圖4-33 RP立體造型在產品開發之運用

✕ 綠色設計

　　眼見人類恣意開發資源，環境及生態的危機處處可見，從地球的溫室效應、區域的熱帶雨林消失，到台灣的水土問題，逐漸養成的拋棄式文化，終於在地球村中造就了資源減量與垃圾增加的困境。要解決這種坐吃山空、困獸猶鬥的環境窘境，就要跳脫出人類中心主義與經濟文化的框架，建構一種新的生態文化。如此講求資源保護、節省能源與回收再生的綠色消費，才能兼顧人文永續發展與自然互利共生的環境生態圈。

　　自80年代末，90年代初以來，公眾對於環境弊病，如大氣層稀薄、石油外洩、垃圾掩埋場超載等的恐慌與憂心，到現在已經覺醒，在日常生活中，已經看到愈來愈多環保活動。前所未有的大量消費者，進行回收工作，尋找環保標籤，並將許多關心環境的行為，融入自己的日常生活中，導致傳統行銷的退位而打造符合產銷的綠色設計（green design），是人類對環境責任經濟的一種綠色的行銷。

　　企業為此也更加重視「綠色」，它們和消費者一樣進行回收，並尋找方式減低廢料，節省能源而開發一系列綠色產品，更兼行銷人員瞭解綠色行銷的意義，加上美國聯邦貿易委員會頒布的綱要為後盾，行銷人員如今在不誤導或迷惑消費者的情況下，將環境保護措施告知消費者，不僅要求品質、便利及價廉的要素，亦能符合環境適應性的各類產品和服務項目。誠然，環境效益已是產品設計中一個重要因素。

　　綠色的設計與行銷的重要在於節省能源及回收作業。回收是一種必要且理想的消費行為，它並非如許多成人與兒童所認為的，可以完全解決垃圾場廢棄物的問題。許多消費者的行為並不像環保原則所提倡的「減少（reduce）、重複使用（reuse）、回收（recycle）」，他們心目中的先後順序是「回收、回收、掩埋」，回收是消費者最熟悉的環保活動，也有不少消費者，參與各式各樣的回收相關的活動。例如，購買可回收、或是由回收材料製成的物品，但很少人認為，避免製造廢棄物是最重要的事，也很少人會採用可重複使用的容器，或少購買一些會帶來廢棄物的商品。因此，要教育大眾與他們溝通如何適切地解決環境問題，為他們建立正確觀念，是非常緊迫的挑戰性的事件，身為產品設計工作者不得不重視回收正確的作法，亦是引導企業所應去面對的事實。（Aottman, 1999）

　　另一方面，消費者及製造商品的企業，不斷地消耗資源（石油、煤炭、木材、水……等）及製造廢物（廢氣、廢水、垃圾及廢棄物）而生產出產品與服務，亦因而危害地球。因而，從事產品設計的工作者，應以樂觀、正面積極的態度去面對，加入節省能源的計畫，從產品開始，經由製造而到服務的一系列過程中，去考慮如何使產品的使用及製造中減少消耗資源及降低製造廢物，是一項重大的神聖工作，設法改變及生產的產品與服務表現出具體而明確，而且可以清晰簡單地向消費者傳達說明環保的特質，有益於企業與社會。

✂服務設計

　　服務設計（service design）詳述於後。

✂設計管理

　　設計工作，由產品與技術創意開始，至產品順利在生產線進行生產作業為止，都需要由專業技術人員（設計工程師、開發工程師、測試工程師、製造工程師及行銷專家），展開各項技術創新活動、設計開發產品，並提供生產製造及行銷方面的專業技術支援。由於技術複雜程度，隨著產品功能的漸趨複雜而愈來愈高；產品設計開發所容許的時程，又受限於市場競爭，而愈

來愈短；生產作業，因為產能規模愈來愈高、產品品質水準要求愈來愈嚴苛；產品銷售及其市場推廣，隨著消費者行為的趨向轉變，而愈來愈複雜。因而，所需事先規劃作業愈來愈重要。在此種狀況下，企業的設計管理工作，成為維持產品順利上線生產、上市銷售的關鍵工作，值得重視。

✗善用外部資源

過去多年，在不景氣的衝擊下，一些企業開始檢討研發支出的合理性。當產品技術日趨複雜，幾乎沒有一家大型公司足以承擔所有技術的研發工作。因此，企業其研發費用占營業額的5%以上時不得不轉向有效運用外部研發資源的作法，採用與大學、研究機構合作的方式，來取得基礎研究知識成果。亦可靈活使用委託研究，合作研究、共同開發、研發策略聯盟、技術取得、併購、技術移轉、技術授權及內部創業等手段，精簡本身的研發資源的投入，並擴大研發成果的收益，並以提昇研發產品效率與投資報酬為最終目標。

服務設計

✗前言

大多數的生產系統所生產的並非純粹的實體產品或服務。因此，消費者於每次購買時，實際上獲得的是有形實體產品（physical product）與無形服務要素（service element）的適當組合。後者是指在需要顧客參與創造服務的過程之內。

傳統上，製造或供應商只將現場服務（售後服務）視為組織中部門的功能之一，而並未以整體的眼光去設計它；事實上，在某些情況下，現場服務不但可促進實體產品的銷售，其本身亦可能是強而有力競爭武器，甚至是利潤的重要來源，故值得予以重視。

服務性產品具有無形性、顧客化及不可儲存性的特性，也就是其品質是

看不見的，經由美國的「市場科學研究所」（Marketing Science Institue）認為事前期待（當顧客欲享用某種服務之前，一定預先有所期待，認為至少可以受到某種程度的服務）和實際評估（顧客對享受服務後的評估）兩者的關係，可決定「服務品質」。總之，服務品質可以說，就是「期待」與「現實」的差異。（龜山芳雄，1994）

當顧客需要某種服務的時候，不自覺地會想到「起碼該有這種程度服務吧？」這種暗自的期待（事前期待）就是決定服務品質的基點。因此，可將超越顧客之前期待的服務活動，稱之為「獨特的服務」，但此種獨特的設計，不一定需要昂貴的費用，只要能抓住顧客事前期待的心理，決定好標準的程序和方法，予以明文化，並實行訓練，使公司每一個人都能做到同樣的獨特服務即可。

為此，企業必須做好服務設計的工作，也就是製造業產品開發程序圖的概念設計及產品發展的階段，以期將構想實現或將實體從事新組合的過程中，能符合顧客的需求。但服務業的無形性導致在設計方法、專利權保護、成本定價等項皆與製造業有所不同（表4-28）（顧志遠，1998）

表4-28　服務產品設計差異比較

製造業	服務業
1.產品可經由標準化及簡單程序大量製造。	1.服務較不易標準化及大量提供。
2.產品的設計是有形的。	2.服務的設計是無形的。
3.可具體開出產品規格書。	3.不易開立服務規格書。
4.已可用CAD/CAM於產品設計與製造。	4.可引用CAD於部分服務的設計（髮型設計）。
5.產品可依市場需求設計製造後再賣出。	5.顧客參與服務的設計過程及銷售。
6.可利用專利權保護。	6.不易用專利權保護。
7.產品的品質設計在製程及成品品管過程中。	7.服務的品質只能設計在服務過程中。
8.產品設計注重工程因素的考慮。	8.服務設計注重人性因素的考慮。
9.易估計產品成本。	9.不易估計服務成本。
10.有專利保護，生命週期較可確保。	10.無專利保護，易被抄襲，致生命週期短。
11.產品可以攜帶、儲存及保有。	11.服務不能攜帶儲存，但可持久感受。
12.新產品可做各種機械測試。	12.新服務常以問卷調查方式測試。

⚒ 服務價值

✦ 服務價值鏈

服務價值鏈（service value chain）的產生方式可分為：（顧志遠，1998）

1. **顧客需求與期望**：顧客對服務需求內容、水準、品質之期望，決定了業者能從這項服務中獲得價值。
2. **服務成分**：服務需要較多服務人員溝通、諮詢及協助，且每位顧客所需服務均是具獨特性，則其服務成分高。
3. **作業成分**：服務中所包含的電腦化與自動化服務作業、服務顧客的人工作業、內部作業均稱為作業成分，而其多寡亦構成服務價值。
4. **物品成分**：服務過程中需物品之輔助，或其服務是因販賣某項產品而產生，故具有有形物品成分。高品質提供了說明無形服務品質的有形證據，故能得到顧客的信賴。

✦ 服務生命週期

服務業所提供的服務和製造業的產品一樣，都有生命週期現象，但有不同方式的顯現。（表4-29）而服務生命週期（service life cycle）分析是很有

表4-29　服務生命週期表

項目	伴隨產品所產生的服務需求	純粹服務業的服務
導入期	顧客所關心：產品型式、適用性、功能等機械性質，顧客要求誰能提供最好的產品功能為採購考量。	服務在推廣行銷階段，且顧客尚在熟悉此服務，應著重該項服務功能推介與發展。
成長期	供應商增加，產品功能與價格有差異性。顧客要求以最少成本購買合適及有效率產品，並將周邊服務列入考慮。	服務無專利權保護及所需資本低，因此各業者進入初期呈良性競爭，但後續則呈差異化競爭，顧客選擇性多。
成熟期	市場充分開放，功能與價格幾乎一致，服務成本考慮的重點。	業者都能提供相同的服務，獲利不如從前。顧客又喜歡嘗試新服務，原先服務就很快喪失市場。
衰退期	已售出產品仍在折舊年限內，需維修、訓練、保養等服務。此時服務會維持成長再隨之衰退。	快速退出市場。

用的管理工具，它提供公司現況的指標，也同時提供了未來趨勢的預測。

✖ 服務設計的策略

提供差異化服務（表4-30）是設計服務內容的最重要的策略之一，其目的在區隔市場及建立形象，其重點為：（Shaw, 1990）

1.服務的內容範圍：提供更寬廣、便利的服務內容。
2.價格：可提供更高或更低價格的服務。
3.可獲性：比競爭者更多店更容易獲得的服務。
4.品質：提高服務水準而與其他有所不同。
5.獨特性：提供其他業者無法達到的特別服務。

✖ 設計的層次

1.服務理念、內容或方法（產品開發程序——**概念設計**）：創新過程、突發其想、大膽幻想的創新結果。
2.服務程序、步驟與作業（產品開發程序——**產品發展**）：在之前項目完成後，依照其所創新的服務構想設計具體的服務作業。

表4-30　顧客對服務需要程度比較表

顧客類別	說明	對服務的需求程度	服務的價格彈性
標準服務導向 （standard service）	只需要基本及標準的服務，非常關心價格。	對服務品質、服務反應時間及服務時間，要求甚低。	價格彈性大，寧願少付錢。不在乎售後服務，一切自己DIY。較無顧客忠誠度。
品質服務導向顧客 （quality service）	要求合理的服務品質及願付合理的價格。	對服務品質、服務反應時間及服務時間要求高。	價格彈性普遍，願合理價格得到合理品質。
保證服務導向顧客 （preimun service）	願意付額外的高價格購置服務，但要求未來的品質保證。	對服務品質的要求極高、對服務反應時間及服務時間要求甚高。	價格彈性小，寧願付高價格以確保服務品質與往後的售後服務。為高忠誠度的顧客。

✖ 設計的步驟（Ramaswamy, 1996）

✦ 定義服務設計的屬性（顧客的需求與期望）

1. 界定此項服務的主要顧客。
2. 分析顧客對此項服務的需求與期望。
3. 對顧客的需求與期望依重要性排列。
4. 找出滿足顧客需求與期望的服務屬性。
5. 建立這些服務屬性的度量方式。
6. 建立顧客需求與期望和服務屬性的關係。
7. 決定最重要的服務屬性。

✦ 訂定設計服務的水準（設計服務的特性）

1. 界定顧客對每項服務設計屬性期望的達成水準。
2. 分析競爭者提供類似或相同服務的設計。
3. 決定顧客滿意度與希望達成水準間的關係。
4. 針對每個服務屬性建立顧客滿意度標準。

✦ 產生並評估各設計理念（評選最適合設計理念）

1. 定義此項服務應具有的主要功能。
2. 將這些功能依先後關係整合服務雛型。
3. 用服務藍圖（service blueprint）表達服務設計理念。
4. 尋找其他的設計理念。
5. 評估並選擇其中一個最佳的做細部設計。

✦ 進行服務細部設計

1. 將服務理念分解為數個服務程序之組合。
2. 針對每個服務程序找出各種設計方案。
3. 分析每個設計方案能達成的服務水準。
4. 評選每個服務程序最適合之設計方案。
5. 整合每個服務程序的設計。

✖ 設計的重點

一般服務品質的指標為：

1. 必須消除第一線個別服務的不平等，並使水準穩定下來（品質水準穩定）。

2. 必須不斷提高品質，保持超越競爭者的水準（提高品質水準）。

3. 如何因應服務不良情況（不良品的對策）。

由於服務不能儲存，不同於製造產品，因此，在設計發展須重視下列之重點：（Chase & Aquilano, 1997）

1. 服務業的產能變成一個重要設計參數「目標產能」是多少？

2. 服務業之製程和產品必須同時發展。

3. 支援一項服務的設備及軟體被專利及版權保護，但服務的作業則缺乏如產品的法律保護。

4. 服務組合是由程序的主要產出所組成，而非一件可定義的商品。

5. 服務組合中的服務項目常由受過訓練的人來定義，而非所受訓練均是在他們成為服務性組織成員之前，特別是專業性服務組織。

6. 很多服務性組織，可迅速將服務的內容改變。

✖ 設計的技術與方法

1. 使用自動化技術：運用CAD技術來幫助以設計為主要工作項目的服務業，可增其速度及多樣等（髮型、建築及室內設計等）。

2. 運用管理工具PERT/CPM進行設計或開發工作項目及進度管制，必要時可用電腦軟體。

3. 用成本效益分析及多目標評估技術，評估其經濟性，但須先予以量化。

4. 善用人因工程於有形設計（適合人體能的病床、座椅）及無形設計（以心理及感官角度的工作環境氣氛）。

5. 使用腦力激盪法或小集團集會方式擷取奇特構想。

6. 可用模糊理論將服務的特徵由無形化轉為有形化。

7. 服務藍圖應用於服務程序加以設計與分析。其方法為：（圖4-34）

階段 1 規劃活動

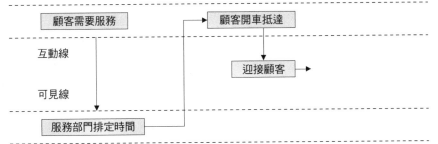

支援區　（1）失誤：顧客忘記需要服務　　　　（3）失誤：顧客找不到服務區或沒有遵照適當流程
　　　　　　　防呆作業：寄送有折扣折價券　　　　防呆作業：清楚且有指示性標示指引顧客

顧客區　　　　顧客需要服務　　　　　　顧客開車抵達

前屋區　　互動線

　　　　　　　　　　　　　　　　　　迎接顧客

　　　　　可見線

後屋區　　　服務部門排定時間

支援區　　內部互動線

　　　　（2）失誤：沒有注意顧客抵達　　　　　（4）失誤：未依顧客抵達先後順序予以服務
　　　　　　　防呆作業：使用電鈴或影像　　　　　　防呆作業：當顧客抵達時放置號碼牌在車上
　　　　　　　　　　　　反映指示抵達　　　　（5）失誤：車輛資訊錯誤，且取得資訊耗時甚多
　　　　　　　　　　　　　　　　　　　　　　　　防呆作業：保持顧客的資料，建立車歷卡並將
　　　　　　　　　　　　　　　　　　　　　　　　　　　　　資訊列印存檔

階段 2 問題診斷

（6）失誤：顧客難以溝通問題　　　　　　　（8）失誤：顧客不瞭解必要的服務
　　　防呆作業：成立聯合檢查及服務顧問，　　　　防呆作業：對於大部分的服務細部作業、理由等
　　　　　　　　　重複對問題瞭解直到顧客認　　　　　　　　　　預先印製資料，儘可能使用圖表表示
　　　　　　　　　可為止

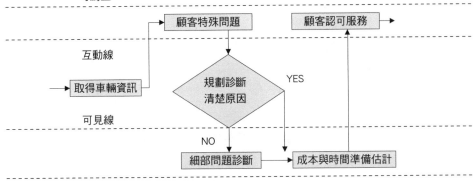

內部互動線
（7）失誤：不正確的問題診斷　　　　　　　（9）失誤：不正確的估價
　　　防呆作業：採用專家系統及診斷設備等　　　　防呆作業：藉一般修理方式建立條例式的成本計
　　　　　　　　　高科技檢核表　　　　　　　　　　　　　　　算式

圖4-34 汽車維修防呆作業圖

階段 3　執行作業

（10）失誤：找不到顧客
　　　防呆作業：發公司電話號碼給
　　　　　　　　需要暫時離開的顧
　　　　　　　　客

階段 4　付款及取車

（13）失誤：帳單看不清楚
　　　防呆作業：帳單第一聯給顧客

（14）失誤：沒有獲得回饋
　　　防呆作業：將顧客滿意調查表與鑰匙一併交給顧客

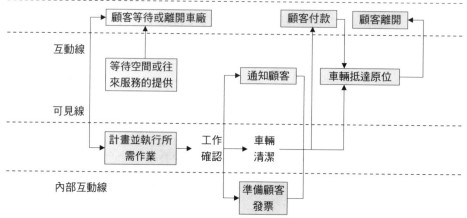

（11）失誤：往來服務不便
　　　防呆作業：提供往來服務
　　　　　　　　的小巴士之座
　　　　　　　　位應與約定時
　　　　　　　　間一併處理，
　　　　　　　　座位不足時，
　　　　　　　　需另行安排

（12）失誤：庫存無零件
　　　防呆作業：設置庫存警示
　　　　　　　　單，可在零件
　　　　　　　　數量降低至某
　　　　　　　　一水準時即顯
　　　　　　　　示何時採購日
　　　　　　　　程

（15）失誤：車輛清潔不徹底
　　　防呆作業：若有必要則
　　　　　　　　再予以檢查
　　　　　　　　、潤色及清
　　　　　　　　除地毯等

（16）失誤：車輛等待太久開
　　　　　　　回去

　　　防呆作業：於顧客車輛
　　　　　　　　完成後輸入
　　　　　　　　顧客姓名，
　　　　　　　　以電話或其
　　　　　　　　他方式聯絡

（續）圖4-34　汽車維修防呆作業圖

（Chase., Aquilano & Jacobs, 2001）

（1）確定作業程序（先繪出服務作業流程圖）。

（2）找出失敗點（失敗點分析可使服務失敗的可能降到最低）。

（3）建立時間架構（服務都需要時間，是成本決定的因素，須對服務每一步驟建立標準化作業）。

（4）獲利能力分析（某種錯誤發生會影響獲利，須建立不同服務時間的獲利分析，以確保公司權益）。

生產規劃（一）

- ⚒ 預測
- ⚒ 產能規劃
- ⚒ 整體生產規劃
- ⚒ 日程計畫

預測

✖ 預測的意義

　　預測（forecasting）對每一個人企業組織及每一項重大管理決策都同等重要。預測是提供所能得到最佳的資訊，給管理者對未來事件或狀況有一種估計，減少不確定的風險，以作為長期規劃與決策的基礎。就企業而言，因決策或計畫的不同，而存在著不同種類的預測，諸如財務、人力需求、銷售及生產等預測。

　　預測通常不可能是完美的。例如，1999年集集921大地震，基本上地震是可預測的，我國中央研究院地質專家，根據三十年的研究（不計其數的金額補助設備、人力），測定在嘉南及花蓮地區可能發生（因小地震頻率多，且多年未再作用）提出警告，結果相差太遠，造成重大災害。由於企業是動態經營，則太多的因素無法穩定地預測。因此，相較於尋找完美的預測，不如建立持續的監控預測資料，並學習如何運用不正確的預測更為重要。

✖ 預測在生產方面的應用

　　一般而言，在做生產規劃之前，需有銷售預測的資料來決定市場對各產品的需求有多少，然後生產規劃將市場需求轉換成生產要素（人力、材料、資金、設備等）之需求，繼之再按生產計畫採購及生產，並控制品質、數量、交期、成本等，其關係為（圖5-1及表5-1）：（賴士葆，1995；Schroedes, 1985）

表5-1　銷售預測和生產決策之關係

運用銷售預測結果的生產決策	時間幅度	所需之正確性	產品數目	運用者
製程設計	長	中度	單一或少數	高階
產能、設備規劃	長	中度	單一或少數	高階
整體規劃（中期）	中	高度	少數	中階
排程	短	最高	許多	基層
存貨管理	短	最高	許多	基層

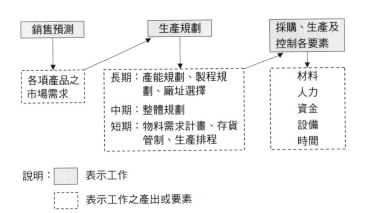

說明：□ 表示工作

　　　┌┈┐ 表示工作之產出或要素

圖5-1　銷售預測和生產規劃之關係

雖然銷售預測一般皆由行銷部門負責，但基於銷售預測和生產決策關係密切，生產部門人員仍應瞭解預測的技術、假設和限制，方能正確運用在生產方面：

1.長期產能及設備預測

其目的在決定何時需要擴充產能及大小。此種預測可為中度正確性（精度±15%），一般是預測工廠所有產品總需求之最高額，不必為個別產品細分。其預測之時間須包括：規劃、建造時間以及設備使用年限，往往長達5年、10年。此外，在決定時間時，有時需考慮經濟循環、產品生命週期及科技改變等因素。

2. 中期生產規劃

此種預測是估計類似產品在某一時間內的需求水準，以便規劃出生產時序以作為整體之規劃，並決定出在既有之產能下如何處置需求的變動。此預測用以決定員工人數、產出、存貨、外包、欠撥（backorder，延遲交貨）等水準。其預測時間包含數個製造週期或最少一個需求週期（年度或月份、精度±5%～±2%）。

3.短期營運準備

此種預測為每日營運的主要根據，包括：訂單數量、機器負荷、工作負荷、工作指派、工作順序、生產批量等項。此預測需個別產品項目銷售單位，並須經常修正，其預測時間須長於生產前置時間及最少一個製造時期。

✖ 預測的分類

預測方法，大致可分為兩類（**圖5-2**）：
1. 定性（主觀）法：以主觀判斷與意見為基礎的預測方法。
2. 定量（客觀）法：以歷史數據的延伸或因素關係作為模型。
以上各種預測方法，皆有優缺點以及適用時機及用途（**表5-2及表5-3**），因此，使用者應在預測前先行評估哪一種預測方法最為適當，以提高預測的品質。

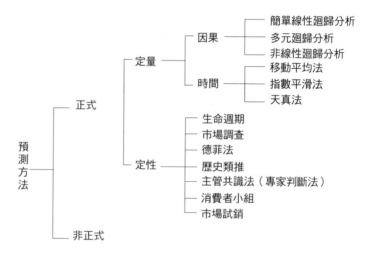

圖5-2　預測方法分類

表5-2　預測方法適用範圍

適用範圍	短期（0～3月）	中期（3月～2年）	長期（2年以上）
需求預測	個別產品 銷售量	總銷售量 （同類產品）	總銷售量
決策	存貨管理 裝配排程 勞工需求量 生產日程	員工需求量 生產計畫 生產日程 採購 配銷	廠址 產能 製程
預測方法	時間模型 因果模型 定性方法	因果模型 定性方法	因果模型 定性方法

表5-3　預測方法比較表

預測方法		用途	正確性			相對成本	對轉捩點預測
			短期	中期	長期		
定性	德菲法	長期銷售、科技預測，以瞭解科技改變的時機	可～優	可～優	可～優	中～高	可～良
	市場調查法	預測公司總銷售額或個別產品銷售額	優	良	可	高	可～良
	生命週期法	為設備及產能計畫所做長期預測	劣	可～良	可～良	中等	劣～可
	主管共識法	預測綜合或個別產品銷售	劣～可	劣～可	劣～可	低	劣～可
定量	迴歸法	短期或中期整體規劃	良～優	良～優	劣	中等	優
	多元迴歸法	為短或中期規劃所做產品銷售預測	優～極優	優	良	高	極優
	移動平均法	產量、存貨水準、中、短期規劃	劣～良	劣	極劣	低	劣
	指數平滑法	類似移動平均法	良～優	劣～優	極劣	低	劣
	天真法	預測銷售短期（在需求變化較穩定下）	可	劣	劣	低	劣

✖ 預測方法的特徵

預測方法雖然眾多，但都具有一些共同的特徵：（李友錚，2003）

1.過去存在的因果關係，未來將繼續存在

預測通常以過去的經驗為基礎。在確認了過去的因果關係後，假設未來某項變因若出現，則依過去的經驗，某種結果亦會隨之產生。（國民所得愈高，則購買汽車數量會增加）但環境變遷過快，因此完全相信此假設則易導致失敗（交通建設的道路及停車場不足，反而購買下降）。

2.預測很少完全無缺的

不可能完全找出會有影響預測結果的變數，並瞭解其對預測結果的真實影響程度與方法，而現實狀況往往又受到許多不可預知的因素影響。

3.群體的預測比單項預測容易

雖然預測誤差的存在是必然的，但群體預測由於是個別預測的統合，因此其誤差通常會因個別誤差間的相互沖銷而較小，故群體預測較容易。

4.預測的精確度會隨時間延長而降低

一般而言，短期預測的不確定性較長期預測低，因此，時間幅度較短的
預測值較為精確；相較之下，時間幅度愈長則預測愈難。

預測考慮的因素

預測考慮的因素分列如下：

1. **預測必須時間性**：產能不可能一夜完成，存貨不能馬上變更，範圍必
   須涵蓋所需的時間。
2. **預測必須精確**：預測精確度必須釐訂，其誤差應在可接受的範圍內，
   使預測使用者以可能誤差做計畫。
3. **預測必須可靠且有效**：有時很準確，有時預測不好，而不是穩定重複
   使用的方法，則需拋棄另尋新方法。
4. **預測必須有計量單位**：優良的預測須具備有意義的計量單位（財務預
   測需知道多少資金，生產計畫預測則要有需求量）。
5. **預測須有書面報告**：書面報告來證實該預測有所依據，並能在日後估
   計的基礎來加以檢討改善。
6. **預測方法須簡單、明瞭及容易使用**：過於複雜而深奧的方法，使用者
   則束之高閣不用。

預測須考慮事項

1. 一般預測
   （1）所預測的產品項目（單一或一群產品）。
   （2）運用何種預測方法。
   （3）何種途徑達成（由上而下或由下而上）。
   （4）衡量單位（重量、貨幣……等）。
   （5）時間間隔（週、月或季）。
   （6）預測時間幅度（包括幾個時間間隔）。
   （7）預測之正確度。
   （8）預測模式中參數的修正。
   （9）例外報告及特別狀況。

（10）預測元素（趨勢、季節、循環、隨機變動）。

2.對生產規劃的銷售預測

（1）預測需以實體單位（physical unit）來表示（汽車台數、醫院病人數、辦公室平均每人使用坪數等）。

（2）應針對產品線（product line）中的每一個別產品（individual product item）來預測（不同產品的未來需求預測轉換成生產要素之需求，個別轎車2000c.c.、2,000台，而1600c.c.、3,000台）。

（3）能顯示出需求變動（fluctuating demand）的情況（客運公司，在不同時段顧客人數）。

（4）預測需考慮各種行動所需的前置時間（lead time），短期的銷售量預測可決定未來的需求，生產相關的材料、人工等前置時間約1至3個月，而購買設備則更長。

預測的步驟

預測的步驟分列如下：

1.決定預測的目的及預測的時機：以決定預測所需的精確度及投入資源的水準，來選擇預測適當方法。

2.確定預測所需涵蓋的時間幅度：事先決定預測的時間幅度，才能規劃預測進度並明瞭預測結果的適用範圍。

3.選擇適當的預測方式。

4.蒐集、分析資料，並準備預測。

5.預測的評估與控制。

評估預測結果的品質，若結果不滿意，則逐步檢討所運用的技術、所採用的假設、資料的正確性等，以找出問題而加以修正並重新預測（**圖5-3**）。

定性預測法

德菲法

德菲法（Delphi method）是一種針對特定領域的專家，以一系列匿名問

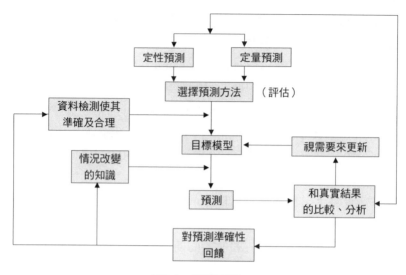

圖5-3　預測系統

卷，反覆進行郵寄問卷的調查方法。此法在1948年由美國RAND公司創立，當時是用於預測美國若遭受到原子彈攻擊，會產生何種的後果與影響，之後則被廣泛使用於各種預測與決策的層面。

德菲法的進行步驟為：

1.確定預測目標

由一小群專家組成委員會，確定欲預測的目標，並設計問卷。

2.選擇專家

由委員會挑選適當的專家群。專家應具備與預測相關之專長，且必須在各種不同專家領域具有威望，能從各種不同角度提供意見，以增加準確性。

3.寄發問卷

將設計的問卷分別寄發給專家，並請在預定時間內填妥問卷後寄回。採用匿名通訊方式徵詢看法，主要為避免少數意見領袖有意或無意主導全局的情形產生。

4.彙總意見

將每一次問卷結果，加以轉譯、整編，並複製多份，使專家成員接收到一份結果副本。待成員看過第一次結果後，再對問卷作答。重複上述的方法，設計多次問卷，直到取得成員間共識為止。

一般而言，此法具有下列優缺點：

1.優點

（1）集思廣義，能綜合各方專家意見。

（2）能避免盲從效應產生，可避免居於優勢一方掌握全局。

（3）能保有各專家的隱密性，藉此可使其提出寶貴意見。

（4）適用於科技預測、新產品發展及市場調查等領域。

2.缺點

（1）問卷設計不當，易使專家產生誤解，而影響預測正確性。

（2）所挑選的專家，可能並非真正的專家。

（3）採匿名方式進行，因此專家可能會規避填問卷應負的責任及義務。

（4）參與調查的專家，易因調查時間過長而變更。

（5）調查的結論是妥協的結果。

（6）缺乏正式討論，無法激發出不同的看法。

✦ 市場調查法

對市場進行具實驗性的調查，目標在於市場本身的性質（市場狀況、消費者行為、行銷通路等）。市場調查法（market research）大多採用郵寄問卷、電話訪問或人員專訪，並將所得的資訊加以彙總整理，以進行預測。此法皆運用於新產品上市前的預測，調查對象多為潛在可能的消費者。但是此法需要較高的人力成本、郵寄費用及面對低問卷回收率的窘境。

✦ 生命週期法

生命週期法（life cycle method）亦是常用的定性方法，由有經驗的管理者在經歷數項產品的生產及銷售之後，常憑藉其經驗而預測其他類似產品在市場的表現。此法預測結果若能搭配其他相關資訊，常可協助管理者做出極正確的決策，非常有用。

✦ 主管共識法

主管共識法（executive committee consensus）較為簡易、原始，此種方法是由組織的高階主管（行銷、產品、研發、製造、財務等單位）聚集在一起，廣泛徵詢及交換彼此的相關意見，進而進行預測。

使用主管共識法，具有下列優缺點：

1.優點

（1）集思廣義：各主管來自不同部門，可得不同意見，綜合分析、研究、判斷可得合乎實際預測結果。

（2）預測成本低：高階主管爲公司的員工，不須支付額外費用，節省經費。

2.缺點

（1）過度依賴主管：主管花時間於預測，則較少專注於原有工作，易影響工作效能。

（2）主觀意識過於強烈：預測結果隨主管不同而異，穩定性差。

✖ 定量預測法──時間數列分析

時間數列（time series）是指以固定時間間隔（年、季、月、週、日、小時）蒐集其現象的數據資料，並按照時間的先後順序將所得資料繪製成圖（圖5-4），從中觀察不同時段的變化，進而利用統計方法預測出該數據未來的發展。

分析一時間數列，會發現觀察值會受到因素影響：

1.趨勢變動（trend variation）：觀測值漸進且長期的變動（人口數、國民所得）。

2.季節變動（seasonality variation）：在一年以內觀測值週期性的變動（稻米一年兩次收成，屆時稻米價格下降）

3.循環變動（cycle variation）：一年以上的時間，觀測值呈現波浪狀的循環變化（選舉則印刷廠營業額上升）。

4.不規則變動（irregular variation）：觀測值在異常狀況下（如天災、人

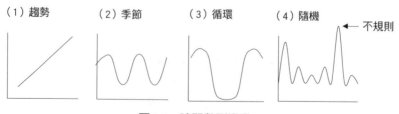

（1）趨勢　　（2）季節　　（3）循環　　（4）隨機　　← 不規則

圖5-4　時間數列變動

禍），所產生的變動（SARS、911攻擊、921大地震所影響的經濟景氣）。

5. **隨機變動**（random variation）：除上述變動因素外，觀測值所受到其他變動因素的影響。

✦ 天眞法

是時間數列分析中最簡單的預測技巧。天眞法（naive method）最簡單的作法爲以前一期的觀測值作爲當期的預測值。一般應用方式爲：

1. **正常銷售預測**：3月機車銷售50台，則預測4月機車銷售量亦爲50台。
2. **季節銷售預測**：去年9月機車銷售100台（大學生開學需求），則今年亦爲100台。
3. **趨勢銷售預測**：3月機車銷售50台，較2月銷售增加5台，則4月銷售預測爲55台。

✦ 移動平均法

時間數列分析中最常應用於短程預測。此時因短程預測時間短，趨勢、循環與季節影響因素皆不存在，或其效果微小，是故，移動平均法（moving average method）所處理者爲隨機變動因素。

此法計算過去最近數期的平均，並以之預測未來1期。如單位爲月，4期之移動平均即計算過去4月之平均銷售值，並以之預測即將來臨這個月之銷售。一般來說，期數較多計算出之移動平均，其預測線會較平滑。反之，期數較少計算出之移動平均，其預測線較能反應最近銷售之變化。

其計算公式爲：

$$MA_n = \frac{\sum_{i=1}^{n} Ai}{n}$$

說明：MA_n：爲移動平均預測值。

n：爲移動平均所採用期數。

Ai：爲第i期的觀測值。

【例題】：已知某機車公司台中營業A店銷售量，以4期移動平均值，預測7月份銷售台數爲多少？

月份	銷售量
3	40台
4	60台
5	55台
6	45台

【解答】：計算如下：

$$MA_5 ＝（45台＋55台＋60台＋40台）/ 4 ＝ 50台$$

一般在實務作業，離預測值期愈近的觀測值對預測的影響愈大。因此，給予各期不同的權數是有必要的。譬如5期的移動平均，可以過去期數的比重依次往前為0.4、0.3、0.2與0.1，但此法中權數總和一定為1。這種作法稱之加權移動平均法（weighted moving average method）。

✦ 指數平滑法

移動平均法雖然較易理解及計算，但當期數愈大時，需要的歷史也愈大。指數平滑法（exponential smoothing method）可改善此一缺點。嚴格來說，也可算是一種加權移動平均法，但無論期數再大所需資料則永遠只有2個，計算也更加簡易，故最受使用者歡迎。

其公式為：

$$F_t ＝ F_{t-1} + \alpha （A_{t-1} － F_{t-1}）$$
$$＝ \alpha A_{t-1} +（1 － \alpha）F_{t-1}$$

說明：F_t：第t期之預測值。

F_{t-1}：第t－1期之預測值。

A_{t-1}：第t－1期之觀測值。

α：平滑常數$0 \leqq \alpha \leqq 1$。

【例題】：已知某電腦公司使用指數平滑法預測每年筆記型電腦之銷售量，已採用之平滑係數為0.2，假設前一年的預測值525,000台，而實際銷售量為527,000台，則預測今年銷售量為多少？

$F_{t-1} ＝ 525,000$台

$A_{t-1} ＝ 529,000$台

$\alpha ＝ 0.2$

【解答】：$F_1 ＝ F_{t-1} + \alpha （A_{t-1} － F_{t-1}）$

$$＝ 525,000 + 0.2（529,000 － 525,000）$$
$$＝ 533,000（台）$$

【例題】：已知某機車公司台中營業A店銷售量，平滑係數爲 $\alpha = 0.4$，
　　　　　預測10月份之銷售量？

月份	銷售量
3	40
4	60
5	55
6	45
7	38
8	46
9	70

【解答】：計算如下：

$$n = 2 / 0.4 - 1 = 4$$

故利用前4個月之實際觀測值，求7月份預測值。

$F_7 =$（40+60+55+45）$\div 4 = 50$

$F_8 = F_7 + 0.4 \times$（$A_7 - F_7$）$= 50 + 0.4 \times$（$38 - 50$）$= 45$

$F_9 = 45 + 0.4 \times$（$46 - 45$）$= 45$

$F_{10} = 45 + 0.4 \times$（$70 - 45$）$= 55$

故10月份知預測銷售量爲55台。

一般指數平滑法在運用時，需個別注意下列事項：

1.平滑常數愈大，預測值感應愈敏銳，也就是 α 值愈大時，預測值的穩
　定性愈低，但相對於觀測值變化的反應也愈靈敏。反之，則觀測值反
　應也愈遲緩。

2.平滑常數 α 值的選用通常介於0.05至0.5間，且是以嘗試錯誤獲得。

3.最初預測值可用其他方法獲得。指數平滑法每一期預測值都需要事先
　獲得前期預測值，可用移動平均法或天眞法得之。

✕ 定量預測法──因果關係分析

　　迴歸分析法（regression analysis）建之一因變數（dependent variable）
與數個自變數（independent variable）之間的關係，俾在自變數爲已知的情
況下，可預測因變數值。一般應用於短期、中期及長期預測。

✦ 簡單線性迴歸分析

簡單線性迴歸分析（simple linear regression analysis）自變數僅有1個，且與因變數假設呈現線性關係。在時間數列分析下，自變數為時間，其公式為：

y ＝ a + bx　　　　說明：y ＝ 被預測變數（因應數值）。

　　　　　　　　　　　　x ＝ 預測變數（自變數值）。

　　　　　　　　　　　　b ＝ 斜率。

　　　　　　　　　　　　a ＝ 截距。

基本上，當蒐集到一組樣本（sample），含有n個觀察值（x_1,y_1）（x_2,y_2）...（x_n,y_n），則可配置一合適的直線（圖5-5）。

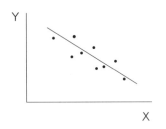

圖5-5　配置一直線於一組樣本

經由最小平方法（least square method），所配置之直線的斜率與截距的公式為：

$$b = \frac{\sum x_i y_i - n\overline{xy}}{\sum x_i^2 - n\overline{x}^2}$$

$$a = \overline{y} - b\overline{x}$$

$$r = \frac{\sum xy - n\overline{xy}}{\sqrt{\sum x^2 - n\overline{x}^2}\sqrt{\sum y^2 - n\overline{y}^2}}$$

說明：$\overline{x} = x_i$ 的平均值

$\overline{y} = y_i$ 的平均值

r：相關係數，介於-1 與 1 之間，r 值為正，則表示因變數與自變數呈現正向關係；反之，則為負向關係。

【例題】：某甲為一家電用品廠商之企劃人員，欲預測廣告費投入70萬時其銷售額。

時間	廣告費（X）（萬元）	銷售金額（Y）（萬元）
1	30	710
2	40	820
3	50	890
4	35	780
5	50	920
6	30	750
7	60	1,050
8	45	870
9	35	840
10	50	940
11	40	850
12	60	980

【解答】

1.將資料繪於圖上，並確認線性模型是否合理。

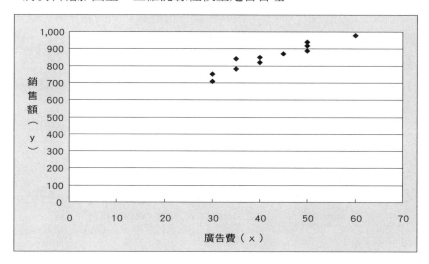

2.由上圖可見xy具有直線關係，故可使用簡單線性迴歸法來計算，可得：

$$b = \frac{n\,(\,\Sigma xy\,) - (\,\Sigma x\,)\,(\,\Sigma y\,)}{n\,\Sigma x^2 - (\,\Sigma x\,)^2}$$

$$= \frac{12 \times 465,750 - 525 \times 10,400}{12 \times 24,175 - 275,625} = \frac{129,000}{14,475} = 8.91$$

$$a = \frac{\Sigma y - b\,(\,\Sigma x\,)}{n} = \frac{10,400 - 8.91 \times 525}{12} = \frac{5,722}{12} = 476.8$$

則線性迴歸方程式：

$$a = 476.8 + 8.91x$$

故投入廣告費70萬，則銷售額爲：

$$y = 476.8 + 8.91 \times 70 = 1100.5（萬元）$$

許多的統計軟體可求出線性迴歸方程式，最簡易與方便的工具是EXCEL。EXCEL提供下列三種公式：

1. FORECAST値。

2. LINEST使用現有資料計算迴歸方程式a與b値。

3. TREND的功能與FORECASR相同，但能強迫 α 値爲零。

✦ 多元迴歸分析

多元迴歸分析（multiple regression analysis）的目的在瞭解及建立一個被預測變數（因應變數）與一組預測變數（自變數）間的關係。也就是用兩個或兩個以上自變數來解釋一個因應變數之迴歸分析，利用此分析，可以解決下列問題：（黃俊英，1991）

1. 能否找出一個線性結合，用以簡潔地說明一組預測變數（X_i）與一個被預測變數（Y）的關係？

2. 如果能的話，此種關係的強度有多大，亦即利用預測變數的線性結合來預測被預測變數的能力如何？

3. 整體關係是否具有統計上的顯著性？

4. 在解釋被預測變數的變異方面，哪些預測變數最爲重要？特別是原始模式中的變數數目能否予以減少而仍具有足夠預測能力？

多元迴歸的公式爲：

$$y = \alpha + \beta_1 X_1 + \beta_2 X_2 + \cdots\cdots + \beta_m X_m + \varepsilon$$

說明：α、β_j 爲迴歸母數（$j = 1、2\cdots\cdots m$）。

X_j：預測變數。

ε：誤差値（residual）。

實務上，因 α 與 β_j 的眞正數值，無法得知，故修正公式爲：

$$\hat{y} = b_0 + b_1 X_1 + b_2 X_2 + \cdots\cdots + b_m X_m$$

在使用多元迴歸分析時，當自變數與因應變數爲非線性關係時，需使用非線性迴歸分析（nonlinear regression analysis）。現今多元迴歸分析大多使用

電腦來求得其模式較為方便。

✖ 預測的衡量（潘俊明，2003）

預測是對未來的預估，並非既成的事實，一定有其誤差。這種誤差有時是因使用錯誤的資訊或數據而產生，有些則是由於預測方式或模型而引起，不論如何，誤差都可能對決策產生影響。一般消除誤差的方法為：

1. 選擇最合適的資訊、數據及預測方法。
2. 瞭解誤差來源及規模，先行調整，以免影響決策。衡量誤差時，至少要瞭解誤差的大小以及預測是高估或低估。通常採用之方法則為：

    （1）預測誤差（forecast error）或偏差（bias）：BIAS為衡量預測的精確程度，是預測值與實際值之差的平均值。其計算公式為：

$$BIAS = \frac{\sum_{i=1}^{n}(A_i - F_i)}{n}$$

A_i＝第 i 期的實際值。
F_i＝第 i 期的預測值。
i＝各期的期數。
n＝總觀察數。

        BIAS可用以觀察整體上誤差，若結果誤差是正值，則預測便低估，而偏差亦為低估的程度。反之，為負值則預測可能高估的程度或規模（size）。但若有時正負相抵之後，反而可能造成誤解，以為誤差極小。為此，則可以觀察MAD或MSE。

    （2）差異絕對值平均及差異平均方差：差異絕對值平均（Mean Absolute Deviation, MAD）是絕對誤差的平均數，而差異平均方差（Mean Squared Error, MSE）是誤差的平均數，計算公式為：

$$MAD = \frac{\sum_{i=1}^{n}|Ai = Fi|}{n}$$

$$MSE = \frac{\sum_{i=1}^{n}(A_1 - F_i)^2}{n-1}$$

其中：Ai ＝ 第i期的實際值。

Fi ＝ 第i期的預測值。

n ＝ 期數。

使用MAD或MSE的目的是比較各種預測方法的精確。MAD與MSE較小，代表預測方法精確性較高，反之則精確差。各項預測方法，可以計算出其精確性後再決定該採何種預測方法。倘若MAD與MSE所呈現的結果不同，可以優先選用MSE較小的預測方法。

✕ 預測在服務作業上的應用

✦ 方法

一般而言，由於顧客對服務需求具較大之不確定性及服務具無形的本質等因素，故服務業需要更多的資源規劃工作與預估未來需求，以避免不確定性可能帶來的資源浪費。通常服務需求的預估，可從下列方向著手：（顧志遠，1998）

1.統計預測

採用過去可用需求量資料或抽測資料，預測未來需求。一般服務的顧客需求具差異性，因此，除了預估需求量外，還需預測需求的內容。顧客對服務需求變化，會反應在個人需求模式上，而各顧客需求模式的加總，則成為該服務之總合需求模式。其預測方法可為：

（1）時間數列法：這種方法基本假設是未來的需求仍依照過去的行為模式，因此若無新的或突發的變數，則此法會有較高的準確性。

（2）因果關係法：先找出影響需求的變數及因子，並建立這些因子與需求量間的數學關係式。這種方法能幫助業者瞭解各影響因子的效力，因此若能找到足以解釋影響需求量的因子，則可充分發揮該類方法的特長。

（3）抽測法：用抽樣調查方法瞭解顧客未來的需求，能進一步瞭解顧客屬性與需求間的關係，如顧客年齡與需求間關係。若抽樣樣本足以代表母體，則高準確性。

（4）專家判斷法：建立一彙整專家意見之機制，能有效的在幾回合專家意見交流後，達到對未來需求預估的共識，在動態環態環境或對影響需求的特別事件上，有所助益。

2.顧客分析

以研究顧客購買行為與消費心理為出發，並據以預測顧客未來需求及需求量之變化。顧客分析是一種基本分析，利用調查、實驗及邏輯推理的方法，解釋顧客購買行為。由於其涵蓋顧客消費之心理、經濟、行銷、認知、社會等層面行為，故由此分析可知顧客購買之動機，進一步由這些資訊可預測顧客未來的需求。其預測方法為：（林建煌，2000）

（1）調查研究法：人員利用與人們互動的方式，獲得他們對問題的觀點或態度。一般採用郵寄調查、電話訪談及人員訪談（賣場或街頭、焦點群體、到府、網路）等三種方式進行，而採用開放式或封閉式問卷來確保所有受訪者回答一系列的問題。

（2）觀察研究法：藉觀察樣本相關行為與背景來蒐集新資料的方法，較調查研究法可找到該產品的訴求以及未來產品修正的線索，其觀察方式計有參與及非參與觀察來觀察目標顧客的購買行為。

（3）實驗研究法：在真實的商業環境下所做的實驗方法，有時顧客不瞭解本身的需求或無確定的購買計畫，或是其購買行為規律性不高時，則企業可以將產品先在某小範圍區域上試銷，在一段期間內，記錄購買者的行為以及通路之績效，將資料蒐集後再加以分析、檢討、推測未來市場之趨勢。

✦ 應用

1.服務業的經理人理解到預測對服務效率及水準的改善，帶來很大的貢獻。POS設備已可縮短到每15分鐘內提供經理人先前的銷售額資料，由於此資料的可行性，使得對未來的銷售做了精準的預測，進而讓經理人更有效率的排班。更可使用此模式來預估產品的使用情況，以降低物品的損毀。（Davis & Berger, 1989）

2.在高固定成本和低變動成本下讓服務作業的利潤最大化的航空公司、租車業者和旅館業，最重要的是使產能利用率最大化，即在必要時，可能需要提供大幅的折扣以提高到最佳產能。同時，經理人也不能因

為此產能已提供客戶折扣而拒絕一位付全額的客戶，為了成功地執行此任務，經理人必須能對不同的市場區域預測不同的需求型態。（Davis, Aquilano & Chase, 2001）

3. 為使服務作業裡，輸入資料包括：過去銷售額、天氣狀況、一天中之時段、星期幾和月份等因素，而輸出結果可能是某天某時預計到達的顧客數的需求，已採用較新類神經網路（neural networks）的預測方法。

此系統不像時間數列分析或迴歸分析等一般傳達預測方法，可模擬一般人的學習，因此，長期使用後而成一套能理解從預測模式之輸入到輸出結果的複雜系統。該系統由監控模式（以過去資料訓練軟體程式）及非監控模式（無訓練情形發生，而軟體程式尋找及比對先前所給予的資料作判斷）兩項組成並發揮。美國南部電力企業已可從預測三個月後之情況，進展到可計算7到10天的短期電力需求。（Moore, Barback, & Heeler, 1995）

產能規劃

✖ 定義

產能（capacity）是指某作業單位所能負荷的上限，也就是某生產單位在正常狀況下，在某一段期間中的最高生產上限（upper limit），也就是在特定時間內，企業系統持有、接收、儲存、容納的能力。看似簡單，實際衡量產能卻有些困難，困難來自對產能的解釋不同以及在特定情況下找出適當量度的問題。

規劃（planning）是指訂定目標以及評估如何完成這些目標的過程。因此，規劃既有「手段」——如何去做，也含有「目的——要完成什麼。現在所有指的是正式的規劃，是有特定的目標存在，通常這些目標都有書面資料，而組織的成員會各發一份。規劃須包含涵蓋的時間長短，且會有特殊的行動方案已完成這些目標，也就是說，管理當局會清楚地界定出從原處的目的地之間的途徑。（Robbins, 1992）

就規劃的目的而言，作業單位的產能是很重要的資訊，它使管理者可以用投入或產出，將產能量化，也可以藉此擬定和這些數量相關的決策。產能規劃是確定出產能水準並以經濟有效的方式滿足市場的需求，其基本問題為：（Stevenson, 2002）

1.需要何種產能？

2.需要多少產量？

3.何時需要該產能？

產能規劃的重要性

產能在作業管理上是一個相對的定義，可定義在某一特定時間內，投入的資源所能得到的產出。而策略性產能規劃的目標是在說明資源——設施、設備和勞動力的規模，是企業整體的產能水準，用以支持公司長期性的生產競爭策略。

以作業管理的觀點，產能必然以時間長短來表示，強調產能的時間維度，這可由長期（企業計畫）、中期（生產計畫）及短期計畫（日程計畫）的劃分可清楚看出活動關係（圖5-6）及其內容（圖5-7）。（Starr, 1996）

組織產能的決策，長期決策必須確定中期規劃運作所需的產能限制。而中期決策是在定義短期產能決策的界限，因此，短期決策必須要決定達成所希望結果的最佳方式，且在長期與中期所產生的限制之內。

產能決策

產能規劃決策對生產系統而言是管理者最基本的決策之一，生產系統的產能決策一家公司的競爭範圍。它決策合理的企業營運模式影響企業各相關子系統的協調運作能力及提高企業生產方面的經濟效益，通常由公司最高主管來決策。（圖5-8）其重要性可藉下列理由得知：

1.市場反應能力：產能限制生產系統最高產出水準，而會影響一個組織，對於滿足未來市場需求的能力。產能不足則讓競爭對手進入自己市場，而產能過多，則須降價刺激需求或其他產品來保有市場。

任何企業在建造工廠時，必定有一個期望的生產能量，也就是說，

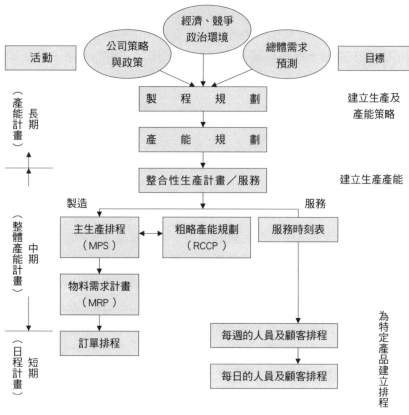

圖5-6　主要的產能規劃活動

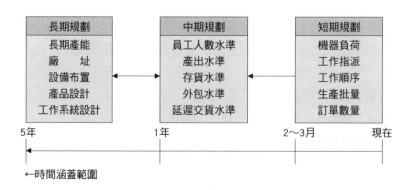

圖5-7　生產規劃三個層次

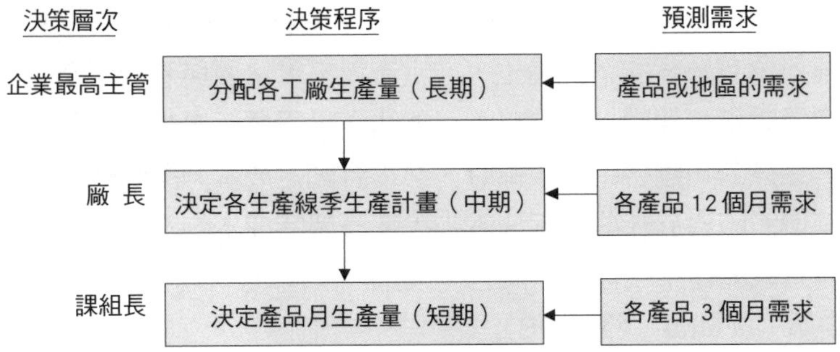

圖5-8　產能計畫決策模式

要完成設計產能的工廠，但往往因種種因素而無法如願。但在競爭的環境中，某些產能無法滿足市場長期需求的變化，而且實際產出也無法在短期內調整，往往需要較長的前置時間（lead time）。因此，產能規劃要考慮中、長期需求情況，也就是要以中、長期預測為規劃產能的依據。

2. **成本結構**：市場需求是變動的，理想上，產能與需求應該配合得很好以求得最小的營運成本。但實際上，不時發生週期性循環，產能不足使成本提高（加班費用、缺貨成本）或產能過剩導致成本增加（資金成本、折舊成本）。是故，決策目標是平衡產能過剩或產能不足的成本。

3. **科技水準**：機器設備的使用（手動、半自動、自動化、電腦化）決定了設備的折舊費用及人力的結構，也確定製造成本的多寡。

4. **管理與人事支援**：產能影響管理的容易程度，擁有適當的產能，比起產能不適當容易管理。

5. **庫存策略**：產能決策往往涉及資源長期的投入，一旦投入了資源，要調整這個決策而不發生龐大的成本，幾乎不可能。產能龐大，但需有為數不少的庫存原物料，增加企業資金的投入。

✘ 產能策略

對於製造業而言，一般企業依其公司設備作業的特點而採取下列的策略：

1.超前（proactive）（圖5-9A）（Melnyk & Denzler, 1996）

永遠不會有缺貨的情況發生，亦當市場需求快要與產能平衡時，即擴充產能或機器設備可開動。此策略下，無法滿足需要而喪失銷售利益的機會成本很低。雖然公司剛啓用此設備時，必須將固定成本分配到數量相當小的單位，但這個策略對於那些人工成本占大部分製造成本的工廠而言很適合，例如，低產量裝配作業（鞋業、皮包、成衣）。

2.中庸（neutral）（圖5-9B）

根據預測未來平衡產能，亦即在擴充產能時，讓其超過需求而有存貨，而在需求大於產能時，利用存貨來應付市場的需求。也就是當需求大約占總產能的50%時，才有可能需要額外的產能。但長期而言，使產能與需求達到

策略A：超前

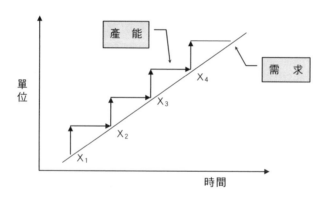

圖5-9A　不同產能擴充策略——超前

策略B：中庸

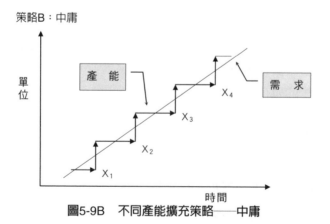

圖5-9B　不同產能擴充策略——中庸

策略C：落後

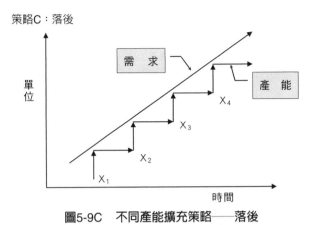

圖5-9C　不同產能擴充策略──落後

平衡。此策略的問題在於工廠產能提升之前如何能滿足需求。

3.落後（reactive）（圖5-9C）

使產能利用率極大化，亦隨時保持供不應求的狀態，在此情況下，其存貨持有成本可降至最低，也就是工廠要等到需求已達100%產能時才會提升，但可能有損失顧客的風險。這個策略對於那些無論生產數量或變動成本是多少，都會有高固定成本的製程導向作業很適合（紙廠、酒廠、精鍊廠、石化廠）。其問題與中庸策略相同。

✖ 產能衡量

✦ 產能標準

企業只生產一種產品或服務時，則生產單位的產能可以該項目的數量來表示。但是，當涉及多種產品或服務時，由於每日生產組合皆在變動，根據產出的單位數作為產能的標準，可能會產生誤導。因此，較好的替代方案，可採用投入的可利用性（availability of inputs）作為產能衡量的標準（醫院床位、工廠數量小時）。

產能衡量沒有一種標準，可適用於所有產業。相反地，產能的衡量標準，必須視情況而定（表5-4）。

表5-4　產能衡量標準

企業	投入	產出
汽車製造	人工小時、機器小時	汽車台數
釀造廠	儲存槽大小	酒的桶數
煉鋼廠	熔煉爐大小	鋼鐵的噸數
航空公司	飛機的座位數	每次飛行乘載客數
旅館	房間數	每天住宿、休息房間數
戲院	座位數	每場表演賣出票數

✦ 產能種類

基本上產能有三種不同適用情形：（圖5-10）（賴士葆，1995）

1. 設計產能（Design Capacity, DC）：是指在理想狀況下，所能達成的最大產出。因此，亦可稱為理想產能（Ideal Capacity）。

2. 有效產能（Effective Capacity, EC）：在既定的產品組合、人力配合、排程困難度、機器、維護、午餐休息、生產線平衡及品質考量等實際狀況下的最大可能的產出。

3. 實際產出（Actual Output, AO）：實際達成的產出率。

4. 關係

（1）設計產能＞有效產能＞實際產出

（2）效率（Efficiency）＝ $\dfrac{實際產出（AO）}{有效產能（EC）}$

（3）產能利用率（Capacity Utilization）＝ $\dfrac{實際產出（AO）}{設計產能（DC）}$

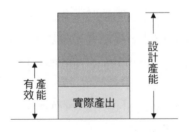

圖5-10　三種產能之間關係

對於生產作業系統，影響有效產能因素（表5-5）及限制產能因素（圖5-11），都是許多與系統設計有關的決策所造成。

產能規劃的步驟

產能規劃的觀念性步驟如下：

1. 設定衡量產能的標準：各生產單位產品／服務的特性不同，故選擇適當衡量單位，並配合市場需求單位加以轉換。

表5-5　影響有效產能因素

1.設施 　（1）設計 　（2）地點選擇 　（3）設施布置 　（4）環境	3.製程 　（1）產量能力 　（2）品質能力	5.作業 　（1）排程 　（2）物料管理 　（3）維護保養政策 　（4）品質保證 　（5）設備故障率
2.產品／服務 　（1）設計 　（2）產品與服務組合	4.人為因素 　（1）工作內容 　（2）工作設計 　（3）訓練與經驗 　（4）士氣與激勵 　（5）報酬 　（6）學習率 　（7）缺席與離職率	6.外在因素 　（1）產品規格標準 　（2）安全法規 　（3）工會 　（4）污染控制標準

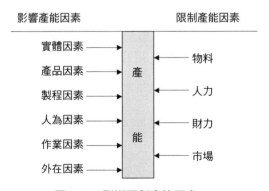

圖5-11　影響限制產能因素

2.預測未來需求：市場需求預測是產能規劃的基礎，詳見市場預測方法。

3.決定未來所需的產能：產能規劃包括：長期、中期與短期的考慮。長期的考慮與產能的整體水準有關，中期則使供給與需求搭配，而短期則考慮可能的需求變動。除此之外，更應注意決策者的風險偏好所採取的策略。

4.發展各種可能的方案：決策者需創造出各種可能滿足未來所需產能的方案。

5.評估方案：此一步驟在於選擇評估方案的指標，可用許多技術來協助決策者。

6.選擇方案並實施：基於評估的結果選擇方案，並付諸實施，並控制其是否按計畫進行。

✖ 發展評估方案

在發展方案時，除了一般的考量因素之外（合理的調查、可能方案、考慮不作任何改變、注意不要低估了非量化因素），還應考慮下列因素：

1.將彈性設計在系統中：許多產能規劃具有長期性的特性，且長期預測具有風險，所以設計彈性系統將會帶來潛在利益。例如，工廠廠房需考慮二樓的使用，因此在建設時需考慮未來的擴充性，包括：房屋結構、水電管線等項，以期擴充結構修改可減到最低。

2.區隔新產品與成熟產品：成熟產品或服務，在產能需求方面其預測性較高，規劃風險較小，但產品生命有限。而新產品的風險過高，需求量與時間預測較不確定性。所以採用彈性設計較適合。

3.採取整體系統的觀點思考：當發展產能方案時，很重要的是要考慮到系統的各部分如何關聯。例如，工廠建設時，須考慮到餐廳、停車場、娛樂設施、員工宿舍、綠地等各項需求。

4.準備處理多餘產能：產能增加往往不是逐漸增加，通常是一大批的塊狀（chunk）的增加，因此，期望產能與可用產能很難配合，故於規劃時要對多餘產能事先加以考慮如何處理。

5.儘量使產能需求平穩：產能需求不平穩會造成許多生產的問題。例

如，季節性變動使某時間的產能不足，而在其他時間又產能過剩，此時應考慮是否增減存貨或生產互補（complement）的產品（棉手套生產手套、襪子、圍巾）。

6.確認最佳營運水準：生產單位應有一成本曲線，在最理想水準時，該生產單位的成本最低（圖5-12）。

✖ 評估方案的技術

一般企業皆以經濟的觀點來評估產能方案，其方法為：

✦ 損益兩平分析

損益兩平分析（break-even analysis）或稱成本——數量分析（cost-volume analysis），其重點是說明成本、利率與產出數量之間的關係，其目的則用來評估一個組織在不同生產（或作業）情況下的預期收益，而此種技術有助於產能規劃中不同方案的評估。（圖5-13）

使用這個方法，必先確認與生產該產品有關的所有成本。再將成本分為固定成本（fixed cost，不論產量多少都保持固定；如租金成本、財產稅、設備成本與某些管理成本）及變動成本（variable cost，隨著產量直接變動，如原料及人工成本）。我們假定無論產量多少，每單位的變動成本都保持不變。其計算公式為（表5-6）：

在使用損益兩平分析技術必須注意其假設條件，若符合其假設才適用。

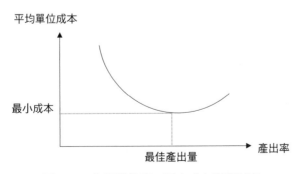

圖5-12　生產單位有一最小成本的產出率

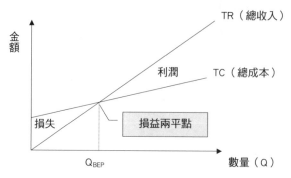

圖5-13　損益兩平點

表5-6　符號說明

FC ＝ 固定成本	TC ＝ 總成本	Q ＝ 產量
VC ＝ 總變動成本	TR ＝ 總收入	Q_{BEP} ＝ 損益平衡產量
V ＝ 單位變動成本	R ＝ 單位收入	P ＝ 利潤

$$TC = FC + VC \quad \cdots\cdots\cdots\cdots\cdots\cdots\cdots\cdots\cdots\cdots\cdots\cdots（1）$$

$$VC = Q \times V \quad \cdots\cdots\cdots\cdots\cdots\cdots\cdots\cdots\cdots\cdots\cdots\cdots（2）$$

$$TR = R \times Q \quad \cdots\cdots\cdots\cdots\cdots\cdots\cdots\cdots\cdots\cdots\cdots\cdots（3）$$

$$P = TR - TC = R \times Q -（FC + V \times Q）\quad \cdots\cdots\cdots（4）$$

$$P = Q(R - V) - FC \quad \cdots\cdots\cdots\cdots\cdots\cdots\cdots\cdots\cdots（5）$$

$$Q = \frac{P + FC}{R - V} \quad \cdots\cdots\cdots\cdots\cdots\cdots\cdots\cdots\cdots\cdots（6）$$

$$Q_{BEP} = \frac{FC}{R - V} \quad \cdots\cdots\cdots\cdots\cdots\cdots\cdots\cdots\cdots\cdots\cdots（7）$$

一般而言，其假設如下：

　　1.只生產一種產品。

　　2.所生產的產品均可銷售出去。

　　3.每單位的變動成本是固定，不隨產量而變動。

　　4.固定成本不隨著產量改變，或呈現階梯式改變。

　　5.每單位收入不隨產量改變（無銷貨折扣）。

　　6.單位收入高於單位變動成本。

✦ 財務分析

　　財務分析法（financial analysis）即為工程經濟（engineering economy）法或資金分配理論（capital allocation theory）法。常用的財務分析中有兩個重要觀念：

1. 現金流量（cash flow）：從銷售（產品或服務）或其他來源（出售舊設備）而來，現金收入與現金支出（勞力、物件、管理費用、稅捐）之間的差異。
2. 現值（present value）：投資方案所有未來現金流量的現金總值。

一般企業常用財務分析的方法為：

1. 回收年限法（payback）：此法著重於分析原始投資成本回收所需的時間，由於它忽略了還本後現金流量的情形，一種粗略但常被使用的方法，簡單易懂，較適用於短期方案的評估，因此為業界所喜用。例如，投資開設簡易中式快餐店的起始成本為新台幣60萬元，而每月淨現金流量3萬元，其回收年限為20個月。

2. 現值法（present value）：單一價值，也就是等量現值（equivalent current value）簡化投資的初始成本、預估年現金流量，與任何的殘值。此法考慮了貨幣的時間值（也就是利率）。若其值差額為負，則表示應拒絕該案，或是選擇淨現值為正值最大的方案。其公式為：

$$P = \frac{F_n}{(1+i)^n}$$

　　F_n：n 年後之價值
　　i：利率

3. 內部報酬率（Internal Rate Return, IRR）：此法是將每一方案的年度現金流量、預計殘值及初期投資做比較，以求出一個使期初投資與預期現金流量現值相等的報酬率，再以此報酬率與公司最低可接受報酬率（Minimum Attractive Rate of Return, MARR）相比較，以決定採取何種方案。

對未來現金流量預估所確定性高時，這方法才適用。然後在許多案例中，管理者所面對的往往是具風險性或不確定性的情境，這時往往改採決策理論。

✦ 決策理論

決策理論（decision theory）是在不確定的情境下，進行各方案財務比較的一種有效工具。基本上，此法係用機率的原理來求其期望值，主要包括：決策矩陣（decision matrix）與決策樹（decision tree）兩種方法。前者是可以展現出各種不同可能特性狀態之下，每個替代方案的預期報酬，建立的報償表便於替代方案之間的比較，因而有助於替代方案的可能，結果在透過機率期望值的計算，來找出最佳方案。由於其形狀像顆樹，故稱為決策樹。

1.分析步驟

（1）估計未來可能發生的情況（未來景氣可能熱絡、持平或變壞）。

（2）列舉決策者可能面對的方案。

（3）評估各方案於各可能情況下的預期報酬（損失）。

（4）估計未來情況發生的機率。

（5）依某些準則（criterion，如悲觀、樂觀法則、期望報酬最高）評選方案。

2.決策矩陣

不確定性係指沒有資訊可顯示各種不同特性狀態的可能性。在這樣的條件下可採用下列決策準則來做決策：

（1）最大最小準則（Maximin）：從各方案中選擇最小的報酬，然後再從這些最小的報酬中選擇最大的方案，為悲觀法則。

（2）最大最大準則（Maximax）：由各方案中選擇最大的報酬，然後再從這些最大的報酬中選擇最大的方案，為樂觀法則。

（3）拉布拉斯準則（Laplace）：指先求出每一替代方案的平均報酬，然後以最大平均報酬選取替代方案。

（4）最小最大遺憾值（Minimax Regret）：在各種狀況下各方案會產生遺憾值（在各種情況下的最大報酬減去各方案報酬的差額，亦即機會損失的觀念），而從中選取最大遺憾值後再選取遺憾最小的方案。

【例題】：一個產能規劃，在各種需求情況，不同方案的現值收入如表所示，如何採取方案選擇的決策。

單位：百萬元

方案 ＼ 未來市場需求狀態	高	中	低
A	9	9	9
B	10	8	6
C	14	6	-5

【解答】

（1）最壞的報酬如下：

      A方案　　　　9百萬元

      B方案　　　　6百萬元

      C方案　　　　-5百萬元

顯然9百萬元最高，根據最小值取最大值，則選擇A方案。

（2）最佳的報酬如下：

      A方案　　　　9百萬元

      B方案　　　　1千百萬元

      C方案　　　　1千4百萬元

顯然1千4百萬元為最佳報酬，根據最大值取最大值則選擇C方案。

（3）根據拉布拉斯準則，首先將總額求出，然後以特性狀態的數目除之，得：

項目	總額	平均
A方案	27	9
B方案	24	8
C方案	15	5

以A案平均為最高，則採取A案。

（4）最大遺憾值取最小值：

項目	高	中	低	最大遺憾
A方案	5	0	0	5
B方案	4	1	3	4
C方案	0	3	14	14

a. 計算

a）第一行最大報酬為14，該行的3個報酬必須從14中被減掉。

則第一行由上往下，遺憾值為14 - 9 ＝ 5，14 - 10 ＝ 4，14 - 14 ＝ 0。

　　b）第二列最大報酬為9，9減掉該行的各個報酬，得0、1及3。

　　c）第三列最大報酬為9，9減掉該行的各個報酬，得0、3與 14。

　　b. 接著辨認每個替代方案的最大遺憾。

　　c. 最大遺憾中取最小值，其值為4，於是選擇B案。

3.在風險下做決策

風險情形是指每個特性狀態出現的機率是可以估計的。而這些狀態是相互排斥並涵蓋所有情況，故其機率之和為1。在風險情況下做決策，貨幣期望值準則（Expected Monetary Value Criterion）被廣泛使用。即計算出每個替代方案的期望值，並選擇其中最大的期望值。期望值是每個替代方案的報酬，以其特性狀態的機率為權數，然後求其總和而得。當決策者是屬於不追求風險，亦不逃避風險者時，則此貨幣期望準則是較適當的方法。

【例題】：承接上題，並假設未來高、中、低需求的機率分別是0.2、0.5 及0.3，求以貨幣期望值準則來選擇方案。

【解答】

（1）A方案之期望報償期＝（0.2×9）＋（0.5×9）＋（0.3×9）＝9.0

（2）B方案之期望報償期＝（0.2×10）＋（0.5×8）＋（0.3×6）＝7.8

（3）C方案之期望報償期＝（0.2×14）＋（0.5×6）＋〔0.3 ×（-5）〕 ＝3.5

因A方案的期望報酬值最高，所以選擇A方案。

4.決策樹

決策樹可用來取代決策矩陣，而於分析一系列的決策特別有用。決策樹圖形基本上包括：節點（node）與分枝（branch），用方形節點代表決策點（decision node），圓形節點代表機會節點（chance node）分枝代表方案。分析最基本原則是由左至右分析，由右至左計算，遇「□」選擇（作決策），遇「○」則計算。

【例題】：A公司由於訂單增加，現今產能無法滿足全部訂單。規劃小組提出三種可行方案：

（1）轉包（需花費起始成本3百萬）。

（2）現有擴展（必須花費起始成本20百萬）。

（3）新廠設立（必須花費起始成本45百萬）。

該小組先進行瞭解，透過決策數來分析如下：

單位：百萬元

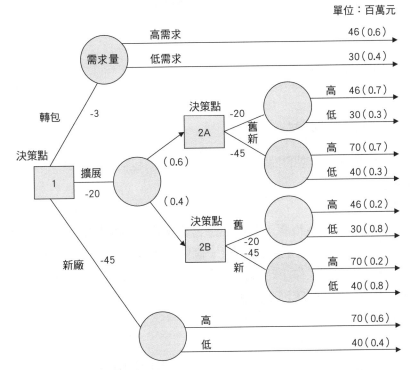

說明：□為決策點，○為需求量。

【解答】：利用貨幣期望值來選擇方案，其計算如下：

（1）決策點2A

舊：（46M×0.7）＋（30M×0.3）－20M ＝ 21.2M

新：（70M×0.7）＋（40M×0.3）－45M ＝ 16.0M

在決策點2A時，決策為購買舊設備。

（2）決策點2B

舊：（46M×0.2）＋（30M×0.8）－20M ＝ 13.2M

新：（70M×0.2）＋（40M×0.8）－45M ＝ 1.0M

在決策點2B時，決策為購買舊設備。

（3）決策點1

轉包：（46M×0.6）＋（30M×0.4）－3M＝36.6M

擴建：（16M×0.6）＋（13.2M×0.4）－20M＝－5.12M

新廠：（70M×0.6）＋（40M×0.4）－45M＝1.2M

由於轉包可以使公司或得最高期望值36.6百萬元，所以建議採轉包方案。

其他影響因素

設備與勞動力規劃

產能規劃除了大型的投資方案選擇外，亦須包括所需機器或勞動人力數目的決定。

1.設備

【例題】：大葉塑膠工廠已知每日需求為60,000個中型水桶新式×丁型押出機，每生產一個中型水桶需要標準工時30秒，每日可工作小時為10小時，工作效率為0.9，則該工作需要多少台塑膠押出機？

【解答】

（1）依公式計算

$$設備數目（N）＝\frac{PR}{60（H）（e）}＝\frac{0.5×60,000}{60×10×60×0.9}＝0.92（台）$$

P：標準工時　R：需求量　H：工作小時　e：工作效率。

（2）押出機購買1台即可。

2.勞動力

【例題】：葉大馬達工廠，每日需求量為1,000台5馬力馬達，而馬達裝配生產線分為5個工作站，其標準工時分別為10、8、6、5、7分鐘，工作效率為0.85，工作小時為10小時，則需要多少人力？

【解答】：
$$N＝\frac{(1,000×10)＋(1,000×8)＋(1,000×6)＋(1,000×5)＋(1,000×7)}{10×60×0.85}$$

＝70.06人≒71人

3.學習曲線

Wright T. P. 於1936年提出一個人重複作一件相同或類似的工作一段時間後，會因熟練度的提升而增進其工作效率。指出在飛機機身製造廠中，其單位直接人工成本（direct labor cost）會因生產數量的增加而降低，而人工成本的降低是源自技術熟練，增進其效率而減少了工作時數，這種現象為學習效果（learning effect）（圖5-14）。

由於組織內部有前述的學習效果曲線，所以從事產能規劃時，亦將該學習效果加以考量。事實上，學習效果對產能的影響，不僅止於生產中作業之操作，有時候學習效果可追溯到生產前（工具與設備選擇更快及更正確）。此外，對管理者在計畫、日程安排、鼓勵與控制上的改進亦是重要因素之一（日程安排內容愈準確，則日程安排時間亦縮短）。因此，學習效果對產能影響是全面性的。

學習效果理論上除了上述有助於產能規劃、日程安排之外，亦可應用在企業許多領域：

（1）新進人員聘用：新進人員召募，須給予一定時間的訓練，並經考試合格後再上線工作，不僅可維持工作效率外，更能使新近人員工作安心，不會因工作不熟而沒有信心工作，有助減少新人不適合情況。亦可為新進人員衡量績效基準。

（2）人力規劃及生產排程：應用學習效果於產出計畫，可助管理者做最佳決策。依最初的產出率再加上學習效果來決定勞動人力。更能提供未來產能的預估及預期改進的判斷方法。

（3）採購議價：商品每單位直接人工成本會因訂單增加而遞減。因此，採購者應先決定採購的數量，然後再以此議價。

（4）新產品訂價：新產品在量試、量產時，人員因不熟悉操作程度

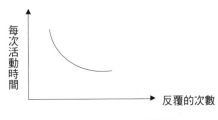

圖5-14　學習效果曲線

浪費許多工時，有時亦造成大量不良品。企業若以試作期間的工時及不良率計算，則可能增加產品成本，則勢必討論以未來理想狀況下進行，方可得到正常的訂價銷售。

（5）預算、採購與存貨計畫：在企業有關行政支援的作業，若能熟悉則可減少間接人員工時，有助生產力提昇。

✖ 服務業產能規劃

對服務業來說，在設計一個新的或擴充原來的服務系統時，首要工作也是要知道未來的需求量，再轉換成產能（容量）的規劃。但由於產品與服務的性質不盡相同，則產能規劃有別（表5-7）。（顧志遠，1998）

✦ 方案選擇

服務業是在提供現有的設施，空間與人力的使用權，且服務的提供與消耗是同時發生的，故業者常以服務系統的最大容量為服務容量亦為服務資源需求規劃的基礎。一般可採用下列方式：

1. 服務速率為基準的規劃：大部分製造業都是以產出率做為產能規劃的依據。但服務業中（車站賣票、自動提款機、洗車廠洗車數）亦有類似加工方式為之。
2. 服務容量（產能）為基準的規劃：由於顧客對服務需求量不一（旅館住旅館房間天數不同）且又常是整批服務（飛機載客），故常以能提供服務容量的多寡做為服務的產能規劃的基礎。

表5-7 服務業與製造業產能規劃比較

製造業	服務業
1.直接預測市場對產品的需求量。	1.先預測顧客需求行為，再轉成需求量。
2.產能是勞工、機器及存貨的綜合。	2.服務容量是設備、服務人數、設備等資源的綜合。
3.較長的規劃期。	3.較短的規劃期。
4.許多標準的產能規劃方法。	4.很少標準的產能規劃方法。
5.長期、中期及短期計畫可清楚劃分及規劃。	5.通常長期、中期及短期計畫區隔不很明顯。
6.多以產出率表示出生產能量的大小。	6.多以最大提供量表示服務能量的大小。

✦ 服務容量定義

服務容量取決於各項資源的綜合生產函數，但受到要求服務品質、服務時間及水準層次的影響。基本上服務容量的定義為（圖5-15）：（Lovelock, 1992）

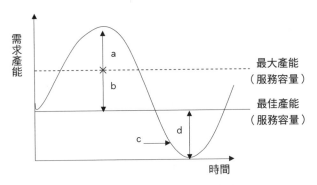

圖5-15 服務容量定義示意圖

說明：a. 需求超過最大產能，造成顧客尋求另外來源。

　　　b. 需求超過最佳產能，造成顧客無法享受好的服務。

　　　c. 需求等於最佳產能。

　　　d. 需求少於最佳產能，造成多餘產能閒置。

1.最大服務容量：業者能提供的最大服務量。

2.最佳服務容量：業者提供的服務量與顧客需求量平衡的容量。

一般服務業提供服務容量，大多在最大與最佳服務量之間。實務上，由於來客的速率不定，故不論服務容量設定在哪個水準，都有可能發生服務容量閒置或顧客等候的情況。

服務容量的計算是一個相當模糊、抽象及困難的工作，因為許多投入的服務資源是無形的（醫生的技術、廚師的手藝、教師的經驗），又各服務業所提供的服務量性質差異極大，故較難建立一服務容量計算通則。一般採用旅館為住宿容量、醫院為醫療容量……等，但此容量受到設施（提供時間及空間）、人員（時間及技術）、設備（時間及技術）及物品（媒介）等因素影響。

✦ 考慮事項

服務業與製造業在產能規劃時所面對的問題很相似，但是仍然有很重要的不同：（Chase, Aquilano & Jacobs, 1998）

1. **時間**：服務無法儲存到以後再用，當有需要出現時，產能必須在該時點生產服務。
2. **地點**：服務的產能應置於接近消費者地方，服務的產能應先配銷給消費者，然後再生產。
3. **彈性需求**：服務需求變化比製造業的生產系統高，有下列的原因：
   （1）服務不能儲存，無法使用庫存來平準化需求。
   （2）顧客與服務系統有直接接觸，若顧客需求不同，則服務流程、交易量、時間因之而異。
   （3）服務需求被消費者行為所影響（休假、作息時間造成擁擠）。
4. **服務品質**：考量服務利用量及服務品質之關係（一般最佳服務作業點約占最大產能70%）

✦ 評估方案的技術

1. 等候現象

由於服務無法預先生產及儲存，故服務業有一個共通的現象，即當進入服務系統接受服務的顧客增加時，會因為服務速度無法滿足顧客的到達率，而發生顧客排隊等候現象（機場櫃檯、醫院急診室等），產生等候線（waiting lines）。實際上，顧客抵達的時間與服務時間都具有高度變異性。因此，系統有時會超負荷而產生等候線，有時卻因為沒有客人，而產生閒置。（Stevenson, 2002）

2. 等候線管理意義

管理者去考量等候線的問題，其理由為：

（1）提供等候的空間成本。
（2）顧客在接受服務之前或根本拒絕等候而離開，企業的可能損失。
（3）商譽的可能減損。
（4）顧客滿意度可能下滑。

（5）等候線造成的擁擠，可能會干擾其他的作業或顧客。

3.等候線分析的目的

等候線透過分析來平衡顧客等候的成本與增加額外產能的成本，可以協助管理者決定最具成本效益的產能水準，亦可幫助計算出各種服務產能水準下的預期成本。也就是在於平衡提供服務產能水準的成本及顧客等待服務造成的成本。

在等候的情況下，有兩種可能的成本產生：

（1）等候顧客有關的成本：包含員工等候服務的薪資、等待空間成本及任何因為顧客拒絕等候，所造成眼前及未來可能的損失。

（2）產能有關的成本：維持提供服務能力的成本（當服務的設施閒置，產能就因此損失）因產能是不能儲存的。

4.等候系統

等候系統（**圖5-16**）包括：等候人口、顧客到達過程、等候過程、服務原則及服務過程等五個部分。

5.等候原則（Queue Discipline）

等候原則是指處理客人的次序，一般常用的規劃是基於先到達者先服務（First-come, First Served）的原則，銀行、商店、戲院、餐廳都依循此規則。而一些例外的系統則包括：醫院急診室、工廠的緊急訂單，此時顧客等候的成本並不相同，具有最高成本的顧客（病情最嚴重者），則優先服務，即使其他顧客更早抵達。

6.無限來源的等候模式

最基本常用的模型（**圖5-17**），其客人抵達率的模型為布阿松分配

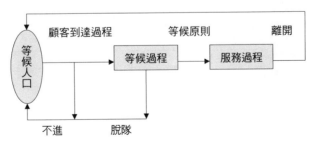

圖5-16 等候與服務過程示意圖

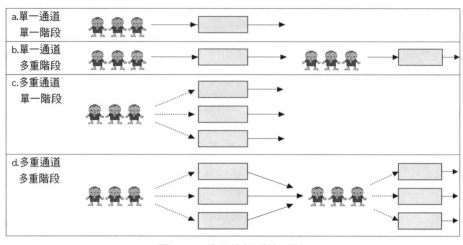

圖5-17 常見等候系統型態

（Poisson Distribution），其系統都在穩定狀態下作業，亦即假定平均抵達率
與服務率是穩定的。其模型分別為（表5-8）：（Shafer & Meredith, 1998）

表5-8 無限來源的符號

符號	意義
λ	顧客抵達率
μ	服務率
L_q	在等候服務的平均顧客數目
L_s	系統中顧客的平均數目（在等候的接受服務中者）
r	接受服務顧客平均數
ρ	系統利用率
W_q	顧客在等候線中等候的平均時間
W_s	顧客花費在系統中的時間（等候以及接受服務時間）
$1/\mu$	服務時間
P_0	在系統中沒有顧客的機率
P_n	在系統中有n個顧客的機率
M	服務站（通道）的數目
L_{max}	等候線最大期望值

$$\rho = \frac{\lambda}{M\mu} \quad\text{..}\quad （1）$$

$$r = \frac{\lambda}{\mu} \quad\text{..}\quad （2）$$

$$L_s = L_q + r \quad\text{................................}\quad （3）$$

$$W_q = \frac{L_q}{\lambda} \quad\text{................................}\quad （4）$$

$$W_s = Wq + \frac{1}{\mu} \quad\text{................................}\quad （5）$$

$$L_q = \frac{\lambda^2}{\mu(\mu - \lambda)} \quad\text{................................}\quad （6）$$

$$P_o = 1 - (\frac{\lambda}{\mu}) \quad\text{................................}\quad （7）$$

$$P_n = P_o - (\frac{\lambda}{\mu})^n \quad\text{................................}\quad （8）$$

$$P_{<n} = 1 - (\frac{\lambda}{\mu})^n \quad\text{................................}\quad （9）$$

（1）單一通道，指數服務時間：只有一個服務站（服務員）最簡單模型。其等候原則採先到先服務，顧客抵達率假定為布阿松分配，而服務時間則以負指數分配（Negative Exponential Distribution）表示。等候長度並未受到限制。

【例題】：在非週末的早晨，每小時平均光顧永和豆漿店的顧客有50位，其中，抵達的顧客人數呈布阿松分配，其平均數為50，而每位店員平均3分鐘可以服務一位顧客。此時間可以指數分配表示，平均數為3.0分鐘。

a. 求顧客率及抵達率？

b. 求任何時間內，接受服務顧客平均數目。

c. 假設在等候線上的顧客平均數為7.2人，求在系統中的顧客平均數目、顧客在等候線上的平均等候時間，以及顧客在

系統中的平均時間。

d. 分別就2個、3個服務站的情形，計算其系統使用率。

【解答】：a. 抵達率為已知，$\lambda = $ 每小時50位顧客，再將時間轉換以小時為單位，則每位顧客3分鐘／每小時60分鐘 $= 1 / 20 = 1/\mu$，以服務率為每小時20位顧客。

b. $r = \dfrac{A}{\mu} = \dfrac{50}{20} = 2.5$位顧客

c. 已知 L_q 為 7.2 位顧客，則

$$L_S = L_q + r = 7.2 + 2.5 = 9.7 \text{位顧客}$$

$$W_q = \frac{L_q}{\lambda} = \frac{7.2}{50} = 0.144 \text{小時／每位顧客}$$

（0.144 小時×60 分鐘／小時＝8.64 分）

$$W_S = W_q + \frac{1}{\mu} = 0.144 + \frac{1}{20}$$

$$= 0.144 + 0.05 = 0.149 \text{小時} = 11.64 \text{分鐘}$$

d. 系統利用率 $\rho = \dfrac{\lambda}{M\mu}$

當 $M = 2$　$\rho = \dfrac{50}{2 \times 20} = 1.25$

　　$M = 3$　$\rho = \dfrac{50}{3 \times 20} = 0.833$

　　$M = 4$　$\rho = \dfrac{50}{4 \times 20} = 0.625$

由此可看出，衡量產能的$M\mu$值增加，則系統利用率降低。

（2）單一通道，固定服務時間：如前所述，等候線乃由高度隨機變異的抵達率和服務率所造成。如果系統可減少，甚至是消除這兩種變異，就可以顯著地縮短等候線，其中一例，就是將服務時間固定，則在等候線中的顧客數目以及等候時間都可減少一半。

$$L_q = \frac{\lambda^2}{2\mu \, (\mu - \lambda)} \ldots \ldots \ldots (10)$$

【例題】：中正機場新光人壽保險公司計畫其此開闢一個附屬平安保險服務窗口，由一位服務人員負責。據估計，購買保險以及服務需求為平均每小時10次，並依布阿松分配。而服務時間，則假設依指數分配。過去經驗顯示，每次服務時間約為5分鐘。

a. 求系統利用率。

b. 服務人員閒置時間百分比。

c. 在等待服務顧客期望數目。

d. 顧客花費於系統中的平均時間。

e. 沒有顧客在系統中的機率，以及有4個顧客在系統中的機率。

【解答】：$\lambda = 10$（每小時）

$$\mu = \frac{1}{\text{服務時間}} = \frac{1\text{位顧客}}{5\text{分鐘}} \times 60\text{分／每小時} = \text{每小時}12\text{位顧客}。$$

a. $\rho = \dfrac{\lambda}{M\mu} = \dfrac{10}{1(12)} = 0.83$

b. 閒置時間 $= 1 - \rho = -0.83 = 0.17 (17\%)$

c. $L_q = \dfrac{\lambda^2}{\mu(\mu - \lambda)} = \dfrac{10^2}{12(12-10)} = 4.16$位顧客

d. $W_s = \dfrac{L_q}{\lambda} + \dfrac{1}{\mu} = \dfrac{4.16}{10} + \dfrac{1}{12} = 0.499$小時（29.9分）

e. $P_O = 1 - \dfrac{\lambda}{\mu} = 1 - \dfrac{10}{12} = 0.17$

而 $P_4 = P_O(\dfrac{\lambda}{\mu})^4 = 0.17(\dfrac{10}{12})^4 = 0.08$

（3）多重通道：多重通道系統存在於兩個或更多服務站獨立運作時，以提供服務給抵達顧客的情況下，其假設為：一、抵達率符合布阿松分配，而服務時間符合指數分配；二、服務站以相同的平均速率提供服務；三、顧客只會形成單一的等候線（以維持先抵達先服務方式）。

$$Lq = \frac{\lambda \mu (\frac{\lambda}{\mu})^M}{(M-1)!(M_{\mu} - \lambda)^2} P_o \quad \cdots\cdots\cdots\cdots\cdots\cdots \text{（11）}$$

$$P_o = [\sum_{n=0}^{M-1} \frac{(\frac{\lambda}{\mu})^n}{n!} + \frac{(\frac{\lambda}{\mu})^M}{M!(1-\frac{\lambda}{M_{\mu}})}]^{-1} \quad \cdots\cdots\cdots \text{（12）}$$

$$W_o = \frac{1}{M_{\mu} - \lambda} \quad \cdots\cdots\cdots\cdots\cdots\cdots\cdots\cdots \text{（13）}$$

$$P_w = \frac{W_q}{W_o} \quad \cdots\cdots\cdots\cdots\cdots\cdots\cdots\cdots\cdots \text{（14）}$$

（4）多重優先順序：依照某種重要性的衡量而處理顧客，在此類系統中，抵達顧客會依據事先預設好的方式分類（心臟病、重傷以及昏迷的傷患為最高優先；扭傷、小刀傷、瘀傷等最低優先，其餘病患介於二者之間）。顧客等級越級優先服務順序，以其分類等級決定，愈高的優先順序。而在每一等級內，則採先到先服務的原則。

$$L = \frac{\lambda}{M_{\mu}} \quad \cdots\cdots\cdots\cdots\cdots\cdots\cdots\cdots\cdots \text{（15）}$$

$$\text{中間值 } A = \frac{\lambda}{(1-P)L_p} \quad \cdots\cdots\cdots\cdots\cdots \text{（16）}$$

$$B_k = 1 - \sum_{c=1}^{k} \frac{\lambda_c}{M_{\mu}} \quad \cdots\cdots\cdots\cdots\cdots\cdots \text{（17）}$$

第 K 優先順序等級顧客，在等候線中平均等待時間

$$W_k = \frac{1}{A \cdot B_{K-1} \cdot B_k} \quad \cdots\cdots\cdots\cdots\cdots\cdots \text{（18）}$$

第 K 優先順序等級顧客，在系統中平均等待時間

$$W_k = W_k + \frac{1}{\mu} \quad \cdots\cdots\cdots\cdots\cdots\cdots\cdots \text{（19）}$$

在等候線，第 K 優先順序等級顧客的平均數目

$$L_k = \lambda_k \times W_k \quad \cdots\cdots\cdots\cdots\cdots\cdots\cdots \text{（20）}$$

7.有限來源的等候模式

有限來源的模式適用於潛在顧客群體相當少的情形。此模式抵達率依布阿松分配，而服務時間亦依指數分配。而有限來源的顧客抵達率取決於等候線的長度。當等候線長度增加時，因為還沒有要求服務的顧客群體比例減少，所以抵達率會減少。最極端的情況，抵達率為零。

有限來源模型的數學計算相當複雜，所以，在分析上使用有限等候符號（表5-9）及公式。

$$X = \frac{T}{T+U} \quad\cdots\cdots\cdots\cdots\cdots\cdots\cdots\cdots\cdots \text{（21）}$$

$$L = N(1-F) \quad\cdots\cdots\cdots\cdots\cdots\cdots\cdots\cdots \text{（22）}$$

$$W = \frac{L(T+U)}{N-L} = \frac{T(1-F)}{XF} \quad\cdots\cdots\cdots\cdots \text{（23）}$$

$$J = NF(1-X) \quad\cdots\cdots\cdots\cdots\cdots\cdots\cdots\cdots \text{（24）}$$

$$H = FNX \quad\cdots\cdots\cdots\cdots\cdots\cdots\cdots\cdots\cdots \text{（25）}$$

$$N = J+L+H \quad\cdots\cdots\cdots\cdots\cdots\cdots\cdots\cdots \text{（26）}$$

表5-9 有限來源的符號

符號	意義
D	顧客必須在等候線等候的機率
F	效率因子：1 - 在等候線等候的機率
H	顧客平均被服務的數目
J	不在系統的顧客平均數目
L	等候服務的顧客平均數目
M	通道數目
N	潛在顧客數目
T	平均服務時間
U	每位顧客兩次服務需求的時間間隔
W	顧客在等候線等候的平均時間
X	服務因子

【例題】：某作業員負責五台CNC車床加工零件的裝卸，其裝卸時間每次需時2分，且依指數分配。一次的裝卸可裝機器運轉15分鐘，此時間依指數分配。作業員每小時薪資120元，而機器停工成本每小時500元，求得：

(1) 等候作業員的機器平均數目？

(2) 在運轉中的機器期望數目？

(3) 機器停工的時間？

(4) 機器不需等候即可裝卸的機率？

(5) 是否應增加作業人員？

【解答】：N＝5

　　　　T＝2分鐘

　　　　M＝1

　　　　U＝15分鐘

$$X = \frac{T}{T+U} = \frac{2}{2+15} = 0.117$$

由上述資料查表（有限等候表×MDF）可得：

M_1　D＝0.439　F＝0.933

M_2　D＝0.117　F＝0.995

(1) L＝N(1－F)＝5×(1－0.933)＝0.335（部機器）

(2) J＝NF(1－X)＝5×0.933×(1－0.117)＝4.119（部機器）

(3) $W = \frac{L(T+U)}{N-L} = \frac{0.335(2+15)}{5-0.335} = 1.22$（分鐘）

(4) 不必等候的機率＝1－需要等候機率

　　　　　　　　　＝1－D

　　　　　　　　　＝1－0.439

　　　　　　　　　＝0.561

(5) 計算系統期望總成本，與線型系統總成本。

M	平均停工數目	平均停工成本 $(N-J)\times500$	作業員成本	總成本
1	0.439	440.5	120	560.5
2	0.017	305.00	120	425.0

　　由上表可知，僱用2位作業員，因其總成本較僱用一位作業員的期望成本低。

整體生產規劃

✖定義

　　整體生產規劃（aggregate production planning），是中期的生產規劃，並以最有成本效益的方式來調節中期之供給和需求的程序，主要是連結長期的產能策略計畫和中期整體生產規劃活動。它所涵蓋的時距約為3個月至1年的產出需求量，生產量是以所需的人工小時或生產單位數來表示，此項規劃主要的輸入為產品／市場計畫與資源計畫。

　　整體生產規劃是指企業為推行生產活動而設法建立一套完整有系統且有組織的計畫。也可說，在生產之前即將所要生產的產品種類、品質、生產數量、方法、設備及各種製造費用，編列一套可行的事前計畫。（陳弘等，2001）

✖目標

　　整體生產規劃的目標是擬定一個生產計畫使能夠充分的運用組織的資源來滿足預期的顧客需求，其主要原因乃在產品需求甚少是穩定的，因此，企業必須試圖尋找每月或每季的生產量、工作水準和存貨水準的組合，發展一套經濟而有效的策略，以應付需求的變化，並得到最小化規劃期間內的總生產相關成本，但視不同的產業而有所不同，其目標的內容為：

1. 滿足顧客所要求的產品交期。
2. 滿足顧客所要求的產品數量。
3. 滿足顧客所要求的產品品質。
4. 在最低成本上生產。
5. 使資產的週轉率最大。

✖ 重要性

整體生產規劃在管理中具有其重要性，它會影響：

1. **成本**：因生產規劃，而有發展目標方案決定企業生產的正常班、加班、外包、保有存貨、預收訂單、解僱及其他相關方法單位成本，進而編列預算來做控制，有助經營管理。

2. **設備利用率**：生產規劃開始於預測中期總體需求，雖然須每月定期更新，以考慮最新的預測與變動。但經由此計畫設定產出，而產出端視設備的運轉能力，需求大則設備利用率提高，反之則降低。

3. **顧客滿意度**：生產規劃者所關心的是一需求的數量與時程，若在生產規劃期間的產能與需求非常接近，則貨品及時供應，定能使顧客滿意度提高。

4. **人員聘用水準**：為達成生產規劃的目的，一般常用每時期的人工小時、機器小時或產出率，則重視勞動力資源的供給，可知聘用人員的數量及其能力，有助人力的安排專職或兼職。

5. **幫助整個供應鏈的同步運作**：生產規劃有其生產產品數量，則依物品清單展開進行採購與外包作業，使得原料供應商或加工承包商皆須配合運作，方能及時供應來組裝。生產規劃的時程關係廠商的前置時間是否足夠，否則產生斷料無法生產的窘境。

✖ 特性

整體生產規劃是採取總體的觀點來發展一個組織的生產計畫（production plan），它考慮的是所有的產品而非針對某一特定產品項目。一般而言，生產規劃具有下列特性：（賴士葆，1995）

1.規劃水平約為12個月，且定期（可能每月）更新計畫。

2.設備視為固定無法變動。

3.可能同時操縱供給和需求變數。

4.同時考慮多個目標，例如，較低的存貨、低成本、良好的勞資關係等。

5.假設需求是波動且不確定的，且需求是以整體數量，而非個別產品的需求量（汽車以總車輛數）來表示。

✕ 內容

整體生產規劃的內容包括如下：

1.生產計畫：經由長期的企業計畫，藉預測而決定生產數量。

2.資本設備計畫：生產計畫決定的生產數量及時間，檢討現有設備的擴建、更新、重置、大修及模、冶、夾、檢具的購置。

3.研究開發計畫：生產計畫決定生產新、舊產品投入的時機，進行設計新產品、重新設計現有產品、現有產品的改良與修正、重新定位、降低成本等工作。

4.物料計畫：生產計畫決定原物料、半成品、成品的需求與存貨，進行外包、採購及倉儲作業，並維持供應商的關係。

5.製造成本預算：藉生產計畫、編列製造費用，以利未來的管理。

6.人力資源計畫：藉生產計畫及標準工時，編列人力需求數目，進行召募、訓練、異動等作業。

✕ 程序

每家公司的整體生產規劃程序不同，一般採用下列程序：（Davis, Aquilano & Chase, 2001）

1.傳統方法

（1）預測規劃期間內的需求量：製造部門詳述陳述未來的12個月，每一項主要的產品線需生產多少單位，方能滿足預測的銷售值。

（2）運用各需求與供給變數，擬定有關各期產出、存貨、勞力水準等策略，以因應需求變動。

（3）將計畫內容分解，轉換成各產品項目的需求量與需求時間。

2.模擬方法

（1）模擬各種不同的主生產排程，計算對應產能的需求，以察看每一工作中心是否具有足夠的員工與設備。

（2）發現產能不足，則針對每一產品線擬定加班、外包或僱用臨時工等應變計畫，再將其合併為粗略的生產計畫（rough-cut capacity planning，規劃可滿足需求適當生產能量和倉儲設備），以複查MPS以確保沒有任何需求變更排程的明顯產能限制。

（3）以試誤法或數學方法，修改此計畫成為最終計畫，並且希望計畫的成本最低。

✖策略

整體生產規劃策略取決於工作能力大小、工作時數、存貨和積壓待辦訂單等變數的取捨，計有下列的策略：

1.**追擊策略**：當產品訂單變動時，藉由僱用與解僱員工使生產率正好符合訂單。此策略的成功取決於訂單增加時，可以召募大量且容易訓練的員工。但若訂單減少，則員工會有被資遣的恐懼。一般服務業傾向採取此方式，因為顧客會涉入服務傳遞的過程中。若時間許可下亦進行設備計畫。

2.**穩定工作能力——變動工作時數策略**：經由彈性的工作排程或加班來變動工作時數，進而調整產出，以使生產數量配合現有的訂單，此策略穩定工作班底，為一般企業所採用。

3.**平準策略**：維持穩定的工作力，且以固定的產出率從事生產，藉由變動的存貨水準、積壓待辦的訂單數和銷售損失等，來吸收缺貨及生產過剩的波動。員工因穩定的工時而獲益，但存貨成本卻提高。一般以程序為導向的設施（啤酒廠、煉油廠）傾向採行。

4.**外包高風險策略**：管理者將部分產量外包來調和需求的波動，但除非能確保與供應商的關係特別良好或要求，否則採用此策略可能會對交

期與品質失去一些控制。配合時代的潮流，業界為降低生產成本，大量採用此策略。

相關成本

整體生產規劃包括下列的成本：（Chase, Aquilano & Jacobs, 1998）

1. **基本生產成本**（basic production cost）：這項成本是在一定期間內生產某種型式的產品，所發生的固定和變動成本。包括：物料成本、直接／間接人工成本、正常薪資或加班費用。
2. **產量變動相關成本**（costs associated with changes in the production rate）：主要的有僱用、訓練、遣散費用，另外為準時交貨而增加工作班次，所衍生成本亦屬之。但企業可僱用臨時工可降低此費用。
3. **存貨持有成本**（inventory holding costs）：最主要的為存貨的資金成本，其他還包括：倉儲、保險、稅賦及產品過時的成本。
4. **缺貨後補成本**（backlogging costs）：趕工成本、跟催成本很難量化，趕工則顧客喪失信心及失去銷貨的機會成本。

一般公司為取得企業資金，生產部門主管通常需要準備年度預算，而生產規劃的活動是預算程序是否成功的關鍵。生產規劃的目標是為調整員工人數和存貨最佳的組合比例，同時讓其總生產相關成本最低。精確的生產規劃增加預算金額和精確的使用預算的成功機率。

需求與供給變數的運用

在整體生產規劃中為了調整需求及供給，決策者可以運用下列變數來達成平衡：（賴士葆，1995）

1. 調整需求的變數
   （1）訂價（pricing）：通常使用差別訂價，以將需求從尖峰時期轉移至離峰時期，是最容易看見成效的，其將移轉需求，使更能接近產能。台灣冬季牛乳盛產，廠商降價來增加需求量。
   （2）廣告及促銷活動（advertising & promotion）：廣告或其他促銷形式，有時在改變需求上極為有效，而使需求與產能密切配合。例

如，美國籃壇巨人──喬丹來台訪問活動，造成籃球鞋大賣的時機。

（3）延遲交貨或預先訂購：企業可藉允許預收訂單，而將需求移轉至其他時期，以減緩產能的壓力及平穩供需，但是有賴顧客是否願意等待交貨的耐心而定。汽車修護廠採用預約活動，使得保養尖峰時間的擁擠狀況改善。

（4）新需求（new demand）：針對需求量非常不均勻的需求尖峰時期，許多企業會面臨必須大量提供產品或服務的問題。台灣夏季大學聯考期間，出外者少，旅館飯店業則提出讀書專房促銷案（冷氣、安靜及休息）。

2.調整供給的變數

（1）僱用或辭退員工（hire/fire workers）：作業勞工密集的產業，則採此方式對產能會有很大影響。但須考慮公司與工會訂定的契約和員工技能的水準操縱此一變數。採用此法會涉及召募、訓練、失業補償、初期的低生產力、士氣及勞資關係。

（2）加班或減班（overtime/slacktime）：運用此法較僱用或辭退方法緩和，且可視需要的運用與選擇，可減少生產淡旺季增減員工的問題。但需注意不要過於倉促的加班通知或變動，同時須顧慮超時的生產力下降、品質不佳、意外事故的發生。

（3）僱用兼職或臨時員工（part-time workers）：僱用兼職員工是一個可行選擇，因所花費的成本較低，故頗受企業的歡迎。但是多取決於工作性質，所需的訓練與技能，以及工會的同意。有些公司採用契約制員工（工作與專職員工相同、給薪不同、福利不多）保留相當的彈性。

（4）調整存貨（inventories）：雖然存貨可使生產作業平穩順暢，但會涉及存貨保有成本（儲存成本和可能投資於他處被凍結的成本），也包括：保險、腐壞、過時、耗損等成本。一般運用在製造業，而服務業較難。

（5）外包（subcontracting）：可使規劃者獲得短暫的產能，取決於可用產能，相對專業性、品質考量、成本、需求量和穩定度等因素。外包已成現行流行的作業，設法採用組織間的簽約，以法律

來做供應／規律的立場。

（6）增加設備：針對生產瓶頸的生產設備進行修改、購置工作。為提高作業效率增設模、冶、夾、檢、刀、工具等。

規劃技術

1.規劃的程序

（1）決定每個時期的需求。

（2）決定每個時期的產能（正常時間、加班時間、外包）。

（3）決定公司或部門的政策（保持安全存量水準在需求的5%，維持穩定的勞動力）。

（4）決定正常班、外包、加班、保有存貨、預收訂單、解僱及其他相關方法的單位成本。

（5）發展出數個可供選擇的計畫方案，並計算每個方案的成本。

（6）如果出現滿意的計畫，則選出最滿意的方案，否則回到上一個步驟。

2.非正式方法

非正式方法是指嘗試錯誤法，採用成本計算（**表5-10**），經由不斷地嘗試與修正總成本現有方案，以求得一可被接受的解答。此法因較簡易故使用廣泛，但其缺點是所得的方案未必是最佳的解。

表5-10　成本計算表

項目	成本類型	計算方式
產出	正常時間	每單位正常成本×正常產出量
	加班	每單位加班成本×加班數量
	外包	每單位外包成本×外包數量
僱用／解僱	僱用	每次僱用成本×僱用人數
	解僱	每次解僱成本×解僱人數
存貨		每單位保有成本×平均存量
預收存貨		每單位預收訂單成本×預收訂單數量

【例題】：某製造幾種款式，不鏽鋼閥零件製造廠的規劃者，要預備涵蓋六個時期的整體規劃，其蒐集資料如下：

時期	1	2	3	4	5	6	總計
預測	300	300	400	400	500	500	2,400

成本產出：

　　正常時間：每件美金 2 美元。

　　加班時間：每件美金 2.6 美元。

　　外包時間：每件美金 1.5 美元。

存貨：在平均存量中，每期每個SUS零件成本為1美元。

預收訂單：每期每件零件 4 美元。

條件：

　　（1）第一期庫存從0開始。

　　（2）假設訂正常時間的每期平準化產出400單位（2400/6＝400）。

　　（3）計畫期末存貨為0。

　　（4）員工10位。

　　（5）每期加班最大產出單為40單位。

【解答】

	時期	1	2	3	4	5	6	總計
	預測	300	300	400	400	500	500	2,400
產出	正常時間	380	380	380	380	380	380	2,280
	加班	0	0	0	40	40	40	120
	外包	--	--	--	--	--	--	--
	預測產出量	80	80	(20)	20	(80)	(80)	0
存貨	期初	0	80	160	140	160	0	--
	期末	80	160	140	160	0	0	--
	平均	40	120	150	150	80	0	540
預收訂單		0	0	0	0	80	0	80
成本								
產出正常時間		560	560	560	560	560	560	3,360
產出加班		0	0	0	104	104	104	312
產出外包		0	0	0	0	0	0	0
僱用／解僱		0	0	0	0	0	0	0
存貨		40	120	150	150	80	0	540
預收訂單		0	0	0	0	320	0	320
總計		600	680	710	814	1,060	664	4,528

（1）此計畫總成本爲4,528美金。

（2）可依各項因素規劃變動來計算總成本，總成本較低者爲佳。

（3）數學方法：已經有許多數學方法，被用來處理生產規劃，計有：（Stevenson, 2002）

　　a.線性規劃法（linear programming）：線性規劃法爲作業研究中相當重要的一種尋找最佳解的模式，其目標函數是爲得到最小的成本或最大的利潤，並涉及分配稀少資源。在生產規劃中，其目的通常將正常工時、加班、外包、改變工作人員及存貨保有等的成本總和最小化。其限制包括：人員數、存貨及外包的能力。

　　b.運輸問題模式（transporation-type programming model）：可以用運輸類型的規劃模型方式，將此問題公式化，以得到產能符合需求條件與成本最小的總體計畫。爲了使用此方法，規劃者必須以每個時期爲基礎，確認正常時間、加班、外包與存貨（供應）的能力，以及各種變數所涉及的成本。詳見廠址選擇章節。

　　c.線性決策法則（linear decision rule）：線性決策法則爲另一種最佳化，它用一組成本估計函數，設法將正常薪資、僱用及遣散、加班與存貨的成本最小化。其函數含有三個二次項（包括平方項），以求單一的二次方程式。運用微積分，將兩個線性方程式從二次方程式導出。方程式其中之一，用來規劃在規劃期間中每期的產出；另一個，則用來規劃每期的工作人員數。

　　此模型須受限於三原則：

　　a）假設成本爲特定類型的函數。

　　b）各組織取得相關成本數據與發展出成本函數，通常必須付出相當大的心力。

　　c）可能產出不可行或不切實際的解答。

（4）模擬法（simulation）：模擬法是可以在各種條件下測試的電腦化模型，針對問題找出可接受（雖然不一定是最佳）的答案。

✕ 主排程與主生產排程

✦ 主排程

　　長期產能規劃的結果會影響中期規劃；同樣的，中期規劃的結果也會影響到短期規劃。從整體中期生產規劃過渡到短期生產規劃，需要做的一步，就是將整體規劃中通盤思考概念，逐步落實到個別產品思考的概念，這個步驟，稱為分解整體規劃（disaggregating the aggregate plan）。換言之，所謂整體規劃的分解，就是為了要將整體生產規劃轉換成有意義的部分，涉及將整體生產規劃分解成特定的產品需求，以便決定人力需求（技術及工作人員）、物料和存貨的需求。

　　將整體規劃分解的結果為主排程（master schedule），其顯示出在排程期間特定最終項目的數量和時程（**圖5-18**）。主排程包含行銷與生產的重要資訊，其中顯示訂單何時安排生產日程與完成訂單何時交貨等。主排程是以短期規劃為基礎，但應注意的是，整體生產規劃可能涵蓋長達十二個月的期間，但主排程只涵蓋一部分（幾週到兩三個月）。此外，主排程每月必須配合整體生產規劃更新一次，才能符合實際的需要。

　　一旦草擬出暫時的主排程，規劃人員便可以做出一個概略產能規劃（Rough-Cut Capacity Planning, RCCP），來測試主排程關於可用產能的可行性，以確保沒有明顯的產能限制存在。也就是，核對產能與倉儲設施，人力及供應商，以確保沒有會導致主排程無法運作的重大缺陷存在。

1988年羽田公司大發裝配線整體生產規劃

日期	1988年3月	1988年4月	1988年5月
車輛產量	2,000輛	2,500輛	2,700輛

↓

好載小貨車	800	700	750
祥瑞手排轎車	100	300	300
祥瑞自排轎車	200	400	550
銀翼轎車	900	1,100	1,100

圖5-18　整體規劃的分解

✦ 主生產排程

對於企業內的生產製造單位而言，主排程是表達需求面的涵義，而主生產排程（Master Production Schedule, MPS）則表達供給面。所謂主生產排程，是指在考慮期望交貨的數量及現有庫存貨下，計畫生產數量及時程。主生產排程是主排程的產出之一（圖5-19）。其作業詳細內容為：

1.投入

（1）期初存貨：來自前一期的實際現有庫存量。

（2）預測：日程中每期的預測值。

（3）顧客訂單：已經承諾顧客的數量。

2.產出

（1）計畫存貨：來自上週的存貨量──本週需求。

（2）未承諾存貨：指可用於承諾的存貨（available-to-promise inventory），使行銷人員對顧客關於新訂單的交貨，做出實際的承諾。

3.穩定主生產排程

任意變更主生產排程，會造成企業各部分管理的困擾，尤其是早期或靠近現在的變動。一般來說，變動在離現在愈久的未來，則愈不會發生問題。

主生產排程通常可分為下列階段的時間點（時間柵欄，time fences）給予不同變更幅度與授權。

1.凍結（frozen）：日程的部分，未經組織最高層允許，則除了最關鍵的部分外，全部都不能變動。

2.固定（firm）：只能在例外時變動。

3.滿載（full）：所有可用產能已被分配。

4.開放（open）：產能尚未完全被分配，而新訂單由此處進入日程中。

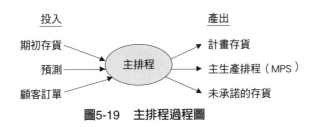

圖5-19　主排程過程圖

✖ 服務業的整體生產規劃

對於高固定成本和低變動成本的服務業其生產規劃與製造業是不太相同的（**表5-11**）。這是因為服務作業的產能不能留至未來使用，所以其多餘的產能通常被視為具有高度的易逝性（易腐敗）。因此，服務業必須在追擊策略與平準策略之間做選擇，而服務業總是必須選擇追擊策略。換句話說，當顧客需要服務時，產能必須唾手可得的。（顧志遠，1998）

✦ 服務需求與供給變數的運用

1.調整服務需求的變數

（1）建立預約制度：控制需求於某一定數，以免顧客太多影響服務品質。但若預測人數不足，則服務人員及設備閒置。

（2）發展輔助服務：刺激顧客需求，使得服務項目更為完整（飯店增加酒吧賣酒），但需花費額外設置成本。

（3）建立價格激勵制度：利用價格的優惠刺激需求，可使現有的服務容量充分利用，創造利益。

（4）促進離峰時服務量增加：使離峰剩餘服務容量可以充分利用，創造利潤。

（5）增加遞送方式：提供顧客多種服務選擇，使得需求量增加，但需花費額外設置成本。

表5-11　服務業與製造業生產規劃差異比較

製造業	服務業
1. 產能是人工、機器及存貨的組合。	1.服務容量是設備、服務人員及目前可提供最大容量的組合。
2. 較長的規劃時限。	2.較短的規劃時限。
3. 以較長的時距為規劃時間單位。	3.以較短的時距為規劃時間單位。
4. 有較多的標準生產計畫方法。	4.較少有標準服務計畫方法。
5. 常以加班方式彌補產能的不足。	5.常以增聘兼職人員彌補服務容量不足。
6. 通常生產每批產品有較長的前置時間。	6.通常在服務每個顧客前均有一段短的前置時間（醫生先看病歷表）。
7. 產品需求變化少，較易做中期生產規劃。	7.服務需求變化大，不易做中期服務規劃。

2.調整服務供給的變數

(1) 重疊式排班：滿足服務尖峰期的需求，尖峰期服務人員多，平時少，使人力充分運用。

(2) 延長服務時間：增加服務時間，具有彈性隨需求增加而調整，可節省訓練及僱用成本。但工作時間長，服務人員易疲勞而降低生產力。

(3) 僱用部分工作人員：滿足服務尖峰期的需求，具有彈性隨需求增加調整，可得較低人員成本。但非專業人員可能敬業精神不高，流動率大，影響服務品質。

(4) 僱用外包商：具有彈性隨需求增減而調整，可滿足服務尖峰的需求及成本低。但服務品質不易掌控，可能會被外包商搶走生意。

(5) 採用自動化：服務供給保持穩定24小時運作，省去人工成本，不怕找不到服務員工，但機器故障及損毀不易查覺。

(6) 增加顧客參與度：減少服務人員需求成本，顧客有充分選擇權。但顧客自我服務時間不易控制，易造成擁塞。

(7) 延遲服務給予時間：不增加系統加班成本，使系統容量保持一定。但可能因而失去不願意等待的顧客。

(8) 多職能服務人員訓練：服務尖峰期，可調其他部門人員因應，具有不增加成本及彈性調度的好處。但需花費額外的訓練成本。

✦ 服務時刻表

1.定義

服務時刻表（time schedule table）是宣布供應量的方式，預先安排服務供需，以期達到供需平衡的目的。此表是業者根據過去經驗知道顧客需求量、未來預期成長量、各種服務資源容量上限等因素編訂，服務時刻表上列有服務資源供給時間、數量及服務人員資料。

服務時刻表是近期服務需求規劃的重要依據。業者利用它成為預約系統及後勤資源調配系統的作業依據。一方面行銷部門依此展開客戶預約作業。另一方面後勤部門依此安排人員輪班、值班工作，以及安排服務設施的調用工作。

若服務需求量多於服務供給量，由於業者已事先言明服務供給情況，因

此，即使拒絕或延遲後到顧客的需求，也能得到顧客諒解。但時間表安排不當，將會造成不符顧客需求或資源無法有效的運用。

2.種類

各種服務業，由於服務方式不同，具有不同嚴謹程度的服務時刻表：

（1）沒有時刻表：少部分服務業沒有時刻表，因為需求無法預約，又為了滿足真正需要時的需求，故須維持超額資源，往往是無效率及低生產力（消防隊、救難隊、醫院急救中心）。

（2）有時刻表：這種服務業有最起碼的時刻表，列出每日開放時間或每日每場時刻。此種服務業沒有最大容量的限制，主要是因為來客量通常不會超過服務量，即使是擁擠，顧客會自行調整速度（博物館、動物園、銀行櫃檯服務）。

（3）有時刻表及容量最大限制：大部分服務業的時刻表均屬於此類型，一方面配合需求提供服務的時間表，另一方面由於服務容量有限，所以有最大量的限制（學校課程、旅遊團、遊輪、貨櫃船、飛機）。

（4）有時刻表、容量最大限制及對號訂座：部分服務業，除了規定服務時間及容量限制外，更需預約訂座，需有一套有效的預約系統（電影院、旅館、醫生門診、律師約談）。

✦ 服務預約系統

顧客多半不願意將寶貴時間浪費在無效的等候之上，故服務業皆利用預約制度（reservation system）調配服務的供需。

1.特徵

一般適用採用預約系統的服務業，具有下列特徵：

（1）提供服務具稀少性（高級餐飲、機位、電影院）。

（2）提供服務具隱私性（心理輔導）。

（3）提供服務具高顧客化程度（律師、理財專家）。

（4）提供服務較昂貴（長途客運、船位）。

2.效益

（1）業者預先知道未來的服務量，及早做服務供給規劃。

（2）有效控制顧客數量，保障每個顧客權益並確保服務品質。

（3）減少或消除顧客不必要等候時間。

（4）確保顧客隱私權。

（5）建立業者與顧客間密切的互動關係，增加顧客忠誠度。

預約是服務供給者與顧客間共同約定的服務制度，因此預約制度的成功需雙方面的配合。一般而言，預約制度最怕的就是「失約」顧客過多，若失約顧客過多，預約系統將之瓦解。為使預約系統運作成功，必須要有準確且符合顧客習慣「給號系統」予以配合。由此可大致估算出服務時間，因此給號系統，可根據預約的人數，推算並給予下一位預約者的服務時間或依顧客需求去推算序號。

✦ 產出管理

服務業即使受到易逝性、異質性及同時性的限制，但在生產服務規劃時，還是有可觀的自由空間。極大產能的利用率是很重要的，即使在淡季時必須降價以刺激買氣，這種方法稱為產出管理（yield management）或收益管理（revenue management）。

產出管理試圖同時整合需求管理與供給管理。產出管理的目標是要賣光所有可提供的產能，即使是以折扣價來售出，但同時亦不拒絕願意全額付費的顧客。以下列出哪些性質的服務業適合發展產出管理：（Kimes, 1989）

1. 有能力做市場區隔：為了使服務容量的使用更為有效，業務人員須有能力做市場區隔，因為不同的顧客會有不同的服務要求（飛機、輪船區分為經濟艙及頭等艙）。

2. 高固定成本與低變動成本：高固定成本與低變動成本結構的服務公司可提供優惠的折扣，只要折扣價仍能涵蓋變動成本，則其利潤直接與銷售額相關。也就是營業額愈多，利潤就愈大（清潔旅館房間的變動成本為NT750^{00}，包括清潔人員薪資及更換所有的消耗品，可用超過NT750^{00}，變動成本的任何價格作為房價）。

3. 易消逝性的服務：許多服務的性能由於易逝性，不可留至未來使用，須重視性能利用率，所以必須提供高額的折扣才能吸收顧客，只要折扣價格高於變動成本即可（飛機、遊輪）。

4. 預售產能：建立預約制度是管理服務產能的重要基礎，有些提供高價位且稀少的服務，若有剩餘服務產能往往造成業者重大損失，但藉預

約方式，可讓業者掌握需求狀況，進而調配服務資源供給（旅館、高級餐廳）。

日程計畫

定義

　　中期計畫決定每個月擬定的生產計畫，為日常作業活動的基準，也大體決定了各製程每日的預定作業。但在實際上，計畫的範圍也從廣的範圍轉為狹小的範圍（細密化），由每日做好進度管理方能有益於每月的生產計畫達成。（並木高矣，2000）

　　長期規劃，企業的生產能力包括外包在內的產能為一體；而中期規劃是企業各製造單位的生產能力；但在短期規劃的日程計畫是以個人別（機械別）的能力為基本，因此，每日的預定表就是個人的作業分配表。

　　在長期和中期計畫上，多半以工作本位來作生產計畫表（何種產品生產多少？何時生產？）。但在短期計畫中使用工作別（大量生產用，工作重複，因此個人分擔並不改變）或個人別生產計畫表（少量生產用）二種格式。

架構

　　生產的日常計畫，其內容構成是區分各要素別的計畫（圖5-20），內容如下：

作業途程

　　工廠生產，在品質、成本、交期方面，須以最合理的方法實施。使何人、何時實施都能達到相同效率和品質的標準作業方法，才是作業途程（operation routing）的第一目標。但要製作一件產品可考慮各種生產方式，因此從中配合要求在品質或生產量下選擇最適宜的加工方法，制定最高效率

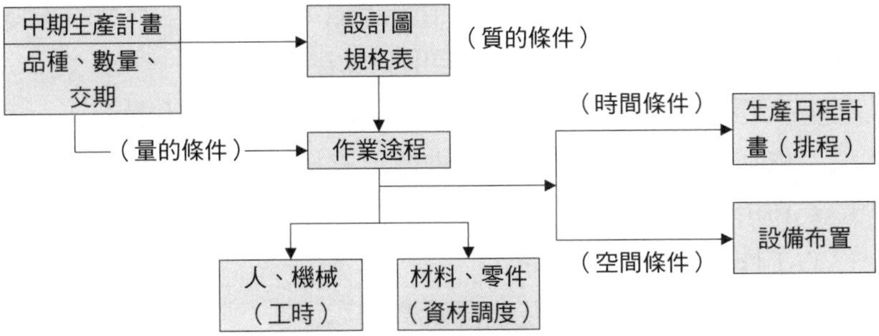

圖5-20 生產計畫構成

處理的作業方法。

所謂作業途程，係指製造新產品，依據設計圖或規格表作業方法（製程順序）、作業條件（所需機械、工夾具）和標準時間完成的途程單（Routing Sheet，詳見研究開發章節）。

途程單可決定機件的自製或外包、生產流程擬定、決定各工作站的機器設備、決定人力的需求及決定製程檢驗站等項。而作業途程受到產業別生產型態、生產技術改變、產品設計變更及員工技術水準等的影響。

作業途程所制定的表單包括：製造命令（工令，Production Order）、操作標準、檢驗標準、檢驗表、工作紀錄表、領料表（配料表）及刀工具設備單等。

✦ 工時計畫

從工作量，即從作業所需的工時（總工時）計算需多少人員或機械台數，而再進行現有產能（人、機械能力）進行調整。

1. 計算工作量：將生產量換算為工作量，大部分工廠作業以工時為工作量基準。但也有以機器運轉工時、處理表面積（電鍍、塗裝）、重量（鑄造）為基準。

2. 實際作業時間的設定：係指出勤工時扣除正常休息時間後的直接及間接工時。

3. 總工時計算：依途程單決定每個產品平均的標準工時，包括不良率在內的數量，乘以該月的生產數計算而得。

4. 產能（人員、機械）的計算：配合上述的計算，以時間單位計算製程

別的人員所獲得的機械能力（須將故障率考慮在內）。而人員數量須以熟練員工來計算（考慮員工的出勤率在內）。

5. 產能不足的調整：瞭解產能不足時，可採取下列因應對策：

（1）依靠加班、假日上班，其他單位支援、臨時工來處理。

（2）利用外包加工。

（3）工作延至下個月生產。

（4）長期則為增聘員工及購置新機。

✖ 日程計畫

1.定義

（1）排程（scheduling）：排程是一種資源分配決策；它將產能及整體生產規劃的結果（設備、人力及空間等）分配至各項工作、活動或顧客上，並調和效率、存貨水準及服務水準等三個相互衝突的目標，以求取一適當的平衡。也就是說，是以書面把工作的時間及順序按照目標而排定，以確保這些工作或作業準時完成。由上可知，排程是計畫的主要內容，排程也決定了企業的生產力。（潘俊明，2003）

（2）日程（schedule）：所謂日程，含有計畫的意思，是按時間順序排列出事情細節。而為確保這些細節按時進行，則對各該細節所應始終的時間，詳細註明於日程中。

（3）排程管理：為規劃企業日常活動，以經濟有效的方式推動生產活動，企業必須進行日程規劃與管理，稱為排程管理。簡言之，排程管理是生產計畫與管制，亦可稱日程管理。

2.目的

排程是對已決定如何進行的工作，訂出時間表，其目的為：（張保隆等，2000）

（1）整個處理或製程的時間保持最短。

（2）使存貨的水準能夠保持低的水平。

（3）提高人員與機器使用率（生產線平衡）。

（4）提升顧客服務水準以減少顧客等候時間（增加商譽）。

3.種類

無論製造業或服務業的排程，可分為：

（1）人力資源規劃的排程：決定僱用員工何時工作、工作時間等，其重要性在把可支配的人力資源與一些績效指標如系統使用率、成本、品質、顧客等候時間或等候線長度一起考慮。

（2）作業排程：為分派工作給機器或工作站及分派工人給不同的工作。其重要性則在把每次生產批量的排程和另外一些績效評估指標如製造週期時間、存貨水準、準時完成工作乃至成本、品質做一綜合考量。

4.範圍

（1）製造業

　　a.直線式生產（連續與大量生產）：每條生產線其產出計畫重點在運用均勻分配產量、平均遞增產量及拋物線遞增產量的作法，而所生產產品項目個數會影響排程的規劃。如果生產單一產品，則無排程問題，只需注意平衡問題；但是如有多項產品，則存在有排程之問題，其解決方式則用批量或是平準化生產（JIT）中排程的看板系統來解決。

　　b.間歇式／批量生產：生產時其產出計畫重點為按產品的主從關係排序，儘量避免同一期生產太多同類產品，使用關鍵設備及加工困難的產品分期排列，可能有多種不同產品在一條生產線中生產，亦有排程問題產生，其解決方式多數採用批量法或耗竭時間（run out time）法來解決。

　　c.個別式生產（job shop）：生產方式其產量少而產品差異大，其產出計畫重點儘可能根據顧客需求的交貨期，各個機器設備中會依其製造功能來組合，同時各有不同模、冶、夾、檢、刀具等更換準備時間、物料搬運並加上勞工成本占有重大的比例，使排程相當複雜，可採用以MRP為基礎的排程優先分派法、數學最佳的方法及模擬方法來解決。

　　d.專案式生產：生產少量品且多在使用點或集中一地製造，其排程可採用PERT/CPM等網路分析模式來解決。

（2）服務業：服務業系統所產生的排程問題是由於服務無法以存貨儲

存及顧客要求服務隨機的性質（生產線式、顧客參與式及置身服務體系式）的特性所致。

在短期的排程，服務系統中的許多產能是固定的，而目標是經由有效率的利用產能，因而達成某種程度的顧客服務。而服務系統的排程可能涉及安排顧客、工作人員及設備的時程。通常採用方式為：（Stevenson, 2002）

a.預約系統：控制顧客到達的時程，以便產能達到高度利用之際，能使顧客的等候最小化。

b.保留系統：設計用來使服務系統能夠準確的估計既定時段中系統的需求，並使顧客因等待太久或無法獲得服務所產生的失望最小化（旅館、餐廳、飛機）。

c.工作人員的排程：能夠以合理的準確度預測需求時，此種方法最好，屆時人員集中運用。另一種則是工作人員可訓練多職工彈性應變的支援瓶頸作業。

d.多重資源的排程：在某種狀況下，使用一種以上的資源需協調，如醫院（手術室、開刀房、恢復室、藥房、值班護士等）、學校（教師、教室、電腦教室、實驗室、學生）。

無論是哪一種系統，均需先考慮系統的產能，然後再設法對顧客的需求加以排程或對人力資源加以排程以滿足顧客的需求。一般採用排定時刻表，預約系統、員工連續假期（輪班）的安排及運輸工具的安排來解決。

不論製造業或服務業均有其排程的問題，其詳細作業的內容及運用方法，詳見制度實務章節。

5.衡量的標準

排程主要的依據在於能否有效達成其目標。因此，衡量的標準，有下列方式：

（1）交貨期（due date）：平均延遲、平均提前及延遲的變異數。

（2）流程時間（flow time）：平均流程時間、流程時間變異數、最大流程時間。

（3）工作站利用率（work center utilization）：所有工作站利用率及單一工作站利用率。

⚒ 工作分派

1.定義

所謂工作分派（或稱派工）（dispatching）乃指根據已排定製造途程及排定的製造日程，將適當的製造工作，分別先後順序，指派給各個擔任製造單位，使其能按照規定的路線及規定的時間開始工作，並且如期完成。所以在製造作業途程及日程排列之後，接著便是分派製造工作。

工作分派一般包含下列作業：（劉水深，1984）

（1）檢查原物料是否可立即供應，並將其搬運至工作現場。

（2）確認生產及檢驗工具設備是否準備安當。

（3）檢送產品設計圖、規格、材料領用單、布置圖、途程表給負責的製造單位。

（4）從設計部門檢取有關檢驗資訊給品管部門。

（5）通知生產管理部門即將開始生產。

（6）通知生產單位開始生產。

（7）製造完成時，將有關設計圖、規格、途程表送回生管單位。

（8）保持所有生產紀錄以供決策（各種原因造成時間浪費、機器故障）。

工作指派的活動相當複雜，常隨製造方法而異。連續性生產方式因其生產設備已固定，工作指派人員只須分派製造上所需的材料及供應品，較為簡易。而訂單式生產方式因其產品往往隨訂單而異，故使用之機器、設備、模具、工具、量具等因而不同，工作指派更為繁雜。

2.指派方式

（1）集中工作指派（centralized dispatching）：集中工作指派係由分派工作部門將製造命令直接分送至各有關工作中心付諸實施，並依照其工作進度直接加以管制。各工作中心負責人只需遵照命令，運用其機器生產即可。在實施此方式，分派工作單位必須對全公司每一部機器之性能、產量及現有工作等，事前加以調查，並作成準確可靠的紀錄，始能有效控制。

集中分派在製造控制上較強，在工作上調度較有靈活。如遇緊急製造命令，只須略加調整，即能如期完成製造。但造成事務費用

增加，文件往來頻繁。

集中分派方法，適用於具有高度標準化的產品、產品種類不多、生產因素變動較少、製造程序簡單及機器設備不複雜及員工不多。此種集中指派較適當於中小企業。

（2）分散工作指派（decentralized dispatching）：分散工作分派，係由分派工作部門將各種製造命令或製造日程表，一併分發至各有關製造部門，再由各有關製造部門負責人或工作分派人員，斟酌其優先順序，再分發至有關機器或工作人員。

分散分派因實際的分派工作分散於各部門，故各部門與中央分派機構間文件的往還較少，事務費用因而減少。另因分別授權各部門，加強各部門責任，容易發揮工作效率，但製造管理較為鬆弛。

分散分派方式，適當於產品多樣化、生產因素變動頻繁、製造過程較為複雜及機器設備很多、工廠分散各地員工眾多及多角化經營。此種分散指派較適用大規模生產工廠，尤其以多角化經營企業居多。

第6章

生產規劃（二）

物料管理

⚒ 物料管理實務工作

✦ 緒論

1. 定義

（1）物料

a.狹義：通常稱為材料，即指用以維持產品製造所需之原料、用料、零件配件而言。一般生產工廠可分為（圖6-1）：（傅和彥，1995）

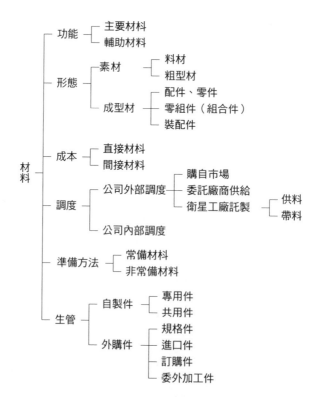

圖6-1 材料分類法

　a）功能上區分：主要材料（構成製品的主要部分）及輔助材料（配合主要材料之加工而附屬於製品上）。

　b）形態上區分：素材（仍須加工之材料，可分料材、粗型材）及成型材（已加工之材料，分為配件／零件、零組件、裝配件）。

　c）成本上區分：直接材料（材料直接供作製品製造之材料，其消耗與產品產量成正比）及間接材料（間接幫助製品之材料，消耗與產品產量不一定成正比）。

　d）調度方法區分：公司外部調度（購自市場、委託廠商供給衛星工廠託製）及公司內部調度（自行生產製造）。

　e）準備方法區分：常備材料（利用存量管制之原理，定時購買一定數量之材料儲備）及非常備材料（不能事先儲存的材料得視生產計畫而定）。

　f）生管上區分：自製件（共同件、專用件）及外購件（規格件、進口件、訂購件及委外加工件）。

b.廣義：一般包含原料、材料、配件、零件外，還包括：間接物料、在製品、工具、用品、設備、殘廢材料、包裝材料、成品、製成品、醫藥衛生材料、消防器材、儀器等。

（2）物料管理：依美國製造和物料管理協會（APICS）定義為一組完全支援物料循環流程的管理功能，從採購、內部產品之物料控制，到在製品之規劃控制，成品之倉儲、搬運、配送通路等事項。（Stevenson, 1995）

也就是說，物料管理係指計畫、協調並控制各部門之業務活動，以經濟合理的方法供應各單位所需物料之管理方法，而經濟合理之方法，係指適當之時間、在適當之地點、以適當之價格及適當的品質，供應適當數量之物料。（賴士葆，1995）

2.重要性

企業經營必須依賴物料、人力、金錢、機器及管理等五大要素組成，通稱五M，其中以物料、人力、金錢、機器四者具體形象為經，以管理為緯，方能使企業發展。

在開發中國家，工資低廉，物料成本在製成品成本所占的比率往往高達

60%～80%，就重點而言，應是降低成本的重點。故對物料之浪費、呆廢料之防止、存量管制之加強，對成本降低有莫大貢獻。

一般公司借款利率皆在5%左右，物料報廢率若降低1%，則其效益等於銷售額須增加5%，但銷售額增加須花更多的資源，且不容易得之。但物料管理往往是人們所疏忽之處，若能加強，則可帶來很多之物料節省，降低許多物料成本，可見其重要性（圖6-2）（劉水深，1984）

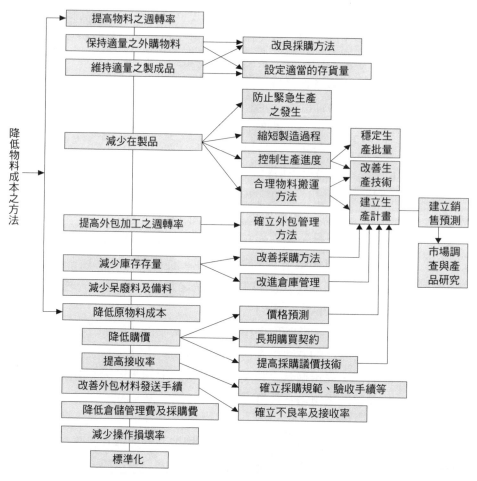

圖6-2　物料管理及其他生產因素關係圖

3.物料管理的基本概念

在物料管理中，有兩個基本概念非常重要：

（1）價值分析（Value Analysis, VA）：採購作業不但要依規格（specifications）購買適合品質水準之物料，同時還要不斷的尋找新原料或有效的代替品（substitution），以確保供給來源及物料成本。VA是提供一個結構性方法，以發展在維持一定品質水準下，減少成本的交替策略。詳見第九章生產查核之成本控制章節。

（2）ABC分析：在工廠所用的物料眾多，且重要性不同。因此，所應採取的管制程度也應有所不同，可採用重點管理（focus management）方式，對較重要的物料管制較嚴格，對較不重要之物料可管制較寬鬆些。所有物料存貨項目可歸為ABC三類。A類的存貨項目少，但金額相當大（或者外購物品交期較長），此為重要少數，由高階主管控制。C類的物料存貨項目相當多，金額很少，較不重要，可由基層人員控制。B類項目及金額介於A與C類之間，可由中階幹部負責。（表6-1）

分析方法步驟如下：

a.先將每一種物料之資料（單價、年度預計使用量）彙集完全填在物料分析卡上，並計算各種物料之年度使用價格（單價×預計年使用量）。

b.ABC卡填完後，將ABC分析卡按照預計使用價值（金額）大小，先後排序。

表6-1　物料ABC分類管理重點

項目	A類	B類	C類
1.管制程序	嚴格	正常	簡單或週期
2.帳務	嚴格準備，經常查證	正常良好紀錄	無或簡單，長期才做統計
3.作業優先性	最優先	正常但緊急時應提高優先性	一般
4.訂購作業	謹慎，高級主管核准，應壓縮前置時間	正常，中級主管核准，定期訂貨	複倉制，倉儲人員申請，大量訂貨
5.領料及退料作業	批量	批量	整盒，整包
6.盤點	時常	定期	定期

c.將ABC分析卡上之資料（已排序）依先後順序填入ABC分析
表。

d.計算預計使用金額及其所占金額之百分比。

e.計算項目百分比。

f.計算項目累積百分比。

g.利用ABC分析表之資料繪製柏拉圖（詳見第十章生產查核章
節）

4.目標

物料管理之目標（表6-2），可依物料管理之策略（功能部門層次之製造
策略）宣示，可決定物料管理目標，進而擬定政策，以利執行人員有所依
據。目標之重要，不僅隨著行業之不同而異，且各目標相互關聯，相互矛
盾，當某一目標有所得時，則另一些目標將被犧牲。故一個企業須決定該以
何種目標為第一優先（須考慮本身之特性，尚需注意外在環境之變遷），然
後再將其他項目犧牲為最少。（林清河，1995）

表6-2　物料管理的目標

項次	要求之目標	衝突之目標
1	低價購進	高的存貨週轉率，為獲得與保有物料所支付之成本低供應不虞間斷，品質的一致性，與供應商之良好關係。
2	高的存貨週轉率	為獲得與保有物料所支付的成本低，低價購進，低的人工成本，供應不虞間斷。
3	為獲得與保有物料所支付之成本低	低價購進，高的存貨週轉率，完善的紀錄。
4	供應不虞間斷	低價購進，品質的一致性與供應商之良好關係，高的存貨週轉率。
5	品質的一致性	低價購進，供應不虞間斷，供應商之良好關係，為獲得與保存物料所支付之成本低、高的存貨週轉率。
6	低的人工成本	會影響其他所有目標之達成。
7	供應商之良好關係	低價購進，高的存貨週轉率，供應不虞間斷，品質的一致性。
8	人員的培育	低的人工成本。
9	完善的設計	為獲得與保有物料所支付之成本低及低的人工成本。

5.物料管理系統

物料管理系統見**圖6-3**：（朱高寧，1995）

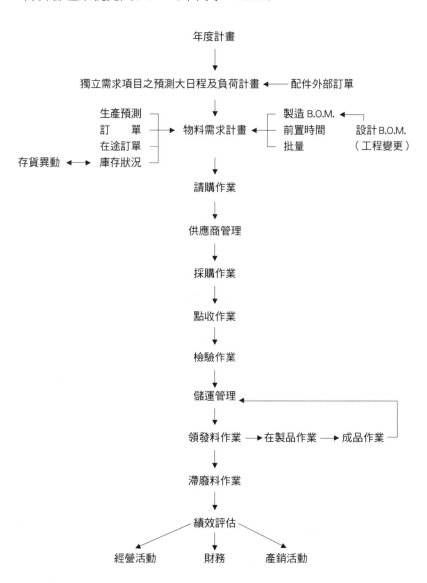

圖6-3 物料管理系統

6.物料管理範圍及職掌

物料管理範圍及職掌見圖6-4：

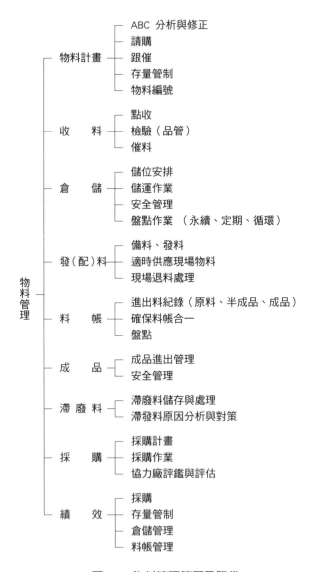

圖6-4 物料管理範圍及職掌

✦ 物料的識別

1. 物料的源流

（1）物料清單：企業研究發展單位，從事於設計新產品時，須提出
設計相關資料及圖面，包括：裝配圖、零件清單（part list）、詳
細工程圖（零件圖）、裝配表、操作程序圖、途程單及流程過程
圖等項，以為生產製造之依據。

一般所稱之設計物料清單（Bill of Materia, BOM），指研發單位人
員，依裝配圖彙總各零件清單而成的總表，可用表列（表6-3）
或結構樹（structure tree）來表示（圖6-5）。每一個最終產品均有
自己的清單，配件階層少時，以表列即可。若階層多時，則可用
結構樹表示，以利未來工作站及流程之安排。但無論如何皆要有
一份物料清單，為生產製造所需物料之明細。

（2）物料規格：研究發展單位依零件清單，須列出規格，以為物料採
購之依據，通常包括下列項目：（楊金福，1981）

a. 名稱。

b. 型號或分類（物料）編號。

c. 設計圖號。

d. 主要用途：用於何處、作何用途。

e. 功能描述：動力來源、轉速或操作特性等。

表6-3　太陽眼鏡之物料清單

產品編號：A00101　　　　　　　產品名稱：太陽眼鏡　　　　　年　　月　　日

零件編號	名稱	規格	單位	用量	自製／外購	不良率	備註
A00101	太陽眼鏡組成品	48-20-137	組	1			
B001	鏡框	48-20 鈦合金	個	1	外購		
C001	鏡架	137 鈦合金	個	2	外購		
D001	絞鏈組合		組	2			
E002	左鏡框絞鏈		個	1			
F003	右鏡框絞鏈		個	1			
G001	絞鏈螺絲		個	2			
E001	右鏡片	68+1.0安全鏡片	個	1	外購		
	左鏡片	48-2.0安全鏡片	個	1	外購		

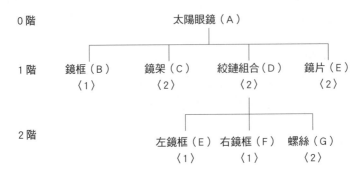

圖6-5　太陽眼鏡之產品結構樹

f.材料特性：包括：材質、尺寸、形狀等。

g.其他特性：重量、體積、表面處理、防潮、防熱、防火、防鏽
　等必要項目。

h.包裝方式：材質、方式、數量。

（3）標準容器與標準包裝：一般研究發展單位，未能關心而放任物
　　料管理單位處理，因而造成不必要的工作困擾，諸如進料點
　　收、入庫定位、運搬、領料、退料等項工作須花費不少的人
　　力。為此，對於儲存或搬運物料之種類與數量必先加以考慮，
　　因為各種物料有其不同之特性、形態、大小……而儲存方式與
　　搬運方法都不相同（笨重或者包裝之物無法堆高，而質輕小巧
　　零件可裝箱放在物料架）。

　　包裝是否妥善對物料進廠之品質安危有密切關係並影響驗收入庫
　　作業，因此，須詳細說明包裝材料之材質、襯墊、標示記號等均
　　加以統一規定，以及運輸方法都是採購時交易價格的重要交易條
　　件，不可忽視。

（4）成本分析：採購價格的降低為最直接的節省成本方式。一個採
　　購人員須具有分析估算合理的價格能力方可為之。換句話說，
　　他必須能熟知供應商的成本，才能以合理的價格購入所需之材
　　料、零件、委外加工或設備等項。

　　一般公司應由研發人員或生產技術人員來擔任較為合適，提供成
　　本分析資料給採購人員，因為這些專業人員熟悉物料的規格、加
　　工流程及加工方法等較易投入。成本的決定不是一種精確的計算

程序，許多項目必須以估計進行。在實務上，以合理的估計分攤
方式確定後，多數成本數字則被認為確認可信。（表6-4）

2.物料（零件）之識別系統

製造業或物流業之物料、成品及財產種類繁多，尤其是稍具規模的公司，其物料（零件）通常不下數千種，以有限之腦力，欲有效控制此數量龐大的物料及財產，若無一套有系統的科學方法，將其化繁為簡，使之輕重有別且易於辨識，否則極難達到事半功倍之境界。

（1）物料（財產）分類編號：分類（classification）是將事務依一定
　　　的標準依序區分，而規劃出有系統的排列。然而編號則與分類
　　　同時作業，以一簡短之數字、符號或文字來代表物料的規格、

表6-4 價格分析表

年　月　日

零件編號			零件名稱			規格		
材料費 ⓐ						總計		
零件名稱	材質	需要重量	單價	金額		項目	說明	金額
					1	材料費	ⓐ項	
					2	工資	ⓑ項	
					3	製造費用	ⓑ×　%	
合計					4	模具費用		
成品重量		廢料重量			5	廢料價值		
工資 ⓑ					6	製造成本	1～5 項	
項目	人數	總工時	工資／時	金額	7	管銷費用	ⓒ項	
					8	總成本	6+7	
					9	利潤	8×　%	
					10	估計金額		
合計					11	核定金額		
管銷費用 ⓒ					12	上次承購金額		
項目	金額			估計單位	主管		經辦	
運費								
管理費								
業務費				採購單位	主管		經辦	
其他								
稅金								
合計								

名稱、屬類或其他有關事項之制度。

a.種類（張右軍，1986）

　　a）使用價值：新料、舊料、呆料、廢料等。

　　b）使用目的：電氣器材、機械工具、化學物品等。

　　c）危險性質：一般物品、易燃物、有毒物品等。

　　d）物料本質：氣體、液體、固體、金屬、非金屬等。

　　e）製造過程：零件、零組件、在製品、成品等。

b.原則

　　a）普通性：包羅萬象，可適用廣大類別。

　　b）明確性：歸類有絕對性，力求界線分明。

　　c）不變性：經確定其類別，即不可任意變更。

　　d）彈性：便於新物料之增加。

　　e）易記性：具有暗示性與聯想性，易於記憶。

　　f）電腦化：編號時應考慮如何方便電腦處理。

c.推行步驟（表6-5）：可達到分類之合情合理。

d.應用實例

表6-5　推行分類編號之步驟

項次	項目	內容
1	建立目標	分析目的何在？依目的不同而採取何種方式？
2	設立分類編號小組	由物管、工程設計與現場維護人員組成，檢討現有物料及未來需使用之物料。
3	蒐集資料	工商業現存物料（包括過去銷用物料）。 企業成長而預計所需物料。
4	整理與分析資料	由物管人員處理。 對所蒐集資料，先行分類。對有疑問之資料須再判明。
5	擬定分類系統及編號方式	由物管人員統籌辦理。 依蒐集資料分成大類，而細分成小類，再由小組商討採取何種編號制度。
6	決定計畫及查核資料	對原有資料再詳加查核，對原擬定名稱，使用標準等亦檢討呈核定案，再依此編號。
7	釐定編號草案	依核定資料及編號辦法，擬定編號方案呈核。
8	議決頒行	經最高當局核定後，公布實施。
9	手冊分送	編印物料手冊，分送各有關部門。
10	執行與釋疑	各部門確認填具相關資料於表單。 對新增或疑問由物管人員處理。

  a）分類方法（表6-6）（林豐隆，1990）

  b）財產分類編號：依我國行政院頒布財務分類標準，就政府
機關及公營事業所使用財產及物品的區劃及分類。以三次
元座標測定儀，其分類編號為3101103-309（表6-7）。

  c）原物料分類編號：原物料種類很多，各行業別不同，其使用
的範圍有所不同，總免不了由材料別、大分類、小分類、細
分類、流水編號及檢查號碼順序排列，亦有部分企業將顧客
類列入。編碼長度超過六碼以上，為防止錯誤，最好在最後
一位為檢查號碼，以機械工廠為例，其鋼鑽頭分類編號為
0220600-651（表6-8）。

  d）汽車零件分類編號：日本某汽車公司之零件編號，由十三

表6-6　分類方法

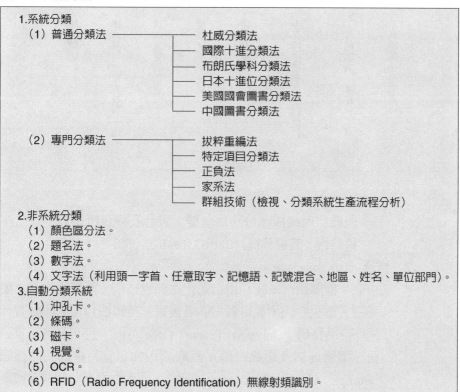

```
1.系統分類
 （1）普通分類法 ――――――――― 杜威分類法
                  ―― 國際十進分類法
                  ―― 布朗氏學科分類法
                  ―― 日本十進位分類法
                  ―― 美國國會圖書分類法
                  ―― 中國圖書分類法

 （2）專門分類法 ――――――――― 拔粹重編法
                  ―― 特定項目分類法
                  ―― 正負法
                  ―― 家系法
                  ―― 群組技術（檢視、分類系統生產流程分析）
2.非系統分類
 （1）顏色區分法。
 （2）題名法。
 （3）數字法。
 （4）文字法（利用頭一字首、任意取字、記憶語、記號混合、地區、姓名、單位部門）。
3.自動分類系統
 （1）沖孔卡。
 （2）條碼。
 （3）磁卡。
 （4）視覺。
 （5）OCR。
 （6）RFID（Radio Frequency Identification）無線射頻識別。
```

表6-7　三次元座標測定儀編號範例

× 類	×× 項	×× 目	×× 節	××× 編號	××× 流水編號 （數目）
3	10	11	03	309	
機械及設備	試驗、檢驗控制儀器及設備	一般試驗檢定儀器及設備	其他儀器及設備	三次元座標測定儀	

表6-8　鋼鑽頭編號範例

0	2	206	0	0	6	5	1
工具範圍切削工具	工具用途別（鑽頭）	工具類型直柄高速鋼鑽	鑽頭長度	鑽頭直徑十位數	鑽頭直徑個位數	鑽頭直徑小數點後第一位	檢查號碼

個數字所組成，分別為基礎、設計及顏色所組成，以前座椅為例，其編號為71011-87313-463（表6-9）。

（2）條碼（bar code）識別系統

a.由來：條碼識別系統利用自動化之識別技術，直接將物料之編號讀入電腦系統，並更新電腦之檔案。美國在1972年開始實行統一商品條碼（Univevsal Product Code, UPC）使用於各百貨公司、零售商店及超級市場。西歐於1976年實行歐洲商品條碼（Europe Article Numbering, EAN），並大力推動此種成為國際

表6-9 日本汽車前座椅編號範例

XXXXX			XXXXX			XXX		
基礎編號			設計編號			顏色編號		
71	01	1	87	3	13	4	6	3
座椅	固定位置	零件詳細	自行設計	專用代號 車型代號	1300CC 引擎	藍色	灰棕色	灰色

共通語言。日本及澳洲也於1981年加入成爲會員國，因此EAN
成爲國際性的國際商品條碼協會（International Article
Numbering Association, IANA）。（雷邵辰，1992）

我國於1984年成立中華民國商品條碼策進會，並於1985年加入
IANA，獲分配國家號碼爲471。

b.組成：條碼系統由標籤（label，有標籤列印、包裝列印及蝕刻
列印三種）、掃瞄器（scarren，有固定式、手持式及光筆式三
種）、解碼器（decoder，有套裝、大型積體電路卡兩種）、電腦
（控制器、終端機、個人電腦、大型電腦）及其軟體
（software，計有數位掃瞄器、轉換器、網路系統及列印機設備
等）等設備所組成。（圖6-6）

c.類別：目前條碼之類別甚多，常用爲：

a）統一商品條碼。

b）39碼（code 39）。

c）區隔雙伍碼（Interleved Two-of-Five）。

d）國際商品條碼。

d.應用：歐美先進國家，運用條碼系統在工廠自動化的領域廣
泛，計有生產管制、品質管制、進出貨管理、產品分類包裝、
工程資料管理、門禁考勤管理等項。

e.無線射頻身分識別系統（Radio Frequlucy Identify, RFID）：
RFID爲一郵票般大小的標籤結合一些細小的晶片，並安裝一個
天線。一旦置於某物品上，可自動以無線電傳送所在地點給貨
物裝卸室門上、貨架上或購物車上的閱讀器。這些標籤也和儲

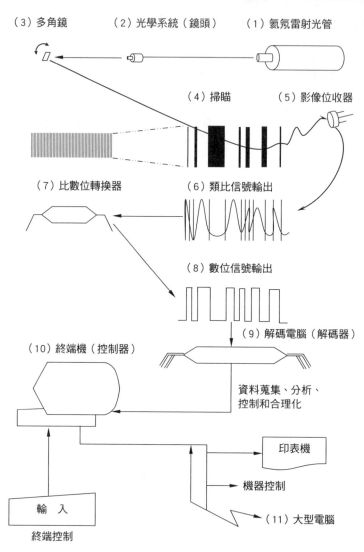

（3）多角鏡　　　　（2）光學系統（鏡頭）　　　（1）氦氖雷射光管

（4）掃瞄　　　（5）影像位收器

（7）比數位轉換器　　　　（6）類比信號輸出

（8）數位信號輸出

（9）解碼電腦（解碼器）

（10）終端機（控制器）

資料蒐集、分析、
控制和合理化

印表機

機器控制

輸　入

（11）大型電腦

終端控制

圖6-6　氦氖雷射掃瞄器條碼工作原理

存庫存貨資料的電腦網路連結，庫存資料可能涵蓋特定商品的
生產時間及地點、顏色、尺寸及適當儲存溫度。（官如玉，
2003）

RFID是降低成本利器，也有助於供應鏈順利運作。因為標籤可
自動傳輸資訊到網路，倉儲人員進出存貨，賣場店員為顧客算

帳時，不須再以條碼閱讀機刷每項商品，工作人員可以隨之減少，進而降低成本。並可應用於門禁管制、貨物管理、航空運輸行李識別、工廠物料盤點系統、醫院病歷系統、高速公路收費系統、超市防盜系統、野生動物追蹤系統等。

沃爾瑪百貨公司（Wal-Mark）已於2003年11月9日宣布2005年元月起前100大供應商必須使用RFID，預計投入30億美元。未來勢必帶動風潮。

✦請購與採購

1.請購

（1）定義：請購為採購之先期交易，企業為一有組織的結構，凡對外交易，必先經過一定程序，採購亦不例外，在採購之前，企業內部需經過一連串的作業手續，對自製、外購及託外加工作決定，方能發出採購單或託外加工單向外辦理作業，在採購前之內部作業，稱之請購作業。（林清河，1995）

請購作業的主要功用如下：

a.建立完善之內部牽制制度，請購作業需經一定人員核示。

b.劃分各部門之採購權責，依各部門之特性，授予其對某類物料之請購權責。

（2）重點：一般企業採用請購程序的原則如下：

a.依據金額大小，授權各階層人員之核批權責。

b.物料、託外之類別，決定各單位請購與核批權責：

　　a）主要物料：由生管單位提出，而由總經理核批。

　　b）副料：由生管單位提出，而由副總經理核批。

　　c）經常性維修用料：由倉儲單位提出，而由資材主管核批。

　　d）設備：由使用單位提出，而由總經理核批。

　　e）辦公用具：由總務課提出，由總務主管核批。

c.依單價之變化率，決定各階層主管核批。

（3）自製或外購決策（make or buy decision）：企業生產管理人員要求生產產品順利完成，在未投入生產前，必須先行決定某項零件、物品或加工是要在公司內部生產或向外採購（外包）是件重

要的事務（表6-10）。其考量的因素如下：（Armstrong, 1996）

a.以可用產能（人員、廠房、空間、設備及技術）以及達成所需品質標準的 能力，來表示公司生產該項的能力。

b.可以按所規定數量、品質和時間交貨的供應商供貨能力。

c.自製或外購成本差異：

　　a）目前外購的項目如改自製，會額外增加或節省成本的比較。

　　b）目前自製的項目如改外購，會避免成本的比較。

d.使用現有產能去生產其他項目，對利潤或固定成本的貢獻高於考慮中的項目，因此而發生的機會成本（opportunity cost，取消其他用途而就成本用途，所犧牲的貨幣值）如何？自製或外購決策基本上是如何最佳利用現有的設施。

e.自製某項對整體產量的衝擊，也就是如產量增加，對間接費用的回收會有所貢獻，並有助於需求與作業時的均衡及時到達。

f.公司零件加工技術（需提供圖面、加工製造流程、條件及檢驗標準）是否有外洩的疑慮。

g.公司新產品是否有提前曝光所帶來的影響。

h.企業的風險：（Chase, Aquilano & Jacobs, 1999）

　　a）失去控制權。

表6-10　外包與採購作業之異同點

項目	採購作業	外包作業
品質規格	大多依據供應商／市場之規格，也有依據雙方協商的特殊規格。	均依公司之圖面及規格。
價格	透過協商、議價方式決定。	基本上也是協商、議價決定，但公司有較大決定權。
生產方法	不需公司輔導。	公司需去輔導供應商。
交期	1.規格品太多，只需考量交運時間。 2.特殊品則需協商決定。	依公司與供應商協議合約或採購單（外包）之要求。
採購對象	不需限定特定對象。	需經由合格供應商名錄中選擇，同時更換對象時機不多，除非品質異常、信用異常、配合不佳等。
合約	採購訂單或契約。	採購外包單或外包合約。
組織	大多屬於管理部門或採購部門。	大多屬於生產部門或採購部門。

b）退出障礙高。

c）暴露於供應商風險內（財務健全度、無繼續外包的意願、改善緩慢、缺乏回應、品質低落）。

d）無法事先預估費用。

e）經濟效益量化困難。

f）生產成本供應限制。

g）高階主管的關心。

h）可能被困於過時的科技。

2.採購

（1）定義：採購係指為取得所需之物料、工具、設備……等物質，以利工廠營運所應負擔之職責與採取行為。因此，採購活動必須考慮以最適當的總成本、最適當的時間，以高度之效率，獲得最適當的品質、最適當數量之物料、工具、設備………等物質，並能保持料源連續性之一種採購技術。

（2）目標（賴士葆，1995）

a.決定或確定採購品所需的數量、品質以及需求的時機。

b.取得最佳的成本價。

c.與供應商維持良好的關係。

d.維持穩定的原物料供應來源。

e.隨時蒐集有關採購品的市場變化、價格波動等資訊，以維持最佳的採購議價能力。

（3）採購基本問題

a.採購什麼？（what?）：決定適當品質。

b.何種價格採購？（at what price to buy?）：決定適當價格。

c.何時採購？（when?）：採購時機？

d.採購多少？（how much?）：採購多少數量？

e.如何採購？（how?）：何種採購方法與程序？

f.向誰採購？（from whom?）挑選適當供應商。

（4）程序（圖6-7）（吳松齡，2002）

a.尋找物料供應來源，並分析市場。

b.與供應商洽談，並安排公司評鑑小組到工廠參觀，建立供應商

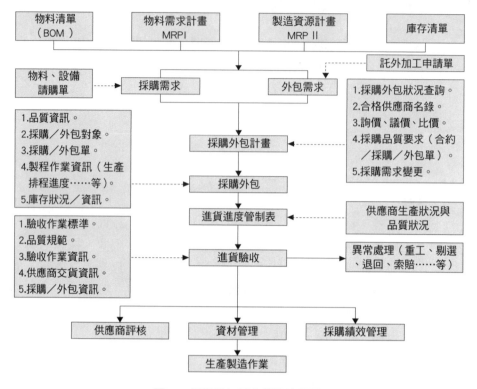

圖6-7 採購外包基本機能流程圖

　　　資料。

　　　c.要求報價與進行議價。

　　　d.獲取所需之物料。

　　　e.查證進廠物料之數量與品質。

　　　f.建立採購業務進行順利所需要之資料。

　　　g.瞭解市場趨勢，並蒐集市場供給與需求價格等資料加以成本分
　　　　析。

　　　h.呆料與廢料之預防與處理。

　（5）採購方法：材料採購方式，因各種條件與環境不同，各視其情形
　　　　而異：

　　　a.採購地點

　　　　a）國內採購：在不妨礙使用之原則下，應儘量採用國內產品，

不僅節省外匯支出，更可扶植國內工業之發展。

b）國外採購：向國外之供應商或國外供應商在本國境內之代理商進行採購行為。

b.採購政策（表6-11）

a）集中採購：採購行為由公司採購單位統籌處理。

b）分權採購：採購由公司各廠採購單位進行採購行為。

c.採購項目

a）物料採購：依請購單、報價請求單、廠商報價單、開出訂單及交貨之順序作業。

b）設備採購：依物料採購順序作業，但須要增加資金核准（財務）供應商與設備使用確認及安裝試車等作業。

c）文具採購：依小額採購簡易作業為之。

d.採購數量及時間項目（林清河，1995）

a）隨請隨購：採購部門不作任何準備，以申請數量為準，不作任何增減，迅速洽妥供應商及時運達。

b）統籌預購：使用於經常消耗性物料之籌辦（機器之維護、零配件之採購）。

c）隨市酌購：採購數量之多寡依據市價而隨時調整。

d）投機採購：依市場狀況，憑直覺判斷市價之漲跌，事先大量採購以賺取差價。

表6-11　集中與分權採購比較表

項目	集中採購	分權採購
優點	1. 大量採購，可獲折扣優待。 2. 購進物料，易於標準化。 3. 可節省檢驗設備與人力。 4. 避免競購，便於控制市場供應。 5. 料款統籌運用，便於資金調度。 6. 易瞭解各單位耗用情形。	1. 減低損耗。 2. 減少運費負擔。 3. 能滿足特殊需要，能應付急需。 4. 可增分支機構對採購的責任感。
缺點	1. 交通困難地區，無法應急。 2. 易破損之物料，增加損耗。 3. 增加運費負擔。 4. 需高度鑑定技術物料，難滿足個別特別需求。	1. 難求得物料標準化。 2. 不易獲得折扣優待。 3. 增加檢驗設備與人員。 4. 產生競購，刺激市價波動。

e.購買性質

　a）公開採購：採購行為公開化。

　b）秘密採購：採購行為秘密中進行。

f.採購訂約方式

　a）訂約採購：買賣雙方根據訂約之方式而進行採購。

　b）口頭或電話採購：買賣雙方不經訂約方式而以口頭電話洽談方式而進行採購。

　c）書信、電報、傳真採購：買賣雙方藉書信之往還而進行採購。

　d）試探性採購：買賣雙方在進行採購事項因某種原因不敢大量下訂單，先以試探方式下少量訂單。

g.採購價格之決定方式

　a）招標：以公開方式，公開採購條件，並當眾開標，公開比較，工作內容包括：發標（採購內容審查、採購方式決定、買賣條件、印製與發售標單、公告）、開標（出售標單、準備開標工作、審查廠商資格、投標、啟封、開標、文件之整理）、決標（審核報價單、決標之公布與通知）及合約的簽定。

　b）議價：採購人員與供應商雙方經討價還價而議定價格。公家機構須依審計法之規定，得符合規定條件並徵得審計機關同意進行。

　c）比價：採購人員依以往交易服務實績，選擇供應商以競價方式，挑出最低價且符合規格者。

　d）訂價採購：當採購量大，供應來源分散，通常由採購單位訂定價格收購之。

　e）詢價現購：當採購量小，價格不大時，通常直接向供應商問明價格，現貨採購。

　f）公開市場採購：依市場價格之漲跌情況，在交易所內隨時機動採購。

h.催料作業

　a）定義：為防止採購作業中交期逾期，影響生產作業，採購人

員催促廠商交貨，以期獲得物料如期交貨的承諾及行動。是採購部門工作的一部分，亦是應負的責任。

　　b）作法

　　　　（a）在採購進行中對供應商設定催料時點（前置時間）。

　　　　（b）於生產前由生管單位設定催料核對點，並聯絡採購人員配合（可藉生產會議採購人員列席）。

　　　　（c）緊急訂單則由採購人員專案辦理。

　　c）資訊回饋

　　　　（a）廠商交貨情況，收料時由倉儲記錄，並回饋生管及採購單位。

　　　　（b）發料時物料人員將缺料問題反映生管及現場主管，以期儘快聯絡採購負責催促。

　　　　（c）倉庫人員利用庫存帳進行發料「假缺料」。

　　　　（d）採購單位依倉儲送達資訊，進行延遲分析，力求與供應商洽商解決改善方案。

（6）採購倫理：美國採購員協會制定採購慣例的原理與基準：（水戶誠一，1992）

　　a.採購承辦人在所有的交易上，首先考慮公司的利益、信賴公司的經營方計，並依據方針執行業務。

　　b.採購承辦人必須接受所接觸的所有有關人員的意見。這些意見在不損害採購部門的權威與責任的範圍內，做為業務執行的指針。

　　c.採購承辦人不能以偏見進行採購，連支出一塊錢都以獲得最高效果為目標來執行業務。

　　d.採購承辦人經常努力有系統地學習採購物品與其製造方法的知識，同時為有效執行採購部門的業務，謀求確立實施的手續。

　　e.採購承辦人經由採購及資材處分等業務，必須廉潔且誠實才行。任何形式、形態的收賄都必須予以排除。

　　f.對以正當交易的要件來訪的訪客，採購承辦人在情況容許之下，必須迅速且鄭重接待。

　　g.採購承辦人尊重自己的職責，同時在不損害業務處理圓滑化的

範圍內，努力使他人尊重自己的職責與自己對公司的職責。

h.採購承辦人必須避免吹毛求疵的作法。

i.在情況容許的範圍內，採購承辦人必須接受與同僚工作上的談話，且不吝予以協助。

j.採購承辦人對以發展採購業務與強化其立場為目的的各種團體及個人，必須全面加以協助。

（7）採購人員：美國採購一般買賣的策略（向賣方要求降價）：

（Donald & Hendon, 1992）

a.要不要隨你（要不要隨你）。

b.刺激競爭（我要的更多）。

c.鷸蚌相爭（刺激競爭）。

d.我要的更多（獅子大開口）。

e.獅子大開口（持續忍耐）。

f.善用數字（絕不棄守）。

g.假扮老千（步步進逼）。

h.施加壓力（違反道德）。

i.步步進逼（施加壓力）。

j.批評挑釁（阮囊羞澀）。

（8）採購人員議價技巧

a.做好議價準備工作

a）慎選供應商：公司先成立評選小組，決定評審項目後，再將廠商加以分類、分級，並派小組實地訪查結果，再決定正確對象，可使議價工作事半功倍。

b）編製底價與預算：由公司專業人員提供基本成本資料，並就公司財務負擔能力加以考慮，訂出預定支付底價，以便能在議價時能夠充分自如的討價（offer）或還價（counter bid）。

c）請報價廠商提供成本分析表或報價單：先確定規格、數量、交期能符合要求，更可依廠商資料與此公司資料比較，防止被灌水。

d）瞭解優惠條件：有時供應商對長期客戶有數量折扣、現金

支付的現金折扣，整批購置機器附贈備品或免費安裝等項優惠，須掌握此資訊。

b.議價廠商不宜太多：貨比三家不吃虧，但往往要求三家以上報價，不僅花費自己工作時間，更因廠商報價不實增加議價空間，宜鼓勵廠商在第一次就提出最低報價。

c.注意議價廠商順序：詢價超過三家以上，宜從比價結果排行第三低者來議價，探知其降低限度後，再找第二者來議價，則可浮出底價，最後再找最低者來議價，而達到借刀殺人的目的，但需注意壓迫降價需有合理的底限，否則造成惡性競爭。

d.善用上級主管議價能力：若採購金額鉅大不易談判時，可請採購主管或公司高階主管出面，並邀約對方高級主管直接對話，一則雙方容易信任，另則可藉社會活動關係可促進議價效果。

e.對組合式產品，應採化整為零方式議價：

　　a）首先請供應完整產品的報價單，但必須將各項組件分開報價。

　　b）依各供應廠商的報價單，找出總價最低者，訂為將來成交價格的上限。

　　c）另請其他專業廠商（不能提供完整產品者），就單項組件提出報價。

　　d）就所有廠商的報價單中，包含提供完整產品及單項組件者，將各單項組件的最低價挑選出來。

　　e）將前述各單項組件的最低價格加起來，得到的總和訂為將來成交價格的下限。

　　f）根據 b）的上限及 e）的下限，將來的成交價格應介於上下限之間，亦即採購人員討價還價的幅度應不低於下限，也不可高過上限。

f.不宜過度壓迫賣方降低價格：賣方接受不合理的價格時，有時廠商求去，則留存供應商已無優秀者，徒造成交貨、品質方面的困擾，得不償失。

g.不可輕易表露購買意願：若買方輕易表露購買意願就無法施展欲擒故縱的議價技巧。

h.報價偏高要求降價：可採取迂迴戰術或直搗黃龍的議價技巧。

i.供應商不敢貿然議價，進度延誤：請供應商公開成本資料，然後加上合理的利潤來計算價格。

（9）採購績效：為使採購活動直接且積極的促進公司利潤的提高，並謀求採購業務的效率化，宜對採購實施績效評估，其項目為：（嶋津司，1996）

a.生產力及交貨期限：庫存增減率＝期中平均庫存÷標準平均庫存。

b.品質：不良損失程度＝Σ不良損失金額÷交貨總金額。

c.成本：降低成本比率＝降低成本額÷採購預算。

d.交貨期限：交貨延遲損失程序＝Σ（交貨延遲日數×損失額）／日÷交貨總金額。

e.成果：訂購金額對採購費用比率＝採購費用÷訂購費額。

f.採購價格：

$$採購價格效率比較 = \frac{M_1 \times \overline{C}_1 + M_2 \times \overline{C}_2 + ...}{M_1 \times C_1 + M_2 \times C_2 + ...} \times 100$$

M_1：第一項物料之耗用量。

$\overline{C}$：第一項物料耗用期間之平均市價。

C_1：第一項物料之實際購價。

此比率若大於100%，則代表採購業務活動優良，反之則否。

（10）供應商管理

a.重要性：在分工愈細的環境下，任何一家企業（中心廠）都需靠供應商（協力廠）提供產品（物料、零組件、設備）及服務來完成其採購作業，而選擇供應商是採購業務中最重要的工作，因為供應商供料的順利、品質穩定、數量符合、交期準確及相互間配合順利，對每一企業之物料管理及產銷順暢影響很大。

這種中心衛星工廠體系（Centre-satellite Factory System）的合作關係日益受到相關人士的注意，中心廠為使產銷順暢，必須尋找適當的協力廠共同配合，中心廠更要輔導協力廠訓練技術

及管理人員，並指導工廠管理與生產，幫助解決各種問題，進而協助協力廠建立各種管理制度。

b.類別

　　a）製品採購：成品、原料、物料採購供應商。

　　b）外包加工：物品或作業外包的供應商。

　　c）財產設備供應商。

　　d）總務事務用品供應商。

c.程序

　　a）協力廠評選作業

　　　（a）尋找供應商：由採購（外包）部門，由網路、電話簿、雜誌、名錄、介紹刊登廣告等方式尋找。

　　　（b）供應商調查評選：由公司組成供應商評選小組（採購、製造、品管及開發單位人員）至工廠調查，其經營活動、製造設備能力、生產及品質管理能力、保密措施等項，結果登錄在調查表上，呈最高主管核准。

　　　（c）樣品試做：由研發部門發出圖面或樣品，請合格廠商試做，並安排試做時程進度。

　　　（d）樣品確認：由品管部門對已做好樣品檢查做成進料檢驗報告，合格者予以登錄於供應商調查表。

　　　（e）評選核准：由品管最高主管呈報供應商調查及試做結果，最後由公司最高主管核批後存檔。

　　　（f）登錄建檔：採購部門依核批文件，填寫供應商基本資料及供應商加工明細表。

　　　（g）納入合格供應商名單：採購部門依廠商性質編碼編入合格廠商名單。

　　b）合格協力廠評核作業

　　　（a）供應商依採購（外包）單之規定交期、品質、數量及時間，準時交貨。若有特殊狀況聯絡採購部門。

　　　（b）倉儲部門依採購單點收入庫，並通知品管部門，以進料檢驗標準（S.I.P.）執行，並提出進料檢驗報告表。

　　　（c）品管部門依供應商之交貨品質狀況，將不良情形登錄

於品質履歷表以便統計。

（d）品管部門依品質履歷表製作供應商品質月報表，並要求不良供應商提出改進對策。

（e）品管部門依供應商評核表做出評核報告。

（f）評核結果依評核計畫執行有關獎懲事宜。

（g）供應商評核報告轉送採購部門。

（h）採購部門依供應商交期延誤與配合優劣紀錄予以評估。

（i）供應商經評核後列為需淘汰者，如經品管／開發部門輔導後仍無法改進者，即填寫報告申請淘汰呈核。

（j）經核准後通知採購部門，不再採購並在合格廠商名單上予以淘汰。

3.供應鏈管理（Supply Chain Management, SCM）

（1）供應鏈（Supply Chain, SC）

　　a.定義：美國供應鏈管理協會定義SC是包括從上游供應商到最終顧客，其中所有生產、配送最終產品或服務的過程。也可以說是一個由多個上、中、下游廠商所連結形成的一個網路，彼此透過一系列的活動與程序來提供產品或服務給顧客。（圖6-8）（Lin & Shaw, 1998）

　　b.架構類型

　　　a）不同系統層次

　　　　（a）內部供應鏈：公司內部的生產過程。

　　　　（b）成對關係：由兩個上下游廠商構成，強調雙方密切協同合作關係。

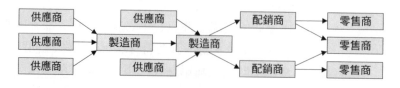

圖6-8 供應鏈的架構

（c）外部供應鏈：從原料來源到最終消費者的過程。

（d）網路供應鏈：以售點廠商為主的網路關係。

b）產品需求型態

（a）效率式供應鏈：功能性產品，以最低成本、有效率的滿足可預測的需求、維持高平均設備利用率，達到績效最佳化與成本最小化。

（b）回應式供應鏈：創作性產品，對不可預測的需求做快速回應，以達成缺貨最小及存貨最少，注意彈性，並使用模組化設計與延遲客製化組裝。

c）製造程序（林東清，2003）

（a）收斂組裝（convergent assembly）：成品以汽車、航空工業為主，係功能性產品，需求穩定，集中在製造階段的組裝程序，採用及時生產及最低成本供應商品的策略，重點在通路成員間相互合作、協調彼此活動。而分享產能協調與規劃、存貨變動及生產排程的資訊。

（b）發散組裝（divergent assembly）：成品以個人電腦、電子商品為主，為客製化產品，半預測性需求，組裝分散在配送階段，採用大量客製化及產品製造延遲的策略，主要活動在使彈性組裝產品符合顧客需求，而分享需求與訂購、顧客訂購量的資訊。

（c）發散差異（divergent differentiation）：成品以流行服飾、玩具為主，是創新性產品，無法預測需求，亦集中在製造階段的組裝程序， 採用市場觀察與快速回應的策略，主要活動在觀察市場銷售狀況與快速回應市場的需求，而分享市場需求、顧客銷售、顧客回應的資訊。

c.問題的原因、效應與後果：SC由於面對一個全新、動態、需求多變的環境，須有其效應及對策（圖6-9）。

d.供應鏈績效衡量：供應鏈的重要觀點是關心存貨在於系統中的設置點。因此供應鏈的效率高低可以用存貨水準來判別。存貨投資的衡量是相對於供應鏈提供的產品總成本。則績效指標為：（Chase, Aquilano & Jacobs, 2001）

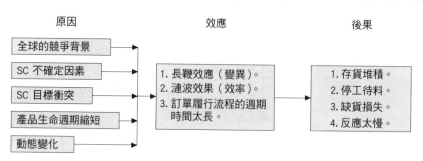

原因　　　　　　　　效應　　　　　　　　後果

| 全球的競爭背景 |
| SC 不確定因素 |
| SC 目標衝突 |
| 產品生命週期縮短 |
| 動態變化 |

1. 長鞭效應（變異）。
2. 漣波效果（效率）。
3. 訂單履行流程的週期時間太長。

1. 存貨堆積。
2. 停工待料。
3. 缺貨損失。
4. 反應太慢。

圖6-9　SC問題的原因效應與後果

庫存週轉率＝銷貨成本÷平均總存貨價值。

銷貨成本：公司每年為顧客生產產品或服務所需的總成本 。（不包括銷售及公司管理的支出）

平均總存貨價值：所有存貨項目以成本計算出來的價值。（包括：原物料、在製品、最終產品及公司在配銷中心的存貨等成本）

庫存週轉率的好壞依產業產品而異，而食品雜貨店週轉率可能達100，一般大約每年6～7之間。

庫存週數＝平均總存貨價值÷銷貨成本×52週。

企業將庫存視為投資意味著這些庫存未來是有用的。但庫存使公司資金緊縮，甚至需透過貸款來儲備庫存。因此，公司的目標在於供應鏈中恰當的地方，設定適當的庫存。當然週數愈少愈好。

（2）供應鏈管理

a.由來：SCM開始於1970年代，早期只運用於企業內部，用以改善內部製造流程來強化配銷流程。在1980年代製造流程改善降低成本、產量提升，使經營者認識到整合內部資源的重要性。1990年代由於資訊科技發展促使資訊邁向整合，使與企業外部的互動變動頻繁而且必要，將過去對立供需關係轉變成合作夥伴關係，來滿足顧客的需求。（表6-12）（謝清佳、吳琮璠，2003）

表6-12 供應鏈管理的演進

項目	第一階段 （～1960年代）	第二階段 （1970～1980年代）	第三階段 （1980～1990年代）	第四階段 （1990～2000年代）
發展重點	以倉儲管理及運送為主	重視總成本管理	注重整合性的物流管理	講求供應鏈管理的整體效益
管理目標	追求基礎作業的績效	最優化的作業與快速生產	注意物流策略與戰術計畫	供應鏈管理、願景與全球化目標
管理範圍	企業內部	企業內部	企業內部與部分外部	企業外部
組織設計	地方分權	中央集權	以物流功能整合組織	以合作關係發展、虛擬組織
產品競爭範圍	區域競爭	區域競爭	區域競爭	全球競爭
供應鏈夥伴關係	對立	對立	合作	策略聯盟

b.定義：根據美國供應鏈管理學會的定義，SCM包含管理供給與需求、取得原物料或零組件、製造和組裝、倉儲和存貨追蹤、訂單輸入與訂單管理，透過所有通道來配送產品到顧客手中。Chopra 和 Meindl認為SCM是透過適當的管理方式來管理資訊流、產品流和金流，使供應鏈的總效益最大化。（Chopra & Meindl, 2000）

c.需求（Stevenson, 2002）

　　a）改善作業的需求：過去為生產、品質改善，現今重點應在供應鏈的關係。

　　b）外包量增加：外包業務日增、花費成本亦增，有檢討降低的必要。

　　c）運輸成本增加：組織因運輸量增加，須謹慎管理運輸模式。

　　d）競爭壓力：新產品種類增加，產品生命週期縮短以及客製化需求增加，唯有採快速回應策略，縮短產品的前置時間。

　　e）日漸全球化：全球化擴展了供應鏈實體的長度。

　　f）電子商務重要性日增：電子商務形成採購、銷售新管道，而形成新挑戰。

g）供應鏈複雜度增加：供應鏈之間關係複雜，也是動態，更存在許多不確定因素，影響供應鏈的運作。

h）存貨管理的需求：整體供應鏈來協調存貨水準，方不致增加成本，減少競爭力。

d.觀念（謝清佳、吳琮璠，2003）

a）及時供補（Just in Time, JIT）：日本豐田汽車公司提出，主要在於適時適量地做好生產排程的品質控制，來達到庫存零件等於零或接近零的效果，SCM亦可運用。

b）快速回應（Quick Response, QR）：1986年起始於美國成衣製造廠面對亞洲挑戰，使零售商與製造廠研究如何縮短由製造、配銷、零售至消費者過程中的週期，得以降低存貨成本、增加週轉率及減少缺貨率。

c）有效消費者回應（Efficient Consumer Response, ECR）：1992年美國食品營銷協會發起，主要在去除整個供應鏈運作過程中沒有附加價值的部分，將推式改變成拉式系統，並將這些效率化成果回饋給消費者。

d）接單後生產（Build to Order, BTO）：1993年所推行接單組合與接單後生產，係透過有計畫地將產品機種與顧客訂單進行分類或管理、產品設計上減少用料、提高共用材料比例、縮短SC產品整體的製造流程，以達到客製化的效果。

e.目標（林東清，2003）

a）蒐集每個產品從製造、運送到販售過程中的資訊，並且提供供應鏈所有成員完全的資訊能見度。

b）從整合系統的單一接觸點中，存取系統裡的任何資訊，不需透過許多不同介面的孤島式系統。

c）分析、規劃供應鏈活動，並根據整個供應鏈中的資訊作整體最佳化的決定。

f.架構：SCM要順利運作、快速反應、無間隙的整合，不只是資訊科技的問題，還必須配合四項重要構面以進行有效的規劃、執行與控制（圖6-10）。（謝清佳、吳琮璠，2003）

g.相關資訊系統（圖6-11）

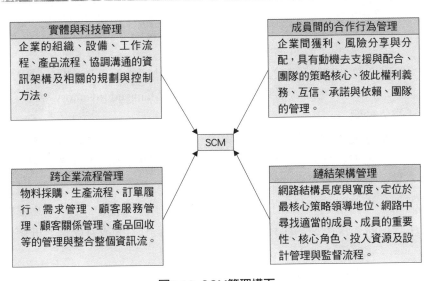

圖6-10 SCM管理構面

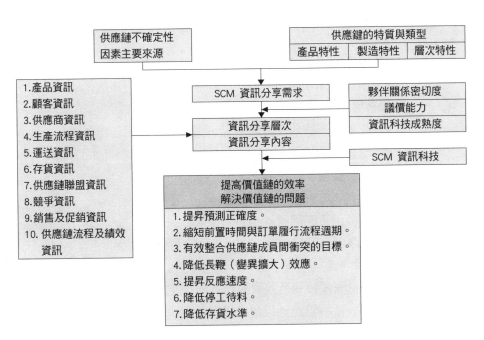

圖6-11 SCM資訊分享流程圖

a）電子資料交換（EDI）。

b）電子訂貨系統（EOS）。

c）自動補貨系統（Continuous Replenishment Practice, CRP）。

d）供應商管理庫存系統（Vendor Managed Inventory, VMI）。

4.委外經營

（1）定義：委外經營是指企業將一些內部的作業及決策轉由外部提供者來執行。這是建立在契約關係之上的行為。委外經營所牽涉的範圍比常見的採購、顧問合約更廣，不僅在於一些作業的轉移，並包括執行這些作業所需資源的轉移，包括：人員、產能、設備、技術及其他資產，更包含該作業相關決策責任也一併轉移。（Chase, Aquilano & Jacobs, 2001）

（2）理由與益處：委外經營使得企業可以專心在核心競爭能力上。因此，公司能創造競爭的優勢並降低成本，其理由為：

a.組織導向

a）提高組織在自己專長的表現。

b）提高企業的彈性以因應情勢變化及對產品、服務及科技需求。

c）組織的變革。

d）增加產品及服務的價值、顧客的滿意及股東的價值。

b.改善導向

a）改善作業績效（增加品質、生產力及縮短作業週期）。

b）取得專業技術、技能及科技（通常無其他可行的管道）。

c）改善管理及控制能力。

d）改善風險管理。

e）取得創新的創意。

f）改善可信度及形象（因合作者有較佳的聲譽）。

c.財務導向

a）降低資產投資及將資源作其他規劃或使用。

b）將資產轉給委外經營者以取得現金。

d.收益導向

a）透過提供者的網路來取得進入市場與業務機會。

　　　　b）透過提供者現成的產能、製程與系統來加速擴張。

　　　　c）在企業無財力擴張時，擴張銷售及產能。

　　　　d）探索市場上的商業技術。

　　　e.成本導向

　　　　a）經由供應者較佳的績效及較低的成本架構來降低成本。

　　　　b）將固定成本轉換為變動成本。

　　　f.員工導向

　　　　a）給予員工較佳的生涯規劃。

　　　　b）增加非核心作業的承諾及活力。

（3）問題

　　　a.企業如何決定哪些作業委外經營是一難題，因委外經營可以整個委外經營，也可部分委外經營。所以企業需將該功能部門予以分解，讓決策者能決定哪些作業是策略性、關鍵性及一般性。

　　　b.委外經營常導致遣散員工是一大後遺症，儘管有時委外經營公司也會僱用，但員工薪水及福利皆縮水，須慎重處理，方不致引起員工及工會的反彈。

✦ 物料之進出作業管理

1.驗收

（1）定義：無論是向供應商或協力廠商採購之物料或自製之零件，送交倉庫決定驗收前，對該物料之價格、數量、品質、交期或其他交易條件與訂購單所載明之交易條件、採購規格相核對，以查驗該批物料應允收或拒收，這種工作手續即為驗收。

（2）程序：收貨一般企業通常由倉儲（資料）單位負責，但有些大公司，則另設收料中心負責所有物料及其他物品之接受。收貨程序可分為：

　　　a.核對文件：倉儲人員先就供應商所送來的各種發票、交貨證件（採購訂單）是否正確無誤。

　　　b.點收物料的外型與數量（標準包裝單位、箱、盒、打……等）點收，無誤後於送貨單上簽收。置於暫存區。

c.倉儲人員依公司規定，聯絡或填單通知品管人員檢查物料。

d.品管人員依檢驗辦法及檢驗標準（S .I .P.）或樣品檢驗物料，並將檢驗結果填入表單。

e.倉儲人員依檢驗結果辦理：

　a）合格品則搬運入庫定位，必要時，貼上顏色標籤，以利先進先出管理，並做成帳冊（庫存管制卡）管理。

　b）不合格品則由倉儲人員通知廠商辦理退貨作業。

　c）品質未達檢驗允收水準之進料送驗批，但因影響生產線待料停工，則倉儲或生管人員可提出特採處理的要求。

2.領發料（配料）

（1）定義

　a.發料（配料）：物料由物料管理部門或倉儲單位依據生產計畫及工作製造命令及製造用材料清單，將倉庫儲存的物料，直接向製造部門的生產現場發放之作業。一般皆以大量生產、連續性生產模式居多。

　b.領料：物料由製造部門的現場人員在某項產品製造之前，依照工作製造命令及製造用材料清單，填寫領料單向倉庫領取物料之作業。一般皆以批量生產、零工式生產模式居多。

（2）種類

　a.領發物料

　a）原料之領發。

　b）半成品之領發（在製品、零組件）。

　c）成品之領發。

　b.領發文件（單據）之處理作業

　a）單料領發，以一物一單。

　b）多料領發，以一單多物方式。

　c）定量定時分配，以一單多物方式。

（3）原則

　a.先進先出：發料依進料之先後次序，採先進先發之原則，以免物料存放逾期，而產生變質損壞。（特別生鮮、食品、化學物等）

b.正確：須憑單據與正常手續辦理領發料作業，憑證與處理程序，所撥發之數量與單據上所示之完全相同，若緊急時，亦須先行簽章臨時單據，事後再行補單。

c.安全：使用標準包裝、正確運輸工具及方法，不傷及物料。

d.時間：物料領、發放應配合現場製造單位需要之時間，並在規定時間內完成。

e.資訊處理：依每日領發料之表單，正確記錄或鍵入在庫存帳卡，以利物料量掌控。

（4）異常處理

a.尚未檢驗之物料，因緊急用料，可先行由使用單位填寫領料單單據上須註明未檢驗領料。

b.領料單之會計暫存於倉儲，待該批物料驗收完畢後，與驗收單一同送會計部門，會計部門再同時入帳。

c.其他作業與正常領配料相同。

3.退料繳庫與轉撥

（1）定義

a.繳庫：生產製造單位將多餘的物料或不良物料送至倉儲部門繳庫。當產品完成後，若無法直接送達消費者，則產品亦需辦理繳庫作業。另外，客戶之退貨亦須辦理繳庫作業。

b.轉撥：公司內各工廠間之物料轉移，也就是在一般工廠中半成品通常不用繳回倉庫，而直接由生產工廠交給下一個加工工廠。

（2）繳庫類別

a.規格不符之物料。

b.超發之物料。

c.不良之物料。

d.呆料。

e.報廢物料。

f.客戶退貨。

（3）客戶退貨：客戶退貨由業務課簽收，依實際狀況暫存於倉儲。業務課依客戶抱怨處理作業辦法，由品管及相關部門人員會同鑑定

作業，可分為：

a.可再生廢品：辦理轉撥作業，將其轉撥至廢料處理。

b.不可再生之廢品：辦理廢料繳庫作業。

c.再重加工者：協調原生產單位檢查再製。

✦倉儲管理

1.定義

凡任何用來堆存材料或成品的所在地，皆可稱之倉儲（倉庫）。不論它是否具有牆壁、房舍等建築形式，譬如有些材料常堆放於露天或存放於生產製造的現場，但已達到儲存的目的，其堆存之處所，即可稱之。

凡用於儲存物料零件之場所，而對物料零件儲存於倉儲之管理，稱為倉儲管理。

2.堆放原則（傅和彥，1995）

（1）多利用倉儲空間，盡量採取立體之堆放方式。

（2）利用機械裝卸，如使用堆高機等增加物料堆放空間。

（3）通路應有適當之寬度，並保持裝卸空間，則可保持物料搬運之順暢，同時不影響物料裝卸工作效率。

（4）不同的物料應依物料本身形狀、性質、價值等不同而考慮不同之堆放方式。

（5）物料之倉儲需考慮先進先出的倉儲管理模式。

（6）物料之堆放，要考慮儲存數量的讀取容易。

（7）物料之堆放應容易識別與檢查如良品、不良品、呆料、廢料的分開處理。

3.功能

倉儲管理係對生產或服務的一種支援的作業，須具有下列的功能：

（1）物料、半成品、成品之進倉、出倉管理。

（2）物料、半成品、成品之分類、整理、保管。

（3）供應生產或服務所需之物料。

（4）物料帳務之紀錄，使帳務一致。

也就是掌握庫存明瞭進出，以確定數量及種類，更期望對倉庫布置與儲存設備正確選用以達成最大儲存效果，亦對物料的安全與儲存提供注意事

項。其範圍從倉庫布置、搬運儲存至領發料程序均屬之。（林豐隆，1983）

　　4.作業重點

　　（1）倉庫設計（張右軍，1986）

　　　　a.力求有效利用空間：空間為物料倉庫的基本要素。所謂有效利
　　　　　用空間，就是使倉庫的儲藏能量達到最高的容積。依物料性
　　　　　質、地面載重及其他有關問題，在許可範圍內儘量堆高。

　　　　b.力求收發方便：修築大路至倉庫門前，使車輛可以駛近庫門，
　　　　　以求材料上下車的方便。倉庫中的物料放置地點也要適宜，如
　　　　　進出頻繁的物料，最好放置靠近庫門的地方；過重或體積較大
　　　　　的物料，也應放置在接近裝卸地點。

　　　　c.注意通風設備：大部分物料在保存期中，要使品質不變，必須
　　　　　注意通風乾燥。倉庫牆壁上端可開窗子，外面加裝鐵條，既可
　　　　　通風又不虞失竊；或於屋頂加裝通風器，以增加空氣的流通。

　　　　d.裝置防火避雷設備：物料倉庫最怕失火，所以平時要加強防
　　　　　範，容易引火之物料要隔離儲放；裝置消防器材；嚴禁點火吸
　　　　　菸；屋頂加裝避雷針。

　　（2）容量計算

　　　　a.全容量噸位：為每座倉庫全部空間所能容納之容積噸數，即總
　　　　　容積被容積噸除之。

　　　　以公尺為單位時：全容量噸位 $= \dfrac{L \times W \times H}{1.13}$

　　　　L＝庫內長度。

　　　　W＝庫內寬度。

　　　　H＝地面至屋架橫樑或鍋骨水泥樑之高度。

　　　　b.有效容量噸位：科學管理之倉庫，根據存儲計畫，劃定整理
　　　　　間、包裝間、辦公室等特別區域，並預留主道、交叉道、支道
　　　　　等，以期整理檢查收發，均感便利，此項特別區域及走道，占
　　　　　用最大容量約40～50％，實際作為存儲之空間，僅能達到最大
　　　　　容量50～60％而已，為求更趨於實際，再就箱裝存儲、櫃架存
　　　　　儲、散件存儲分述如下：

　　　　a）箱裝存儲有效容量噸位：

以公尺為單位時：

$$有效容量噸位＝\frac{(L\times W - A)\times HE}{1.13}$$

L ＝庫內長度。

W ＝庫內寬度。

HE＝有效高度。

A ＝不劃作儲存區域之總面積。

b）櫃架存儲有效容量噸位──櫃架存儲，每一格子均不能存滿，此法存儲，至少浪費格子空間40%左右，亦即將箱裝儲存有效容量噸位乘60%，即為櫃架儲存有效容量噸位。

c）散裝存儲有效容量噸位──散裝存儲，散裝件無法堆至有效高度，取其平均高度約三呎，較箱裝儲存浪費空間約50%，如將箱裝儲存有效容量噸位乘50%，即得散裝存儲有效容量噸位。

c.合理適合之混合存儲：每一倉庫能全部純為箱裝存儲，或櫃架存儲或散裝存儲之機會甚少，實際多屬混合存儲。科學管理之倉庫、按計畫劃定特別區域、走道、箱裝存儲區、櫃架存儲區、散裝存儲區，故能作存儲之面積業已確定，全庫有效容量噸位。其計算法如下：

以公尺為單位時：

$$全庫有效容量噸位＝\frac{(A_1 + A_2\times C_2 + A_3\times C_3)HE}{1.13}$$

A_1＝箱裝存儲區域總面積。

A_2＝櫃架存儲區域總面積。

A_3＝散裝存儲區域總面積。

C_2＝櫃架存儲對箱裝存儲空間利用之百分比。

C_3＝散裝儲存對箱裝存儲空間利用之百分比。

HE＝有效高度。

（3）倉庫布置應注意事項：

a.便於物料零件之搬運與驗收工作之進行。

b.便於物料零件之管理與盤點工作之進行。

c.便於物料零件之領發料及物料儲存工作之進行。

良好的倉庫布置則可達成降低倉儲成本與搬運成本。縮短物料移動距離，使物料流程順暢，減少物料受損機會，更能提高儲存空間。

（4）儲存：物料零件儲存依下列原則進行：

a.物料零件倉儲人員依實際需要將倉庫分類儲存。

b.以適當料架儲存物料，於室溫下儲存。

c.妥善保管物料，避免因處置上疏忽而造成物料受損變質。

d.不同品類之物料分開存放。

e.未經驗收之物料不得入庫。

f.物料應排放整齊，以便於查點。

g.呆廢料應規劃一個特定區域存放。

（5）分發

a.倉庫內之物料非經請領或領用，不得擅自發放。

b.任何憑證不全者，得拒絕受理領發料。

（6）庫存安全

a.倉儲內應嚴禁吸菸，並應設有滅火器及消防設備。

b.倉儲人員於下班離開時，應隨時關燈且門窗上鎖，以確保安全。

c.倉儲儲存區，禁示任何人吸菸等有害安全及衛生行為。

d.走道或通道嚴禁儲放物料。

（7）盤點管理

a.定義：盤點乃就倉庫及各儲存地區的材料與成品實際清點其數量，以確定材料與成品的數量、狀況及儲存位置是否與材料與成品的紀錄卡上相符合。

b.目的（傅和彥，1995）

a）確定物料的現存數量，並調整料帳不一的現象。物料因不斷的收發，日子一久難免發生差額與錯誤。

b）檢討物料管理的績效，進而從中加以改進。有關呆料、廢料之多寡、物料之保養與維護、物料之週轉率……等情

形，均可藉盤點加以認定，並謀求改善之道。

c）計算損益：企業的損益多寡與物料庫存有密切關係，而庫存金額正確與否，實有賴於存量與單價之正確性。因此，為求得損益的正確性，必須加以盤點以確知物料現存數量。另一方面得對其中物料之品質與性能發生變遷的現象，加以調整。

c.內容

a）材料、工程材料、包裝材料。

b）半成品、在製品、副料。

c）成品。

d）文具用品。

e）固定資產。

d.方法

a）定期盤點制（periodic physical inventory）：此乃選定一定的日期，關閉工廠倉庫，不做領發料作業，動員所有人力，以最短時間清點現存物料。包括：

（a）盤點單盤點法：以物料盤點單彙總紀錄盤點結果的盤點法。此法彙總紀錄，在整理列表十分方便，但在盤點過程中易生漏盤、重盤、錯盤之現象，而在差誤責任清查不易。

（b）盤點籤盤點法：此法係盤點中採用一種特別設計之盤點籤，盤後栓在物料實物上，經複核者複核無誤後撕下之一種盤點法。此法盤點複盤之核對相當方便又正確，不論在緊急用料及進料皆可使用，核帳與列表均感方便。

（c）料架籤盤點法：以原有之料架籤作為盤點工具，不必特別設計。當盤計數人員盤點完畢即將盤點數量填入料架籤上待複核人員複核後如無錯誤即取下原有料架標籤，而換上不同的顏色料架籤，然後清查部分料架籤尚未更換的原因，最後再依料帳順序排列彙成總表。

b）連續盤點制（continuous physical inventory）：此法在盤點

時不關閉工廠，而將倉庫分為若干區，就物料分類，逐區逐類輪流連續盤點，包括：

(a) 隨時隨地盤點法：隨每次收發情況，而作隨時隨地之實地盤點。但若庫存量經常變動，工作人員將不堪負荷。

(b) 分區分類巡迴盤點法：將倉庫分為數區，或將物料分類，排定日程依一定之順序作巡迴實際清點。此法有利人員調配合理。

(c) 分批分堆盤點法：此法須準備一張收發紀錄籤，置於塑膠袋內，並附在該批收料之包料上。發料時即時在紀錄籤上記錄，並將領料單副本存放在塑膠袋內，盤點時只清點已經動用之物料，而不管未動用之包裝件，若不符合即刻查核紀錄籤與領料單。

(d) 最低存量盤點法：在庫存物料達到最低點存量或訂購點時，即通知盤點人員清點，盤點後開出對帳單，以便清查差誤，但對呆料永遠因未達最低存量而不加以盤點，是一大缺點。

c) 聯合盤點法（combination physical inventory）：上述二制皆有優缺點（表6-13），企業在盤點時，可依企業特性，取其上述二制之利而去其弊。

e.步驟

表6-13　定期盤點制與連續盤點制比較

項目	定期盤點制	連續盤點制
作業方式	選擇每一期日，將所有物料全面加以盤點。	將物料逐區逐類連續盤點，或某類物料達到最低存量時，機動加以盤點。
工具	單盤點法、籤盤點法、料架籤盤點法。	分區盤點法、分批分堆盤點法、最低存量盤點法。
條件	必須關閉工廠、倉庫作全面性物料清點與盤點，全面動員。	不必關閉工廠、倉庫須用專業盤點人員。
優點	對物料、在製品之核對又方便、正確，可減小盤點中不少錯誤。	可減少停工損失，帳目正確。
缺點	停工生產損失大，抽調人員工作不熟，無法立即發現問題，未能調整永續盤存紀錄，易重複及少購現象。	易生串通弊端，對盤點工作準備未確實，效率差。

a）事先準備：確立盤點程序與方法、盤點日期決定需配合會計之決算、選取盤點、複盤監盤人員、盤點用報表事先印製及倉庫清理等項。

b）盤點日期之決定：一般物料盤點每半年或一年實施一次，最好在財務決算前夕辦理。亦可在淡季實施。

c）人員的組訓：給予參與盤點工作的人員實施認識物料，有助盤點工作。

d）清理倉庫：分開放置尚未驗收及已驗收的物品、通知各用料單位預領關閉期間所需物料、鑑別問題物料、準備文件表單，整理整頓倉儲、廢料以利計數與盤點。

e）盤點方法決定：選定最有利方式。

f）盤點工作進行：徹底清點、確實清點、迅速完成清點工作、工作人員勿使過於疲勞。

g）差異原因追查：料帳不一、盤虧盤盈、制度完整性、人員操作作業等差異狀況之追蹤查核改善。

（8）自動倉庫：物料管理指生產至銷售及物料資料動態一貫化（圖6-12）。而其流程的靈活、複雜資料的控制系統及大量物品能夠迅速正確承受的系統，使物料及資料一體化，而達到物料管理的功能。（林豐隆，1983）

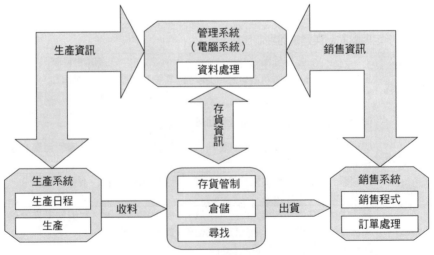

圖6-12 整體搬運系統（THS）所影響的資料處理及資訊流程

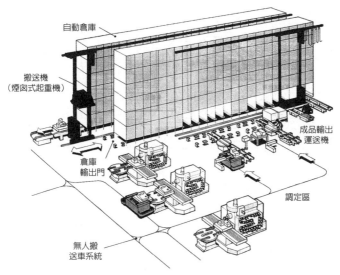

自動倉庫

搬送機
（煙図式起重機）

倉庫
輸出門

無人搬
送車系統

成品輸出
運送機

調定區

圖6-13 自動倉庫

物料流程有效的系統，為各種機械及設備的組合。各個機器發揮單機的效率，協調而成自動倉庫（**圖6-13**）的完整系統，其主要的設備為：

a.懸物架台（倉庫）：懸物架台使工作件或物品，經由工廠至倉儲入此架台儲存或由此運出物品的流程，此種方式的倉儲，在世界上業已使用數十年，可提供任何使用公司節省80%的倉儲面積、75%的人工及時間，係經濟工程的倉儲結構，可高達天花板而無空間的浪費。

a）基本設計及流程：懸物架台的配置與搬送機、物品出入口方向及倉儲體積有密切的關係，可分為下列三種：

（a）高倉儲量及高頻率搬送機：具有高倉儲量及每台搬送機在各自通道有高頻率移動，**圖6-14**為單向運動，裝載物品在一端，而卸載物品在另一端，**圖6-15**為雙方運動，指裝載及卸載物品皆在同一地點。

（b）高倉儲量及低頻率搬送機：一台搬送機負責全部搬送之功能，可活動在各通道（**圖6-16**）。

（c）多層多通道倉儲：為每台搬送機在各自通道，而在物品裝卸時，使用在不同的高度或側面，**圖6-17**為每台搬送

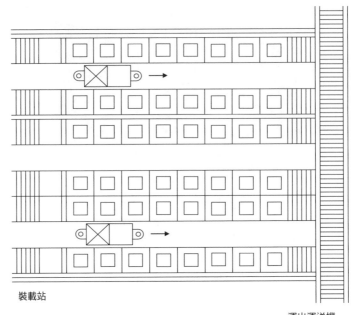

裝載站

運出運送機

圖6-14　高倉儲量及高頻率搬送機（一）

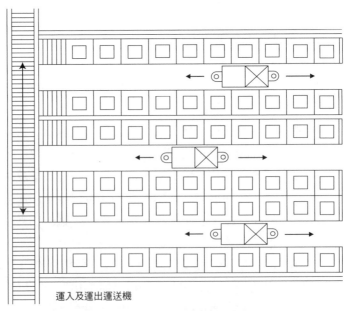

運入及運出運送機

圖6-15　高倉儲量及高頻率搬送機（二）

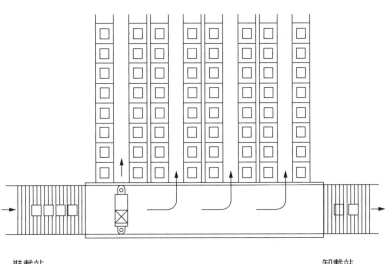

圖6-16　高倉儲量及低頻率搬送機

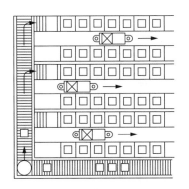

底部運入運送機

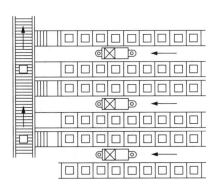

上部運出運送機

圖6-17　多層多通道倉儲（一）

機在各自通道，並具有出入輸送機在不同的高度。圖6-18為有變化的基本型式裝載在一個高度，而卸載在另一個高度。圖6-19為側面裝載的安排，並使物品由側面進入倉儲。

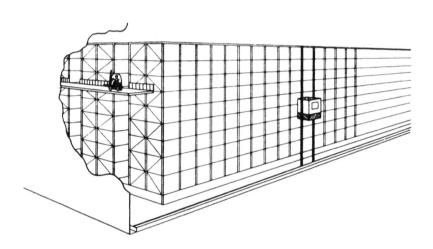

圖6-18　多層多通路倉儲（二）

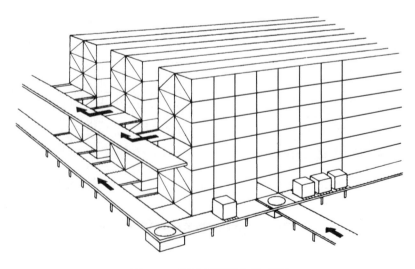

圖6-19　多層多通路倉儲（三）

b）型式

（a）堆積式系統（圖6-20、圖6-21）

‧搬送機：使用堆高機。

‧物品種類：少量品種（1排為1個品種）。

‧物品形狀：

①物品上面為平面。

②物品形狀固定不變。

③物品高度差異化。

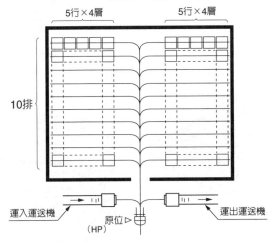

圖6-20　堆積式布置

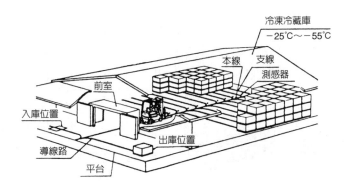

圖6-21　冷凍冷藏庫系統

·物品置放架：使用木製托板（圖6-22）、墊板（圖6-23）、堅固托板（圖6-24）、容器架（圖6-25、圖6-26）及儲存架（圖6-27）等方式。

·物品流程：各排之物品，一般為先入庫而後出庫之方

圖6-22　木製托板

圖6-23　墊板

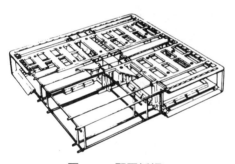

圖6-24　堅固托板

圖6-25　容器架

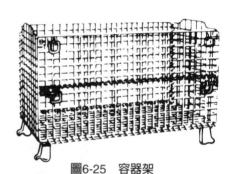

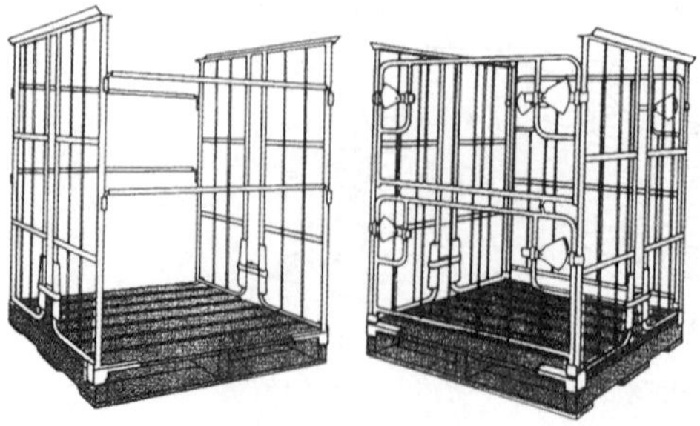

圖6-26　容器架

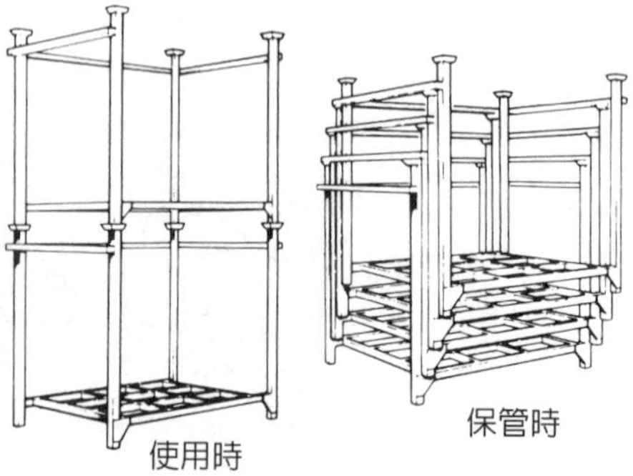

使用時　　　保管時

圖6-27　儲存架

式較多（先入庫及先出庫亦有可能）。

· 倉庫保管效率：

①品種之比較為最高。

②一排一品種時，保管最多，則保管率下降（產生空間）。

③高度受建屋及堆高機限制較低。

· 投資費用：最低。

· 操作方式：

①方向及排列指令後，可以連續出、入庫之操作。

②方向及連續指令在一排列，可依入庫、出庫順序操作。

③品種單位分區指令，在分區內可依出、入庫順序操作。

· 其他：

①一排單位要先入先出時，附有入庫日期，則管理較簡單。

②堆高機與倉儲間之出入庫位置，距離愈近愈佳。

· 應用：

①一至數品種之製品倉儲（一排中列數多的設計，則保管效率高），為一般通用的系統。

②冷凍倉儲。

（b）移動式系統（圖6-28、圖6-29）

· 搬送機：使用堆高機（叉臂可移動）。

· 物品種類：多品種。

· 物品形狀：

①物品上面不一定為平面。

②無高度限制。

③無形狀限制。

· 物品置放架台：使用木製托板、墊板、固定托板，置放在移動式架台（圖6-30、6-31）為特色。移動式架台，其主要特徵如下：

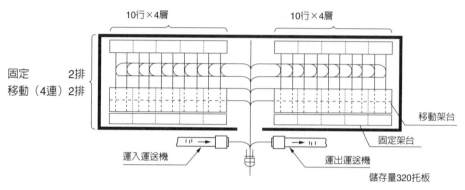

圖6-28　移動式系統（一）

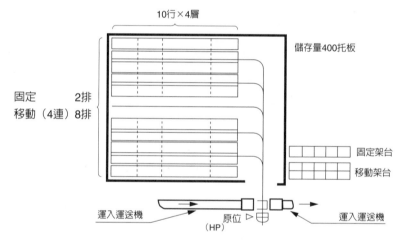

圖6-29　移動式系統（二）

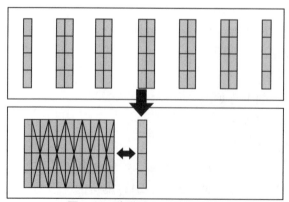

圖6-30　移動式架台移動方式

圖6-31　移動式架台外形

①結構採用JIS Z 0620之標準，使用連結銷的方式，具有裝配、分拆容易、增設、移設、段數變更的自由選擇之特性，一般通稱快速架台，為標準化（圖6-32），高度可達7公尺，荷重為1,200公斤。

②架台下座設有驅動部及移動車輪，依重量所需而有二輪及四輪的型式，驅動裝置，其移動速率為每分鐘5.5公尺，馬力依荷重可分為0.2/04/0.75KW三種。

③設有安全裝置，可自動停止於固定位置，由測感器得知是否已接近，另外架台本身亦設置緩衝板，以防碰撞。

‧物品入庫流程：為自由操作方式。

‧倉庫保管效率：

①效率高。

②架台間通道少、儲存量大增，為其他方式之兩倍。

‧投資費用：

①設備費用高。

②土地建築費用低。

‧操作方式：

①地面上操作方式。

②可與中央電腦系統配合操作。

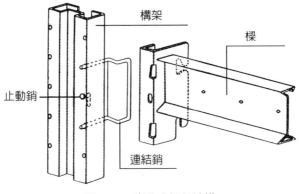

圖6-32　移動式架台結構

③導向式、按鈕式、數位開關式等操作方式。

　·其他：

　　①依使用堆高機的類別來決定其通道寬度。

　　②地面上須設導向線路。

　·應用：

　　①零件倉庫。

　　②成品倉庫。

　　③半成品倉庫（暫時保管）。

　　④冷凍倉儲。

（c）固定式系統（圖6-33）：

　·搬送機：使用堆高機（叉臂可移動）或煙囪式起重機。

　·物品種類：多品種。

　·物品形狀：

　　①物品上面不一定為平面。

　　②無高度限制。

　　③無形狀限制。

　·物品置放架台：使用木製托板、墊板、固定托板、容器架、儲存架等方式，皆可放在架台上。可分為四種：

　　①懸物架台（圖6-34）：為無人立體倉庫的代名詞，

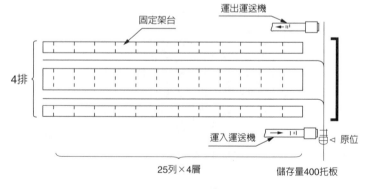

圖6-33　固定式系統

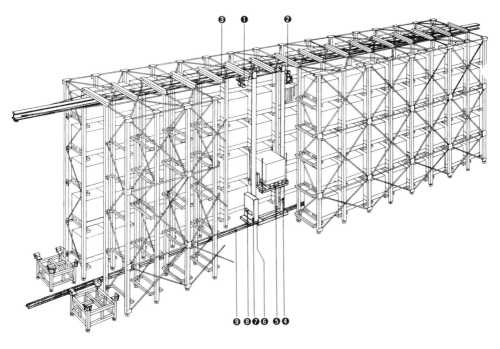

圖6-34　懸物架台

　　此系統可達最高點，一般可分為25公尺、20公尺及
15公尺三種高度，其控制方式，可分為人工控制、
自動控制、遙控、綜合控制及電腦控制五種。

②單一架台：為製造廠商製造一定的型式，一貫化生
　產、標準化、固定的配置、交貨期短，與懸物架台
　類似，但高度僅有15公尺一種，其控制方式採用自
　動或遙控兩種，但唯一缺點係未能配合使用者的廠
　房，而使用者須遷就。

③箕式架台：使用不同的物品，放置不同的容器，如
　同箕斗、紙箱等，使物料的流程效率高，小件物品
　的倉儲自動供應作業，使生產工程損失減少，一般
　使用高度為9公尺以下，採用自動、遙控、綜合及
　電腦控制。

④經濟架台：實用的小型倉庫，單一化且價格低，應

用於許多行業，高度限制為9公尺以下，採用卡式
自動、人工選擇、叉架卡式自動及叉架卡式人工選
擇控制。

上述的固定式架台，較具變化性，在採用的搬送機台
架台形式皆有區別，可依其規模、形狀及目的各種條
件配合，以選擇適當的控制方式。皆以角鐵焊接居
多。

· 物品入庫流程：為自由操作方式。

· 倉庫保管效率：

①效率低。

②一排之長度愈長，高度愈高，愈有利益。

· 投資費用：設備費用亦高。

· 操作方式：

①地面上操作。

②車上操作。

③可與中央電腦系統配合操作。

④導向式、按鈕式、數位開關式等操作方式。

· 其他：

①架台間的通道多入出庫頻率高時，各通道設置搬送
機較佳。

②架台間的通道寬度狹窄。

· 應用：

①零件倉庫。

②成品倉庫。

③半成品倉庫（暫時保管）。

b.搬送機：搬送機主要的運動分為三個主要方向，計有橫向、立
向及叉向來輸入及運出負荷在每一架台的位置。搬送機可分為
下列幾種：

a）堆高機系統：標準堆高機系統，微電腦控制裝置，測感器之
裝置，依地面上控制盤的指示動作，經由埋設地下導線而自
動轉向、走行、走向、負荷，一般使用在中層倉儲，高度在

9公尺以下者適用，其機型及規範為：

（a）台車式堆高機（圖6-35）：為臂式推高機無人化的機種之一。

（b）配衡式堆高機（圖6-36）：為特殊式堆高機，無人化的機種之一。

（c）齒條式堆高機：為特殊式堆高機，無人化機種之一。因使用叉座不同計有J形轉台型及L形轉動型，依通道寬窄及使用高度而定（圖6-37），最窄寬度為1,480mm，揚

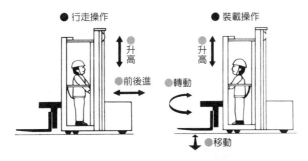

圖6-35　台車式堆高機行走、裝載操作圖

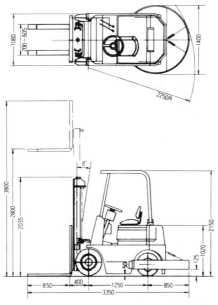

圖6-36　配衡式堆高機尺寸

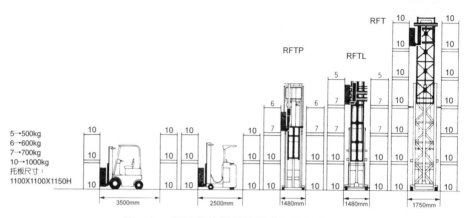

圖6-37 各型堆高機使用通道及裝載量圖

5→500kg
6→600kg
7→700kg
10→1000kg
托板尺寸：
1100X1100X1150H

程、高度達9,000mm。

b）煙囪式起重機系統：煙囪式起重機較堆高機具有通道狹小及使用高度較高的優點。適用於固定式懸物架台系統，其機型及規範為：

（a）上部驅動方式（圖6-38）：在自動倉儲屋樑下懸垂方式，一般使用在15公尺以下的倉儲，具有安定性及橫向移動容易的優點。

（b）下部驅動方式（圖6-39）；在自動倉儲通道上設置軌

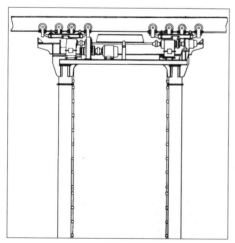

圖6-38 上部驅動方式

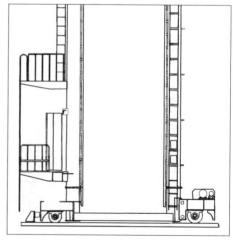

圖6-39 下部驅動方式

道驅動方式，一般使用在15～25公尺高度之倉儲，底座自走式的結構，全部投資費用較低且保養容易。

(c) 中間驅動方式：25公尺以上之各層倉儲適用，各驅動裝置結構簡單及機械具有安定性的優點。

煙囪式起重機的構造係以上部驅動方式為例，其主要的部分計有：

(a) 移動驅動裝置（圖6-34❶）：此裝置包括16個非平底的車輪，裝有制動器及馬達，V皮帶輪、正齒輪減速機置放於支持架上，驅動起重機橫向移動安全且無噪音產生。

(b) 昇降驅動裝置（圖6-34❷）：驅動裝置計有制動器及馬達，蝸輪減速機以及滾子鏈，使載重架昇降。

(c) 上部移動軌道（圖6-34❸）：起重機由H型鋼軌支撐，鋼軌聯接由平板，螺栓連帽固緊，架台的上樑與上部移動軌道使用栓固緊於長方形孔。

(d) 架柱（圖6-34❹）：起重機架由兩支無縫鋼管組成，一支係支持整個設備，另一支為載重架垂直移動的導軌。

(e) 載重架（圖6-34❺）：H型鋼軌藉堅固螺栓連帽結成載重架，而叉動裝置係由兩個分開的叉臂，叉臂由槽鐵組成。

(f) 導向滾子（圖6-34❻）：導向滾子係橡膠車輪，裝置在托架兩端，防止起重機移動偏斜，影響效率。

(g) 主控制盤（圖6-34❼）：防塵控制箱計有動力源、功率電路及人工控制盤等。

(h) 操作盤（圖6-34❽）：控制台裝設在主控制盤前，包括：讀卡機係使用打卡操作（亦可裝按鈕開關）、換向開關、警示燈及機械式開關應用在人工操作。

(i) 下部導向軌道（圖6-34❾）：導軌係裝設在通道的中央，以保移動的正確。

c) 懸吊運送機（圖6-40）：係輕型運送物品，每一吊運車僅

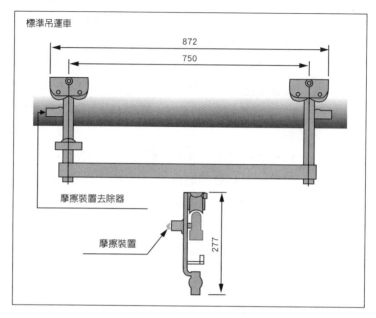

圖6-40 懸吊運送機結構

標準吊運車

872

750

摩擦裝置去除器

摩擦裝置

277

100公斤，省能源，無噪音自由進入的機件，運送速率在每分鐘10～16公尺，而驅動方式計有馬達驅動鏈條及皮帶方式兩種，由自動分路、合路開關，轉向裝置進給角度器、垂直昇降裝置（**圖6-41**）、自動釋放器、超荷重開關裝置（**圖6-42**）及停止裝置（**圖6-43**）等組成，具節省空間的優點。

c.控制系統（林豐隆，1983）：控制系統主要在搬送機之橫向、立向及叉向三種的基本動作及流程（**圖6-44**），其控制方式最主要有兩種方式：

a）人工控制（**圖6-45**）：操作者在搬送機上操作室，藉按鈕開關來控制，應用於低效率的倉儲作業。

b）自動控制：自動控制係操作者自由操作簡單的開關，在倉儲側、控制盤及電腦控制中心等裝置，皆在搬送機外操作，可分為下列四種：

（a）全自動控制（**圖6-46**）：操作者在設置每個通道尾端的控制台，搬送機在停止狀態時，藉按鈕操作而輸入指

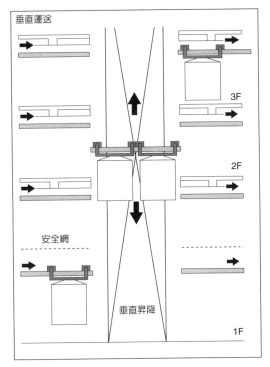

圖6-41 垂直昇降裝置（懸吊運送機）

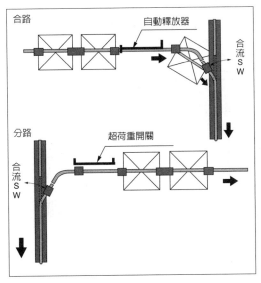

圖6-42 超荷重開關裝置（懸吊運送機）

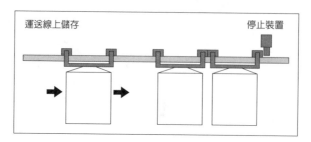

圖6-43　停止裝置（懸吊運送機）

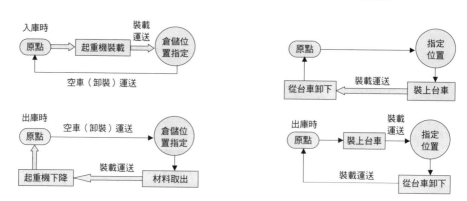

圖6-44　搬送機之流程圖

圖6-45　人工控制

圖6-46　全自動控制

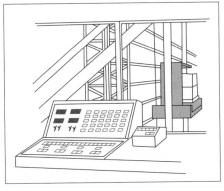

圖6-47　遙控控制

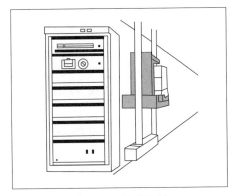

圖6-48　程式控制

令，因而動作。

（b）遙控控制（圖6-47）：遠離倉儲作業的現場，設置總控制室來裝置各搬送機的控制，可說是遠距離的操作。

（c）程式控制（圖6-48）：由各製造廠商自行開發標準的程式，標準設定裝置的控制方式，可單獨或與電腦連接使用，因具有廠商使用的經驗數據及條件，可得到最合適的控制。

（d）電腦控制（圖6-49）：最高級並與經營資訊結成一體，係最理想的無人立體自動倉庫，自動控制的電腦

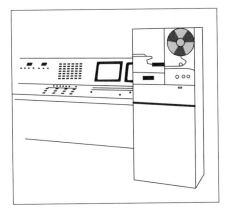

圖6-49　電腦控制

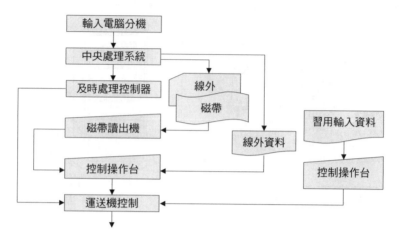

圖6-50 電腦控制流程圖

其控制流程如圖6-50,而電腦可分為線外作業（off-line,係指在電腦中周邊的設備作業與中央處理系統操作無關）及線上作業（on-line,係指各設備皆在中央處理系統直接控制下,與周邊的設備共同操作息息相關）兩種。

線外作業計有由操作者以按鈕開關來控制搬送機,稱為按鈕控制及磁帶控制搬送機。

線上作業係由硬體即時處理系統及立即電腦等裝置來控制,稱為電腦控制。

c）無人堆高機的控制：無人堆高機的控制系統與上面所述的在於三種基本動作,亦無人工及自動控制兩種方式,須另有其特殊性能及機構。

（a）自動轉向控制（圖6-51）：在無人堆高機所行走的路線上埋設導線,可通過低周波電流（5～10 kHz）,因而產生磁場。在堆高機前輪附近左右兩側各裝設兩對檢波線圈,而在右側線圈電壓高,導致轉向馬達轉動且自動轉向。線圈電壓相同時,馬達回轉,所以可以使用操作盤自動操作。

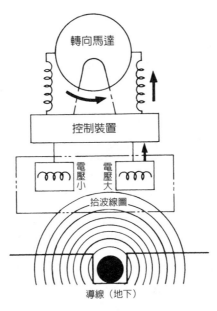

圖6-51　自動轉向控制

（b）行走控制（圖6-52）：在導線上行走時，地上所埋設
　　　測感器可測知無人堆高機的位置，而傳送至控制盤。
　　　控制盤之行走指令可指示其方向及速率，而在每台堆
　　　高機前面有測感器可測定前方物品或機件的距離，而
　　　能減速做精確的停止於定位。
　　　在直線行走時高速行走，在轉彎或回轉時，則爲低速
　　　行走，速率爲高、中、低及微速四段一定速率運轉行
　　　走，並且非常平靜減速後停車。（圖6-53）

（c）資訊傳送方式：堆高機與地面上至堆高機之資訊傳送採
　　　用誘導無線電方式，計有直列傳送方式，（依指令信號
　　　而使周波數變化之方式）及並列傳送方式（僅在一個周
　　　波數應用，信號內容而爲脈衝信號在一定時間內傳送的
　　　方式）兩種。若傳送資訊過多時，大部分採用後者較
　　　多，因其投資費用較低。
　　　而使用煙囪式起重機或懸吊式運送機其傳送方式類似。

d.周邊系統：無人自動倉庫，係高度科技的系統。若其周邊系統

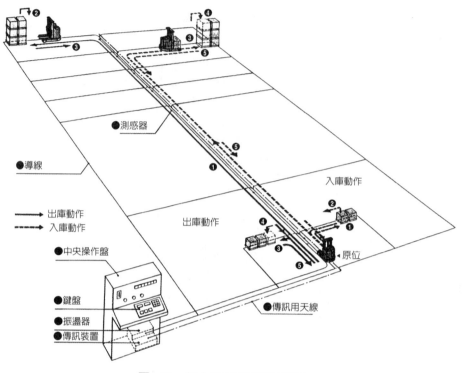

圖6-52 無人堆高機控制系統圖

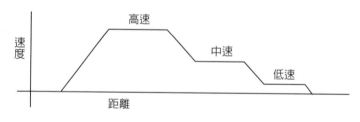

圖6-53 行走控制速度

未能密切配合,則物品或物料進出倉庫皆受重大的影響,而未能發揮真正的效果。由於各製造廠商依其長年使用的經驗,並配合物品之形狀、尺寸及使用者所提供的條件皆有不同,因此在這方面的設備的應用樣式繁多,計有:

a）環路運送機。

b）拖車。

c）無人搬送車。（圖6-54）

d）滾子搬送車。（圖6-55）

e）裝車設備。

f）堆高機。

g）無人堆高機。

h）選別機。

i）移車台。

j）自動梭動運送機。

k）帶式運送機（圖6-56）。

l）鏈條運送機。

m）單軌系統（圖6-57）：包括：單軌鏈條吊車、弔架軌條、
單軌式伸臂起重機等。

n）懸吊運送機（圖6-58）。

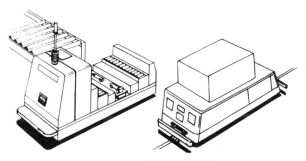

圖6-54 無人搬送車外形

圖6-55 滾子運送車外形　　　　圖6-56 帶式運送機外形

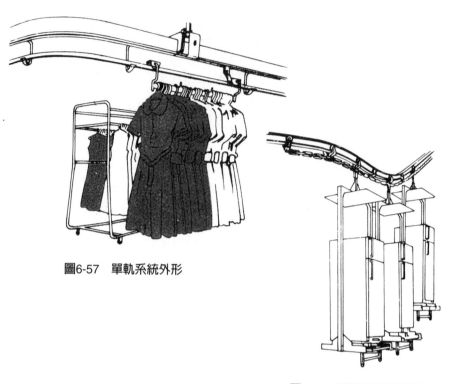

圖6-57　單軌系統外形

圖6-58　懸吊運送機外形

　　o）板條運送機（圖6-59）。

　　p）輪式運送機（圖6-60）。

　　q）拖索運送機。

　　r）塔式起重機。

　　s）煙囪式起重機。

　　t）托盤運送機（圖6-61）。

　　u）鋼帶運送機（圖6-62）。

　　v）空氣輸送系統（圖6-63）。

e.資訊系統：一般倉儲作業內容計有：

　　a）由收料部門接收物料、物品。

　　b）材料、物品之檢驗整理。

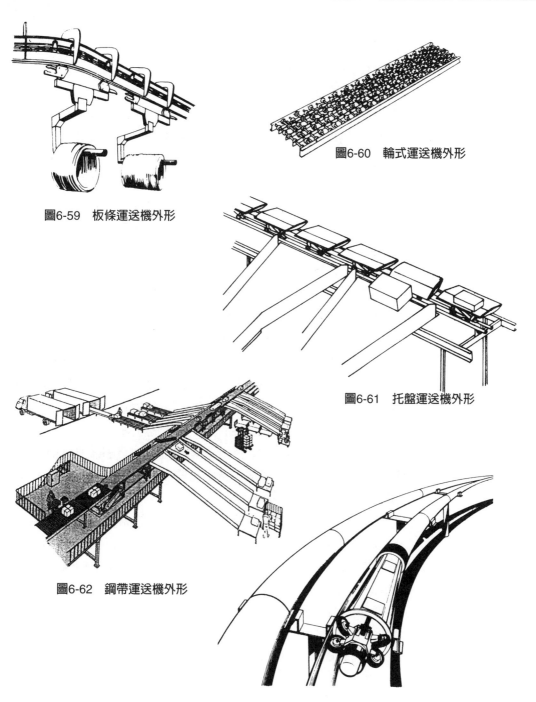

圖6-59　板條運送機外形

圖6-60　輪式運送機外形

圖6-61　托盤運送機外形

圖6-62　鋼帶運送機外形

圖6-63　空氣輸送系統外形

c）材料、物品之儲存。

d）材料、物品之搬運方法。

e）材料、物品之領發。

f）材料、物品之庫存紀錄。

以往材料管理都以人工作業，而今企業規模日趨龐大，產品多樣化，爲求降低生產成本，增進市場競爭能力的需求，更因電腦可靠性的提高及普及，終而引進使用材料管理作業。它不僅代替人工作業，而且從事人工無法處理的作業。自動倉庫除設備革新合乎電腦控制外，必須再配合各種資訊的提供，方能發揮其效率。因此現代倉儲所追求的理想爲整體搬運系統（Total Handling System, THS）。

THS不僅是倉儲作業而已，更與公司、生產工場各種活動、計畫及資訊息息相關（圖6-64），係整個企業、公司觀念上一項重大的突破。資訊系統可以儲存指令和資料，依使用者的需求，從事大量、繁雜及精確的資料分析，並將計畫、分析及管制的原始數據資料，利用電腦轉換成有用的資訊，以協助經營決策。因此實施自動倉庫其先決條件爲整個企業對電腦作業的看法，以及實施的步驟，當然可以分段逐步進行。

f.考慮使用的因素：自動倉儲有許多的優點，在設立前，必須去思考「倉儲的計畫及目標」。一般廠商而言，皆因需要變換材料搬運方法，使用量的增加，特別在搬運人工成本，未能靈活服務或者須加強倉儲作業，方去考慮。

同時，另一方面，新產品及新生產線或新的銷售區域、配銷中心的成立，而想革新，但無論什麼理由，在決定變更或增加材料、物品搬運系統，不是一件簡易的事情。不僅增加幾台堆高機或更多運送機，以及感覺到的問題，必須去解決。而今材料的搬運或分配管理，必須去考慮藉由新的技術，來解決面臨的問題，因此身爲企劃者須要求此計畫及目標，達到下列的想法：

a）改善對顧客或使用者的服務。

b）減少人工成本。

c）最佳的管理。

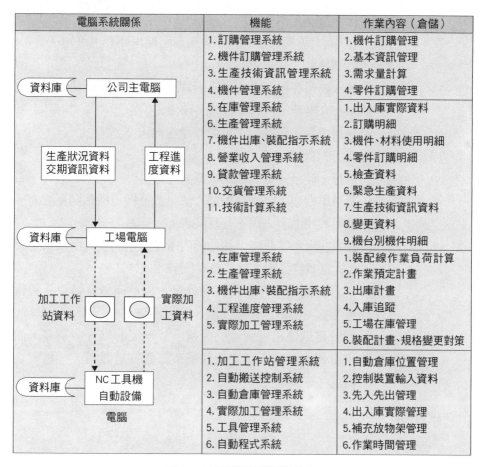

電腦系統關係	機能	作業內容（倉儲）
資料庫 ← 公司主電腦 生產狀況資料 交期資訊資料　工程進度資料 資料庫 ← 工場電腦	1.訂購管理系統 2.機件訂購管理系統 3.生產技術資訊管理系統 4.機件管理系統 5.在庫管理系統 6.生產管理系統 7.機件出庫、裝配指示系統 8.營業收入管理系統 9.貸款管理系統 10.交貨管理系統 11.技術計算系統	1.機件訂購管理 2.基本資訊管理 3.需求量計算 4.零件訂購管理 1.出入庫實際資料 2.訂購明細 3.機件、材料使用明細 4.零件訂購明細 5.檢查資料 6.緊急生產資料 7.生產技術資訊資料 8.變更資料 9.機台別機件明細
加工工作 站資料 ○ ○ 實際加 工資料	1.在庫管理系統 2.生產管理系統 3.機件出庫、裝配指示系統 4.工程進度管理系統 5.實際加工管理系統	1.裝配線作業負荷計算 2.作業預定計畫 3.出庫計畫 4.入庫追蹤 5.工場在庫管理 6.裝配計畫、規格變更對策
資料庫 ← NC工具機 自動設備 電腦	1.加工工作站管理系統 2.自動搬送控制系統 3.自動倉庫管理系統 4.實際加工管理系統 5.工具管理系統 6.自動程式系統	1.自動倉庫位置管理 2.控制裝置輸入資料 3.先入先出管理 4.出入庫實際管理 5.補充放物架管理 6.作業時間管理

圖6-64　電腦系統關係及位置

d）最好使用場所。

e）改良物料控制

f）操作安全。

g）設備可靠。

h）迅速訂購設備。

i）未來成長的能力。

j）彈性變化的能力。

k）減少技術的需求。

l）工作人員滿足感。

總之，歸納上述的想法，在承包廠商所使用問卷表可知一二，其重點為：

a）物品、物料在所有操作中最適當的尺寸，以及所使用放置的墊板、容器等，包括與裝船的關係。

b）全部倉儲量，現在及未來儲存量在內。

c）可使用的倉儲面積。

d）倉儲每小時及每天物品出入量。

e）依採用單機或多台隨機搬運方法，以及搬送機類別及能力，而排定其物品出入程序及時間表。

f）依物品進出倉儲前後，其倉儲內所餘的空間及其所需周邊系統而排定其物品出入程序及時間表。

g）計畫倉儲使用所需物料目錄數量，以及何種倉儲資訊需管理，諸如：訂單、存量控制、收料報告等。

h）投資計畫依使用者資金的調撥，以及現有條件、制度，而決定投資方式為新建物新設備或舊建物新設備。（舊建物須特別注意其高度）

✦ 物料搬運

1.定義

物料搬運（materials handling）依據美國物料搬運學會（American Material Handling Society）的定義為物料搬運是對任何型式的物體移動、包裝與儲存的活動，而此活動包含了藝術與科學問題物料搬運決策者著重公司內物料流程的問題，它的範圍涵蓋了由收料、生產、成品裝運此一流程中物料移動。（賴士葆，1995）

2.目標

（1）盡可能減少搬運。

（2）使移動距離最短。

（3）使在製品數目最少。

（4）使偷竊、破損、腐壞等損失最小等。

3.系統規劃

物料搬運系統的活動可分為材料、移動與方法。而其規劃步驟（圖6-65）。

4.搬運設備的種類（林豐隆，1983）

（1）搬運對象

　　a.自動生產機能（NC工具機群）

　　　a）彈性製造單元（FMC）系統。

　　　b）彈性製造線（FMS）系統。

　　　c）工廠整體搬運系統。

　　b.自動搬運機能（工作件、工具搬運）

　　c.自動倉庫機能（材料、成品及冶具的自動儲存）

（2）搬運機械：搬運裝置、設備，早為工廠所採用，皆能發揮其功

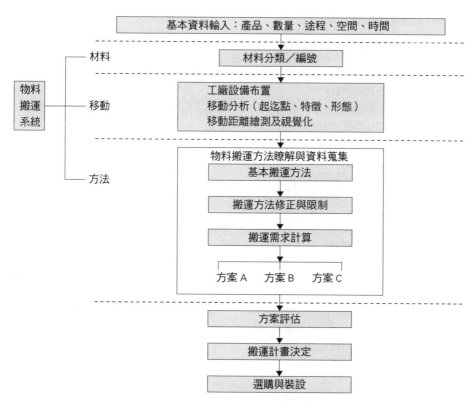

圖6-65　物料搬運系統規劃步驟

效，而搬運設備繁多，如表6-14所示，各具特色，適用於不同的工作場地，有賴於使用者，依其效率、性能及價格，做適當的選擇。

5.無人車（robot car）

處於今日激烈競爭的壓力下，汽車、電氣及機械製造業爲求其產品的種類及型式多變化、生產力提高、工作人員減少、系統調整時間的縮短、成本的降低等目的，積極引進產業用的機器人，甚至般切需求無人化的工廠。

在FMS及無人化、自動化工廠需求下，各種搬運裝置及設備，亦須配合上述的條件去開發研究，無人車因而出現。

（1）無人車的型式：一般對無人車都注意在平面或地面上是否裝設行走用的車輪，但亦須考慮不使用行走車輪的方式，諸如經過特別

表6-14 搬運設備的種類及特性

種類	特性	缺點
梭動車 （shuttle car）	1.齒條、小齒輪、回轉軸的驅動方式。 2.小型至大型工作件使用皆宜。 3.投資額較低。	1.軌道固定，無變化性。 2.基本的配置為直線。
無人運輸車	1.無線電、光線、導向方式。 2.小型至大型工作件使用皆宜。 3.無軌道，路徑變更容易。	1.X、Y、Z方向，位置精度較差。 2.須準備路徑工程。 3.投資額高。
鏈條驅動台車	1.小型至大型工作件皆可使用。 2.適合重型工作件裝載。	路徑固定，彈性程度小。
運送機 （conveyor）	1.小型至大型工作件皆可使用。 2.適合大型托板搬運。 3.價格便宜。	1.路徑固定，彈性程度小。 2.種類多，選擇不易。
機器人	1.適合搬運及裝配工作在同一設備上。 2.可做360度旋轉。	1.搬運範圍限定。 2.搬運重量小。 3.價格高。
堆高機	1.適合一定高度下的搬運。 2.無軌道、路徑變更容易。 3.叉動，適合任何場所，且價格亦低。	1.X、Y、Z方向，位置精度較差。 2.須熟練員工，運搬工作件受限制。 3.產生噪音、廢氣。
煙囪式起重機	1.適合各種高度搬運。 2.占地面積小。	1.路徑固定，彈性程度小。 2.運搬工作件受限制。 3.須考慮配合設備的裝設。
高架行走吊車	1.適合各種高度，廠房內各角落。 2.小型至大型工作件皆可使用。	1.須設高架、工程較繁。 2.投資額高。

的行走機構、爬行機構、履帶及浮動系統等。

無人車的型式，依圖6-66所示，各式各樣，種類繁多，但須具有提供下列資訊的能力。

a.現況：無人車現在的位置、座標方位、速率、加速度及負載狀況。

b.行走路徑：行走路徑的指令，路面狀況，障礙物。

c.控制能力：控制中心的路徑指令、環境指令、多台無人車避免碰撞協調作業，群體管理，人為操作的高級資訊應對。

（2）無人車的構造：最常用無人車為無軌道，而使用固定路徑能轉式無人車，除具有堅固的結構及負載能力外，更須具有下列的特性：

a.具安全裝置。

b.可適合各種裝置的需要而能變換路徑。

c.具無人自動操作及人為搭乘操作雙重機能。

d.能自行裝載、卸載工作件機能。

e.行走無噪音，且不污染環境。

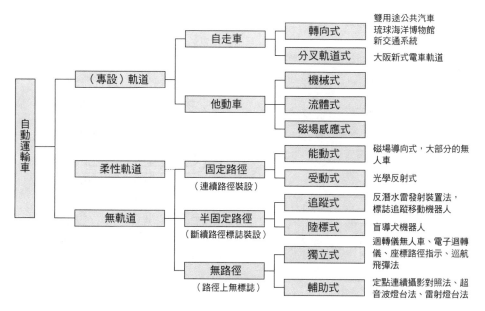

圖6-66　自動運輸車種類

f.自動充電裝置。

g. 正確停止且具精度的裝置。

（3）無人車的行走路徑：無人車行走路徑，大致為下列的方式（圖6-67）：

a.直線式（使用於專設軌道較多）。

b.交互交替式（自動、手動交互使用）。

c.八字交替式。

d.往復路徑式。

e.多路徑交替式。

f.多線多路徑交替式。

g.模型路徑式。

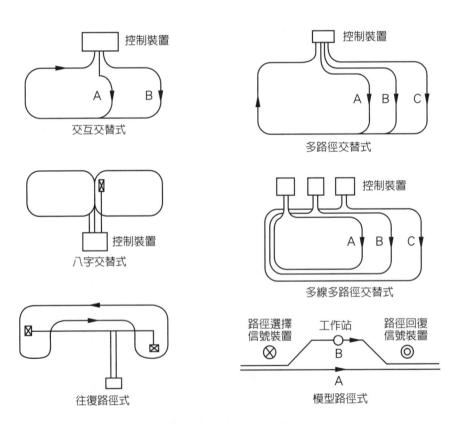

圖6-67　無人車行走路徑

（4）無人車的導向方式

   a.專用軌道方式：使用一般機械設備所使用的方式。

   b.無軌道方式

     a）無軌道使用固定路徑

        （a）磁場感應導向方式：現在最常用的方式，係在行走路面埋設導線，無人車的磁場感應裝置依導線磁場導向行進。一般在無人車前車輪的前方，裝設路徑檢出器，而在路徑上追蹤前車輪的路徑，導引無人車行進。

           在路面鋪設導線，使用交流電。另一方面在車輪的前面，左右約200mm的距離裝設線圈。當電流通過時，產生磁場而影響電壓，線圈與導線等距離時，則兩方線圈所產生的電壓相等。若線圈的位置偏向導線，則靠近導線的線圈電壓高，較遠部分，則電壓低（圖6-52）。當電壓不相等時，則前輪轉向，前車輪路徑追蹤。前後行進型的無人車，前後兩方皆裝設檢出線圈，後線圈與前車輪爲相反的方向轉向，並使用連桿連結。

           導線電流的周波數爲5～10 kHz（標準爲5 kHz），電流很大，可達數百mA，但電壓僅數V而已，無危險性。若使用多條導線，則須使用不同的周波數，而導線間距離最少500mm，以免發生相互干擾。導線埋設在5×20mm的溝內，一般皆使用2mm²的裸銅線，用橡膠線固定埋設，此種方式變更容易，爲防止故障發生，大多數改用合成橡膠包覆的導線。須特別注意路面金屬物或鐵製的溝蓋，以免切斷磁場，而發生意外。

        （b）光學反射式：最近普遍使用方式之一，在行走路徑上黏貼反射帶的方法，在分路時由無人車側控制或地上側通電流控制，地上側的指令用反射帶或其他方式。

           雷射光導向方式，係導向路徑沿著照射的雷射光，而無人車裝設雷射光檢出器（圖6-68），而導線改用反射帶，由He-Ne氣體雷射發生器產生光源，照射至雷射光掃瞄器（laser scanner），而此種掃瞄器向行走路徑發射

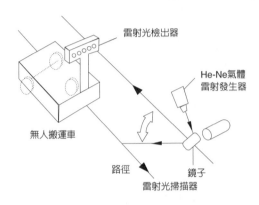

雷射光檢出器

He-Ne氣體
雷射發生器

無人搬運車

路徑

鏡子

雷射光掃描器

圖6-68　雷射光檢出器導向示意圖

雷射光，同時掃瞄器內亦設20°上下方向運動的鏡子，雷射光在鏡中的反射成扇形，沿路徑移動。另一方面無人車的檢出器（係由Si半導體的受光單位橫形排列），此種檢出器檢送信號經由微電腦來控制驅動馬達。

雷射發生器，功率低僅達0.5mW，對工作人員的眼睛不會有所損傷。

b）無軌道無路徑使用：使用前面所述的雷射導向方式或單獨方式而在路徑的設置為：

（a）路徑依地圖上描述指定方法。

（b）路徑依座標位置行進，隨順序連續記憶，然後依序發出導向方式，無人車在行進路徑中教示（teaching），依教示順序指令而成導向教示重演（teaching-play back）的方法。

（5）無人車的通訊方式：現在無人車的通訊方式，仍以導向無線電方法居多，須特別注意雜音，一般為兩種方式。

a.並列傳送方式：指令信號使用不同周波數變化的方式。

b.直列傳送方式（圖6-69）：僅使用一個周波數，信號使用脈動（pulse）信號，在一定時間內傳送，為信號與時間的對照，而不必使用多周波數。在通訊信號數增加，使用並列式，雖價格較低，但容易產生周波數混亂，而不確實，因而大多數皆改用直列式。

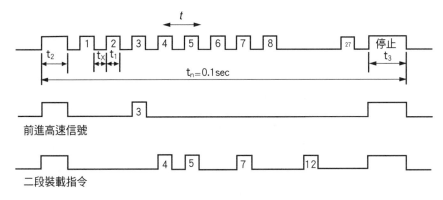

圖6-69　直列傳送方式示意圖

　　最近，使用光（特別在雷射通訊）的通訊在技術上已有突破，可以傳達資訊，已知在通訊用的發光兩極管（Diode），動力僅數W，但在150公尺內通訊無問題。

　　雷射通訊方法不僅使用在無人車而已，更廣泛地使用在各種設備及用途。

（6）無人車位置及方位的檢出：掌握無人車的現況，知其實際的位置及方位是非常重點，現在設計及考慮使用的方法很多，而且部分已在實用階段，並有具體的成果。

　　a.固定行走路徑

　　　a）無人車行走路徑，使用專設軌道方式，係在路徑上裝設許多固定式校正點，而由路程表（odometer）的轉數可得精確的位置，或藉電氣、光學等其他輔助設施或線路，而知其位置及方位。

　　　b）無人車無軌道方式，其導向系統採用感應磁場或光反射方式，係在其固定路徑上，設置測感器，而知無人車的位置及方位。

　　　現在實際使用的無人車皆採用上述的方法，亦有雷射光發出信號，由無人車接受的檢測方式，在固定路徑方式的延長線上使用，因黏貼反射帶可隨意變更路徑，測感器可在路徑上隨意放置，為簡便的方式，極富彈性，具有廣泛使

用的潛力。

b.無軌道無路徑的方式：無軌道無路徑的位置及方位檢出，較固定路徑及專設軌道更具彈性，其方法為：

a）獨立式

（a）飛機、太空船所使用的慣性航行系統（Inertial Navigation System）。

（b）迴轉儀（Gyroscope）裝置，係利用陀螺原理，一般使用在魚雷縱舵調整器。現今使用氣體式迴轉儀及行走距離計算，研究開發於汽車的迴轉設備，為減少汽車急速轉彎，汽車停止時自行調整轉彎，由路程錶及微電腦時時刻刻計算，業已試驗成功，在高速公路連續行走，無調整作用，但方位有誤差，且費用較高。若配合路程表、教示及教示重演方式，並改用機械式迴轉儀，則其費用較低，有發展潛力。

（c）車輪轉動的精密測量及計算系統法，係使用兩個後車輪的轉動值之平均差，時時刻刻計算出移動距離的方位變化，由線上的微電腦完成來修正轉彎的方式。

（d）空間使用法為在車輛下部空間裝設反射隨機室（Random Nest）來測定，迅速得到行走距離、方位及速率，現在使用測感器裝設在無人車與地面的相對距離不變的方式，非常有效。未來期待合併利用電波速率計的方法。

（e）巡航飛彈（Cruise Missile）法，在歸向目標的航路上有一定的方向可循，航線預先輸入，飛彈僅在中途點（Way Point）照預定航路轉向，並可在兩中途點之間作定期的調整，係利用地形辨別及區域內景象校正的導向系統，而發揮功能。

b）輔助式

（a）半固定路徑方式，斷續在路徑上設置陸標（land mark），亦可說係盲人所用嚮導犬機器人的一種，在路面各處黏貼反射帶或陸標，而得路徑的位置及基準。此

種裝置僅在步行特定區域內有效，而在任意區域以任意方式的移動，其標誌須大大的變更，尤其注意區域內的清潔。

（b）無路徑僅在行走路徑兩側的牆壁面或藉路面特殊的徵象，使用快速定點攝影機（通常使用在判定賽跑的勝負）錄影，與現有的模式比較辨別。

（c）地面上設置雷射燈台，同時無人車裝設三台雷射檢出器，可接受角度的資訊，傳送至線上微電腦的精密雷射瞬時高頻計測系統（Very High Frequency Omnidirectional Range, VOR），瞬時可得其位置、方位，為最具開發的潛力。

（d）地上設置一個或數個超音波燈台，其信號表示，而由線上微電腦知其位置、方位。

（7）無人車的轉向裝置：無人車的行走方向，可分為三種方式：

a.單向行走（圖6-70）：係小型無人車，採用三輪方式，為單方向行走，前輪兼具驅動與轉向裝置的功能。

b.雙向行走（圖6-71）：係中型無人車，採用六輪方式，車台的中心為兩組獨立驅動輪，其他四組腳輪，依其驅動輪的轉數差來計算轉向，可任意轉向，僅供前後雙方向行走。

c.四向行走（圖6-72A、圖6-72B）：為大型無人車，採用四輪，一側的兩組獨立輪，各兼具驅動與轉向的功能，可前後左右及斜行行走。

無人車的轉向方式，以感應磁場方式說明，在無人車上裝設磁波裝置，近導線處則電壓大，經控制裝置而發出指令使轉向馬達轉動而轉向（圖6-73）。使用光反射或計算車輪速率差皆類似此方法，亦將其值藉指令而使馬達轉動而轉向。

（8）無人車的動力裝置：無人車的動力皆來自鉛酸電池（Lead-Acid Cell），一般無人車皆具充電裝置，亦有使用自動充電裝置，通常裝載能力在500kg以下，為24V×5hr的電池，超過則使用48V×5hr的電池。鉛酸電池的使用壽命，為今日各廠商努力克服的難題之一。

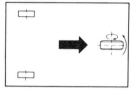

圖6-70　單向行走無人車

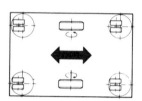

圖6-71　雙向行走無人車

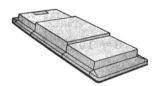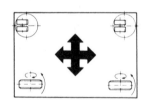

圖6-72A　四向行走無人車

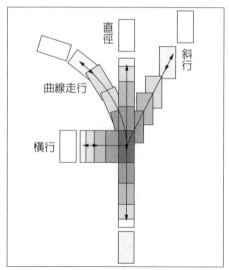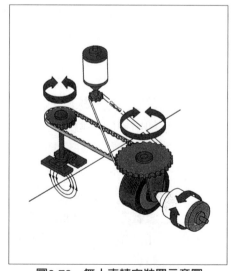

圖6-72B　四向行走無人車行走示意圖　　　圖6-73　無人車轉向裝置示意圖

（9）無人車的裝載裝置：無人車的裝載時間一般為6～10秒之間，其方式為：

a.旋轉式

    a）旋轉工作台（圖6-74）：無人車為旋轉式叉型滑件工作台，可同時搬運兩個托板，左右自由裝載，因無人車使用在工具機、倉庫及工作站，其工作高度有所不同，裝設昇降裝置調節之，皆用油壓來控制。

    b）機器人：無人車上裝設圓柱座標工業機器人（Cylindrical Coordinates Robot）。計有機械、油壓、控制三個重要組件構成，機械組件其主軸計有水平（H）、垂直（V）、旋轉（S）、橫向（T）的功能，而手腕部可以滾動（R）、搖動（Y）、彎曲（B）的功能。亦可裝設極座標工業機器人（Polar）在無人車上使用。

b.移動式：無人車上裝設滾子或滾輪，可移動工作件至加工機械或倉庫等，而完成其必要的功能。

（10）無人車的行走速率：無人車前後行走的速率一般為6～80m/min之間，而橫向為2～21m/min之間。在加速度及減速度為0.45m/sec²，

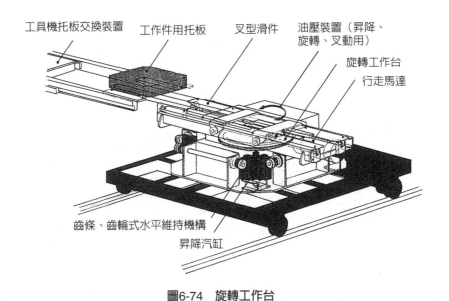

工具機托板交換裝置　工作件用托板　叉型滑件　油壓裝置（昇降、旋轉、叉動用）

旋轉工作台

行走馬達

齒條、齒輪式水平維持機構

昇降汽缸

圖6-74　旋轉工作台

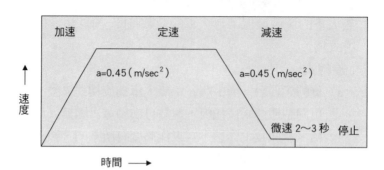

圖6-75 無人車加減速特性圖

緊急時為2.5m/sec²（圖6-75）。

無人車在行走時，以高速行走（圖6-76A），使用車輪轉動量的距離測定，經由無人車上微電腦來控制行走速率。無人車靠近工作站時，S_1開始動作（S_1，S_2為無人車側面所裝設反射形光電測感器，S_3為裝設車後光電式類比測感器），無人車的S_1與R_2反射鏡（R_1，R_2為反射鏡，R_3為反射帶）相會時則速度變為低速（圖6-76B），當S_1與R_1，S_2與R_2相會時，正確的停止。相反的方向行走，則其順序相反。

無人車行走在工作站前方（圖6-77A）的停止地點，左右獨立的驅動輪相互逆向回轉，大約為90°定點旋回，此時S_3與R_3的反射光量計測，當光量為最大時，旋回停止，此時無人車與工作站成直角。最後無人車的S_3作用測定，再行低速後退，至最接近點而

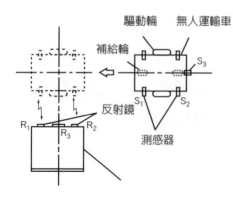

圖6-76A 無人車速率控制情形（一）

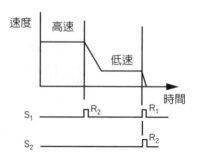

圖6-76B 無人車速率控制情形（二）

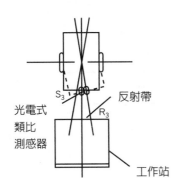

圖6-77A　無人車速率控制情形（三）

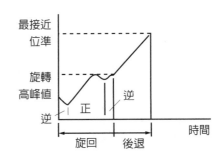

圖6-77B　無人車速率控制情形（四）

停止（圖6-77B）。

（11）無人車的安全裝置：無人車須設計許多安全裝置，以免發生意外，計有：

a.障礙物的表示，一般皆用超音波感應器，在路徑上遇障礙物，則發出警告聲。

b.旋轉指向標，在行進時則發出燈號，使工作人員注意避開。

c.保險桿及防止追撞裝置。

d.手動操作裝置，以防自動控制故障，尚可手動操作，或利用在特殊的環境使用。

e.順序故障顯示，並做緊急停止。

f.異常故障處理。

此安全裝置依所使用的導向、構造、通訊及位置檢出各種方式，而略有不同。

（12）無人車的控制系統：無人車不能單獨使用，須與整個系統配合，以及電腦的連結（圖6-78）。各廠商依其特性而略有不同。

（13）無人車的優點：無人車與各種運輸車輛、各種運送機系統、運送台車裝設負載裝置、密封船、鏈條驅動台車及起重機等比較，除適合FMS外，更具有下列的特徵（圖6-79）：

a.使用性高及協調性好。

b.合理的省力化及省人化。

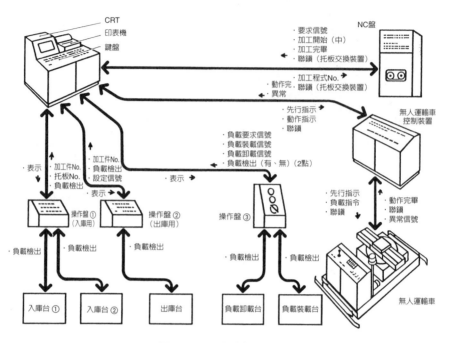

圖6-78　無人車控制系統

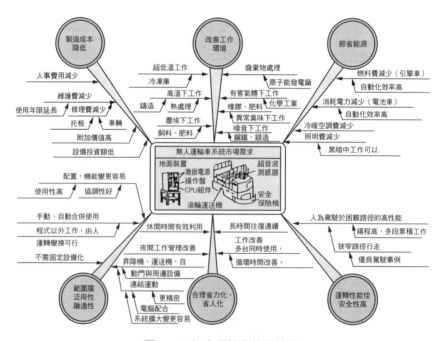

圖6-79　無人運輸車使用特徵

c.運轉性能佳及安全性高。

d.生產製造成本顯著下降。

e.改善工作環境。

f.節省能源及資源。

✦呆廢料處理

1.定義

（1）呆料（張右軍，1986）：凡物料、設備因規格性能不合標準、儲存過久已無使用機會、使用甚少存量極多，已為本企業不適用之器材。

（2）廢料：凡經過相當使用、殘破不堪、磨損過度，已達使用壽命、而不能再用之物料設備及修製過程中所產生之物料零頭無使用價值之殘餘部分。

2.發生原因

（1）品質不佳無法使用

a.驗收入庫時，即為品質欠佳者。

b.物料本身特性（布匹、紙張褪色、金屬生鏽、橡膠硬化、木材蟲蛀）。

c.發生不可抗拒的天災。

d.因疏忽而生之災害（火災、竊盜、鼠害）。

（2）設計

a.製成品已設計變更，庫存的材料、零配件將來已無再使用的可能。

b.設計人員能力不足，造成不切實的設計。

c.設計錯誤或疏忽，等到量試才發現，則先前已入廠的物料，形成呆料。

d.設計未做標準化努力，造成材料零件種類過多，增加呆料機會。

（3）業務

a.市場預測欠佳，造成銷售計畫受阻，遂使製造單位準備過多之物料。

b.銷售計畫變更頻繁，製造單位亦隨之變更，造成物料計畫落空而產生呆料。

c.顧客更改、取消訂單或規格，造成特殊材料不易再使用。

（4）採購

a.採購不當（交期延誤、品質低劣、數量過多）。

b.供應商不當（設備、技術、管理能力）。

c.使用單位請購不當。

（5）製造

a.員工操作能力不足。

b.設備保養不佳，經常故障。

c.員工工作環境不佳（太熱、污染）。

d.未做好自主檢驗及保養工作。

e.幹部疏忽，未能勤加督導。

（6）生產管理

a.產銷協調不良，生產計畫變更頻繁。

b.生產計畫錯誤，造成備料錯誤。

c.製造物料清單估算不準或計算錯誤。

（7）資材

a.庫存管理不良，存量控制失當，料帳未合一。

b.倉儲設備管理不當或疏失。

c.庫存存放或搬運方法錯誤。

3.呆料判定原則

（1）計算公式（林清河，1995）

a.每種物料週轉率＝淨銷售或淨耗用量÷平均庫存量。

b.物料標準儲存日數＝365÷物料週轉率。

（2）一般原則

a.成品：一年內均未銷售列入呆料、追查。

b.設備：庫存四個月未領用者，報告主管追查。

c.原料：購入三個月未使用者，報告主管追查。

d.包裝材料、廣告材料，購入半年內未曾使用者，報告主管追查。

e. 辦公設備：購入四個月未曾使用者，報告主管追查。

f. 工具過去六個月未曾借用，報告主管追查。

4.廢料判定原則

（1）不能使用的設備：生產部門主管提出，而會計部同意辦理一切手續。

（2）不值得使用的設備：生產部門主管提出，而會計部同意辦理一切手續。

（3）庫存物料：倉儲部門主管提出，會計部同意辦理。

5.呆廢料之處理方法

（1）自行加工：設一廠房專門處理有價值廢料。

（2）調撥：某部門的呆廢料，可能為另一部門極需之物料。

（3）拼修：將數件報廢之機件拆開，將完好之零件重新組合使用。

（4）拆零使用：將報廢之機件拆散，將其完好之零件保存，做為保養同類零件之用。

（5）讓與：轉贈教育機構。

（6）出售或交換。

（7）銷毀：凡無價值者，應行銷毀或掩埋。

✦物料計價

一般工廠所用各種材料，往往包括數批單價不同的進貨，而在發料時，究竟應以何種單價為準，其方法為：

1.先進先出法

假定先進貨的材料，先行發出，因此期末存貨，當為最後所收入庫材料的價值。

2. 後進先出法

假定後進貨的材料，先行發出，因此期末存貨，當為最先所收入庫材料的價值。

3. 移動加權平均法

每次收入材料的數量與價值，與上次所存材料之數量與價值相加，求其平均單價。

4. 標準成本法

依過去購料經驗估計或以平均成本法，爲每一種物料，訂一個標準成本。

✦物料需求規則

1.物料需求計畫（Material Requirement Planning, MRP）

（1）由來：對於存貨的問題，通常一般採用固定訂購點與固定訂購期等系統來解決，但在實務上運作此系統時，常由於人爲的疏忽，而出現欠料或存貨過多的情形。爲解決此一問題，Joseph A. Orlicky, George W. Plossl與Oliver W. Wight三人在1970年於美國生產與管制學會（American Production and Inventory Control Society, APICS）會議上，提出MRP的基本架構。在1975年，Orlicky的大著——《物料需求規劃發表》。

1981年由Wight發表製造資源計畫（Manufacturing Resource Planning, MRPⅡ），將MRP的功能由協助企業進行採購與生產（庫存、運送）的決策，擴充至行銷、財務、人事與工程等領域，MRP的發展，更趨完整，不僅結構完整，對企業降低存貨更發揮了莫大的效用。早期MRP因其運算較爲複雜，常以迷你級以上的電腦系統爲之，但現今使用PC電腦即可使用。（賴士葆，1995）

自90年代起，企業競爭更爲激烈，及時掌握企業整體資訊，方能在快速變化的市場中占有相對優勢，但舊有的電腦系統並不能滿足企業對於資訊整合的需求。因此，有人提出企業資源規劃（Enterprise Resource Planning, ERP）與供應鏈管理（Supply Chain Management, SCM）的概念與軟體，因能符合企業需求，而廣受採用。現今更將ERP延伸至客戶關係管理的EERP（Extended ERP）的新境界。（表6-15）（謝清佳、吳琮璠，2003）

（2）定義：MRP設計來將總生產日程計畫轉換成該計畫所需的構成存貨項目的編配時間之淨需求和計畫之涵蓋量，所採用的一組邏輯相關程序、決策、規劃和紀錄。MRP只被認爲是一種存貨控制的方法。（林清河，1995）簡言之，是一種以電腦爲基礎的資訊系統，乃爲處理相依需求存貨的訂購與排程而設計。

表6-15　ERP的演進

項目	MRP階段 （1970年代）	MRP II 階段 （1980年代）	ERP階段 （1990年代）	EERP階段 （2000年代）
市場特性	大眾市場	區隔市場	利基市場	大量客製
需求重點	成本、功能	彈性、品質	時效	價值
生產模式	少樣大量生產	多樣少量生產	多樣大量生產	客製化大量生產
	產品供給導向		客戶需求導向	
組織結構	集中組織	分散組織	分散組織、虛擬組織	
管理重心	降低成本	生產彈性與效率	快速反應市場、上下游廠商、合作全球運籌管理	
資源規劃系統的功能	將原物料的採購與生產規劃整合	將企業內部所有功能的資源整合規劃	整合企業內部所有資源並做最佳的運用	整合企業全部可用之內外部資源並做最佳的運用
系統應用區域	部門	工廠	企業	供應鏈
營運週期	定期		即時	

也可以說，MRP是依據大日程計畫（MPS）、材料表（B. O. M.）存量和已訂未交訂單等資料，經由計算而得到各種依賴性需求物料的需求狀況，同時提出各種新訂單的補充建議，以及修正已開出訂單的一種實用技術，期能適時、適量、適地的供應生產所需物料。

MRP除了是一種技術，當它用於存量管制時，也很像是一種排程的方法。

（3）主要觀念

a.獨立性需求：一個項目的需求與其他項目的需求無關（最終物品、成品、售後服務零配件），也就是只要允許些微的季節變動，則獨立需求是非常穩定，且需維持相當的庫存方可維持其永續的基準。獨立性的需求量可以用預測方法而獲得。

b.相依性需求：一個項目的需求與其他項目的需求有關或由其他項目推衍而得（零件、半成品），也就是在特定的時間點其需用的數量很大或很少，多起伏，則相依需求是不穩定，且不需要安全庫存或只需要極少數的數量。相依的需求量可以用數學運算方式得知。

（4）MRP的基本架構：MRP系統有三大部分，內容（圖6-80）如下：

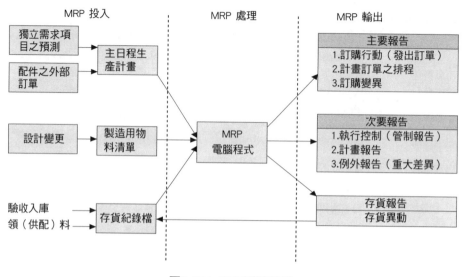

圖6-80　MRP系統架構

a.投入

　　a）主日程生產計畫（Master Production Schedule, MPS）：工作製造單命令各工作站何時生產多少數量，並於何時交貨，再經由MRP計算，以求得各層次的材料需求。

　　　（a）短期：配合產能及材料供應狀況，以實際顧客訂單排定。

　　　（b）長期：以預測數據排定。

　　b）存貨紀錄檔（inventory record file）：儲存一切有關產品、原物料、零件、零組件、次裝配件、主裝配件案之存貨數量紀錄，其內容應包括：

　　　（a）零件編號（part number）。

　　　（b）庫存量（on-hand quantity）。

　　　（c）在途量（on-order quantity）。

　　　（d）成本資料（cost data）。

　　　（e）前置時間（lead time）。

　　　（f）供應商名稱。

　　　（g）購買批量。

c）製造用物料清單（Bill of Material, B. O. M.）：在生產製造時，其所需使用的物料，是依據研究開發部門所提供設計零件清單，逐層計算彙總成物料清單，生產管理單位再依品管單位（不良率）及會計單位（領料數量）所提供資料，增加單位用量，稱之製造用物料清單，可減少生產線上物料不足之問題，需特別重視。

b.MRP的電腦程式步驟

a）釐訂總生產日程計畫（MPS）。

b）決定存量項目的毛需求（gross requirement, 製造物料清單所產生的數量）。

c）計算存貨項目之淨需求（net requirement）：

淨需求＝毛需求－（計畫到料數量＋庫存量）＋安全存量　　　　　＋已撥（未餘）數量

d）設定適當的批量之方法

e）前置時間向前推移：從需求的到期日向前推移前置時間而得計畫開出訂單之日期。

f）重複b）至e）的步驟，直到最低層級存貨項目之求得計畫訂單。

c.輸出

a）主要報告

（a）發出訂單：預定訂單的執行。

（b）計畫訂單的排程：未來訂單的數量、時間。

（c）訂單變更：訂單的到期日、訂購數量及取消的異動。

b）次要報告

（a）執行控制：評估系統的操作，可協助管理者衡量計畫的偏離程度（出貨誤差、存貨短缺）及評估成本的資料。

（b）計畫報告：由預測未來物料需求，採購協議很有用。

（c）例外報告：喚起管理者對重大誤差的注意（延遲或過期訂單、超量的不良率、報告錯誤、不存在零件的需求）。

c）存貨報告：有關存貨出入情況之掌握。

（5）其他考量（Stevenson, 2002）：MRP除了投入，產出的細節外，管理者需考量相關事項：

    a.安全存量：理論上，有相依需求的存貨系統，應該不需保有低於最終項目水準的安全存量，是MRP的優點之一。但由於實務狀況（瓶頸、瑕疵率變動，訂單遲延、加工或裝配時間過長等）有時也會發生缺料。則可採用下列方式：

    a）當前置時間變動時，則用安全時間來取代安全存量。

    b）當數量變動時，則可能需要一些安全存量，但須權衡保有額外存量的需要與成本之間的關係。

    b. 批量化（lot sizing）：對獨立需求通常採用經濟訂購量與經濟生產量；而相依需求系統決定批量大小的計畫有很多種。

    不論獨立或相依需求系統中存貨管理目標，都是要使訂購成本（整備成本）和保有成本的總和最小。管理者可將訂單群組化，以實現其經濟性。

    訂單群組化計有下列之模式：

    a）逐批訂購（lot for lot）：最簡便的方法，其設定各時期的訂購或生產批量，等於該時期的需求量。

    b）經濟訂購量（Economic Order Quantity, EOQ）：需求起伏愈大，則不適用。若耗用率很均勻，可導致成本最低。

    c）定期訂購（fixed-period ordering）：提供某個範圍的預定時數（如2或3個時期）。

    d）零件時期模型（part-period model）：代表一種平衡和保有成本的方法。

（6）MRP的效益：MRP對企業帶來下列效益：

    a.能精確掌握採購需求數量與時間。

    b.能有效安排生產數量與時間。

    c.可降低存貨。

    d.可控制並降低前置時間。

    e.可縮短交貨時間。

    一般而言，MRP最適合導入重複性生產（最終產品需多層次裝配，價格昂貴及原物料前置時間較長者），而批量式與連續性生

產其次，但零工式與專案性（每次生產產品皆不同，BOM資料龐大）實用性較佳（表6-16）。（李友錚，2003）

（7）MRP的限制條件：

實施MRP應注意下列限制條件：

a.必須隨時維護更新主日程生產計畫、製造用物料清單、存貨紀錄檔，以確保MRP的真實性，不然只是造就一些無用的資料。

b.軟體程式要適合企業實際之需求，因不同行業及規模而具有不同的功能需求，自行開發或採購現有套裝軟體宜慎重考量。

c.實施MRP並非只是生管與資訊單位的責任，而是全公司各部門共同配合，方可成功。

（8）MRP的應用

a.產能需求規劃（Capacity Requirements Planning, CRP）：CRP是合計的計畫，以保持其正確性與真實性，來決定短期產能需求之程度，其所需要的投入（MRP的計畫訂單發出量、目前現場的負荷、途程資源、工時），而有產出（各工作中心的負荷報告）。

MRP系統，並不能區分主生產日程是否可行，所以須經由MRP來執行處理一個建議的主生產日程，以便能得知更清楚的實際需求，然後再與可用產能和物料相比較（圖6-81）。

b.其他產業之應用（表6-16）。（Chase, Aquilano & Jacobs, 2001）

2.製造資源規劃（Manufacturing Resource Planning, MRP Ⅱ）

（1）由來：MRP發展時，MPS已存在，但直到1971年人們才發現到

表6-16　MRP在各個產業之應用及利益

產業型態	範例	預期效益
計畫生產	將很多的零附件裝配成成品，然後入庫存以滿足顧客的需求（鐘錶業、工具、大家電）。	高
計畫	藉由機械加工而非由組裝而成，庫存多少由預估顧客需求而來（引擎活塞、電氣開關）。	低
訂單生產的裝配業	最低的組裝由顧客來指定（卡車、發電機、引擎）。	高
訂單生產的加工業	機器加工之成品量是由顧客的訂單決定（軸承、齒輪、螺絲）。	低
訂單生產製造業	完全依顧客的訂單來組裝或加工（渦輪發電機、重工機械）。	高
流程	鑄造、橡膠、塑膠、特殊紙、化學工業、油漆、食品。	中等

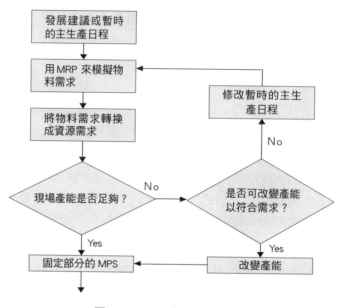

圖6-81　MRP應用於CRP

MPS就是企業實際上要生產的計畫表，要是MPS中安排產量過多，則受限於產能將有一些產量無法達成，但MRP並沒有辦法發現它。因此，逐漸發展出一套「優先次序計畫系統」可解決生產規劃與排程問題。這種優先次序的規劃即為MRP發展的第二階段。到了第三階段的封閉式（closed-loop）的MRP，主要的重點為進行細部的產能規劃（detial capacity planning），亦針對需求來檢視現場的產能是否足夠應付，並擬因應對策。而進入第四階段的MRP特別強調產品導向的整合觀念，極需融入其他功能（行銷、財務）的考慮，以發揮MRP的效益。（圖6-82）（賴士葆，1995）

（2）封閉式MRP系統：封閉式MRP系統就是當一個MRP系統的設計與執行系統有外在資訊（產能需求計畫）的回饋以修正現有的MRP之輸出。換言之，一個封閉的MRP系統乃是結合MRP與生產規劃、主生產排程及產能需求規劃而成。在計畫階段，系統輸入、產出、排程及分派作業的分析與控制，並且產生可能延誤的報告及訂購通知與追蹤報告給管理當局。一旦此計畫實際被接

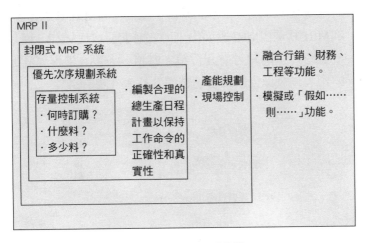

圖6-82　MRP發展沿革

受，便可依此執行（圖6-83）。（張保隆等，2003）

由於封閉式MRP所具有的功能眞正符合業界的需求，所以幾乎成爲所有MRP軟體的標準配備。一般業界所指的MRP，就是此種封閉的MRP。

（3）製造資源規劃

a.由來：封閉式MRP系統中的每個子系統及執行成果皆回饋到主系統中，使得計畫在任何時間點均正確可行。由於生產系統所適用的資源分布於整個公司組織之內，自然會希望有MRP系統

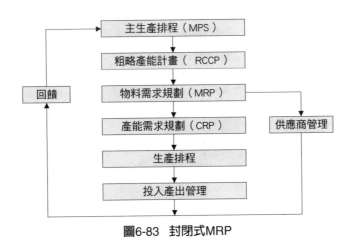

圖6-83　封閉式MRP

再擴充,以納入更多的系統,因而便有MRPII之提出。

MRPII係由MRP發展出來,它並非要取代MRP,而是在生產規劃時,須同時考慮到行銷、財務、人事、工程等其他層面的因素,以發揮企業經營的整體效益。 (圖6-84)

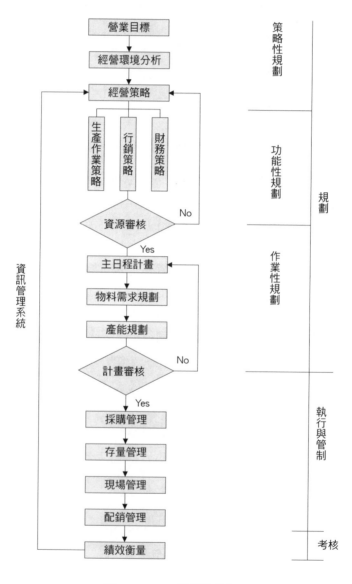

圖6-84 MRPII系統運作

b.特徵

　a）計畫一貫性與可行性：MRPII是一個完整流程的系統，包含了從目標、策略到實際執行與成果回饋等各階段，故各項計畫具有一貫性與可行性。

　b）管理系統性：MRPII是一個全公司的系統，包含企業各部分；MRPII所處理的銷售、生產、存量、排程、現金流量……基本上皆是一個企業規劃、控制的基本元素。

　c）資料共享性：各部門（尤其是製造和財務部門）所使用的語言及數字皆來自同一個資料庫，故有資料共享的特色。

　d）動態應變性：MRPII取代傳統人工作業後，企業對於多變的經營環境，能更快速的分析與應變。

　e）模擬預見性：MRPII它有「假如……則……」（what if）之功能，可用來模擬各個政策的可能結果，以期能及早因應及規劃企業的未來需要。

c.MRPII之效益（林清河，1995）

　a）降低因物料短缺而造成生產線中斷的情況，提高生產力為5～40%。

　b）文書作業及員工加班時數減少，使間接人工成本降低。

　c）生產人員所受的時間、進度的壓力減少，使產品品質得以管制、改良。

　d）文書作業減少，VA技術被採用，採購成本可降低。

　e）具有適當的服務水準及改良的顧客資料，使對顧客的服務得以改善。

　f）工程生產力提高，製作物料清單的時間得以縮短。

　g）管理生產力得以提高，使公司上下具有目標的團隊精神。

　h）資本、勞力、工具設備和原物料都能得到更大的利用，使業主及股東的獲利增加。

d.MRPII之限制

　a）有可用的物料（material availability）。

　b）有可用的工具。（提供參考檔案來描述操作的過程，可得可用工具及保證）

c）有可用的製造中心（production center），包括機器及專門人員（須注意其產能）。

d）全公司的人認識MRPII，並全力支持。

e）共用術語須公布，使溝通容易。

3.服務業的MRP

（1）問題：理論上任何的服務可拆成所需的材料與人力組合的BOM及BOL（Bill of Labor，人力清單）。而服務所需的物品亦有購買的前置時間、存貨與訂購政策、服務作業前置準備時間（準備、等候、移動）設定等前提，均與生產系統MRP所需條件類似（圖6-85）。但實務上應用於服務業有下列困難：（顧志遠，1998）

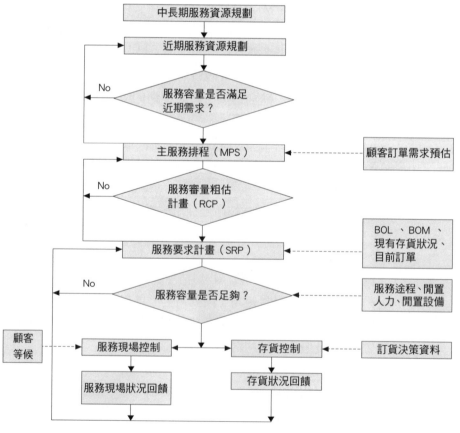

圖6-85　服務業MRPII作業邏輯

a.顧客需求不穩定，難以預估，不易為精確的顧客需求作安排。

b.部分專業人力或設備不易由市場上即刻購買獲得，為服務供給上的限制。

c.服務時間因顧客需求不同有所差異，不易安排準確的服務時間。

d.服務用物品壽命較短（食品、報紙、藥品），另需一套存貨與訂貨政策。

e.若顧客需要的為差異化服務，則MRP及MRPII的應用存貨力大為降低。

f.顧客產生差異化的需求時，會使所需的BOM及BOL各項資源不盡相同，則展開來的各種資源需求量不易準確掌握。

（2）應用

a.使用MRP與MRPII預先規劃服務所需各項資源。

b.使用BOM建立服務業存貨關連資料（漢堡店、麥當勞加工過程）。

c.MRP及MRPII較適用於標準化（套裝產品）服務之服務業（速食餐飲），可將服務作業中屬共通性服務的部分應用，而將會因顧客不同而有較大差異的服務分開處理。餐飲套裝產品，需要為許多人準備與服務，為了估計一份訂單的數量和成本，管理者須決定菜單上每道菜餚組成元素（物料清單），然後將準備每餐所有的數目合併，以得知物料需求計畫。

d.無形的服務亦可應用，如學校課程的規劃，可將每種課程所需實驗材料、空間設備、教室安排視為BOM，來建立服務業無形存貨關連資料。畢業前應修畢的課程與每年各年級學生人數及修課情況配合學校的BOM，而展開學校教育資源的規劃。

e.戶外運動場、大型旅館，其所從事的活動會重複多次，且為了估計成本與排程，必將物料分解成組件。

4.企業資源規劃（Enterprise Resource Planning, ERP）

（1）由來：在90年代中期，生產模式進入所謂多樣大量、強調彈性、反應與整體資源有效應用，所以將MRPII橫向整合財會、人力資源與銷售，形成企業資源規劃。MRP運用工作流程技術

（work flow），以流程（process）為主軸整合了企業內各個功能部門的作業，配合及時供應（JIT）和作業流程最佳化的設計，使企業流程運作流暢，減少流程中重複、閒置、等待等無附加價值的作業，以縮短作業處理時間（cycle time），有效運用資源，迅速回應市場的需求。

本質上ERP是一個線上交易處理系統，但它的即時性、整合性、資訊分享、流程合理化，能即時反應企業資源整體使用情況，以最佳的調配，產生諸多效益（**表6-17**）。（謝清佳、吳琮璠，2003）

（2）定義：ERP是指一個大型、模組化、整合性、內建最佳實務的流程導向系統，其將企業內部價值鏈上主要的財務、會計、採購、倉儲、銷售、配送、生產製造、專案管理、人力資源等跨部門的流程資訊整合起來，提高企業整體營運的速度與提供即時、正確、整合的資訊，以支援資源規劃的決策，使企業資源作最有效運用資訊科技（IT）策略。也就是為快速因應市場競

表6-17　ERP的效益與成本

ERP效益	ERP成本
有形效益	系統導入時發生成本
・增加營業收入與利潤	・系統軟體的費用
・降低人工成本	・電腦軟體、作業系統及輔助軟體的費用
・降低物料成本	・網路設備費用
・改善產品品質	・系統導入時的顧問費
・提升生產力	・導入時參與人員的人工成本
・降低管理費用	
・提昇資金週轉率	
無形效益	系統正式啟用後發生成本
・資訊蒐集正確性、完整性	・人員教育訓練費
・資訊回饋即時性、有效性	・系統維護費
・企業流程與系統作業整合性	・自行開發新功能的費用
・促進部門間溝通並實現組織扁平化	・系統停機或不正當的當機所造成的產能損失
・生產現場自動化、透明化	
・顧客需求快速回應	
・即時管理決策資訊提供	
・協助企業動態監控全球經營環境	

爭之需求，整合企業一切可用之資源做最佳化配置的企業經營管理資訊系統。（林東清，2003）

（3）內容

　　a.功能（謝清佳、吳琮璠，2003）

　　　a）基本功能：可分為六個模組（**表6-18**）。

　　　b）延伸功能：ERP擴展至後端供應商與前端客戶，透過供應鏈管理與供應商資訊系統連接，並經由銷售自動化與客戶關係管理整合客戶資訊進行銷售（**圖6-86**）。

　　b.組織

　　　a）企業流程再造的落實：導入時則組織架構、作業流程與工作職務隨著ERP的要求而產生調整，進行一次流程改造。

　　　b）技術架構的突破：在整個組織內，要讓所有使用者使用單一的資料庫和共通的應用程式以及統一的使用者介面。一

表6-18　ERP基本功能表

模組名稱	目的	模組名稱	
物料管理系統	協助企業有效地控管物料，以降低存貨成本。	·採購 ·倉儲管理 ·庫存控制	·庫存管理 ·發票驗證 ·採購資訊系統
生產規劃系統	讓企業以最佳化的產能生產，並同時兼顧彈性生產能力。	·生產規劃 ·物料需求計畫 ·生產控制及產能規劃	·生產成本計算 ·現場資訊系統
財務會計系統	能提供企業更精確、跨國且即時的財務資訊。	·間接成本管理 ·產品成本會計 ·利潤分析 ·應收／應付帳款 ·資產會計	·一般流水帳 ·特殊流水帳 ·作業成本 ·總公司彙總帳
銷售、運籌系統	協助企業迅速掌握市場資訊，以便對顧客需求做出最快速的反應。	·銷售活動管理 ·訂單管理 ·送貨及運輸	·發票與傳票 ·業務資訊系統
人力資源系統	企業人力資源的管理、取得與運用。	·福利與薪資系統 ·人事管理 ·人員考核與績效系統	
企業管控系統	提供決策者即時且有用的決策資訊。	·決策支援系統 ·利潤中心會計系統 ·企業計畫與預算系統	

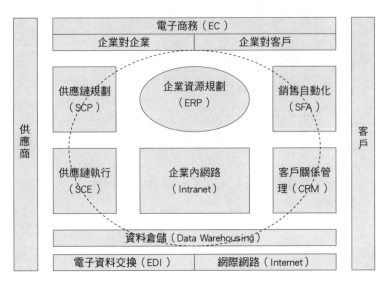

圖6-86　ERP延伸功能

般採用前端使用者介面（user interface）、中間的應用程式伺服器（application server）和後端資料庫（database）分層管理資訊存取的三階主從式架構（3-tiers client/server）。

c）企業組織的轉型：ERP導入涉及組織架構重整、流程改造及策略重新定位的企業革新，提供一個讓企業進行組織轉型的導火線及促成者。

（4）應用問題：傳統ERP系統的某些模組對具有下列特性產業並不適用：（李嘉柱、李佳穎，1999）

a.以客戶為導向的生產流程：半導體後段製程（IC焊線機、IC黏晶機、蓋印機、測試機）常常必須依照客戶需求而改變生產的內容。以IC測試廠為例，客戶常指定生產流程、作業站、機台設備，亦有時客戶會依照前面幾站的測試結果決定後續的生產流程。因此，傳統ERP系統面臨極大挑戰。

b.生產流程具有頻繁的拆批、拼批、跳站、跳流程：傳統ERP系統的生產流程通常是直線式，即生產流程的工作站必須一個接一個，無法處理拆批、拼批、跳流程的生產。針對此問題，唯一方法只有拆工單，使用此種方式徒增生管人員的作業負擔。

因此，傳統ERP系統無法滿足這類生產。

c. 生產管制條件眾多：半導體封裝與測試產品過程中會有許多管制的條件，諸如生產批數量管制、用料管制、生產參數管制、品檢管制、製具管制及作業人員管制等。這些都需要在製品追蹤系統（Work-In-Process Tacking System, WIP）加以管制追蹤。傳統ERP及WIP模組大都缺乏這類生產管制參數，通常使用彈性欄位儲存這些數據，但彈性欄位不具更進一步管制功能。

d. 以服務導向的計價方式：傳統ERP系統大都以產品為基礎的計價方式，即是以一個產品多少金額的方式向客戶收費，並且通常價格在生產前就與客戶協商確定。這種方式應用到以代工為主的製造業時面臨極大問題。以IC測試業為例，收費方式通常以生產內容而定，業務報價只能當成參考數據，實際收費價格必須等完工後才會知道。所以傳統ERP的訂單模組並不適用。

為解決上述問題，往往根據本身產業的生產特性，採用合適的工廠營運管制系統（MES）。為了有效整合製造、銷售及財務三大系統，使企業流程運作順暢，企業最終的財務營運狀況都能反映到ERP系統中，使得企業經營者及投資者透過財務報表能迅速瞭解公司狀況，進而提昇企業競爭力，整合ERP與MES兩大系統是勢在必行的唯一途徑。

✦ 物料管理的趨勢

物料管理，雖然是很早就有的系統，但在企業活動中，仍是重要的一環，其趨勢為：

1. **重視可靠性**：未來物管系統更重視預估系統之錯誤率及其影響程度，以防止故障的發生。

2. **整體性解決問題**：物管系統與企業各功能系統更須整合，融入企業運作，對企業所產生的問題，須以整體性的思維來解決。

3. **成為彈性化系統**：企業是動態的，面對多變環境的挑戰，企業的組織及系統須具有彈性，能兼顧各種狀況予以調整的模組化（大小、重量、規格、形狀），以控制生產速度。

4.擴大應用資訊科技：資訊化已是不變的事實，唯有逐步將物管作業納入資訊系統，從基礎建立，再予擴大設備、軟體及資料量，促進物管效率及精確度。

5.增強辨視設施：物管的種類繁多，進出管制頻繁，大量使用人力，增加成本，唯有投入最新、自動量測及辨識設施，方能簡化手續、作業，提昇生產力。

6.強化員工維修能力：物管人員不是過去保管及領收發的工作而已，面對自動化資訊化的先進設備，須訓練員工有保養及維修能力，並簡化維修工作，減少設備之故障，維持正常操作運轉。

存貨控制

✖ 定義

1.存貨
存貨可以定義為準備未來之用所存放的各種閒置原料，包括：在製品、成品、組件、消耗品等。

2.存貨控制
存貨控制是要使物料之庫存量能配合生產需要，不能積壓資金與浪費費用。換言之，就是要使存貨不多不少，也就是要符合物料合理之適時、適地、適格、適量之供應，能用最少的金額發揮最大的供應效果。同時，此項工作，涉及範圍甚廣，包括：物料之計畫、預算、採購、儲存、登記，領發及考核等均有關係，所以必須要有一整套的辦法，由一單位負責，嚴格執行控制。

✖ 種類

1.依部門別
不同部門對存貨量之觀點見表6-19。（潘俊明，2003）

表6-19　不同部門對存貨量之觀點

功能領域	職責	存貨用途	對存量觀點
行銷	銷售產品	改善顧客服務水準	高
生產	生產產品	經濟生產規模	高
採購	準備物料	低單價	高
財務	提供營運資金	善用資金	低
技術	設計產品	避免原物料過期	低

2. 依功能

（1）運輸過程中的存貨（transit inventory）：已訂而尚未收貨之存貨。

（2）安全存貨（buffer stock）：為避免缺貨而維持的存貨。

（3）預期存貨（anticipation inventory）：應付預料需求增加而保存的存貨。

（4）分工存貨（decoupling inventory）：為避免上下部門間相互影響保有的存貨。

（5）週期存貨（cycle inventory）：因生產批量而造成的存貨。生產批量開工前的原物料存貨多而完工時其成品存貨量卻大。

3. 依物料性能

（1）原、物料。

（2）零、配件。

（3）半成品（在製品）。

（4）成品。

✖ 目的

1. 提高對顧客的服務水準，提供高品質，低價格的產品，並適時適地的把貨品交到顧客手中。

2. 設法降低存貨管理相關的成本。

✖ 發生的原因

1. 淡季多存貨以供應旺季的需求。（食品廠農曆七月拜拜、汽車或衣服

年終大賣）。

2.維持生產量與穩定員工的就業。（淡季不必裁減員工及產量，旺季不需重新召募、訓練員工）

3.彌補市場預測的誤差。（物料存量應增加以策安全）

4.享受折扣價之利益。（廠商適當地減少採購次數而增加採購批量）

5.因投機而增加。（意識某種物料價格不久會上升，則多購買一些，以免未來花更多的代價）

6.確定生產進度安全順利。（由罷工、颱風、車禍、國際局勢因素造成物料一時無法請購而增加）

7.滿足客戶隨時取貨的慾望。（顧客很少具有等待產品的耐性，都希望隨時取貨則生產不得不準備物料或成品）

8.為達成經濟訂購量。（訂購成本與存貨儲存成本加總後最低的訂購量）

9.前置時間（lead time）提早。（防止外購件不足配合生產，提早作業入庫）

10.新產品上市。（為營造新產品上市銷售風潮，須準備較多量的原料、在製品及成品）

11.舊產品改善。（產品改善、剩餘舊產品的處理）

12.倉儲管理。（未定期提報呆料、廢料之處理）

✖ 存貨成本分析

理論上，與存量決策有關的成本，計有：

1.訂購成本（order cost）或整備成本（setup cost）

訂購成本是指由此發出一訂購單，所需的各種活動產生的成本。也就採購、驗收相關之成本，一般是不變的。

$$每張訂單的訂購成本 = \frac{年度平均採購相關成本 + 年度平均驗收相關成本}{年度平均訂單數}$$

外購訂購的活動包括：訂單的填寫、準備物品的規格、訂單的記錄與追蹤、發票或工廠報告的處理、貸款的支付、物品的檢驗等。而自製品方面活

動，則包括：工作單填寫、夾具（fixture）與冶具（jig）的準備工作、機器的調整、首件產品品質的檢驗、工作完成後的清理等。顯然地，此項成本會隨每次準備數量的增加而減少。

2. 保管成本（carrying cost）

物品的儲存會產生保管成本，其中包括：存貨資金積壓、搬運與裝卸成本、存貨損壞、存貨遭竊、保險、稅金、利息、倉租、電力等消耗，而積壓資金的機會成本亦是很可觀的。

保管成本 $CH = Vi$

原則上，一般物品其保管成本比率在15～40%之間。

CH：單位保管成本

V：物品單價

i ：保管成本比率

3. 缺貨成本（stock cost）

一旦庫存不足，發生缺貨，一定會造成損失。如果生產元素不足，生產停頓的損失必然不小。如果成品存貨不足，則可能發生：

（1）顧客願意等待下批的補單（backorder）。

（2）顧客不願意等待，因而損失原有訂單。

前者而言，補單會產生一些費用，而此舉會使顧客產生不悅，可能損失未來的訂單；就後者而言，可能會影響公司的商譽。這兩種情形所產生的成本都是屬於無形的，很難直接計算，實務上常用估計的方法處理。

原則上，缺貨成本包含生產停頓、銷售利潤及商譽等三項損失，因此，需特別注意不要讓它發生。

4. 與產能有關的成本（production cost）

在某些情形下，增減產能應付市場的變動是常有的現象，這些措施會產生一些額外的成本（**表6-20**），亦會影響存貨水準及生產批量的決策，可歸入整備成本。

5. 貨品本身的成本（ordering cost）

此項成本會因貨品單價有無折扣而有不同，一般而言，一次購買量愈多，則其折扣較大，因而價格亦愈低。

表6-20　產品增減成本表

產能增加時，產生的成本	產能減少時，引起的成本
1.增聘及訓練直接人員。	1.員工遣散費。
2.增聘及訓練領班。	2.分攤較高的固定製造費用。
3.增聘收發貨品人員。	3.產能使用效率暫時低落。
4.學習曲線經驗。	4.員工士氣降低。
5.購買新設備。	5.幹部增加管理時間。
6.加班費用。	6.品質不良率增高。
7.QC檢驗設備增加時間及使用。	

✲ 管理模式

✈ 經濟訂購量模式（Economic Order Quantity Model, EOQ）

EOQ是一個簡單而有力的模式，至今仍然是最通用的著名模式，運用經濟訂購量時，使各項和存貨有關的成本總和為最小化。而成本包括：持有成本、訂購成本與貨品成本。

1.假設

（1）需求是已知而不變的。

（2）在訂貨時可立即交貨，不容許有缺貨，且物料可一次送達。

（3）價格不受訂購量影響。

（4）訂貨成本與單位保管成本也是固定不變的。

2.公式

（1）經濟訂購量 $(EOQ_1, Q_1^*) = \sqrt{\dfrac{2DS}{H}}$

（2）最低總成本 $(TC) = \dfrac{Q_1^*}{2} H + \dfrac{D}{Q^*} S + P \cdot D$

D：年度（或某一段期間）的需求量。

P：採購項目的單價。

S：固定訂購成本（每次訂購之成本）。

H：持有成本（每一單位儲存一年或一段時間的成本）。

L：前置期間（訂貨至收貨的時間）。

3.應用

（1）可使企業的存貨總成本最低，不致於積壓存貨，而使用資金都積
壓在存貨上，讓財務調度失靈。

（2）由於EOQ模式，乃假設企業對物料之需求速率，與前置時間都為
已知，所以能對物料之使用率確實地掌握。

（3）在物料管理上，EOQ可達成適時、適質、適量的物料供應，使企
業在原物料的應用上不致於浪費。

✦ 經濟生產批量模式（Economic Production Quantiyt, EPQ）

EPQ是表示在某些狀況下，生產所有的原物料由企業自己生產。其重點
在於每次應生產多少批量而使總成本最小。

（1）假設與EOQ相同。

（2）公式

a. 生產批量 $(EPQ, Q^*) = \sqrt{\dfrac{2DS}{H}}\sqrt{\dfrac{P}{P-d}}$

p：生產率（每單位時間的生產量）。

d：使用（需求）率。

b. 最低總成本 $(TC) = \dfrac{(P-d)}{2} \times \dfrac{Q}{P} H + \dfrac{D}{Q} S + P \cdot D$

✦ EOQ與數量折扣

前述二個模式均未考慮數量折扣的情況，當有數量折扣時，模式的總成
本就會受到影響，經濟訂購量（或生產量）亦會隨之改變。因此須決定數量
折扣後的最小成本訂購量。

其計算步驟為：

（1）計算折扣後之EOQ＝Q_2。

（2）查明Q_2是否大於折扣數量。是，則可接受折扣。否，則進入步
驟3。

（3）計算未折扣前之EOQ＝Q_1，及其總成本TC_1。

（4）計算折扣數量之總成本TC（Q_D）。

（5）比較總成本，若$TC_1 > TC$（Q_D）則接受折扣，並採購折扣數量

Q_D。否則，不接受折扣並仍使用原有之$EOQ = Q_1$。

✦ 經濟訂購期間模式（Economic Order Interral, EOI）

EOI模式在確定情況下和EOQ有密切關係，其假若條件與EOQ模式相同其公式是由EOQ轉變而成，其公式爲：

（1）經濟訂購期 $T = \sqrt{\dfrac{2S}{DH}}$

（2）總成本 $TC = \sqrt{2DSH} + P \cdot D$

✦ 固定訂購量但允許缺貨

前述模式在確定情況下均未考慮缺貨成本，本模式之假設條件和EOQ模式相同，但將其原先不久允許缺貨的條件放寬，在不喪失銷售機會下允許補貨，其同時考慮之成本包括：持有、訂購、貨品及補貨成本（C_b爲每單位時間內的缺貨成本，而b爲缺貨數量）。

（1） $TC = \dfrac{(Q-b)^2}{2Q} H + \dfrac{D}{Q} S + \dfrac{b^2}{2Q} C_b + PD$

（2） $Q^* = \sqrt{\dfrac{2DS}{H}} \cdot \sqrt{\dfrac{H + C_b}{C_b}}$

（3） $b = \dfrac{H}{H + C_b} \times Q^*$

✦ EOQ與變動需求

EOQ的假設需求是已知而固定的，若需求有其變動性且又有前置時間，爲因應前置時間，則需要提早採購。由於需求有其變動性，（X是在前置時間內的需求），在下單之後交貨之前仍有可能缺貨。因此需再多保留一些安全存貨（Safety Stock, SS）（潘俊明，2003）

則訂購點$S = X + SS$

一般前置時間內的需求變動是常態分配，則可用常態分配公式來計算安

全存貨量。（$\overline{X}$是前置時間內的平均需求，Z是常態數值，δ x則是前置時間需求的標準差）。

則S＝$\overline{X}$＋Zδ x

✦ 報童問題（newsboy model）

對於百貨公司、超級市場、花店、麵包店等而言，這些貨品在一定時間之後便立即跌價或腐敗，其可能造成的損失頗為可觀。因此，這種貨品的採購決策很重要。本模式只考慮單期（single-period）的情況，是一次採購的問題，即當購買太多的數量，若在一定期間內未使用（或賣出）即會使存貨損壞（或失效）而只剩殘值，但是若購買太少則又可能喪失銷售的機會而產生缺貨成本，此種情形報童時常面對，因而稱之。

為此，我們希望多買一件產品所得盈餘之期望值（M）等於少買一件產品所得盈餘之期望值（N），則其所應採購之數量，應該達到需求中的某一個比例（P），且：

$$p \geq \frac{M}{M+N}$$

✗ 存量管制系統

✦ 工作重點

存量管制在管制物料的存量，也就是減少庫存積壓。一方面儘量降低存貨儲備成本，另一方面使物料充分配合生產或服務的需要，其工作重點為：

1.應維持多少存量（倉庫最高及最低存量水準）？

2.何時必須補充存量（決定訂購時間）？

3.必須補充多少存量（決定訂購數量）？

一般在存量管制的計算公式為：

1.最高存量＝一個生產週期之時間×每日耗用量＋安全存量

2.理想最低存量＝購買前置時間×每日耗用量

3.實際最低存量＝購買前置時間×每日耗用量＋安全存量

4.訂購時間＝實際最低存量

        ＝理想最低存量＋安全存量

5.訂購數量＝最高存量－安全存量

　　　　　　＝一個生產週期的時間×每日耗用量

6.購買前置時間＝處理訂購時間＋供應商製造及準備時間＋運交時間＋
　　　　　　　檢驗收料時間。

　　存量管制做好，則產品服務供應率提高，顧客滿意，企業之商譽提高，進而促進產品或服務之銷售。

　　物料之訂購以存量到達訂購時間再行訂購。訂購數量係指最高存量與安全存量之差額，在實務作業會產生下列的現象：

1.訂購時間過早，訂購量過多，則存量過多，浪費存貨儲備成本。（資金成本，運搬與裝卸成本，倉儲成本，短缺成本及保險費與稅金之總和）

2.訂購時間過早，訂購量過少，則開始存量過多，後來存量短缺，物料對供應不繼。

3.訂購時間太慢，訂購量過多，則開始存量過少，物料無法供應，後來存量過多，浪費存貨儲備成本並積壓資金。

4.訂購時間太慢，訂購量過少，物料供應不足情形嚴重，降低對顧客服務供應率。

✦ 服務水準

　　顧客的服務水準，是指製成品庫存可以立即出貨供應客戶，或公司能夠接受一既定時間某種缺貨水準的程度如何。評估服務水準的標準為：（Armstrong, 1996）

1.不缺貨的機率：舉例來說，可以用95％數字來表示，也就是一百次中缺貨次數為五次；所謂缺貨，是指需求不能靠庫存來滿足。這種為保護或賣方服務水準。並以接受的百分率來表示。

2.每年顧客需求無法用庫存滿足的比率：這個政策亦可用百分率來表示對顧客的服務水準。

考慮服務水準時，有必要建立下列事項：

1.應有多少水準或安全庫存：在前置時間內，再訂購水準超過預期需求的部分。

2.允許訂單積存到什麼程度；在沒有庫存下接單，因此實際上造成了負

庫存(或尚待交貨)。

✦ 存貨管制技巧

1. 需求預測：是以分析過去的需求及預測未來的銷售為依據。製造品的需求經預測之後，便可把產品分解成不同的組成零件，進而預測物料和零組件需求。

2. 存貨項目分類(ABC)。

3. 再訂購水準

(1) 複合制(two-bin system)：適用於 ABC分析中的C級物料之存貨管理，即價格低廉而使用量多的，如鉚釘、螺絲、螺帽、華司、鐵釘、文具等消耗品，可用此法管制。其方法將同一項目C級物料平均分別裝於A及B兩個箱子裡面，並嚴格執行發料，只能先由A箱發料完成後，開始B箱發料時，同時請購一箱份的數量為之。

(2) 定量訂購制(fixed quantity ordering system)：當存量到達某一既定之水準(即請購點)，便開始發出請購單，請購定量(經濟訂購量)以著手補充庫存量。也就是請購量一定而請購時期不一定控制法。此法由美國戴維斯先生(Davis)所創，用於ABC分析當中B類物料項最適用。此法需經常注意。庫存量經常保存於最高與最低存量之間。

a. 基本圖形及其計算法(圖6-87)

b. 請購點決定

S：平均每日耗用量。

M：最高存量(maximun inventory)。

Q：經濟訂購量(economic ordering quantity)。

P：請購點(ordering point)。

R：最低存量，實際最低存量(minimun inventory)。

R1：理想最低存量，購備時間耗用量。

R2：安全存量(safety inventory)。

T1：前置時間(lead time)。

T2：一個生產週期的時間。

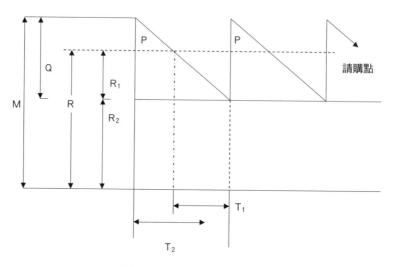

圖6-87　定量訂購基本圖形

　　　最高存量$M＝（S×T）＋R_2$

　　　最低存量$R＝R_1＋R_2$

　　　理想最底存量$R_1R_2＝S×T_1$

　　　請購點$P＝R＝R_1＋R_2$

　　　請購量$Q＝S×T_2$

　　　$P：T_1S×\alpha\sqrt{T_1}\delta s$

　　　P：請購點。

　　　T_1：訂購點。

　　　S：平均每日（單位時間內）耗用量。

　　　δs：每日（單位時間內）耗用量之變異（表6-21）。

　　　α：安全係數（表6-22）。

c.請購量之決定：請購量係指一次最經濟的數量即經濟訂購量，
　符合供應成本最低的訂購量。

　　　$Q＝\sqrt{\dfrac{2C_3D}{C_2I}}$

　　　Q：訂購量。

　　　C_2：物料訂購單價。

表6-21 變異數

μ	2	3	4	5	6	7	8	9
δs	0.886	0.591	0.486	0.430	0.395	0.370	0.351	0.337
μ	10	11	12	13	14	15	17	20
δs	0.325	0.315	0.307	0.300	0.295	0.288	0.279	0.268

說明：δs可依樣本數n之大小先求全距R（n個樣本中最大值減去最小值所得之差額即為全距），再求得δs值。

表6-22 安全係數表

α 值	2.33	1.95	1.65	1.28
供應不繼率	1%	2.5%	5%	10%

C_3：每次訂購的訂購成本

D：總需求（全年用量）

I：存貨儲備成本（C_2之%）

（3）定期訂購：事先決定固定之期間，進行庫存量補充，稱定期訂購制（fixed period ordering system），適用於ABC分析中A類項目之物料，訂購週期一次，而訂購量係當時之存量與最高存量之差額，故訂購量不一定，具有訂購方式簡便，但存貨控制困難。

a.基本圖形（圖6-88）。

b.訂購週期：

$$t = \sqrt{\frac{2TC_3}{DC_1}}$$

t＝訂購週期。

C_1＝每單位存貨儲備成本。

T＝時間訂購次數（T通常為一年）。

c.訂購量：

訂購量＝最高存量－已購未入量－現存量

最高存量＝（前置時間＋訂購週期）×耗用率＋安全用量

d.安全存量：

$$S = \alpha + \sqrt{T_1 + T_2} \times \delta s$$

A：安全係數。

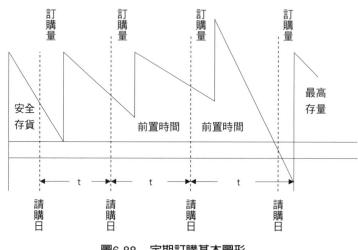

圖6-88　定期訂購基本圖形

T_1：前置時間。

T_2：訂購週期。

δs：耗用率差異。

4. ABC分類（重點管理）。

5.盤點。

6.物料需求規劃（MRP）。

✖ 存貨管制實務

✦ ABC存貨分析

ABC存貨分析的重點，須掌握占了大部分存貨投資的少數項目，以及可較忽略存貨投資比重低的多數項目。一般對A類項目採取的管理措施可為永續盤存制，較少的安全存貨，經常評估對需求的預測與不時地盤點以保持存貨紀錄的正確等。C類項目可作較寬鬆的控制，如實施週期長的定期盤存、集中向少數供應商採購與非電腦化的人工系統。

✦ 三R主義（張右軍，1986）

1.記錄（records）：每種物料都用活頁帳卡上來記載其收入與發出，並

隨時結出其存貨數量，管理人只要翻閱帳卡，就可知道某項物料現在的庫存數量，這種帳卡，相當於材料分類帳。爲便於尋找，在帳卡的上端或下端，須將物料名稱、編號寫出，爲做採購之參考，須將其最低存量與最高存量標明。所以此種紀錄，不僅能供給所需的資料，有效的控制物料之數量和金額，同時對生產計畫，成本計算都有助益。但須管理人每日及時填寫正確方才有效，現在可使用電腦更爲方便。

2. 請購（requisition）：物料控制之嚴密與否與請購關係密切，一個適當的請購制度必須符合下列原則：

（1）物料請購必須經物料控制部門審核。也就是在公司內不管任何部門，凡申請購買都須經物料管理部門查對存量，加註意見，送請主管核准，方可防止浪費及請購不必要的物料。

（2）必須在最低存量方可採購。其購置量不得超過一次訂貨量或最高庫存量。

3. 報告（reports）：每到月底，物料倉儲人員按平日逐日登記收發情形，編製物料收發月報表，帳卡中結存數量也同時列入表內。一般通常爲三聯，第一聯送會計單位核算成本，第二聯送生管部門瞭解每月用料情形，庫存數量，第三聯自存。每年年終年度結算時，再編製年終物料盤存表，爲決算報表的根據，使用電腦資訊系統可更方便。

物流管理

有關物流的發展，是由美國開始，而逐漸傳輸到世界各國（表6-23）。

✖定義

1963年美國物流管理協會將物流（logistics）定義是爲了滿足顧客需求，對於商品由生產至消費之間有關原物料、半成品、成品，以及相關資訊的流通與儲存，進行計畫、執行與管制的過程。（潘俊明，2003）

1998年美國物流管理協會重新定義物流是供應鏈程序之一部分，其專注於物品、服務及相關資訊，從起源點到消費點之有效物品、服務及相關資

表6-23　物流中心發展

	美國	日本	我國
第一階段 (1901～1949)	1.1901年J. Crowell提出農產品物流及其影響。 2.A. Shaw等人由行銷角度討論物流在行銷的角色。 3.1927年 R. Borsodi使用Logistics來代表後勤或物流，開啓近代物流概念。		
第二階段 (1950～1977)	1.1954年康帕斯提出行銷過程中，須考慮物流在策略中的定義。 2.1956年H.T. Lewis等人提出以航空業觀念用物流總成本角度評估運輸工具。 3.E. Smkay等人撰寫物流管理專書。 4.1962年彼得‧杜拉克發表經濟黑暗大陸專文，建議注重物流及物流管理。 5.1963年美國物流管理協會成立。	1.1956～1964年導入美國物流概念。 2.1965～1973年日本政府頒布中期五年經濟計畫，開始建立高速公路網、港灣及流通集散地等基礎建設，企業亦成立物流業務專門部門。 3.1974～1983年進行物流合理化活動。 4.1977年制定物流成本計算統一標準。	1970年起導入及推動人力化物流中心系統。
第三階段 (1978～1985)	1.美國航空業、汽車業、鐵路、海運法案相繼通過。 2.G. Scharmann建議高階管理者須注重物流策略的意義。 3.1985年美國物流管理協會更名改為National Council of Logistics Management。	1985年物流理論及實務豐富化及制度化。	1980年起推動物流合理化、電腦化。
第四階段 (1986～迄今)	1997年政府提出運輸部1997～2002年度策略規劃，以物流體系為最大挑戰。	1997年日本政府制定綜合物流策略大綱，規劃至2001年達到物流成本效率化，物流品質國際化。	1.1990年起推動自動化、資訊化物流中心。 2.2000年起推動整合化、智慧化物流中心。

訊，從起源點到消費點之有效流通及儲存的企業，執行與控管（管理），以達成顧客的要求。

　　我國經濟部商業司對物流的定義為所謂物流，就是物的演變過程而言，可分為資材、生產、銷售及廢棄物等四種物流。故凡從事將商品由製造商

製造商／生產	批發	零售

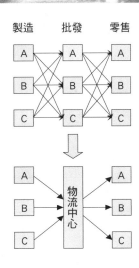

圖6-89　物流中心定義圖

（或進口商）送至零售商之中間流通業者，有的聯結上游製造業者至下游消費者，滿足多樣少量的市場需求，縮短流通通路及降低流通成本等關鍵性機能者即為物流中心（**圖6-89**）。（吳琮璠、李書行，1997）

　　上述定義包括幾個重要管理的意義。可見，物流是一個以顧客為核心的程序管理工作，主要目標在於善用企業及其供應鏈資源與能力，使物品能有效流通來達成顧客的要求。再則物流管理對象是顧客所需的物品、服務與相關的資訊，因此將涉及顧客服務、運輸、流通資訊處理、搬運等作業管理。最後，物流牽涉企業的策略及作業連結，是企業供應鏈的一個主要環節，所以供應鏈的管理課題與方法，亦是物流管理的重點。

✖ 分類

1.經濟學觀點
依國家、地區性及企業體去討論（**表6-24**）（中田信哉，2002）。

2. 使用單位（蘇雄義，2000）

　（1）家庭物流：家庭物流過程中，涉及物品的運輸、搬運、儲存、處理、廢棄品的儲存、丟棄等活動。期間所需的設備有車輛、塑膠袋、垃圾桶、冰箱等移動性及非移動性容器。任何家庭皆有其生活面的物流（如生鮮食品）。

表6-24　經濟學觀念的物流

項目	結構	政策	單位
宏觀物流	·運輸結構 ·流通結構 ·社會資本 ·公路 ·港灣 ·機場 ·流通業務團體	·物流政策 ·運輸政策 ·商業政策	·以國家為單位 ·以地方行政區為單位
半宏觀物流	不同商品的流通路徑	·產業政策 ·消費者作業	·以商品為單位 ·以產業為單位
微觀物流	·流通系統 ·流通中心 ·運輸配送系統 ·保管搬運系統 ·資訊系統 ·交易條件 ·商品單位	·物流管理 ·管理組織 ·成本管理 ·效率管理 ·服務水準	·個別企業 ·個別消費者

（2）環保物流：任何一個社區中的家庭均會產生各式各樣的垃圾，而需由當地環保單位規劃、執行回收系統，再將回收之垃圾送到掩埋場或焚化爐。此種過程亦包括：有效處理運輸、儲存、搬運及顧客服務等重要觀念及技術。

（3）企業物流：企業善選企業物品供應來源，經由企業創造附加價值，以提供企業顧客所需的物品。企業物流包括：顧客服務、訂單處理、物流需求預測、流通資訊與通訊管理、運輸、倉儲、存貨控制、採購、裝卸、包裝、物料搬運、物流設施選址、零件及服務支援、流通加工、退貨處理、廢棄物處理等。

3.經營主體（圖6-90）（張傳杰，1997）

（1）製造商所成立物流中心（Distribution Center Built by Maker, MDC）：將原本多層次的批發管道改為直營，由物流中心進行商直接配送。

（2）批發商或代理商所成立物流中心（Distribution Built by Wholesaler, WDC）。

（3）零售商向上整合而成立物流中心（Distribution Built by Retailer,

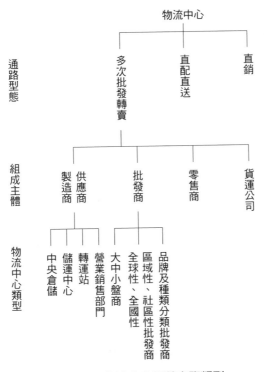

圖6-90　物流中心經營實務類型

ReDC）。

（4）貨運公司所成立物流中心（Distribution Built by Trucker, TDC）主要工作以貨品轉運居多。

（5）區域性物流中心（Regional Distribution Center, RDC）。

（6）貨品暫存物流中心（Frontier Distrwbution Center, FDC）。

4.經營主客群（潘振雄、林豐隆、郭國基，2000）

（1）生鮮處理配送物流。

（2）零售、便利超商配送物流。

（3）批發式配送物流。

（4）混合式配送物流。

5.企業經營活動

（1）生產物流（內部物流）：從生產地到市場之前的商品移動。

（2）銷售物流（市場物流）：到市場後，再送到顧客手裡。

（3）採購物流：購買商品和原料活動。

（4）回收物流：接受容器和退貨等活動。

6.地區

（1）國內物流：商品和原料的活動，只限於國內市場。

（2）國際物流：商品和原料的活動，遍及全球市場。

✖ 物流系統的組織

1.傳統組織中的物流組織

組織對物流認知不足，亦不重視物流作業，往往將物流作業切割並分配到各部門（製造、財會、行銷），而為離散式的功能結構，造成許多浪費與重複工作（**圖6-91**）（蘇雄義，2000）

2.物流功能群組的物流組織

（1）第一階段

a.就傳統組織架構下，將物流作業功能予以群組。

b.在行銷部門中將物流作業群組成為流通課（運輸、成品存貨控制、訂單處理、顧客銷售、訂單服務、成品倉儲）。

c.在製造部門成立物料管理課（物料需求規劃、採購及原料倉儲、原料存貨控制）。

（2）第二階段：組織將流通的物流功能群組，並成立與其他部門平行單位（**圖6-92**），以增加物流的策略影響力及企業核心能力，為

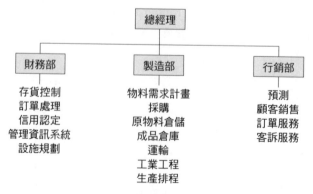

圖6-91　傳統組織物流相關功能

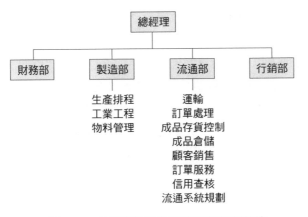

圖6-92　第二階段功能群組物流相關功能

多數公司所採用。

（3）第三階段：將所有物流功能與作業群組於一部門，由一高階主管
　　負責，此組織具有單一權責，與指揮體系有效的整合物料採購、
　　製造支援及實體流通的物流過程，增強企業物流能力（**圖6-93**）。

3.物流程序整合的組織發展

（1）程序功能整合：組織僅將物流功能群組於一部門，不一定會達
　　成物流整合的目標。因此，必須整合物流程序與作業，方能有
　　效提高物流績效，其方法如下：
　　a.權利下放到第一線，形成自主的工作團隊。

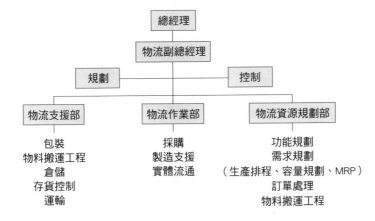

圖6-93　第三階段功能群組物流相關功能

b.管理程序而非功能將改善生產力。

c.整合組織各層次的準確資訊，必須能快速地傳遞到組織各單位。

d.經理人以顧客的角度思考，為顧客創造附加價值。

（2）程序資訊整合：資訊科技的進步，使許多物流的作業可透過資訊的電子網路予以有效整合，適時透過資訊網路組合成虛擬物流組織（非正式組織），其形態無法在正式組織結構中見到，具有彈性，可依物流任務特性組成最佳物流團隊，實務應用領域包括：特案促銷、季節性產品、新產品開發與介紹等。

組成機能架構

處於商業活動急劇轉型期，現代化零售通路革命的戰場，已由生產競爭延伸到流通戰及商品資訊戰上，而整合物流、商流、金流、資訊流等通路機能一身的現代化物流中心（圖6-94）（張傳杰，1997）

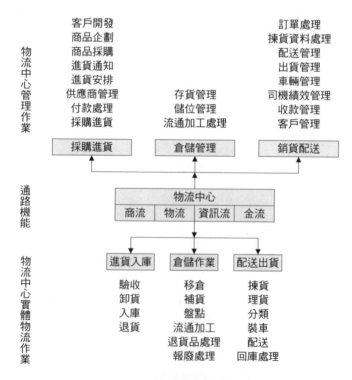

圖6-94　物流中心機能架構

⚒ 成功要素（中田信哉，2002）

1.運輸（transporation）

在物流系統的運作過程中，選擇運輸方式是一個工作的重點，物流成本的一半與運輸有關。運輸是指物品在物流網路的據點之間經過公共空間移動貨物的活動，相對來說，搬運是表示在公司內部場地的移動。

（1）功能（蘇雄義，2000）

　　a.物品移運

　　　a）主要功能是將物品在價值鏈上向上或向下移動。

　　　b）運輸必須使用時間、財務及環境資源。因此，物品應在能增加其附加價值時移運才有效。

　　b. 物品儲存

　　　a）次要功能是提供物品暫時的儲存。

　　　b）儲存時機為短暫存放、目的地倉儲不足時的運用。

（2）方法

　　a.運輸工具的種類（**表6-25**）。

表6-25　運輸工具比較表

方法	固定成本	變動成本	優點	缺點
水運 （water）	中等（船與設備）	低（具大量運輸能力）	運輸低單價、大體積、不易腐敗產品。	必須利用港口，否則無法卸貨。
管路 （pipeline）	最高（路權、建築、控制站及推動引擎及泵浦）	最低（人工成本很少）	節省人力、使用頻率高及可靠性高。	通路有限，運輸速度慢，只運送液體及氣體。
鐵路 （rail）	高（設備、場站、軌道）	低	車站多、裝卸月台均已設置，容易使用。	受限於貨運車箱或車台裝運。行駛路線要做管理，避免意外。
陸路 （truck）	低（公路由公家經營維修）	中等（汽油、維修等）	卡車速度及容量很有彈性，可依客戶要求到府裝卸。	易生交通事故。
空運 （air）	低（飛機、搬運及貨物系統）	高（燃料、人工、維修等）	爭取時效，降低儲存、存貨、腐爛等成本，提高對顧客的服務水準。	費用高。

b.運輸的型態：一般公司開始物流運輸作業，皆自行處理，但為求經濟及效率，則改採共同運輸的型態（圖6-95）。（陳慧娟，1997）

c.選擇運輸方法考慮因素（潘俊明，2003）

　　a）產品之單價。

　　b）單位運輸成本。

　　c）數量是否足夠裝載於一個包裝或運輸工具中。

　　d）產品是否能免於天災、人禍之危險。

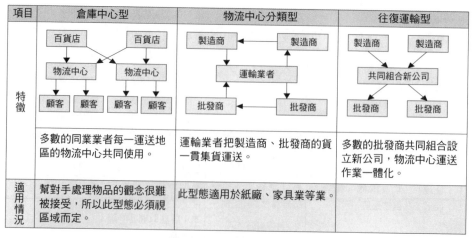

項目		倉庫中心型	物流中心分類型	往復運輸型
特徵		多數的同業業者委託一家業者保管、運輸，在批發商周圍的路徑上運送。	小賣店的採購透過物流中心統一處理，物流中心的營運委託批發商。	兩家製造商有效利用主要都市間的運輸，確保回程不致空車。
適用情況			偏大型製造商、大盤商型態。	能掌握彼此廠商資訊，才能保證回程不空車，可降低物流成本。

項目		倉庫中心型	物流中心分類型	往復運輸型
特徵		多數的同業業者每一運送地區的物流中心共同使用。	運輸業者把製造商、批發商的貨一貫集貨運送。	多數的批發商共同組合設立新公司，物流中心運送作業一體化。
適用情況		幫對手處理物品的觀念很難被接受，所以此型態必須視區域而定。	此型態適用於紙廠、家具業等業。	

圖6-95　共同輸運的型態

e）運輸時間。

f）保險與保險費用。

g）安排裝運的困難度（法令規章、上下貨設施等）。

h）運送方式及接受貨品設施、費用等。

i）是否能將不同產品合併處理。

j）季節性的考慮。

k）對產品、交期、成本等所可能產生的風險。

l）交運產品的尺寸、體積及重量。

m）產品在交運途中是否可能變質。

d.運送計畫作業：影響運送好壞的因素很多，且其中包括許多不可預期的狀況，因而為使內部運送計畫能夠周詳，且能掌握外部難以控制的情況，需有關作業及表單（**圖6-96**）相配合。

2.倉儲

倉儲是物流重要的功能之一，負有儲藏和出貨準備的職責。一般倉儲工作的重點在於商品、原料安全管理、防止劣化及有效使用保管空間，而物流中心的倉儲功能提昇為分揀效率和保管現場、出貨作業效率、物流加工功能、重視流動及資訊控制等項。

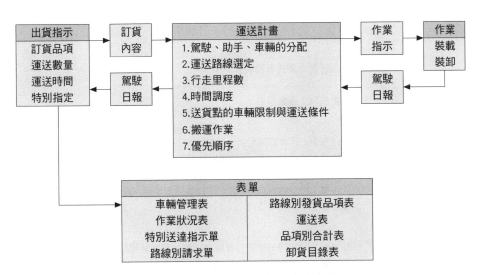

圖6-96　運送計畫配合的作業及表單

3.搬運

搬運在運輸、倉儲及物流加工之間具有橋樑作用，搬運有裝貨、卸貨、堆場、倉庫貨物的入庫／搬入和出庫／搬出等作業。

4.包裝

為了提高倉儲保管和運輸的效率，需要符合國際標準的包裝設計，其目的在於對物品保護、方便搬運、單位商品包裝化和標識商品。通常包裝是生產工程最後階段，其後便進入物流程序，相當於生產和物流的連接點。

包裝從物流角度來說，要求結實、儘量壓縮體積、標準化、容易操作而且費用低廉；標準化是要使物流的操作單位，根據包裝尺寸倍數來決定物流的空間，一般採用1100mm×1100mm的棧板為基準來決定運輸包裝系列的尺寸，而符合國際標準包裝設計。

包裝的分類（**圖6-97**），可應用於業者，但須重視廢棄和回收的問題。

5.物流加工

為了方便顧客，提供物流加工是必要的，是指在物流移動階段的商品進行簡單加工、組裝、再包裝、按訂單做調整的作業。這些作業是儘量遵照顧客的需求而進行，其結果增加商品的附加價值，滿足顧客的需求。

（1）目的

　　a.促銷（適應顧客需求）。

　　b.支持生產效率（計畫、支持大量生產）。

　　c.物流合理化（運輸單元化、時間調整、附加識別資訊）。

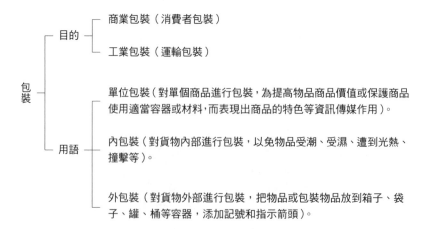

圖6-97　包裝分類

（2）作業方式：作業種類繁多，計有分解、掛物品名牌、掛價格牌、貼標籤、選擇、混裝、掛衣服架、作標幟、組裝、分割、噴刷、調整、放置、配線、斷開、打眼、折彎、抽出、鬆緊、表面加工、熱處理、安裝軟體、加熱及冷卻等。

（3）場所：一般常在物流中心、運輸過程中、店舖、銷售時、顧客處等場所進行物流加工作業。

6.物流資訊處理

有關傳統方式從訂貨商品到達顧客手中之前的業務流程的全程管理（圖6-98），現金一般都運用電腦和資訊科技來進行，其主要項目為：（賴明玲、陳妙禎，1997）

（1）加值型網路（VAN）。

（2）電子訂貨系統（EOS）。

（3）銷售時點系統（POS）。

（4）電子資料交換（EDI）。

（5）豐田式看板方式結合資訊系統來做庫存管理。

7.物流網路

物流網路，可以說是物流最基本的部分，為了從生產地點向市場配送貨物，需要功能的分工或把空間分散的據點作為網路連結起來，才可發揮物流的功能，也就填補供需之間的時間性、空間性距離。

通常顧客是按地區分布的，為了能夠在規定時間內把商品提供給某個地區的顧客，須在市場範圍內分散配置一定庫存商品，即在那裡配置前線的物流據點。接下來就是怎樣把生產據點與前線據點連接起來。通常一個生產據點是不能滿足市場的需求，需連接數個生產據點和前線物流據點，在它們之間設置幾個備貨用的集約據點，會提高效率。把後方據點稱為物流中心，而前線據點稱做倉庫。

在場所這方面，無論物流中心或倉庫，都是分散配置於某個區域範圍內，把它們的據點連接起來就形成了物流網路，而這些據點形成的本質在於庫存配置，在滿足與客戶交易條件的同時，追求儘量壓縮庫存配置。

8.庫存管理

物流網路決定後，必須考慮各據點如何配置庫存、如何控制庫存量的問題，其方法為：

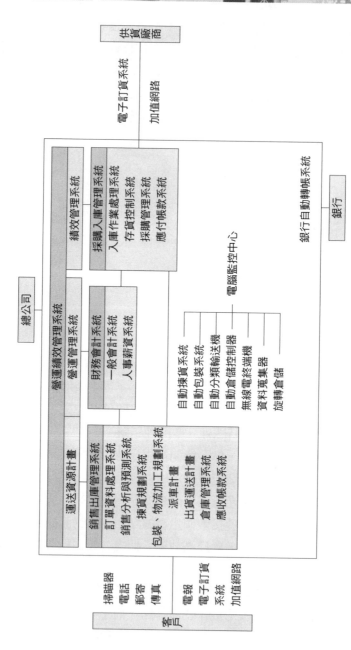

圖 6-98 物流中心資訊系統關聯圖

（1）單位庫存：通常採用以某種統一數量為單位的進貨方式，進貨量愈大，一定期間內的平均庫存就會增加。

（2）安全庫存：為將來的需要而準備庫存，將來的需要有不確定性。對這種不確定性而擁有的庫存稱之。預測期間愈長或能夠成為預測依據的資訊精密度愈低，則安全庫存就愈大。

（3）預測庫存：為了應付需求高峰時沒有生產的能力，或即使有能力也要使設備的平均工作率保持一定水準，並降低總體成本而擁有的庫存。

9.物流成本管理

物流過程中比較收益貢獻，削減成本是重要的課題，因此降低物流成本是必要的。物流成本的制定是從各種費用項目及抽出隱藏其中的物流成本作業開始，通常，財務上被統計在折舊費、人工費等已消費、使用的不同經營資源項目中。在這經營資源中，把物流活動消費所使用的金額按一定的標準抽出來計算。比如擔當物流工作員工的人工費、作為物流人工費計帳等不同支出形態的統計，銷售物流、採購物流、公司內部物流等不同物流領域的統計，或者運輸、搬運等不同物流功能的成本統計，儘量接近事實，使經營管理上用於各種用途物流成本的掌控成為可能。

制定一套能反應服務內容之成本模式，透過ABC之分析，可清楚看出各項訂單所需要的物流服務內容，可依圖6-99求累積物流成本。（吳琮璠、李書行，1997）

10.物流的組織

物流的組織起因於物流業難以作業專業功能從其他企業活動中明確分開。物流管理組織型態多種多樣，有的企業全面委託外部專業者，有的企業設立物流子公司，有的企業物流管理部門不明確。

✖ 逆向物流

長久以來，企業物流觀點皆強調自供應商取得商品，藉由企業建構機能提升物品附加價值，以提供企業顧客所需的物品，一般稱為正向物流（forward logistics）。若以完整供應鏈循環角度，應該加上逆向物流（reverse logistics）才能兼顧物流循環的完整性。（蘇雄義，2000）

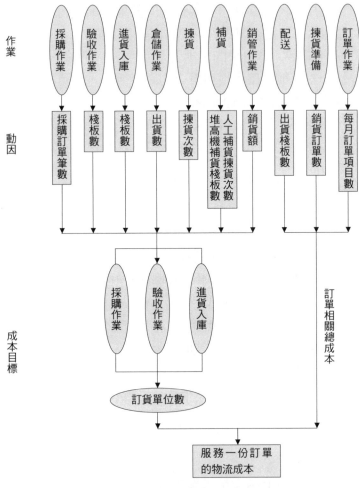

圖6-99　物流中心成本分攤流程圖

1.定義

　　根據美國物流管理協會的定義為透過資源減量（source reduction）、再生（recycling）、替代（substitution）、再利用（reuse）及清理（disposal）等方法進行物流活動，在物流程序中扮演產品退回、維修與再製、物品再處理、物品再生、廢棄物清理及有害物質管理的角色。

2.對企業的影響

　　企業在進行逆向物流，須考慮下列事項：

（1）成本與利益：傳統的觀點著重以成本最少爲考量，若將逆向物流視爲顧客服務計畫的一部分，其將會對顧客與公司的獲利造成間接的影響。因此，應該重視此種活動採行將會對企業產生何種程序的影響去考慮。

（2）法令要求：政治環境法令對企業生產的產品最具影響力，一般廠商不會屈從法令的規定，而是對未來的環境法令有所準備，並由其生產相關產品中積極思考生產者的角色、責任和機會。

（3）社會責任：企業是社會成員的一分子，其逆向物流活動的採行亦將會對環境造成影響。一般較多的企業傾向於其盡社會責任花費最少爲前提，因爲與企業的獲利有關。但可將此活動採行視爲企業對社會責任的努力，增加顧客對於服務的滿意程度。

（4）作業改善：企業可從產品的設計階段就儘量設計不產生廢棄物；即使會產生，也不會對環境構成嚴重影響的材料，採取可提高運輸、模組化設計、把回收、再利用系統建構在物流系統中，是企業必須努力的途徑。

3.架構與作業

逆向物流的產生，主要係由於正向物流活動延續而來的，因此，須同時考慮正向及逆向物流各階段的管理與改善機會（圖6-100）

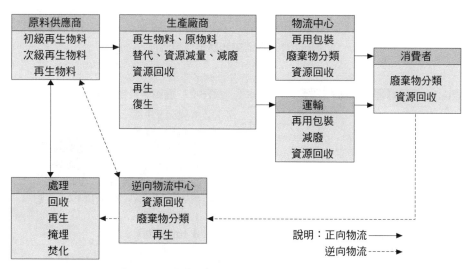

圖6-100　企業正向物流及逆向物流管理方案

✖ 物流績效

物流中心是最具彈性且複雜的一項作業（圖6-101），因而對其運作情形必須隨時注意並充分檢討，才能確保其品質及效率，其方法計有：（潘振雄、林豐隆、郭國基，2000）

　　1.經營管理作業（表6-26）。

　　2.進貨作業（表6-27）。

　　3.庫儲管理（表6-28）。

　　4.揀貨作業（表6-29）。

　　5.運輸配送作業（表6-30）。

　　6. 管理作業（表6-31）。

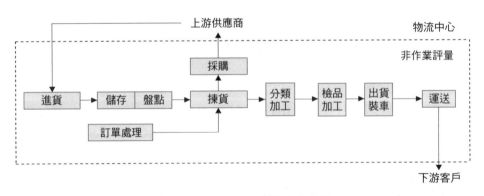

圖6-101　物流中心基本作業流程

表6-26 經營管理作業物流指標

　1. 管理力
　2. 缺貨率
　3. 顧客抱怨率
　4. 退貨率
　5. 毛利率
　6. 臨時工的占有率
　7. 銷貨折讓占銷貨額比率
　8. 邊際收益率
　9. 機器設備使用率
　10. 緊急加班比率

表6-27 進貨作業物流指標

　1. 碼頭使用率
　2. 碼頭尖峰率
　3. 平均每人工小時處理進貨量
　4. 平均每人工小時處理出貨量
　5. 每台進出貨設備每天裝卸貨量
　6. 每台進出貨設備每小時裝卸貨量
　7. 進貨時間率
　8. 出貨時間率

表6-28　庫儲管理指標

1. 庫存週轉率
2. 呆廢品率
3. 倉儲費用率
4. 倉儲設備（空間）使用率
5. 盤損率
6. 單位有效面積的投入成本
7. 庫儲人員流動率
8. 平均庫存量
9. 平均每台機具裝卸量
10. 庫儲的管理率

表6-29　揀貨作業指標

1. 揀錯率
2. 平均每人工小時揀取次數
3. 每揀取次數投入揀貨成本
4. 平均每一訂單的揀取時間
5. 揀取責任品項數
6. 單位時間處理訂單數
7. 揀貨人員流動率
8. 平均每人工小時包裝金額
9. 平均每人工小時包裝量
10. 包裝作業占工作時間比率

表6-30　運輸配送作業指標

1. 配送準時率（失誤率）
2. 每車生產力
3. 專門車輛的積載率
4. 運費支出占比
5. 外聘私有車隊的比率
6. 平均每車次配送量
7. 空車率
8. 配送車稼動率
9. 平均每次發車次數
10. 平均每順配送處理成本

表6-31　管理作業物流指標

1. 單位時間處理訂單數
2. 訂單延遲率
3. 立即繳交率
4. 訂單處理人員流動率
5. 平均每一訂單金額
6. 單位時間處理金額
7. 單位時間處理箱數

⚒ 我國物流發展的問題（池惠婷，2002）

1. 物流用地取得
   （1）合適又合法的物流用地很少。
   （2）工業區內物流用地成本太高。
   （3）土地分區使用法規缺乏彈性。
   （4）變更為物流用地之程序繁瑣。
   （5）中央與地方對於法令解釋不一。
   （6）專業物流園區設置不足。
2. 物流人才
   （1）現場物流作業人才缺乏。
   （2）物流中階管理人才缺乏。
   （3）缺乏對物流經營與規劃能力之人才。

（4）缺乏物流管理資訊人才。

（5）缺乏具國際運籌人才。

（6）物流中高階人員流動率高。

（7）物流從業人員在職進修管道不足。

（8）物流專業書籍、期刊不足，人員難以吸收新知。

（9）運送服務人員素質參差不齊，難以管理。

3.物流相關法令與政策

（1）建築法中目前也沒有對建築物有物流作業區的規劃。

（2）進出口通關相關法令不合需求。

（3）對逆向物流（退貨、廢棄物、資源回收）缺乏全面性管理及獎勵措施。

（4）國際運籌物流租稅之訂定不夠理想。

（5）整體性物流基礎建設的政策規劃不足。

（6）以排氣量來徵收牌照、燃料稅而非載重噸數。

（7）倉庫的消防措施相關規定不合理。

4.交通運輸

（1）自用貨車取得運輸營業執照之門檻過高。

（2）都市缺乏設置路邊的裝卸區域。

（3）缺乏海陸空相互支援的複合運輸體系。

（4）交通運輸的基礎建設不足。

（5）進入市區時間的限制。

（6）進入市區貨車大小及重量的限制。

5.物流標準化

（1）載具（車輛）型態過多。

（2）棧板標準化問題。

（3）物流條碼未普及。

（4）物流資訊交換標準化不一。

✖ 物流管理的趨勢

物流管理將成為21世紀企業管理的核心，未來的趨勢為：（工研院經資

中心，2001）

1.物流管理新概念

過去物流管理著重企業內部與組織之整合，對下游顧客的對應，乃以服務品質為主要管理重心。但今天，已由物的處理，提昇到物的加值方案管理，亦須充分瞭解顧客需求，為其量身訂作合其所用的物品與服務。業界應朝向新的概念及作法：

（1）強調通路成員的聯合機制，成員間願意分享交換營運面及策略面的資訊，尤其是內部需求及生產的資料不再預測，逐漸朝向終測基礎發展。

（2）重視程序式整合的物流管理，為配合通路競爭的環境，企業被要求更快速回應上下游顧客所需，因而必須有效整合各功能部門營運，改以程序式作業系統來操作。

（3）建立一虛擬整合企業體系，來提供主體企業能專注於核心能力以提供更好的產品及服務，則結合幾家專業公司將非核心業務或功能委外經營管理，以期不斷開發創新的加值服務，形成更專業的物流服務業。

（4）改變管理會計轉向價值管理，著重在提供價值創造、跨企業的短、中、長期管理資訊系統，則改良成本導向管理會計系統，不僅收益增加或成本下降，更確認能支援創造價值作業。

2.服務項目區隔化

在客戶導向、顧客需求至上的轉變下，物流功能複雜度增加，水準需求也相對提高，唯有各家不同類型物流業者的策略合作，專業分工的模式而導致服務項目區隔化，方可達經濟規模，降低成本（圖6-102）。

3.物流功能彈性化

藉資訊科技的進步，物流整合系統逐漸受到重視，對於物流功能彈性的實現愈來愈近，業界除硬體服務外，更須在軟體的配合（圖6-103）。

4.資訊物流型態之產生

資訊科技發展迅速，導致將物流管理的作業採資訊化服務、資訊化作業，才能因應需求變動的市場。面對電子商務的電子交易型錄，物流環節只是供應的一部分，所以資訊電子化的物流型態是必定的趨勢，以期加強物流資訊應用技術與落實電子交易的服務。

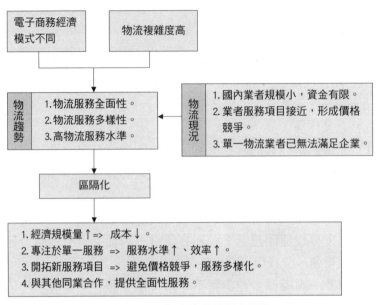

圖6-102　物流服務項目區隔化

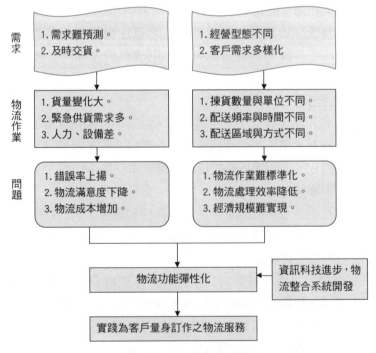

圖6-103　物流功能彈性化

案例

⚒ 1993年汽車風雲人物

✦ 虧本聲中，風雲湧起

1993年美國《財星》雜誌，三月三十日發表「1992年美國五百大企業排行榜」，通用汽車（General Motor, GM）以1,327億7,500萬美元的營業額連續八年名列第一。但在1992年五百大企業盈餘卻創下三十七年來的最低紀錄，只有1,050萬美金，比某些大公司最高主管年薪還低，創下《財星》雜誌自1995年開始統計此項最低紀錄，其原因是根據新的會計法規，美國公司必須提列退休員工的備抵醫療福利費用所致。

排名第一名的通用汽車雖較艾克森公司（1,035億美元）、福特汽車（1,008億美元）、IBM電腦公司（651億美元）及奇異公司（622億美元）為高，但卻虧損235億美元，是虧損最多的美國公司。如果未實施新會計法，其虧損會減少至26億美元。因此，美國各大公司皆積極節省成本、降低負債及提高員工生產力。

為此，通用公司董事長史密斯（Jack Smith）特別聘請西班牙人Ignacio Lopez擔任此起死回生的重任。自1992年5月抵達美國底特律市汽車城，揮起大刀，造成底特城的旅館，餐廳不下數百家，業務蕭條，應聲倒地，造成Lopez旋風，轟動汽車業界，而被SAE雜誌票選為1993年的風雲人物，餘波盪漾，影響深遠。

✦ 科班出身，發揮長才

Ignacio Lopez先生，生於西班牙巴塞隆納，具有愛家、倔強不服輸、刻苦耐勞的特性。成長於工業世家，父親自行經營機械加工廠。2歲開始識字，並充滿好奇心，對機械加工很感興趣，年幼時10歲即在父親的工廠工作，接觸到工廠實際情況，在學校的成長過程中仍保持工讀的狀況，在巴塞隆納大學主修工業工程科系，學習工作改善的理論技巧，頗有收穫。（Holt, 1993）

畢業後，加入西班牙西屋發電廠工作，負責焊接工作，焊接員工被一般認為是低層次的工作者，Lopez先生認為是一大挑戰，員工皆不識字居多，而具有焊接專業技術，但品質不一，管理者視為畏途，不樂意在此部門工作，但是附屬於冷作部門，不受重視。因此，特別開始制定標準工作方法及檢驗方法，並藉此為訓練員工技術的藍本，使工作速度加快，品質提高，單位地位為之受人重視，績效顯著，不良率降低，獲得好評。同時更鼓勵員工進修，協助員工的子女課業，並一併要求不識字員工與其子女一起上課，有利親子教育，成績斐然，頗受愛戴，導致焊接部門成為該公司的示範單位。

服務西屋八年後，轉業至火石輪胎公司（Firestone）工作，前後十一年，由工業工程基層工作人員做起，向資深人員致敬及學習，得知工業工程如何應用於降低成本，使用IE手法來配合，從事現場及支援部門的工作改善，更在服務期間，輪調至品質管制、設計及製造部門，在工作上屢有建樹，深受器重。同時，例假日也遠至首都馬德里進修碩士學位，精神可嘉。

1979年西班牙通用汽車公司在Zaragosa地區建廠，急需人才，到處徵才，通用汽車西班牙公司負責人經人推薦Lopez先生，並親自搭機飛往馬德里見面洽商，認為是不可多得的人才，但此時Lopez認為在Firestone仍有表現的空間未與答允，雖經數度商談皆未成行。另一最大原因是具有愛家的心結，不願離家太遠而遲遲未能允諾。最後通用公司的說辭為：「人生難得有此機會，去規劃一個心目中的汽車工廠，應善加把握」，終於成為定局，接受這份工作。

1980年在西班牙通用汽車公司，規劃汽車裝配生產線應用工業工程的方法，採用方法時間衡量（Method Time Measuresment, MTM），藉由精密的影片分析及統計方法將任何操作分成若干基本動作，並賦予每個動作各個狀況下之標準時間，並將其製成表格，應用此表格來直接分析任何動作，而可預先衡量該動作的時間，廣泛的應用。例如，在門板焊接原來有工作者16名，因而減至4名，成效驚人。亦透過價值分析（Value Analysis, VA）的運用，就是計算功能（function）與成本（cost）的比值，將產品的零件予以置換，仍維持一定的產品功能，而可以降低成本，應用於採購方面，降低購買價格，增進生產力及增加公司利潤。

Lopez認為增加企業的競爭力，應設法降低生產成本，汽車產業係處於成熟競爭的市場，各汽車廠莫不全力以赴，運用IE手法就須應用工作改善及

制度合理化雙重任務去努力。尤其，再詳查汽車的組成結構，材料成本約占70%以上，唯有從此方向著手，方有成效。經過多年的努力，使西班牙廠在通用國外的事業中，其績效名列前茅。

此時，德國歐寶（Opel）公司，係通用投資的公司，在經營上發生虧損的現象，雖經努力，但效果不佳。於是通用汽車公司董事長史密斯先生，在1990年的耶誕假期間指派Lopez先生赴德國指導改善。德國人自引以爲傲係擅長其工程技術及管理能力，自然不服於出身於工業較後進的西班牙人，造成相當的對立，採取不合作的態度，但Lopez先生認爲歐寶公司內部的改善，已經多年的努力，改善的空間有限。於是在假期中撰寫完成改善計畫書積極著手於外部採購的作業，以供應廠商的價格設法降低，因而產生莫大的成果，使歐寶公司的生產力大增，轉虧爲盈，贏得德國工程師的欽佩。

✦ 進軍汽車聖地，直搗龍穴

在80年代日本汽車大舉進軍美洲大陸，以品質及價格兩種優異的利器，使得美國本土製造的汽車，在銷售量及市場占有率節節敗退，不僅公司的形象受到打擊，顧客不再有信心，導致汽車產業的虧損，動搖了公司的根本。

通用汽車公司史密斯董事長，雖經多方努力，但成效不彰，最後不得不打出王牌，於1992年禮聘Lopez先生到美國汽車的聖地——底特律爲美國通用汽車公司操盤，掀起陣陣的改善旋風，在剛開始時，協力廠商皆認爲非常困難去達成，但結果第一年卻輕易降低6%的成本，係從兩方面著手：

1.減少招待費用支出：

以往通用公司握有採購大權，協力廠的生存皆以訂單爲首要，不得不全力巴結。因而儘量到底特律出差談訂單，不免花費出差費及招待費，更而定期招待採購人員旅遊，是一項大支出。現今通用要公開招標，不在講求關係，而是以價格、品質、交期爲訂單的主要因素，各公司對此項費用大幅削減。更導致底特律城的餐廳、旅館蕭條，有不少因而倒閉、停止營業。

2.改善零組件運輸成本：

過去爲配合通用公司的生產，以免爲使通用採購作業疏失而產生交期及數量的延誤，不惜不計成本專車、專機運送零組件。現今，爲此特別重訂交貨合約，要求須有明確前置時間，而交貨量皆以整車爲準，不再零星交貨，亦因節省大幅運輸費用。其他策略（**表6-32**）、目標（**表6-33**）、方法（**表6-**

34）、成果（表6-35）及改善協力廠關係（表6-36），頻頻出招。

　　另外，在行銷方面更結合Master卡，顧客只要持有GM-Master卡購物，

表6-32　改善策略的比較

過去 策略	新策略
1.改善品質。	1.最高品質。
2.高度變化。	2.降低變化。
3.競爭壓力瞭解。	3.徹底接受壓力，迎向挑戰。
4.從業人員參與目標。	4.全員投入。
5.目標機動管理。	5.目標一致性。
6.短期導向。	6.長期導向。
7.以高科技從事重大改善。	7.以中度科技著手小型改善累積成果。
8.人員改善。	8.過程改善。
9.發展目標為重要順序。	9.公司成功為優先。
10.管理者不面對生產者。	10.管理、生產者溝通。
11.多樣供應商。	11.供應商為真實夥伴，並給予技術支援。

表6-33　改善目標

1.中央集中採購（50萬美金）。
2.現行生產合約全面重新開放國際競價（通用協力廠皆自行投資70%，與福特相反）。
3.要求廠商降價，20%為目標。
4.開放國際採購。
5.訂定目標值，達到目標廠，可簽長期合約（5年內逐年降價5%、5%、4%、3%）。
6.新車開發計畫，及早評估廠商，訂定目標價位，選定廠商合作對象。
7.積極爭取廠商利用GM過剩廠商設備與工人，生產零組件供應GM及其他汽車廠。
8.零組件規格標準化，提高共用性。

表6-34　改善方法

1.絕對保持競爭力共識。
2.全員投入。
3.所有需要充分瞭解。
4.培養幹部具有管理領導技術及積極參與。
5.創造工作環境。
6.激勵代替責難。
7.許多小改善代替大改善，並且重複教導使用過程。
8.瞭解過程。
9.導入競爭者產品具有人性化，是我們學習的榜樣。
10.強而有力執行計畫及堅持。
11.使用所有資源本身。
12.實施、實施、再實施的持續改善。

表6-35　改善成果

> 1.15%協力廠商喪失合約，精簡採購作業。
> 2.公司及協力廠積極加強競爭力，公司及協力廠檢討製作過程、原材料、存貨等問題，增加工程技術人員，淘汰冗員，並強化外包作業。
> 3.成立工作小組，參與廠商精減作業，協助降價 PICOS（Purchased Input Concept Optimizotion with Suppliers）。
> 4.未來供應商數目減少35～50%。
> 5.中小型供應商生存競爭，衝擊大，影響底特律市經濟活力。

表6-36　協力廠商關係改善

過去（放任策略）	
1.無力評估。	3.成本調整在協力廠。
2.無策略改善供應商。	4.供應商虛偽信心。

現在（雙贏策略）
1.線上成為線外（基本哲學）。
2.判定廠商績效與查核同時進行。
3.討論零組件品質由品管主管改成製造主管。
4.缺陷的痛苦經驗由供應商承擔。
5.SQA人員至供應商工廠解決問題。
6.協助解決設計與生產者公差衝突。
7.公開邀請協力廠老闆直接討論品質。
8.緊縮採購利潤給供應商品質績效。
9.供應商生產主管及工作人員需能說明其QC計畫。
10.通用公司定期派技術指導員至廠商處並解決最少一件重要問題。

可累積紅利積點，未來可應用在購買新車及維修費用的抵扣，興起全美持卡風，塑造GM新形象及銷售，使競爭力大增，亦成為其他各廠改善的指標，重振美國汽車業的信心。亦為Lopez締造個人光輝的生涯。

✦ 挖角風波，有損英名

　　Lopez先生雖在美國通用汽車公司，僅僅服務九個月，但成績斐然，樹大招風，德國福斯公司不惜重資挖角，擔負福斯同樣的重任。由於Lopez先生負責通用汽車零件採購，並由他擔任策略決策及財務預測中心的工作，且每天以最高機密的方式處理大量與通用汽車在90年代成敗有關事務。特別是在辭職前兩天，還參加通用汽車在德國歐寶廠的國際策略會議。在會議中，

他被介紹2000年時，通用汽車將發行的歐洲新車、銷售預測及財務預測等重要資訊。同時也看到歐寶汽車的雛型。（Ebert, 1997）

通用汽車擔心Lopez將在歐洲策略會議上所知的機密資料帶走，要求他簽署一項確認書，表明並未帶走任何屬於通用汽車現在及未來計畫的文件。因為福斯公司繼續利誘其他通用的員工，使得通用汽車十分擔心。由於Lopez的協助，福斯汽車試以兩倍於原來薪水的高薪用40名來自歐寶及通用的管理者。在一項禁令停止福斯召募攻擊前，福斯已經成功的挖角7位通用的高級主管。

雖然福斯公司否認產業間諜活動及入侵公司的作為，這項指控已使得Lopez與德國汽車製造商陷入法律與道德懷疑中。德國達姆斯達地區檢察官在一位前通用汽車高級主管家中，搜查到一份通用汽車的機密文件時，而這位主管與Lopez一樣被挖角到福斯公司，因此，使得產業間諜的傳聞更是疑雲密布。社會大眾認為福斯公司涉及不道德的行為，這項無形的因素，使得公司的銷售受到影響。德國一個民意調查組織詢問1,000名德國人，對Lopez事件的看法，獲得一項有趣的結果，有65%的受訪者相信這間諜活動的說法是真有其事，而只有7%的人認為不是真的。

Lopez先生任職於汽車公司，曾被懷疑走漏公司的資訊給供應商，但當時通用汽車未處分Lopez。供應商由Lopez處獲得資訊是高度機密技術藍圖，有此項資訊，廠商可以不用花費數百萬元在研發上，便能以較低價競標成功。在此之前，通用採購部門被認為是產業中最專業及最有道德觀的。

福斯公司聘任Lopez先生的目的，雖然是想藉他來控制成本並使公司轉虧為盈，但消費者認為這樣挖角的舉動是不道德的，可能產生不良的後果，於是福斯失去大眾的信賴。在1998年10月這項訴訟以和解收場，福斯公司同意每年向通用汽車公司採購10億美元的零組件，但Lopez先生一世英名仍然蒙塵。

第 7 章

生產執行（一）
——制度實務

❋訂單管理生產方法

❋流程管理生產方法

❋設備負荷管理生產方法

❋批次管理生產方法

❋批量管理生產方法

❋專案管理生產方法

❋平準化生產方法

❋服務業生產管理方法

❋案例

訂單管理生產方法

✖定義

依顧客訂單指示，生產各種不同品質規格、交貨日期、數量、價格的產品生產方式稱之訂單生產（order production）或個別生產（job shop production），其最主要考慮的重點為交期。

訂單生產是在接到訂單之後才開始安排時序，並據以釐訂物料需求計畫，再採購物料來生產。但部分共同物料則根據預測預先備妥（製造或採購）以供需要（圖7-1）（劉水深，1984）。

✖訂單生產的特徵

1. 訂單生產方式，客戶與廠商之業務往來、意見接洽、交易達成、貨品製造、交貨以及貨款之收取都可以根據每一訂單所要求之條件分別處理（許總欣，1982）。

2. 每一訂單之交易雖然可以包括若干種不同產品項目，但在製造上通常可分成若干較小額訂單，使每一訂單只包含一項產品或一組產品以利製造。必要時，也可以將若干產品類似小額訂單，合併為一張大額訂單，以減少準備工作。

3. 訂單生產方式，廠商的製造條件不會容許顧客漫無限制的要求產品形式或製造方法。一般容許改變的內容為：

(1) 產品的外形設計或形式作部分改變。

(2) 產品形式的變化不需要大幅度改變製造方法，或增減設備工具、模具等投資。

(3) 產品是由幾個不同的組件組合，則客戶所需求的產品形式可以選擇不同的組合方式或外觀變化。

(4) 產品形式無論如何改變，通常不應該脫離廠商所選定的產品線範圍，也就是仍在企業所訂的營業範圍之內。

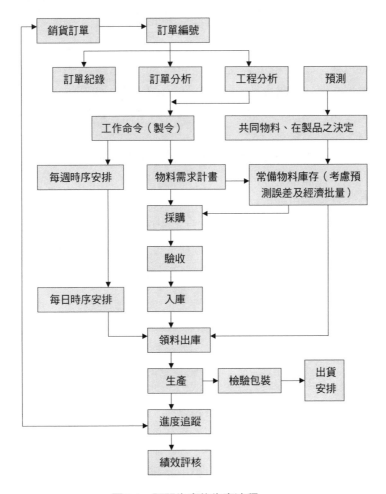

圖7-1 訂單生產的生產流程

4. 訂單生產之企業通常可以允許客戶視其需要決定產品數量、色澤、包裝方式，甚至於商標。

5. 企業內部處理生產問題以訂單為各項管制與安排工作之基礎。也就是在整個產銷工作中，由生產命令之發出、進度安排、材料購買、貨品製造、裝配、品質檢驗與管制、包裝以至出貨，都可以每一張訂單單獨處理，只需給予不同的管制編號。

6. 訂單型生產方式，一般而言所需的材料庫存或是成品存貨都比較低，因此資金週轉比較靈活。在此種生產方式中，材料存貨，除了共同用

料或採購期較長的零材料以外，幾乎都可以購自市場，不需經常保持
庫存。

7.訂單型生產企業的客戶多半是間接客戶，這些客戶都是依據自己的市
場預測定期採購貨品。因此，訂單會有淡旺季的現象。

8.生產項目更換是經常發生的問題，則生產管制工作必須有良好的機動
性。

9.產品設計與開發能力在訂單型生產具有其重要性：

（1）一般產品設計固然由客戶所提供，但廠商能代客戶開發設計產
品，則可獲得較高利潤。

（2）具有良好的設計開發能力才能提昇水準，發展高級品，也才能
領導客戶建立自我品牌或接受高水準客戶的訂單。

（3）自行設計開發，可以建立自己權威性產品或招牌產品，這些產
品甚至可以採取計畫性生產。

✖ 使用工具

1.標準生產平衡線圖

訂單生產管理方法中，有大量生產時，其時序安排之一重點是維持原料
及零件之供應，以保障生產之連續，要達成此種平衡，則要延伸生產時時序
安排於原料的採購、零件或次裝配完工，則常採用此法，是例外管理觀念的
應用。其目的在使管理者能及時發覺生產過程中之落後部分，以避免延遲交
貨所造成的損失。生產平衡線圖（圖7-2），包括（劉水深，1984）：

（1）目標：累計交貨時間表，此累計交貨量常須加以修正以配合公
司生產能量，儘量使生產順利進行，而滿足交貨期要求。

（2）生產計畫：表示部分生產程序，一般是從生產程序選擇一些足
以影響生產進度的工作為控制點，並標示出此點的前置時間。

（3）工作進度圖：依控制點予以排列，以方條圖表示各控制點的完
成工作量，在檢查日應將當時完工情形予以標示以便比較。

（4）平衡線圖：可用以診斷整個計畫的健全情形，並提出矯正方
法。一般繪製步驟為：

a.將目標圖列於進度圖的左邊，同時以相同之尺度表示其縱座

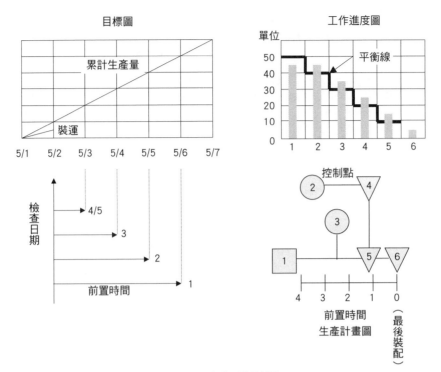

圖7-2 生產平衡線圖

標，而生產計畫圖則置於進度圖的下方。

b.以縱線標示檢查日期，並從此線畫橫線，表示各控制點的前置時間。

c.從此前置時期線端劃垂直線與累計生產量相交。

d.由此交點劃橫線通過進度圖至相對應的控制點，其高度表示應完成的單位數。

2.調整生產平衡線圖

平衡線圖（Line of Balance, LOB）（圖7-3），技術是利用產品裝配計畫圖（product-assembly plan），目標進度與實際進度之累積圖，以及進度控制圖（process chare）來建立一條平衡線，此一平衡線每天會移動及反映每天的目標值，並藉以檢驗工作進度狀況，具有安排與管制的雙重作用（賴士葆，1995）。

3.最佳化生產技術（Optimized Production Technique, OPT）

製造工令編號		930501			單位		製一課		
品名規格		藍白手套			生產量		4500打		
預定生產日期		5月1日			預定完成日期		5月10日		
日期	5/1	5/2	5/3	5/4	5/5	5/6	5/7	5/8	5/9	5/10
預計產量	450	450	450	450	450	450	450	450	450	450
實際產量	400	460	440	410						
預計累計	450	900	1,350	1,800	2,250	2,700	3,150	3,600	4,050	4,500
實際累計	400	860	1,300	1,710						
達成率	88.8%	102.2%	97.7%	91.1%						

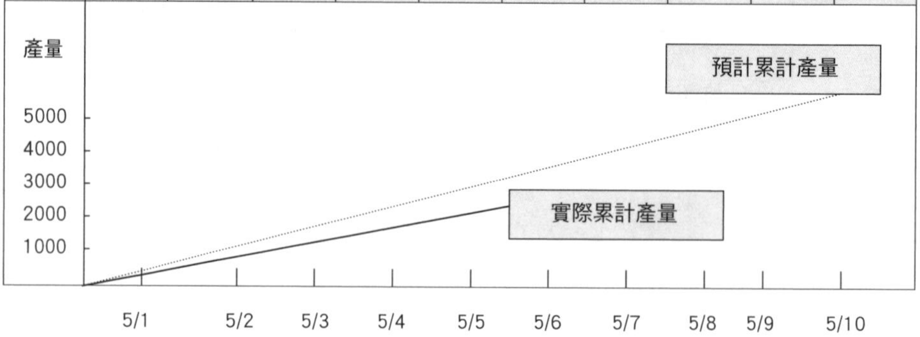

圖7-3 生產平衡線圖

(1) 簡介：OPT為生產規劃與排程的工具，在1979年由美國Creative Octput Inc.所建立的一套具有專利的電腦程式，專門用於解決工廠的瓶頸排程問題，而同時達到增加產量及減少存貨與營運費用的目的（賴士葆，1995）。OPT發展的基本背景，面臨著史無前例的複雜性，其狀況如下：

a.動態性：外界市場狀況瞬息萬變。

b.不確定性：企業所能掌握的各種資源難以預料。

c.統計波動：作業時間的長短並非固定常數。

d.依存關係：作業順序一般具先後關係。

(2) 架構（圖7-4）

a.輸入資料（date input）：需要輸入資料包括：物料清單、產品

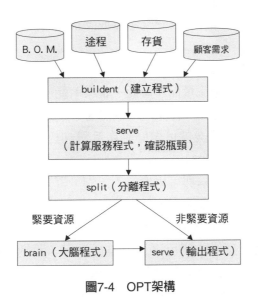

圖7-4　OPT架構

　　工作途程、存貨狀況及顧客需求。這些資料需要隨時保持更新（工程變更、預測改變）。

b.產品與製程關係建立程式（buildnet）：程式係利用輸入資料來建立產品與製程的網路關係，網路是製造系統的數學模式，用以描述產品如何製造，使用何種資源、零件、組件及產品製造的關係。

c.計算服務程式（serve）：程式是將build net的資料加以計算每一資源的平均使用率，並按工作負荷加以排序，瓶頸的資源使用率至少為100%，此計算式由MRP系統修正而來。

d.分離程式（split）：split的程式將網路的關係分為緊要與非緊要兩種資源，可以減少排程的運算時間及提醒緊要資源是最後系統產出的決定因素。

e.大腦程式（brain）：為OPT的核心程式，它產生緊要資源的排程，亦決定了批量的大小、生產順序及緊要資源的緩衝存貨，其追求目標是如何在產能限制下，求最大的產出量。

f.輸出程式：由brain所產生的結果將輸入serve程式，可針對非緊要資源加以排程，此時非緊要資源的安排批量，serve程式會使其較小，因而可提供下一個工作站較佳的組合，但整備次數會

較多，而且會安排安全產能或計畫性閒置時間來應付處理時間的變化。

（3）運作基本原則

　　a.要平衡的是流量而非產能：企業產能平衡不易，因受到生命週期、產品種類、作業現場的影響。而只需掌握物料、瓶頸製程與出貨的節奏就可做好生產流量的控制，完成平衡流量工作（李友錚，2003）。

　　b.資源的使用率與可用率是不同的：資源使用率高，則代表可用率低，反之則使用率低，代表可用率高。追求資源可用率時，須隨時準備應付顧客之需求。

　　c.非受限產能的使用率不能自行決定，而是由系統的限制來決定：由於瓶頸決定了系統的績效，而系統績效又可用來決定其他非瓶頸的製程使用率。因此，非受限產能的使用率應由系統的限制來決定，才不會造成原物料、半成品及成品的積壓。

　　d.受限產能一小時的損失就是整個系統一小時的損失：正常情形下，瓶頸的製程產量就是系統的產量。

　　e.非受限產能一小時的節省只是一種假象：非受限產能的提高，無助於系統實際的產出。

　　f.受限產能決定了整個系統的有效產出與存貨：在瓶頸製程前，長時間的等待處理是合理的，而非瓶頸製程的成品或半成品長時間等待通過瓶頸製程亦是合理。

　　g.移轉批量不等於生產批量：降低存貨最快速的方法，就是降低移轉批量，然後才是降低生產及採購批量。

　　h.生產批量是變動而非固定。

　　i.生產排程應同時考慮產能與加工順序，前置時間是排程的結果，無法事先得知。

　　j.局部最佳的總和不等於整體最佳。

（4）優缺點：OPT的應用在訂單管理生產方法，並不僅限於批量式生產，而在零工式生產排程，也可應用，其優缺點為：

　　a.優點

　　　a）區分及確認緊要資源與非緊要資源。

b）對每一資源均做排程。

c）同時決定訂單（製造工令）發生日期與計畫前置時間。

d）允許轉運批（一個產品在工作站之間轉運數量）與處理批（在特定工作站，特定時間產品項目可處理加工數量）的數量不等的情形發生。

e）允許處理批的變化。

f）能夠進行排程的微調。

g）可以模擬各種情形，用來分析假定的問題。

b.缺點

a）OPT是專利軟體，不似MRP易懂。

b）假設製造程序可以精確的設定輸入電腦。

c）需要改變傳統製造哲學的觀點，允許寬放資源的存在。

d）會有潛在的系統神經質（system nervousness），因OPT計畫不穩定，時常在轉變，而導致系統過敏而錯亂。

e）未考慮相關成本，OPT只注重最初產出量，對存貨及閒置成本均未加考慮。

✕ 應用

1.訂單管制作業

（1）訂單編號：訂單編號是簡化內部溝通的最佳方式，編號方法的適當與否對於管制工作的效率甚有影響。一般而言，訂單之編號方法以能便利採購、製造領料與成本核算為原則，通常採用下列方式：

a.以產品類別分別編號。

b.以產品類別分別編號，但當訂單較大時，需分期生產時 可分割成幾張訂單，可用訂單尾接方式分割編號，例如，A501-1、A501-2、A501-3等。

c.以加工之機器或部門編號。

（2）訂單登記簿的設立：各單位均依需要設立訂單登記簿，作為記錄資料，檢討作業狀況的依據。

2.訂單合併與分析方法

（1）訂單分析：生管取得訂單之後，必須加以分析，其內容包括：有無特殊技術、工作量的大小、有無需要特殊設備與模具、有無需要緊急採購的材料、倉庫內是否有存貨、如何安排送貨順序與路徑、卡車載重量或體積、裝載貨品順序、貨品的包裝及標籤等。不同生產方法有不同的分析項目。

（2）訂單合併與分割：訂單是由業務部門轉來的，通常不會去考慮製造與採購經濟的問題，因此，可由生管來決定。

3.物料供應與管制方法

（1）將各類物料分為共同用料與專用料分別請購與管制。

（2）專用料以同訂單合併採購為原則，必要時可以同一請購單申請。管制工作亦同，但需要時間不同之材料，得分別採購、管制與記錄。

（3）共同用料可以計畫採購，並可藉存量模式作經濟存量之分析。

（4）必要時，專用料可以將同一訂單使用材料放置在同一位置，以利管制與管理。

4.進度安排與管制方法

（1）以主要作業單位為管制對象：以一般管制圖對每一訂單在各主要製造之日期作安排，而不考慮輔助或其前後段的作業進度。

（2）對所有製造單位的作業進度作安排：將整個訂單生產作業過程由頭至尾作重點式或分部門性的進度安排，可用甘特圖為之。

（3）表單安排法：以表單來做整體進度的安排（制式化表單）也是可行的方法。而有關進度執行情形的管制方法，可以用生產平衡圖或生產進度表配合運用。

（4）進度安排的原則

a.只對限制排程。

b.非限制的排程，授權現場主管自行決定，絕對不可影響到限制排程。

c.由後往前排。

d.交期晚的先排。

e.交期相同時，則加工時間長者，利潤較低者先排。

5.生產計畫或目標的訂定

訂單式生產企業，要引進目標管理觀念，首先必須解決產銷計畫編列的問題。本訂單生產法必須以客戶關係，客戶銷售狀況為基礎。而生產計畫的編列可採用系統分析預測所用之方法。由於預測不容易準確，因此，分析時可以採取實際訂單與預計訂單相互代替的原則，分析訂單代替效果，以劃分目標達成狀況的原因與責任。

6.生產管制工作範圍

（1）製造方法與標準作業方法之協助建立。

（2）生產作業準備。

（3）標準工時、工作負荷訂定及進度安排。

（4）填發工作命令。

（5）績效分析。

（6）出貨安排。

流程管理生產方法

✖ 定義

流程管理（flow management）是一種適用範圍廣泛的生產管制方法。對於大部分採取計畫性生產的產業而言，這種管制方法相當適用，通常可以將產品製造過程明顯的劃分成幾個階段的生產方式（圖7-5）。

流程管制方法所管制的生產企業不一定都是採用一貫作業、生產產能與生產產品在建廠之時刻都已固定的方式，這種方法同時也可運用在以接受訂單方式從事生產的類似行業。

一個製程生產數個品種時，某品種開始生產所需的原料，設備更換等準備作業為整備（set-up），某品種整備完成開始生產，直到生產完成更換別品種，此生產期間稱之生產運轉（production run），而各品種在一生產運轉中所製造的生產量稱之一批量（lot）。探討一批量中的數量之問題是為批量大小（lot size）。

⚒ 特徵

1. 通常製造過程所需時間比較長，而且各階段在製品數量、計算數量都不能忽略。
2. 不適合運用在急速更換產品類型。
3. 在整個製造過程中，比較重要的製造過程不只一處。有時作業上每個製程都具一樣重要性（設備投資、人力耗用及投入成本）。
4. 所劃分的各階段，以作業上的間斷作為分割較佳。
5. 僱用人員都為各階段作業具有專業技術能力的專才，調配較為困難。
6. 設備產能較為固定，須採用計畫性存量生產方式。
7. 製造方法的投資多半較為龐大，資金的運用沒有一般訂單生產靈活。
8. 各階段作業以管制產能（製程的流量）為主，因此為求作更完整的管制，則需對影響進度的操作方法或投入的人力、設備作進一步管制。
9. 流程生產方式不適合作小量生產，因此，試產、小量生產常造成成本激升與設備利用率的浪費。
10. 主要材料的供應可以計畫或長期合約方式採購。
11. 管制過程中需設若干管制點，並且數量盤點以及管制點間數量之移轉都很重要。

⚒ 管理重點

1. 製程型式（圖7-5）
   （1）單一階段
   　　　a. 各生產運轉的實際可用生產時間為（A）：

$$A = T - Nt_s \cdots\cdots\cdots (1)$$

　　　T：計畫期間。
　　　N：更換程序次數。
　　　t_s：1次更換程序所需的時間。

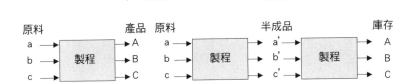

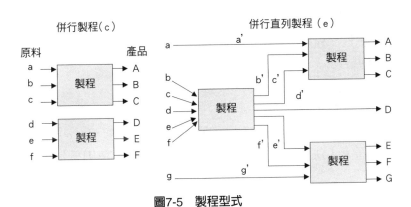

圖7-5 製程型式

而更換程序次數的上限（Nmax）為：

$$N_{max} = \frac{(T - Rt_m)}{t_s} \quad \cdots\cdots\cdots \text{（2）}$$

R：滿足期間中的需求量。

t_m：某品種期間需求量為 R，每一單位的加工時間。

b.一般主要的問題計有：

a）各生產運轉的長度，即如何求出每品種生產運轉的批量大小。

b）各製造週期的長度，就是如何決定每品種的排程。

實際上的批量生產製程是在同一製程生產多種品種，則產生二品種以上的生產不一致的現象（conflict），則上述公式轉變爲：

$$A = T - N \sum_i t_{si} \cdots\cdots (3) \qquad i = 表品種。$$

（2）多階段：製程爲多階段時，製程間必須調整生產排程。在單一階段製程的模式中，從原料庫存到後流的產品，僅一階段的製程，因此，每品種的原料庫存相當充足時，製程屬於可生產狀態，但多階段製程時，可能前製程半成品並無庫存量時，則不能生產，因此，須特別注意。

2.加工程序

幾乎都是流程型，不採取隨機型。

3.品種數均

爲多種產品，不可能爲單一產品。

4.各品種需求速度

每品種的生產速度（p）與需求速度（r），對於批量（q）及製造周期的長度影響甚大，決定品種的批量及製造周期的最大要因是每品種的需求速度。

$$N_{max} = \frac{T\left(1 - \frac{r}{p}\right)}{t_s} \cdots\cdots\cdots\cdots (4)$$

5.更換程序時間

更換程序時間是批量生產的重要要因之一。更換程序時間比加工時間小時，便無問題，但若比加工時間大時，則更換程序次數對於生產能力有重大影響。一般而言，假設每品種等待時間一定時，則更換時間與生產品種的投入順序並無關係，但依生產品種投入順序的不同。換言之，依其品種之前生產品種的不同，更換程序時間可能會有變化。此情況的更換程序時間在生產品種數爲N時是一個 N × N 的矩陣（Matrix）如表7-1。

表7-1 更換程序時間

後續品種 在先品種	A	B	C	D	E
A		t_{SAB}	t_{SAC}	t_{SAD}	t_{SAE}
B	t_{SBA}		t_{SBC}	t_{SBD}	t_{SBE}
C	t_{SCA}	t_{SCB}		t_{SCD}	t_{SCE}
D	t_{SDA}	t_{SDB}	t_{SDC}		t_{SDE}
E	t_{SEA}	t_{SEB}	t_{SEC}	t_{SED}	

說明：1.在一製程生產A、B、C、D、E中的2品種。

2.t_{SAB}是表示品種A的下一生產品種為B時的更換程序時間。而t_{SAB}則表示生產品種B的下一生產品稱為A時的更換程序時間。

6.加工時間

加工時間是製造所規定生產速度的倒數，與需求速度一樣，須考慮各品種的批量及製造週期的要因而決定。

7.機械利用率

機械利用率是時間中的需求速度（r）與生產速度（p）之比，又稱負荷率。

$$\rho = \frac{r}{p}$$

ρ：機械利用率，即生產期間中的需求量所使用機械時間之比率。

✖ 使用工具

1.傳統的經濟生產批量

（1）Raymond法：1931年提出單一製程，單一品種情況的經濟批量公式。

$$C_T = C_s + C_c = \frac{St_s rT}{q} + \frac{C_q(p-r)\ T}{2P} \cdots\cdots (5)$$

$$C' = \frac{St_s r}{q} + \frac{C_q(p-r)}{2P} \cdots\cdots\cdots\cdots (6)$$

$$q^* = \sqrt{\frac{2St_s r}{C\ (1-\dfrac{r}{p})}} \cdots\cdots\cdots\cdots (7)$$

C_s：總更換程序費。　　　　　C_c：期間中的總庫存持有成本。

C_T：期間中總費用。　　　　　C'：每單位時間的總費用。

q^*：每單位時間總費用最小批量。　S：每單位時間更換程序費。

C：品種每單位時間庫存持有成本。

（2）Maxwell法（單一品種）：將機械利用率運用，且更換時間須滿足爲：

$$q \geq \frac{rt_s}{(1-\rho)} \cdots\cdots\cdots\cdots (8)$$

則

$$q^* = \max\left\{ \sqrt{\frac{2St_s r}{C\ (1-\rho)}}, \frac{rt_a}{(1-\rho)} \right\} \cdots\cdots (9)$$

2.循環排程

　　對於計算多品種的生產批量時，必須計算出使每品種在排程上不發生干擾的批量，因此，問題顯得更複雜。各品種的批量爲每個品種的製造週期的函數。故，若各品種製造週期的長度爲固定，則每品種的每個生產運轉的批量爲一定大小，那麼問題就比較簡單。

　　對於每品種製造週期固定，每個品種在一定間隔反覆地生產的排程（scheduing）方式稱爲循環排程（cyclic scheduling）或反覆生產方式。在循環排程中，所有品種的製造週期相同時，能得比較簡單可行排程，稱爲基本循環排程，其方法爲：

（1）Magee法：此法認爲在不同時發生干擾排程時，若考慮每品種製造週期的長度即可，此時製造週期的長度最佳。其條件爲：

a.製造型式為單一階段。

b.生產的品種數為多品種。

c.期間中的每品種的總需求量明確。

d.期間中的各品種需求速度為一定。

e.各品種的加工時間、更換程序時間有正確數據，且在整個期間不變。

f.更換程序時間與投入順序無關。

其公式為：

$$C = \sum_i s_i \cdot t_{si} + \sum_i \frac{c_i q_i (p_i - r_i) \, c_t}{2 p_i} \quad \cdots\cdots\cdots\cdots \text{（10）}$$

$$C_t^* = \sqrt{\frac{2 \sum_i s_i t_{si}}{\sum_i c_i r_i (1 - \dfrac{r_i}{p_i})}} \quad \cdots\cdots\cdots\cdots\cdots\cdots\cdots \text{（11）}$$

$$q_i^* = r_i \sqrt{\frac{2 \sum_i s_i t_{si}}{\sum_i c_i r_i (1 - \dfrac{r_i}{p_i})}} \quad \cdots\cdots\cdots\cdots\cdots\cdots \text{（12）}$$

r_i：品種i的需求速度。　　p_i：品種i的生產速度。

t_{si}：品種i的更換程序時間。　S_i：品種i的每單位時間更換程序費用。

C_i：品種i每單位庫存的單位時間持有成本。

q_i：品種i的批量。　　　C_t：製造週期。

C：每一循環週期費用。　　C_t^*：最佳的製造週期。

q_i^*：最佳的製造批量。

（2）Maxwell法：在多品種時與單品種同樣考慮更換程序時間的限制。

則：

$$C_t^* = \max \left\{ \sqrt{\frac{2 \sum_i s_i t_{si}}{\sum_i c_i r_i (1 - \dfrac{r_i}{p_i})}} , \frac{\sum_i t_{si}}{(1 - \sum_i \dfrac{r_i}{p_i})} \right\} \quad \cdots\cdots \text{（13）}$$

⚒ 流程生管方法

1.生產計畫

在流程型生產方式中，由於設備之產能固定，並且產品之更換較不頻繁，因此可以作長期生產計畫（圖7-6）。一般的企業皆以每年做一次年度生產計畫外，每個月還可以做一次月份的生產計畫，以便即時修正年度計畫與實際需要的偏差。

2.物料採購計畫

此種生產方法，所需的物料爲：

（1）較大宗或固定需要的用料，爲計畫性採購。

（2）沒有固定需要的用料爲視需求再行隨時採購。

計畫性物料，可採用經濟存量模式分析求取比較合理的採購量與採購時間。

3.物料的供應或領發

有固定需要的材料一般領發料可採定時定量作業。而非固定性的材料，可採用需要時，開立領料單領取作業。

4.製造方法的研究

（1）產能運用：分析所擬定之製造方法，求得產能運用效率，生產瓶頸及剩餘產能在何處等項。

（2）生產線平衡：分析所安排的生產方式，是否可因爲做生產線平衡工作而使效率提高或改進。

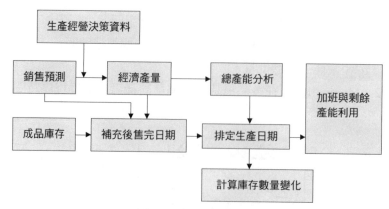

圖7-6　流程型生產流程

（3）各工作站的工作改善或工作分析：對各工作站的產能檢討，有助解決生產瓶頸。

5.作業標準的制定

可採用較接近合理標準，不似訂單式生產要增加產量多少與學習曲線的考慮因素。

6.成品存量

產品市場需求量與生產供應量之間會因季節性而有差異，應將淡季的產品保留至旺季運用，須考慮下列因素：

（1）每件產品單位利潤（毛利計算）。

（2）積壓資金的利息。

（3）產品的產能。

（4）市場的需求量。

（5）倉庫的儲存量。

7.進度安排

生產計畫可以表格或圖形作成月份生產計畫表。主要單位的生產進度表及部分單位的操作進度資料。

8.進度管制

管制方法除以上述操作資料管制外，還可以運用生產平衡圖，生產狀況登記表協助處理。

9.試產試製作業

本流程較不易適應少量製造，但研究發展新產品必須由小量製造開始，因此，具備小量試產試製是必要的。因此，可以考慮下列方式：

（1）利用剩餘設備能力開發。

（2）附隨類似產品製造。

（3）以正常生產方法生產，但不考慮效率及設備利用率。

（4）購置小規模生產專用設備來做小量或試產之用。

（5）由研究發展單位利用設備空間從事小量產製。

10. 績效分析

流程型生產由於作業狀況多半較為穩定，而且可以隨時分析各單位的生產量，所以績效分析較容易且公正。但以公司立場而言，因其投入大量資金，為求發揮生產能力，可進一步分析，使其更精細，則更具有參考價值。

設備負荷管理生產方法

✕ 定義

負荷是指對某一特定工作站所指派之總工作，負荷一般是以工作小時表示之。設備負荷工作站管理（load management）方法，常被看作一種管制局部生產作業的工具。因爲，通常這種管制方法用於安排或管制一台機器或一組機器的作業狀況或負荷。

雖然說這種生產方式可以被歸納在流程型、訂單管制型、流程訂單混合型的生管類型當中，但在管制方法上及生產進度的安排技巧上，還是具有其個別的特性與作用，而且適用範圍亦不相同。

✕ 適用時機

負荷管制類型適合運用於安排或管制單一或某項設備的生產狀況或負荷，適用於（許總欣，1982）：

1. 管制單項或一組相近功能的設備：通常這種設備多半是高價，並且產能受限。
2. 作爲整個生產系統的生產管制：這種生產作業系統的產能多半受到某一台或一組設備的嚴格限制，因此這一部分設備生產狀況的管制差不多就等於管制整體作業的狀況。

✕ 特徵

1. 生管作業是以管制一台或一組機器作業爲主。因此，通常這類型的管制方法必須要求相當精確，並且與實際作業需要緊密的配合。
2. 生產進度需要經常的修正。由於這種管制方式要求與實際作業保持理想的配合，因此，倘若生產實際作業與預定進度發生偏差，必須迅速加以調整。

3.可採用批量（lot）為進度安排或管制數量的計算單位，以簡化作業。

4.若管制之設備超過一台時，通常每台設備需要有個別及設備總表的進度管制。

5.對於不同性質的訂單可以給予不同的進度安排優先順序。

使用工具及次序

負荷（工作站）製程通常較偏向使用推（push）系統來做存貨及生產規劃與控制，其次序（**圖7-7**）及使用工具如下：

負荷安排

1.安排方法

將各項工作分配至各工作站，它決定了各工作應負責的工作，但未排定各工作站內的工作次序（sequence），因此，只能使決策者概略瞭解訂單完成時間產能利用的情形。

負荷安排（loading）方法可分為（賴士葆，1995）：

（1）假設不同

a.假設產能無限的負荷安排。

b.假設產能有限的負荷安排。

（2）推演方向不同

a.由後往前法（backward）：由每一工作的完成日往前安排。

b.由前往後法（forward）：由目前開始安排。

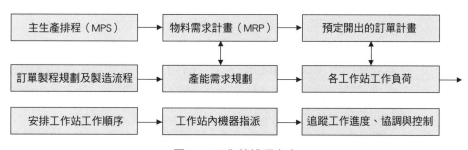

圖7-7 工作站排程次序

2.負荷計算（劉水深，1984）

（1）根據累計的製造命令決定所需生產之產品數量。

（2）再根據製成品存貨之超量或缺量加以調整產品數。

（3）利用產品圖或物料之清單（B. O. M.）決定各產品所需的零件數目。

（4）將每一產品的零件數乘以所需生產裝配的產品數。

（5）將上述所得數字乘上不良率，以調整前項數字。

（6）再根據零件存量調整所需零件數。

（7）根據時間標準紀錄表決定每一零件所需操作的標準時間（或以機械加工方法計算出工時）。將此標準時間乘以上個步驟所得之零件數，即得各操作所需工作時間。

（8）將每一機器或工作站工作時間加以累計。

（9）將上述累計時數除以效率係數（efficiency factor），即得各工作站的工作負荷。

3.輔助工具

（1）甘特圖（Gantt chart）：甘特圖是建構與釐清在某時間架構中，資源實際或打算使用情形。

　　a.功能：為編製生產進度的工具之一。基本上以時間尺度為橫軸，而將人員與機器置於縱軸（**圖7-8**），使用於：

　　　a）負荷安排。

　　　b）人員管制：紀錄圖。

　　　c）時序安排：控制進度。

　　b.優點：簡單，易於瞭解與溝通，實務上最常用方法之一。

　　c.缺點：在許多可交互使用之機器供指派的情形是不適合使用的。

（2）負荷圖：利用圖表輔助管理者來安排工作站的負荷，指出一群機器或部門安排負荷與閒置時間（**圖7-9**）。亦可顯示出特定工作被安排何時開始與結束及預期何時會有閒置時間。一般安排工作中心的負荷，其方法為：

　　a.無限負荷法：在不考慮工作中心產能的情況下，通常依照某種優先順序準則。將工作指派到工作中心。用此法時，管理者可

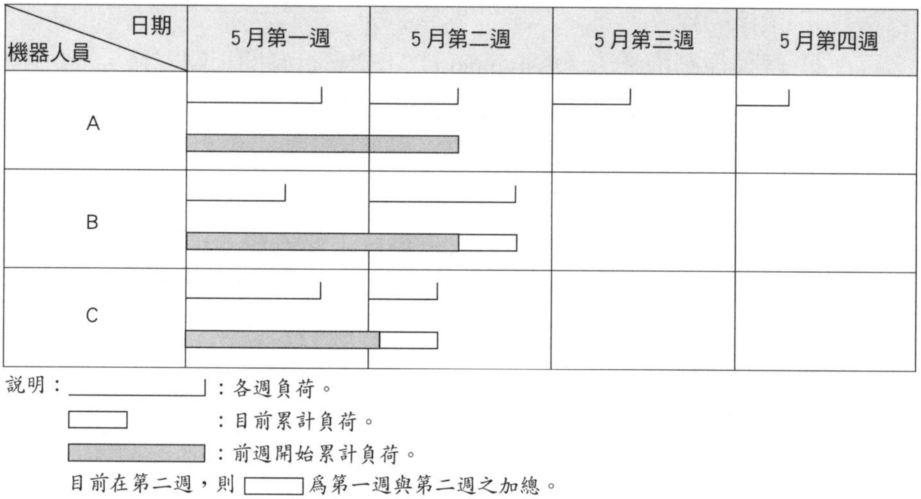

日期\機器人員	5月第一週	5月第二週	5月第三週	5月第四週
A				
B				
C				

說明：⎡＿＿＿＿＿＿⎤：各週負荷。

⎡＿＿＿＿＿＿⎤：目前累計負荷。

▨▨▨▨▨：前週開始累計負荷。

目前在第二週，則 ⎡＿＿＿＿⎤ 爲第一週與第二週之加總。

圖7-8　甘特圖

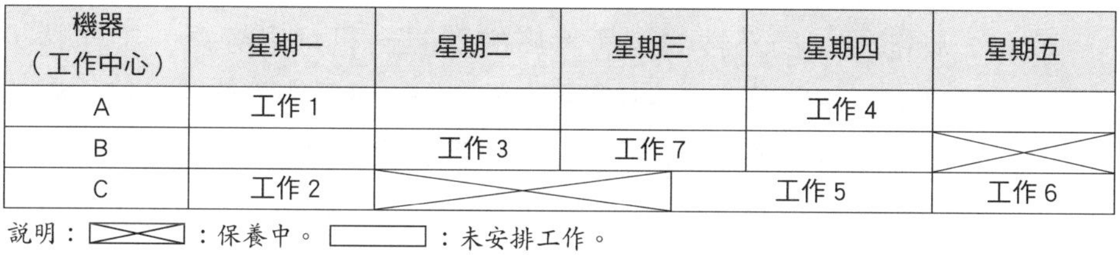

機器（工作中心）	星期一	星期二	星期三	星期四	星期五
A	工作1			工作4	
B		工作3	工作7		✕
C	工作2	✕	✕	工作5	工作6

說明：▨✕▨：保養中。　⎡＿＿＿⎤：未安排工作。

圖7-9　負荷圖

　　能需要注意超負荷過的工作中心，而可能的對策是將工作轉移到其他時期、其他中心、加班工作、部分工作外包。

　　b.有限負荷法：在指派工作時，會考慮各工作中心產能與工作的加工時間，而優先順序最高者先安排工作負荷，然後是優先順序次高工作，以此類推。此法可能會反映出一個固定的產能上限。

（3）指數法（index method）：當有若干工作站皆可執行同一工作時，可以利用此法以決定哪一個站才是最適當，亦即將各工作在不同機器上（工作站）所需的時間轉換成指標，依指標大小來指派工作至工作站，從而決定工作負荷，類似指派法，但不能保證

最佳的解。

（4）線性規劃指派法（assignment）：請自行參閱相關書籍。

（5）線性規劃運輸法：請自行參閱相關書籍。

✦順序安排

當負荷問題解決之後，接著必須決定各工作的生產順序。順序安排（sequencing）隨著工作數量、須經加工之機器數目、設備布置型態、工作到達的方式及評估標準而有很大的差距。一般採用的方法為：

1.優先順序法則（priority rule）（Sterenson, 2002）

優先順序法則是用來選擇欲處理工作次序的一種簡單啟發式方法，其中一些普通的法則（表7-2）是依照整備成本與時間，這些和處理順序無關的假設。在運用這些法則時，工作處理時間與到期日是兩個重要的資訊，而工作時間包括：整備與處理時間。

本法則可分類為：

（1）局部性：局部性法則所考慮的資訊，只適用於單一工作站，FCFS、SPT與EDD屬於局部性，而Rush局部與整體皆可。對於瓶頸作業特別有用，其並不限用於那些情況。

（2）整體性：整體性法則所考慮的資訊，則適合於多工作站，而CR與S/O是屬於整體性。整體性排序的主要複雜之處，是並非所有的工作都需要相同的處理步驟或次序。結果，針對不同的工作站，則工作就不同。

當使用此法則有許多假設（表7-3），其實本法則適用於靜態的排序。為

表7-2　可能的優先順序法則

項目	內容
FCFS（先到先服務）	工作依其到達機器或工作中心的次序來排序。
SPT（最短處理時間）	依照在機器或工作中心處理時間最短者先加工。
EDD（最早到期日）	依照到期日、最早到期者處理。
CR（關鍵性比率）	依照距離到期日剩餘時間對剩餘處理時間比率最小者處理。
S/O（每個作業的寬裕時間）	依照平均寬裕時間（距離到期日時間減去剩餘處理時間），來處理工作。其計算為寬裕時間除以剩餘作業數（包括目前正在做的）。
Rush	緊急事件或喜歡的客戶優先。

表7-3 優先順序法則的假設

1.已知一組工作，開始處理後就沒有新工作到達及沒有取消工作。
2.整備時間與處理順序無關。
3.整備時間是確定性的。
4.處理時間是確定而非變動的，在處理過程沒有發生機器故障、意外或人員生病等中斷。

了簡化起見，整備與處理時間或工作項目都假設不會變動，此乃為了便利管理排序問題。但事實上，工作可能會延誤、取消，且可能有新的工作到達，則需要修正排程。

一般而言，FCFS與CR法則是效率最差的法則。FCFS法則主要受限冗長的工作會延誤其他工作，因此，工作過程中有許多在機器上的工作，則下游工作站的機器閒置時間會增加。而CR法則易於使用，且有直覺的訴求，其所有衡量都會顯示最差，但其通常在使工作延後時間最小化方面非常好。

SPT法則總是能產生最低（即最佳）平均完成（流程）時間，故能使在製品存貨較少。也由於其通常提供最低的平均延後時間，故能產生較佳的顧客服務水準。最後，既然總是使工作中心內的平均工作數較少，故會使工作區域較不擁擠。SPT也使得下游的閒置時間最小化。SPT主要的缺點為會導致冗長的工作等待，可能要等待相當長的時間（特別是新的、較短的工作持續加入系統時），現在有各種修正措施可避免之。

EDD法則直接表示到期日，且通常使遲延最小化。雖有其直覺的訴求，但其主要的限制，是未將處理時間納入考慮，一種可能的結果，是其會導致某些工作等待很久，這使得在製品存貨與工廠擁擠度增加。

S/O 法則在任何既定作業之後所指定的工作順序，都可能會改變，故重要的是在每個作業之後重新評估順序。但須注意任何先前所提過的優先順序法則都可依此逐站的基礎來使用；唯一的差別是S/O法納入了下游依序到達工作的資訊。

2.單機設備排程

單機排程是最簡單的排程問題，亦較好解決。但是因為評估準則不同，所用分配次序之規則不同，所得的結果也不同。一般單機皆假設狀況為：

（1）開始時間為0且有n件無關工作也待處理。

（2）處理時間包括準備時間但不考慮更換成本，因此處理時間固定。

（3）通常到期日也已知。

（4）工作經排定未處理前不能中途停止轉而處理其他工作。

3.Johnson's法則

本法則是一種管理者可用來使一群欲在兩部機器或兩個連續工作中心處理工作總完工時間最小化的方法，其也使得工作中心內的總閒置時間最小化。若以此法運作，其條件為：

（1）在各工作中心的各個工作，其工作時間（包括整備與處理）必須是已知且固定不變。

（2）工作時間必須與工作順序無關。

（3）所有工作都必須依照相同的兩步驟工作順序。

（4）不能使用工作優先順序法則。

（5）在移往第二個工作中心之前，該工作在第一個工作中心的所有單位數，必須都已完工。

決定最佳順序的步驟如下：

（1）列出各工作中心內的工作及其時間。

（2）選擇有最短時間的工作。若最短時間在第一個工作中心，則將該工作為第一個排程；若是在第二個工作中心，則將該工作排在最後。若同時有最短時間相同者，則任意安排。

（3）從下一步考慮中，排除該工作及其時間。

（4）重複步驟（2）、（3），朝著順序的工作中心續繼進行，直到所有的工作排程完畢。

（5）當第二個工作中心發生明顯的閒置時間時，在閒置時間剛發生之前，分解第一個工作中心的工作，可減輕其閒置，亦也縮短整體的時間。

⚒ 設備負荷生管方法（許總欣，1982）

1.單一設備進度安排方法

單一設備進度安排與管制方法可用甘特圖的一般型，運用時間單位是一小時，並且每日以24小時計算。亦可以分鐘為進度安排的時間單位，以求進度與管制的精確。使用此法，必要時可以將批號（lot number）標上，作更

良好的控制。單一設備進度安排方法的工作重點爲：

（1）作業管制較精密。

（2）常採用批次作進度安排單位。

（3）進度需隨時與實際保持一致。

2.多台設備進度安排方法

多台設備進度安排的原則爲：

（1）製產品在各項設備間之移轉，以批次爲單位，以配合製造需要，並且減少搬運工作。

（2）這種進度安排除了需對各產品在各設備上的起迄、製造日期作成計畫外，並且同時需要考慮各設備的利用狀況以及整個作業的完成期間。

（3）一般這種安排步驟爲：

a.由第一機器開始依順序由前往後安排進度。

b.前2項作業每一批次的作業時間，如果比後項作業同批次作業時間爲短者，後項作業安排由第一批次排起。反之，則後項作業進度安排宜由最後一批向前安排起。如此可以使每一機器製造中途不發生停頓。

c.要求分次交貨或希望縮短生產時間時，則前步驟後半段的原則可以更改爲第一批次往後安排生產，但勢必造成部分時間的閒置。

（4）多項生產任務同時安排時，宜對各設備之利用與負荷狀況作全盤分析，再進行安排。

（5）對於批次大小的選擇，通常考慮的是容器或搬運工具的容量與每一產品總製造時間之長短或在製品數量之多少。一般而言，批次愈大，搬運工作愈少，但是在製品的堆積愈多，並且總製造時間也愈長。

3.其他相關事項

（1）與整體生產管理制度配合：作爲管制局部生產單位的負荷管制作業，必須與整體生產作業密切配合，其方法爲：

a.將整體生產作業過程分解爲若干階段，屬於負荷管制易於發揮部分，則採用負荷生管作法。

b.採用重疊方式管制，局部生產作業採用負荷管制，整體生產管制採用重點式作業，兩者重疊部分可相互配合修正。

（2）採用電腦安排進度，可得快速的修正進度，並且定期的通知製造與生管單位修正執行。

（3）局部作業不可授權給現場主管，若現場主管可更改，則影響生產作業的統一。

（4）產能計算：運用負荷管制的生產設備或單位，其產能多半代表企業的產能。所以在接受訂單時，先行估算（估算工作量須再加工生產前的準備調整時間），則有利於進度的安排。一般設備使用率達到90%以上就應該算理想。

批次管理生產方法

定義

所謂批次管理（batch production management）是指生產作業以設備固定的容器，作配方性的生產，這種固定的容器，不論是以桶、罐、鍋、爐或其他生產器具皆稱之。這種生產作業對製造過程採取相當謹慎的作法，以求避免錯誤，所以在管制上不可以訂單方式處理。

批次生產單位常常也是局部生產部門，因此有關作業的搭配與負荷性管制方式所需求類似。另一方面其生產進度類似批量生產，所以生產單位的設備亦是生產的瓶頸。

適用時機

批次的生產管制類型可適用於橡膠、染整、化工、製藥、陶瓷、食品等行業的需要，以配方方式進行生產的作業過程。

✖ 特徵

1. 要求製造過程完全依照配方的需要，包括：各材料之配料成分、加料順序、製造過程、製造時間、產出數量等，假若製造過程有所遺漏、缺失或不一致，材料就不能符合規定。

2. 配方與生產過程是企業的生產機密，因此，對資料與製造技術的管制，是生管工作的重點。

3. 由於同一配方的製造只有少許生產條件不同，則造成產品在功能、色澤或其他物理性質上不同。因此，須將每一批次給予不同的編號，並做記錄，分開儲存，在事後查考及使用較為方便。

4. 批次生產在生產進度安排一般可以對每一機器作每一批製造的安排。基本上，這種安排比較簡單的（配方、製造時間、製造條件皆相同），一般可採用甘特圖及表單型式的管制方法。

5. 為提高產能，可從下列方向著手：

　（1）進度的安排：配方型產品的生產，產品更換頻率不宜過多，以免浪費設備清洗時間。能以最少的清洗時間來考慮，則可提高產量。

　（2）製造時間縮短

　　　a. 節省裝料、卸料時間，即非生產時間的縮短，在批次更換時，能以最快捷的方式裝料及卸料，則設備使用率可以增加。

　　　b. 考慮加料順序或對於部分材料先作製造前處理或對部分材料先行粉碎、研磨、預熱，皆是降低製造成本，提高產能的方法。

　（3）採取預防保養制度，減少設備故障。

✖ 應用

1. 管制原則

　（1）生產管理單位負責進度之安排，每次通知兩週的生產進度安排，在定案前技術單位需負責查核能否提供有關生產資料。（圖7-10）

（a）已生產過產品：

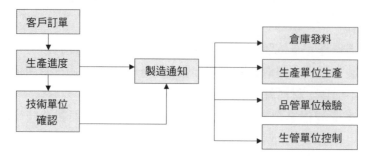

（b）新產品生產：

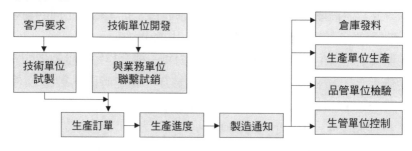

圖7-10　生產流程管制系統

（2）每批次製造時，技術部門負責提供生產時間、配方、數量及方法等資料。

（3）對已生產過的產品授權廠內各相關部門自行負責。

（4）每一批次生產須給予一個產品編號及製造批次（batch number）以作追蹤管制品質的依據。

2.生產批次的批號編列

　　為便於日後追蹤品質問題，每一批次的生產，需要給予一個生產批號，這個批號在工作命令（製造通知單）發出時即予以編好，其後編號在各單位報表、紀錄、在製品存放、成品包裝及出貨單皆需使用。一般編法為：30901-01，以3表示民國93年（2004）生產，09表示9月份，而01是機器別。而後接兩位號碼，以流水號碼為順序編號。

3.生產進度與製造通知單

　　製造通知單實際上可以用進度表格式來設計，而採用的方法與訂單型沒有太大的差別，所安排的也是客戶所訂的產品名稱、數量，所不同的只是多

了一項多少批次的說明。

4.生產紀錄與報表

（1）訂單紀錄資料：主要用於事後追蹤的檔案，內容應包括：配方號碼、生產批號及生產起訖時間等紀錄。

（2）生產紀錄表：配合生產作業進行所做的有關生產量、生產品質、生產異常問題等紀錄。這種表單可由現場單位記錄（生產單位日報表）。

（3）生產單位生產資料的移轉：對於首次生產產品，技術單位有責任將生產有關資料移轉給製造單位。資料傳遞以書面為準，但資料可由技術與製造單位人員共同試做、編製（表7-4）。

（4）在製品標籤：產品有部分不易由外觀辨別，因此，在製品可以用標籤來區別，但須註明產品名稱、批號、製造日期等相關資訊。

表7-4　生產資料表

產品項目				每次生產量		製造週期時間		實際製造時間	時分	
	材料	數量	加料順序	製造說明	1.加料順序	製程檢驗項目	項目	頻率	使用儀器	現場	品管
配方							外觀				
							色澤				
							成分				

批量管理生產方法

✖ 定義

　　批量管理（lot production management）生產方式是一種比較特殊的生產類型，這種生產的特色就是採用選擇性組合或裝配方法，這一點與一般生產採用互換性（interchangeable）的組合或裝配有很大差別。

✖ 適用範圍（許總欣，1982）

　　批量生產類型適用於裝配業或簡單加工業，為非互換性的組合或裝配的生產，可分類為：

1. 色澤性選擇組合：產品色澤變化與組成配件較多的組合或裝配，例如，成衣製造及若干色澤變化多的消費性產品的裝配，在同一產品內對所裝配的配件色澤有固定的要求。
2. 尺碼性選擇組合：有關成衣、製鞋、帽飾等生產企業，這種生產在一產品內所用的配料，要求採用同一尺碼。
3. 編號性選擇組合：在企業某項產品內要求所用的各項配件或包裝標示有相同編號的生產問題，例如，橡皮艇的製造。
4. 套件式選擇組合：產品的組合或包裝採用若干種配件以固定色澤、花樣、數量、規格組合者。例如，產品之組合性包裝（assorted packing）。以及同一生產線同時裝配若干種產品的生產都是採用本法。
5. 其他選擇性裝配或組合：諸如採用選擇性方法的機器零件裝配作業等。

✖ 生產方法

1. 分組、分批法
部分組合性生產（成衣、製鞋）企業採用分組、分批生產方法，可以獲

得生產上相當多的益處。本法是將生產產品以固定數量為一組（block）或一批量（lot），每組或每批給予一個編號，每一組或一批內所包含的產品項目內容完全相同。在製造過程中，同一組或一批的產品同時移轉，因此，通常每組或每批可以用一輛台車或容器裝載。採用此法，亦有企業不以固定數量而改以固定時間來分組、分批，即規定一組產品完成後（即時間結束），所生產之同一產品必須一次移交下一單位，而不考慮質數量的多寡，但已先行訓練使每一單位生產能力都達約略相等的情況。

2.合併移動法

合併移動法是將各產品所需要的配件事先加以挑選，同一產品所用配件在製造過程中合併移轉。加工裝配時，工作者將各產品所用的配件挑出裝配後，其餘配件仍合併移交下一工作者。此法可適用於較少量生產的成衣、製鞋、帽飾等工廠，而色澤、尺寸或部分配件的不同不會影響到生產作業的錯亂與困擾。

3.雙階段生產法

對於產品製造過程需調整機器設備的組合生產問題，要運用前兩者方法較不易。雙階段生產法（two staged production）可對此問題協助解決。所謂雙階段的生產，原先廣泛運用於多樣少量的生產系統中，第一階段是零件裝配，可採用傳統性大量經濟生產方法，第二階段則改採批量生產。配合這雙階的生產方法，零件、配件在規劃設計之時即考慮其共同點，運用群組技術來對設備、生產過程檢討，可達到多樣而不失經濟的目的。

4.不同生產過程或單位

當生產訂單龐大時，批量生產也可採用不同組合透過其他不同的生產過程方法完成。

5.配件分組法

批量生產採用配件分組法也是簡化生產的一種方式，是將各種配件事先分組，不同色澤、規格、尺寸分開，裝配時再視需要選擇需要的配件。在成衣製造中，依色澤分開，半製品移至工作者時，工作者再行選擇適合色澤縫製於衣服上。

⚒ 運用

1.分組、分批

（1）分組、分批數量的訂定，需要考慮搬運的次數、生產時間，在製品數量以及每次搬運重量問題。

（2）分組、分批編號可由每張訂單劃分成為若干組或批，每一組、批又都可以歸屬於某一訂單，因此，分組、分批的編號可以每一訂單由1開始依順序編起。一般而言，不同的訂單產品很少有混淆可能。

（3）工作移轉單（move tag）設計須在製程中選擇幾個工作站為管制點，而管制點須各自登錄移轉站、移轉數量、不良退品數、簽收紀錄，必要時亦可列出各管制點的單價及其工資，使得每一管制點使用資源的情況清楚交待，有益生產管制（圖7-11）。

（4）工作指令（製造通知單）須詳列出訂單編號、產品別、名稱、單件單價、每批數量、標準作業時間、作業方法說明（工作順序、工作說明、工作標準）、所需設備工具等項，指示作業員工工作的依據。

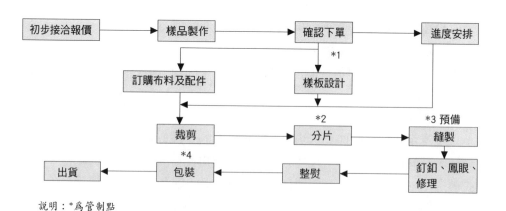

說明：*為管制點

圖7-11　成衣工廠製造流程圖

2.進度安排

對批量管理方法生產的進度安排並沒有與其他生產管制方法有所不同，一般可視爲訂單型生產方式。

3.生產資訊

批量管理對生產資訊管制與其他訂單類似，但由於批量管制點較多且詳細（工作日報表）。因此，比其他類型有進一步的資訊可供參考。

專案管理生產方法

✖定義

專案（project）是一種完成既定目標的組織性工作。以技術面來說，專案被定義爲一系列的相關工作或作業，且通常針對某特定產品要求於特定時間內完成。專案管理（project management）是以專案的方式，對於某一特定事項或產品進行規劃、組織與管制，其種類爲（潘俊明，2003）：

1.負責單位

（1）單一專案：可由一個人或數個人在短時間內完成的專案。

（2）部門專案：由一個部門負責完成的專案。

（3）特別專案：在特殊狀況下，某一專案由數個部門同時負責。但由於某些特殊要求，其中某一部門屬於領導地位，而其他部門則接受領導。

（4）整合型專案：通常牽涉許多部門及資源，也花費較長時間。

2.工作性質

（1）公共工程、建築以及開設工廠、遷廠（圖7-12）、採礦等工業專案。

（2）製造專案：以生產、製造某一特殊、新穎產品爲目的而組成。（製造太空船、飛機等）

（3）管理專案：在引進新管理系統，處理跨領域的新問題時，一般公司成立專案小組來執行管理與執行工作。（公司電腦化、合理化）

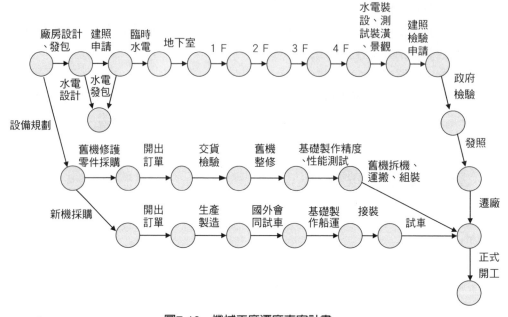

圖7-12　機械工廠遷廠專案計畫

（4）研究專案：占專案最大的比例，是研究人員或團隊針對某一議題或成為一產品概念，進行蒐集、整理、研究發展，並試圖整理、發展出一個符合需求的研究成果。

✖ 特徵

最適合應用於管理技術的計畫或專案，會產出一些特徵（Hoffmamm, 2000）：

1. 專案本身有明確的開始與結尾。
2. 由於時間或空間分割，大部分的專案活動皆屬單時（次）單位的活動。
3. 整個專案可細分成具有明確開端與結尾的獨立性活動。亦即專案過程本質上不需要某一活動完成後，緊接著另一活動。
4. 完成一項專案所需進行的活動具有明確的順序性關係。
5. 完成每一活動所需時間的估計為已知。

❌ 適用時機

1.生產過程

（1）產品種類極多，各產品所使用的生產科技極不相同。

（2）產品改變速度快，企業必須追蹤產品的變化。

（3）工作侷限於一段期間內，完工後該組織便解散。

2.系統化觀點

（1）工作的複雜程度？

（2）能否掌握環境動態？

（3）面臨的限制有多少？

（4）能否整合相關活動？

（5）能否串連現有組織、部門，以打破限制，完成工作？

❌ 常見的問題

1.組織

專案生產過程通常由各地召集各類專家共同工作。這些人在專案完工後便解散歸建，則生產技術資料及經驗無法整理、流傳下來。爲了彌補此缺點，便採用矩陣組織，可協助在原有組織架構下，向各單位徵集必要的人力，以便合作進行專案生產活動，不失一個好方法，但須注意造成雙向管理的問題。在使用專案組織時，由於專案組織分散了正式組織的資源、職權與人力，對正式組織有其影響。

2.人事管理

專案使用大量借調人員，這些人負責專案中某些工作，對其職權與工作沒有長期興趣，其忠誠度不足。另一方面，專案內工作人員都瞭解，專案完成後，人員及設備要歸建，則在結案前，專案人員已準備下一份工作，因而造成人手不足無法準時完工的困擾。

3. 專案風險

使用專案組織難免有風險，一般而言，會產生兩種風險：

（1）產品風險：由於產品規格不符、科技改變使產品失效、法規改

變使產品無法使用、產品需求下降及營運成本過高等現象，而此風險由業主負擔。

（2）施工風險：一般由專案組織或施工單位，都牽涉到作業中的原物料、科技、人才等，其結果表現於時間、成本及品質三方面，因而造成施工困擾的風險，所以必須先行衡量，方可研礙因應之道。

✖ 使用工具

1.計畫評核術（Program Evaluation and Reviews Technique, PERT）

PERT的技術為有效控制日程及資源之分派，是利用科學的方法來分析計畫的價值，進而獲取執行與考核的效果。

2.要徑法（Critical Path Method, CPM）

CPM的技術為尋求計畫的要徑，係由網狀圖中的第一項作業開始至最後一項作業的完成，其中需要時間最長的途徑。而要徑上的作業沒有寬裕的時間，須控制並縮短計畫完成時間。

3.應用

PERT與CPM的發展，其基本原理相同，但在早期發展時，觀念上有些差異（表7-5）。而近年來已有相互結合的趨勢，人們應用兩者合用來管制時間和成本外，更具有下列優點，而為企業所採用。

（1）利用網路圖，把專案中所有的活動整合成一個系統，可把握工程或專案的全貌，來做系統性的規劃、執行與管制這些活動。

（2）在網路圖中可找出關鍵作業及路線，並可進行重點管制，而將有限的資源、工作人員或特別器材、設備等，優先指派給要徑路線的作業或予以調整配合，可避免非要徑路線不必要趕工。

（3）網路圖條理清晰，關係明確，既可注意局部，也能顧及全局。

（4）使用網路圖可以適時計畫、及時管制大幅提高管理品質。

（5）可使用電腦管理並改善專案中的時間、資源及流程等因素。

4.網路圖（network diagram）

PERT是將一項工作或計畫從開始到完成，就是各個步驟或作業分別分列，再按各步驟間之相互關係，繪出程序圖。由於作業間往往是一個作業牽

表7-5 PERT與CPM比較

項目	計畫評核術（PERT）	要徑法（CPM）
創設者	美國海軍（1958年）	杜邦公司（1957年）
假設	各活動時間是變動	各活動作業時間是固定的
適用情形	機率性作業	確定性作業
工期和完工時間	期望值	確定值
估時法	三時估計法	單時估計法
趕工	趕工成本及時間不易	趕工成本及時間較易
工作重點	估算時間控制	估算時間及成本控制
偏重項目	事件	活動
工作性質	適用於非重複性、中、小規模工程，且簡單工程專案	適用於重複性、大規模工程專案
優點	可以彌補甘特圖的缺點，可看出作業時間相互關係	以網路圖明確求出要徑而掌握工程的進度
缺點	每一階段完成時間有誤差並影響工程進度之掌握	每一階段完成時間有誤差，並影響工程進度之掌握

連數個作業，或是先進行數個作業後再處理下一個作業。所以這樣的程序圖常成為網狀，因而稱之，它顯示達成目標所需步驟的計畫圖示（劉水深，1984）。

（1）常用符號：在使用PERT或CPM時，常把專案中的各個活動按其工作順序繪製於網路圖中（表7-6）。一個網路圖中至少有箭線（Arrow）、結點（Node）及虛線等三種符號。

（2）網路圖繪製規則及方法

表7-6 網路中各種符號

符號	名稱	意義
箭線 ⟶	作業	1.表示需要時間之作業。 2.表示由線頭開始到箭頭為主。
虛線 ----▶	虛擬作業	1.工作時間為零的虛擬作業。 2.只代表兩個結點間之關係。
結點 ◯	終點	1.作業開始或結束的時點。 2.結點本身不耗用時間。
ⓘ ─a→ ⓙ	作業	1.由i至j的作業。 2.a為該作業的名稱。

a.規則

　　a）在每一個作業網路圖中，只能有唯一的箭頭來表示。

　　b）不可有兩作業頭、尾事件完全相同。

　　c）不可有迴路（loop）的出現。

b.方法：網路圖由左至右把作業依序繪製在圖中，先做的作業先編號，而其編號應小於後行作業之編號。

　　a）作業a、b完成後，才可以做c。

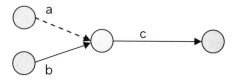

　　b）作業a、b應同時開始，在a、b完成後才做c。

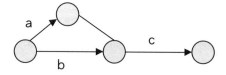

　　c）作業a、b完成後做c，b完成後做d。

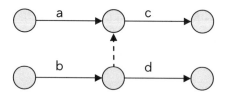

　　d）作業a、b應同時開始，a、b完成後才做c，b完成後做d。

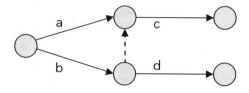

　　e）範例

　　　　最常見的網路圖有一種以箭頭來表示作業，另一種以結點來代表作業。但企業通常較常用箭線式（**圖7-13**）。

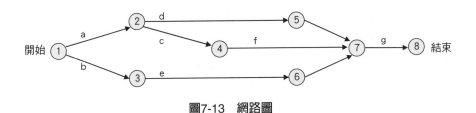

圖7-13 網路圖

（3）作業時間估計：PERT時間一般採用三時估計法，即最樂觀時間a
（optimistic）、最可能時間m（most likeiy time）、最悲觀時間b
（pessimistic time）、作業時間的變異數v。其期望時間為：

$$t_e = \frac{a + 4m + b}{6}$$

$$v = (\frac{b-a}{6})^2$$

（4）終點時間

a.最早開始時間與最早結束時間：最早開始時間（Earliest Starting
Time, ES）為某一作業可能開始的最早時間。而最早結束時間
（Earliest Finish Time, EF）則是該作業可能完成的最早時間。其
兩者之關係為：

$$Es_j = Es_i + t_{ij}$$

$$EF_j = Es_{ij} + t_{ij}$$

其中Es_j是由j點流出作業之最早開始時間，Es_{ij}是結點i與j間作業
之最早開始時間，EF_{ij}是結點i及j間作業之最早完成時間，t_{ij}則
是結點i及j間作業的工作時間。

b.最遲開始時間與最遲完工時間：最遲開始時間（Latest Starting
Time, LS）是某作業在不影響後續作業的狀況下，所可能開始
最晚時間。而最遲完工時間（Latest Finish Time, LF）是在不影
響專案進度下，而可能完成最晚時間。其兩者之關係為：

$$LF_{ij} = LS_i$$

$$LS_i = LS_i - t_{ij}$$

$$LS_{ij} = LF_{ij} - t_{ij}$$

其中 $LS_i = L_{ij}$是i點與j點間作業最遲開始的時間，LF_{ij}則是其最

遲完工時間，而t_{ij}則是該作業之作業時間。

（5）寬裕時間、緊要路徑與工期

　　a.寬裕時間（slack time）：寬裕時間又稱浮時，是一個作業在其最遲開始與最早開始的時間差。該作業可以在此時間內調整開工的時間。一般企業則藉以調整人力、設備、資源等利用。而寬裕時間可分為（圖7-14）：

　　　a）總寬裕時間（total slack）：一個作業的LS與ES之差或LF與EF之差，即$S_{ij}＝L_{ij}－ES_{ij}＝LF_{ij}－EF_{ij}$。

　　　b）自由寬裕時間（free slack）：專屬於某一作業的寬裕時間而不受其他作業延誤或提早的影響，即$FS_{ij}＝ES_j－Es_i－t_{ij}$。

　　　c）干擾寬裕時間（interfering float time）：指對後續作業之開始時間有妨礙，但對整個工期並無影響的寬裕時間。

　　b.緊要路徑：在專案中的緊要路徑（Critical Path, CP），所有作業均無寬裕時間。因此，沒有寬裕時間的作業可能就是緊要路徑上的作業。所有緊要路徑上工作工時之和即是該專案的工期。而緊要路徑若有延誤，工時便即拉長。因此，管理者必須採取重點管理的方式，加強管理這些作業。

　　c.工期：在網路圖上，找出緊要路徑之後，便可將緊要路徑上所有作業時間加總而得其工期。假若不考慮各作業時間之變動性，此一工期即為該專案之完工時間。但若各工作工時有其變動性時，則必定要考慮的。

（6）完工時間：所有作業時，會發生各種不同的變異，則完工時間的變異數是緊要路徑中各作業時間變異的總和。則在估計完工

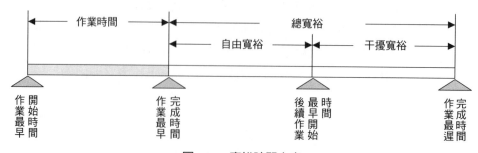

圖7-14　寬裕時間內容

時間，一般皆以常態分配來估計工期的變動性，其公式爲：

$$X=\overline{X}+Z\delta_x$$

X爲完工日期，$\overline{X}$爲工期，而Z爲根據想達成的完工機率，可由常態分配表查得常態值，δ_x則是工期的標準差。

（7）趕工原則：在計算工時及完工時間之後，如果公司要求縮短完工時間，則需壓縮完工時間，即縮短工時，其趕工原則爲：

a.從現在的CP著手。

b.找出CP的趕工斜率m（m最小的作業下手）。

$$m=\frac{\triangle C}{\triangle T}=\frac{趕工成本-正常成本}{趕工時間-正常時間}=趕工-單位時間所增加的成本$$

c.要逐日、逐月地趕

　a）每趕一天，則重算CP（可能多條）。

　b）找出CP上之最小m，並確認是否可替代（兩條CP之綜合處）。

專案生管方法（劉水深，1984）

1.工作確定

確定生產工作的內容，其項目包括：工作的詳細要求、品質、交貨日期以及遲延交貨的損失。

2.專案工作之分析（工程分析）

專案工作通常都是過去沒有遇過的工作，所以這種工程分析較爲困難，分析者對於生產或工作所需的技術也較多。其工作內容爲：

（1）分析施工步驟，確定細步作業。

（2）分析各細步作業所需技術及各項所需要的準備工作。

　a.分析各細步作業的性質。

　b.分析各細步作業所需的技術（外購或自行處理）。

　c.決定各細步作業所需的材料。

　d.決定各細步作業所需的設備、工具、模具及其他必要生產或工

作條件。

（3）估計各細步作業需要施工時間

 a.最可能作業時間。

 b.細步作業時間之變異數。

（4）分析各細部作業所需要配合的人力。

（5）分析各細部作業所需要的財務預算。

3. 網路圖製作（進度安排）

（1）瞭解各細步作業之先後施工順序，繪製作業順序圖、方塊圖或流程圖。

（2）註明各細步作業的施工時間。

（3）依據前兩步驟的結果，繪製作業網路圖。

（4）分析所有細步作業中，何者為緊要路徑，其方法為：

 a.向後計算：以各細部作業的最可能作業時間為基礎，由最前細部作業向後計算，計算各細部最早開工及完工時間。

 b.向前計算：由最後的細部作業向前計算，計算各細部作業的最晚開工及完工時間。

 c.尋找要徑及計算各細部作業的可延誤時間：最早及最晚開工時間相同的作業就是要徑作業。專案要徑有時不只一條。最早與最晚開工時間不相同者，其差異時間就是可延誤時間。

（5）研究各細部作業所需人力、設備、財力，以提早其利用率。

（6）排定最佳的細部施工時間。

4.專案工作執行

（1）材料請購及物料供應狀況之追查。

（2）工具準備。

（3）設備換裝或取得。

（4）工作之派令。

（5）各項作業準備事項之追查。

（6）有關技術之取得。

（7）各項外包工作之接洽。

（8）其他單位之協調。

5.專案執行進度之追蹤

（1）時間的控制：一般是每隔一段時間報告進度一次，報告內容是比較計畫進度與實際進度，以便修正計畫或調配資源。

（2）成本控制：為控制成本亦需定期提出成本報告，其內容與時間的控制相同。

6. 專業執行效果與績效評定

平準化生產方法

✖ 定義

本質上，豐田生產的基本精神，在於市場需要多少便生產多少的生產邏輯。若以較多的設備、物料、人員等資源來生產相同附加價值的產品都是浪費，必須加以消除（**表7-7**）。在此一邏輯之下，以市場對產品需求的種類與數量，依序向生產線的前端或供應商提出半成品或零組件的需求，上游也只生產下游所提出的需求數量，使得生產現場的庫存降到最低，並可以快速更換產品線，亦即以拉的系統（pull system）方式來生產，同時滿足不同的市場需求（**圖7-15**）（李吉仁，1999）。

表7-7 常見的浪費種類

項目	名稱	內容
1	生產過量	生產過量會產生不必要存貨，存貨需要增加物料搬運、占用空間、增加財務負擔、人員看管、文書作業等沒有附加價值的工作。
2	等候	排隊等候領料、作業人員在旁監看機器運轉，有賴作業人員主動提出較有效。
3	運輸	生產用原料進廠到其送至線上生產為止，物料人員從卸貨、儲存、領料及送料至特定地點，整個過程均是浪費。
4	製造方法不當	製造程序設計不當，相當的模具、刀具不加以維護其精度，妨害生產。
5	存貨	由於存貨過多常掩飾許多管理問題（不佳排程、機器、故障、品質問題、生產線不平衡、長程運輸、供應商及長設置時間等）。
6	動作	動作不等於工作，視其是否有附加價值而定。
7	不良品	不良品發生會使後工作人員損失等候時間，並且增加成本及前置時間，更甚遭退貨，發生保證成本、運送成本及商譽損失。

JIT需求

供應商：減少供應商數目、強化供應關係、及時的輸送品質。
布置：工作加工單元布置試用在各製程、群組技術、可移動、更換及彈性機器、高水準工作場所組織及清潔、減少存貨空間，直接運送到工作區域。
存貨：小批量、低準備時間、特別置物箱可保持批量的數量。
排程（時程）：時程零異動、平準時程、通知供應商時程、看板技術。
預防保養：時程、每日途程、操作者參與。
生產品質：統計品管、供應商品質、生產工廠品質。
員工授權：授權及交叉訓練員工、支持訓練、少許工作規範而有彈性人才。
溝通：經理、員工及供應商支持。

可得的成果

1.等待及延誤減少、增加生產及有價資產，得到訂單。
2.品質改善減少浪費，得到訂單。
3.成本降低、增加利潤或降價銷售。
4.工作場所變異性降低、減少浪費。
5.重新製作減低浪費。

何種產出？

快速的責任給顧客得到低價及高品質——競爭的優勢

圖7-15　JIT貢獻於競爭的利益

　　如果將大量生產方式比喻成由生產推動市場需求的邏輯，則豐田生產系統所強調的便是以市場需求拉動生產活動的邏輯，滿足多樣少量式產品的生產需求，其生產作業可以更具彈性、成本可以更低、產品變化程度可以更高、更能配合市場需求，因而也被稱為平準生產系統或臨界生產系統（lean production）。

　　簡單地說，豐田生產體系所強調的第一項，就是零庫存，也就是及時將零組件送上組裝線，絕不在生產線旁等候，則有賴供應商具有特質（表7-8），充分的配合。導引零組件及送達的工具，就是看板，這是豐田生產系統中的資訊傳遞機制，也是此一系統的第二項精神，由零組件需求單位依據所需的零組件種類與數量，透過「看板」傳達給上游相關零組件生產單位，要求其依據看板內容提供零組件的種類與數量。第三項重點精神，在於作業現場的改善，包括品管圈活動在內，由生產現場的所有員工，針對生產作業的問題，集思廣益尋求對策，並展開改善（Heizer & Render, 1999）。

表7-8　供應商特質

供應商
1.少數供應商。
2.附近的供應商。
3.重複生產（作業）由同一供應商負責。
4.使有意願供應商成為有競爭性或保持價格有競爭性的分析。
5.有競爭性的價格只限於新產品的購買。
6.購買者抗拒垂直整合，則供應者生意消失。
7.供應商鼓勵把JIT購買延伸到它的供應商。
產量
1.穩定的產出率。
2.經常以小批量運送。
3.長期的合約協定。
4.最少量的文書工作來開立訂單。
5.整個合約期間固定的運送量。
6.很少或不許可超額或缺額交貨。
7.以精確數量包裝。
8.供應商降低生產批量的大小（存貨）。
品質
1.最少量產品詳細規格說明書。
2.幫助供應商滿足品質的需求。
3.購買者與供應商的品質保證具有密切關係。
4.供應商使用過程控制圖表，而非批量樣品檢驗。
運送
1.退貨的安排。
2.使用公司已有合約運送及倉儲來控制運送。

✖ 架構

　　為確保零庫存的生產體系能夠順利運作，也就是達到要多少、做多少的境界，不僅要做到標準化，更要做到系統平準化。所謂平準化是指儘量做到小批量生產（small batch production），欲做到小批量生產，則必須要降低每一項作業的前置時間（lead time）與設置（setup time）（**表7-9**），欲達此一目的，所使用的生產設備不僅需要維持在隨時可以使用的狀態，也必須維持高度的轉換彈性（如快速換模），才能依據訂單需求量提供所需的產品或零組件，達到及時生產（Just-in-Time, JIT）的境界。同時，為提高產品生產品

表7-9　減少設置時間的步驟

項目	內容
第一步驟	把組織分成設置和操作兩個組織，使機器過程及操作的時間儘可能增加（節省30分）。
第二步驟	把材料搬得更近，並改善材料的處理（節省20分）。
第三步驟	標準化及改善工具（節省15分）。
第四步驟	用一次操作完成的系統來消除適應期（節省10分）。
第五步驟	訓練操作者及標準化工作程序（節省2分）。
第六步驟	重複循環步驟，直到很少的設置時間方完成。

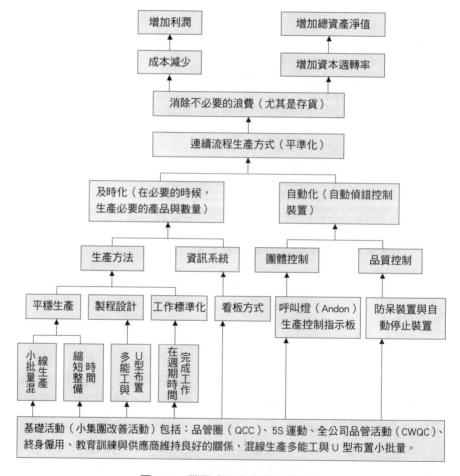

圖7-16　豐田式生產管理的架構圖

質，必須充分運用自動化設備，並在機器加上必要的偵錯裝置，使得產品生產過程中一旦有所瑕疵，會自動停止生產且告知技術人員排除。整個豐田平準生產體系的架構（圖7-16），如何完成豐田式生產系統可從兩方面著手（圖7-17）（賴士葆，1995；Chase & Aquilano, 1996）

1.及時化

此活動是將必需之物品，於必要時間內及需要的數量（多的不要），供給各生產部門及過程，須分期完成下列工作：

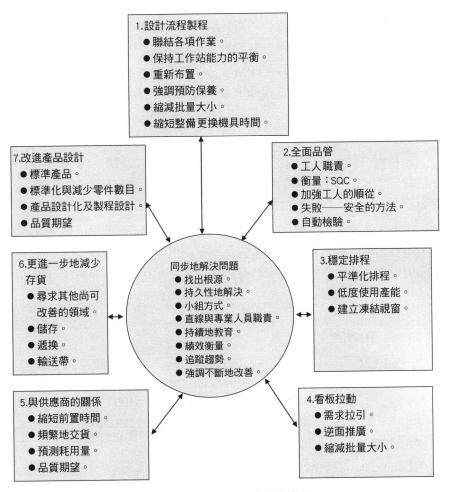

圖7-17　如何完成JIT生產準備事項

（1）作業標準（操作、檢驗及事務）。

（2）消除浪費（過量生產、等候時間、運輸、製造方法不佳、存貨、動作及不良品）。

（3）快速換模→少樣多量→少庫存→零庫存（縮短整備時間）。

（4）由後工程向前工程取料。

（5）看板制度（生產、信號、物料、取料、移動）。

（6）小批量生產。

（7）多能工（工作輪調）。

2.自動化（automation）

在設備、生產線上能自動判斷良品與否，當有不良發生時能自動停止，使製程中的異常問題能當場一目了然，亦須分段完成下列事項：

（1）稼動率→可動率→TPM（全面設備維護系統）。

（2）人工配合（以人為中心）→省人化（呼叫燈、線上停止裝置、省力化裝置）。

（3）不製造不良品→防呆裝置→目視檢查。

在基礎活動，包括：品管圈、5S活動（**表7-10及圖7-18**），全面品質管制活動（TQC）、終身僱用與教育訓練、供應商維持良好的關係（劉大銘，1998）。

平準化生產系統的實施，為日本汽車產業帶來相當明顯的全球競爭力，也成為各國學習的對象；該生產觀念不但在汽車相關產業上被充分運用，類似的現場管理概念也被運用到各種組裝為基礎的產業上。相較於大量生產的

表7-10　5S活動項目

項目	內容
1.整理（Seiri）	分開需要與不需要的東西，而不需要的馬上丟棄。
2.整頓（Seiton）	要使用的東西放置在容易取用的地方，以便於當需要時，易於尋找而可迅速應用。
3.清掃（Seiso）	把工作場所打掃乾淨去除「垃圾」。將通道、機械設備、冶具、工具、作業用具、桌子、椅子等都要清掃乾淨。
4.清潔（Seiketsu）	上述3S維持與身心的清潔及個人儀容、服裝穿著保持整齊、清潔。
5.修身（Shitsuke）	全體員工必須切實遵守4S，予以習慣化的心理建設。

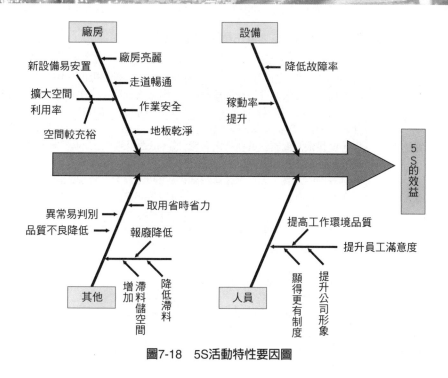

圖7-18　5S活動特性要因圖

邏輯。平準生產體系帶來的最大衝擊（表7-11及表7-12），係展現以快速提供多樣少量的產品生產為主軸，配合客戶指定產品，達到滿足消費者需要的終極目標。

✖運作

詳見本章實例。

✖JIT與成本會計

產品成本包括：直接材料成本、間接材料成本、直接人工成本、接間人工成本與製造費用等項，其中直接材料成本及直接人工成本的計算較為簡單清楚，而其他項目的計算過於複雜，故在過去人工成本以直接勞工小時來做為製造費的分攤基礎。但在今天，某些產業（電腦組裝業）的直接材料成本

表7-11 日式平準生產管理與美式大量生產管理哲學比較

因素	日本	美國
1.存貨	視為負債，儘量消除存貨。	視為資產，預防問題之發生。
2.批量	適合需要之數量，在生產與採購中僅要求最小可能的補充量。	利用公式計算，以求得最小成本（存貨與整備成本）的數量。
3.整備時間	使其成為不重要，例如，快速換模，使整備時間對生產作業沒有影響，而且允許小批量的變化。	較不注重改進，較大的產出才是目標，故很少努力去改進快速換模。
4.等候	消除等候的浪費，如果問題產生要找原因予以消除。	視為必要投資，管理人員有機會利用等候時間來配合各種不同技能的員工與機器以產生有效的作業。
5.供應商關係	相互依存關係，視為團隊的一分子，供應商配合客戶，工廠視供應商為工廠的一部分。	視為對手，要有廣泛供應來源是他們的法則。
6.品質	要求零缺點，如果無法達到100%生產會面臨危機。	允許一些誤差，利用公式來預測，並追蹤實際的誤差。
7.設備維護保養	固定保養，使機器損壞至最少，要求全面性之保養。	使用備用機器，故較不注重此方面。
8.前置時間	維持短的前置時間，簡化行銷、採購、製造等工作可以減少支出。	愈長的前置時間愈好，大多數的現場管理人員與採購人員均希望有較長的前置時間。
9.員工	自主管理（共識），尊重人性。	法規管理，不重視工人、不感謝工人，只注重衡量他們的工作績效。

表7-12 豐田JIT與大量生產措施對照表

豐田JIT措施	大量生產措施
看板制度	派工制度
平準化生產	MIS/MRP
生產前置時間縮短	生產前置時間縮短
作業標準化	製程規劃
U型配置與多能工	標準程序與工廠布置
自動化	產能評估
改善活動	SPC（統計品管）
功能制度	制度活動

及其製造費用幾乎為總成本的八成，若用此法計算，極易造成產品的估算錯誤，影響決策者的判斷（Davis, Aquilano & Chase, 2001）。

JIT式成本會計與傳統成本會計間最大區別，在於以產品在系統中作業的時間（週期時間）作為分攤費用的基礎，而不是以直接勞工或機器小時來分攤，這稱為以活動為基礎的成本會計（Activity Based Costing, ABC）。此法需先辨認所有可追蹤的成本，然後將這些成本分類至不同類型的活動中，最後根據產品占據活動時間的百分比，將費用分攤至產品上，一般運用高科技產業居多。

✖ JIT與採購

使用JIT則創造了採購上新的作法。同時，也使採購某些方面變得較前簡單，應付較少的供應商，並與供應商成為長期夥伴的關係，必須能確保供應商能頻繁、準時及少量的交貨需求，都是努力的方面（Sterenson, 2002）。

為此，應用於供應商管理買方購買其產品或服務時的一些規範，一般通常為JIT II。最主要是一種涉及授權給供應商，以假設一些平常性的責任，由公司自己的買主來負擔的哲學。這些責任可能包含了計畫、異動處理及應付與供應商產品有關的品質與交貨問題。在某些狀況，這表示供應商要在現場，而其他時候，則由供應商處透過電子聯絡，來管理其責任。

JIT II是一種精敏製造哲學（詳見自動化與資訊化章節）的自然延伸，那就是JIT、夥伴化和同步工程。也就是供應商可接洽到設計工程師；更進一步，容許支援人員去追查他們自己變更工程方面的訂單。

JIT II的實施有助於加強溝通、排除多餘的步驟、改善物料需求的規劃及實施，使供應商提早參與新產品的規劃與設計，減少存貨及同時降低供應商與顧客的成本。一些風險，則包括可能使專利技術外洩，要依賴供應商人員彌補技術性知識的落差以及供應商的驕傲與自信。

✖ JIT在服務業

有關服務業在應用JIT時，計有下列方式（Davis, Aquilano & Chase, 2001）：

1.資訊與工作流程的同步化與平衡

服務的需求與產出幾乎是同步化，也就是，當顧客需要服務時，必須有足夠的產能。例如，麥當勞櫃檯外有流動人員協助顧客點餐，讓顧客繼續排隊，當顧客到達了櫃檯時，只需將點餐表交給櫃檯人員，即可馬上製作所需的食物。

2.服務的所有構成要素與程序，須有完全的可視性

顧客通常是服務傳遞過程中的一部分，經常依其所觀察的事務來定義其價值。因此，在完成一項產品或服務程序中的所有作業，應儘可能提高其可視性，則有助提高服務的價值。例如，鐵板燒料理，讓顧客親眼看見廚師在你面前直接烹調，贏得消費者的信賴與好評。

3.流程的持續改善

服務作業與製造業相同，許多流程都會有許多漸進式改善機會。遇到問題隨時記錄下來，且提出改善方法與意見來與管理者分享，之後，再由管理者領導全體成員協力改善問題。何況服務作業有其易逝性，管理者更應把握發生的時刻，迅速予以糾正，則更有效。

4.努力消除浪費

在服務業會常發生錯誤及重複的工作，持續強調品質與一致的服務。例如，採用預約方式來消除生產過多的浪費，要求供應商設置物流中心來消除存貨，利用網路電子化作業解決顧客金融交易等問題。

5.資源的彈性使用

服務業需要在一定期間中，保持固定的產出水準，但是其產品組合變化卻很大，因此，需要有一非常彈性的程序，方能給予顧客化的服務。例如，各縣市政府設立馬上辦中心統一窗口，集中單位人員快速承辦各項業務，省卻公文旅行，為民服務。

6.尊重人性

員工與顧客經常直接接觸與互動，因此，員工尊重顧客是必然的，在企業內部的管理者能像員工尊重顧客的精神來對待員工，則員工的工作士氣定能激勵。

服務業生產管理方法

✖ 作業管理的重要性

製造與服務作業之間的最主要區別是顧客和服務傳遞程序的直接互動。因為這種直接互動的關係，使得隨時安排合適的人員，對於服務作業成功與否是很重要的。若安排人員太少，會造成不必要顧客等待時間。另一方面，若安排人員太多，會導致過多人員與不必要的勞工成本，這些對利潤產生不利的影響。因此，管理者必須去思考尋找如何有效地滿足顧客需求，又能讓不必要的勞工成本極小化的方法。

服務業在作業管理上所面臨的問題和製造業不一樣。綜合而論，服務作業的管理較具不確性及非結構性（表7-13）（顧志遠，1998）。

✖ 服務作業管理的模式

依服務業及製造業在作業管理問題上的差異，服務業是以服務作業配合與安排為核心（圖7-19），故其特點為：

1.顧客對服務的需求量變化大，因此，業者很難預先做非常妥善的供需配合，所以服務業能預先安排需求供給配合時間短（與製造業比較）。一般可分兩階段：

（1）中程規劃（一年之內）：主要在預測服務業需求量，以便預購設備、存貨或徵召訓練人員的服務業整體計畫。

表7-13 服務業與製造業作業管理比較

比較項目 ＼ 產業別	製造業	服務業
作業順序	依訂單交貨期及重要性安排生產。	除預約顧客外，非預約顧客依先到先服務原則接受服務。
作業穩定性	能以存貨調節供需差距，故使生產系統能以穩定的方式從事生產。	無法以存貨方式調節供需，故服務系統服務量隨需求變化而變化。
作業方式	用各種生產、排程及存貨計畫調節產品供需。	調用各種服務用資源，應付顧客的需求。

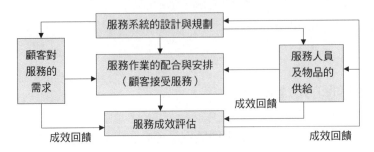

圖7-19　服務作業管理功能關聯圖

　　（2）即時措施（有些服務業甚至只有幾十分鐘）：主要在安排即時
　　　　服務需求及供給能相互滿足，或採取臨時應變措施的服務作業
　　　　配合及安排。

2.服務業所聘的人員包括：全職、部分兼職及臨時工等，因此如何管理
　這些人員，如何在公平性及配合性的考慮下，替這些人員排班，以增
　加服務效率，成為服務業重要的課題。

3.服務業與製造業的儀器設備有許多不同的地方，製造業採用固定方式
　來做一定時間的加工工作，而服務業則有兩種型態：

　　（1）移動式（如計程車、救護車或公車）：有排班及路線規劃的問
　　　　題。

　　（2）固定式（X光儀器、自動提款機）：使用時間和使用需求有很大
　　　　關係，亦牽涉至排班現象。

4.服務業最大特徵，就是顧客排隊等候。若讓顧客等待太久，可能永遠
　失掉此位顧客。

5.服務作業控制系統中，服務品質相當難管理。

依服務作業的特點，可建立服務作業管理模式（**圖7-20**）。

✖ 服務作業管理的項目

　　服務業屬性複雜，不易歸納出適合全部服務業的分類屬性。為此，由各
項功能的探討，充分掌握到系統及作業設計的考慮因素，可依特定服務業特
性的服務過程，分解成數個不同的部分（**圖7-21**）。

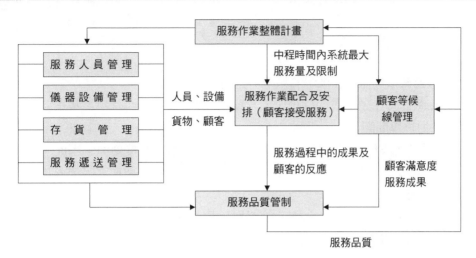

圖7-20　服務業作業管理模式

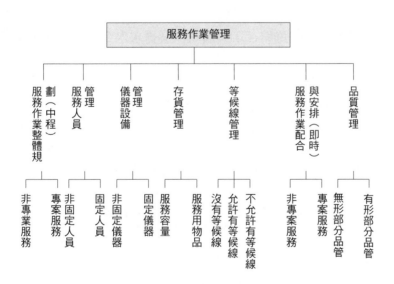

圖7-21　服務作業管理設計之各功能可選擇方案

✖ 服務作業系統

服務業依其服務作業,其系統可分為:

1.產品線方式(銀行行政作業)或製程方式(保全服務),其主要是人力排程問題。

2.顧客參與方式(餐廳顧客購買處),由於顧客直接參與,因此,要能容納顧客需求及滿足其需求,其主要是人力排班與顧客等候線規劃的問題。

3.顧客置身於產品服務體系(美髮、醫院),著重人力服務品質與顧客等候線規劃。

✖ 運用:人力排程

1.步驟(圖7-22)(Davis, Aquilano & Chase, 2001)

(1)預測顧客需求:大多數的服務傳遞,需要顧客的現場參與,所以顧客的到達與否,與服務作業需求水準相關。除了顧客須在服務地點現身外,顧客需求型態潛在的高度變異性,是管理者如何有效率地進行員工排程的重要因素。因此,發展滿足需求排程的第一步驟是準確地預測需求。

(2)轉換顧客需求為員工需求:服務業員工可分為前場(front-of-the-house,直接與顧客接觸的員工)及後場(back-of-the-house,支援前場的員工)。在將顧客需求轉換時須運用數學的方

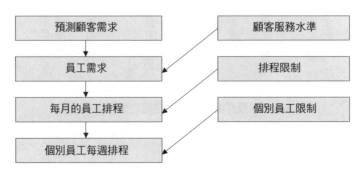

圖7-22 員工排程所需的步驟

法建立成變數間的關係：a.顧客需求（每小時的顧客）、b.可用的產能（以值勤員工數和服務一個顧客的平均時間）、c.顧客平均等候時間。為了加快將顧客的需求轉換成明確員工人數，服務組織通常以勞工需求進行規劃。

（3）轉換員工需求為每日工作排程：此步驟基本目標是在一定的時間期間中，排定足夠數量的員工，達到目標的服務水準，且滿足預期的需求。然而須考慮政府法律所允許的每班最大時間長度與休息、用餐時間的公司政策，這些限制通常造成符合最低班次需求的總勞工時數，高於滿足顧客需求的實際勞工時數，在發展這些排程時，除了全職的員工外，許多公司還會利用兼職員工，以有效地滿足顧客服務的目標，並同時控制成本。

（4）轉換每日工作排程為每週的工作排程：每週的排程時，管理人員需要考慮員工的生病、例假日及特休假等原因而發生的休假問題。此外，每週排程亦有必要將工作指派給特定的個別員工。因此，此模組的輸入包括個別員工的限制（休假日可用的工作時數）。

2.連續假期的安排

在許多服務機構中遭遇一個特別的問題，是如何讓員工有兩天連續休假。下述啟發程序來自James Browne與Rajen Tibrewala兩人所發展的程序修改而成（Browne & Tibrewala, 1975）：

（1）目的：在每週工作五天及每週兩天的連續休假的情況下，找到使所需人數最少的排程表，而且必須滿足每日之人力需求。

（2）步驟：先從每日所需的員工總人數開始，一次只追加一名員工，逐步建立員工排程。此方法包括：

a.將連續兩天員工需求總和最低的一對圈起。最低的這一對其最高的員工數目必等於或低於任何其他對中的最高數目，因而可確保需求最高當天有人員服勤（週一與週日亦可被圈選，即使它們是在日期列相對的兩端上）。當最低需求總合的對數有兩對以上時，則選擇其隔日具有最低需求的那一對，此最低需求日可能緊鄰該對之前或之後。經過處理仍平手的情況，則選擇最前面的一對。

b. 將剩餘的五天（即未被圈選的那一天）的每位員工需求數減去
　　1。一般代表那些天所需求的員工已經減去一位，因為這一位員
　　工已被指派到那五天中服勤。
c. 對第二位以後的員工重複上述的兩步驟，直到不再需要員工為
　　止。

例：

需求	星期一 4	星期二 3	星期三 4	星期四 2	星期五 3	星期六 1	星期日 2
員工 A	4	3	4	2	3	1	2
員工 B	3	2	3	1	2	1	2
員工 C	2	1	2	0	2	1	1
員工 D	1	0	1	0	1	1	1
員工 E	0	0	1	0	0	0	0

說明：將5位工作者安排在25個人的工作日上，雖然稍有不同的安排，或許結果是
　　　相同。員工被圈選的兩日即可休假。

（3）運輸工具的排程：在物流管理中如何將產品透過運輸工具的安排
　　　由生產送到客戶的手中是一大問題。其主要問題為：公司面對某
　　　些固定客戶，其運送需求及地點已知；而規劃者需決定如何安排
　　　運輸路線以使總運輸成本、距離或時間最短。這類問題在物流中
　　　心、郵局、貨運的配送、學校交通車最常見。目前有許多數量模
　　　式可以協助解決，其中最簡單的方法之一便是Clarke-Wright的演
　　　算法。此法強調如果顧客與顧客之間旅途合併之後，可以節省之
　　　成本、距離或時間時，則應該合併運送。通常會先選擇節省最大
　　　的二個顧客合併，並檢驗其是否符合產能限制，如果可行則合
　　　併，否則則找不一個次大的節省值，如此一直進行下去直到所有
　　　的節省均被考慮為止。詳細的演算法請自行參閱相關書籍（賴士
　　　葆，1995）。

案例

✖ 汽車平準化生產模式

羽田機械公司，於1986年導入平準化生產模式，生產製造汽車，經過一年的籌備工作，終於完成，得以因應市場的變化，係自行摸索導入平準化生產模式生產製造汽車，完成國內的創舉，達成同時將不同產品裝配納入生產的彈性組合型態，特撰專文詳述作業經過，以期分享成果與經驗（林豐隆，1988）。

✦前言

1985年，在國際化、自由化聲中，國內汽車業正遭遇以往所未有的衝擊及挑戰，加上進口關稅節節下降，進口車來勢洶湧，使得國內汽車廠商莫不使盡全力在產能、品質及市場方面衝刺，雖然各廠的行銷策略及戰略有所不同，各有斬獲，但目前仍需面對下列的兩大課題：

1.消費者的需求

面對日益高漲的消費者運動，不僅對價格、品質的要求特別重視，同時亦對汽車產品要求多樣化、差異化，以滿足不同層次的需求，導致產品壽命週期的縮短，使業界不得不全心全力投入新車種的引進及開發，廠商對有限資源的運用也煞費一番心血。

2.有限的生產設備

由於國民所得的提高，對生活品質的要求提昇，同時汽車市場不斷的成長。為確保市場的占有，業界不得不擴大、開發顧客的領域，然其生產的設備有限，無法隨意配合多樣化的需求，而其所生產各種新車型，又受限於國內市場狹小，未達經濟產量，不能大量投資，所以喪失不少顧客，導致進口車乘機開拓銷售新的領域。

為求解決之策，唯有汽車業者設法在同一汽車生產線上生產兩種以上不同的產品，方能立足於不敗之地，因為生產線已進入多品種少量生產的時代，只在需求的時候，製造適量需求產品。在此要求，彈性生產系統架構遂

應運而生，如此能應付國內市場的競爭，以及不同顧客層次的需求。

✦ 汽車裝配作業複式生產方式

基本上，汽車裝配作業生產線上，每一產品的製造程序為一定（圖1-16），如何去安排其組合間所存在工時（工數）差異，以求出一均衡穩定的生產模式作業，其方法如下（圖7-23）：

1.混合生產方式

依塗裝工廠所生產出來的車種順序，而安排流入裝配生產線的方式，因係依賴塗裝完檢的車體來決定生產方式，所以欠缺生產計畫，造成裝配生產線無一定的順序，雖亦達到生產多種產品的目的，但造成儲存、供配作業困擾，不僅不能控制生產數量，更導致生產管理無所適從。其產生現象如下：

（1）必須先對作業員、設備完全適當的安排與配置，以配合不同車型的生產，但結果其工作效率不佳，產生裝配工時過高，生產量少及生產力下降的現象。

（2）未能依據計畫生產而做流程安排，導致協力廠商零件無法及時配合，若勉強配合，則造成多餘庫存零件，同時生產線亦因種

（一）混合式

（二）批量式

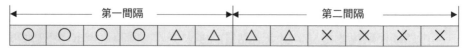

（三）平準式

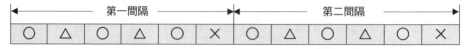

說明：○係指大發 G11 車種手排 CG 及 CDS。
　　　△係指大發 Z830 車種手排輕型貨車。
　　　✕係指大發 G11 車種自排 CA。

圖7-23　裝配作業複式生產方式

類多、供料多而形成生產線配料空間不足，直接、間接影響中心及衛星工廠的生產。

（3）未能定時、定量有秩序的生產，則車輛附屬零組件的預裝作業難以控制在適當的時刻及其所需的數量，形成過多的半成品，占據有限的空間，造成儲存、搬運、人員調配的困難，影響正常生產作業。

2.批量生產方式

將不同型的車種，依等量的方式，安排流入裝配生產線的方式，為計畫性生產，而裝配生產依一定順序而作業。但仍然產生各種問題：

（1）產銷配合不易：由於生產量依定量計畫而進行，車種更換須等待一段時間，未能符合供配及市場所需影響銷售的戰鬥力。

（2）庫存多：配合計畫定量生產，形成零件庫存增多、資金積壓、滯廢料增加、維護成本過高及製造過多浪費，不僅影響中心工廠，亦造成協力廠商相同的問題。

（3）產品轉換之效率損失：由於車種變更，則生產線必須浪費工作時間在：①調度輔助設備；②調整人員及工作站；③週期性學習工時增加所造成的損失；④產品時間差之影響，其損失值大約為；$\left[\dfrac{(產品之時間差)\times 站數}{2}\times 人數\right]$⑤供料系統的搬運頻率

及工作增加；⑥倉儲場地不足。

3.平準化生產方式

是將每一不同型車種做相等間隔的安排，流入裝配生產線之方式 。由於混合及批量生產方式產生生產管理的瓶頸，而平準化生產因其生產較為平均化，具有可依計畫性生產、減少庫存及工作平衡的優點，較為可行。但平準化生產方式係理想化理論，與實際作業有所差距，因而必須做一些改善作業，方能真正達到平均化的地步。

✦複式平準化生產方式

複式平準化生產方式，係運用日本豐田汽車公司所使用降低設備投資資本的（平準化技術）技巧在生產管理上，藉此機會，讓我們共同研討在汽車裝配作業運用的步驟方法：

1.作業設定

（1）基本資料

a.產品種類：A,B,C。

b.月需求量：$Q＝Q_A+Q_B+Q_C$。

c.產品標準工時：T_A, T_B, T_C。

d.工作天數：D。

e.平均每日需求量：$q＝\dfrac{Q_A}{D}＋\dfrac{Q_B}{D}＋\dfrac{Q_C}{D}＝q_a+q_b+q_c$

（2）設定混合比率

進線比＝$Q_A：Q_B：Q_C＝R_A：R_B：R_C$

目標：難易交錯，設定成一個小週期，以穩定生產。

（3）工作人員設定

a.平均標準工時＝$\left[\displaystyle\sum_{A}^{C}(q\times T)\right]\times$生產線損失／$q＝\overline{T}$

b.所需人數＝$\dfrac{\overline{T}\times q}{480分／天\times稼動率}$

c.各產品循環週期：CT_A，CT_B，CT_C

$CT_A＝T_A／$人數

d.平均循環週期＝$\dfrac{CT_A\times R_A+CT_B\times R_B+CT_C\times R_C}{R_A+R_B+R_C}$

e.生產線速度（S）＝$\dfrac{輸送帶間距長度}{平均循環週期}$

（4）工作站設定及其標準作業書完成

a.所需建立資料

a）工作順序（OP）的先後、順序圖。

b）各工作順序裝配位置。

c）夾冶具、工具等及其設備限制。

d）詳細標準工時。

e）零組件供配位置、存放器具。

f）零組件供配頻率、工具及人員。

b.注意事項

　　a）各產品在各班之工作量成一定比例。

　　b）工具之共用性（同一工程，工具不宜太多）。

　　c）裝配位置考慮其作業類似性及干涉程度。

　　d）輔助人員設定（多功能從業人員）。

　　e）考慮設備的限制。

　　f）作業量平均（避免人員集中或干擾）。

　　g）特別多的工時，考慮使用合理化方式改善作業。

（5）實例研討：為使讀者瞭解平準化生產方法實務作業，特以實例研討說明車種作業設定順序編排計算過程。

【例題1】

a.已知1988年某月份大發裝配線生產計畫為：

車型	數量	代號
祥瑞手排（CG）	100輛	□
祥瑞自排（CA）	200輛	✕
銀翼（CDS）	900輛	▽
小計：祥瑞轎車（G11）	1,200輛	○
好載小貨車（Z830）	800輛	△
合計	2,000輛	

b.混線比：

　　a）▽：□：✕＝9：1：2

　　b）○：△＝3：2

c.產品裝配標準時：

　　a）○：100分（T_A）

　　b）△：50分（T_B）

d.各產品循環週期為6分：

e.演算步驟

　　a）第一步：先排定製造車序，僅先將轎車及小貨車類別計算，暫不考慮轎車各種車型，因而將較少的車種先排入。

　　　　已知○：△＝3：2，如表7-14。

表7-14　第一階段平準化生產方式

製造順序	1	2	3	4	5	6	7	8	9	10	11	12	13	14	15	16	17	18	19	20
代號	△	○	△	○	○	△	○	△	○	○	△	○	△	○	○	△	○	○	△	○
混線比		3：2					3：2					3：2					3：2			

由於Z830車種少先排入，但依上述原則不可將其連續排列流過生產線，所以△△○○○類似小批量的排列，應儘量避免。

b）第二步：將代號○之G11車種，依第一步原則安排製造順序（表7-15）。

第二步的排列法，係先將符號□代號優先排出，而使車種變成更單純化，使其變化成▽：╳＝9：2較易組合，因另將▽排於最後一個，以便改變成為▽：╳＝8：2，而能變成為▽：╳＝4：1之比例方式排列。所以，我們能很快排出整個生產製造排序的狀況（表7-16）。

c）第三步：計算所需工作人員：已設定大發轎車及小貨車產品循環週期CTA及CTB為6分，同時已知：

TA＝100分：TB＝50分則依（3）－C公式

表7-15　第二階段平準化生產方式

	1	2	3	4	5	6	7	8	9	10	11	12	13	14	15	16	17	18	19	20
第一步	△	○	△	○	○	△	○	△	○	○	△	○	△	○	○	△	○	○	△	○
第二步	□			▽		▽			▽	▽		╳		▽	▽		▽	▽		▽
混線比						1：4								1：4						

表7-16　第三階段平準化生產方式

1	2	3	4	5	6	7	8
△	□	△	╳	▽	△	▽	△
Z830	CG	Z830	CA	CDS	Z830	CDS	Z830
9	**10**	**11**	**12**	**13**	**14**	**15**	**16**
▽	▽	△	╳	△	▽	▽	△
CDS	CDS	Z830	CA	Z830	CDS	CDS	Z830
17	**18**	**19**	**20**				
▽	▽	△	▽				
CDS	CDS	Z830	CDS				

$$人數 = \frac{T_A}{CT_A}$$

$$得知 G11 車種 = \frac{T_A}{CT_A} \times \frac{\triangle}{(\bigcirc + \triangle)} = \frac{100分}{6分} \times \frac{3}{5} = 9.9人$$

$$Z830 車種人數 = \frac{T_B}{CT_B} \times \frac{\triangle}{(\bigcirc + \triangle)} = \frac{50分}{6分} \times \frac{2}{5} = 3.3人$$

合計所需人數為13.2人，所以需求14人。

d）第四步：生產線上的班長或組長可依上面所得資料，再配合已準備工作站相關標準作業書，將工作站等作適當的安排。

已知生產線輸送帶間距長為6公尺則生產線速度依（3）－e公式計算而得：作業人員裝配G11車種時，則每人裝配作業時間約為100分／14人，即7.1分，而當裝配Z830車種時，則每人裝配作業時間約為 50分／14人，即3.6分。則試以第一間隔時間安排配置，可知整個間隔的時間是相等的（**圖7-24**）。由於以14人為工作人數，而在實際上則僅需13.2人，因此對裝配人員仍保留一些寬限。

【例題2】

a.假定G11每人裝配時間1.1分，Z830每人裝配時間為0.6分，產品循環週期為1分。

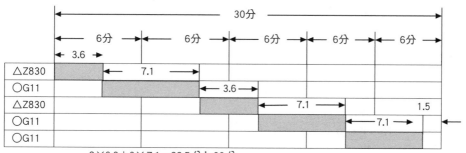

2×3.6＋3×7.1＝28.5分≒30分

圖7-24 作業時間分配圖

b.則依表7-17方式排定的車序（C方式）。可知依整個19名車序而言，尚有19分－18.9分＝0.1分之空間寬限。

c.若另依下列方式排定的車序（D方式）如表7-18。

d.現就實例而言，C與D方式檢討比較，可發現C方式較D方式為優，其原因如下：

　　a）C方式的裝配工作時間數累積較小，為（1.1'－1'）×4＝0.4'，而D的方式較大，即為（1.1'－1'）×8＝0.8'，由此可知，就生產線的機會而言，D方式較有可能。是故，以平準化生產必須採用小的循環週期方式。

　　b）依裝配工作人員移動距離而言，C方式較D方式為短。

　　c）D方式的失誤可能增加，因為部分裝配工作過於緊湊，易造成精神緊張所致。

　　由上述例題1及2演算，我們更明瞭平準化的基本原則。

2.生產線規劃

　　由於產品生產採用複式平準式方式，因而各產品裝配工時不同，在其作業上雖經工業工程人員設定亦無法達成生產平均化，仍然會產生較高工時數的作業，所以須利用下列的作業方式來改善並吸收工時差，真正達到平均化

表7-17　C方式生產車序表

依產品循環週期計算裝配工時值	5'=1×5	5'=1'×5	4'=1'×4	5'=1'×5	19分
排定車序	G11、G11、G11、G11、Z830	G11、G11、G11、G11、Z830	G11、G11、G11、Z830	G11、G11、G11、Z830	19台
混線比	4：1	4：1	3：1	4：1	
實際裝配工作時間值	5'=4×1.1'+0.6'	5'=4×1.1'+0.6'	3.9'=3×1.1'+0.6'	5'=4×1.1'+0.6'	18.9分

表7-18　D方式生產車序表

10'=1'×10	9'=1'×9	19分
G11、G11、G11、G11、G11、G11、G11、G11、Z830、Z830	G11、G11、G11、G11、G11、G11、G11、Z830、Z830	19台
8：2	7：2	

的生產。

(1) 旁路（by-pass）方式：另設立只生產祥瑞的生產製程來裝配好
　　載所沒有的後門、後背門等零組件。（如T-0工作站，T：係指
　　前艤裝），此種方式須考慮其投資設備金額較大，但缺彈性應
　　變。

(2) 設立專用混線生產製程（祥瑞）：若生產量比率為祥瑞：好載
　　＝2：1時，在生產線上設立兩個製程僅裝配祥瑞作業。（如：
　　車體頂蓬布加襯等內裝作業的專用工作（T-6、T-7、F-2、F-3各
　　工作站，F：係指艤裝），每一專用站設立專用工程人員，每一
　　站都參與裝配，直到抵消工數差為止，此人不斷循環作業，其
　　對象為較高工數的車輛，具有應付多變化的功能。

(3) 分裝配（sub-assembly）生產方式：在生產線外，先行設置分裝
　　配工作站（S/A化）以吸收主生產線的工程差。在S/A所產生的
　　工數差，則以中間備料方式（儘可能少量）來消除。（如祥瑞
　　動力系統）。

(4) 平準化作業分配：假定現行祥瑞及好載工作時數恰為2：1兩倍
　　工時差時，於生產好載商用車（工件時數少）時會產生剩餘人
　　力活用的問題，若假定採取2：1的一定模式的平衡生產線流程
　　方式，並以平均工程數分訂作業基準。

(5) 生產線增設修整工作站（好載）：生產工作時數較少的好載
　　時，在生產流程中，所生產的空閒時間安排做製程檢查作業
　　（前作業的檢查）及修整作業，（如T-8、C-5 各工程，C：係指
　　底盤引擎、後軸等裝配作業）以抵消工數的差異。

　　除以上所述的合理化作業改善外，同時需考慮生產線相關的事
　　項，方能事半功倍，諸如：

　　a.半成品儲存區設立：汽車生產線的製造流程，由於鈑金件接及
　　　塗裝作業，在生產流程中製造品質會有所差異，尤其由於塗裝
　　　成品更易形成混合生產的現象，為此須特別設立半成品儲存
　　　區，儲存經完全檢查良好的車體，至一定的數量方能進行平準
　　　化生產方式。若未能設置此場所儲存，則平準化純為空談。分
　　　裝配生產方式其投資較少，且具有彈性，但仍然需要適當的空

閒作業及儲存，若S／A場所距離過遠，則增加搬運時間及頻率，浪費人力與時間。故在採行此生產方式時，須慎重考慮儲存區的設立，這點關係著生產的成敗。

b.工具、夾具的準備：依照常理而言，不同的車種，其所裝配用之工具及夾具有所不同，但因工作站的分配，在同一工作地點裝配作業的類別，因而必須考慮工具、夾具共用性、替代性，以期減少工具、夾具配置所占的空間，避免妨礙工作人員的操作性，在平準化生產方式的生產線規劃中，不可疏忽此項工作的準備。

3.生產線供料系統規劃

複式平準化生產方式，除依作業設定及生產線規劃外，須特別重視倉儲與生產線兩側供料系統的規劃，方能與生產線相輔相成，而倉儲與供料系統的規劃依下列兩項原則辦理。

（1）最經濟的配料、取料方式。

（2）有限空間的應用。

大家都知道，倉儲與供料系統的兩項原則，係使庫存投資金額達最低的限度，仍能使工廠生產線的生產活動為最有效率，亦即以最低的成本進行生產。這些系統包括物料進入工廠後的卸貨、進出檢驗區、進出倉庫、使用地點、半成品與生產的移轉、交庫作業，故為連貫整個生產流程的作業。其效率的高低影響生產力及搬運成本甚大，所以在供料系統規劃必須與生產線配置合併討論。因搬運設備係隨生產布置之決定而作選擇，並與之息息相關。良好的工廠布置可減少物料搬運作業的次數，縮短搬運的距離，並降低成本。

為達成此供料系統規劃，更能符合經濟原則，經研討後採用下列方式：

（1）同步配料化

a.大型或重型零組件：適用於座椅、輪胎、引擎、變速裝置、後軸組件等。（圖7-25）係按進線車序，計算各車種最小的批量供應生產線，協力廠商供應依生產計畫安排前置時間，先行批量交貨入庫儲存，生產管制單位照生產計畫通知供料單位準時運送至生產線側，其必要條件須具有良好的資訊傳遞、準確日期安排及交貨準時、品質穩定，方能達成同步。

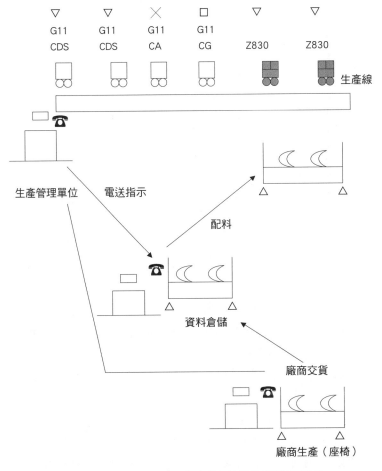

圖7-25　大型或重型零組件生產管理情形

　　b.中小型零組件：大量使用於低價位的物件，諸如螺絲、螺帽、風扇、雨刷等。（**圖7-26**）係依存量的最低點，計算各車種的較大批量數供應生產線，並向協力廠商提出交貨計畫，先行入庫儲存，生產管制單位通知供料單位依車序及合理最大包裝、儲存量送至生產線側，其必要條件須先依前置時間設定最低存量及配料次數、定量訂購方式及簡化帳卡管理。

（2）料架立體化（**圖7-26**）：在現有的廠房中，無論在倉儲或生產線兩側存放，其面積均屬有限，唯有運用三度空間進行儲存。

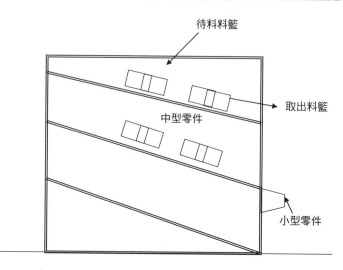

圖7-26　中小型零組件放置情形

依據材料種類、性質、再選擇儲存地及方式。並就儲位區分、預留通路、明白標示，以利進出及從收發作業的觀點重新研討倉儲、料架立體化的進行。

(3) 料箱標準化：為求倉儲或生產線兩側物料之置放、搬運方便，須就材料的種類、性質使用可存放適當數量的容器，為求三度空間的利用，有關容器的型態、容積負荷、堆積方式、堆積高度及搬運工具須先予統計、分析後，方能求出其標準容器，購置使用，儘可能利用市購品的標準料籃、料架，不得已時才自行統計製造使用。標準化關係著倉儲及配料作業的靈活性，因而在生產方式變更時，須合併考慮。

(4) 標準包裝台份：料架、料箱皆已研討，進一步須要求供應廠商的配合，對於包裝的方式、材料、數量有一定的規範可循，一般採用取最大公約數方法求得包裝台份（例如，日本大發汽車公司外銷零組件以20台份為一單位，而法國標緻汽車則以24台份為一單位），有利於材料之儲存定位管理、倉儲作業及生產線之配料工作。

(5) 物品、零件識別：由於採用平準化生產方式，所生產的車型增加，導致各種零組件增加，尤其類似型零組件儲存及生產線側

置放，如在同一地點則辨識困難，不僅對倉儲管理、配料作業產生困難，同時造成生產線上從業人員裝配失誤，而形成車輛產品重大失誤，對顧客的安全及公司的形象有不良的影響，因此必須建立識別辦法，使用不同顏色的料箱及包裝，代號章或在零組件顯眼處以點漆、膠帶方式辨識，同時應設立防呆裝置，訓練製程檢驗人員，加強其責任心，方能使此生產方式得以順利進行。

4.人員

平準化生產方式，雖經作業設定、生產線及其供料系統規劃等完善作業，仍有賴人員適當的配合，方能將生產管理邁向新的領域，其作法為：

（1）觀念的溝通：無論是幹部或從業人員對於新生產管理方式，皆具有先天性的排斥感，因此對此次的變革，需朝下列方向去溝通。

　a.幹部：利用專題報告、座談會、個別式等方式，使幹部瞭解平準化生產的功能、作業內容、資訊傳遞流程、作業人員可能的反應及對策和各作業單位的配合事項等廣泛交換意見，並特別強調工作豐富化、生產線平衡、合理化改善等重點，博得共識，共同推行。

　b.生產線從業人員：對於實際參與裝配的作業人員，則要施以實際操作演練，務必確實瞭解重點和細節外，同時仍需藉朝會、在職教育的方式說明此生產方式的概念、目的、益處及應持的態度，以減少因生產線重新規劃後的人員異動，或造成從業人員心理不平衡而離職的困擾。在工廠實務中證明，由於基層員工的合作，可以使新的生產方式更為成功。

　c.供料從業人員：對於實際參與生產線供料系統的作業人員，須先行以各種集會或教育方式，說明此生產方式的概念、目的、益處，並比較新舊供料方式異同，工作量差異，打開心中的疑惑，同時藉此機會強調供料人員對此生產方式成敗的重要性，相互交換配料實務作業的意見，取得信賴，共同參與。

（2）多職工種人員訓練：平準化生產方式，由於生產線的規劃，使生產達到平均化，人力運用較為平衡，無剩餘的人力去支援其

他工作站。更兼其車種增多，採用旁路、專用混線、分裝配、平準化分配及增設修整工作站等方式變動，則需訓練一批人員能夠具備多工作站操作能力（多職工種）依班編組，以輪替方式支援各工作站缺勤、生產瓶頸站的工作，使生產的困擾，得以順利解決，因而須選擇反應敏捷、工作優秀員工培訓。

（3）加強單一車種作業熟練度：新車型加入生產線皆需要一段學習時間，加上配合平準化生產方式，所有工作站作業內容及供料系統皆有所變動，因而會有意想不到的情況發生，須隨時修正，因此為避免及減少此種損失，唯有先將已重新配置單一車種帶生產線作業，分成批量、分次加強從業人員裝配作業熟練度的實務，待其作業人員心態穩定、工時平均後，再行投入平準化生產，是故，單一車種作業熟練度訓練有其必要性。

（4）加強全員品質意識：品質係產品的生命，唯有製造出來的車輛產品，其規格合乎各項公差、檢驗基準的要求外，才能滿足顧客的需求，方能確保市場，提昇競爭力。不能因車型多，且在同一生產線裝配之理由降低品質，是故，須採取下列的步驟：

a.加強全員品管意識。

b.強化製程檢驗人員的工作能力。

c.設立首件檢查辦法，嚴格追蹤執行。

d.統計誤裝品檢核資料，並回饋現場主管督促改善。

5.實際作業進度管制

平準化生產方式實際作業進度（**表7-19**），可分為下列三個時期：

（1）規劃時期：為使此生產方式落實，將新的工作理念實施，必須在生產廠成立專案小組，由技術、生產管理及工業工程具有經驗人員組成，以專案小組為主，而生產單位為輔，依上述所言的步驟，其重點在於規劃各種作業內容及檢討可能衍生的問題及對策。

（2）準備時期：在此時期，係專案小組及生產單位工作並重，經過規劃及執行雙方人員不斷地研討，對其差異點儘速調整，尤其在零組件各站作業內容、夾冶具、工具及其相關料件配置，有賴幹部及從業人員的參與，方能得到合理作業方法，同時生產

單位須加強工作熟練度的訓練，以期得到正確的工作方法及精確工作時間，爲未來實施時期奠定成功的基礎。

（3）實施時期：經過長時間的規劃及準備，此種生產方式的成敗，端賴生產單位全體人員努力，而專案人員從旁協助，在量試階段亦會產生許多問題，唯一方法爲全員參與生產，迅速解決問題。在此階段須特別注意下列事項：

a.導入方法：在初導入時，宜先依混線比由簡入繁，但不採用所規劃的混線比，而僅在轎車生產時，依固定比例混入一台貨車生產，或在貨車生產時，依固定比例混入一台轎車生產，以瞭解混線的難易度，來調整各步驟。經檢討後未發生問題，再行投入原先所計畫的混線比，依此，逐步的追求工作平衡及效率。另一方面在裝配線上分段實施，需要先引進艤裝組（T組）的作業，並將由T組所衍生的問題研討並改善之，其所生產的車輛依車種放置在先前所準備的專供T組的存放區，待達一定數量後，再依批量投入底盤組（C組），待T組作業正常後，再與C組合併實施，其目的在使T組生產單位的員工無工作壓力，保持愉快的心境去參與，同時使其他各生產單位人員藉此機會更進一步瞭解此種生產的眞締，採取逐步段、分組導入的方法，方能奠定成功的基礎。

b.工作人員的心理：對於新的改善措施，無論其目的、方式爲何，員工都會先持排斥反應，因此各級主管及專案小組人員必須注意此種心態，隨時給予關懷與鼓勵，迅速解決各項疑難及困境，而且不要期待在引進之初期即會產生完美的效果，更不可求功心切，而導致工作者產生挫折感。有關平準化生產方式，其生產管理項目爲：

a）年度計畫與排程

（a）年度生產計畫表：依公司產銷計畫及設備投資檢討，確定年度內的生產計畫，依此計畫再行評估設備能力及人員增減，每年十一月份完成此計畫，作爲各單位遵循的藍本。

（b）每月生產預定計畫表：依年度生產計畫表，藉每月上

旬產銷協調會檢討最近市場、生產、供料及品質等實際發生狀況,確定下下月的生產計畫,以期完成調整並配合現況。

(c) 每月生產日程表:依每月生產預定計畫表,在每月下旬生產協調會檢討生產設備能力、設備故障率、人員出勤率、加班率、工作效率、增減率、供料、庫存及交車需求等情形,排定下月每日生產日程表,而為生產廠各單位執行的計畫。

(d) 每日生產管制表:依每日下午13:00生產檢討會,討論前一日的生產量、品質及應對措施,並安排明日各車種進線順序及數量,對供料進度督促,以及生產線突發事件處理。生產各組於下班時幹部提報每日生產資料。

b) 管制作業

(a) 鈑焊管制站:車體焊接生產線共有三條生產線;計有標緻、祥瑞轎車及好載貨車三種車型同時生產,調度各車型鈑焊零組件(國外進口件、國內自製件、廠內自製件)的進線供料順序,並協調各車型輸送至塗裝之順序,以及各生產單位產能緩衝、調節。

(b) 塗裝管制站:車體塗裝經電鍍塗裝、中塗、面漆等工作區,調度各區中各種進線順序、儲存各車型及車色,為鈑焊、艤裝等生產單位產能緩衝區,以利平準化生產車型出線。

(c) 艤裝管制站:為平準化生產的重心,協調鈑焊、塗裝、艤裝、引擎、底盤的生產排程,以期符合每月生產日程表,須作下列管制工作:

· 依車型進線順序,通知供料頻率及數量。

· 依車型進線順序,使倉儲單位依庫存量、預估料件消耗率,聯絡採購及廠商及時交貨,以減少停工待料。

· 裝配生產線速度控制、運轉率統計、緊急停工紀錄及其原因追查。

‧各組副線引擎及變速箱生產裝配指示資訊傳遞，確保
生產穩定。

‧確實掌握鈑焊、塗裝完成車體的存量。

‧特殊裝配潢件之裝潢指示，事先協調相關單位。

‧生產實際結果掌握。（生產量、品質）

（d）底盤管制站：經艤裝、引擎及底盤裝配的完成車，標
明車型、車色、記錄其車身、引擎製造號碼，以利爾
後車輛追蹤。同時並填寫成車下線日報表，以利生產
管理。

（e）完檢車管制站：品檢人員依下線車序，檢驗車輛的各項
性能，填寫每車完檢紀錄表，品質不良者送至小修班檢
修，而品質合格者交給成車管制單位，而合格完檢紀錄
表由班長總彙，每日下班前送至主管單位。

（f）副線生產進度管制：平準化生產中，引擎、變速箱、輪
胎、前軸、後軸懸吊裝置、儀表板、座椅等，採用批量
式生產，引擎及變速箱提前半天作業，而其他依標緻、
大發的批量式配料及裝配。經過長期的規劃、準備及實
施階段，更賴全員的參與，而達到在生產裝配日本系統
車輛下列的成果：

‧依計畫混線比完成在同一生產線裝配各種轎車車型。

‧依計畫混線比完成在同一生產線裝配轎車、貨車。

‧滿足市場對大發裝配線生產的各型車種需求。

6.實施中的問題點

在平準化生產實施過程中，仍然存有許多問題點待進一步去克服。其中
犖犖大者如下：

（1）加強工時精確性：工時係使用規定的工作方法與設備，在規定
的工作條件下，由熟悉該工作的合適作業人員，在標準的工作
速度下，完成一單位工作量所需要的時間。因一切管理數據皆
由工時推演而來，尤其在實施平準化生產時，由於某些設備、
工作條件有所改善、變更，所以工時須重新設定，無論用上推
法（button-up approach）或下推法（top-down approach），必須

同時參考歷史資訊，所得的標準工時、工時數據方能更準確，並有助於平準化生產的生產量計算、生產目標設定、混線比、生產進度及人力配置安排、生產線平衡等。而這些資訊的建立有賴具有工業工程背景的專業人員與現場幹部的共同努力。

(2) 減少不良品零組件上線：汽車裝配生產線兩側的零組件，不論是進口、國內製造或廠內製造，皆以管理品質水準、檢核、測試、檢驗等方法做製程、製造品質。若發現有異常不良品時，應立即探討原因，俾利採取對策，以免造成生產線作業異常或半成品不良，而影響生產效率、生產力。如屬一般性的異常，則改訂或另行制定作業標準，或零組件的品質標準。如屬一時的原因，則立即採取對策，同時作成紀錄。最重要的是防止同樣的異常再度發生。若不如此，則在平準化生產，因多種車型，其零組件更多，造成更多不良件，影響生產的機會增加，企業損失將會更多。

(3) 改進資訊系統的傳遞：汽車生產線係採用以裝配為中心，利用輸送帶的直線生產，並以一定的速度進行平準化生產。在日本豐田式生產管理系統中一直強調將看板的方式運用於現品單、作業指示、庫存量的掌握與控制機能的效果，但在我國現今的工業水準，因客觀的環境，協力廠商未能及時、準確地運交品質良好的產品，因此使用看板方式有所困難。在引進時利用料架立體化，並且運用倉儲時慣用的二堆式管制法（two-bin control system），得以迅速掌握生產線側供料的情況，即在料架上放置相同另件兩個料籃，現場管理幹部依生管組所排定的計畫生產，使用電話系統迅速聯絡裝配線前塗裝完檢車體的準備、配料的時點、倉儲庫存量的控制及掌握，使平準化生產順利。

(4) 加強訓練多職工種作業人員：多職工種作業人員，係包括：生產線及供料系統兩類人員，由於多種生產方式，形成各工作站作業內容及供應零組件數量增多，故對於新進員工幾乎不可能在短時期內訓練完成，而舊有員工又易有排斥新工作訓練的心態，因此如何鼓勵員工參加多職工種的訓練，成為很重要的課題。在生產時多職工種人員不足時，其應變臨時對策：唯有將

製程檢驗人員或班長投入生產線，以應燃眉之急。

7.未來的課題

平準化生產，在執行實施期間，得以順利進行，為進一步追求其效果，未來的生產仍然充滿著挑戰，我們仍須努力的方向如下：

(1) 歐、日系車輛平準化生產：此次平準化生產的實施僅限於日本大發車輛裝配線，係使用相同的作業標準方式完成其轎車及貨車的裝配作業。現今羽田企業汽車裝配線另一線為歐系標緻車輛。在裝配作業，因其設計、材料不同而有很大的差異，如以裝配傳動系統與引擎為例，日系汽車體固定，而傳動系統與引擎各組件依工作站分段由下向上裝配，而歐系反之，係將上述各組件，固定輸送帶上，而汽車車體由上向下移動，在同一生產線上增加作業困難。更且將日系小貨車變更日系商用車，困難度將加倍。但為配合市場的需求，數量不能與現有生產線平衡。唯有採取歐、日系車種平準化生產為對策，然後對其夾治、工具、零組件及相關作業必須做進一步的探討。同時亦須規劃，不同引擎、車體、顏色、配件的車輛在同一生產線上作業。

(2) 配合電腦化作業：平準化生產的引進、實施皆採用人工作業，從處理材料開始，經過生產程序，最後製出成品。其過程中所使用的人力、設備、零組件裝配次序、物料的搬運、儲存等作業資訊，是件重複繁雜的文書事務工作，且其資訊的可靠度亦為管理人員所懷疑。為節省人力、時間和金錢，同時減少與抄寫間、電話聯繫中所產生的錯誤，唯有進一步與電腦化作業連成一體，並考慮其相關軟體的建立，始可令平準化生產更具有實用性。

(3) 建立強而有力的中心衛星工廠體系：面臨國際化、自由化的挑戰，汽車行業的生存環境更形艱鉅，唯有中心裝配工廠與衛星工廠建立共同的憂患意識，同心協力，對成本、品質及交貨時限方面改善，方能應付未來激烈的市場競爭。而平準化生產成敗，端賴零組件品質穩定及準時交貨，前者可減少不良品上線、倉儲等作業，後者可節省倉儲、生產管理、確定生產順序

等作業，皆屬直接影響生產的因素。由於我國協力廠商管理及技術水準不一，影響平準化甚鉅，是故，早日形成堅強作業陣容，為當前之要務，中心廠商須提供專業人員共同克服問題。

（4）完成包裝標準化作業：汽車裝配線上的零組件不勝枚舉，零組件的儲存、運輸作業與平準化生產息息相關，因其相關作業的工作速度影響著生產線的生產，如供料系統未能及時搭配，則造成生產線停線或延誤。然在零組件的作業中首先須考慮的是包裝作業，因零組件具有大小、重量、體積、形狀、物性等要因。如何建立標準包裝方式，便於儲存及搬運，有賴於新車種引進時的事先檢討和採取的採購方式，而現有車種應設法彙集、分析改善，以利生產；微小細節亦不可疏忽。在實施階段中曾因大發零組件每件皆以紙張包裝，40台份零組件再用紙箱包紮，而倉儲人員未經拆卸直接送至生產線自行拆裝，因量多且繁，造成生產線人力不足，延誤裝配工時，影響平準化生產。因此在此特別強調須重視此種標準作業的重要性，但往往為一般人所疏忽。

表7-19　複式平準化生產方式進度管制表

進度及內容 \ 實施時期	規劃時期						準備時期						實施時期			
日期	0–1	2	3	4	5	6	7	8	9	10	11	12	13	14	15
方案規劃	■														
作業檢討設定		■													
幹部溝通		■	■												
生產線規劃			■	■	■										
供料系統規劃				■	■	■									
車體台車／儲存區設定						■	■								
T組 OP設定							■								
T組 配料系統化 料架立體化								■	■						
單一車種熟練度訓練									■						
T組作業人員溝通 多職工種訓練									■	■					
C組 OP設定							■								
C組 配料系統化 料架立體化									■	■					
單一車種熟練度訓練									■						
C組 作業人員溝通多 職工種訓練										■	■	■			
T組試作												■			
T組量試													■		
C組試作													■		
C組量試														■	■
全廠正式生產															■

說明：T組：前觸裝等裝配作業。
　　　C組：底盤、後軸等裝配作業。

第 8 章

生產執行（二）
——技術實務

- ⚒定義
- ⚒自動化與資訊化的本質
- ⚒先進技術
- ⚒案例

　　我國近數十年來，工商業發展極為迅速，但隨著環境的改變，也面臨嚴苛的挑戰。早期台灣憑著低廉的人工成本，以廉價的競爭優勢，切入國際市場，占有一席之地，而成為先進國家的海外生產基地。但隨著其他落後的國家，採用更低價的人力投入，台灣逐漸喪失價廉的優勢。因此，台灣業界轉型運用自動化及優質的管理制度，提昇產品品質、縮短交期，提高生產力，提昇競爭力。（圖8-1）

　　然而進入21世紀，產業跨入e世代，過去賴以生存的價廉物美及高生產力競爭策略，已成為產業必備的條件，而非充分條件。於是在此一波e化之產業革命的波濤下，台灣又面臨再轉型的衝擊。快速反應市場需求、生產線快速而具有彈性調整、國際化全球運籌管理，成為產業競爭關鍵成功要素（Key Succeed Factor, KSF），而速度與創意成為現階段業界之競爭策略要點。

　　這個巨幅變化、動盪不已的環境，引發了企業組織制定經營策略及目標（圖8-2），更朝向未來工廠的夢想。（圖8-3）（吉岡達夫，1993）

定義

✖ 自動化

1.狹義

自動化乃用機械力量或電力來發動機器代替人力，並進行大量生產。換言之，即利用機械力、電力、水力或空氣壓力等來控制，使工作持續不斷。

2.廣義

（1）自動化不應單只藉改進機械或控制設備來提高生產效率，尚應包括：如何善用許多新方法、新技術以達成過去人力與機器所無法達成的生產境界。

（2）自動化視生產過程為一個整合的系統。

（3）自動化是整合現有或陸續出現的管理與工程技術。

（4）自動化包括：所有表現在生產效率的提高、生產成本的下降或增加對市場改變狀況的應變能力。

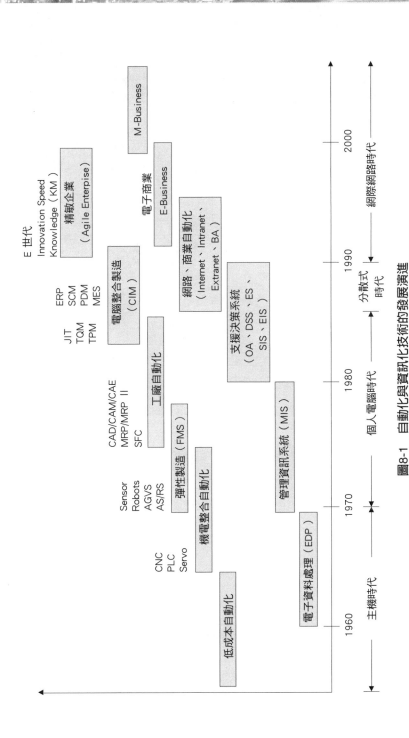

圖8-1 自動化與資訊化技術的發展演進

環境變遷		
技術的進步	經濟的變化	社會的需求
・電子工業技術進展 ・機械電子裝置進度 ・新材科革命 ・管理軟體開發進展 ・高度資訊化革命	・輕薄短小→美感遊創（美麗、感動、遊戲、創造） ・國內需求的平穩 ・國際貿易摩擦（WTO） ・人事費用、原料漲價 ・美元貶值 ・大陸投資日增	・消費者需求多樣化 ・價值觀的個性化 ・顧客導向 ・追求人性 ・共存、互惠、策略聯盟的思想 ・地方化、分散化的時代 ・知識資訊取代土地、勞力及資產

經營策略	
必要條件	策略
・產品多樣化 ・產品交期縮短化 ・產品開發縮短化 ・產品開發最新化 ・降低成本 ・提高品質	・策略規劃的經營 ・技術革新、開發新材料 ・重視新產品開發 ・國際分工、海外生產基地 ・創造新市場、強化行銷 ・資訊現代化 ・推行合理化、自動化

目標		
自動生產系統	產品研究發展	資訊系統
・FA、FMS 及 CIMS 的推行 ・管理系統的高速化 ・整合性生產線的合理化、自動化。	・CAD/CAM運用 ・CAE建構 ・研究、開發支援環境的塑造	・整合資訊系統 ・資訊在策略上有效運用 ・推行事務精簡化、合理化

圖8-2　e世代產業必須面對的衝擊及因應策略

✖ 資訊化

1.狹義

資訊化乃用電腦設備來做企業活動訊息之紀錄、分類、組織、關聯與解釋的資料，成為資訊。（謝清佳、吳琮潘，2003）

2.廣義

（1）為某個人的某個決策問題有關的資料。

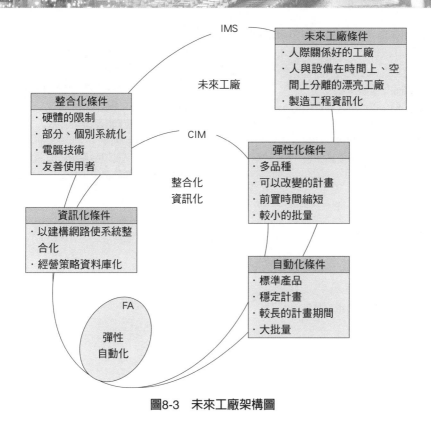

圖8-3 未來工廠架構圖

（2）資訊化應包括人的決策活動在內。

（3）資訊化是減低不確定因素，以利作方案的選擇。

自動化與資訊化的本質

　　自動化與資訊化的本質是一種技術（technology），而技術能力水準來自科技的研究與發展。簡言之，技術是資源的轉換器。對生產製造活動而言，技術扮演一種轉換機制的角色，促使自然資源轉換為具有附加價值的物料資源；或將低附加價值的物料資源轉換成高附加價值的物料資源。而對服務活動而言，技術是將各種製造業成品轉換為顧客方便及滿意的活動與機制；或為在現有服務上，能予整合及創造更大附加價值之服務機制。因此，兩者在工作及過程上有差異（**表8-1**）。（顧志遠，1998）

表8-1　製造業與服務業之自動化與資訊化差異比較

製造業	服務業
1. 製造可以精細分成許多基本動作，利於轉換成自動化設備生產。 2. 先自動化再走向全面資訊化。 3. 著重動作自動化。 4. 製造業自動化為現今必備條件。 5. 取代藍領階級勞工。	1. 服務業的工作多是與顧客接觸，不易分解為基本動作，故較不利於轉換成自動化設備服務。 2. 先資訊化再走向自動化。 3. 著重決策自動化。 4. 服務業自動化為現今產業革命。 5. 逐漸取代白領階級員工。

先進技術

✖ 製造業自動化

✦ 低成本自動化

1. 由來

第二次世界大戰以後，歐洲各國之經濟大傷元氣，要復興工業發展經濟，又沒有美國工業界之雄厚資金，故竭力推行低成本自動化（Low Cost Automation , LCA），以提高中小企業之生產力。日本從1967年開始推行，派員赴歐洲學習，訂立訓練及輔導計畫，由日本政府輔助而使日本中小企業，呈現蓬勃的現象。我國於1970年亦隨之實施，效果不錯。

2. 定義

LCA是將自動化機構（機械、空壓、油壓、電氣或電子）連接在現有的生產機器或設備上，容易控制、操作及裝拆，標準化（市場容易購買），而且從這部機器上拆下以後，別的機器可再使用。LCA可應用於任何企業，無論大小、不論何種產品及生產時間之長短，也可說是將低成本的機構、設備或方法使用於現有的機器設備上，以逐步朝向自動化（用自動控制方法，改進製造程序，可能需要若干小的技術改變）。（徐丕洲，1973）

3. 效果

LCA的功效，最主要是花費極低的設備費用，達到有效的自動化生產，

使成本降低而增加利潤，其效果爲：

(1) 減少勞工。

(2) 增加生產效率。

(3) 減少物料損失。

(4) 技術工人養成容易。

(5) 降低成本增加利潤。

(6) 獲得拓展市場機會。

(7) 改善環境減少工人流動率。

4.實施重點

LCA並非一步達到完全自動化，最重要的著眼點是利用現有機器，選擇需要又適合於自動性者，使用簡單標準化，市場可以購置的自動控制機構，加以組合，先行局部自動化，等到獲得盈利以後，再逐步推行到其他機器，這樣不必一次投入鉅額資金，卻可收到很大的效果與利益。

5.必要條件

LCA是以經濟實惠爲原則，以局部之自動，獲得最大的效果，有其低成本機構應具下列的條件：

(1) 標準化：市場可隨意獲得，雖廠牌不同，但規格可供選擇。

(2) 簡單化：容易學習、操作及保養，不需高深費時之訓練。

(3) 再用性及彈性：可以互換機器或設備。

(4) 容易裝置及拆除。

6.自動化機構之選擇

第一要根據需求，充分瞭解自動化的理由，是節省人工？增加速度？適應較高之負荷？還是需要高度之精確度？每一種自動化的方法都有它的優點與缺點，選擇最適合本身需要者才能獲得經濟有效的生產。

第二是可行性之研究，你想出的方法是利用標準化而市場可以獲得的機件，還是自己要設計一套控制系統？你的工程人員有無此項技術，該項設計是否可行得通？

第三是經濟分析：你有沒有能力負擔此投資？即使有此能力，你的這項投資是否合算？在長期經營中能使你收到多大功效？是否有較高的設備投資週轉率？

7.自動化系統之比較（表8-2）

表8-2 自動化系統比較表

<table>
<thead>
<tr><th colspan="2">項目</th><th>機械系統</th><th>電氣系統</th><th>電子系統</th><th>油壓系統</th><th>空壓系統</th></tr>
</thead>
<tbody>
<tr><td colspan="2">可用之力量</td><td>中</td><td>中</td><td>小</td><td>特大</td><td>大</td></tr>
<tr><td colspan="2">可用之速度</td><td>低</td><td>高</td><td>高</td><td>中高</td><td>高</td></tr>
<tr><td colspan="2">反應速度</td><td>中</td><td>高</td><td>高</td><td>高</td><td>低</td></tr>
<tr><td colspan="2">負荷對性能之影響</td><td>不計</td><td>不計</td><td>不計</td><td>中</td><td>高</td></tr>
<tr><td colspan="2">對準之精確度</td><td>高</td><td>高</td><td>高</td><td>中</td><td>低</td></tr>
<tr><td colspan="2">構造</td><td>普通</td><td>稍複雜</td><td>複雜</td><td>稍複雜</td><td>簡單</td></tr>
<tr><td colspan="2">線路及管理</td><td>無</td><td>簡單</td><td>複雜</td><td>複雜</td><td>稍複雜</td></tr>
<tr><td rowspan="4">環境限制</td><td>溫度</td><td>正常</td><td>欠佳</td><td>欠佳</td><td>到70°C</td><td>到100°C</td></tr>
<tr><td>濕度</td><td>正常</td><td>欠佳</td><td>欠佳</td><td>正常</td><td>需要排水</td></tr>
<tr><td>抗腐</td><td>正常</td><td>欠佳</td><td>欠佳</td><td>正常</td><td>正常，唯需注意氧化</td></tr>
<tr><td>防震</td><td>正常</td><td>欠佳</td><td>欠佳</td><td>正常</td><td>正常</td></tr>
<tr><td colspan="2">保養</td><td>簡單</td><td>需要專門技術</td><td>需要高度專門技術</td><td>簡單</td><td>簡單</td></tr>
<tr><td colspan="2">危險</td><td>無</td><td>漏電</td><td>無</td><td>非燃性</td><td>無</td></tr>
<tr><td colspan="2">遙控</td><td>欠佳</td><td>最優</td><td>最優</td><td>佳</td><td>佳</td></tr>
<tr><td colspan="2">電力中斷</td><td>停止工作</td><td>停止工作</td><td>停止工作</td><td>稍微可用積壓器及手幫浦</td><td>可由空氣箱之容量而移動</td></tr>
<tr><td colspan="2">裝置之限制</td><td>稍有限制</td><td>無</td><td>無</td><td>無</td><td>無</td></tr>
<tr><td colspan="2">無級速度控制</td><td>欠佳</td><td>欠佳</td><td>特優</td><td>特優</td><td>佳</td></tr>
<tr><td colspan="2">速度調整</td><td>欠佳</td><td>佳</td><td>佳</td><td>佳</td><td>欠佳</td></tr>
<tr><td colspan="2">價格</td><td>普通</td><td>稍高</td><td>高</td><td>稍高</td><td>普通</td></tr>
</tbody>
</table>

✦ 機電整合自動化

機電整合自動化（mechatronics automation）由來、定義及重要設備分述如下：

1.由來

自動化是在一個合理的生產系統之連續性及整體的作業中，使用電子或其他設備以控制及調整產品的品質及數量。自動化原則爲機械化、回饋、連貫作業以及合理化，LCA由於受限自動化技術只是部分修正，而不是將機械化之個別作業結合起來。

機電整合一詞譯自英文Mechatronics，即是機械（Mechanics）與電子（Electronics）之合併，在1960年代，日本安川電機公司在電動馬達的電子控制相關文章上首先使用此一字眼，而流行至今。

為配合產業的需求，在1970年代先進國家，不遺餘力朝向機械與電氣及電子的結合發展，終於突破技術瓶頸，使產業生產力更邁向精確、快速及節省人力的境界，蔚成風氣。

機電整合技術出現為工業技術進化的過程，而非革新，其發展歷史為：

（1）1970年代：伺服技術引進，應用於產品。（工具機、自動對焦相機）

（2）1980年代：微電子、微處理器、微電腦技術革命進步導入。（NC, CNC，反鎖死煞車系統）

（3）1990年代：通訊技術引進，資料網路與控制網路整合，從現場的感測器、致動器或家用電器、到公司各部門管理電腦或大樓管理電腦，到全世界各處的個人電腦，形成－Infranet－Intranet－Internet網路，透過網路可遙控機械手臂或監控工廠。

2.定義

機電整合為機械工程與電子及智慧型電腦控制協同整合，求取工業產品或製程的設計及製造上有更佳之效果。也就是說，應用新進的精密機械工程、電機、電力、電子、控制理論及計算機科學等科技來設計、製造其有更高性能、更強功能的工業自動化零組件、系統及設備。

這些零組件、系統及設備包括：測感器、致動器、控制器、功率元件、機器人、機器視覺、自動導航車及生產現場監控系統等。

3.重要設備

（1）數值控制（Numerical Control, NC）

a.簡介：工具機的技術開發，可以說是前人不斷追求生產力的歷史。數值控制設備的開發，是生產系統邁向自動化的一個重要里程碑。NC是以數值、文字或符號控制自動化製程從事生產，通常數值等構成一系列指令，用以規範生產設備（車床或銑床等工具機）的功能與運作，此一系列指令通稱為程式，只要備妥程式即可迅速改變生產設備所設定的工具。因此，使用NC生產系統有極大的彈性。早期的NC機器是將程式的訊息以打孔的紙帶輸入機器，紙帶的製作及修改費時且易損壞。（圖8-4）（日本日立精機公司，1985）

NC可由生產人員於現場下達指令，亦可與電腦連線，經由電腦

圖8-4　CNC車床

控制。NC可以控制工具或工具機，在許多彈性製造系統中均可見由NC控制的工具或工具機。美國及日本在1950年～1970年代曾經興起以NC改良設備，改裝後可執行高難度的工作，這種作法可減少設備投資，也可縮短裝換機具之時間。因此，人工、存貨均可隨之下降，應用廣泛。電腦數值控制（Computerized NC, CNC），指工具機若全部或部分指令已事先存入專用之電腦記憶庫中，也就是把微電腦與生產設備裝設在一起，以微電腦為控制單元，可配合生產的物品在微電腦上編輯程式，以操控生產設備，需加工的物件只要將相關的條件輸入電腦一次，下次可再從事同樣的工作，只需從電腦記憶中將程式叫出即可，取代紙帶製作，同時可將多個程式儲存起來應用，比傳統NC更具彈性，且簡化操作程序；此外，電腦多附有此簡單的運算功能，方便現場直接運用，例如，公制與英制的轉換。若製程中之某些設備與電腦連線，而設備之操作交由工作人員於現場使用電腦操作，則稱為直接數值控制（Direct NC, DNC）。

b.NC機引進，具有下列的功能：

a）降低成本。

b）提高生產力。

c）省力化。

d）因應多種少量生產。

e）高精度，加工均勻化。

f）易於達成複雜形狀切削加工。

g）易於達成生產管理、品質管理。

h）適合於工件形式變更、設計變更以及試製。

i）可以立即因應重複訂貨。

j）可以彌補熟練工的不足。

k）對工作人員的疲勞保護和效率提高。

l）提高作業安全性。

c.NC工具機的分類

a）本體形狀

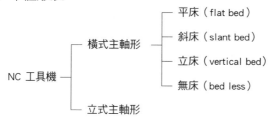

b）主軸

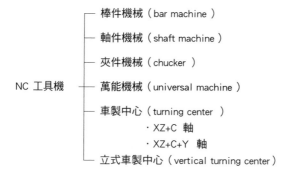

c）使用目的

d.NC周邊設備：NC可附加於傳統車床或銑床生產製造各種圓形及平面的切削、攻牙、鑽孔、研磨等加工。為增加精度及均勻化，增設相關周邊裝置：

a）自動工件量測與補償裝置（automatice workplace measuring & compensating device）。

b）自動刀尖量測與補償裝置（automatice tool tip measuring & compensating device）。

c）刀具壽命監視裝置（tool life monitoring device）。

d）切削監視裝置（cutting monitoring device）。

e）刀具測感器（acoustic emission sensor）。

f）自動換刀裝置（automatic tool changer）。

g）自動夾爪更換裝置（automatic jaw changer）。

h）自動夾盤更換裝置（automatic chuck changer）。

i）自動裝料、卸料裝置（automatic loading & unloading device）。

j）切屑搬送器（chip conveyor）。

（2）可程式控制器（Programmable Logic Controller, PLC）：PLC為一組自動化設備，其可應用的層面相對廣泛，係因當初設計規格要求，乃在尋找一種可以執行斷續（discrete）、邏輯（順序邏輯）之控制器，以代替傳統的繼電器控制盤，而早期的產品，亦僅能執行邏輯控制之工作。

但隨著半導體技術的突飛猛進，再加上微電腦科技之成熟，而使PLC功能逐漸趨向多元化，除斷續邏輯控制功能外，更具備了連續性控制（類比控制）、資訊處理、數學運算及電腦通訊等繼電器控制所無法達到之功能執行控制的功能。（圖8-5）

（3）伺服控制器（servo controller）：電子、資訊及量測工業迅速發展，使得工業控制的方式有所改革，利用微電腦為控制器的技術，解決了傳統硬體控制器（機械式、機械與氣壓、機械與油壓、氣壓與油壓等）的複雜性，同時也增加系統控制的彈性與性能的改進。（高耀智，1984）

因應此種控制技術的改革，發展出的電液伺服控制系統（electro-

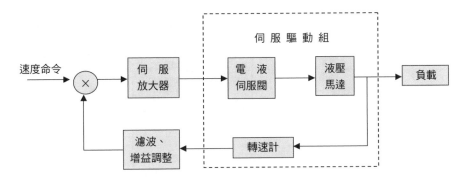

圖8-5　類比式速度控制系統圖

hydraulic servo control system）可適應不同的設備、伺服性能（servo performance）以及環境的需求。一般最常用於速度控制、定位控制和壓力（或力量）控制（**圖8-6**），其伺服性能的要求為下列項目：

a.穩定度（stability）。

b.超越化（rate of overshoot）。

c.上升與安定時間（rise & settling time ）。

d.系統精度（system accuracy）。

e.伺服剛度（servo stiffness）。

f.負荷參數改變時之強韌度（robustness to the load variation）。

彈性製造單位及彈性製造系統

彈性製造單位及彈性製造系統（Flexible Manufacturing Cell, FMC）（Flexible Manufacturing System, FMS）由來、定義、組成架構及功能等分述如下：

1.由來

用於生產的工具機，隨著所需加工產品的穩定性與生產量，從一般工具機逐漸發展為設有工模、夾具、自動送料機等一般工具機的專用化。利用專用工具機的自動化，也就使聯製機械（transfer machine）的使用，逐次因應生產量的增大而省力化、自動化。

自1950～1970年代間，世界各國都進行以汽車及家電產品為對象的大量

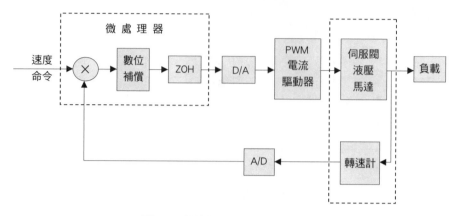

圖8-6　數位伺服速度控制系統圖

生產技術開發競賽，因此以聯製機械所象徵高生產性自動加工系統獲得輝煌的技術進展。但進入1970年代，生產技術的競賽逐漸轉向為能夠開發多品種中少量生產具有彈性（機器、加工、產品、流程、數量、擴充、作業、生產）而迅速生產的自動化系統。

這種具有彈性的生產系統觀念，最初出現於1967年英國Molins香菸製造公司所發表的System 24（圖8-7），世界最初以無人操作為導向的電腦控制生產系統構想，這是目前FMS的嚆失。

在21世紀的生產環境中，FMS仍是生產系統的中流砥柱，為防止FMS系

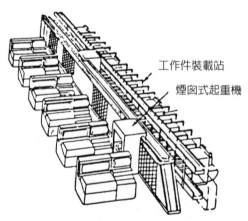

圖8-7　煙囪式起重機FMS實例（System 24）

統的老化及確保擴張性，這種FMS是由FMC由基本模式的模組化方式所構成，這種可單獨運轉之模組化FMC已成爲中小企業FMS主要的潮流。（林豐隆，1983）

2.定義

（1）FMC：積極的利用電腦技術，使得物品與資訊的流通整合，所設計的小規模加工系統具有高度的彈性。而此系統具有彈性加工、輸送、倉庫、保養及軟體的機能。（圖8-8）（雷邵辰，1992）

（2）FMS：由FMC原來使用在小規模機械加工組合，而FMS是擴展使用於大量機械鈑金、熔接、鍛造、塑膠射出成形、雷射、水刀、噴射加工等，並與裝配、檢驗加以整合而成的大規模作業系統。FMS是以FMC爲基本模式的模組化方式所構成。（圖8-9、圖8-10）（日本自動化技術雜誌編輯，1982）。適合於中品種、中少量生產系統。也可以說是一個綜合高層次分散式資料處理、自動化物流流動及整合式物料儲存與處理系統。

3.組成架構

一般機械加工用FMC，由下列諸機能所組成：

（1）多半由1～2台的工具機所組成之加工機能。（車床、銑床、或鑽床）

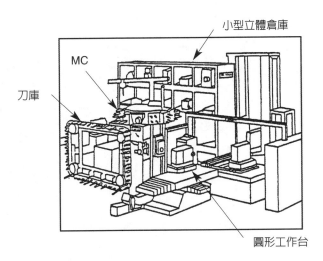

圖8-8　立體倉庫型之FMC

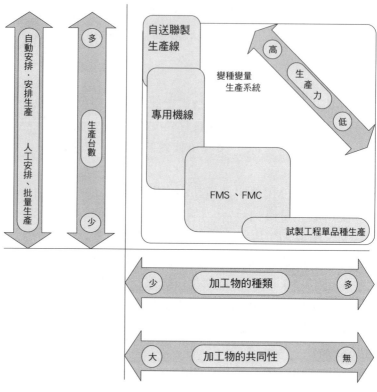

圖8-9 彈性生產系統（FMS）使用範圍

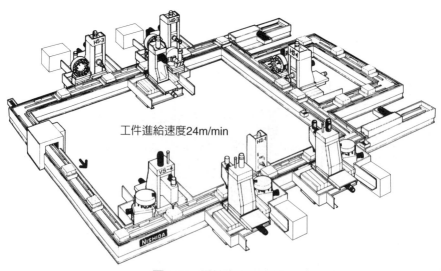

工件進給速度24m/min

圖8-10 彈性生產線實例

（2）由機械人、自動運搬車、輸送機爲主所組成的輸送機能。

（3）由工作台、倉庫及工具、刀庫等構成的倉庫機能。

（4）由測感器、信號處理系統所組成的保養機能。

（5）主控（1）至（4）項的軟體機能。（一般4項之大部分及5項皆彙總於單元控制裝置中）

4.功能

（1）不同工作件族系生產。

（2）待加工工作件可隨時進入生產系統。

（3）減少製造前置時間。

（4）減少在製品存貨。

（5）增加機具使用率。

（6）減少直接與間接人工。

（7）增進管理控制功能。（工作件流程的負荷、投入及設備管理）

5.分類 （林豐隆，1983）

（1）工作件不同的FMS

a.同類型工作件：工作件構造相同，形狀的變化類似，只有細部尺寸不同。

b.非同類型工作件：不同形狀及尺寸但需機械加工，而有相同的公差要求。

（2）工程範圍

a.第一階段：機械加工

b.第二階段：機械加工＋工作件檢驗

c.第三階段：機械加工＋工作件檢驗＋特殊加工

d.第四階段：材料加工＋機械加工＋工作件檢驗＋特殊加工

e.第五階段：第四階段＋裝配

f.第六階段：第五階段＋成品檢驗

（3）設備

a.搬運機爲主體，亦可說機器人FMS。工作件爲圓形，機器人搬運爲曲線式線路，適用於齒輪特殊加工。（**圖8-11**、**圖8-12**及**圖8-13**）

b.工作軸頭更換裝置爲主體，以方形複雜孔加工爲主，並配合運

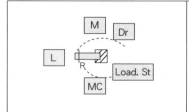

R：機器人　　　MC：綜合切削中心	Gear Shap：齒輪刨製機
M：銑床　　　　Dr：鑽床	Aut La：自動車床　Con：搬運路線
St.O：裝載站　　L：車床	Deburr：研磨機　　Broach：拉床
用途：新生產技術試驗工場	Gear Shav：齒輪刮製機
	（可加工小齒輪直徑 3.5"～7.0"）
	用途：齒輪工作件加工 4 種

圖8-11　挪威工業大學（NTF）　　圖8-12　Massey Ferguson公司

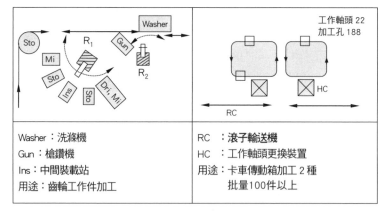

Washer：洗滌機	RC　：滾子輸送機
Gun：槍鑽機	HC　：工作軸頭更換裝置
Ins：中間裝載站	用途：卡車傳動箱加工 2 種
用途：齒輪工作件加工	批量100件以上

圖8-13　美國Unimation公司　　圖8-14　美J. I. Case公司使用
　　　　　　　　　　　　　　　　（Ingersoll公司提供）

搬設備，有單能機的特性，爲中、大量生產用。（圖8-14及圖
8-15）

c.工作軸頭更換裝置及綜合切削中心合併使用：加工機械能量良
好，而投資金額最大。（圖8-16及圖8-17）

d.綜合切削中心爲主體。平面機械加工廣泛應用。（圖8-18及圖
8-19）

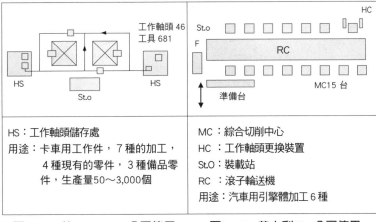

HS：工作軸頭儲存處
用途：卡車用工作件，7種的加工，
　　　4種現有的零件，3種備品零
　　　件，生產量50～3,000個

MC：綜合切削中心
HC：工作軸頭更換裝置
St.O：裝載站
RC：滾子輪送機
用途：汽車用引擎體加工6種

圖8-15 美John Deer公司使用
（Burkhardt Weber公司提供）

圖8-16 義大利Fiat公司使用
（Comau公司提供）

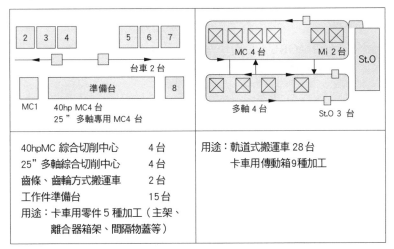

40hpMC 綜合切削中心　　　　4台
25”多軸綜合切削中心　　　　4台
齒條、齒輪方式搬運車　　　　2台
工作件準備台　　　　　　　　15台
用途：卡車用零件5種加工（主架、
　　　離合器箱架、間隔物蓋等）

用途：軌道式搬運車28台
　　　卡車用傳動箱9種加工

圖8-17 美Harvester公司使用
（White Sundstrand公司提供）

圖8-18 Allis Chalmers公司使用
（K&T公司提供）

6.應用

日本豐田公司應用FMS的觀念，採用彈性車身裝配線（Flexible Bdy Lines, FBL），FBL需要三個棘爪固定車身，以進行焊接等工程，而且不同車款的棘爪也不同，運用快速換裝之裝置來達成。

為提高FBL的功率，改善成為GBL（Global Body Lines），只採用單個棘爪，各種車款都適用，節省更換棘爪時間與廠區的空間，預計在2004年內完

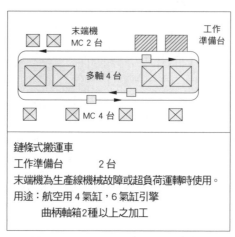

圖8-19　Avco Lycoming公司使用
（K&G公司提供）

成全球三十四條GBL。具有下列的優勢：

（1）當新的市場利基出現時，豐田不需要建立新的裝配線，就可以投入生產。

（2）GBL的投資金額只有FBL的50%，可降低裝配一部新車成本70%。

（3）縮短接單到交貨的前置時間。

（4）拉大與通用（GM）、福特（Ford）及戴姆勒克萊斯勒（Daimler Chrysler）競爭力的差距。

7.設備

（1）機器人（Robotics）

a.由來：機器人（圖8-20）這個定義最早出現於捷克的一本劇作中，該劇的劇中人──一個專門服侍人類的機器，這是人類最早的夢想。1961年由美國UNIMATE公司所發展出來，使用於壓鑄（die cast）過程，擔任高溫合金溶液的澆注和完成品的取出工作。此後陸續應用於噴漆、焊接核能廠等惡劣環境下的工作。近代的機械人，其機械臂可以做各種不同的生產工作，亦具視覺、觸覺、辨識及高智慧（思考）等特性的機器人，應用廣泛。（雷邵辰，1992）

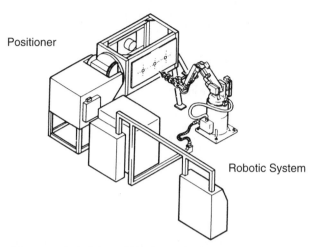

圖8-20 辛辛那提 T³機械人用來做鑽孔工作

b.定義與構成：機器人，是指具有特殊用途，且具有類似於人類某些特性的可用程式控制的操作機器，可用來搬運物料、工作件、工具或特殊裝置。（圖8-21）

機器人其構成為：

a）機械手臂為一種機械裝置，由電動馬達、氣壓裝置、液壓致動器（actuator）驅動。

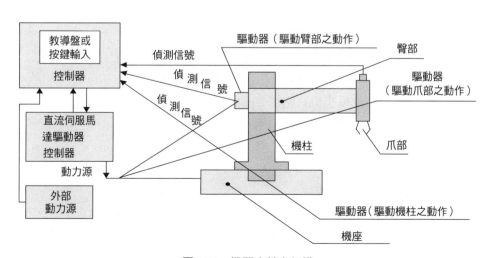

圖8-21 機器人基本架構

b）驅動元件為線性或轉動致動器。

c）手臂可做六種動作，都是旋轉式，手軸伸展是唯一由線性致動器產生的旋轉動作。

c.機器人可分類為：

　a）用途

　　（a）工業用機器人。

　　（b）家庭用機器人。

　b）主要動作

　　（a）定位動作

　　　①包括：手臂水手旋轉、肩部迴旋及手軸伸展。

　　　②使手臂移動至工作空間內任何位置。

　　（b）定向動作

　　　①包括：擺轉（yaw）、仰轉（pitch）、扭轉（Roll）。

　　　②引導手腕將工具面板和工具指向工作件的正確方向。

　c）動作控制方式

　　（a）手動操作器（manual manipulator）。

　　（b）固定程序機器人（fixed sequence robot）。

　　（c）可變程序機器人（variable sequence robot）。

　　（d）複演機器人（playback robot）。

　　（e）數值控制機器人（NC robot）。

　　（f）智慧機器人（intelligent robot）。

　d）手臂操作控制系統（圖8-22及表8-3）

　　（a）極座標式結構（polar coordinate configuration）。

　　（b）圓柱座標式結構（cylindrical configuration）。

　　（c）關節手臂式結構（jointed arm configuration）。

　　（d）直角座標式結構（cartesion configuration）。

d.機器人的功能

　a）具有危險或不舒適的工作環境：常用於高溫、噪音大、污染嚴重的場所，如澆鑄、焊接、噴漆、物料移送、裝配等，亦有用於太空、深海、核能、軍事（炸藥爆破）等。

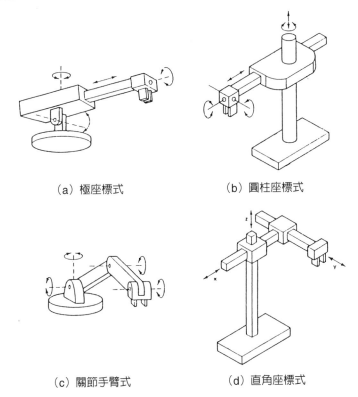

（a）極座標式　　　　　　　（b）圓柱座標式

（c）關節手臂式　　　　　　（d）直角座標式

圖8-22　四種工業機器人型式

表8-3　機器人手臂操作控制系統比較表

系統別	優點	缺點
極座標式	在狹小的空間可以發揮。	矮而長，垂直高度小，拆裝及維修不易。
圓柱座標式	1.能沿水平方向深入生產機器。 2.垂直結構所需地板面積不多。 3.結構剛性很大，有效載重大，重複性高。	1.左右伸展長度有限。 2.放在可移動的平台上，固定不易。
關節手臂式	1.占地面積最小，水平伸展極深。 2.手臂定位的機動性高，可繞過障礙，深入封閉處。	控制要求更複雜，機器人成本高。
直角座標式	1.X軸容易加長，可獲得較大的工作空間。 2.懸空式架設使工作地面有大量空間供其他用途使用。 3. 控制系統比較簡單。	高架式的驅動機構和電力控制設備維修不易。

　　b）重複性的工作：工廠中特別侷限於範圍狹小的工作區內，又是重複單調的工作，如工作件的上下料、搬運、品質檢驗等。

　　c）操作困難的工作：工作件或工具太重以至操作不易，亦可改用之。

　　d）三班制操作的工作：工廠輪班工作為一般員工所不喜歡，可由機器人代之的無人化工廠。

　　e）準確度高、速度快：由於經由電腦或其他指令操作代替人力，執行某些工作機器作業，具有快速精確之優點。

e.焊接應用機器人：機器人在工業上應用最多的可說是焊接，而大部分的工作在汽車製造工業。在焊接上最常用的二種控制系統是點到點及連續路線控制系統。這是與NC工具機的NC程式設計技巧相同的。而在焊接方面應用最多的機器人可算是Unimate Robot，在美國汽車工業已有80%是用機器人來焊接，如美國通用汽車公司（GM）、美國汽車（AMC）、福特（Ford）及克萊斯勒（Chrysler）均用機器人加入生產線（圖8-23）。

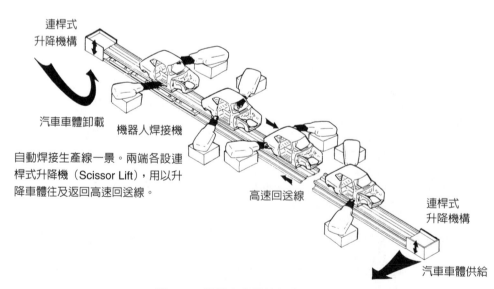

連桿式升降機構

汽車車體卸載　　機器人焊接機

自動焊接生產線一景。兩端各設連桿式升降機（Scissor Lift），用以升降車體往及返回高速回送線。

高速回送線

連桿式升降機構

汽車車體供給

圖8-23　機器人在焊接汽車過程

（2）無人搬運車系統（AGVS）：詳見第六章物料管理章節。

（3）自動倉儲（AS/RS）：詳見第六章物料管理章節。

（4）測感器（sensor）

　　a.定義：一般較爲人們所能接受的測感器定義爲能夠檢測出對象有什麼資訊的機件。進一步的說明是測感器是人類的五種感官（觸覺、視覺、聽覺、味覺、嗅覺）的代替品，能夠達成任務的機件，以及另外人類五種感官所不能感覺的現象（紅外線等電磁波、小能量的超音波檢出器、X光攝影機等亦包括在內），超越人類五感官能力，其所檢測的機械，皆可稱之。（林豐隆，1984）

　　美國儀器協會（Instrument Society of America）認爲測感器的定義爲具有在指定被測定量，能夠顯示最適切、有用電器信號能力的機件。日本JIS把它定義爲把有關對象狀態測定量變換爲信號系統的最初要素。測感器常因爲某個目的而構築的系統之一構成要素，此系統爲達成目的所需的一次資料，是由測感器所引進，測感器就成爲系統的要角。

　　b.方法：測感器的基本機能爲測定量的檢測與變換。爲此須以各種方法利用物理定律。但是在一般變換的物理量（大小），載送當前訊息的部分極小，換言之，對應此訊息的物理量變化極小。須設法只取出此小變化部分，否則無法有效傳達必要的訊息。爲此，組合多個測感元件或採用適切的信號處理法，獲得高效率傳達訊息的輸出，如此構成系統稱爲測感系統。

　　測感器在測感系統的最前線，可從對象取得一次訊息，其方法有二：

　　a）被動（passive）測感：直接承受對象本身所放出的訊息。

　　b）主動（active）測感：對對象施加能量，檢知其所產生之狀態變化。

　　取得的訊息須經精鍊後傳給利用者，考慮訊息處理的方便性，有關對象訊息可轉變成各種不同的信號。（表8-4）（雷邵辰，1992）

　　c.對象：計測的目的，係研究對象在生產過程中物理或化學性質

表8-4　電腦輔助量測訊號處理流程

自然現象變化量	轉換原理	類比訊號	數位訊號傳輸	電腦
機械量變化	電磁感應	電壓	串列	數據
熱學量變化	阻抗感應	電流	並列	分析
光學量變化	壓電感應	功率		處理
磁力量變化	磁力效應	頻率		
化學量變化	熱電效應	時間		
	光電效應			

　　的資訊，及資訊在過程中的控制。一般機械系統分類爲：

　　a）物品的有無、位置。

　　b）尺寸、形狀。

　　c）速度、加速度（回轉、直線）。

　　d）壓力（絕對壓力、錶壓力、眞空度、壓力差）。

　　e）轉距（回轉、固緊、起動）。

　　f）力（重力、拉力、壓縮力、負載）。

　　g）溫度（氣體、液體、固體）。

　　h）光學（顏色、反射率、瑕疵、透明度）。

　　i）電氣（電流、電壓、電阻、電力、周波數）。

　　j）流體（流量、密度、黏度）。

　　k）化學（氣體、洩漏）。

　　l）時間（小時、分、秒）。

d.使用原理

　　a）機械式測感器（表8-5）。

　　b）電氣式測感器（表8-6）。

　　c）光學式測感器（表8-7）。

　　d）流體式測感器（表8-8）。

e.自動化：長久以來，測試一直被視爲科學及技術中對「量」及「質」描述的基礎。由於測試與製造互換性相結合，測試更進一步地發展，而成爲生產系統中不可或缺的一環。近年來，電腦技術進步迅速，使得生產系統產生極大的變動。爲了配合製造技術的進步及直接的生產控制，測感器及量測技術不斷地被更新，發展出電腦輔助量測系統（Computer Aided Testing, CAT）

表8-5　機械式測感器

變換元件	原理	對象
微動開關	鉚釘頭模動作機構的電氣接頭信號	物品有無、位置、力矩、重量
觸摸開關	軸方向變位與電氣接點信號	物品有無、位置、尺寸
簧片開關	磁場的電氣信號	物品有無、位置
布頓式管	壓力的變化與管膨脹	壓力、溫度
彈性雙金屬保片	加熱時體積膨脹	溫度

表8-6　電氣式測感器

變換元件	原理	對象
高周波	高周波發射變化	物品有無、位置
靜電容量	靜電容量的變化	物品有無、位置
渦流	磁通量改變，而電流變化	物品有無、位置、尺寸、形狀
電氣測微計	二次線圈出力電壓變化	位置、尺寸、形狀、力、重量
電位計	阻抗與電壓變化	位置、尺寸、角度、壓力、重力
應變計	偏斜時電阻變化	偏斜壓力、重量、力矩
同步器	回轉位置引起電壓變化	位置、角度
磁力測感器	磁力應答時磁場變化	位置、尺寸、形狀、角度、速度、力矩
壓電元件	衝擊力而產生電壓	壓力、重量、力矩、偏斜
熱電偶	因熱產生電力	溫度
半導體元件	霍爾元件、磁場阻抗元件、鍺元件、矽元件	物品有無、位置、尺寸、偏斜、壓力、溫度
光感電晶體	光電效果而生電流變化	物品有無、角度、速度

表8-7　光學式測感器

變換元件	原理	對象
光電開關	光與電氣的變化	物品有無、位置
影像測感器	光電二極管，CCD變化	物品有無、位置、尺寸、形狀、速度
雷射測感器	雷射光線的變化	位置、尺寸、形狀
旋轉送碼器	光與迴轉的關係	位置、尺寸、形狀、角度、速度
波紋測感器	光學效應	位置、尺寸、形狀、角度
紅外線	熱與電氣變化	物品有無、位置、溫度
超音波	音波的變化	物品有無、位置
放射線	X線、β線、γ線	尺寸

表8-8　流體式測感器

變換元件	原理	對象
空氣壓測定器	流量、背壓的變化	物品有無、位置
空氣測微計	噴嘴背壓流量的變化	位置、尺寸
真空測微計	噴嘴的真空度變化	物品有無、位置、尺寸
空氣缸	壓力的變化	洩漏

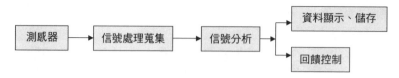

圖8-24　CAT架構

更提高生產的質和量。（圖8-24）

CAT係利用電腦進行一般功能性之測試。測試對象是裝配後之在製品、成品，確定產品是否符合設計預期之功能，其目的是為除去不良品，並可藉由測試，檢討製造程序是否合理。

為使機械切屑加工的工具機、設備及刀具正常運作，FMS系統應用監視系統，異常停機時間的縮短、切削量、切削效率提高，增加裝置如下：（林豐隆，1983）

a）刀具壽命監視系統。

b）主軸負載監視系統。

c）切削速度監視系統。

d）工具折損監視系統。

e）刀具損傷監視系統。

f）刀片位置測定裝置。

✦工廠自動化

1.定義

工廠自動化（Factory Automation, FA）是以工廠彈性自動化為基礎，綜合全面生產活動，以提昇生產力。也就是從取得訂單到出貨為止的生產（主要是加工、零組件裝配、系統裝配、檢驗、包裝）活動中，生產系統有效率的管理與控制。亦可說是為無人化工廠（unmaned factory）。（江口一海，1991）

2.目標

（1）多樣少量生產系統

　　a.多樣產品：實現多品種項目或產品的生產。

　　b.產品生命週期縮短：種類變化時可以轉變使用泛用型的設備。

　　c.小批量生產：在小批量的生產，各種生產更換，逐次逐批流動

生產系統。可以實現搬運線或設備的泛用性及自動準備作業。

　　d.變更生產：夜間無人化等因應變更生產的生產系統。

（2）生產系統整體控制及資訊管理

　　a.CAD/CAM一貫化：根據設計資料的製程設計、控制資料產生。

　　b.生產管理與工程控制：主電腦及銷售電腦的連接所做的生產指示與排程。

　　c.工程一貫化：同步、等量一貫化生產。

　　d.內外作業重新檢討工廠生產一貫化：與廠外系統的同步、庫存最小生產化。

（3）無人化生產

　　a.無人化運轉：由少人化到夜間無人化，使生產力倍增。

　　b.完全自動化：包括：自我診斷及維修的未來自動化的理想。

3.範圍

（1）FA自動化項目（**圖8-25**）（田中良治，1991）

　　a.產品設計。

　　b.加工裝配、包裝。

　　c.物流、倉儲、運輸。

　　d.製造管理。

（2）FA系統

　　a. FMS。

　　b.工程自動化（**CAD, CAPP**）。

　　c.規劃及控制自動化（**MRP**）。

　　d.整合化製造系統（**CAP, CAM**）。

4.推動步驟（**圖8-26**）

（1）步驟

　　a.第一階段：概念設計階段（**圖8-27**）。

　　b.第二階段：基本計畫階段。

　　c.第三階段：系統設計階段。

　　d.第四階段：工程階段。

　　e.第五階段：運轉階段。

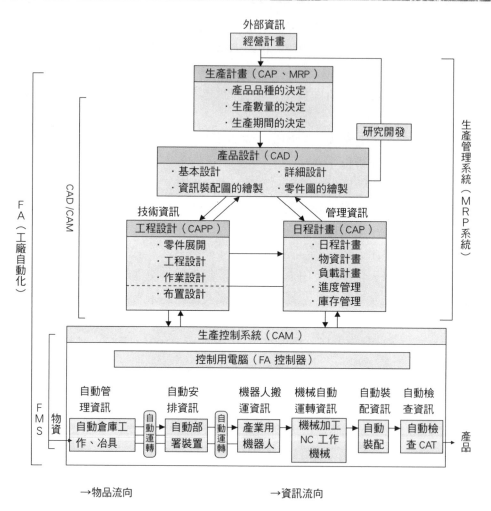

圖8-25　FA自動化範圍

5.FA計畫重點

（1）生產批量變小並縮短前置時間：不可信賴現有資料，應以理想
　　生產線觀點著手，更從零件的展開推測理論的流動量來規劃。

（2）不可侷限於現有生產線的規範：工廠不可能有連續10年以同一
　　系統運轉的系統，應思考改變的方向，並尋求新技術及設備。

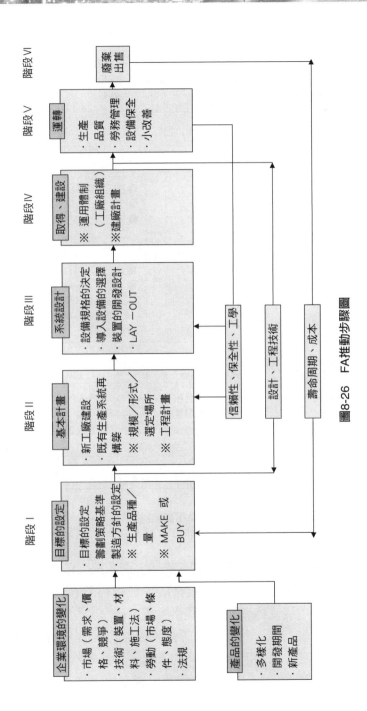

圖8-26 FA推動步驟圖

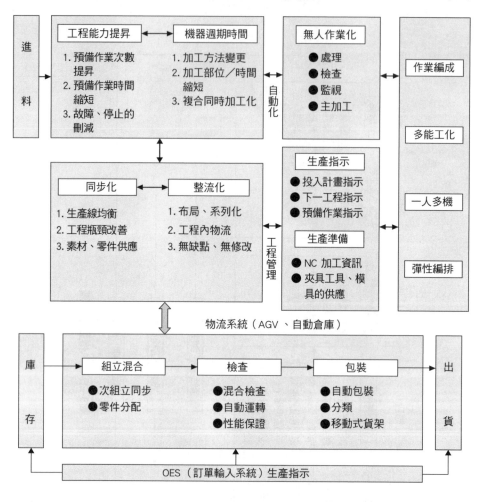

圖8-27 FA化概念設計

（3）勿被無思想的顧客所迷惑：雖然生產系統因顧客而不同，但只要去瞭解顧客所需的生產系統，並提供符合該系統的物流系統，切勿接受物流廠商所提供生產系統的忠告。

（4）勿跟著流行走：報章雜誌經常所提起的看板、MRP、CIM的字眼，不要去想套用別家公司的系統，只當參考用。

（5）考慮時間差：FA系統在運轉時，會產生庫存（中間庫存數＋復原時間）及停線（延遲幾分鐘後生產或停止）的時間差。

（6）不可只有紙上作業：對於困難的系統或複雜的操作，不可聽信別人白紙黑字的證明，應設法先行觀察、分段試用並觀其成效再行運用。

6.系統的評估

（1）依模擬的系統評估

a.明確問題點。

b.對系統的設計人員或計畫負責人，提供可信賴的資訊，勿誤導有關系統的評估。

（2）應評估項目

a.可否符合所需的運輸量或處理量？

b.要求搬運或等待處理的時間是否適當？

c.系統上是否產生瓶頸？

d.設備的運轉率是多少？符合需求？

e.布置是否適當？

f.是否有更好的生產製造流程？

g.發生生產量變動或機器故障時，系統會產生何種狀況？

7.設備

（1）電腦補助設計（Computer Aided Design, CAD）

詳見產品研究發展與管理章節

（2）電腦補助工程分析與模擬（Computer-aided Engineering Analysis, CAE）詳見產品研究發展與管理章節

（3）電腦補助製造（Computer-aided Manufacturing, CAM）

a.定義：CAM是利用電腦為工具，作為程序控制的一種生產系統，其所涵蓋的範圍可由數值控制的機器到機器人的使用，乃至於整個自動化組合系統。也可說是利用電腦系統及電腦介面，直接或間接來規劃、管理和控制製造工廠的作業及生產資源。（雷邵辰，1992）

b.應用：1964年，程序控制電腦使用於產業界，應用在現場資料蒐集、品管和機器功能的監視上，CAD/CAM系統原本流行於大型電腦上，隨著電腦軟硬體技術的進步，已改由工作站及個人電腦來應用，可分類：

a) 電腦監視與控制：為了達到監視與控制的目的，而把電腦直接地連結到製造過程中。包括：對工具機、冶夾具、刀具等硬體以及材料等控制處理。

b) 製造支援應用：間接應用電腦以支援生產作業，電腦製程監視在製造程序中含有一個直接電腦介面，用以觀察程序和設備，同時從程序蒐集資料，而電腦本身並沒有直接去控制作業程序。程序控制仍然以人為主，而編輯成電腦訊息。包括：生產管理作業、排程、物料管理及標準工時建立等。

c.範圍：CAM包括：電腦數值控制（CNC）、電腦輔助製程規劃（CAPP）、主生產排程（MPS）、物料需求計畫（MRP）、生產資訊控制（SFCS）、自動倉儲系統（AS/RS）、彈性製造系統（FMS）、機器人、工具機等設備及系統。（圖8-28）

d.效益

a) 改變傳統生產方式，廣泛應用電腦在各種生產功能中，而成競爭的利器。（圖8-29及圖8-30）

b) 工具機族系可以直接和彈性控制。

c) 機器運轉率提高，生產力亦隨之提高。

d) 精確地規劃與傳達工作指令，而且控制系統結構化，品質和信賴度可以增進。

e) 連續使用生產設備、不產生瓶頸及存貨降低，作業具經濟性。

f) 工廠作業，包括：零件和物料的流動，協調得宜。

(4) 廠區資訊監控系統（Shop Floor Control System, SFCS）

a.定義：SFCS是一套能掌握工作場所（工廠）的狀態與資訊給管理者，以便下達有效的命令，予以控制工廠系統。也就是生產管理系統中的製程控制功能。

1973年美國生產與存貨管理協會（American Production & Inventory Control Society, APICS）提供，強調不論在傳統的、電腦化或自動化的工廠管理，都扮演極為重要的角色，所不同的只是如何發揮效果而已。一般而言，愈自動化的工廠，其資

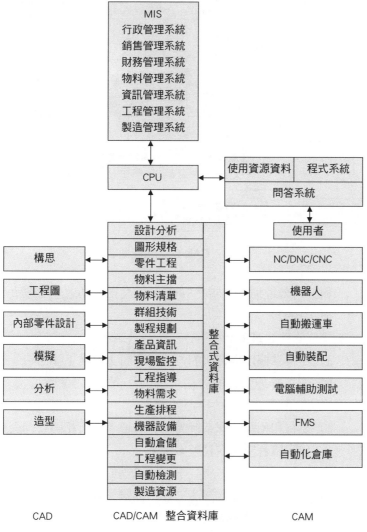

圖8-28　CAD/CAM與MIS關係

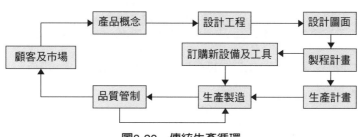

圖8-29　傳統生產循環

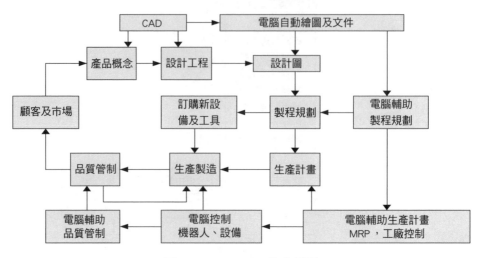

圖8-30　CAD/CAM生產循環

料的時效性愈高，當然SFCS所能發揮的功效也就愈大。（雷邵辰，1992）

b.構成條件（圖8-31）

　　a）要有掌握現場資訊的方法：資訊蒐集及下達命令。

　　b）要有管理資訊的方法：排列、合併、比較、運算、彙總、推演等。

　　c）要有和相關管理系統溝通的管道：執行相關管理命令的工作和回饋資訊相關管理系統。

c.目的

　　a）描述現場單元狀況：工作、機器、訂單。

　　b）記錄現場事件發生的情形：某一項作業的完成（工作、訂單……）如品質紀錄、操作紀錄。

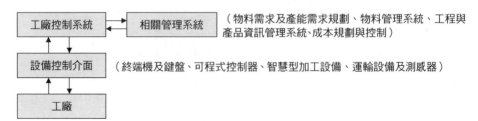

圖8-31　SFCS架構

c）工廠控制：產能控制（工作件數目）、工時控制（處理某一工作所需時間）、工廠維修管理（設備故障、保養）及訂單控制（製程已完成作業、廢品、不良品及重做工作件數目）。

d）與相關管理系統溝通。

e）溝通與控制智慧型界面設備。

d.工廠蒐集資料方法（手工或電腦輸入資料）

a）工作日報表：每一位員工分別記錄每日工作時間、工作件數量、使用設備及冶夾具。

b）工作紀錄表：每一位員工分別對完成工作負責，自行檢驗品質之紀錄及操作條件。

c）工作指令：每一件產品有其經歷製程，經過每工作站記錄其狀況，得其進度。可用整張指令或分段指令方式為之。

（5）物料需求計畫（Material Requirement Planning, MRP, MRP II）：詳見第六章物料管理章節。

（6）及時化生產系統（Just-In-Time, JIT）：詳見第七章生產制度章節。

（7）全面品質管理（Total Quality Management, TQM）：詳見第十章品質管制章節。

（8）全面生產維護（Total Preventive Maintenance, TPM）：詳見第二章設備管理章節。

電腦整合製造系統

1.定義

電腦整合製造系統（Computer Integrated Manufacturing, CIM）是工廠自動化的極致，包括：（圖8-32）（張保隆等，2003）

（1）製程（機械加工、裝配等）設備的自動化。

（2）物流的自動化。

（3）生產資訊的自動化。

CIM是FMS與公司其他部分充分整合後的系統，其實質內容包含CAD、CAM、物料搬運系統及儲存系統外，並包含財務、行銷、人力資源等。由

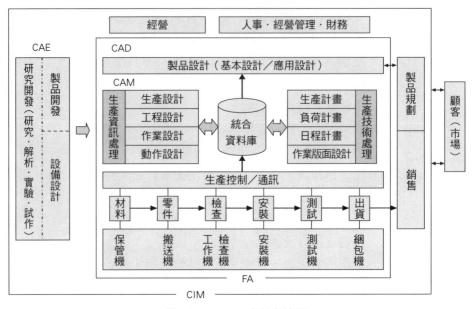

圖8-32　CIM的定義與範圍

於電腦資訊技術高度發展，此種整合的工作非電腦系統莫屬，但CIM絕不是高科技生產技術而已，它是生產作業環境的整合，不但需要資金的投入，也需組織架構、人事制度，甚至公司文化的整體配合才能成功。（圖8-33）（吉岡達夫，1993）

2.目的

CIM與其他自動化系統有何不同？最主要是在於目的（表8-9）及構想（表8-10）的不同。

3.分類及特徵（表8-11）

（1）銷售、流通主導型。

（2）開發主導型。

（3）生產主導型。

4.架構

（1）階層（圖8-34）

　　a.設備及周邊（Equipment & Facility）。

　　b.工作站（Station）。

　　c.單元（Cell）。

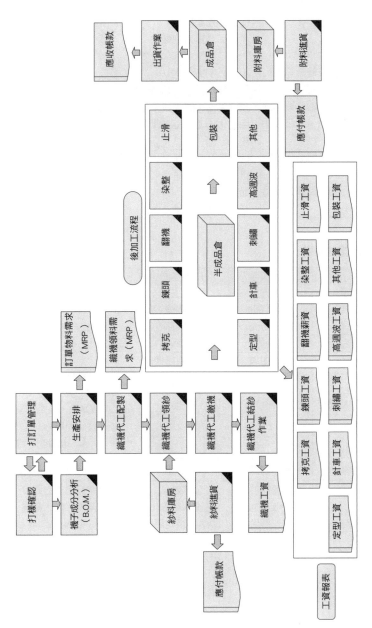

圖8-33 製襪即時整合製造系統

表8-9　CIM之目的

	產品的市場動向	製造廠商的因應措施	極限的條件
趨向多樣化的要求	· 顧客要求為多樣化，個性化 · 飽和的時代	· 備齊多種產品 · 新產品開發力的強化	須達到與顧客的需求完全一致
市場的變化	· 需求必要性的急劇變化 · 產品生命週期的縮短	· 市場活動的強化 · 對於變更計畫的應付對策	能即時變更計畫
縮短交貨期間	· 顧客所要求的交貨期間愈來愈嚴格，近乎立即交貨	· 預估生產，庫存政策 · 自動化，工程完成期間的縮短	零前置時間（LEAD TIME）
需求的遞減	· 陷入低成本經濟接近於零成長	· FMS等小批量生產的效率化 · 程序時間的縮短	一台批量亦能以極佳效率地生產
高品質	· 廉價且為高品質的產品	· 品質的確立 · 減低成本的對策	· 無缺陷的追求 · 資源、能源的消耗最少化

表8-10　CIM構想的轉變

項目		過去生產想法	CIM構思	實現的工具
生產管理	生產計畫	工廠優先	銷售主導	· 強化實際上需要直接連結的 JUST IN TIME
	生產方式	匯集成批	一個流	
	庫存管理	物流Buffer	零庫存	· 公司網路／MAP · LAN
	交期管理	工廠內	至工廠外	· RDB
	品質管理	工廠主導	與用戶直接連結	
研究開發·設計·生產準備	解析	實驗主導	電腦模擬	· 情報的精確度，以一貫性提升業務的一貫化
	製造、工程 定義DATA 精確度	不完全	完全	· CAD/CAM，三因次固體規範
	製造、工程 定義DATA 一貫性	不連續／不整合	連續／整合	· 多媒體資料庫
	know-how	非可視／非共用	可視／共用	· 專家系統（expert system） · EWS
	人機聯繫	單一媒體	多媒體	· 直感模擬（visual simulation）
FMS	調度	靜態調度	動態調度	· 物資與資訊流的同步化
	自動化	個別自動化	生產線自動化	· 微計算機／個人電腦
	物流控制	只作跟蹤	回饋／順向移動	· MAP · LAN
	階層化	不明確	明確（整體為6階層）	· 專家系統
	提供現場資訊 提供型態	EDP · 圖面 · 口頭	EDP（設計、品質、生產、銷售）	
	提供現場資訊 定時	零亂	JUST IN TIME	

表8-11　CIM的分類及特徵

項目	銷售、流通主導型CIM	開發主導型CIM	生產主導型CIM
主要特徵	品種變化多、形式改變也快速。主要是流行設計型，在店面的缺貨會造成營業額的減少。同時會因為銷售的PR效果受影響。屬於多品種，但是以總量而言屬於量產。	形式改變多，生命週期也短，主要是功能設計型，有多樣變化的產品，在開發設計時決定生產成本。	技術成熟，主要是變化較少的規格產品，生產的成本由設備的裝置率、自動化率決定。
行業型態	食品、化妝品及其他	家庭、事務機器及其他	素材零件、鋼鐵、非鐵金屬、化學及其他
重點領域	商品企劃設計 — 銷售 — 生產工廠 — 流通	商品企劃設計 — 銷售 — 生產工廠 — 流通	商品企劃設計 — 銷售 — 生產工廠 — 流通
基本概念	·剛好及時（JIT）的商品供應系統 ·客戶主導的銷售、開發、生產一體化系統 ·具有瞬間起動力的生產系統	·由商品企劃、開發開始的成本設計系統 ·開發、生產整合化系統（CAE/CAD/CAM）	·實現多品種化及高生產力的自動化生產系統 ·配合交期、成本的彈性生產系統
主要的構成系統	1.POS及暢銷品管理系統 2.訂單輸入系統 3.分類選取自動處理系統 4.流通自動倉庫 5.流通VAN	1.產品功能性評估及變化設計 2.加工、組立性評估系統 3.開發期間縮短（CAE/CAD/CAM整合D/B） 4.產品設計支援系統（組立圖、零件圖） 5.生產準備支援系統（NC、模具、夾具工具）	1.單元、工程自動化系統 2.物流、搬運自動化系統 3.入出庫自動倉庫系統 4.工程控制、工廠LAN 5.工廠整體控制

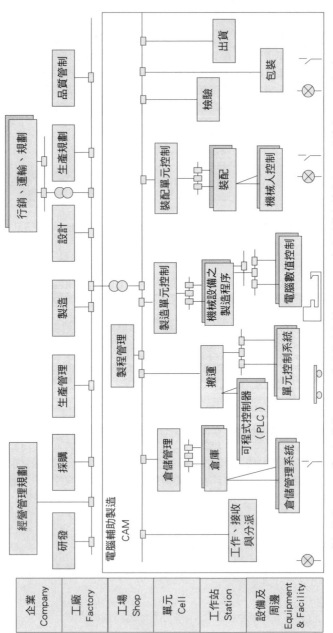

圖8-34　CIM系統網路架構圖

PLC：可程式控制器　CC：單元控制器　CNC：電腦數值控制　註：CIM 6 各階層架構是由 ISO 委員會 TC184 提議

　　　　d.工場（Shop）。

　　　　e.工廠（Factory）。

　　　　f.企業（Company）。

　（2）系統功能與元件架構（圖8-35）。

　（3）系統建置架構（圖8-36）。

5.推行組織（圖8-37）。

　（1）CIM推行委員會（總經理、各部門主管）

　　　　a.系統化方向的決定。

　　　　b.開發規劃的體制、組織。

　　　　c.工作調配、費用、績效審查。

　　　　d.問題點的檢討、對專案小組或開發計畫指示。

　（2）專案小組

　　　　a.專案小組人員及職掌確定。

　　　　b.事先調查需求分析。

　　　　c.開發規劃體制的推行。

　　　　d.各開發規劃期間的調整進度管理。

　（3）系統小組（廠商）

　　　　a.專案小組的支援。

　　　　b.諮詢服務、系統提案。

　　　　c.支援開發CIM規劃。

　　　　d.系統設計、支援開發CIM計畫。

6.推行步驟（表8-12）

　（1）系統化規劃。

　（2）基本設計。

　（3）細部設計、發展及導入。

　（4）執行、督導和系統評估。

7.投資效益評估

　（1）財務：所謂經營上的評估，乃是另行設定把現在正進行規劃的投資，與過去或其他合理化計畫比較，以決定其投資的適當性及評估投資順序的基準。

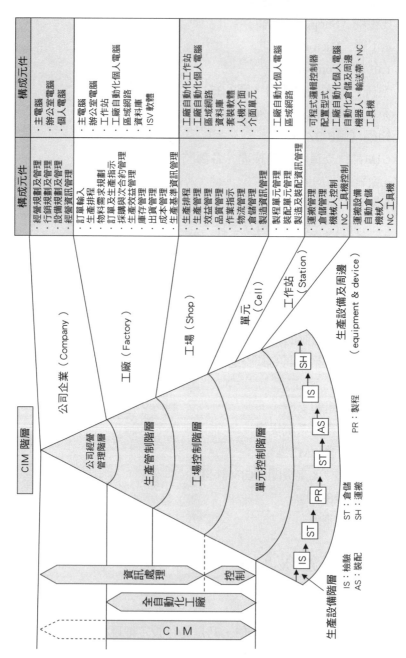

圖8-35　CIM系統功能及元件架構圖

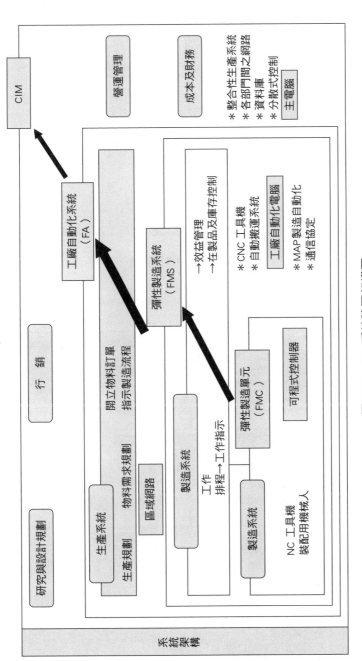

圖8-36　CIM系統建置架構圖

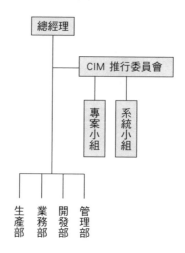

圖8-37　CIM推行組織

表8-12　CIM 之推動步驟

第一階段 系統化規劃	1.CIM/FA系統化之決定策略及廠內共識之達成 2.CIM/FA系統之目標層次及適宜範圍之決定 3.工作方法、設備、流程方法及工廠設備布置之基本觀念 4.全系統及子系統功能評估 5.發展系統項目及主設備之決策
第二階段 基本設計	1.子系統功能之定義以及系統功能配置之定義 2.子系統功能之配置 3.設備規格以及電腦系統基本規格定義 4.全廠設備布置定義 5.系統模擬及系統修正
第三階段 細部設計‧ 發展及導入	1.設備規格以及電腦系統細部作業方法之決定 2.設備、電腦及控制系統細部規格之決定 3.控制及管理軟體之開發 4.定義移轉手冊之建立 5.系統單元測試及全面測試
第四階段 執行、督導和 系統評估	1.系統實際導入 2.設備製造安裝及試驗 3.生產試作及系統測試 4.操作手冊及作業訓練方法之製作 5.系統作業效益評估之確認

一般評估標準方式如下：

a.H（投資效益率）＝ $\dfrac{（效果－費用）\times 12個月}{投資額\times（1＋合理化附帶率）}$ ≧30%

b.N（回收報酬月限）＝ $\dfrac{投資額}{（效果－費用）\times（1－稅率）＋初年度減價折舊費}$ ≦30月

（2）評估項目

　　a.經營指標：產品利潤率、產品銷售額、存盤回轉率及直接、間接的比率等項。

　　b.時間指標：產品開發期、製造前置時間、配送前置時間、業務前置時間、產品壽命週期等項。

8.人才資源

　為使企業CIM規劃、設計、操作及維護人才充裕，需培訓人員以利CIM之推動。（圖8-38）

9.工具

（1）企業資源規劃（Enterprise Resource Planning, ERP）：詳見第六章物料管理章節。

（2）供應鏈管理（Supply Chain Management, SCM）：詳見物料管理章節。

（3）產品資料管理系統（Product Date Management, PDM）：詳見第四章產品研究發展與管理章節。

（4）製造管制系統（Manufacturing Execution System, MES）：MES是將企業生產所需要的核心業務如訂單、供應商、物管、生產、設備保養及品管等流程整合在一起的資訊系統，它提供及時化、多樣生產型態架構、跨公司生產制度的資料交換；具有可隨產品、訂單種類及交貨期的變動彈性調整參數等能力，能有效的協助企業管理存貨、降低採購成本、提高準時交貨能力，增進企業少量多樣的生產管控能力。

生管人員可藉MES蒐集現場資料及控制現場製造流程。MES系統

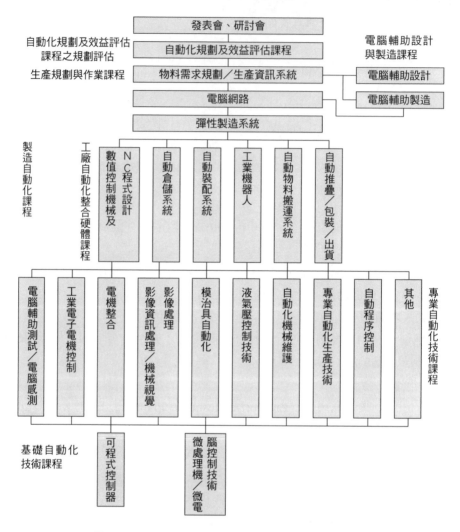

圖8-38　工業自動化人才培訓工程師級課程關聯圖

模組包括：訂單管理（COM）、物料管理（MMS）、製程控管（WIP）、生產排程（PSS）、品質控管（SPC）、設備控管（EMS）及對外系統的PDM整合介面與ERP整合介面等模組，是提高生產效益的工具。

✦精敏製造系統

1.定義

精敏製造系統（Agile Manufacturing System, AMS）為製造廠對於顧客突然不預期變更需求時，能夠快速反應能力，是一種高效率，且可以彈性生產多樣產品的一種製造系統，這種系統需能快速換線生產，即使生產的數量不多，其生產成本也應在合理的價格之內。精敏製造系統除了具有彈性製造的特性之外，並將及時化生產的特性包含在內。（鄭俊年，2001）

2.特徵

(1) 創新（innovation）：面對顧客不預期變更需求時，企業唯有澈底捨棄過去，站在未來的觀點，創新的概念，從內外部的革新，自立與整合，來改變產品、工作方法及人員心態、想法著手，方可因應顧客需求與服務。

(2) 速度（speed）：一個製造系統，能夠快速換線，生產不同的零組件，且需在短時間內更換局部軟體或硬體設施，來爭取製造交貨的時效，方可配合市場的需求。

(3) 知識（knowledge）：製造系統的軟、硬體，兼具加工、系統及資訊等專業知識，如何使知識更新、創造、分享與應用，必須建立完善機制，並推廣至各部門及員工，方可發揮。

3.構成

(1) 輸送系統（conveyor system）：包括：進料、同步移送、定位及分流等功能。

(2) 裝配工作站（work station）：採用自動裝配功能的工業機器人。

(3) 控制軟體。

4.作業方式

一個典型的精敏製造系統（**圖8-39**）所示，是小型零件的裝配生產，有一個自流式輸送系統（free flow conveyor system），在輸送系統的旁邊，有數個裝配站，每一個裝配站負責一部分的組裝工作，而每一個裝配站皆為工業機器人。

工件放在托板的夾具上，經由輸送系統輸送到各個裝配站進行自動裝配

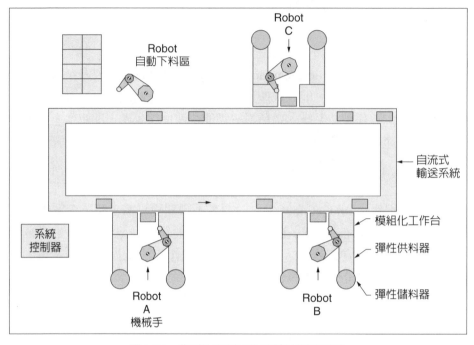

圖8-39　典型的小型工作件精敏製造系統

工作。裝配站的工業機器人具有彈性供料器、模組化工作台、機械手,在機械手臂上並安裝有一機械視覺的照相機。（Quinn et al., 1996）

　　當換線生產時,彈性供料器可以很快的改變供應不同的零件,而機械手的夾爪也設計成可夾數種不同的零件,或是能快速的更換夾爪,而機械視覺也能快速地辨別零件的姿勢、位置,傳輸資料給機械手作取放的動作,在機械手的旁邊有一個模組化的工作台,上面可以安裝一些必要的特殊組裝機構或是氣壓缸,或是一些測感器,這個模組化的工作台可以快速的拆卸或安裝,其上的測感線路以及氣壓管線,均有快速接頭,可以迅速拆裝。

　　利用機械手上的多功能夾爪或夾爪快速更換,模組化工作台及程式修改,可達到快速換線的功能。

5.控制器軟體

　　為使快速換線導入新產品,因此,控制器的軟體在規劃時需考慮將來可能導入的新產品,參數需做調整或修改的地方,必須減到最少之外,宜設計得簡明容易瞭解,方不致使操作人員發生困擾。

控制器軟體通常採用階層式的架構，依圖所示，其軟體架構之最上層為系統管理主畫面，而在下一層則有自流式輸送系統的監控畫面、裝配站的監控畫面及彈性供料器的監控畫面等。

控制器軟體可以記錄系統在運轉時間內所發生的每一項事件，藉此可計算系統的稼動率，或是分析系統中那一個工作站的穩定性最差，需要調整改善。

控制器軟體上亦有即時線上偵測的功能，生產系統在運轉中的重要資訊均能即時傳送到控制器，操作人員可在電腦的終端機上看到生產的資訊，必要時採取適當維護措施。而生產資訊控制器可將之分類、分析，並啓動對應的措施。

在系統維護上採用下列的方式：

（1）預防故障發生：控制器軟體可以累計生產資訊，如工件數量等，到達一相當的數量，則啓動一個定期保養的通知，傳送到操作人員終端機上。

（2）快速故障排除：控制系統可以很快的找出設備中故障的地方，並從資料庫中調出解決故障的方法，傳送到操作人員的終端機上。

⚒ 製造業資訊化

✦ 電子資料處理

1.由來

1960年代爲電腦使用的初期，主要是用電腦處理日常例行的交易事件。由於電腦用來處理組織例行交易資料非常成功，不僅節省人力，並可提高資料的時效與正確性。

電子資料處理（Electrical Data Processing, EDP）是以電腦替代人工處理例行性的資料，並產生報表以支援組織的作業活動。其工作重點在於取代重複性的人工作業，以支援基層管理者及作業人員，著重效率的資訊系統。

但EDP須注意一旦資料量龐大，同時又要求即時處理（real-time），而資料的正確性又高，則此種系統的開發，操作及維護非常不容易。如銀行的金

融卡處理系統、鐵路售票系統等。

2.電子資料處理的系統架構

EDP是用來從事企業基本交易資訊的蒐集、儲存、處理、傳播的系統，為企業電腦化的基礎。又稱交易處理系統（Transaction Processing System, TPS）。（圖8-40）（林東清，2003）

企業資訊分析系統，如MIS、DSS、EIS、SIS等都需要企業基本的交易資料，如採購、訂單、會計、銷售、服務等基本資料。

3.特性

（1）交易處理

　　a.大部分為結構性高的基層操作性工作。

　　b.資料處理與運用，大部分為內部應用導向。

　　c.資料處理大部分為定時、例行性、重複性。

（2）資料輸出入與儲存

　　a.輸出入為固定標準格式，為細節資料需大量儲存空間。

　　b.需高度正確性與安全性。

（3）資料處理

　　a.處理量大，計算複雜性低，但需高度可靠性。

　　b.必須提供快速查詢，為效率導向。

✦ 管理資訊系統

管理資訊系統（Management Information System, MIS）之定義、特性與EPD之比較，以及資料庫之說明如下：

1.定義

企業組織應用電腦，由早期的單一功能系統EDP，於1965年提出新觀念，

圖8-40　EDP系統架構與組成元件

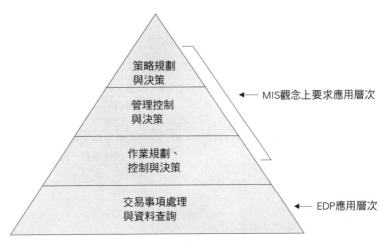

圖8-41　電腦應用層次

使電腦支援組織內的管理工作，逐漸發展提高多功能應用層次。（圖8-41）

　　MIS是設計來提供企業過去、現在和未來與經營相關的例行性資訊報表，用以支援企業各功能部門作業之規劃、控制與決策，主要是以提供分析資訊為導向，並非針對交易進行處理。（林東清，2003）

2.特性

（1）支援管理階層的規劃與控制：主要支援中層主管進行規劃控制。

（2）大部分為結構性、例行性的支援：由於系統設計前，已先設定清楚相關之計算法則、成本差異分析、專案進度的統計表等結構性問題，為例行性支援。

（3）所需資訊為已知且穩定：對何時提供日報表、月報表或季報表所需的資訊都十分確定清楚。

（4）提供是控制性及規劃性的定期報表：MIS提供通常是內部導向的例行性報表，利用交易處理系統所產生的資料，經分析、整理後提供整合性的控制規劃報表。

（5）彈性不大：MIS為例行性報表，其報表模式固定不變。

（6）不需複雜的決算運算模式：MIS所運用多為加減、彙整、比較與統計，相較較為簡單。

（7）需要交易處理系統提供資料：MIS各種日報表（存貨、會計、薪資）都是由交易系統內抽取資料、編製而成。

3.MIS vs. EDP（表8-13）

表8-13　MIS與EDP比較表

特性	EDP	MIS
概念	利用電腦以提高日常例行作業處理的效率	以資訊資源加強競爭優勢
能力	處理組織例行交易資料	提供資訊以支援組織的決策、規劃、分析活動
導向	使用者處理例行交易事件（靜態）	使用者使用決策模式，隨時向資料庫做突發性查詢（動態）
重點	效率	效果
資訊科技	電腦科技檔案處理	資料庫

4.資料庫（Database, DB）

資料是資訊系統之一要件，其結構層次由基本之單位的位元、位元組、欄位、檔案、紀錄以及資料庫六個層次。

資料庫是把有關的資料集合在一起，存入電腦可讀的媒體，它有特殊的資料結構，因而能夠便利而迅速取得相關資料。同時，它儘可能避免資料重複存放，以便做到資料的一致性與簡化更新作業。再者，它可以利用電腦軟體來擔任大部分的資料處理工作（資料庫建立、資料尋找途徑建立、資料更）。此種軟體稱為資料庫管理系統（DatabaseManagement System, DBMS）。

DBMS其主要之重要在於資料庫模式之選擇，其模式為：

（1）層級式資料庫模式（hierarchical model）：將資料以樹狀形式組成，要存取一項資料必須從根節開始，然後沿著鏈一次一個的找。

（2）網路式資料庫模式（network model）：資料組成類似一個網狀結構，可以提供多對多（子項目）的關係。

（3）關連式資料庫模式（relation model）：所有資料均以二維度表格表示，稱之關，相當於一個檔案（file），是最廣泛使用，兼具克服上述二者之缺點。

✦ 支援決策系統

1.辦公室自動化（Office Automation, OA）

（1）定義：辦公室是資訊處理的中心，資訊流進之後，經過儲存、檢

索、過濾與修正等步驟，再與其他資訊重新組合，然後再予以散布產生用途。（Jarret, 1982）

辦公室，由下列要素組成：（黃明祥，1992）

a.人員：高階主管、經理、廠長、課長、專業人員、行政人員。

b.資訊：書信、資料、文件、圖片、音訊。

c.作業程序：制度、程序、方法。

d.設備：電腦主機、終端機、文件處理機、影印機、電話、傳真機。

e.主要活動：數字計算、聽電話、書信撰寫及繕打、郵寄、複印資料、資料儲存、語言溝通和圖片處理。

f.資訊功能：蒐集、儲存、處理與分析、更新、溝通與散布、輸出、管理與整合。

g.知識工作：診斷與發現問題、計畫與決策、監督與控制、個人工作的組織與排程、評核與簡報、溝通、系統設計與開發。

　　OA定義可說是應用電腦系統及各種辦公室自動化的設備充分改善溝通及傳輸的系統，並利用科學管理的方法及合乎人性的手段，有效處理和運用辦公室的各種資訊，以期提高辦公室的生產力和創造力，協助組織達成其營運目標的一切管理活動。簡言之，就是運用完整的電子設備，使辦公室的作業，包括文書處理、資訊流通有效的運用。

　　（2）範圍

　　　　a.設施

　　　　　a）硬體：辦公室設備、個人電腦、通訊網路、智慧型工作站或三者的混合體等。

　　　　　b）軟體：文字處理、資料儲存、資料取用、電訊、決策支援系統、圖形處理、資料處查詢及第四代語言等。

　　　　b.作業內容

　　　　　a）資料處理：硬體及軟體。

　　　　　b）文件處理：打字、編排、收發、跟催、查詢、檔案。

　　　　　c）影像處理：傳真、電子會議、圖像顯示、影像處理。

　　　　　d）語音處理：數字化壓縮、儲存及傳送、辨認、同步、電信。

e）通訊網路：區域、遠程、出入口。

f）人性因素：人因工程、組織因素、程序因素、工體工學。

2.決策支援系統（Decision Support System, DSS）

（1）由來：企業經理人最重要的能力是當需要時可以作出明確的決策及能快速找到問題的核心而有效地解決。但一般經理人最常使用的決策模式為試誤型（trial & error），成本既高且效率不好。因此，在1971年美國麻省理工學院的Scott Morton與Gerrity提出此新觀念及新領域。

（2）架構：DSS的架構（**圖8-42**）（林東清，2003）

　　a.資料來源：利用組織交易處理系統來蒐集決策支援系統相關資料。

　　b.資料儲存：蒐集的相關資訊可存於資料庫內或整合各資料庫經加工、分類彙集再儲存於大型資料倉儲或依不同需求所分割的資料超市（data mart）。

　　c.資料分析：採用模式及資料導向（線上分析處理及資料採勘）。

　　d.資料顯現：利用瀏覽器（browser）等支援多媒體顯現友善的介面與使用者互動。

（3）特性

　　a.DSS係應用資訊科技支援決策者做決策。

　　b.以交談式支援決策者解決半結構化決策或非結構化決策。

　　c.決策支援系統由使用者控制輸入與輸出。

　　d.大量使用決策模式（管理科學及作業研究、敏感度分析、目標

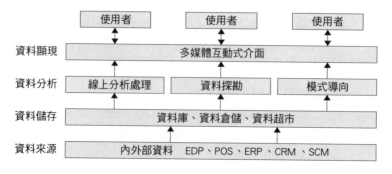

圖8-42　DSS架構圖

尋找分析、模式模擬分析）。

e.強調效能而非效率。

（4）DSS vs. MIS（表8-14）。

（5）EDP、MIS、ESS、ES、EIS關係（圖8-43）（陳弘等，2001）。

3.專案系統（Expert System, ES）。

（1）由來：ES是人工智慧的一支，它是一個電腦化系統，運用人類的知識來解決通常需要人類專家解答的問題，在1970年代中期已有ES之使用，偏重於自然科技方面的應用，而在1980年後逐漸擴大應用於管理方面。

ES是將人類專家的專門知識（expertise）以經驗法則（rule）或其他方法存放在電腦的知識庫（knowledge base）內，再經由系

表8-14　DSS vs. MIS

項目	DSS	MIS
功能	主要支援決策者作決策	主要提供管理者的規劃控制
使用者	需要決策的各階層員工	大部分為中階主管
系統架構	個人化、量身訂製、彈性大	標準化、制式化、彈性小
控制	使用者主導運算	MIS主導報表設計
運算需求	複雜的運送模式	簡單的運算
需求時機	大部分為偶發性	大部分為例行性
所需資訊	未定，視決策而定	已知且穩定
問題結構	半結構性為主	結構性

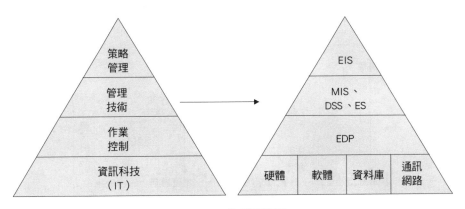

圖8-43　軟體關係圖

統內推理機制（inference engine）的推理作用來提供專家的意見，或指導使用者解決問題。（表8-15）（林東清，2003）

（2）架構（圖8-44）

a.專家（expert）：對某一專業領域具有非常優異表現的專業人士。

b.擷取知識的工具（knowledge acquisition facilities）：用來詢問、紀錄、整理專家法則的知識工程師或支援擷取知識方法軟體工具。

c.知識庫：專家系統儲放法則與事實的地方。

d.推理機制：根據事實的輸入，用來啓動法則最終獲得結果的軟體系統（向前、向後推理）。

表8-15　各類型專家系統

系統類型	問題內涵
解釋（interpretation）	從觀察所得之資料推斷出情況描述。
預測（prediction）	從已知情況推斷出可能的結果。
診斷（diagnosis）	從觀察推斷出系統故障的原因。
設計（design）	勾畫出在限制條件下的目標物輪廓。
規劃（planning）	設計未來的行動。
監視（monitoring）	從實際觀察與計畫中易生偏差部分加以比較。
改錯（debugging）	指定對故障的補救方法。
修護（repair）	執行一個提供補救方法的計畫。
教導（instruction）	對學生之行為加以診斷、改錯及糾正。
控制（control）	對系統加以解釋、預測、修護及監視。

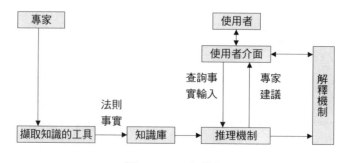

圖8-44　ES架構圖

e.解釋機制（explanation facilities）：解決問題過程中所啓動的所有法則、推理過程與路徑顯現出來，讓使用者清楚瞭解爲何專家系統能獲得如此結果。

（3）建立的主要因素

a.長久保存優良專家的專業知識。

b.易於複製、成本低。

c.減少專家知識獲得時間及成本。

d.提高解決問題的能力與品質。

e.控制解決問題品質的一致性。

（4）ES vs.DSS（表8-16）

（5）專家系統在服務業作業及決策品質的應用（顧志遠，1998）

a.ES比有知識的員工快速：任何服務業均在試圖降低顧客等待時間，ES用快速的運算節省作業時間，確實減少顧客等候時間（信用卡申請審核作業）。

b.ES提供無限個沒有地理限制的專家：ES綜合千百個專家的知識與經驗，又可同時讓千百個顧客使用（醫療專家系統提供偏遠地區醫療需求、運輸工具導航系統）。

c.ES增加決策品質一致性：許多服務決策需服務人員做主觀判斷，但在緊急、疲倦或資訊不完全的情況下，易做錯誤決策，而ES可協助服務人員驗證與品質一致性。

d.ES可做有效訓練工具：針對某問題而發展的ES，平時可做訓練工具，對被訓練人員評分及找出其缺點（醫療診斷、犯罪調查、人員篩選）。

表8-16　DSS與ES比較表

項目	DSS	ES
功能	支援決策	提供專家意見、指導決策
核心元件	模式庫	知識庫
使用資訊類型	數位化資料	文字性知識、法則
處理方式	資料運算分析	邏輯推理
控制	使用者主導運算	ES主導推理程序
適用時機	資料大、運算複雜的決策	缺乏專業知識的工作執行
系統彈性	高度彈性、個人化	標準化的推理，較無彈性

　　　　e.ES可代服務人員做日常決策：ES可代服務人員做一些要使用到複雜問卷的服務決策（簽約、談判、股票承銷、稽查）。

　　　　f.ES可增加服務生產力：ES取代部分服務人員工作，不但減少人事費用支出，更可增加服務的速度、品質及一致性（信用卡發卡作業）。

4.策略資訊系統（Strategic Information System, SIS）

（1）定義：Charles Wiseman認為SIS就是能支援或改變企業競爭策略的資訊系統。支援或改變競爭策略可由內、外二方面著手。對外如何向顧客或供應商提供新產品或服務；對內，則以提高員工生產力，整合內部作業流程，如ERP等作法。（謝清佳、吳琮潘，2003）亦可說SIS便是以資技科技（Information Technology, IT）（圖8-45）作為第一線作戰武器，藉以改變產品及提高企業服務，形成優勢的差異化，並能用來鎖住顧客、打擊競爭對手，達成企業策略目標之資訊系統。

（2）架構（圖8-46）（林東清，2003）。

（3）分類

　　a.根據對象與手段的不同（Mcnulin & Spraque, 1998）

　　　a）外部導向：利用IT（ERP）產生新產品、新服務、新競爭方式或差異化產品（服務），使得企業的競爭優勢提高，其對

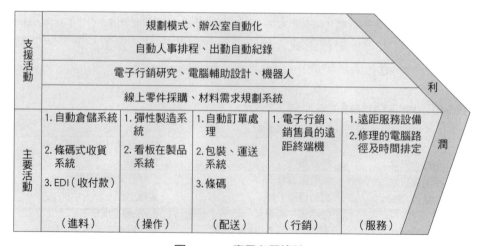

圖8-45　IT應用在價值鏈

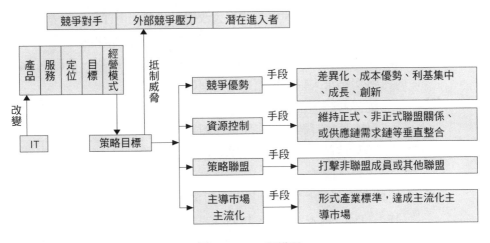

圖8-46　SIS架構圖

　　象是外部的潛在進入者、供應商、顧客或是競爭對手。採用
　　競爭力理論模式。

b）內部導向：使用IT促成企業內部價值鏈的流程改進或再造，
　　使企業的營運效率提高、成本下降、品質提升、達成價格
　　領導的競爭優勢。使用價值鏈理論模式。

c）跨組織導向：運用IT（SCM、協同商務、夥伴關係管理）
　　與上下游廠商、同業或不同業策略聯盟，或形成資訊夥伴達
　　成抵制潛在進入者或替代品的進入，或打擊對手的策略目
　　標。運用策略聯盟理論。

b.以內外部導向與傳統、創新的二維矩陣（表8-17）（Benjamin,
Rockart, Scott Morton & Wyman, 1984）

表8-17　SIS策略矩陣

項目	外部市場競爭優勢	內部營運效率
創新改革	· yahoo · Amazon · e-bay · Federal express	· whirlpool · Xerox（TQM）
傳統改善	· National semiconductor · charles schwab	· Wal-mart · Boeing

a）引起外部市場競爭方式重大改變：主要利用IT創新改變，來提供新市場、產品或服務，促使外部市場競爭優勢。

b）引起內部營運重大結構改變：主要利用IT創新，實施TQM等策略來大幅改變原來的營運模式。

c）提昇傳統產品外部市場競爭優勢：利用CRM來大幅改善對顧客量身訂做的服務而鎖住顧客。

d）提昇傳統產品內部營運績效：大幅改善內部流程而提昇內部營運績效。

c.根據策略階層：依企業各階層對策略目標不同而分類。（表8-18）（Downes & Mvi Cy, 1998）

（4）挑戰：SIS是企業存活成敗的重要關鍵，但須面對競爭對手的模仿與跟進，企業須重視下列問題：

a.投資是否有配置的問題，在國際分工的時代，須考慮：

a）順序性轉至平行性。

b）單一企業價值鏈的分解成為虛擬的價值網路。

c）由內而外的價值鏈設計轉移至由外而內的價值鏈設計。

b.提高顧客轉換成本，有利保住顧客。

c.專屬科技的保障，防止模仿。

表8-18　策略階層表

策略階層	SIS策略目標	SIS理論模式
產業階層	1. 主導產業新市場、產品達到主流化 2. 創造殺手應用 3. 策略聯盟	1. 殺手應用 2. 網路外部性理論 3. 價值網路理論 4. 策略聯盟理論
公司階層	1. 打擊抗拒市場五種壓力 2. 形成核心優勢 3. 公司成長、創新 4. 公司內外部整合效率	1. 競爭力模式 2. 策略推力模式 3. 競爭優勢因果關係模式 4. 策略格道（grid）模式 5. 知識管理、學習組織
事業單位階層	1. 對單一特定產品市場競爭優勢 2. 對單一品差異化、利基成本領導	1. 價值鏈模式 2. 競爭力模式
功能階層	各功能的效率及效能提昇	1. BPR（企業流程再造） 2. TQM（全面品質管理）

　　d.優勢IT技術能力，須培養人才及廠商。

　　e.完善IT管理技能，須做好各項定義、作法、經驗累積及人性面
　　　互動。

5.高階主管資訊（Executive Information System, EIS）

（1）定義：EIS是利用資訊科技快速地蒐集、分析企業內外的資訊，
　　　並以高度親和性的圖形介面呈現，進而輔助高階主管瞭解外部
　　　市場資訊，監督內部的關鍵指標，達到策略層次支援的目的。
　　　（Jonse & Learmonth, 1984）也可說是過濾、挑選內外部各種資
　　　訊，提示主管偏離計畫的狀況，並警示給每個相關主管，可依
　　　主管喜好的模式提供資訊、掌握情況，協助主管解決問題。

（2）高階主管工作性質：高階主管通常是負責企業策略層次部分，
　　　屬組織金字塔頂層的總經理、副總經理，有別於功能部門的經
　　　理，其工作特質為：（Flores & Bell, 1984）

　　a.主要管理功能是讓事情發生。高階主管的工作是透過他人來進
　　　行。在許多會談、會議中來要求行動、發布工作命令、詢問意
　　　見，並蒐集資訊。

　　b.蒐集資訊與發現行動往往透過人際網路，通常有祕書作工作追
　　　蹤、蒐集一般資訊、安排會議等。

　　c.推動決策而非自己作決策。一般皆由幕僚分析行動方案並建議
　　　最佳方案，高階主管此時提出意見與質疑，直到達成最佳方案
　　　為止。

（3）系統架構：EIS需有整合架構，採開放系統，建立開放式開發平
　　　台。EIS為一個資料導向的系統，以擷取企業內外不同結構資料
　　　加以整合，另外，比較性資的資訊是高階主管第二重視的資訊
　　　性質，由於資料的一致基礎，有助相互比較亦是重點之一。

　　　EIS認為不一定由主管直接操作，再友善的軟體，仍然需要相當
　　　多的細部技術知識才能調取資料與解釋資料。所以應該把所要的
　　　資料，依其偏好的格式，存入EIS資料庫（圖8-47），包括內、外
　　　在資料，而不是由主管自己去做資料的挑選與合併的工作。要看
　　　細節，可以再取一層的詳細資料。此外，僅保存現況資料是不夠
　　　的，因為看不出趨勢，所以，還應該包含歷史資料，以便能看出

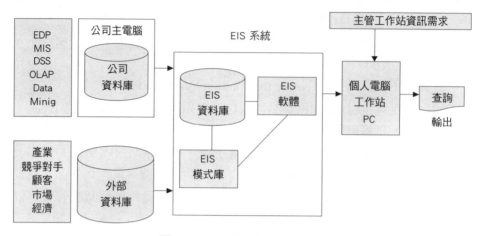

圖8-47　EIS系統建構使用環境

未來趨勢。（謝清佳、吳琮璠，2003）

（4）成功關鍵因素

　　a.需要高階主管的承諾與支持。

　　b.需要高階主管擔任執行者。

　　c.需與企業目標連結。

（5）EIS關係（圖8-43）

✦網路及商業自動化（圖8-48）

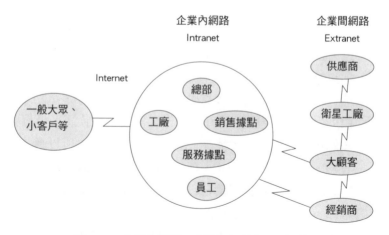

圖8-48　企業內網路、企業間網路與網際網路

1.網際網路（internet）

（1）由來：1950年美國國防部所提出的一項計畫，防止在美蘇核子
戰爆發時，當電話、無線電、有線電視、衛星等其他通訊網路
都遭到破壞時，仍可支援國防單位與研究單位之間的通訊，而
採用分散式管理，各節點自己管理自己資訊傳輸，而利用封包
交換（packet switching）的方式傳遞資訊。亦即當某一條線路遭
破壞時，各個封包可以找尋任何替代路徑來傳送到目的地，是
ARPA為internet前身。爾後，學術界亦大力投入，促使快速商業
化，使其在短短數年間迅速擴充。

1972年美國國防部開發TCP/IP（Transmission Control Protocol /
Internet Protocol）來替代前者，係一種網路連網路的通訊協定，
分為四個層次（network, interface, internet protocol, transport appli-
cation），而每層級雙方如何互動都有詳細標準規定。

1992年美國總統柯林頓提倡建設全國資訊高速公路（national
information super highway）推廣網路的應用，允許企業利用公家
的美國國科會網路（NSFNET），使internet更為擴大，普及全
球。1993年WWW上市促使internet大量流行，WWW因其介面容
易使用、便宜、多媒體之呈現、全文檢索（hyper link）等優點，
取代NSFNET專屬介面不容易使用的缺點。TCP/IP好像提供一個
車同軌的功能，讓全世界的網路都可以交談，而Web則提供功能
強、又便宜、容易學、新手半天就可上路的火車頭，相得益彰。

1999年大型商業網路如何Sprintlink, MCInet, AT&T取代NSFnet成
為internet的骨幹（backbone），使之運用愈普遍，促使原來經營
網路VAN的一些世界級通訊公司，自然加入使之商機無窮。

（2）定義：internet係指使用網際網路的技術（TCP/IP）與產品，並
建立與應用telnet, E-mail, WWW, server等，以提供資訊流通與多
元化的資訊分享。也就是用資訊科技來支援組織間的交易，協
調和溝通活動，其最基本的技術平台是在參與各組織間架設專
屬通訊網路。

internet是個真正的分散式網路，沒有一個集中控制機構，在其上
的通信協定（protocol）是以開放系統（open system）觀念發展

的，可以使資訊流通於不同的電腦平台上。

最重要的是，internet 無所不在、低成本、全球性網路的特色，原本利用專屬網路IOS網路控制層次，可以利用internet來降低網路控制的複雜與成本，更可建立全球性的電子市場。

尤其當WWW（Word Wide Web）興起，是TCP/IP應用層的internet一種資訊服務系統。WWW結合超媒體（hypermedia具有文件、文字、聲音、影視的功能）及全文檢索等技術，提供多媒體的網路環境，使用者更易使用介面，使得internet的商業應用更進入如火如荼的階段。

（3）提供功能（林東清，2003）

　　a.人際間溝通的功能：使用透過以下internet的功能來傳遞彼此訊息：

　　　a）電子郵件（E-mail）：支援人與人間傳送訊息，分享文件檔案。

　　　b）新聞群組（usenet newsgroup）：使用者可以在上面討論看一本的心得、討論產品（意見、使用及設計等）。

　　　c）郵政清單管理系統（listserv）：利用E-mail將自己的意見寄給清單上的討論人員。

　　　d）線上談天（chatting）：約定同一時間，現場、即時、互動式公開交談，其特性為同步且訊息不儲存。

　　　e）遠端登入(telnet)：透過網路連結到遠端的電腦去執行工作。

　　b.網路資訊擷取的功能

　　　a）檔案傳輸協定（File Transfer Protocol, FTP）：藉由網路來傳輸各種類型的檔案，包括：文字、圖形、動畫、聲音等。

　　　b）檔案索引系統（archive）：從一個資料庫上的FTP的名單，可指引使用者到各FTP server去下載文件。

　　　c）地鼠資訊查詢系統（gopher）：利用顧客端階層式的選單（menu）一個透過一個gopher站，像地鼠一樣鑽洞搜尋網路的資訊。

　　　d）VERONICA：利用關鍵字一個連一個到各相關gopher站去搜尋資訊，並列出一個選單。

e）廣域資料伺服器（Wide Area Information Server, WAIS）：
利用關鍵搜尋在資料庫中的檔案並列出清單。

（4）應用

a.internet可建立與一般大眾、小客戶等的網際網路，更而以此科
技運用至internet及extranet。（圖8-48及表8-19）

b.網際網路的商業應用創造無限的商機，網路行銷系統改變傳統
行銷方式（圖8-49）。

表8-19　Internet、Intranet與Extranet比較表

項目	Internet	Intranet	Extranet
對象	一般大眾	主要是企業內部員工	主要是與企業經營相關的外部供應商、顧客、合作夥伴
範圍	防火牆之外的公共、廣域網路（WAN）	防火牆之內的企業各部門、網路及內部的區域網路LAN	跨特定組織之間的資訊分享網路
資訊存取	公開性的一般資訊	工作流程、交易與決策專用的資訊（私用）	防火牆內企業願意提供有助於對方的經營資訊（成員公開）
資訊分享	可傳播至各處	企業內為止	互相信任之聯盟成員
設計	依據與顧客間的互動來設計	依據工作流程與決策需求來設計	依據外部夥伴的需求而設計
支援活動	與顧客間的財務性交易活動	員工間資訊分享與協調合作式的活動	支援企業間資訊分享與協同合作
關鍵議題	對消費者的行銷、服務、市場競爭	安全、企業流程再造、強化員工	安全、互信、團隊合作精神
終極目標	建立品牌知名度、全球化電子商務	員工的團隊合作、知識管理與學習型組織	反應快速的供應鏈、需求鏈、策略聯盟、形成生命共同體的優勢競爭集團等
利益	1.降低通訊、溝通成本（使溝通成本減少，並將時間擴展成24小時） 2.促進行銷、銷售直接面對客戶，減少中間剝削	1.降低成本（使公文來往無紙化） 2.格式統一多媒體化（避免枯燥，可傳圖檔） 3.簡單易用（節省公文格式訓練） 4.跨平面易於整合（以Windows作業視窗為統一平台）	1.縮短溝通時間（藉企業與供應商Extranet的整合，形成SCM供應鏈管理，形成優勢） 2.達成顧客滿意度（透過系統與客戶系統連線，可使顧客隨時瞭解訂貨產品動態）

資料來源：楊舜仁、胡光輝、戴基峰（1999）。

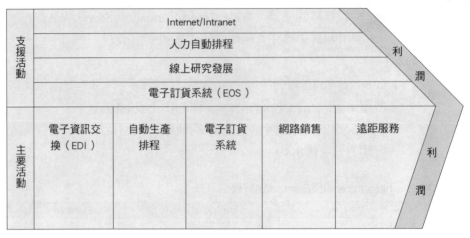

圖8-49　網際網路價值鏈

2.網內網路（intranet）

intranet是將internet技術運用到企業內，針對企業內部資訊系統架構，服務的對象原則上限於聯繫公司內部工作群體，促進公司內部溝通，提昇作業效率，強力企業競爭力。其主要用途有：（謝清佳、吳琮璠，2003）

（1）發布公司電話目錄、員工手冊及技術文件等，都很容易到Web server 提供企業內部存取。

（2）能與採購單、EDI相結合。

（3）經由討論群、布告欄讓企業內部充分溝通，提昇生產力與創造力。

3.企業間網路（extranet）

（1）定義：extranet是業在考慮安全和可掌控的情況下，利用網路通訊協定和公共電信系統，讓可信賴的外部團體（供應商、經銷商、零售店與大顧客）進入企業內以網路為基礎的應用系統（訂貨、追蹤排程、查詢存貨與查詢到貨情況等）。

（2）用途

a.外部網路：由於外部的使用者是直接在網際網路上獲得授權，並透過網站瀏覽器來存取資料，所以設置系統時，不需要像電子交換系統（EDI）需要特別的終端機和大量訓練，因此用此方法來連繫供應鍵上的合作夥伴，對每一位參與者而言，都較

方便且花費較低，因而大為盛行。例如，美國汽車網路
（Automotive Network Exchange, ANX）連結數萬家公司，共享
電子郵件及CAD檔案。

b.客戶服務：商品化是現代的趨勢，迫使企業需提供更具差異化
的產品與服務，同時還要適當控制成本，則網際網路可竟其
功。因其具有全年無休便利顧客、使用其追蹤技術省去重複辨
識的工作及網站可在客戶端印出文件或下載檔案供線上瀏覽的
好處。

c.供應鏈管理：把供應商或經銷商看成一個合作夥伴，建立彼此
合作的價值觀，提供交易夥伴安全的電子市場或是有足夠能力
影響交易夥伴作業程序與電子商務採用行為。

4.商業自動化（Business Automation, BA）

（1）定義：BA即利用資訊科技（Information Technology, IT）之技術
使商業自動化，以降低成本，增加生產力。（Zmud, 1998）

IT資源包括支援各形式資訊處理的硬體、軟體及人員，而其基本
的組成為：（謝清佳、吳琮璠，2003）

a.電腦：各種規格的電腦及各種軟體與資料庫。

b.通訊科技：各種組織內和組織外的通訊科技。

c.工作站：從處理例行工作的機器（文書處理器）到非常專業的
工作站（CAD/CAM）。

d.自動化設備：從簡單的終端機（dumb terminal）到精巧的機器
人。

e.電腦晶片（chips）：記憶、微處理及輸出輸入介面等各類型晶
片。

依我國商業登記法，說明商業就是經營各種業務之獨資或合夥之
營利事業，而其業務包括製造業及服務業在內的各種產業。

（2）商業自動化的範圍：商業自動化是服務業自動化與資訊化的一
個成功案例。商業自動化是零售業、批發業、百貨業等通路業
者間激烈競爭後的必然結果。其發展朝向賣場大型化、經營連
鎖化、商流體系化、商品多元化、配送專業化、資訊標準化、
倉儲自動化、支付卡片化、人力彈性化及服務高品質化等。為

因應這些趨勢的變化，業者必須從商品管理資訊化及商品作業自動化兩方面著手。又依照前述的趨勢的發展，商業自動化將對過去獨立運作的交易、銷售、配送、物流等系統產生重大變革，並逐漸整合成一種連動的系統來運作。

基於商業自動化能增加國家整體產業產值並有助社會經濟發展、各國政府皆大力倡導。我國政策以經濟部商業司自1989年開始推動商業自動化十年計畫，其範圍：（經濟部商業司網站）如圖8-50。

(3) 商業自動化的資訊科技

a.商品條碼（Bar Code, BC）：每個物料或商品予以編號並附在物料上，而以平行粗細不同的線條以表示符號，藉以區別。處理時經過掃描即可識別，同時由電腦程式控制物料（商品）之存取、運送及自動記錄，以節省人力與撤運，而提高管理效

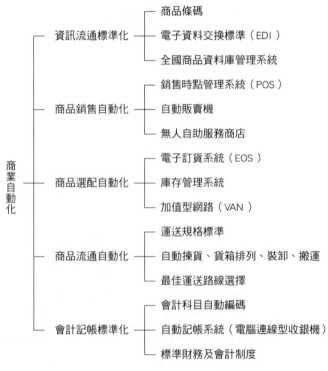

圖8-50　商業自動化計畫內容

率。

b.塑膠貨幣：可使用信用卡（electronic credit card）、電子支票
（electronic check）、電子付款卡（electronic payment card）、電
子現金（electronic cash）等，直接由金融機構取款，不再使用
現金交易。

c.電子銀行：企業透過銀行所提供的電子銀行服務，所進行帳戶
管理及資金調度。依交易憑據可分為信用卡、電子現金及帳戶
型三種來運用。

d.銷售時點系統（Point of Sales, POS）

a）定義：銷售時點系統是利用商品的條碼化及收銀自動化來結
帳的系統。也就是透過收銀機利用電腦記錄、統計、傳送銷
售資料，達到自動化管理，以掌握每項產品的銷售情形，使
其達到確定行銷策略的目的。（林清河，1995）

一般大眾所言的POS，都指利用收銀機做賣場的管理和分
析。至於廣義的POS，則能指整體商店的資訊管理系統。

b）實施及準備：台灣的統一超商於2004年2月12日更引進氣象
資訊並轉化為經濟氣象，使能更準確訂貨。為此每家門市
更配備兩條ADSL寬頻網路，使用WAP無線傳輸訂貨機，即
時上線。未來將導入無線上網，整合多功能事務機、ATM
機台，發展新服務，以改寫便利的定義，並架構未來資訊
社會中，政府的功能與民眾的生活。

實施POS的條件需有商品條碼普及化、健全的網路系統及專
業化的管理。而在準備工作的階段需要完成下列工作：

（a）線上工作人員接受完整的訓練。

（b）總公司的配送中心及電腦室人員作業沒有缺陷。

（c）POS的資料有經常性的備分，以備系統異常。

（d）完善、精良的硬體設備（收銀機、條碼辨識器、光學
文字識別器、電腦、網路以及讀卡機）。

c）效益

（a）硬體

‧不需考慮作業員品質，且提昇作業品質與效率。

· 減小單品計價作業的手續可降低成本。

· 可防止因計價錯誤所產生的營業損失。

· 作業員之訓練時間與費用可降低。

· 收銀可以較為迅速。

（b）軟體

· 可以早期剔除滯銷品、減少存貨。

· 可以掌握產品、減少機會損失。

· 可提前評估新產品市場並反應商品陳列的適當性。

（c）服務

· 推行友誼式待客，給予顧客更大滿足。

· 透過親切的交談可充分掌握顧客的需求，對資訊化之營運政策有益。

e.電子訂貨系統（Electronic Ordering System, EOS）

a）定義：EOS是指利用手持式終端機輸入訂貨資料，再經由通信線路將資料傳送給供貨商。也就是彙總所有門市營運的資料（採購或商品），即時傳送至總公司，而總公司得以掌握經營動態，發揮訂貨採購的效率及效果。

b）準備工作

（a）訂貨作業標準化：先對現行業務方式作一評估與整合，採用標準化的作業方式來配合EOS導入。

（b）製作並妥善管理商品台帳：須做好商品台帳的設計、使用與管理。

（c）貨架標籤管理：即時完成貨架標籤貼換作業，以利產品生命週期及價格的異動。

（d）暗碼的設計：單品管理有自己的號碼，以防失誤。

（e）標準的制度：需考慮系統目的、流程、商品主檔管理、價格變動、依不同部門制訂標準制度。

（f）完善、精良的硬體設備（手持式終端機、附有交換機的電話機、網路中心、貨架標籤發行機、訂貨簿及供應商的電腦系統）。

c）效益

（a）避免訂貨錯誤及傳票處理上的層層錯誤。

（b）可以迅速處理大量訂貨資料。

（c）簡化訂貨資訊傳送、傳票、轉登錄作業等。

（d）避免因訂貨錯誤而發生之送錯貨的缺失，降低物流成本。

（e）便於多樣少量的訂貨，不僅可防止缺貨，更可降低庫存。

f.電子資料交換系統（Electronic Data Interchange, EDI）

　a）定義：EDI是將企業與企業之間的業務往來商業文件（訂單、發票、應收帳款）以標準化的格式，無須人為的介入，直接以電子傳輸的方式，在雙方的電腦應用系統間相互傳送，以加速企業間資料的傳遞，減少錯誤的一種跨組織的資訊系統。（林東清，2003）

　b）特色

　　（a）企業與企業間跨組織系統：買賣雙方共同認可EDI（採用相同EDI標準）能加速彼此交易文件之傳遞，並在雙方有意願、資訊系統能相互配合下進行。

　　（b）電腦系統間直接傳輸：直接將交易文件傳遞對方電腦系統，不須經過列印、郵寄、輸入等複雜程序。而電腦系統間資料傳輸，可透過專線、加值網路、internet來進行。

　　（c）商業交易文件：利用EDI將詢價、報價、採購單、採購單確認、送貨單等文件，轉換成EDI標準後，透過網路直接傳送至對方系統，藉以加速企業間交易速度。（圖8-51）

　　（d）標準化格式：用來定義企業彼此間都瞭解的資訊內容、語法與格式，以達成彼此交換資訊的目的，就好比是一個協定（protocol）。

　c）效益

　　（a）加速企業間交易資訊傳輸，取代傳統方式。

　　（b）縮短交易週期（訂購至資金回收週期），有利增加現金

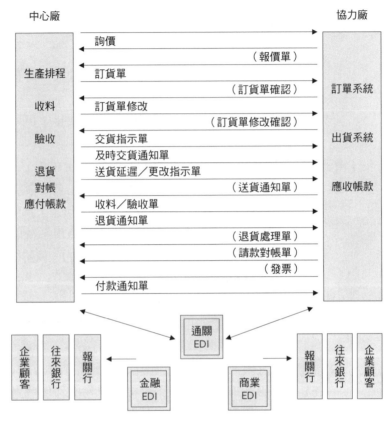

中心廠　　　　　　　　　　　　　　　　協力廠

生產排程　　詢價
　　　　　　　　　　　　　（報價單）
　　　　　　訂貨單　　　　　　　　　　訂單系統
　　　　　　　　　　　（訂貨單確認）
收料　　　　訂貨單修改
　　　　　　　　　　（訂貨單修改確認）
驗收　　　　交貨指示單　　　　　　　　出貨系統
　　　　　　及時交貨通知單
退貨　　　　送貨延遲／更改指示單
對帳　　　　　　　　　　　（送貨通知單）　應收帳款
應付帳款　　收料／驗收單
　　　　　　退貨通知單
　　　　　　　　　　　　（退貨處理單）
　　　　　　　　　　　　（請款對帳單）
　　　　　　　　　　　　　　（發票）
　　　　　　付款通知單

通關 EDI

企業顧客　往來銀行　報關行　　金融 EDI　　商業 EDI　　報關行　往來銀行　企業顧客

圖8-51　製造廠EDI流程

流量。

(c) 降低訂購前置時間、降低企業存貨可降低庫存及採購成本。

(d) 減少資料重複鍵入的人工成本。

(e) EDI只有一次輸入可改善資訊方正確性及減少錯誤。

(f) 電腦傳輸不用紙張，可減少紙張耗用與郵電成本。

(g) 導入EDI前已做標準程序，可使運作效率化、合理化。

(h) 更好更快的資訊交換，有利雙方工作效率，強化與上、下游廠商的合作關係。

(i) 具有回饋、保密與確認功能可降低商業風險。

g.加值網路（Value Added Network, VAN）：為解決電子化商業交易中，有關資訊的認證與管理、資迅傳遞與接收、資訊加值處理等問題，建立VAN蒐集商業資訊，利用公共電信網路傳遞有用的資訊給予顧客，以滿足顧客需求為導向的網路。

VAN是指在傳統電信基本網路（電信局或電話公司提供給音頻級電路交換的公眾電話交換網）之各項服務。服務項目包括：電子郵遞（e-mail）、電子布告欄（bulletin board）、電子會議、資料庫服務及綜合性電子座談（form）等。

h.網際網路。

5.電子商務（Electronic Commerce, EC）

（1）定義：EC早在有電子資料交換（EDI）時，就是典型的電子商務活動。但當時電腦用戶有限，且網路成本高昂，以致效益有限，未能普及。而在1991年美國將網際網路開放商業應用，便突飛猛進的發展，隨著1997年美國公布電子商業白皮書，世界各國紛紛推動電子商務發展環境。

廣義的EC係指結合資訊科技與各種通信技術，並透過電腦連線以電子化方式從事各種商業活動。簡言之，就是企業在internet上所有的經營活動。故企業資源管理系統、供應鏈管理系統、電子市集等均屬之。

狹義的EC，就是靈活運用電腦網際網路所進行之各項有財務往來之電子商業交易行為。也可說為企業利用開放式的電腦網路（主要為 internet/Web）來支援企業與企業間、企業與顧客間有關產品、服務及資訊的交易活動。這種交易活動包括：企業對企業（B2B）及企業對消費者（B2C）。

（2）EC架構可分為三個構面及七個層次。（表8-20）（Zwass, 1996）

（3）類型

a.依交易對象區分：

a）企業對企業（B2B）：所有發生兩個組織間的電子商務交易。可分為多對多沒有特定對象（電子市集）、有特定對象（電子層級SCM）、網路上合作的協同商務及製造廠與通路商的夥伴關係等項，內容包括：買賣、採購、供應商管理、

表8-20　EC架構表

構面	層級	功能	實例
產品與結構	7	電子市場及電子層級	電子拍賣市場、電子市集、跨組織供應鏈
	6	產品與系統	資訊化產品與服務、電子商場、電子銀行、電子學習、遠距醫療
提供的商務服務	5	支援 EC的服務	電子型錄、電子付款、數位認證、智慧代理人
	4	安全信息傳遞服務	電子資訊交換、電子郵件、電子轉帳等
基礎架構	3	超媒體／多媒體物件管理	WWW、Java等
	2	公眾及私人通訊設備	internet、VAN等
	1	廣域電信基礎架構	寬頻網路、無線網路等

存貨管理、通路管理、行銷活動、應付帳款管理、服務和供給。

b）企業對消費者（B2C）：企業透過網站直接與最終消費者進行產品服務的交易，亦即透過網站將產品或服務銷售給最終消費者。其工作內容包括：行銷調查、尋找潛在消費者、客戶經常詢問的問題和提供消費者服務及支援事項。

c）消費者對消費者（C2C）：買賣雙方都是最終的消費者，而促成雙方交易的網路廠商擔任一個仲介者（為intermediary）的角色，提供支援雙方交易的網站，而從交易中收取合理的佣金。

d）消費者對企業（C2B）：對於某些商品有興趣的消費者，經由虛擬社群（virtual community）的形成匯集需求（合購）聚集上網人氣的力量，集合消費者購買的實力，以集體議價方式向供應商獲得團體的優惠價格。

e）企業對員工（B2E）：企業員工透過網際網路讓員工能快速得到資訊、知識、群組合作。也就是藉由防火牆內部的網際網路執行文件管理，提供包括：結構、非結構的文件、檔案、藍圖、手冊、合約、多媒體教材的獲得，並協助其群組合作。

f）企業對政府（B2G）：政府單位為了降低行政成本，加強行政效率，並方便其工程發包、採購等作業而設立。

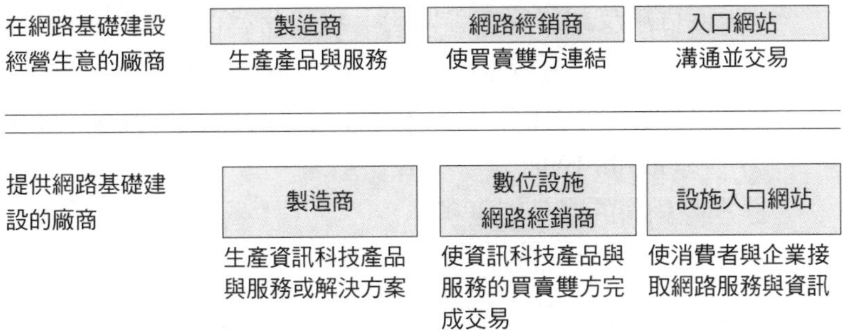

在網路基礎建設經營生意的廠商	製造商 生產產品與服務	網路經銷商 使買賣雙方連結	入口網站 溝通並交易

提供網路基礎建設的廠商	製造商 生產資訊科技產品與服務或解決方案	數位設施 網路經銷商 使資訊科技產品與服務的買賣雙方完成交易	設施入口網站 使消費者與企業接取網路服務與資訊

圖8-52 電子商務經營型錄

b.依經營型態區分：（Applequte & Gogam, 1995）

　　a）在網路基礎建設經營生意的廠商（圖8-52）：這些企業可能是實體商品生產者與經銷商，諮詢服務提供者與其經銷通路，或金融商品提供者與經銷商等，本身乃是利用網路設備從事商業活動。

　　b）提供網路基礎建設的廠商：這些業者包括製造商與經銷商，亦有經營設施入口網站者。

（4）EC的特性

a.節省時間：網上購物可節省消費者的時間及精力。

b.滿足個人化需求：個人可透過網路訂購符合個人特定的商品。

c.資訊透明化：利用網路購物的網站所提供的產品資訊及價格，即可輕易的掌握整體資訊。

d.全年無休：EC可為消費者提供24小時服務，可滿足顧客隨時購物的需求，風雨無阻。

e.跨國交易：EC可超越地理上的障礙，直接面對全球的消費者。

（5）EC帶給企業的利益

a.降低採購成本及存貨：EC可上線得到報價及訂購作業，隨叫隨到，不積存貨，更兼具付款方式明確，減少採購事務程序，可降低採購成本及存貨。

b.降低生產作業時間：物料供應快慢，影響作業、效率及時間。一般公司可採用自行生產或外包，都因EC的協助，完成生產作業時間。

c.降低行銷及銷售成本：傳統上4P須花費在人員及宣傳費用占很大的比例，而直接上網，則可節省人力及金錢。

(6) 成功關鍵因素：EC考慮消費者受惠的觀點，其成功關鍵因素為：（Ghosh, 1998）

a. 網際銷售的產品與服務。

b. 高階主管支持度。

c. 涵括各功能領域之專業成員能力。

d. 科技基礎設施。

e. 買賣雙方互信程度。

f. 消費者接受度。

g. 網頁介面友善度。

h. 與企業內部資訊系統整合度。

i. 電子商務系統安全度。

j. 市場環境與競爭情況。

k. 先導計畫與公司知識。

l. 外部推廣與內部溝通。

m.電子商務專案成本。

(7) 電子商務之影響

a. 對銷售的影響（謝清佳、吳琮璠，2003）

a）改善直銷：傳統的直銷方式採用郵購或電話行銷（telemarketing）手段，但採用EC會有重大影響。

（a）產品促銷，EC透過與消費者直接、多資訊且互動的接觸方式來提升產品及服務的銷售量。

（b）新的銷售通路，藉網際網路傳送資訊予消費者，可大幅降低產品及服務的成本。

（c）循環週期（cycle time）降低，數位化商品及服務運送時間可減縮至數秒內完成且實體運送的管理工作也會大大減輕。

（d）顧客服務，因線上資訊充分詳細而大大提昇。

（e）在Web的世界中，新興企業也可能在短時間內建立本身的企業形象。

b）客製化（customization）產品的銷售：EC可以提供消費者購買客製化產品及服務的機會，消費者可以在網路上購買物件，自己DIY組成自己所要的產品或服務。

c）改變廣告方式：直接銷售及客製化商品的發展，將使廣告進入一對一直接式廣告的時代，而比傳統廣告方式更具效果。

d）改變訂購系統（ordering systems）：線上訂購系統，使訂單取得速度加快且錯誤也大大減少、節省時間及費用，亦可提昇銷售人員績效及服務。

e）改變市場：EC改變傳統市場的結構，當交易完成時商品及服務就可直接送到消費者指定地點，這使市場效率提昇。

b. 對組織的影響

a）技術及組織學習：EC快速發展迫使企業不得不加快吸收新技術的腳步，企業必須即時學習新發展的技術，而企業策略及結構的變動亦將隨著組織學習而產生。

b）改變工作性質：市場競爭激烈，加上工作性質有所不同，企業不得不裁員並將非核心業務委外處理。因此，帶來動亂、不安及風險，促使員工重新思考生涯規劃及薪資報酬的價值，更要持續學習適應、隨時待命及制定決策。

c）新產品開發與設計：EC使賣方有機會取得買方的個人資料，來建立消費者檔案及蒐集特定消費族群的資料而供產品改進或新產品設計所需的資訊。

客製化商品的大量生產，使生產者有機會依消費者的個別的需求製造及設計所需要的產品（模組化、DIY式），而藉EC快速傳送，製造時間縮短在一天內交給顧客，是生產的大挑戰。

共同合作開發已成為必走之路，方能讓現有產品具有創新的機會，將改變組織原有的目標及經營方式。

c.對生產管理的影響

a）生產方式轉變為需求導向、客製化與及時化的製造方式。

b）整合企業資源，將生產、財務、行銷及其他功能的合併，更需與企業夥伴及消費者的資訊系統相結合。

c）國際化的專業分工多層級化，企業運用不同地區生產零組件，再加以組合裝配生產多層級系統，須再重視彼此間的溝通合作與整合。

d.對人力資源管理的影響

a）員工流動率的提高，員工對價值觀、薪酬、企業向心力、工作條件皆有改變，影響人力資源的規劃及運作。

b）教育訓練藉線上遠距學習（distance learning）開拓新的學習機會，更經雙向影像（two-way video）、空中互動（on-the-fly interaction）及應用分享（application sharing）使訓練成本大幅降低，更能增加學習效果。

e.對財務及會計的影響：支付系統是財務及會計的重要領域，以往傳統方式缺乏效率及效果，但EC交易特性是多樣化，有關請款、收款及付款作業亦可結合無需重新登錄資料，會計帳銷帳作業，均能一氣呵成。但安全性問題及機構間資金移轉，成為未來各企業所需面對的問題。

(8) 挑戰：雖然EC的發展和普及不斷的擴張，但目前仍面臨下列的挑戰：

a.消費者的消費習慣：線上購物徹底的改變消費者的消費習慣，更快速、方便、全年無休的購物模式讓購物者享受到不同的購物樂趣，但在網路上卻只能看到產品的圖片及文字敘述，卻無法得到品質保證，對於習慣接觸商品的消費而言無疑是無法接受的（服飾、餐飲、生鮮食物），一時也無法改變的事實。

b.網路交易安全的質疑：電子商店最徹底的交易方式就是透過線上刷卡，當然實體交易中都可能發生信用卡被盜用的情況，個人資料為之曝光，在網路上更是令人質疑，因此，信用卡資料的保密驗證就更顯得重要，所以在使用線上刷卡時應特別注意該網站是否有完整之安全機制。

c.產品種類及價格：目前線上購物多為販售自己企業生產或代理之產品，目前尚無所謂網路百貨公司的出現，因此，對一些喜歡逛街購物者都不方便，另外，線上購物都採送貨到府的服務，而如何有效的結合物流、宅配、定點取貨的方式，使運費

降低，也是一項考驗，須雙管齊下產品及相關服務皆有大額折扣方能吸引顧客。

d.上網購物手續繁雜：現今線上付款手續不是很方便，採用刷卡、銀行匯款、申請電子錢包等方式，對一般消費者而言都不是很方便，手續繁雜，影響交貨時效。

e.課稅問題：網路交易所產生租稅問題，因跨國交易，而易產生各國態度不一的國際問題。

✦電子化企業

電子化企業（Electronic business, EB）之定義、架構、優點以及效益說明如下：

1.定義

EB是以電子化的型態（以網際網路為主）將企業內部（內部管理、生產銷售、財務成本、物料及庫存管理）的功能流程及企業外部相關的個體（顧客、供應商、經銷商、合作夥伴及策略聯盟）之間的互動合作，整合起來的一種經營模式。也就是無論是生產製造、產品行銷、產品研發、後勤物流、顧客服務等均可藉由電子化來強化其彈性及靈活度，更有效促進組織內部知識分享和交流，同時也可快速串聯上下游合作夥伴的核心能力，為顧客提供更有價值的產品和服務，以建立企業的市場競爭優勢。（Martin, Chuck, Net Future, 2000）

2.架構（圖8-53）（林東清，2003）

（1）企業內部e化：企業建置的internet、ERP、網站等。

（2）企業外部e化：企業建置的EC、CRM等。

3.e化的優點

e化企業與傳統企業在IT運用，具有其優點。（表8-21及表8-22）（林東清，2003）

4.效益

（1）更有競爭力：ERP、SCM、CRM徹底落實，大幅提昇企業競爭力。

（2）作業快又準：以最快正確的資料即時傳送至關鍵人員的手中。

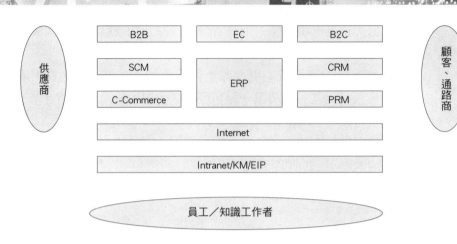

圖8-53　e化企業的 IT架構

表8-21　IT運用表

組織型態 IT架構	傳統企業組織	e-business
項目：1	企業內部整合與強化方面	
1.內部應用系統	傳統EDP、MIS	整企ERP、CRM
2.內部資料處理	傳統檔案系統與DB	資料倉儲、資料超市
3.內部資訊分析	傳統MIS報表、DSS	OLAP、資料探勘、企業智慧系統
4.內部使用者介面	每個應用系統介面都不同	Web-based的EIP
5.內部連結	人工或專屬LAN	Internet、工作流程、管理系統
6.強化內部員工互動	傳統面對面協調、人工處理知識	KM、e-learning
項目：2	企業外部連結與整合方面	
與顧客互動	Fax、電話	EC、CRM
與供應商互動	人工處理決策、Fax、電話	SCM、B2B、C-Commerce
與經銷商互動	人工處理決策、Fax、電話	PRM
與策略合作夥伴互動	人工處理決策、Fax、電話	e-Alliance、Value Network

（3）促進企業再造：將作業流程、企業資源轉化為電子流程以精簡人力，縮短作業程序節省成本。

（4）提昇企業價值：使上、下游廠商共同形成新的價值鏈，提昇彼此的價值。

5.相關IT

（1）企業入口網站（Enterprise Information Portal, EIP）

表8-22　e化企業新型IT架構的支援目標與所用的科技

支援目標	新型IT技術	說明
全球化	Internet Extranet	企業需要利用internet、extranet的標準來達到全球交易溝通協調的目的
整合化	資料倉儲 企業資訊系統 EIP	企業需要利用資料倉儲整合資料、利用企業資訊系統（ERP、CRM等）來整合各功能、利用企業入口網站（EIP）整合介面
智慧化	人工智慧 智慧代理人（IA） 類神經網路 知識管理系統	1.企業需要利用人工智慧及智慧代理人來提供系統的智慧，有效擴大取代人類的負擔。 2.企業利用智識管理系統來管理企業知識。
即時決策化	OLAP 資料探勘	1.企業利用OLAP、資料倉儲即時快速地提供分析性的資訊來支援決策。 2.企業需要利用資料探勘來快速萃取資料中蘊藏的知識以支援決策。
個人化	EIP 智慧代理人 Push CRM	1.企業利用EIP、IA等工具來瞭解使用者，提供個人化的介面與功能。 2.企業利用CRM、Push等工具來提供顧客個人化的服務。

　　a.定義：EIP利用web單一介面整合企業內部各種不同型態的資源，支援企業的知識管理、管理即時決策、團隊間協同合作（Collaboration Commerce, C-Commerce）及電子化虛擬社群的成立。也就是整合企業內部各種資訊的提供，包括：結構、非結構、動態、靜態的資料，並透過單一的介面來提供資訊給員工，因此，ERP是流程資訊的紀錄、儲存導向；而EIP是資訊和知識的提供、擷取與支持決策、強化使用者導向。（林東清，2003）

　　b.範圍：EIP為整合企業資訊資源，透過web介面提供客製化的資訊來支援使用決策。其範圍為結構化、非結構化程度和靜態（資訊、知識）與動態（人、事、互動、流程）兩個維度。（圖8-54）（ARC Consulting, 2001）

　　c.功能（ARC Consulting, 2000）

　　　a）資訊搜索：利用目錄式查詢、關鍵式查詢、全文檢索及概念式查詢，及使用自然語言、知識地圖協助使用者擷取資訊。

非結構化	最佳實務、各種文件、書籍	各種事件、討論互動過程、決策
結構化	資料庫、資料倉儲、資訊系統、表格	工作流程、會議紀錄
	靜態	動態

圖8-54　企業資訊資源範圍

b）內容管理：對企業各種表格、文件、手冊、報表，具有內容彙集、整理、搜尋功能，也能分類、索引、自動摘要及網頁管理、內容檢閱、權限設定、版本控制與通告等功能。

c）企業智慧：透過定量分析，將儲存DB、資料倉儲（data warehouse）、資料超市（data mart）內的資料加值處理，產生支援使用者決策的資訊和知識。主要工具包括：報表產生、查詢、線上分析處理、資料探勘（data mining）等。

d）協同運作：企業內、外部之間皆能透過EIP進行互動。包括：溝通（討論區、文件分享）及協同運作（群組工作台、時程、資源及流程管理）。

e）個人化：可依個人興趣、喜好、專長、職權所設定的資訊來利用網頁提供的單一入口擷取，可分為主動（使用者自行設定）、被動（使用者角度、功能、權限）而為。

f）工作流程、管理系統：強調以企業目標的任務導向，內外任務的達成需以精確的控管工作流程，以增企業運作效率。

g）資訊管理與安全機制：使用者只能擷取被授權的資訊，確保資訊安全，並具有平衡負載與擴充功能。

h）電子化出版與訂閱：支援使用者選擇自己有興趣的項目，並自動傳遞至使用者面前，更能以HTML或XML提供電子化出版，另外亦能呈現模式與簡單共通的分享，來支援相關人員閱讀。

（2）協同商務（Collaborative Commerce, C-Commerce）

a.定義：C-Commerce為企業透過網際網路與供應商、合作夥伴、

配銷商、線上服務提供者及顧客等，在彼此商務往來的管理與作業上（產品設計、供應商規劃、市場預測、物流、行銷），同步地透過資訊，知識的分享來協同合作，以提昇整個價值鏈的優勢。（ARC Consulting, 2001）

b.目標

a）藉由上、下游或夥伴廠商對於產品、市場不同專長、角度的資訊與知識，連結成一個單一的、擴大的、整合的經驗基礎，透過大家的分享，來改善產品的品質。（林東清，2003）

b）利用網際網路的特性，提供協同夥伴即時、快速的資訊的貢獻與分享，或跨企業作業流程的整合，來縮短供應鏈上時間與空間距離所產生的干擾變數，提昇快速反應能力及搶占進入市場的先機。

c.類型

a）設計協同商務（design collaboration）：設計合作夥伴之間或製造廠與顧客之間，為了要合作設計或快速、正確地瞭解顧客對產品的需求，最好的辦法，就是在線上讓對方來協同參與設計與對方共同分享產品設計資訊（產品設計的規格文件、工程繪圖、圖解式圖表）、雙方共同腦力激盪、討論、分享、補強或修改。

b）行銷協商務（marketing/selling collaboration）：產品的批發商、配銷商等通路夥伴之間，藉著彼此對產品市場需求、顧客偏好的資訊提供分享，以及各企業對於產品之品牌管理、訂單、價格等行銷與銷售管理流程的共享，共同在線上協力於合作產品的行銷與銷售，避免產生單打獨鬥、相互衝突、雙輸的局面。

c）採購協同商務（buying collaboration）：透過網際網路對同一產品感到興趣的買主可以結合起來，形成較高的議價能力，得到較優惠的折扣。相對地，賣方也可在線上整合起來，方便買主一次大量的採購，無須買方同時向數家供應商下訂單，也可降低供應商彼此之間的惡性流血競爭。

d）規劃／預測協同商務（planning/forecasting collaboration）：
由跨產業團體（The Voluntary Inter-Industry Commerce
Standard, VICS）所推動的協同、預測與補貨（Collaborative
Planning, Forecasting & Replenishment, CPFR）模式來指導，
藉由整個供應鏈的上、下游廠商的協定、合作、資訊分
享，來降低產品間供需失衡或資訊不分享所造成的長鞭效
應（bullwhip effect），而其工作重點在於計畫、預測與補貨
的協調。

（3）電子企業社群（E-Business Community, EBC）：EBC係指使用
網際網路internet和其他電子媒介所合作或競爭平台的供應商、配
銷商、顧客等加值過程中所形成的連線網路群體。

✦ 企業M化

1.定義

企業M化（enterprise mobilization）是由行動商務化（M化）所延伸而來
的概念和作法，不同於企業e化（表8-23）行動商務是全然個人化的使用經
驗，個人化是為使用者量身訂製的服務，這些服務設計於行動配備中，使用
者隨身帶著行動配備，以方便隨時進行商務活動。所以，企業M化就是企業
行動商務化，而為企業量身訂製的服務。（李宜萍，2003）

2.功能（李宜萍，2003）

（1）提昇企業核心活動的附加價值：透過企業虛擬無線網域的形

表8-23　企業M化與e化比較

項目	企業M化	企業E化
架構	行動電子商務部分 依據e化的資訊系統與工作流程而延伸設計，是為從架構	企業內網路電子化主架構
關聯性	M化，須先e化	e化後，不一定要M化
作法	依據企業之需求，提出整合性解決方案，須客製化，在異中求同，應用他人經驗	導入ERP、SCM、CRM模組化系統，從模組化中進行調整，再同中求異。
作業	靜態內部流程結合動態外部流程	靜態內部流程
安全性	高風險	低風險

成，降低企業內部的通信費用，縮短轉接找人的時間，可降低營運成本。

(2) 業務行銷轉變成業務顧問：可提供業務人員攜帶更多專業資訊或顧客資料，當面對顧客時，可提供即時專業諮詢，無形中提昇業務人員的專業度與競爭力。

(3) 顧客關係管理更即時準確：顧客用手機消費時，企業可透過CRM的資料倉庫（data warehouse）及資料採礦（data mining）系統，隨時更新客戶資料，瞭解顧客的需求。在適當的時機，將促銷訊息傳簡訊給客戶，一方面可以降低促銷成本，一方面更準確掌握促銷時機。

(4) 整合物流資訊流效益大增：客戶因產業不同會有不同的服務需求，針對個別要設計不同的模組，讓他們透過資訊系統提出需求與問題。因此，企業不僅可以管理運送、貨品及人員養成自主性的工作態度，可做到即時送貨到府的服務外，顧客亦可省略許多麻煩手續，上網追蹤貨物狀況。

(5) 提昇庫存管理效益：由於行動網路能與後端的企業資源規劃系統（Enterprise Resource Planning, ERP）整合，將銷售點的資料及時傳回，並且將正確的庫存資訊傳給供應商系統，而啓動補給作業，則可增進庫存管理。

(6) 加強管理人員即時反應的速度：管理人員一般皆因接到異常資訊太慢，無法即時回應，趕在第一時間處理，影響決策的時效。現今高階主管不在辦公室可以輕易掌握營業、生產及行政的情況，有利提昇管理效率。

(7) 更人性化的管理：上班打卡是目前公司採取人員出勤控管的方法，M化之後，人員出勤、工作細節、工作進度及問題報告都可自動記錄提報傳送，省卻時間及人力，更可將全部心思放在工作上。

3.e化轉化為M化的作法

(1) 選擇合適中介主機：e化連結M化之間的中介主機是重要的關鍵，而中介主機的應用軟體是依據個別企業的ERP或CRM軟體特性重新設計。因此，需與原有軟體公司討論並負責企業內部

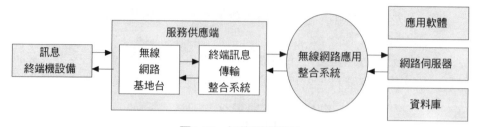

圖8-55 無線網路建置

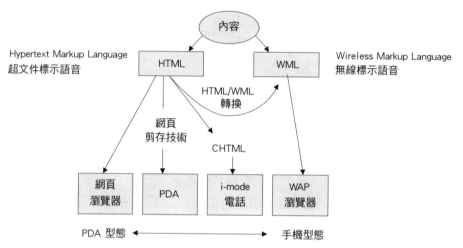

圖8-56 行動設備提供網頁型態內容的主要方式

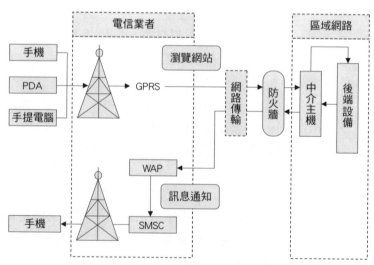

圖8-57 企業M化硬體設備架構

（後端）資訊，而電信公司負責連結前端的通訊系統。（**圖8-55**）

（2）規劃適當的傳輸平台（HTML或WML）及選擇適合使用的終端設備，可依企業需求採用：（**圖8-56**）

　　a.筆記型電腦：常用設備，可傳輸較複雜的內容。（生產線的流程、進度表的設定、更新）

　　b.PDA：呈現資訊較為簡化。（銷售報表、顧客資料的建立、更新）

　　c.手機：資訊更簡單，隨時可用。

　　d.i-mode：手機藉瀏覽器或轉換技術，可收到彩色畫面或圖片。

（3）做好資料安全：無線傳送資訊的安全性，以防資訊為人擷取，可採用方式：（**圖8-57**）

　　a.筆記型電腦、PDA上建立非同步連結（asynchronously connection），也就是當需要資料攜帶外出時，才從公司主檔下載到PDA。當PDA資料有異動時，要回辦公室主檔才可更改，可保後端系統安全性。

　　b.採用區域網路（Local Area Network, LAN），員工透過數據機進入公司區域網路找尋資料，由於企業設有防火牆等安全機制，較可安全。

✖ 服務業自動化與資訊化

✦ 自動化之應用

　　服務作業，可分前屋及後屋兩種方式，以自動化設備之功能與電腦控制程度，來增加服務容量可分為：（Collier, 1983）

1.**固定程序**（fixed sequence robert）

使用機械控制指令或控制指令已設定，不變更原有作業流程與方式，而使機器依照預先設定的作業順序、條件及位置執行重複性的服務。（自動洗車機、紅綠燈控制器、自動咖啡沖泡機）

2.**變動程序**（variable sequence robert）

控制指令可依實際作業配合修正更改，但只能依照預先設定的作業次序、條件及位置執行重複性的服務。（自動販賣機、自動櫃台機、影印機）

3.再生式（playback robert）

機器作業由記憶體控制，由使用者控制執行。（電話答錄機、語言練習機）

4.數值控制（numerical controlled robert）

程式化指令可依實際需要輕易修改，設備依照儲存的程式化指令執行作業。（遊樂園中的電動卡通人物、機場飛機警示及控制作業）

5.智慧型（intelligent robert）

該類機器具有聲音或燈光感應裝置，能測知作業環境的變化，並自動採取因應措施。（自動火災偵測系統、飛機自動駕駛儀）

6.全自動（totally automation system）

該系統能執行實質的服務作業，同時也具智慧判斷的能力。（自動化倉儲系統、電腦化預約系統）

✦ 資訊化之應用──設計與作業管理

1.提昇服務傳送性

（1）利用資訊的擷取、處理、儲存及決策，使辦公室的紙上作業文件，快速傳送到目的地（傳真機）。

（2）使用電子郵件的溝通，使原本依靠公文、電話洽談的業務透過電腦系統傳送（E-mail）。

（3）藉由資訊管理系統的運作及網路的傳遞，使管理指令更快速的傳達到各階層人員，提高管理效率及速度（電子公布欄）。

2.提高服務工作量

（1）資料交易（EDP）：有關帳冊、存貨、生產或銷售檔案保存，使用專屬程式的批次處理，便利於報表資料處理。

（2）資訊處理（MIS）：有關生產控制、銷售預測、監控等資訊，利用程式取得資料檔資料，解決結構式問題，有助於排程、需求報表，例外管理報表的管理者資訊處理效率。

3.增進決策能力

（1）決策（DSS）：對長期決策規劃、複雜問題解決，使用資料庫管

理系統，解決半結構性問題，結構的判斷能力，有助於高階管理者對某特定決策問題處理的效能。

（2）推論（ES）：有關診斷、決策規劃、內部管理規劃，利用複雜決策、非結構性問題、啓發式的規則庫判斷，有利於高階管理者對建議及解釋處理的效能與便利。

✦ 自動化與資訊化技術綜合運用

由於科技與技術的進步，使得一些屬於標準化服務作業，已由自動化設備代替。另方面又因資訊技術發展，服務業自動化層次逐漸擴展到決策階層，而自動化及資訊化須綜合運用才可發揮最大效益（**表8-24**）。（顧志遠，1998）

✦ 影響業者投入自動化的原因

以國內物流業爲例，經調查業者不願投入自動化的原因爲：（林豐隆、潘振雄、郭國基，2000）

1.自動化設備投入金額過於龐大，回收效益如何？不易評估

國內物流中心設立都希望馬上運作，但自動化設施的規劃、調查、溝通、試行必定耗費許多時間、人力、金錢，而且投資金額龐大，無法符合業者能在3～4年回收期之考慮，所以不具顯著吸引力，抱持老二策略，待同業投資成功，再跟進。

2.高級管理人才的缺乏

現行物流產業，大多未達經濟效益，加上行業利潤有限，市場競爭激烈，無法以較高薪資來吸引人力，更因工作環境不良、工作單調重複無趣，無法吸收優秀人才。

3.員工素質尚待提昇

物流中心所承擔的業務中大部分屬專業訓練的，諸如對產品辨識、電腦應用、配送路線規劃、儲位標示或部分流程作業修改，都是需要較高級人員，已不是學歷較低的員工所能應付。

4.現行作業量上無須高度自動化

規模較小，對於一般物流的機能，僅側重某一部分，其他部分仍屬運用傳統的人力作業。

表8-24　服務業應用自動化與資訊化技術之舉例

服務業類別	自動化及資訊化技術
營建業（construction service） ·營造及工程管理（計畫管制執行、管理、顧問及訓練）	·CAD/CAM運用在設計、控制及管理
運輸及販賣業（distributive service） ·運輸及倉儲 ·旅遊 ·零食 ·批發	·自動交通控制系統 ·利用微電腦技術提高運輸效率 ·自動化的批發、定貨、卸貨、記帳系統 ·利用通信及資訊系統做更多銷售服務 ·自動剪票及劃位系統 ·自動存貨管制系統，並且和識別系統聯繫（如條碼識別機，光學掃描機） ·利用電子郵寄做通訊服務 ·電腦化的倉儲系統
財務及保險業（financial & insurance service） ·銀行及其他金融機構 ·保險及再保險 ·仲介 ·信託	·利用資料處理技術加強增加銀行和公司的聯繫 ·自動簿記及付款系統 ·自動櫃員機及存款機 ·保險業的電腦化 ·利用加值網路（VANS）增加通訊效率及價值
商業（commercial services） ·專業服務（會計、廣告、設計、法律、顧問、租賃） ·不動產 ·維修及清潔 ·新聞 ·印刷及藝術	·利用OA及資訊處理技術，增加員工對組織內外資訊取得 ·決策支援財務及資訊取得系統 ·軟體發展技術突破 ·新的保全技術，如遠程控制電視監控管理系統
通訊及資訊業（telecommunication & information services） ·通訊（電話、電報、電傳） ·資料處理	·利用OA整合個別的財務及專業資訊系統 ·利用衛星做多國企業（旅館、保險、傳播）之資訊連線
公益事業及政府（collect services） ·醫療 ·教育與研究 ·社會福利 ·政府	·更具效率的診斷專家系統 ·服務的電傳化 ·書籍軟體化及電腦化 ·自動諮商及管理系統
個人服務業（personal services） ·外燴及旅館 ·導遊 ·娛樂及文化 ·家管及看護	·連鎖店資訊系統 ·自動預約及登記系統 ·國際間的電台網路連線 ·利用CAD做各種個人專業的設計

5.經營者欠缺對自動化理念及效益的瞭解

資訊化及自動化的實施必須得到最高層的經營者的支持才能成功，但許多物流公司最高經營者仍依過去傳統經營作業的模式，無須運用電腦或自動化運作的刻板印象，或運用不當而造成問題重重，因而對此種的運用與增進效率存疑。

6.尚未遭遇太大競爭壓力

近年內產、官、學等大力提倡與推動之下，物流中心方為人所重視，但其發展仍屬萌芽階段，有關自動化、資訊化仍在試用階段，習慣上仍以人力支持為主體，因其競爭對手高度自動化所帶來成本大幅降低壓力仍不明顯，所以不夠積極投入。

7.軟硬體淘汰率過大

電腦科技發展日新月異，其功能的周延性、資料的處理速度都愈來愈進步，且售價愈來愈便宜，因此，廠商皆想延緩投資，以免投資後又面臨淘汰命運。

8.外在環境影響

(1) 通訊品質不佳：國內現行的電信通訊網路的品質、傳輸速度大都老舊待淘汰，早已不符業界所需，常因斷電、斷線或傳輸易受干優，造成無法估計的損失。

(2) 交通環境的惡化：北部為國內主要政、經文化的重心，大部分業者以北部為重心，雖已有中二高、南二高的開拓，但仍有部分不方便，尤其巷道狹窄，停車場也帶給業界甚多困擾，而促使無形成本。

(3) 商品條碼的標準化：政府推動商品條碼（bar code）多年成績斐然，但在使用商品或外箱原印條碼的廠商，依然少之又少。因此，政府未將商品條碼標準訂定之前，廠商仍持觀望等待的態度。

9.政府法令的配合

立法院議事效率不彰，法案審理牛步化，再加上民意高漲，因而有關法令仍待通過：

(1) 對批發、物流專業區的設定及土地取得的輔導。

(2) 通訊設施的開放改善、通訊交換標準的建立。

（3）對於貨物運輸法令的增進與改善。

（4）自動化設施投資抵減項目的範圍應擴大，包括軟、硬體的相關設施。

案例

⚒ 馬達產業自動化指引（經濟部工業局，1994）

✦ 產業特性

小型馬達的生產特性，因馬達種類及大小用途等的差異，而有所不同，概述如下：

1. **耗能**：生產過程中，除外殼採用鑄造（工業用感應馬達為主）及鐵心或外殼採用鋁壓鑄者消耗能源稍多外。其餘的馬達製造流程中，耗用能源並不多。

2. **污染狀況**：上述鑄造及壓鑄作業之環境污染稍大，另外，馬達鐵心的凡立水處理亦可能造成空氣污染。但以上的污染都在可控制範圍並不嚴重，其餘馬達製造流程污染甚少。

3. **生產型態**：依馬達用途的不同，有中大批量生產及多種少量式生產。因為市場產品型態的多元化，除部分家電用、電動工具用等有中大批量生產，可採用自動化外，其餘仍以多種少量生產居多。國內大部分廠商依訂單生產，幾乎都是多種少量生產。機種依客戶需求而變化多，不太容易標準化，採用大量生產。另一方面而言，這卻也是我國廠商具機動能力的競爭特色。

4. **製程特性**：馬達依其構造規格、機種不同等，其製造方法有所不同，但基本製程類似。以國內狀況除大型廠外，中小企業大都採行垂直分工模式。如馬達零組件的鐵心沖壓或壓鑄，即有專業工廠。另外像馬達的軸心加工以及繞線工程也都有專業廠家。這種專業化的生產使得成本降低，而馬達組立廠的機動性大，形成我國馬達工業的特色與競

爭優勢。但其缺點在管理不易，特別是品質的一致性。

5.技術特點：馬達業變化大，如各種不同形狀，形成馬達可應用於各種
　　產業、設備器具上，其變化範圍自數瓦至數萬千瓦，相比有一千萬
　　倍，近年來與工業電子和電腦結合，更形成有如人腦與手腳合成，可
　　作各種特殊精細之運轉。因應上述之變化和應用之廣泛，必須培育數
　　以千計之多年經驗豐富的工程人員才足以應對。

✦ 競爭優劣勢、機會及威脅分析（SWOT分析）

就馬達工業的發展與應用趨勢，以及市場的機會與國際競爭等情勢分析
如下：

1.世界趨勢與我國機會

（1）馬達應用範圍廣泛，機種變化大，部分產品為多種少量，特別
　　適合國內中小企業生產。

（2）國內現有產業分工體系甚佳，馬達製造的成本與技術具競爭力，
　　發展潛力大。

（3）馬達應用之下游產品，如電腦及OA設備，家電與AV產品、機電
　　工具、汽車電機等，國內廠家甚多並為主要外銷產業。若馬達技
　　術能升級，則可結合下游產品，達到提昇品質、快速回應市場需
　　求；進而提高市場競爭力、促進產業的成長。

（4）依此國內馬達工業潛力甚大（重點為中、高級產品），除內銷外
　　並可擴大馬達成品外銷國外市場。

（5）因應環境，大小、用途別，操作方式等使馬達機種有大的變化，
　　自商討規格至設計到製造交貨之各層皆須大量工程技術之投入，
　　先進國家逐漸放棄，後進國家進入不容易趕上。為我國馬達工業
　　最適發展時機。

2.競爭的劣勢與威脅分析

（1）馬達工業除少部分可大量生產自動化外，大都仍依賴勞工生產作
　　業；而我國工資日益升高及勞工缺乏，因此與中國大陸或東南亞
　　開發中國家相比，則為不利之處。

（2）馬達使用之材料，如鑄鐵、矽鋼片、磁性材料等，我國仍依賴進
　　口為主，相對成本較高。

（3）中國大陸及東南亞之泰國馬來西亞等國，除人力充沛及工資低廉外，正積極拓展馬達下游應用產品工業，如較低技術層次的桌扇、排風扇等產品都很具競爭力，對國內的廠商造成相當大的威脅。而這些國家工業發展正值起飛期進步快速，未來將為國內中低級馬達產品的最大競爭對手。

✦ 市場前瞻性分析及展望

馬達已成為產業用設備、消費性電器產品、汽車及資訊產品等重要組件，其需求量每年至少有10～15%之成長。由於終端產品的發展日新月異，新型機種更佳的功能不斷快速推出，使得馬達的功能設計、開發、生產也要不斷推陳出新。因此中上級馬達產品，其功能可配合終端產品應用需求者，發展潛力甚大。此為可適合國內發展之方向。茲分析如下：

在市場前瞻性上：

1. 家電用產品，此雖然為較成熟市場，但是新機種強調產品多功能、節省能源或低噪音等特性，正是馬達設計及其控制功能結合而成。國內家電用馬達基礎不錯，可朝馬達功能強化，配合智慧型的電子控制等，來提高產品附加價值。

2. 資訊電腦周邊產品，此為國內發展快速水準較高的工業，其使用大都為精密的小型馬達，並配合不同產品功能而特殊設計。此型態很適合國內中小企業的多種少量生產，但需加強精密馬達的研究開發，以配合終端產品功能需求。由於產品附加價值高，很適合未來的發展。

3. 在汽車上應用馬達日益增加，而一般工業設備、工廠自動化設備等控制用馬達需求亦不斷增加。因此，一方面可發展汽車零件中的相關馬達組件產品，以拓展外銷。另一方面工業用小型馬達值得發展，如電動工具上使用較高級的串激馬達，即值得國人發展。

4. 其它特殊用途馬達如衛星電視接收器轉向馬達，電動機車用馬達及電動割草機用馬達等亦市場看好，一片榮景，未來可大量外銷。

5. 工業用三相感應電動機由於產業技術成熟遞補美日產業轉換之空間，外銷美加、澳洲、東南亞、日本等未來前景看好。

以上分析馬達的市場遠景，為走向中高級商品而能多種少量快速生產，以因應使用客戶的需求。此為我國未來馬達工業可發展的方向，其潛力甚

大。而要達此目的則需要下列的努力：

1. 健全馬達零組件衛生工廠網及專業分工。除可降低成本，並提高品質。結合製造技術與生產自動化來維持競爭優勢。

2. 馬達工廠需走向專業化與高級化。運用國內已有的技術基礎，引進國外技術，特別是歐美方面，借用其研發及市場發展的優勢力量，而結合國內優秀機動性的製造技術與能力，來開創馬達業的新競爭優勢。

✦ 產品技術及製程分析（圖8-58）

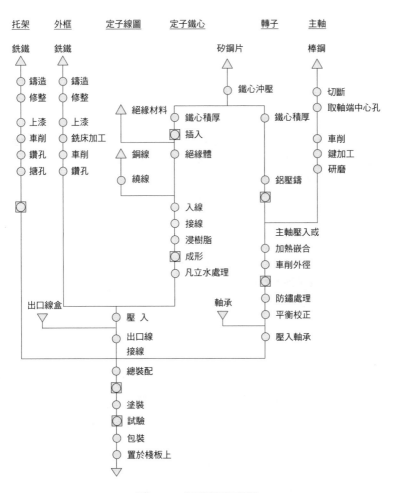

圖8-58　馬達製造流程

✦關鍵技術（表8-25）

表8-25　馬達技術關鍵表

入廠時間	設計	製造	品質保證	生產管理
共同科目 1～2年內	1.勞動安全 2.識圖能力 3.馬達基礎知識 4.工業運作 5.5S			
第一階段 1年內	1.製圖法 2.馬達構造 3.設計計算 （特性、強度）	1.機器操作、保養 　教育 2.作業標準閱讀 3.繞線規範／絕緣 　規範之應用	1.馬達試驗方法 2.機械檢查方法 3.品管七大手法 4.入廠檢查方法	1.PERT 2.倉管 3.進度管理及追蹤
第二階段 2～3年	1.CAD 2.程式設計	1.品質工程圖之製 　作 2.冶工具應用 3.作業標準之製作 4.工時之研究	1.ISO-9000體系 2.協力廠之建立及 　輔導 3.Q.C.C.	1.成本掌握 2.採購流程
第三階段 3年以上	1.CAD/CAM 2.振動噪音研討 3.標準化	1.機器配置 　（layout） 2.省力化 3.冶具之設計	1.TQA 2.可靠度 3.CAT	MRP規劃
進階	1.可靠度 2.新產品開發管理	自動化	客戶滿意度	
長期資訊溝通、 新技術引進	1.成立聯誼會，每月聚會一次。 2.聘請日、德、義及國內專家提供資料及指導。 3.舉辦國內外工廠參觀訪問。			

✦自動化概況

　　馬達為發展已久而成熟的產業，但其產品設計與製造技術仍不斷在創新。由於競爭激烈，為求成本降低、產能提高與品質改善，以及人工短缺工資高漲等之因素，馬達產業自動化之工作已普遍化且持續在進行。除了國內自行開發的馬達生產設備外，以自國外進口設備之後，再改良成便宜之國產品，也促使自動化之腳步更加速。唯因中小企業居多，人力、能力不足，無法作長期整體之考慮和規劃，常使自動化之效果打折扣，且單機個點之投

資，形成生產線產能不平衡或不合適之自動化，此有待以整體企業發展需求之觀點加以整合。

1. **目前狀況**：國內馬達廠的自動化程度，因生產規模大小及馬達機種製程差異而不同，一般而言如東元、大同、台灣松下等自動化程度較高，而製造微型馬達產量非常大的華淵電機，因不斷發展改善，自動化程度及生產效率很高。另外亦有針對國人特有產業，由國人自行發展的馬達自動化，如吊扇馬達自動化生產設備，其投資效益與實用性皆佳，促成吊扇產業的大幅發展與國際競爭力。

以下就馬達生產製程的區分，概述國內自動化的現況：

(1) 馬達外殼鑄造或沖壓成型：除了大型廠如大同、東元擁有鑄造廠外，大部分馬達廠都委由專業鑄造工廠生產。此製程規模較大者，都已採用自動化鑄造生產設備，但對批量少的機種則仍以人工造模為主。在鐵板外殼的壓製成型，亦視其產量大小採用連續自動壓製或人工單件式生產。

(2) 矽鋼片鐵心沖壓：矽鋼片的沖壓，大都採用市販的自動沖床，其沖壓模具國內可開發製作。傳統方式為矽鋼片沖出定子，轉子鐵心後，再依機種厚度需要（積厚）來堆疊，並壓入軸心。此堆疊積作業採用簡易自動化機器，但也仍使用人工。另外則為在矽鋼片模是設計上加上鉚凹槽，依需要厚度設定而自動壓合，分離鐵心，如此一貫作業完成，免去外部積厚和壓合作業。這種新生產方式，國內廠商已漸漸普遍使用，其模具也可自製。國內馬達沖壓模具的技術甚佳，除供應國內外，也外銷大陸及東南亞。

(3) 零件機械加工：主要為馬達外殼，基座和軸心的加工，一般採用NC自動化工具機，可順應機種尺寸變化的彈性。大同及東元早期即由日本引進主軸加工彈性製造系統（FMS），包括棒鋼連續進料、鋸斷、車削、銑鍵、研磨及檢查等都可自動化，其生產效益甚高。外殼加工機器的自動化與連線在中大型廠亦為普遍，對於規模較小或生產批量不大，則採用單機的自動化，此種機械加工專用機，國內設備製造廠亦能設計提供。

(4) 繞線工程：繞線入線等為馬達業耗最多人工及最辛苦之工作，目前線圈加工設備中，入絕緣經武機、捲線機、入線機、綁線

機等單機國內都可自製，品質與設備價格也可接受，但較高級捲線機或連線式自動化設備仍需進口。凡立水處理機國內也可自製，但結構較簡單，爲人工或半自動型。

（5）裝配工程：裝配機，爲國內自動化較弱部分，主要因馬達機型產品變化大，零組件規格不一，自動化裝配生產不容易，因此國內廠商大都依賴人工裝配爲主。但最近幾年國內不斷推動自動化，以彈性裝配線模組化自由傳送式（free flow）輸送帶的結構，逐段導入馬達裝配的自動化，因此已發展不少馬達裝配自動化成功的設備與應用。

（6）檢測工程：製程中之檢查及最後之檢驗已有國產自動測試設備，馬達製造業亦逐漸普遍設置，且合格不合格會自動判斷作響之警告，亦配合電腦化作記錄、統計分析。與設計數據連線之後之機種號碼輸入則測試數據與設計數據比對可判定優劣，但振動噪音溫升則仍須以人工檢查爲之。

除上述各製程的自動化外，一般而言，馬達廠生產仍以單機自動化爲多，各自動化機械的上下料，各單機之間連線與物料運搬傳送，仍有待自動化。

2.未來展望：馬達產業的自動化的問題並非單純的自動化技術，而是包括：產品設計標準化、生產批量大小、製造技術的克服與各生產製程的產能平衡等多項問題，未來的發展方向應該是結合馬達的設計、製造技術與自動化技術，而逐發展適合國內企業型態與需求的自動化系統。其重點爲：

（1）以馬達零組件標準化、設計易製化爲中心，改善製造技術，規劃整廠彈性生產流程。由單機自動化拓展成連線自動化；全廠物料搬運儲放規劃，使物料自動化；發展彈性裝配系統，使全廠生產流程能順暢，達成產能平衡的最大效益。（圖8-59及表8-26）

（2）引進發展工廠管理與生產資訊的電腦化，發揮產銷協調、彈性應變、縮短交期的功效。以工廠電腦化推動結合設備的生產自動化，則可形成高生產效率，品質穩定，高競爭力的生產工廠。（圖8-60及表8-27）

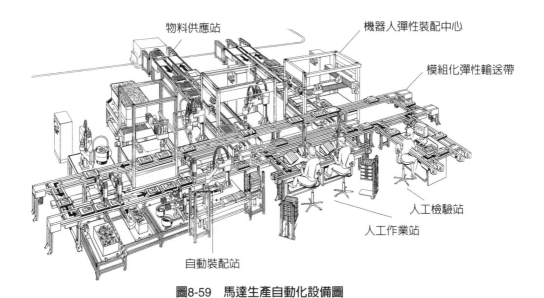

物料供應站

機器人彈性裝配中心

模組化彈性輸送帶

人工檢驗站

人工作業站

自動裝配站

圖8-59 馬達生產自動化設備圖

表8-26 巨邦工業（股）公司自動化及資訊化效益表

輔導前狀況	輔導後狀況	改善效益	輔導措施說明
1.生產力依賴人力頗大，對產品之交貨成本掌握不易，產能85萬台／年不良率2%，人工138人。 2.庫存2,500萬／年。 3.資訊管理雖有部分電腦化，但因各功能獨立同一資料需重複鍵入，且資料未共享。 4.原料供應至各生產廠間均靠人工搬運，換件費力費時。	1.裝配採用彈性自動化、生產提高至100萬台／年 ・不良率1% ・人工112人 ・庫存1,750萬／年 2.自動化投資9,200萬。	1.提高產能450萬元／年 2.不良率節省980萬元／年。 3.節省人工費用910萬元／年。 合計2,340萬元。	1.生產自動化。 2.資訊管理自動化。 3.物流自動化。

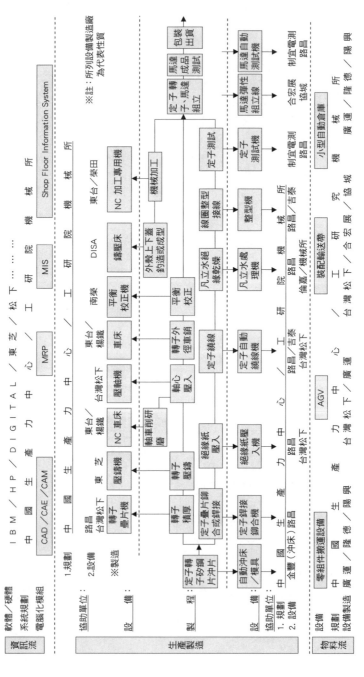

圖8-60 感應馬達生產自動化指引圖

表8-27 巨邦工業公司自動化工作內容表

輔導前狀況	輔導後狀況	改善效益	輔導措施說明
1.採用皮帶式裝配作業	1.採用德國BOSCH模組化彈性裝配輸送進行裝配作業	1.導入模組化彈性裝配線，產能可依市場變化增加周邊設備加以提高	1.良好的製程分析，改善規劃
2.涉及原物料之取料、開箱、噴洗致中斷裝配作業	2.原料供應依工作站分配區域之大小	2.導入模組化於企業內，使裝配作業得到完整規劃，作業容易，品質穩定	2.於生產線配置後可依原有架構不斷改善提高效率及品質穩定
3.依賴熟練度高之作業員	3.生產線減少作業因素，生產作業簡化，線具平衡，作業有節奏感		3.可使產能彈性及人員彈性做多種組合
4.前工程不良影響組立效率品質			
5.人員疲勞			
6.更換機種不穩定			

第9章

生產查核（一）
——成果管理

現場管理

✖ 定義

　　現場（Gemba），是由日文而來，詞意指實地，現在則採用管理上的術語爲工作場所，或者稱之爲產生附加價值的地點。在製造業來說，通常係指工廠。在許多服務業裡，現場是指接洽顧客與服務顧客的地方。然而更廣泛的看法，應爲企業的直接活動場所。（今井正明，1999）

　　這些場所往往是企業活動中，最受管理當局忽略的領域之一，管理人員都忽略了工作場所是一個可以創造利潤的地方，一般都過分強調財務、行銷、業務和產品開發上。管理當局若能著重現場，即可在現場發現許多有形的物件（成品、原料、在製品、不良品、夾具、工具及機器）及所有資源的來源，則會發現有許多機會可以使公司經營更爲成功。

✖ 現場的人員組成

　　一般企業的組成架構（陳文哲，2002）爲：
1. 作業人員：經訓練測試合格的正式工作人員。
2. 班長：每8～12位作業設立一班長。
3. 組長：每2～3位班長設立一組長。
4. 課長：每2～3位組長設立一課長。
5. 經理（廠長）：每2～4位課長設立一經理。

✖ 職責

1. 明確制定現場的工作重點
現場工作的著眼點依各行業的情況而異（圖9-1）。
2. 依照規定執行作業
不同的人員組成，大家都朝向一個方向進行工作。現場有各種規定，包

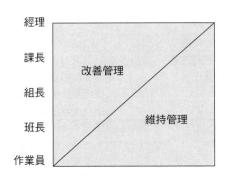

圖9-1　職位和管理的重點

括：工作方法、程序、工作結果、報告、記錄……。即使一個人的工作，都不允許擅自行事，應該要確實遵守規定，正確地執行任務。（表9-1及表9-2）（今井正明，1999）

3.仔細觀察現場事物

每一個管理者應該一面動手工作，一面運用眼觀四方、耳聽八方、細微觸覺、嗅覺來仔細觀察、體會周遭一切事物是否正常？須時時關心留意，才能充分地掌握現狀。亦可善用品管圈達到目的。

4.建立明朗舒適的工作環境

大家同心協力把現場建立為明朗、愉快、氣氛良好的工作場所，可提高工作效率，亦有益員工身心健康。

5.積極推展改善

每一個人要在工作時，不斷尋找更好的工作方法，改善要從自己最切身的事務開始做起。改善不只是個人的投入，更要結合眾人的智慧，方能提出有效的改善方案。

如何接受指示

現場作業人員、班長、組長，最重要的工作就是切實執行生管所交付的計畫或指示，以達成任務。如果在接受指示的階段發生失誤，會嚴重影響往後的工作。因此，如何接受指示，為現場人員應具備的能力。其方式為：

表9-1　管理職位別任務說明

職位	任務優先順序	符合的條件
班長	1.品質和不良品的注意。 2.生產停線的責任。	1.必須有能力協助作業員在其他工作地點遵守作業標準程序書和標準作業表，以協助組長制定及推行工作標準及品質標準。 2.必須負責修正標準作業表。
組長	1.生產力改進。 2.成本降低。	1.必須具有能夠改進工作的條件（生產力、成本、品質）及提昇屬下的技藝才能。 2.必須準備上述的活動計畫並且與課長商討。
課長	1.人力資源管理。 2.與員工有關的問題解決。	必須能夠協調單位經理改善有關生產管制、作業標準程序、品質管制、安全、訓練制度以及開發多能工和能思考的員工。
單位經理（廠長）	1.目標展開。 2.處理部屬提出的特定問題。 3.解決與員工有關的問題。 4.新產品開發之協調。	1.對品質、成本、交期、安全及士氣（QCDSM）建立適當的挑戰目標。 2.對超過停線20分鐘的生產線，違反安全事項、意外事故及慢性的不良品加以督導。

表9-2　班長工作職責

項目	內容
生產	1.執行每月（每週）生產計畫 　（1）安排作業人員，使生產流暢。 　（2）訓練及協助作業員的工作。 2.準備每日的生產活動 　（1）點檢機器設備、工具、零件及材料。 　（2）執行組長所交付的工作任務。 　（3）啟動機器，並確認工作能運作正常。 3.跟催 　（1）調查異常的原因。 　（2）向組長報告。 　（3）採取暫行措施。 　（4）設計永久對策。 　（5）向組長報告所採取的行動。 　（6）依指示協助組長。 4.作業完成後 　（1）準備下一班工作（明日），如發現有任何異常，要通知下一班人員（或相關單位）。 　（2）確認每一個開關均在關閉的狀態下。 　（3）協助上司準備日報表。

（續）表9-2　班長工作職責

項目	內容
生產	5.處理停線事務 （1）調查外部停線事件。 （2）調查內部停線事件。 （3）確定原因及採取對策。 6.新產品導入生產線。 （1）協助組長。 （2）學習新產品和指導作業人員。
成本	1.成本改進的計畫：向組長提出口頭意見及提案改進計畫。 2.降低人工成本：提出構想及協助上司以執行人工成本的降低。 3.降低直接成本 （1）記錄材料耗用量。 （2）研究材料用量增加的原因及對策提案。 4.節約能源 （1）確定是否洩漏之處（供水、空氣壓）。 （2）確定之後，再決定是否由自己來處理或尋求他人協助。 5.日常改善事項 （1）改善的準備。 （2）協助組長指導屬下人員的改善工作。 6.其他 （1）與部屬會議，說明成本降低的成果。 （2）把握機會教育強化作業人員的成本意識。
品質	1.維持和改善品質的水準 （1）對班內成員說明清楚，對於品質現狀水準與目標的要求。 （2）監督及控制製程的品質輸入資料。 （3）分析真正原因及採取對策。 2.每日貫徹「品質是製造出來」的信念 （1）檢查每日生產的第一個和最後一個產品。 （2）執行定期檢查以防止不良品發生。 （3）監督作業員是否遵守作業標準工作。 3.發現品質不良時，能採取對策。 （1）屬於內部造成的不良品，要修理到好，並向組長報告及提出建議對策。 （2）屬於外部造成的不良品，向組長報告，並請求修理的指示。 4.其他 （1）與班內成員每日開會，告知有關品質的問題並討論之。 （2）評估成員品質認知的水準。

1.正式文件的指示

一般的企業在生產管理體系中，都會由業務或生管單位開立工作命令（製造通知單及生產計畫表）通知生產製造單位生產相關事宜。

因此，身為生產線的基層主管及員工，須有下列作法：

（1）確認生產產品的規範及附件。

（2）確認物料清單（B. O. M.）數量、入庫日期及交貨狀況（自製、外包或外購），瞭解物料等供應的進度。

（3）確認製造流程及使用工程圖的正確性。

（4）確認使用標準工時（S. T.）操作標準（S. O. P.）及檢驗標準（S. I. P.）的正確性。

（5）確認使用設備、模、冶、夾、工、刀、檢具的使用。

（6）確認包裝方式（內盒、外箱及碼頭）。

（7）詳細閱讀注意事項，以配合顧客特殊需求。

（8）檢討生產進度（計畫）表，是否有可能如期達成。

若上述資料，發覺有誤，必須提出要求釋疑，以免在生產製造中才發現有異，產生不必要的報廢品，浪費資源。

2.主管現場的指示

（1）接受指示時，要聽清楚，並提重點記錄下來，正確掌握其意圖或期望，以免發生誤解。

（2）要聽到最後，如有疑問應即提出，避免錯誤。

（3）對主管的指示如有意見，應以謙誠坦率的態度提出再請示。

（4）接受指示內容後要複誦一遍，以確認是否正確無誤。

（5）指示內容是否有關其他部門，則須用文件簡要轉達周知或向自己主管報告狀況，使主管知悉配合。

（6）瞭解指示內容後，應審慎地檢討，計畫執行方法。

（7）執行後應檢核其結果，確認是否與期望相符。

（8）接受指示之後，應即執行、確認執行結果並提出報告。

✖ 切實把工作做好

不論是新進員工、在職員工及各級主管，均須完成下列工作：

1.學好工作技能

為使員工及幹部學好工作技能，公司事先應先充分周詳的準備，通常以訓練或發給有關說明書或指導單的方式進行。但僅將文件發給受訓人員是不足的。為獲得確實有效的學習效果，應指定專人指導，並採用工作教導（Training Within Industry, TWI）的科學方式訓練，其方法為：

（1）做學習的準備：不可太緊張，思考要學習什麼工作及對該工作知道多少。

（2）接受工作的說明：瞭解工作的每一段落，仔細觀察示範工作，掌握關鍵性重點，需要有恆心與耐心。

（3）試行工作：試行工作並接受矯正錯誤，自己要能掌握工作的關鍵重點。

（4）確認學習成果：實際擔任工作，如有不明之處應即發問，養成自己勝任工作的能力與信心。

2.做好每日的工作

生產作業是分秒必爭的，時間在工作過程中度過，今日的工作唯有今日畢，否則要追趕生產量，只有待明天的加班或假日才有可能，但明日仍有新的工作，是惡性循環。身為幹部應特別注意才可能完成任務（表9-3、表9-4、表9-5及表9-6），做好維持管理的工作。其方法為：（古火田友三，1998）

（1）幹部要更接近部屬的現場走動。

（2）無聲實施型，不如有聲實施型。

（3）善事馬上做，壞事馬上斷。

（4）大局著眼，小事著手。

（5）巧言令色不如剛毅木訥。

（6）有堅固的防守後再進入攻擊。

（7）艱困的時候，最好再回到基本。

（8）理所當然的事要比別人更早徹底實施。

（9）以五大現原主義來處事。

　　a.現場：不良品發生的原地，環境因素。

　　b.現物：實際不良品。

　　c.現狀：不良發生的狀況，包括使用的狀況。

表9-3 班長每日管理活動

時段	內容
工作開始前	1.進入工作，走到現場。 2.檢視昨日的工作日報表及今日的工作計畫表。 3.工作前準備 （1）工作人員組成，檢查所有機器設備、模、冶、夾、工具及其他輔助材料是否齊全。 （2）如果有人員缺勤，則登錄於報表內，並透過組長尋求替代人選。 （3）朝會五分鐘，說明工作重點。
上午工作時段	1. 開始工作：確認每一位員工已準備開始工作。 2. 工作流程變更：協助組長教導新開發的工作流程。 3. 檢查生產流程：領導線上作業員遵守標準作業的工作。 4. 上午休息時間： （1）針對一些預定的品管事項，從事抽樣檢驗。 （2）領導及指導作業員，克服工作上所遭遇的問題和異常事項。 （3）組長在開會時，協助或執行組長的工作。 5.執行在職訓練以發展多能工。
下午工作時段	1.審核檢驗結果 （1）審核在上午由品管人員所做的檢驗結果，並請求組長給予改善的指導。 （2）依照組長的指示，對問題採取暫行對策，並且請求給予永久解決的對策方法。 2.協助作業員從事修理或重修的工作，並且檢查及評估其結果。 3.調查停線原因，向組長提出暫行對策及預防對策的建議。 4.必要時，下達加班工作命令。 5.領導作業員在現場實踐5S活動。
工作結束之後	1.撰寫本班工作報告，並交待重要訊息給接班人員或繳交至生管單位。 2.領導品管圈會議，積極參加品管圈活動，並鼓舞作業員士氣。

d.原理：可認為大多數的事務都能依此來加以說明的根本理論。

e.原則：基本的規則，日新月異的技術。

（10）依規定提供生產資訊（領料單、設備修護單、入庫單、報廢單、生產異常單及工作日報表等）。

（11）定期檢討改善，每日利用朝會向員工講解每天工作重點（生產／生產達成率、品質、損失／不良率引起成本、交貨順利／不順利、安全與客戶抱怨、整體士氣與出勤率、5S活動），請員工配合。

表9-4　組長在「成本降低」管理活動

管理工作	內容
1.改善計畫	1.與課長研討後，準備提出「成本降低計畫」的進度表。 2.從事本組內各改善活動的協調，並請求其他單位協助特定的改善事項（新工具等）。 3.監督及跟催「成本降低進度表」的進展情形。
2.降低人工成本（工作時數）	1.監督每月工數降低的活動事項，並且跟催其進度情形。 2.若未達目標，則須研究其原因，並採取行動。
3.降低直接成本	1.監督材料、消耗性工具、耗材、油品等實際用量與計畫耗用量的差異。 2.若超過原計畫耗用量，則研究超用原因及採取對策。
4.節約能源	1.確認氣壓和供水是否洩漏，並且擬訂計畫阻止洩漏。 2.訓練及鼓勵作業人員在機器使用完後，要隨手關閉電源及照明。
5.每日改善	1.準備監督工數改善的活動事項。 2.依據問題的狀況，給予改善活動的指示。
6.其他	1.領導組內開會，並說成本降低活動的進度情形。 2.鼓勵每一位員工提昇成本意識。

表9-5　課長在「人事訓練」管理活動

管理工作	內容
1.訓練及開發部屬	1.告知所有部屬，有關公司的現況、經營環境及管理目標。如市場最近發展及新產品重要訊息，也讓員工知道。 2.對每一位員工準備長期訓練計畫。
2.開發多能工的作業人員	1.監督訓練計畫及進度表，以訓練多能工的作業人員。 2.監督多能工訓練計畫所執行的方式，並跟催。
3.技能教導	1.藉由在職訓練給予技能訓練。 2.依據過去的實務經驗，指導每一工作必需的技能標準化過程。
4.加強對設備的認識	1.對機器設備的結構、功能及操作手冊有更深一層的瞭解。 2.指導班、組長對機器設備有更深入的瞭解。 3.有需要時，檢查和修正操作手冊。
5.指導新手或調職者	1.對新任員工及調職者解說單位內的組織。 2.給予單位工作事項的指導。 3.評估、準備和修正班長使用的新人指導手冊。 4.依據手冊去指引、監督和跟催新人的基礎教育。
6.追求人際關係的活動	在非正式的活動中給予忠告和跟催（在每月每一班於工作時間內舉行溝通會議，增進人際關係）。
7.貫徹品管圈活動	1.擔任品管圈活動高級指導員，給予協助及意見。 2.在品管圈會議、研討會及訓練課程中給予協助、指導。 3.在單位內，給予品管圈活動順利進行所需意見和跟催。 4.從事對品管圈活動有更深層瞭解的活動。

（續）表9-5　課長在「人事訓練」管理活動

管理工作	內容
8.鼓勵提案建議	1.宣導及指導提案建議活動，以達成單位提案建議件數目標。 2.監督開發工作，並給予指導。 3.對不積極的組員，給予個別諮商與輔導。 4.檢討提案建議。
9.建立工作紀律	1. 組織會議並給予諮商，以建立更具正面意義的工作氣氛。 2. 確認部屬確實遵守工作紀律規則。 3. 對經常違反紀律的組員，給予個別諮商。 4. 檢查課內紀律規則的推行狀況。
10.其它	1. 加班工作的核准及指示。 2. 年假的監督和跟催。 3. 對特別有問題的組員，給予個別諮商。

表9-6　經理管理活動

管理工作	內容
1.方針及目標設定	1.對每一位組長，都要制定每一項生產、品質、訓練及成本改善的目標。 2.設計規劃達成目標的策略。
2.跟催達成目標的進度	1.定期檢討單位的目標。 2.採取解決問題的對策。 3.跟催對策執行的結果。 4.結果若不滿意時，要給予部屬支持。 5.在單位經理的權責範圍下，直接承擔重要的問題。
3.改善作業流程及制度	改進生產、品質及成本的管理制度，以利每一階層管理者都能正確及迅速知道其所應做的事。

（12）要持有競爭、協調及協力的精神。

（13）現場意見溝通很重要，在工作執行告一段落、異常發生以及開會磋商時，均應提出口頭或書面報告，以條例式逐項說明較為清楚、易懂。

產銷協調會議召開

生產製造時，會產生交期延誤、品質不良等問題，則需舉行產銷協調會議來控制生產進度，並討論生產計畫的變更及配合事項。依生產製造作業流

程的變化而決定開會的頻率，連續性生產方式則可採用每月一次，遇到重大異常時再臨時召開的方式；訂單生產方式因其生產變化性大，必要時得每日召開爲之。

參加會議的人員包括：製造、生產管理、業務、採購、倉儲及製造技術人員參加，可由生產製造部門最高主管擔任主席，開會須以檢討生產問題及排定生產計畫爲主要目的，與會人員必須要有充分的準備，遵守時間、明確表達意見，並做成結論、追蹤方能有效。

生產管理

跟催

定義

所謂跟催（follow-up）係指跟蹤催促而言，也就是在製途程與日程排定，並經發布工作命令分派工作之後，即應設法控制製造工作的進度，使各種製造工作之實際進度與工作命令的計畫進度相互協調。若有脫節的現象，必須立刻研究其原因並及時加以更正，以確保製造工作如期完成。

跟催爲生產控制的功能，使生產流程能依材料與零件的進行予以調整。其目的是報告生產現況、蒐集生產資訊並與原定進度比較，且加以調整。通常由製造單位指派專人或生產管理部人員負責此項工作。

種類

1.物料的跟催（張右軍，1986）

物料的跟催屬於採購部門應負的責任。負責請購的採購人員應負有物料跟催的責任。而製造部門的生產管理人員對於主要物料亦須隨時注意其交貨日期及數量，方不致影響生產。

若採購部門的跟催仍不能保證供應廠商如期交貨，則應通知生管部門有關物料延遲交貨的事實及日期，如此製造日程安排人員方能夠應變，修改製

造日程之安排，以免待料而停工。另方面，製造單位若有訂單變更、設備故障、人員缺席等影響生產而修改進度，亦需聯絡採購部門配合之。最佳方法為採購生產單位定期召開物料協調會議，共同討論，以配合實際進度。

2.製造的進度跟催

（1）以產品為主的跟催：由製造部門（生管）指定一個跟催人員，專門負責單一產品的跟催，自原料供應開始，依照製造流程，步步跟蹤，直到製成產品入庫為止。

（2）以部門為主的跟催：由各製造部門分別指派跟催人員，負責追蹤各該部門內各項產品的製造工作。

（3）產品裝配的跟催：裝配製造業工廠，一般均指定專門人員負責跟催產品的裝配工作。

✦方法

1.口頭報告

在小規模的生產工廠，領班向主管報告工作進度多以口頭方式面對面報告。若現場等待物料加工，亦用口頭向物料或採購部門催料，快速簡潔，但如果報告事項過多，容易遺漏。

2.電話報告

規模較大的生產工廠因走動費時，故領班向主管作進度報告時，亦常用電話聯絡。物料欠缺亦可如此為之。

3.書面報告

（1）生產製造人員在下班前，領班填寫工作日報表後送單位主管核示。

（2）生產管理單位，依據領班的工作日報表報告的進度，繪製生產月、週、日報表，記載每日計畫量與實際生產差異大小，為跟催工作的依據。

（3）品質管理單位亦應配合生產製造單位之需求，應要求提出首件檢驗、自我檢驗的紀錄，再施以巡迴抽樣記錄，以確保其產品。

（4）成品入庫則應先繳入庫單，生產部門可利用此法看出生產量及日期，有利於工作數量正確的掌控。

4.協調會議

製造進度（產銷部門）或物料供應廠商要求（採購部門）共同召開協調之。會後並以會議紀錄追蹤。

✦異常處理

跟催中，常發現生產進度遲延的原因很多（圖9-2）。因此，對於造成進度遲延或製造進度與製造排程無法協調一致的種種原因，應迅速地反應、回饋到有關單位去執行，否則製造進度無法如期完工。

✖ 進度控制

✦定義

進度控制（progress control）是提供各種資料與資訊給管理者來處理生產活動的事務。這些活動項目及工作內容包括：訂單分派及優先順序、確保物料及工具的可用性，對短期產能限制的調整、追蹤在製品存貨、監督勞工與處理機器損壞，發生緊急訂單，檢查產出量與廢料及幫助解決品質問題等（圖9-3及表9-7）。（林清河，2000）

這些資訊包括及時更新的各種資訊，諸如在製品數量、生產狀況、實際產量、效率、使用率、生產力等；當然完整的進度控制可提供許多功能（表9-8），可進一步修正排程及物需求計畫。（Chase & Aquilano, 1996）

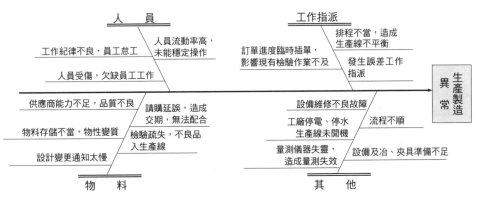

圖9-2　進度異常原因

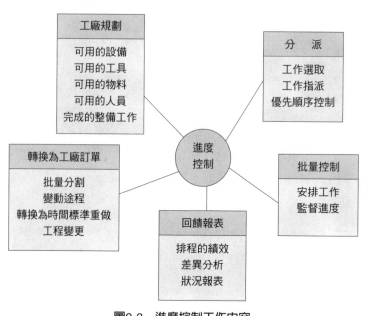

圖9-3　進度控制工作內容

表9-7　進度控制功能

1. 指派每一工廠訂單的優先順序。
2. 維護在製品（半成品）的數量資訊。
3. 傳達工廠訂單的狀況之相關資訊給業務或管理單位。
4. 提供實際的輸出資料，用以做為產能控制的依據。
5. 提供地區與工廠訂單別的數量，可做為在製品存貨控制與會計記錄之用。
6. 提供有關效率、利用率、人力與機器的生產力等方面的衡量依據。

表9-8　生產作業控制的活動項目

1. 為每一筆訂單分派先後順序（重要性），以協助訂單次序的安排。
2. 發出每日工作日程給每一工作中心（工作站），此單可使生產管理表知道每一工作中心有哪些訂單要做，其優先次序及何時完成。
3. 使在製品存貨保持更新（update），包括：每個訂單的位置、訂單移動的追蹤、良品與損壞品在每個作業階段的數量。
4. 提供投入產出的控制（指各工作中心），以瞭解工作中心間的流量變化。
5. 對每一工作中心之人員與機器，進行效率、使用率及生產力之評估。

✦範圍

1.依製造流程

（1）原物料（張保隆等，2000）

　　a.可根據物料請購單或託外加工單，轉登錄請購登記表做為追蹤
　　　催貨用。

　　b.可依倉儲單位提供每日原物料等入庫單據資料，控制物料交期
　　　及數量。

（2）在製品或半成品

　　a.依據日報表常用者為延遲工作日報表（Daily Delay Report）。

　　b.可依據工作命令（製造通知單）及物料搬運單（配料單）。

　　c.如係訂貨，有時可依個別產品管理。

（3）裝配

　　a.通常派專員負責進度管理。

　　b.依據完工報告表（completion report），通常此報告表的項目亦
　　　常合併於工作命令中。

　　c.對大件產品需時較久者，控制人員亦可將所耗工時，估計其完
　　　成的百分比。對於小件產品，生管管理者可檢查有無停滯現象
　　　或堆置於某處，並調查其原因。

（4）品質檢驗

　　a.檢驗是整個進度控制上一個重要項目，通常由檢驗部門負責。

　　b.利用各種檢驗報告表（進料、製成品、成品及檢驗等），獲知檢
　　　驗進度，完成最後檢驗（出貨），始能交貨。

（5）倉儲

　　a.依據入庫品（良品、不良品、報廢）的表單及檢驗報告表，得
　　　知生產數量及不良情況。

　　b.依據出貨單，得知庫存量。

　　c.依據呆、廢、滯料表單得知生產製造損壞的物料。

2.依管理機能

進度控制的內容，其基本的管理機能構成為（圖9-4）：（並木高矣，
2000）

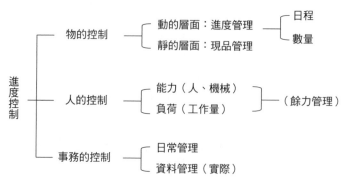

圖9-4　生產進度控制項目

（1）物的控制

　　a.進度管理：一般而言，進度管理的實施內容包括：現況調查、標準比較、對策處理及確認監視，以循環性的反覆。其階段如下：

　　a）進度的調查：依據表單報告或目視調查現狀。

　　b）延遲的判定：對於預定進行及延遲程度的判定。

　　c）調查延遲原因：調查延遲的根本原因。

　　d）決定延遲的對策：讓延遲的負責人員決定對策與恢復預定日。

　　e）監視與監督：監視促進延遲的恢復狀況。

　　進度的檢討，可由兩方面進行檢討：

　　a）製程進度：一般可用甘特圖來標示進度，個別生產方式應注意其進展情形（現況正在進行第幾個工作站），若落後原進度，則迅速設法補救。

　　b）產量進度：不論何種生產方式，各製程間會產生不平衡或等待的原因很多，須能有報表顯示今日（本次）完成量及累計完成量。若找出原因所在，則可當場設法補救或根本改善。

　　b.現品管理（現物管理）：確實掌握半成品的所在與數量為目的，隨著工作流程的頻繁會變成不確實，結果會導至整個進度管理崩潰，不可忽視。為防止此種現象的發生，採取下列的方

法：

a）確實完成記錄報告：禁止無表單及隨便移動物品，須對不良、遺失、他用等情況加以處理。

b）保管方法正確化：有關生產現場的半成品，須讓生產者保管在固定的區域（須裝在標準容量及容器），保管或移動（進出）物品，須依機邊（工作站）記錄保管。

c）異動方法明確化：為確定現場間（製程間）的進出，決定固定的手續，在後述的移表單記錄進出數量，並予以簽章。

d）容器標準化：半成品所用的容器須標準化，放置場所定位化（劃線），使管理容易。尤其容器的標準化最重要，須考慮搬運及儲存（倉庫）的便利，使其形成標準化。

（2）人的控制

a.人與機器能力：調整人員或機械的產能與工作量，防止怠工，使進度適量化為目標。每月的生產計畫（工時計畫）雖可保持均衡，但在每天的作業會產生材料延遲、變更預定、請假、機械故障等事故，因此會造成產能的過剩或不足。對此問題，須視生產計畫產品別或客戶別的多寡來做每日或每週的餘力調查，以便改變作業分配或移動人員加以調整。

b.工作量調查：產能調查是指簡易的請假者或故障機器的調查。工作量的調查是指結果依據工時計算方法進行調查。但是，成為計算基準生產數的設定方法可分為現有材料的數目和考慮延遲程度（將延遲設定為正值，加快為負值，而累計工時）。後者為連續生產時使用。

（3）事務的控制

a.日常管理：從生產計畫至生產進度控制的業務，依靠一連串的表單有系統的被處理。即設定事務手續，加以制度化，要使用固定格式的表單，以固定的順序方法處理業務，因此表單具有使作業標準化的功能（**表9-9**）。

日常管理（生產控制），須進行下列作業：

a）製造命令：具體的細分現場所進行的作業內容，並加以指示。

表9-9　管理部門安排事項和表單

安排事項	對象	使用表單
材料和零件準備，外包加工	採購單位 外包單位	材料（零件）計畫表、請購單、外包安排表訂單合約
模、工、夾具（特殊品）準備、機械設備（特殊）製作	生產單位 開發單位	申請單（模、工、夾具）設備製作委託單
作業指示（種類、數量、預定）	生產單位	作業預定表、生產計畫表、工作（製造）命令、工作日報表
領發料	倉庫	入庫單、出庫單、帳卡、月報表
檢驗	品管單位	檢驗單、預防矯正單

　　　b）作業準備：準備材料、模、冶、夾、工、刀、檢具、圖面等。

　　　c）作業分配：以製程別、機器別、個人別分配各種作業。

　　　d）作業指導：具體的指示作業方法或條件。

　　　e）進度管理：報告作業的完成及其進行狀況。

　　　f）餘力管理：掌握手上工作量而調整作業產能（人工、機械）。

　　　g）現品管理：確實把握現品的保管（半成品）或異動（移動）的狀況。

　　　h）檢驗手續：品管檢驗結果為紀錄報告。

　　　i）作業記錄：記錄報告每天的生產數（良品、不良品）、作業時間和作業條件。

　　　j）事後處理：模、冶、工、夾刀具、圖面、殘料等退還和不良品的處理。

　　b.資料管理：生產控制最重要的是數據管理，管理單位據有生產有關的實績，記錄各種數字，而判定成績或效率的好壞，或做為將來生產計畫的基礎資料、提出成本計算和薪資計畫所需的資料。因此，須做好資料的取得。

　　　a）資料種類：各工廠因作業的種類和管理方式有所不同，但一般而言，需有下列的資料：

　　　　（a）生產數量：製程別、個人別、機械別的完成數（良品）及不良品數。

（b）作業時間：個人別（機械別）的製造號碼別、零件別、製程別的作業時間，間接時間（雜事、待工）、機械停止時間。

（c）不良率：區分為製作號碼別、零件別、製程別（配合需要來區分不良原因）。

（d）服務時間：現場別的總出勤時間、上班人員、支援人員（異動人員）。

（e）其它：材料的使用量、成品率、燃料使用量、電力使用量、其他作業的條件等。

b）資料的取得

（a）直接記錄於作業表單的方法：使用上述表單，除了書寫紀錄，還使用時間印章。

（b）記錄作業日報的方法：扣除作業表單外，還記錄每天的作業實績，有個人別表單、日記帳簿（繼續記錄），各組單位的格式。

（c）機械性的記錄方法：在各工作機械上裝設作業狀態的紀錄，包括生產條件、生產量、檢驗結果等，可用電腦連線方式，在資訊中心計算之。

各公司及工廠皆設有許多作業表單，要求各單位及工作人員填寫，花費不少的人力。其觀念是正確的，但在執行時，無法去要求及時和正確，形成功虧一簣，毫無作用可言，生產資訊每天無法掌握。因此，管理者宜努力要求在每日下班前務必完成報表，方能使生產控制人員隔日迅速瞭解現場而做生產調整工作。

✦進度控制的工具

1.每日工作日報表（派工單，daily dispatch list）

用以告知管理者有那些工作正在運轉，其優先順序為何？以及每項工作需花費多少時間等。

2.各種狀況與例外報表（status & exception reports）

（1）工作日報表：工作人員依每日生產狀況提出報告，包括：投入工時（正常、加班）、實際工時、除外工時、生產量及異常狀況等

表9-10 進度追蹤表

日期	訂單編號	製令單號	產品名稱	數量	預定完成日期	追蹤紀錄	實際完成日	備註

　　　　（表9-10）

　（2）延遲報表：生管人員以每日工作日程表及工作日報表，提列各
　　　　項工作進度延誤狀況、製成表單，使主管人員得以判斷是否發
　　　　生嚴重的延遲，以便設法支援配合排程（表9-11）。

　（3）廢料報表。

　（4）重做、重修報表。

　（5）績效彙總報表：列出排程中完成的訂單數目與百分比，未完成
　　　　的訂單延遲情況、產出量等。

　（6）缺貨、欠料明細表。

3.投入／產出控制表：提備管理者用以監督每一工作站工作負荷與產能
　之間的關係。（表9-12）

4.專案報告：對異常、例外事項，進行專案研究。

✖ 服務管理

✦ 人 員 管 理

　　服務作業管理是為那些使用服務的人創造愉快的經驗，例如，飯店管理
包括：提供最佳服務的餐廳、運作順暢的電梯和空調、冷熱水的供應快速，
以及迅速服務顧客的接待人員；也包括：大廳放置的鮮花、每間房間放置水
果及員工服務品質訓練，更甚者能提供其他顧客需求的事，來滿足顧客。
（Nickels, Mchugh & Mchugh, 2003）

　　藉由預期顧客的需求來取悅顧客，已經成為服務業的品質標準，就像在
其他行業中一樣。但瞭解顧客需求和滿足顧客需求卻是兩回事，那也就是為

表9-11　工作日報表

單號：

日期：　年　月　日

支援工時						扣除工時				
項目	製造批號	品名規格	時間 起 迄	人數	工時	項目	時間 起 迄	人數	工時	說明
支援入										
合計										
支援出										
						合計				
產品製造批號	產品編號	人數	良品完成數	不良品	工時	出勤工時				
						項目	起迄時間	人數	工時	
						應出勤工時				
							合計			
						請假				
							合計			
檢討						加班				
							合計			
						總計				

主管：　　　　　製表：

什麼作業管理如此重要的原因：它是管理的實行階段。

　　未來服務業組織的成功都將大大仰賴與顧客建立對話，讓作業管理者能夠幫助他們的組織更快、更有效地回應顧客需求。為達到其目的，唯有賴核心的管理課題──人員管理，因為服務人員是構成服務系統的主要角色，同時也是啟動服務最重要的因素（大部分服務業仍靠人力執行）。而人力管理

表9-12　投入／產出控制表

基本資料
昨天總生產量
上月平均產量
總產量以M單位
工時以分單位

生產單位應有人數 ＿＿＿ 人
生產單位實到人數 ＿＿＿ 人
今日出勤人數 ＿＿＿ 人

年 ＿＿ 月 ＿＿ 日

項目＼單位	印刷課	貼合組	分條組	三角組	三面封組	三面封組	B組	B組	A組	A組	合計
總產量	85,950	34,660	82,570	32,501	11,400	5814.6	61.95	15193.4	26,600	330053.8	322537.8
加班工時	1,470	630	540	480	720	180	150	420	180	780	5,550
正常工時	3,570	1,530	2,550	1,020	4,080	510	510	2,040	510	3,060	18,000
實際工時	5,040	780	3,090	1,500	4,800	690	660	2,460	690	3,840	23,550
損耗工時	1,000	70	247	20	130	95	265	225	120	45	2,217
有效工時	4,040	710	2,843	1,480	4,670	595	395	2,235	570	3,795	21,333
工作效率	0.8015873	0.9102564	0.9200647	0.98667	0.972917	0.8623188	0.59848	0.90854	0.82609	0.98828	0.877
平均每個員工產值	17.05	44.44	26.72	21.67	2.38	8.43	9.39	6.18	38.55	8.61	
批示／建議											
本日損失工時	$1,667	$117	$412	$33	$217	$158	$442	$375	$200	$75	$3,695

表9-13　服務人員管理層次

層次	內容
年度（長期）	1.人力中長期規劃。 2.預估新年度顧客需求量，轉為所需各類服務人員數，並設定年度人力召募計畫。
季節或月（中期）	1.服務供需調整計畫。 2.預估下季（下月）顧客需求量，若超過供給，則設法聘用兼任人員或外包方式調整；若供給超過需求，則設法透過行銷手法，提高顧客需求量。
週或日（短期）	1.服務人員排班規劃。 2.根據業務實際需要、員工意願及員工健康與安全，將人員做適當的排班。
即時	1.服務人員緊急調度。 2.根據當時顧客需求量，以加班、微調其他部門人員支援、召回休息或休假中員工因應。

可分為不同層次（表9-13）。其中人員排班層次可說是最重要的關鍵層次，因為其決定了服務業者使用人力的效果與效率。（顧志遠，1998）

　　人員排班是服務作業管理的核心工作，因為藉由人員的排班，才能延續服務不斷提供，又透過排班技巧，業者才能因應系統之內部與外部的需求。為此，人員排班的好壞，不但會影響到服務系統的效率及服務品質。此外，也影響到員工的安全衛生、工作意願與社會關係。

✦即時作業

1.重要性

　　對服務業來說，由於顧客需求變化大，又無法以存貨方式預先生產，因此服務業不易做中長期規劃，因此服務業供需調配作業重心移至現場的即時控制，而現場主管則在授權範圍內，就服務的供給與需求做最佳的調配。服務即時作業是由顧客叫定（Calling）開始啟動服務系統，其過程包括先進行服務的準備安排、帶動後續人力、物力及設備的調配，以及與財務、顧客和資訊等單位的互動。（顧志遠，1998）

　　服務即時（現場）作業，在實務上是被業者重視的功能。服務現場是公司內第一線服務人員的工作場所，也是顧客與服務發生互動的觸點，也是服務品質來源重要的契機點，也是公司行銷與利潤來源的最前線，也是顧客抱怨的蒐集點。故一般公司都全心全力支持維護它正常的運作。

2.定義

所謂服務即時作業，廣義仍指服務現場管理與服務控制作業。而狹義可解釋為現場服務作業，其內容可分為：

(1) 顧客叫定：顧客接觸到服務現場或服務人員的進入點，這是個重要服務觸點。因此，須設計良好的叫定處理作業與環境。

(2) 顧客需求界定與處理：藉由叫定提出服務需求，業者須依此分析叫定所需人力、時間、材料、設施及服務步驟規劃，並向相關部門查詢及預訂所需資源。

(3) 顧客優先權設定：叫定前處理的重要工作，則業者須依緊急程度、價值或對公司的特殊意義等，設定服務優先順序。

(4) 顧客服務人員指派：指派何人前往服務顧客，須就公司人力資源調配及人員意願。一般屬勞務性或非專業的服業，則採用人力負荷平均分擔的原則，來決定服務人員的指派。

(5) 即時服務執行與控制：由於服務無法做成品管，以及現場服務是最讓顧客體驗服務水準與品質的時機。建立資訊系統監控服務程序或隨時蒐集顧客意見，並立即改進等。

(6) 服務叫定結案清除：為結案良好的動作，係代表原先被用到各項資源（人、物、設施）的釋出，也代表服務人員對此服務作業成效的責任承擔。

(7) 顧客的服務資料維護：顧客接受服務完成，緊接著是費用的結算與收取，另外，顧客檔案的更新以及通知人事、倉儲部門有關各項資源的耗用。

(8) 顧客服務報表：每完成一次顧客服務，均需做服務成效評估，一般可藉由資料庫彙整與計算服務成本、各項資源使用量、顧客反應等，詳列後製成報表，作為管理之用。

3.顧客叫定的種類

顧客叫定的前處理是啟動一連串服務作業的開始，故顧客叫定處理單位是組織中最瞭解及先體會到顧客需求的單位。顧客差異性的需求，必定反應在叫定的過程及內容上，一般分為：

(1) 服務叫定：餐廳點菜、電影院購票、超市購物。

(2) 安裝叫定：安裝電腦、機器或設備等。

（3）修理叫定：電話產品維修等。

（4）保養叫定：設備機具維修、定期保養、美容保養等。

（5）移動叫定：搬家、廢棄物搬運、機具移動。

（6）設計叫定：房間裝潢設計、土木施工設計等。

（7）建造叫定：蓋房、裝配物件等。

4.顧客叫定的內容界定

服務叫定是顧客與業者間的一種溝通的過程，顧客提出需求、期望及條件，業者則估計成本、安排服務時間及規劃服務步驟。若雙方達成協議，則此次叫定交易成功，並開啓後續服務作業。服務叫定的處理，首先是顧客大概描述其需求，換句話說，顧客須先開出所需服務規格，而服務人員站在專業立場，協助顧客完成叫定作業。基本上，顧客叫定須準備下列的資料：

（1）所需要服務或工作描述。

（2）服務或工作地點。

（3）服務或工作地點所需要的設施與設備。

（4）是否屬優先處理的需要。

（5）付款的帳戶。

（6）付款的成本中心。

一般而言，業者獲得顧客叫定後，首先要對顧客叫定做可行性分析，並且初步預估所需的成本、材料、設備等，再與各相關部門討論，其內容包括：

（1）工程部門設計所需的工作步驟、材料與設備。

（2）人力部門預估所需的工時與人力需求。

（3）信用部門確認顧客的信用與額度。

（4）倉儲部門查詢所需材料與零件。

最後業界完成整個服務計畫，其規劃內容爲：

（1）服務步驟及作業程序規劃。

（2）服務人員或技術人員的種類及人數。

（3）工作草圖或設計圖準備。

（4）設備與機具型式準備。

（5）特殊設備和機具型式的準備。

（6）材料與零件的準備。

（7）服務的先後順序安排。

（8）和其他顧客叫定間的關係整合。

（9）工時的需求或排程預定。

5.顧客叫定優先認定

好的服務優先順序則為：

（1）預約顧客優先，現場顧客為後。

（2）緊急顧客為先，一般顧客為後。

（3）特權顧客為先，一般顧客為後。

（4）常態顧客為先，例外顧客為後。

（5）積點高顧客為先，積點低顧客為後。

（6）處理時間短為先，處理時間長為後。

6.顧客叫定服務指派

業者瞭解顧客叫定內容後，除了完成各項準備工作外，同時也必須指派由那位服務人員前往服務，這是個相當需要經驗的工作，因為除了要顧及每個服務人員負荷的公平性，更要考慮到顧客的差異性及前往服務人員的適合性。許多組織會產生不公平的指派，則會造成服務人員士氣低落及忠誠度降低的問題，因此最好事先向所有服務人員說明有關指派工作的遊戲規則，不僅如此，更要秉公執行方能成功。一般指派的原則為：

（1）固定區服務人員（餐廳劃分區域，指定專人）。

（2）顧客選擇服務人員（美容院）。

（3）依序排定服務人員（計程車排班載客）。

（4）配對排定服務人員（律師事務所，依案例排定人員）。

（5）隨機排定服務人員（駕照考官隨機選擇）。

（6）依距離服務人員（貨運公司指派最近距離車輛載運）。

（7）依反應服務人員（無線計程車依司機回應電台先後次序安排）。

（8）依績效服務人員（業務員談生意，派遣績優人員擔任）。

7.服務過程控制與評估

詳見於後章節。

8.顧客服務評估

詳見本章「生產績效衡量」一節中關於「生產力」之描述。

✦顧客服務控制

服務的進行具有異質性與同時性的特徵，一方面為確保服務工作能如期完成，以及方便顧客查詢服務進度狀態，使顧客滿意，另方面為控制成本及調配服務資源，業者均採監督與控制服務的進行。

1.控制點設定

對服務進行過程予以全程追蹤與控制，則可分為：

（1）叫定開始處理。

（2）進行技術評估。

（3）進行資源需求評估（人員、設備、材料）。

（4）叫定獲得通過。

（5）服務日期、人員、設備、材料的安排。

（6）目前已完成比例。

（7）服務或工作完成。

（8）叫定結案。

2.時間控制

服務時間的長短，代表業者提供服務水準及服務保證的一部分，其重點為：

（1）服務人員是否在標準時間內回應顧客要求的服務。

（2）服務人員是否在標準時間內到達顧客處。

（3）服務人員的服務時間是否在標準時間內。

（4）服務人員是否在標準時間內完成整個服務。

3.服務資訊控制

服務工作的進行，除了業者關心進度與品質外，事實上顧客也關心甚至不時查詢服務狀態與進度。所以業者必須隨時掌握最新進度資訊，提供顧客。因此，須查核下列資料是否完整：

（1）顧客資料（姓名、地點、服務或工作項目要求、完成日期要求）。

（2）服務的類別歸屬（工作或服務分類、地區代號）。

（3）服務的項目與金額預估（服務或工作項目要求）。

（4）服務等級水準（工作或服務優先順序、特殊設備機具、人員要求）。

（5）目前處理狀態。

（6）服務實際金額（總金額及各服務項目金額）。

4.資訊回報

服務人員在完成服務後，應回報下列資料：

（1）顧客部分

　　a.服務顧客的各項時間紀錄。

　　b.服務顧客所消耗各項材料紀錄。

　　c.顧客意見或抱怨紀錄。

　　d.服務人員對此服務的評估意見。

（2）員工

　　a.工作日報表：彙總服務人員工作、加班、差勤、請假資料，以作薪資發放依據及人力資源使用效率評估依據。

　　b.延遲報表：列出因材料與原料缺貨、顧客尚未準備妥當、設備或設施不足、服務叫定資料不足或不正確、人員熟練度不足等項，以求未來改善追查之用。

　　c.結案報表：列出結案的服務工作在各種服務狀態下所花的時間、成本、異常狀況以利分析檢討之用。

生產績效衡量

✖ 觀點

績效衡量的目的是希望謀求生產力的極大化，分析其生產績效不彰的原因，尋求改善的對策，其方法為：（Jacobs, 2001）

1. 財務衡量（公司賺錢的方法，適用於較高階層中）

（1）淨利：以金錢為單位的絕對衡量標準。

（2）投資報酬率：於投資基礎上的相對衡量標準。

（3）現金流量：能否繼續生存的衡量標準。

2. 作業績效（運用於作業階層）

（1）產出：透過銷售部門創造現金的效率。

（2）存貨：系統投資於購買能夠成為可銷售產品的所有金錢。

（3）作業費用：花費於使存貨轉為產出的所有金錢。

本書採用作業績效的方法來說明績效衡量，則公司的目標為：增加產出同時降低存貨與作業費用。

✖ 製造業的績效衡量

1.生產製造單位

（1）以時間為單位

　　a.稼動率（詳見PAC）。

　　b.作業效率（詳見PAC）。

（2）以人員為單位

$$a.\ 出勤率 = \frac{全體人員應出勤總時間 - 全體人員未出勤總時間}{全體人員應出勤總時間} \times 100\%$$

$$b.\ 運用率 = \frac{全體人員出勤總時間 - 全體人員非生產總時間}{全體人員出勤總時間} \times 100\%$$

$$c.\ 產量達成率 = \frac{出勤人員實際生產量}{每小時標準產量 \times 出勤人員總工作時間} \times 100\%$$

（3）以材料為單位

$$a.\ 成品率 = \frac{製品重量}{材料使用量} \quad \cdots\cdots \quad （1 - 損失率）$$

$$b.\ 物料週轉率 = \frac{銷貨成本}{原物料領用金額} = \frac{原物料領用金額}{原物料平均庫存金額}$$

（4）以品質為單位

$$a.\ 良品率 = \frac{成品良品數量}{成品產出量} \times 100\%$$

$$b.\ 不良品率 = \frac{不良品量}{成品產出量} \times 100\%$$

2.生產支援單位

(1) 採購單位：每人平均的購入件數、購入金額、購入廠商數、購買費、購買成本率（購買費、購買金額）、平均支付期間、交貨期延遲率、驗收不良率、單貨低減率。

(2) 倉庫單位：每人平均入庫件數、出庫件數、出庫金額、庫存品週轉率（日）、缺品率（出庫件數）、盤點損耗率、不良庫存率、每個單位平均的庫存成本。消耗品週轉率、滯廢料比率。

(3) 生產管理單位：每人平均生產數、生產額（加工額）、管理部門每人平均的生產額（加工額）、生產量（訂單數）、直接員工數（直接工時）、交期延遲率（成品）、工時低減率（有關主要產品）、半成品停滯時間（週轉率）、直接間接比率、管理費率（生產金額別）。

(4) 設備管理單位：單位產量修護費用、修護費用占製造成本比率、修護費用占投資比率、修護費用占銷貨收入比率、派工完成率、派工率、緊急工時率。

✖ 服務業的績效衡量

✦ 服務即時業處理（顧志遠，1998）

1.服務員工生產力（預定完成工作與實際完成工作數量比例）。

2.顧客叫定量統計（預約量、完成量及正在進行中連線）。

3.反應顧客需求時間（叫定反應時間）。

4.已完成的顧客叫定之品質（錯誤率、滿意度）。

5.存貨週轉率（異動存貨與平均存貨比例）。

6.各項材料零件或存貨缺貨率（缺貨次數與要求提領次數比例）。

7.各項材料成本之變化趨勢（單位材料成本之變化，並考慮物價指數）。

8.各項紀錄的準確度（顧客資料、存貨資料錯誤率）。

9.設備或設施當機時間（可使用時間與被安排使用時間比例）。

10.顧客滿意度指標（顧客滿意度評估）。

✦ 服務程序

1. 產出（顧客的感覺、感受、經驗、抱怨、這次與下次再來的間隔時間、滿意度、口碑效果衡量）。
2. 資源投入（人員、設施、時間、材料、資訊、技術、設備等數量）。
3. 潛力（改變彈性、成本價格、創新、服務品質、提供物品品質等）。
4. 可靠度（服務產出的品質與原先設定標準的差異）。
5. 速度（完成每一個服務所需的時間）。
6. 敏捷度（改變、恢復、前置時間、重新設計及自我改善之速度）。
7. 生產力（服務產出與服務資源投入之比例）。

✦ 等候線

1. 顧客平均等候時間。
2. 等候線平均顧客等候人數。
3. 顧客平均在服務系統時間（含服務與等候時間）。
4. 服務系統中平均顧客人數（含服務與等候顧客）。
5. 服務系統閒置機率。
6. 服務系統利用率。
7. 服務系統中等候人數的機率（含服務與等候顧客）。

⚒ 生產力

✦ 生產力的定義

製造業生產力（productivity）可定義為產出與投入的比例，亦即可衡量生產作業人員運用資源是否有投入包括：人力、物力、時間、設備、金錢等。產出係指可以滿足顧客需求的產品或服務，而生產力可以說是平均每單位所產生的金額或數量。惟企業所追求的目標在以最小的投入獲得最大的產出，這是從經濟的觀點來看生產管理的結果。

至於服務業的生產力，不同於製造業可以實物的量作為衡量——重視效率（表9-14）。因為在產出時無法將服務的品質或價值變動考慮進去，而忽

表9-14 效率與效果比較

項目	效率（efficiency）	效果（effectiveness）
定義	把事情做對（do the thing right）	做對的事情（do the right thing）
目標	投入的經濟性	產出的品質度
計算公式	$e_1 = \dfrac{實際產出}{實際投入}$	$e_2 = \dfrac{實際產出}{計畫產出}$
工作重點	1.經理人達成目標的能力。 2.著重資源使用率及目標過程分析。 3.追求最低的資源浪費及高效率。	1.經理人選擇正確目標的能力。 2.著重目標的達成率，及最終目標達成的探討。 3.追求最少的錯鎖及正確性。

略了效果。是故，服務業的生產力，是指每位員工所創造的附加價值，也就是在每一項銷售中，銷售的價值與所購進的產品與服務價值之間的差額。

1.目前常見的生產力計算方式

生產力＝產出量÷投入量…………公式（1）

由公式計算生產力時，通常計算投入總額與產出總額的關係，而此一比例稱爲總生產力（total factor productivity）。但只計算某單一因素的生產力時，稱爲單一因素生產力。同理，若計算數項投入生產力，則稱爲多項因素生產力。不論單項或多項因素生產力，由於並非總生產力，都稱爲部分因素生產力。一般因素計有：（賴士葆，1995）

$$勞動生產力 = \frac{生產總值（或附加價值）}{勞動投入}$$

$$資本生產力 = \frac{生產總值（或附加價值）}{資本投入}$$

$$材料生產力 = \frac{生產總值（或附加價值）}{材料投入（包括直接與間接材料）}$$

$$能源生產力 = \frac{生產總值（或附加價值）}{能源投入}$$

$$行銷生產力＝\frac{營業額}{行銷投入}$$

對於上述公式中的名詞說明如下：

(1) 生產總值：指一生產／作業系統在一段期間內，所有產出的價值（可以產出的數量乘以出廠價或轉撥價計算）。

(2) 營業額：指一企業在一段期間內，所出售的各項產出的數量，乘以當期的價格後加總。

(3) 附加價值：以營業額減去所購買的材料、零組件或產品的成本，可適用於服務業的產出衡量。

(4) 勞動投入：指在一段期間內所投入勞力總額，可以人數、人工一小時或所有的薪資費用與福利支出予以衡量。

(5) 資本投入：指在一段期間內，投入生產作業系統內的資金成本，可以折舊、租金、資金的機會成本來衡量。

(6) 材料投入：專指直接材料與間接材料的投入，其衡量單位可用所投入的重量（公斤、公克數等）或者以投入的總價值計算。

(7) 能源投入：指投入的能源（水、電、油、氣等）。其衡量單位可用實體單位（幾噸重油、幾度用電等），亦可用金額表示。

(8) 行銷投入：指用於營業單位的各項投入（營業人員的薪資與福利），以及為了促銷所花費的各種廣告費用等。

2.總生產力

此一指標主要用於衡量生產作業系統的主管之績效，一般皆以廠長或經理擔負此責任。通常皆用金額計算，較易比較。其生產力公式為：

$$總生產力＝\frac{生產總值（或附加價值）}{勞動投入＋材料投入＋資本投入＋能源投入＋其他投入}$$

$$…………公式（2）$$

3.系統生產力

系統生產力可用於衡量企業總經理的績效。因此，在投入方面，除考慮計算生產力時的所有投入外，亦需加入行銷投入，因為總經理須為營業負責；除此之外，非營業收入亦須列入計算。其計算公式為：

$$系統生產力＝\frac{營業收入＋非營業收入}{勞動投入＋材料投入＋資本投入＋資源投入＋行銷投入＋其他投入}$$

營業收入是企業處理其資產所得的資本利得（Capital Gain），以及其他有關財務操作所產生的收入。

✦ 生產力衡量所遭遇的問題

應用生產力來衡量生產作業系統會發生下列的問題：

1. **量化的問題**：由計算公式來計算時，則可得有形的衡量，但對於無形的投入與產出（顧客滿意度、員工向心力、士氣提昇等），很難量化。

2. **重複計算的迷失**：生產過程中，經過各工作站時，不注意時則重複計算其材料費，使得數值變大，而得錯誤資訊。

3. **非有意義副產品價值的估算**：對於有些非有意義的副產品（報廢的設備、零件加工的銅屑或鐵層、食品加工殘渣、用過的容器）皆有其經濟價值，理論上應計入產出，但其價值卻認定不易。

4. **調整因子不易確定**：生產力衡量是用來讓企業與同業相比，或與自己的前期比較。若時間跨期較長時，對於價指、薪資調整指數或外匯匯兌率的變化須特別注意。

5. **外部因素**：有時公司生產力的提昇是由於外部大環境的改善所產生的綜合效果，而非公司內部努力的成果。例如，協助廠商品質及交期的水準提昇、交通改善、資訊傳送增強、電力品質改進等，都會對公司的生產力有所影響。

✦ 生產力的衡量

生產力概念是一個生產系統績效（performance）的重要指標，生產管理者應隨時檢討其生產力的增減，並採取適當的因應對策。生產管理者在應用績效指標時，投入及產出的內涵必須定義清楚，如此在作前後期比較或與外部單位比較時才有一致性，比較才有意義。

生產力常被運用在獎工制度或績效考核的參考指標，對於生產製造或行銷業務的直接部門，其產出較有具體可衡量的內容，比較容易制定獎勵標準，對於支援的間接部門，如採購、設計、保養、品管、生產技術、生產管制等單位，對生產支援上的成果作適當的調整。例如，設備保養不佳造成停機影響生產線的作業，其責任在保養單位，則在該單位的績效應予以扣點。

一個生產系統的績效，不全然可以由生產單位來掌握，各單位的密切配合是高績效的必要條件。所謂的績效可以生產管理的目標數量、品質、交期及成本為中心，而各單位制訂各績效的標準，作為努力的方向。

✦生產力影響的因素

1.製造業

生產力為單位時間內每人的產出量，而影響生產力的因素為：（陳文哲等，1991）

（1）製造方法（manufacturing method）：製造方法係指硬體方面的因素，包括使用精良設備昂貴原料、適當的廠房布置、自動化機器、精密儀器等，可以提高生產力（詳見本書相關章節）。

（2）作業績效（operation performance）：可以說是軟體方面的因素，即作業效率、敬業精神及員工士氣等。

　　a.工作時間的組成（圖9-5）。（黃明沂，1988）

　　b.改良方法：化無效為有效，化損失為生產，推行VE、IE及PAC來提高生產力。

　　B部：VE的表現。

　　C部：IE的表現。

　　D、E部分：PAC的方法。

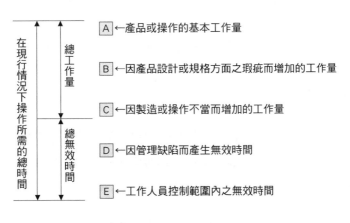

圖9-5　工作時間組成

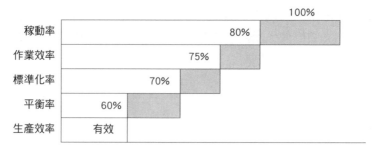

圖9-6　生產效率

　　c. 生產效率的範圍（**圖9-6**）

　　　　a）稼動率：從事於直接生產作業所占時間百分比，或稱直接效率。

　　　　b）作業效率：作業人員操作作業時所發生之工作效率。

　　　　c）平衡率：生產線、機器設備、作業員等生產主體生產能力或負荷的平衡狀況。

　　　　d）生產效率＝（稼動率）×（作業效率）×（標準化率）×（平衡率）

　　　　　＝80%×75%×70%×70%×60%

　　　　　＝25.2%

　　　　　有效時間＝8^H×25.2%＝2.016^H

　　由上例之計算，企業如管理不善其浪費及損失至為驚人。

　2.服務業

　　生產力為每位員工所創造的附加價值，而影響生產力的因素為：（龜山芳雄，1994）

　　（1）設施供需平衡。

　　（2）人員供需平衡。

　　進行營業活動，須先留意，提昇常客所占的比率，儘量做到切實掌握基本需求。一旦能夠掌握需求量，便能夠據此正確預估供給的能力，從而才可抑制閒置設施及人員的比率，方能使每位員工創造服務的附加價值（**表9-15**）。

　　如想掌握正確需求量，則固定客戶所占的比率應提高，浮動部分所占比

表9-15 服務廠商競爭力表

項次	一	二	三	四
階段	提供服務	觀光式	達到差異化的競爭力	世界級的服務
特徵	顧客選擇提供服務的廠商是基於績效以外的原因。作業是被動的。	顧客既不逃避也不主動找廠商。作業功能平凡無奇。	顧客根據此家廠商符合顧客期望的聲望來找此廠商。作業上一直相當優秀，藉由人事管理及系統的強化，堅持顧客至上。	公司的名字就等於優秀的服務，他的服務不但顧客滿意且取悅顧客，故能擴張顧客期望至其競爭者無法達到的地步。作業是快速的學習者及創新者，其精通提供服務的每一個程序和步驟，且提供比競爭者更佳的產能。
服務品質	依成本而定，高度變動。	符合部分顧客的期待；一或兩個關鍵指標和顧客期望相當一致。	超出顧客的期望，多個指標皆具一致性。	提高顧客的期望，尋找挑戰，持續地改進。
新技術	為了生存，被迫性。	降低成本支出，達一定程度。	當其可加強服務時。	擁有先進者的優勢，創造競爭者達不到的能力。
人員	負面的限制。	相當有效率，有紀律，按章程行事。	允許從多個替代程序中選出一個。	創新、創造程序。
第一線管理	控制員工。	控制流程。	傾聽顧客及員工的聲音。	被高階管理者認同，當作是創新的來源，資深員工加強其職業規劃。

率則降低。欲達到此一目標，須依上述作法，由實施服務部門，提供的每一樣服務，至少不低於顧客預先期待的水準，並儘可能的提供超水準的服務，由此確保客戶及該客戶所推薦的新客戶持續惠顧。

　　既然要將供需失調減到最低限度，則須提高預測的精密度，應用科學的方法，建立各種資訊來分析檢討，以期掌握其轉換點，而使企業及早準備因應之對策。

⚒ 生產績效分析管制制度

✦ 前言

為達到高的作業績效，由日本能率管理協會於1961年，以門田武冶為首的管理專家開發出一套制度，這是一套具有日本風土特色的績效分析管制制度（Performance Analysls and Control system, PAC）。

PAC，P係指所需標準工時與實際工時之比率；A是效率的分析，除了將該單位之效率通知監督人員外，再進一步分析，報告其內容，藉以執行正確的提高生產力的活動；C是管理或控制其內容，是效率的測定與報告，以繼續維持其高水準的效率。

PAC制度乃是以人為主體，基於為維持作業能力及提高人員（設備）的實施效率的一種手法，能鼓舞員工士氣，並激發精神的制度。PAC制度仍以科學的標準時間為基礎，將績效責任依職位別加以區分，衡量並控制各責任別的績效，不斷地回饋，並且不斷地加以檢討及改善，以提高生產力，並維持高水準的管理制度。

✦ PAC的架構

1.工時結構

績效的高低，可從工時的內容見其端倪。（圖9-7）操作人員、出勤工時（出勤打卡的時間），可分為實際工時及除外工時兩大類。（賴士葆，1995）

（1）投入工時＝直接人員投入工時

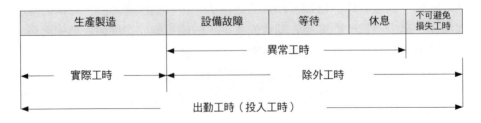

圖9-7　工時內容

$$=實際工時＋除外工時$$

$$=原有人力投入工時＋支援工時－支援出工時$$

（2）除外工時＝異常工時＋不可避免工時

（3）實際工時＝無標實際工時＋有標實際工時

$$=投入工時－除外工時$$

（4）異常工時：不應該發生的直接工時損失。

（5）不可避免工時：公司政策或天災人力無法控制而發生直接工時
　　損失。

2.生產效率結構

$$生產效率＝\frac{產出工時}{投入工時}＝\frac{標準工時（規定在標準狀態作業的必要工時）}{出勤工時}$$

$$＝\frac{產出工時（出產數量×標準工時）}{出勤工時}$$

$$＝\frac{出勤工時－除外工時}{出勤工時}×\frac{產出工時}{出勤工時－除外工時}$$

稼動率　　　　　　作業實施效率

管理者的責任　　　作業人員的責任

（1）稼動率：爲管理或督導者責任的實施效率，代表著管理或督導
　　者的努力度及其管理能力，也就是表現出管理績效的一種衡量
　　標準。

$$稼動率＝\frac{出勤工時－除外工時}{出勤工時}＝\frac{實際工時}{出勤工時}$$

除外工時爲耗用於非直接生產作業的工時，而實際工時，則爲實
際使用於生產作業的工時，又稱實作工時或直接工時。

（2）作業實施效率：純粹爲作業人員的實施效率，表達作業員的努
　　力度，亦稱作業績效或工作績效。

$$作業實施效率＝\frac{產出工時}{出勤工時－除外工時}＝\frac{產出工時}{實際工時}$$

產出工時是指產生的工作量與每單位工作量的標準工時的相乘值。

（3）總生產效率＝管理者的實施效率×作業人員的實施效率

　　　　　　＝稼動率×作業實施效率

$$= \frac{產出工時}{出勤工時}$$

總生產效率受稼動率與作業實施效率兩者之影響，而稼動率係指受設備的運用、材料等待、不良品……等因素而有變化；而作業實施效率受到作業人員的意願及努力度、第一線督導者的作業指導及監督的影響最大。

總而言之，管理者的管理（領導、統御）能力的良窳，將對總實施效率造成絕對的影響。

✦實施效率的損失

1.作業人員

（1）閒談而使作業中斷。

（2）忽視標準而產生無效作業。

（3）意願低而使作業速度緩慢。

（4）不注意而產生誤差。

2.經營者、管理者

（1）缺少材料的等待。

（2）機器設備故障而使作業中斷。

（3）材料不良的作業損失。

（4）設計圖或指導不當的損失。

3.不可避免的理由

（1）停電、停水。

（2）災害（火災、地震、人員受傷等）事故。

（3）罷工、怠工等。

✦作業員實施效率的損失

作業人員實施效率是指作業人員本身可自我控制範圍內的損失可分為：

1.短暫的作業休息：短時間的休息、偷懶、如廁、商量閒談。

2.作業速度的損失：由作業速度控制的作業動作可由作業者本身調整。

3.設備能力有效利用度的損失：標準技術條件（週程時間、投入件數、刀、工、模、冶、夾具等先期的準備等）的不去執行。

4.動作效率的損失：時間根據動作方法而變化，最少時間是標準時間，標準以外的動作均為動作效率的損失。

✦實施效率的管理

1.控制下的生產（人為的規定）

（1）作業人員的情緒狀態影響作業速度。

（2）由情緒產生微小的作業休息，影響作業速度。

（3）團體的無形壓力（工作現場各有的步調）控制個人的生產。

（4）作業人員的工作效率管制。

（5）對改善後種種影響的心理因素（恐懼、抵抗）。

2.效率的層級管理（責任別實施效率的管理）

（1）管理者的責任損失（班長、組長、課長、廠長）。

（2）作業人員的責任損失。

✦PAC的特徵

實施PAC時，整個系統上有下列各項特徵：

1.以科學的標準工時為依據來作為測定實施效率的基礎。寬放率以10%左右來設定，視工作性質而定，特殊情況不宜大於15%。

2.以第一線管理者的指導能力代替金錢刺激。

（1）儘量使班長留在現場督導作業人員。消除無關心、無氣力、無責任的想法。

（2）督導作業員一定要個別督導，且方法要具體。

（3）班長具有豐富的技術能力，可適時分配材料，熟悉每一作業，熟悉機器之基本故障排除要領，校正模、冶、夾、檢具等能力。

3.按職位責任別分層分離管制實施效率。（圖9-8、圖9-9及表9-16）

4.定期提出實施效率分析報告，並檢討因應對策。（表9-17）

5.成立機動小組支援並調整每日適當的人員配置。

圖9-8　作業實施效率責任（一）

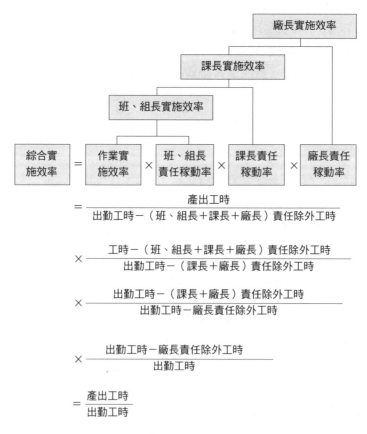

$$= \frac{產出工時}{出勤工時－（班、組長＋課長＋廠長）責任除外工時}$$

$$\times \frac{工時－（班、組長＋課長＋廠長）責任除外工時}{出勤工時－（課長＋廠長）責任除外工時}$$

$$\times \frac{出勤工時－（課長＋廠長）責任除外工時}{出勤工時－廠長責任除外工時}$$

$$\times \frac{出勤工時－廠長責任除外工時}{出勤工時}$$

$$= \frac{產出工時}{出勤工時}$$

圖9-9　作業實施效率責任（二）

表9-16 責任別除外工時分類

責任人員	名稱	內容
班、組長	機械設備等待	故障、修理、調整
	料件等待	缺料
	其他等待	等待作業指示
	報告疏漏工時	工作日報表與出勤卡時間差
課長	整理、盤點	課長、廠長指示
	會議、教育訓練	朝會、每月例行會議
	不良、整修（管理者責任）	材料不良、圖面錯誤
	計畫訓練	新進人員
廠長	工廠例行事項	消防訓練、健康診斷、廠長講話
	不可避免事項	停水、停電、災害、工會活動

表9-17 分析報告項目及重點

項目	重點
加工效率與準備效率分離	1.容易發掘問題點。 2.準備作業、作業者自由度大、容易造成時間浪費。
人員配置與作業速度之差異分析	1.有無多餘人力。 2.作業速度太快或緩慢。
掌握不良或重修的損失	1.僅以合格數計算產量工時。 2.不良品加工工時，包括在內去計算產量工時分別計算實施效率。
手工作業實施效率的分離	含有機械作業時間，僅將其手工作業的部分計算實施效率，作為作業指導參考數據。
機械使用效率	標準機器使用時間對照實際機械時間。

✦ 導入PAC制度的步驟

PAC制度導入並不難，只要公司高層的管理者有決心，也有推行上必要人員，大約3至6個月就可順利實施，實施三個月內就有顯著的效果出現。一般其導入步驟為：

1.高階管理者（TOP）的瞭解與支持

（1）PAC的觀念由上而下的生根。

（2）舉辦高階研討會，可藉由外部專家以專題演講方式實施。

（3）高階人員由認識至瞭解以至充分支持，才能確保成功。

2.成立推行小組

（1）小組成員包括：工業工程、生技、生管製造主管及會計。

（2）小組成員視企業大小而言，通常以5～7人為佳。

（3）小組應以直屬廠長或其他實權者為小組長。

3.導入準備工作（顧志遠，1998）

（1）現場作業標準化。

（2）現場作業編組合理化（劃分班、組、課別）。

（3）設定標準工時。

（4）除外工時責任明確區分。

（5）表格設計及流程設計（圖9-10）。

（6）建立時間記錄制度。

4.宣導與教育

（1）高階管理者及幕僚人員教育訓練。

　　a.PAC的意義。

　　b.PAC與生產力。

　　c.作業日報表填記要領說明。

　　d.績效之統計與計算方式說明。

　　e.績效分析與對策說明。

（2）班、組長人員教育訓練

　　a.灌輸第一線班、組長是提高作業績效的主幹觀念。

　　b.作業方法改善之途徑。

　　c.績效分析改善的方法。

　　d.標準工時的意義及測定方法。

（3）作業人員教育訓練

　　a.標準工時的意義及測定方法。

　　b.績效的意義。

5.導入試行

可選擇一個作業較安定、配合性較佳的單位試行，並引導其成行。選擇原則為（表9-18）：

（1）作業較單純，手工作業多且大量生產的單位。

（2）作業方法較易標準化，且工程穩定的單位。

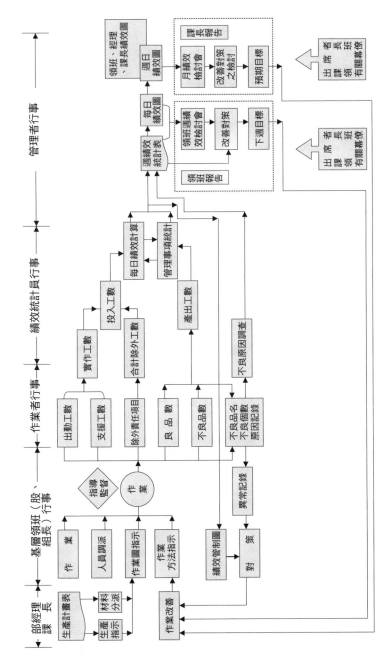

圖9-10　績效管理制度流程圖

表9-18　PAC試行處理流程

1.生產線填報「工時日報表」，填報產量、工時等基本資料。
2.除外工時填報、會簽、確認、統計。
3.除外工時責任區分：部門別責任、作業者責任及各級管理者責任。
4.效率管理部門（生管／企劃），彙總工時資料核算各種效率。
5.日效率、週效率、月效率統計表、統計圖製作。
6.各部門採改善措施。

（3）很容易顯現成效的單位。

（4）生產現場的作業員與管理者易配合的單位。

（5）生產瓶頸的單位。

6.效率檢討會

檢討制度的得失、除外項目的合適性、績效變異原因及對策，初期會議每週二次，正常後每週檢討一次。

7.試後檢討改正

8.全面推行並實施

9.實施後之評價與檢討

10.其他制度的配合（目標管理、獎工制度）

成本控制

✖重要性

企業經營在其過程中順利日漸成長之時，只要留意銷售量的增加，並且不斷的成長，就有可能獲得利潤。但企業經常陷入不景氣或銷售量無法增加，而企業經營的成本諸如人事及各項費用方面卻不斷上漲。此外，近年由於因應企業成長導致國外投資增加，亦會使費用增加。同時競爭激烈，導致銷售價格下降。因此，企業為實現經營利益，重視成本已是重要的課題。

生產系統所占企業經營成本中最大的比例及金額，而為重要目標之一是

求得最低的成本（right cost），為了達成上述目標，就要偵測及評估實際生產成本之變化。事實上，評估各項企業功能績效的基本準則也是成本之一。也就是說，整個企業組織要實施成本控制。

目的

企業對成本控制的目的，是在於及時發現成本的偏差，便能立即給予修正，使實際發生的成本與計畫成本或標準成本得以一致。也就是透過標準成本或預算制度對材料、人工及製造費用進行管理。由此可知，對成本的發生加以管制是主要管理功能之一，而成本控制是否有效，也深深影響著整個企業。（張祖華，1998）

範圍

成本控制可區分傳統及現代兩種，其控制範圍（**表9-19**）的特質有所不同。（李建華、陳琇，1996）

系統與組織

成本控制系統（**圖9-11**）通常可以說對於生產活動所發生之實際成本（actual costs），依照成本會計制度加以衡量與記錄，然後再將該項實際成本之衡量結果與標準成本與預算相比較，同時分析實際成本與標準成本預算的差異原因，以便對症下藥，採取矯正行動。（劉水深，1984）

表9-19　成本控制特質

項目	傳統	現代
負責人員	第一線管理人員	包括最高經營階層在內之全體人員。
範圍	以製造活動為中心	採購、製造、庫存、業務、財務之全部。
機能	成本控制	計畫、控制。
對象	成本本身	雖著重成本控制，卻將視為利潤管理的一環。
手法	標準成本制度	預算、標準成本、成本分析QC、IE、OR、VA等。

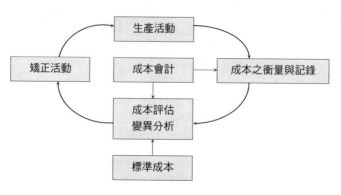

圖9-11　成本控制系統

　　成本控制系統隱含責任會計（responsibility costing）之概念。成本會計（cost accounting）是以每個成本中心為單位加以記錄與累計，而成本中心則設立於整個組織的不同階層。每個單位之負責人（主管）即負責該單位之所有可控制成本（countrollable costs）是負責人能夠調節與影響之成本。

　　一般企業，都以各部門（生產、業務、研發等）為重要的成本中心，其部門主管應取得有關該部門所有人力、物料及製造之特定資訊。其責任如下：

1. 生產活動各項資訊：由各成本中心提供相關資訊。諸如領料單、退料單、工時報表等。
2. 成本衡量與記錄：由會計部門依各部門提供資訊記錄與累計。
3. 成本評估變異分析：由會計部門依紀錄累計與標準成本相比較提出差異分析資訊。
4. 標準成本：由企劃或研究發展部門負責提供，依據產品的製造程序、方法及明細預估而成。
5. 矯正活動：由各成本中心依差異分析資訊進行檢討及確認，提出改善對策，並提報最高主管確認而進行改善及修正作業。

⚒ 手法

✦ 預算

1.定義

預算（budgeted costs）是企業對未來期間財務收支的一種估計。（張右軍，1986）也就是在預算期間內，企業將各業務項目之具體計畫以貨幣來表示，並且綜合彙總而成者，以此作爲預算期間內企業之利益目標，藉以協調各業務項目，並作爲企業整體的綜合性管理工具。通常預算每年編製一次，但一年之內也可能重訂。

預算管理包括預算的規劃、編製、控制、報告、利用及其有關程序的整體過程，而其主要的用途在於企業體內部的運用。

2.目的（Amstrong, 1996）

（1）顯示各項計算的財務意義。

（2）定義達成各項計畫所需的資源。

（3）以計畫爲準，提供方法衡量、監視和控制實際的成果。

3.功能

（1）整體性：強化企業計畫功能爲目的，其實施控制的對象爲企業整體的經營計畫，而非層級個別的數字控制。

（2）積極性：編製預算時已注意到各項管理上的弱點與低效率之發掘，而且在預算執行之後，又重於差異之分析與檢討，並針對其發生原因迅速採取行動予以糾正改善，所謂積極計畫於先，事後嚴加控制。

（3）利潤重心：預算之編製，以利潤管理爲重心，對利潤目標妥善計畫於先，進行嚴加控制，以求企業目標之達成。

（4）彈性：爲適應各種不同作業程度之所需，採用彈性預算，以利績效的衡量與控制之有效實施。

（5）長短期兼顧：預算須對短、中、長期皆有所編製，以利經營者的管理及決策。

（6）效益性：預算著重於數字與利益兼顧。預算不僅要重視數字控制，而且要檢討績效，還要分析效益，對於做了多少工作，花

了多少錢，貢獻多少，是否合算等均應加以分析。

（7）運用有效的管理技術：預算引用有效的管理技術與設備，諸如兩平點分析、資本報酬率之計算、計畫評核術的運用與電子資料處理的採行等。

4.預算管理之原則（李建華、陳琇，1996）

（1）計畫原則：預算於設定或決策過程中所擬訂的期間計畫與個別計畫。

（2）備妥基礎資料原則：強調準備具體基礎資料（正確的銷售預測、成本資料、成本如何分為固定與變動成本等）的重要性。

（3）重視人際關係原則：預算建立於人際關係上，採用激勵方式，重視行為與預算間關係。

（4）充實部門管理原則：預算為綜合性管理手段，主張對各部門業務活動之管理必須以完整性為前提要件。

（5）協調原則：預算管理之本質在於協調各部門之活動與企業目標一致性及共同推行，而非本位主義，以此達成綜合管理之機能。

（6）彈性原則：預算非強制性、拘束性而一層不變，在運用時須考慮預算外支出、預算修正、變動預算及費用項目流用等，使之更具彈性。

（7）權責明確化原則：預算管理單位除對預算管理負責外，亦賦予相對等的權限，同時管理單位及預算制度之關係亦需明確化。

5.預算作業步驟（圖9-12）（Amstrong, 1996）

（1）編製

　　a.總體計畫：資本投資計畫、研究發展方案。

　　b.預測：下一會計年度可以達成的銷售收入，以及預測為達成這項預期，需要多少的資本和研究發展支出。

　　c.銷售預算：營業說明書、銷售計畫表、客戶別（地區別）銷售計畫表。

　　d.生產預算：產銷配合計畫表、生產計畫說明表。

　　e.部門預算：

　　　a）銷售成本：銷貨成本預算表、推銷費用預算表、業務管理費

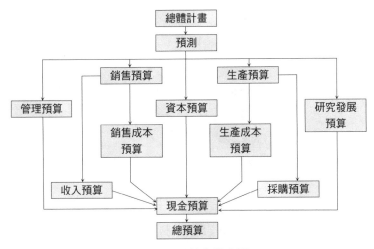

圖9-12　預算作業步驟

　　用預算表。

b）生產成本：主要材料耗用量預算表、直接人工費用預算
　　表、間接人工費用預算表、製造費用預算表、製造成本預
　　算表、管理費用預算表、生產成本預算表。

c）管理成本：財務、人事、行政、法律、採購、財產、公共關
　　係、企劃等部門費用預算表、管理成本預算表。

f.收入預算：銷貨收入預算表、銷貨外收入預算表。

g.採購預算：主要材料採購預算表、主要材料採購現金支出預算
　　表、資材計畫說明書。

h.資本預算：固定資產擴建或改良預算表、固定資產擴建或改良
　　現金支出預算表。

i.現金預算：財務費用預算表、財務費用分攤表、借款償還預算
　　表、預備金來源運用預算表、預計資產負債表。

j.總預算：除編列上述預算外，尚包括資產負債表、損益平衡表
　　等。

（2）控制（**圖9-13**）

a.規劃：每一成本中編製一套預算，訂定每一成本項目下，訂定
　　某一活動水準時的預算支出（需要達成什麼？）。

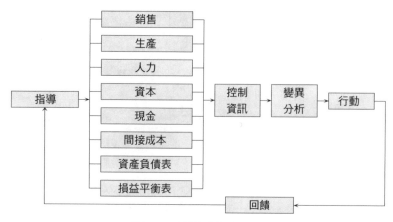

圖9-13　預算控制步驟圖

b.衡量：一套制度並記錄實際達成的活動水準（已達成什麼？）。

c.比較：一套報告制度，顯示實際與預算異同，並確保績效報告迅速送達正確的人，呈現一目了然。

d.行動：採取矯正偏離計畫的行動狀況。

e.回饋：一套績效水準變更或預測經修正的流程（視需要修改計畫）。

6.預算的制度

（1）傳統或增額預算（Robbins, 1992）

a.資金被分配到企業各部門或各單位，再由單位主管分配到認為合適的活動。

b.依據先前預算而發展，以上一期為基準。

（2）計畫預算（Planning Programming Budgeting System, PPBS）

a.1961年美國國防部長麥納瑪拉所創，1965年美國詹森總統下令全國使用。

b.原先為政府機構要確定預算須先訂定5～8年間目標，為達成目標，繼之要釐訂具體的計畫，並且在許多計畫方案中要選擇最小費用來獲得最大效果方法來實施。

c.PPBS是代替手段之比較與檢討為特徵，且並非要決策者來決策，而是要讓系統來做意思的決定。

（3）零基預算（Zero Base Budgeting, ZBB）

　　a.1970年美國德州儀器公司使用，效果良好。1977年美國卡特總統通令全國政府機構使用。

　　b.管理者在每一新年度，均應從頭開始，對每一計畫重新評估，以確定其是否有保留價值或可否有節省經費之處。其重點為：

　　　　a）每個部門活動可分解為各個不同且具有決定性計畫。

　　　　b）個別計畫的決定依照預算期間對組織產生之利潤大小來排定優先順序。

　　　　c）預算資源分配依照組織內個別計畫之優先順序來分配。

✦標準成本

1.定義

　　所謂標準成本（standard costs），乃指對各種成本，如直接人工、直接原料及製造費用等項目，事先所設定之標準單位成本。（陳定國，2003）也可以是在標準的操作率下，對於標準的作業方法，（決定標準時間和材料使用量）適用標準的效率（設備運作率、半製品良品率及成品率）和標準成本率（薪資率、製造費用率和材料單價）所計算出的成本。因此，標準成本是在執行日常業務時，表示以正常作業狀況可達成的目標值。（並木高矣，2000）

2.功能

（1）成本控制（張右軍，1986）

　　a.工作人員因對成本差異應負責之高度警覺性，而自行努力，使成本不超出標準之範圍，達成間接控制。

　　b.提供管理當局一種資料，以考評成本控制工作人員之工作效率。

　　c.告知管理當局實際成本脫離預定目標之情形及差異發生之原因，可適時採取行動，達成直接控制。

（2）工作效率

　　a.可使「成本會計」所需要的瑣碎工作減少而簡化（成本分析及成本評估工作很快完成），而標準成本為管理當局所希望達成的預定成本，可快速決定價格的指南。

b.在製造期間可作爲預定與管制工作效率的工具,即實際成本與標準成本發生變異時,則可分析及消除,使管理當局可應用「處理例外事件的原則」來採取管理行動。

3.利潤計畫

良好的標準成本制度,應有足夠的成本中心,以確保成本的準確。成本之計算,應以標準效率爲基礎,不受其他事項干擾。又因其以正常(標準)產量爲依據,可避免月份間產量變化之影響。另方面亦對存貨價值的決定甚爲適用。產品之實際與標準成本間所發生之任何差異,均爲製造該產品年度內,作爲費用轉銷之。

4.種類

（1）目標

a.理想或完美標準:表示在可以想像的最佳情況中,使用現有的規格和標準,可能出現的絕對最低成本。

b.目前能力所及標準:指非常有效率的作業所能達成的成本,是一般最常用的方法,可切合實際的標準。

（2）組成（表9-20）

a. 直接人工標準

a）標準時間:生產一定數量所用的標準時間是以標準小時爲基礎。一般可用工作研究來決定一般工人以一般速度所能達成的標準工時產出。

b）標準給付:以每小時工資率來計算。把每單位的標準時間乘以每小時給付率,即得單位人工成本。

b. 直接物料標準

表9-20　標準成本說明　　　　　　　　　　每單位／元

直接物料	5.50
直接人工	2.00
變動費用	0.70
變動成本	8.20
固定成本	0.30
總成本	8.50
利潤	1.50
銷售價格	10.00

a）確定製造產品所用每一種物料或成分的單位價格。

b）找出製造一單位產品，每一種物料或成分的標準用量。

c）以單位價格乘以標準用量，即得每單位標準物料成本。

c.間接成本：間接成本標準是以估計下一期間的活動水準為基礎
而制訂的，一般可分為變動間接成本（一部分隨產出的變化而變
動）及固定間接成本（一部分則保持不變）兩種。單位產出的間
接成本是以直接人工、機器小時或直接物料為基礎來表示。

5.控制層級及方法

完善的組織系統有助於處理責任的歸屬問題，其控制層級及方法如**表9-21**。（張祖華，1998）

6.作業步驟

（1）計算方法

a.標準人工費用：依據已知工資率和經過時間研究所得之標準工
作時間計算而得。

b.標準材料成本：依據預估的材料價格和用於產品上材料數量加

表9-21　標準成本控制層級與方式

控制層級	控制方法
製造單位操作人員	現場觀察
製造單位班、組長	抽樣觀察 實際報表：生產量報告、超額領料分析、人員績效報告、工時別報表。 成本資料：原材料價格工資率。
製造單位課、廠長	抽樣觀察 實際報表：生產量彙總報告、超額領料彙總報告、重要材料明細報告、工時狀況總報告、人員績效總報告。 成本資料：原材料價格、工資率。 差異報告：原料用量差異狀況、人員效率差異狀況。
製造單位經理	實際報告：重要材料彙總報表、人員績效彙總報表、人工時間彙總報表。 差異報告：原料用量差異彙總報表、人工效率差異彙總報表。
企劃單位	成本計畫及成本會議。
會計單位	成本計畫之推展及成本控制。 成本資料：領料單、工時報表、退料單、請購單、入庫檢驗單、材料盤存單、水電費、燃料費、設備維修費、折舊費、保險費、稅捐、事務費、管理費。

上允許的報廢率計算而得。

　　c.標準分攤費用成本：依據所決定的企業內部門分配費用方法，
　　　將某一生產數量上之分攤費用計算出來。

（2）注意事項

　　a.事先對於各部門的各種情況及活動，制訂完善標準，方可竟其
　　　功。

　　b.標準成本不可按生產數量的多寡，隨時變更，仍應以在正常生
　　　產情況下的標準成本為宜。

　　c.標準成本的制訂與維持，須指定會計單位負責推動，若需修正
　　　須依循正常作業辦理。

　　d.標準一經制定，適用期以一年為限，除非發生重大物價波動，
　　　方得以修正。

✦成本分析

1.定義

　　成本分析（cost analysis）是在產品完成之後找出實際和標準成本間的差
異，或實際間接成本和預估間接成本、銷售，以及最後的利潤差異。既有變
異存在，就要設法找出變異的成因，以引導矯正行動走向正確的方向。由
此，可知成本分析的目的在於使成本保持於原定營業計畫限度之內，以確保
有效的競爭能力與獲得最高利潤。

2.種類

（1）原因（圖9-14）

　　a.製造成本（固定成本＋變動成本）。

　　b.管銷財費用。

（2）差異（variance）

　　a.有利差異：實際成本低於標準成本。

　　b.不利差異：實際成本高於標準成本，則須就例外或差異情形提
　　　出報告，使負責部門在成本控制上集中注意力於發生差異所
　　　在，並加以改正。

3.成本習性分析（鮑爾一，1981）

（1）固定成本（fixed cost）：成本在短期及生產範圍內固定發生

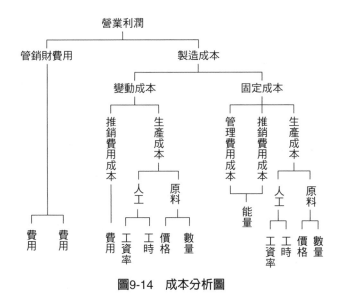

圖9-14 成本分析圖

的，即總成本不變，其單位成本隨產銷量變動而變動。其作業
項目計有：

a.固定生產成本：按月計薪之直接及間接人工、教育訓練費、服
　裝費、設備折舊、廠房、設備及其他修護費、保險費、稅捐、
　租金支出、運費、賠償損失。

　不隨生產而變化之電力費、水費、維護費（消耗品）、事務用
　交際費、郵電費、交通費、書報雜誌、文具印刷、旅費、伙食
　費、醫療費、各項攤提、其他特種研究費。

b.固定推銷費用成本：按月計薪之人工、教育訓練費、設備之折
　舊、修護、租金、保險及稅捐費用、交際費、郵電費、交通
　費、書報雜誌、文具印刷、耐用在二年內之雜項購置、旅費、
　伙食費、水電費、醫療費、雜費、廣告費、呆帳損失、樣品贈
　送等。

c.固定管理費用成本：管理費用均列為固定成本。

（2）變動成本（variable cost）：總成本隨著產銷量的增減而變化，
　　單位成本不隨產銷量變動。

a.變動生產成本：按件計薪（按日計薪）的臨時人員之直接及間

接人工、直接材料、主要副料、主要器材、燃料費、包裝費、隨生產量而變化之水、電費。

b.變動推銷費用成本：外銷之海空運費、保險費、佣金、陸運費、報關費、包裝費、雜費、內銷運費、包裝費、其他營業稅、印花稅、貨物稅、福利費、退稅費用等。

（3）半變動成本（semivariable cost）：許多成本兼具固定與變動的性質，它隨著產量而增減，但不成正比，如推銷員的佣金。

4.成本差異分析

（1）原則：以預算式標準成本爲基礎，以實際成本與預算式標準比較分析其產量，以知其差異原因來定責任歸屬，謀求解決方案。（表9-22）

（2）計算公式

a.製造成本差異分析

a）原料成本差異分析

（a）數量差異（原料耗用量）：計算結果發生正值爲超耗原料，負值爲節省原料。

計算式：（實際用量－預計用量（標準用量））×標準（預計）單位成本

（b）價格差異（實際原料單位價格與標準預算原料單位價格之差異），計算結果正值爲不利，負值爲有利。

計算式：（實際原料單價－標準預算原料單價）×實際用量

b）人工成本差異

（a）工時差異（實際使用生產工時與預計標準使用生產工時比較之成本差異），結果正值表示效率低，不利；負值則效率高，有利。

計算式：（實際工時－預計標準工時）×預計標準工資率

（b）工資率差異（比較實際每一工時工資率與標準預計工資率之成本差異），計算結果負值代表有利，正值則反之。

表9-22 單位成本分析表

單位：新台幣

成本項目	單位	實際數					目標數					效率差		價差	合計	達成率	說明
		耗用量	單價	單位成本	%	耗用量	單價	單位成本	%	耗用量	耗用量	金額					
變動成本																	
小計																	
固定成本																	
小計																	
製造成本合計																	
管銷財費用	推銷費用																
	管理費用																
	財務費用																
	小計																
總成本																	

產品名稱：

產量 實際 目標

責任單位：　　　　　　主管：　　　　　　填表：

計算式：（實際工資率－預計標準工資率）×實際生產
工時

c）製造費用成本差異

（a）能量差異（比較實際固定費用金額與標準固定費用金額
之成本差異），計算結果正值則為效能差，負值則效能
佳。

計算式：實際固定費用－（實際產量×標準預計單位固
定費用）

（b）費用差異（實際變動造費用與標準預計變動製造費用
之成本差異），計算結果，正值為費用浪費，負值則為
節省。

計算式：實際變動製造費用總額－（實際產量×標準預
計單位變動製造費用）

b.推銷及管理費用成本分析

a）能量分析：計算結果正值為效能高，負值為效能低。

計算式：實際固定銷管費用總額－（實際銷貨額×標準預
計單位固定銷管費用成本）

b）費用分析：計算結果正值為費用浪費，負值為費用節省。

計算式：實際變動銷管費用－（實際銷貨量×標準預計單
位變動銷管費用）

（3）分析重點

a.與標準成本比較

a）記錄產量，作為單位計算的基準。

b）以縱方向的百分比，設定實際與目標總成本的結構百分
比。

c）以橫方向的百分比，對各項目做比較。

d）依表計算差異分析。

e）對差異值大的項目，須做說明及補充資料。

b.與上月比較之事項檢討，其重點如下：

a）構成百分比率高的。

b）月別間無低下傾向的。

c）月別的變更（增減）不規則變化的。

✦品質成本

詳見第十章〈生產查核（二）──品管管理〉。

✦工業工程

1.定義

工業工程（Industrial Engineering, IE）是指有關人員、物料、設備、資訊和能源等整體制度之設計、改進及制定事項的一門學問，它應用數學、自然科學與社會科學的專門知識及技巧，並運用工程分析與設計的原理和方法，來說明、預測並評估自此系統中所獲得的結果。（黃明沂，1988）

2.IE活動的範圍

IE活動的範圍如表9-23。

3.IE的本質

IE的本質如圖9-15。

4.IE與企業管理

IE是透過工程途徑（engineering approach），應用科學上及工程上的方法與技術、考慮人員、機器、設備、製程、方法、時間等因素，來解決管理上

表9-23　IE活動的範圍

項目	古典IE	近代IE
改善技術： 　方法工程 （Method Engineering）	技法：動作分析、作業分析、工程分析等古典手段。 目的：作業或工程的經濟化，勞動生產力的提高，動作觀念的養成。	技法：系統分析等近代分析手法。 目的：經營效率的提高、經營管理者的改革、系統化的促進。
作業測定： 　工作衡量 （Work Measurement）	技法：各種時間研究的手法。 目的：設定標準時間於作業層次，確立科學化的管理。	技法：作業研究（OR）等近代的衡量方法。 目的：決定經營所需標準資料、資訊系統設計，並在經營層次確立科學化的管理。

←──────────── 狹義的IE ────────────→

←──────────────── 廣義的IE ────────────────→

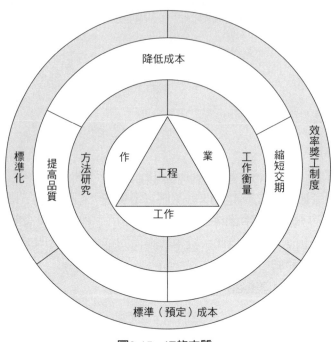

圖9-15　IE的本質

遭遇的問題。

　　企業管理爲企業組織與管理的簡稱，亦稱工商管理。所謂企業管理，乃
運用計畫、組織、用人、指導及控制等基本活動，以期有效利用企業內所有
人員、金錢、物料、機器方法等構成要素，並促進其相互密切配合，做好企
業行銷、生產、研究發展、人力資源及財務會計五大功能，以順利達成企業
追求的顧客滿意及合理利潤的目標。

　　企業管理面對複雜的內外環境的挑戰，爲爭取永續生存，必須以客觀的
態度，耐心觀察，再研討，並分析問題。在此可藉由IE手法來完成，方可產
生有計畫、有標準的，利用適當人力、物力以最好、最快速的方法，在經濟
的條件下完成一件工作，並增加效率，達到目標。

　　5.作業內容（林清河，2000）

　　（1）選擇製程與裝配方法。

　　（2）選擇和設計產設備與機具。

　　（3）設計設施，包括：建築（廠房）、機器設備的布置、物料搬運系

統以及原物料與成員的儲運系統。

(4) 設計及改善系列規劃和控制系統、產品及服務的分配、生產、存貨、品質、工廠保養或其他機能等系統。

(5) 發展成本控制系統，如預算控制、成本分析及標準成本等系統。

(6) 產品開發。

(7) 設計與運用價值工程與價值分析。

(8) 設計和建立管理資訊系統（MIS）。

(9) 發展和建立薪工制度。

(10) 發展績效標準及其衡量方法，包括工作衡量及評價系統。

(11) 發展和建立工作評價系統。

(12) 評價可靠度與其績效。

(13) 作業研究，包含諸如數學分析、系統模擬、綜性規劃與決策理論等。

(14) 設計和建立資料處理系統。

(15) 辦公室的系統、程序和政策。

(16) 組織規劃。

(17) 廠地規劃，必須考量潛在市場、原料來源、勞工供應、財務以及稅務等因素。

6.IE與成本管理

IE將標準化問題中的作業時間、消耗量、品質等為研究的對象，檢討及設備布置、工程管理、日程管理及成本管理等，並提出綜合性的改善意見。

✦作業研究

1.簡介

傳統上，多數人員將計量管理相關方法稱為作業研究／管理科學（Operations Research/Management Sciences, OR/MS），亦稱管理數量方法（Quantitative Methods for Management）。

OR/MS是指以提供經營者評估、分析與制定決策參考資料為主要目的，經由統計、數學分析，以求出最有利之方法。此時是將預測的各種要素的變動納入範圍與數學方法一併進行計算。（林清河，2000）

數學的應用於人類歷史上，已有千年歷史，但在管理上使用數學，在十九世紀末，泰勒（Frederick Tayler）以時間研究法（Time Studies）去評估工人的表現與分析工作的程序；甘特（Henry Gantt）則在機械排程上有貢獻；海瑞斯（Ford Harris）發現一套簡單進貨模式；直到賴明森（Horace Levison）於1930年代將複雜的數學模式使用於行銷問題，各種方法陸續被發表。在第二次世界大戰中為有效擬訂作戰策略，而成立作業分析將數學、統計、機率、電腦等專家組成，而成計量管理方法。

1950年代，計量管理方法的使用，大部分侷限於結構性問題，使用層次較低。1960年以後提昇到規劃、非結構性與不確定性問題。1970至1980年，更進而與管理資訊系統（Management Information System, MIS）相結合。MIS的資料庫系統（Data Base System）的發明，使經常性的決策分析變成可行，而產生決策支援系統（Decision Support System, DSS）。1980年代末期的專家系統（Expert System, ES）及人工智慧（Artifical Intelligence, AI）已成為MIS及電腦界的熱門話題，未來可提供此兩者直覺式的解決程序（Heuristic Solution Procedure）。

2.範圍

OR是運用各種科學方法對一業務問題，蒐集大量有關資料，加以分析比較，以完全客觀的態度，算出若干數據，求得解答方案，以供主管當局之採擇。依1991年美國艾邦（Eppen, Gould & Schmidt）等人，應用計量模式（表9-24），而我國1995年使用模式（表9-25）可知其內容及應用。

✦價值分析

1.簡介

在生產體系中，企業製程或購買的每一件事務，皆有其目的。例如，冰箱之把手，其目的在使顧客能方便開啟外，更增加外觀之精美程度，再配合其他部分必須能造就冰箱之商品價值。為達此目的的方法很多，價值分析（Value Analysis, VA）、價值工程（Value Engineering, VE）及價值革新（Value Innovation, VI）之作用，即在尋求一最佳方法，來達成此目的。（圖9-16、表9-26）（黃明沂，1986）

VA一詞最早在1947年由美國奇異電氣公司米勒（Lewrence D. Miles）提出一套技術發現，如果將產品的零組件予以換置的話，可以節省30%的成

表9-24 計量模式之應用

模式種類	確定性（D）或機率性（P）模式	使用情形高（H）或低（L）
線性規劃（Linear Programming）	D	H
網路分析（Network Analysis）包括PERT／CPM	D／P	H
存貨、生產及排程（Inventory, Production & Scheduling）	D／P	H
預測及模擬（Forecasting/Simulation）	D／P	H
整數規劃（Integer Programming）	D	L
動態規劃（Dynamic Programming）	D／P	L
隨機規劃（Stochastic Programming）	P	L
非線性規劃（Nonlinear Programming）	D	L
競賽理論（Game Theory）	P	L
最佳控制（Optimal Control）	D／P	L
等候理論（Queuing Theory）	P	L
差分方程（Difference Equation）	D	L

表9-25 我國使用計量模式

模式	排序
應用電腦從事決策分析	1
統計預測	2
其他機率模式（存貨、可靠度等）	3
網路分析（含PERT/CPM）	4
系統模擬	5
線性規劃	6
決策理論	7
其他數量規劃（整數、非線性、動態規劃）	8
等候理論	9
馬可夫決策程序	10

本，由此奠定VA的基礎。（賴士葆，1995）

2.定義

VA是集中組織多方面的努力，謀求在不損害產品之功能、品質及可靠性的前提下，以最低的成本提供相同或更好的功能。其方法是將與事務有關的各種因素，如採購、設計、生產製造以及所用的材料、設備、工程程序、工作方法等都做有計畫、有系統、有組織地詳細分析，以研究每一零件、零組件、次系統、系統之效用價值，並尋求可能代用之其他材料、改良設計、

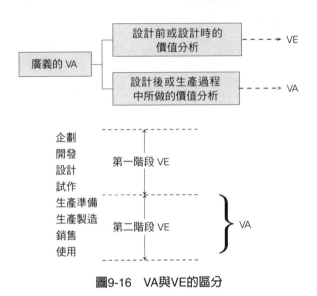

圖9-16　VA與VE的區分

表9-26　日本推動VA／VE／VI關聯對照表

項目	第一期 VA／VE	第二期 VA／VE／VI	全方位 VA／VE／VI
開始時期	1976年	1978年	1982年
活動系統	工廠主動型	工廠主動型	事業部主動型
發動時期	製造階段 （從設計變更起）	設計階段 （從設計具體化起）	商品企劃階段 （從行銷起）
對象	次要機能	主要機能	機能創造
機能領域	有形→改善型	構想→有形化	要求→構想化
限制條件	大	中	小
創造價值	小	中	大
公式	$V = \dfrac{F}{C}$	$V = \dfrac{F}{C}$	$V = \dfrac{F}{C}$

變更加工的方法等，包括對於全部實質問題之可能重新衡量，以謀削減一切非必要的超額成本。換言之，是維持物料的原有功能下降低成本或成本不變下提高物料功能的一種方法。（圖9-17）

　　VA的原始意義在於，如何維持一定的產品功能（function）下，透過零組件的更換，達到降低成本的目標，此觀念可以公式表示之。

$$價值 = \frac{功能}{成本}$$

　　上述的功能係指產品的主要功能（性能、可靠度、耐久性）及次要功能（產品造型、外觀設計、包裝設計）。此外，VA的意義可推展爲下列幾種情形：

（1）功能不變，成本降低。

（2）功能提高，成本不變。

（3）功能提高，成本降低。

（4）功能提高，成本提高。

3.實施步驟

（1）選擇對象（陳文哲等，1991）

　　　a.原則：以最小的努力能獲得最大的效果爲原則。

　　　b.標準：

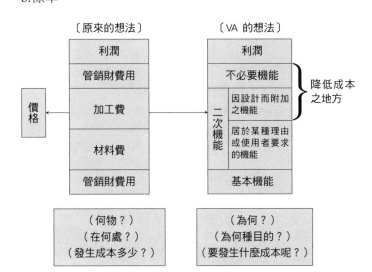

圖9-17　對成本的想法與看法

        a）選擇製品中銷售額最大或產量最多者。

        b）製品之構造較複雜者。

        c）製品之品質要求條件較嚴格者。

        d）與價值標準比較檢討，有降低之可能者。

        e）製品研究開發時間較倉促者。

        f）價格長期固定不變者。

（2）明確評定功能（主要、次要）

    a.針對製品所需的功能個別比對，做相互的比較評價，以求出功能加權係數。

    b.將製品之組成零件，每件對各個功能的優劣性做比較評價，以求出零件加權係數。

    c.功能加權係數與零件加權係數相乘後再相加，求出各零件之價值係數。

    d.比較價值係數，即可對各種零件的功能判斷其優劣性。

（3）蒐集資料

    a. 各種物料之規格與價格。

    b. 各種加工方法之費用。

    c. 各種代用品之資料。

    d. 與製品特性有關的資料。

    e. 設計所需的規格。

    f. 產品的製造歷史與技術更改歷程。

    g. 同業產品的調查。

    h. 製品零配件供應商方面的各種資料。

（4）替代品與改進方案研究（圖9-18）

（5）成本分析

    a.首先應儘量詳細，包括物料費、加工費及其他作業所需的一切成本在內，並以總成本與總利潤為著眼點，用廣泛深入的方法來分析成本。

    b.對VA實施成果加以測定，其方法為：

        a）全年節省淨額＝（改善前製品單位成本－改善後製品單位成本）×年生產量

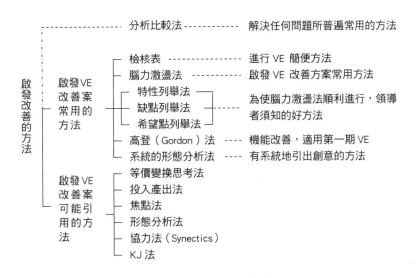

圖9-18 啓發改善創意的方法

b）節約率＝（改善前製品成本－改善後製品成本）÷改善前
製品成本

c）節約倍數＝每年節約淨額÷價值分析所需成本

d）價值分析成果率＝（改善後產品功能價值÷改善後產品成
本）÷（改善前產品功能價值÷改善前產品成本）

(6) 可行性試驗：在技術上試驗其可行性，並檢討產品功能、品質標
準、可靠性、安全性、大量生產之困難度及維護保養之容易度等
因素。

(7) 建議及實施。

4.價值工程

VE是一種有組織，努力去分析產品的機能，以最低之總成本，獲得產
品所需的機能（**圖9-19**）。簡言之，它是以功能本位為出發點，根據一套有
系統有組織的經驗，找出另一種材料、方法或工作，以最少費用來完成目的
或機能。VE不僅只用於消除產品非必要的成本，同時亦可用於減少其他一
切業務費用。

VE與VA是一體兩面，並無多大區別。VE著重在工程設計方面，而VA
著眼於管理、採購等，其目的都是一樣，在不影響產品品質下，降低成本。

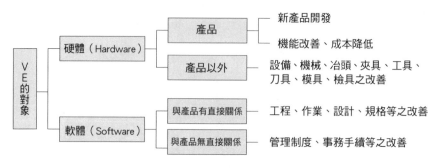

圖9-19　VE適用範圍

5.價值革新

日本電氣公司（NEC）爲期更有效達成降低成本，提高經營績效，並使顧客獲得更大滿足，將VA與VE合而爲一，更發展爲VI。

企業達成創造顧客，企業始能發展，才能獲得充分利潤，VE無法達到此目的。因而引進行銷學（商品、市場、顧客、產品等分析）的想法及作法，重新開發對創意有效的方法。對價值加以革新、創造、選擇來達成事業目的，依此而發展出就是VI。

✕ 成本降低

✦意義

綜合性成本管理須先行設定成本降低目標，由公司觀點，成本降低是一種有計畫的連續活動，並對執行活動加以控制，期能實現成本降低目標，它並不是強行對製造成本做削減行動，而是在不影響產品品質下，節省及消除不必要的浪費或不當的使用，藉以增加同業的競爭力與企業的利潤。

綜合成本降低計畫（Integrated Cost Reduction Program, ICRP）於1960年由Allan V. Demarco先生率先倡導，爲歐美各國所採用，ICRP的活動是以企業整體爲對象，包括：目標之設定、計畫、實施、測定、評價等要素，且運用VA及IE的手法，其概念爲：（徐丕洲，1973）

1.ICRP是一種有組織化的企業連續活動，亦是目標管理的重點。

2.ICRP的研究，著重於成本降低的行動。諸如責任的分擔、活動方針的

選擇、績效的評定、計畫目標的達成等。

3. 確立成本降低機能的連續性。

4. 最高管理階層應率先推動計畫來引起全員的動機。

5. 具有整合的意義，企業各部門皆為對象。不僅限於製造成本，尚且包括其他管理及推銷成本，即以企業總成本為其對象。

✦方法

1.手段

（1）不採取激烈性手段：以持續性努力有計畫使用目標管理循環，使成本降低至最小的方法。（表9-27）（李建華、陳琇，1996）

（2）斷然激烈性手段：明知未來看不見好的成果，採取裁員措施或乾脆關閉工廠。

2.推行部門

（1）個別部門：對個別成本降低方法，由各業務部門自行處理進行。

（2）整體性：由管理部門負責推動，以有系統的組織及作業實施。

✦具體方案

1.材料費

（1）標準材料使用量如結構圖。（圖9-20）（黃明沂，1986）

（2）相關計算式

a. 材料餘裕率＝（材料餘裕量）÷實際材料使用量

b. 標準材料使用量＝（實際材料使用量）×（1＋材料餘裕率）

表9-27　企業成本降低的計畫

環境改善計畫	結構改善計畫	作業改善計畫
企業合併		銷售方法之改善
企業系統化	產品計畫	價格政策
工業區化	設備計畫	產品組合計畫
工廠社區化	人員計畫	管銷費用計畫
流通機構改善	土地計畫	製造成本計畫
企業間之業務合作		庫存量計畫

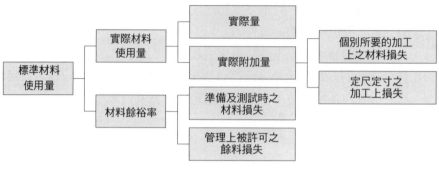

圖9-20　標準材料結構

　　　c. 材料費＝材料使用量×材料單位 ‥‥‥‥‥‥‥‥‥‥實際價格
　　　　　　　＝（產品產量÷成品率）×材料單位 ‥‥‥‥‥標準成本
（3）對策（並木高矣，2000）
　　　a.降低採購價格
　　　　a）採大量（經濟批量）或聯合採購。
　　　　b）輔導供應商改善，降低成本合理化。
　　　　c）觀察市場，選擇最佳進貨時間。
　　　　d）改善付款方式，以期最佳資金利用。
　　　b.充分利用原材料
　　　　a）強化材料檢驗，減少不良品入庫。
　　　　b）生產製造降低不良率，減少正常生產損耗。
　　　　c）有效利用殘料，改善材料的尺寸、取材料及裁切方法而減少
　　　　　　損失，依作業方法的改善（設計階段）。
　　　　d）減少庫存量，以節省倉管費用，依資材計畫改善。
　　　　e）供料外包，釐清公司與協力廠商責任。
　　　c. 利用新材料
　　　　a）依賴VA作業，增強價值，尋找價低品質不變的代用品。
　　　　b）活用殘料。
　　　d.其他
　　　　a）降低採購次數，減少採購成本。
　　　　b）庫存管理優越，減少庫存量。

　c）簡化事務流程、手續及表單。

2.人工費用

（1）相關計算式

　a.人工費用＝（作業時間÷運作率）×薪資率 …………實際成本

　　　　　　＝（標準時間÷作業作率）÷運作率×薪資率

　　　　　　　　　　　　　　　　　　　　　　…標準成本

　b.薪資率＝月平均薪資÷月平均實際勞動時間 ………部門別計算

上述薪資中，包含勞健保費、獎金及福利費，同一部門因工程而產生差異，須區分工程別。同時，以記錄報告為作業時間都為直接作業時間，並未包括間接時間，因此須考慮運作率。同時考慮直接作業時間與標準時間的差距，並除以作業效率。

（2）對策

　a.提高作業效率

　　a）依IE手法改善作業方法、工程及搬運。

　　b）增加自動化設備，作業速度增快。

　　c）實施自動化減少冗員。

　　d）分析工時紀錄，減少停工時間。

　b.提高工作能力

　　a）加強作業人員再教育。

　　b）作業標準化，建立作業標準（S. O. P.）。

　　c）適當分配休息時間。

　　d）減少加班。

　c.激勵士氣

　　a）明確升遷標準及制度。

　　b）改善工作環境。

　　c）改善薪資制度、福利制度及獎金制度。

　　d）溝通管道暢通。

　d.其他

　　a）設計階段，力求加工方法簡單化及標準化。

　　b）生產計畫階段，做好生產計畫、生產批量、調整機械負荷，力求交期時間縮短。

c）生產製造階段，運用工程管理，做好進度管制及追蹤，提高效率。

d）做好設備預防保養，防止設備故障。

e）做好品質管理，減少不合格產品，避免重工及報廢。

3.製造費用

（1）內容：製造費用包括固定及變動等性質之費用。

（2）對策

a.配合產銷預算控制費用，建立預算與實際對照之變動預算制度。

b.降低工具費、消耗品費，對其支出嚴格控制，並簡化手續。

c.防止倉庫保管中的損耗，做好倉庫管理。

d.降低水電費，依靠設備及作業管理，使其使用方法適當。

e.降低燃料費及廢棄物費用，依據能源管理，使燃料的消耗方法及廢棄物管理合理化。

f.間接人工及間接費用合理化，做好事務管理及工作簡化。

g.降低折舊率和提高操作率。

4.銷管財費用

（1）內容：銷管財費用包括營業內外之費用。

（2）對策

a.銷管成本（一般管理費及銷售費）

a）運用變動預算，配合產銷，嚴格控制支出。

b）採用事務管理、組織改善與分析、工作簡化、使組織合理化及精簡，減少間接人員。

c）做好銷售管理，有計畫的控制銷售活動。

b.支付利息降低

a）活用長期低利貸款，做好應付金融機構之對策。

b）資金調度及計畫合理化，充實自有資本，健全財務結構，儘量減少借款。

c）提高支票、流動資產、固定資產的週轉率，強化管理效率、減少借款。

c.節省稅捐：盤存損耗、價格變動準備金、意外損失準備、呆帳

準備、特殊設備之折舊準備，儘量引用稅法條款，藉以減免稅
額。

5.**資產週轉率**

（1）流動資產

a.從事有計畫性的資金調度，加強與金融機構緊密聯繫，不保留
多餘的現金及存款，藉以減少資金運用的機會損失。

b.閒置或不良資金之整理、事務流程之改善，防止壞帳之發生，
減少所需資金之絕對量，儘速完成收回貨款，做好發貨、對方
驗收、收貨通知及催收貨款通知。

c.儘量計畫催收，確定已無法收回，應依稅法辦理。

d.做好信用調查及應收帳款管理，防止壞帳。

（2）存貨

a.配合產銷計畫，核定目標庫存額，決定生產批數，做好產銷及
庫存計畫一體化。

b.妥善工程管理，在適當排程下，不產生過多物品，減少貨品停
滯。

c.嚴格管控存貨，儘速處理呆廢料，並減少物品之停滯。

d.徹底執行ABC庫存管理，保持最經濟庫存量。

e.做好採購及倉庫管理，適量之訂購與保管中之損耗減少。

（3）固定資產

a. 有形固定資產

a）配合銷售預測、生產計畫，以科學方法擬訂設備計畫，維持
設備高速運轉。

b）從投資效率中之觀點（管理會計、工業經濟）檢討並決定
設備計畫。

c）根據標準時間之設定與操作率之調查來編製負荷計畫。

d）做好設備管理，減少機器、設備之故障。

e）從事市場研究，設法由銷貨之增加來提高生產效率。

f）運用三班（輪班）制以更少的固定資產來生產，提高週轉
率。

g）減少多餘資產，快速處理閒置資產。

　　b.檢討機會損失，避免不必要的投資，無形資產與投資償還之得失。

6.外包

（1）做好外包成本估價精確作業，以利外包議價合理化。

（2）檢討特殊加工作業，盡可能外包，減少設備購置。

（3）須購置相同設備加工時，考慮規模較小企業承包，可降低成本。

（4）相同外包，尋找多家廠商競爭，有利價格降低。

7.不良品

（1）強化進料、製程及產品檢驗作業，減少不良品發生成本。

（2）做好首件檢驗及巡迴檢驗，提高良品率。

（3）建立作業標準化，要求依此操作。

（4）做好新進及在職人員教育訓練及增強操作熟練度。

（5）設備、附屬設備、公共設施、模冶夾檢具等做好管理及校正。

（6）強化全員品質管理觀念，全員積極參與品質改善工作。

案例

🛠 生產管理辦法

1.目的

　　為使有效運用設備、人力和原物料，並確保品質與數量合乎標準，交期符合顧客需求，達成提高效率，降低成本。

2.範圍

　　從生產製令、生產計畫、請購、委外加工入庫、領料、製造、裝配、繳庫至出貨等生產資訊均屬之。

3.名詞定義

　　無。

4.責任

本辦法制定、修正、作廢由生管單位負責。

5.作業辦法

5.1生產製造命令

5.1.1業務單位依據客戶訂單需求，開立主生產排程單及包裝明細表（packing list）各一式三聯，第一聯送生管，第二聯送會計，第三聯自存。而其表單編號相同。

5.1.2業務單位，開立主生產排程單，先行查明成品庫存量（可查電腦庫存狀態明細表），若庫存不足，則在排程單上註明產品名稱、客戶、生產數量及應完工日等項。

5.1.3業務單位，查明已有成品庫存，則在主生產排程單上增加註明僅限裝箱作業。

5.1.4業務單位，依成品倉庫庫存安全量管理需求，可自行開立主生產排程單，但須增加註明此單為計畫性訂單，此項需經總經理核准。

5.1.5新產品開發，由開發單位提出送交業務單位，開立生產排程單，但需增加註明此單為新產品開發及新模具製造數量，此項訂單需經總經理核准。

5.1.6業務單位開立包裝明細表時，亦須提出包裝材料請購單，送採購單位辦理訂貨事宜。

5.1.7新產品開發或特殊訂單，包裝明細表及包材採購，可在包裝確定後補開單。

5.1.8生管部門依據主生產排程單及包裝明細表，開立製令單（製令單依部門別分別開立）及委外加工單（外包）各一式四聯，第一聯送會計，第二聯送倉儲，第三聯送製造單位，第四聯自存。

5.1.9製令單及委外加工單需詳列製程、產品、製程名稱、應生產數、預交日及下接廠商。

5.1.10製令單及委外加工單必要時在附註事項需註明使用現有模、刀、夾具及工具等項。

5.1.11新模具製作，由生管部門亦開立製令單及委外加工單（必要時）。

5.2生產計畫（現有產品）

    5.2.1業務單位開立主生產排程單後，將訂單相關資料之日期、訂單編號、產品名稱、數量、追蹤、預定完成日、實際完成日及備註欄（結案）keyin，而製成主生產排程單進度追蹤表進行催交管制作業。

    5.2.2生管單位依主生產排程單通知後，應對廠內現有庫存量、日產量等極有可能對生產產生影響之因素，做一整體考量，再著手排生產計畫。

    5.2.3生產依產銷會議（每月第二週週五前）之會議紀錄，配合主生產排程單出貨日期，預做一個月份之生產計畫表，於每月第三週週三前完成。

    5.2.4生管提出生產計畫表後，隔日送至業務單位，業務單位應於該週週五確認。

    5.2.5每日上午9：00由生管與業務依緊急訂單參酌修正「生產計畫表」，並安排緊急訂單之生產日程。

5.3生產計畫（新產品）

    5.3.1新產品開發之主生產排程單，生管單位與開發單位協商，排定開發進度表，零件進度表分自製及外包分開管制，模具進度表進行管制工作。

    5.3.2新產品開發之進度協調，不定期由生管召開。

    5.3.3新產品開發中，開發單位須完成新產品開發成本表，送會計存查。

    5.3.4新產品開發，完成樣品確認，圖面及模具修正後轉為現有產品生產工作方式辦理。

5.4用料請購及入庫

    5.4.1現有產品，生管單位開製令單以前先行調查原物料庫存後，由生管單位提出原物料請購單（一），請購單（二），一式三聯，第一聯送財務，第二聯送採購，第三聯自存。

    5.4.2採購人員依請購單，辦理詢價、議價作業，開出採購單，一式四聯，第一聯送財務，第二聯送倉儲，第三聯供應廠商，四聯採購自存。依採購管理辦法辦理。

5.4.3供應廠商依採購單交貨，倉儲依此點收數量，並通知品管人員檢驗品質，品質合格則辦理入庫，並填寫庫存帳卡。依倉庫管理辦法辦理。

5.4.4不合格原料、物品辦理退貨作業，填寫退貨單，一式三聯，第一聯會計，第二聯廠商，第三聯倉儲自存，並通知採購人員知悉。依不合格品處理辦法辦理。

5.5委外加工

5.5.1生管部門有鑒於人力、設備、能力不足或設備故障，較不經濟時，可安排委外加工處理。

5.5.2生管部門開立委外加工單，一式四聯，第一聯送財務，第二聯倉儲，第三聯委外廠商，第四聯生管自存。第一及第二聯先送倉儲領料及入庫作業。

5.5.3生管部門需會同開發及品管部門進行廠商能力評鑑，經評估合格者，並與之議價，編成委外加工價格表（一年一次），依此發包。

5.5.4外包廠商領用原物料時，需當面清點數量，事後如發生短少，或自行加工損壞時，需按成本繳款補發。

5.5.5品保人員應隨機抽查外包廠商工作進行中之產品品質。

5.5.6外包廠商完工後入廠繳庫時，由倉儲通知檢驗人員會同檢驗。依進料檢驗程序辦理。

5.5.7外包之零件，組件入庫亦依倉庫管理辦法，完成入庫作業，登錄於庫存帳卡。

5.5.8生管依委外加工單結算數量及品質，連同發票及支付傳票辦理付款作業。

5.5.9委外加工廠之評鑑依供應商管理辦法辦理。

5.6領料

5.6.1自製部分，製造單位依製令單第一聯及第二聯至倉儲領料，經倉庫人員簽收清點，註明實發數量，將第一聯送財務計算物料成本，第二聯存倉儲爲記入庫存帳之依據。

5.6.2製造單位依製令單領料後，仍發現不足時，則由製造單位開出領料單，一式三聯，一聯領用後簽章送財務，第二聯存倉儲，

第三聯自存。

5.6.3製造單位依製令單領料後，發現數量超領或品質不良時，則辦理退貨單，一式三聯，一聯領用後簽章送財務，第二聯存倉儲，第三聯自存。

5.6.4委外加工部分，廠商依委外加工單，第三聯為領料之依據，向倉儲領料，廠商於第一及第二聯簽收，為領料之依據。

5.6.5委外加工部分完工後，亦於委外加工單第一及第二聯簽章為入庫之依據。第一聯隨同廠商之發票送生管，付款傳票送財務辦理成本及付款作業，而第二聯為倉庫出入庫之依據。

5.6.6委外加工不足時，廠商生管單位要求開出領料單或發生退貨開立退貨單，其方式比照自製辦理。

5.6.7委外加工製造及裝配，廠商須依公司發布操作標準，檢驗標準及安全衛生規定，進行生產製造。

5.7製造及裝配

5.7.1生產部門的零件或產品之製造及裝配，需依「生產製造流程」實施，並遵守操作標準、檢驗標準及安全衛生規定進行生產製造，以保品質水準。

5.7.2生產製造過程中，所產生成品、半成品、零件之品質狀況下分為良品、次級品、報廢品等，應加以標誌以管制識別，並分別放置，以免不良品流入製程。

5.7.3在製品應堆置於規定之場所排列整齊，勿使疊壓亦勿堆置走道上，以免妨礙交通，並隨時維護其清潔。

5.7.4每一製程，每日定時記錄其工作狀況與品質水準紀錄（首件檢驗、製程檢驗）作為管制依據。

5.7.5生產單位，須將每批號、數量及抽樣日期通知品管單位，以保持其品質紀錄，做為追溯管制之用。

5.8成品入庫

5.8.1自製成品依製令單辦理繳庫，一次未能繳完，可分批繳庫，填寫入庫單，但在最後全部完成時，以製令單為之結案。

5.8.2自製成品入庫經倉庫點收，並通知品管人員檢驗，檢驗合格後方可辦理入庫，而自製單亦送財務辦理成本作業。

5.8.3委外加工亦依委外加工單辦理，兩者皆需辦理倉儲作業入帳手續。

5.9出貨

5.9.1出貨作業，由業務單位開出出貨單，須先登錄於主排程單進度追蹤表結案，一式四聯，第一聯領貨後送財務單位為收款催收之依據，第二聯存倉儲為記帳之用，第三聯送客戶簽收後送回業務，第四聯為客戶簽收後自存。

5.9.2出貨發生客戶抱怨時，發生退貨，則由倉儲開出退貨入庫單，一式三聯。

5.10生產資訊

5.10.1物料

a.每日依採購單、製令單、委外加工單、領料單、退貨單於完成時，在下班時送會計登錄，keyin於電腦，為物料之掌握。

b.倉儲依領發料及入庫作業，完成原料出入帳卡。

5.10.2工時

a.自製各部門，亦依工作進度內容數量登錄於製令單，進行自我管理。

b.生管部門，依物料及工時資料，完成生產計畫之掌控。

c.新產品開發亦比照辦理。

5.10.3生產計畫表管制

a.依據物料及工時資料，填寫生產計畫管制表，以控制進度。

b.生管定期召開生產檢討及出貨事宜。

5.11生產計畫變更

5.11.1因物料短缺、品質不良、開發材料變更、生產技術提昇或其他特殊情況，造成進度落後，應與業務協商延後交貨，並通知客戶。

5.11.2上述原因發生，由生管部分重新開出製令單或委外加工單，並編號增例R1、R2……以示區別，並須辦理收回原單位作業，以免失控。

5.11.3生管召集相關部門，召開協調會議。

5.11.4修訂「生產計畫表」發送生產有關單位週知。

5.12本辦法經總經理核准後實施，修廢時亦同。

6.使用表單

6.1主生產排程單

6.2包裝明細表

6.3電腦庫存狀態明細表

6.4製令單

6.5主生產排程單進度追蹤表

6.6會議紀錄

6.7生產計畫表

6.8開發進度表

6.9開發零件進度表

6.10模具進度表

6.11請購單（一）

6.12請購單（二）

6.13採購單

6.14庫存卡

6.15退貨單

6.16委外加工單

6.17委外加工價格表

6.18領料單

6.19支付傳票

6.20出貨單

6.21工作日報表

第 10 章

生產查核（二）
——品質管理

品質概論

✖ 品質的定義

品管大師戴明（W. Edward Deming）博士定義「品質」（包括：產品品質與服務品質）為「品質就是符合顧客需求，讓顧客滿意」。由此可知，要提供好品質的服務給顧客，吸引顧客上門，就要做到兩件事：（楊錦洲，1998）

1.主動去瞭解顧客真正的需求。

2.提供顧客所需要的產品與服務，讓顧客滿意。

品管大師朱蘭（Juran）說明「品質」就是適用，亦即是指站在顧客的立場，就是「使顧客滿意的產品機能及特性」，亦即是指在使用壽命期間內產品使用狀況良好，且產品售價及售後服務皆能使顧客滿意。

而站在生產製造者立場，品管大師克勞斯比（Crosby）所下定義：「品質就是規格一致」，而要達到規格一致，要對製造規格、公差、製程及檢驗程序訂定明確，進而生產出能滿足顧客對產品品質及服務品質要求的產品。

經濟部智慧財產局之定義：「品質為產品或服務的總合性特徵與特性，此種總合性的特徵與特性使得產品或服務，具有滿足顧客明訂的與潛在的需求之能力。」。

ISO國際標準組織的定義：「品質係指一項產品或服務之特徵與特性之整體性，滿足其規定或隱含需求之能力。」

品質各學派亦有不同的看法（表10-1），品質的好壞取決各項活動是否適當地被認定，以及評估這些需求是否忠實地被達成。（Chase, Aquilanu & Jacobs, 1999）

✖ 品質的特性

品質特性為要評價品質的對象項目，儘量以數值表示較理想。一般產品的品質是一些元素來描述它的適用性，這些因素稱為品質特性：（鄭春生，1999）

表10-1　品質學派的比較

學者	克勞斯比（Crosby）	戴明（Deming）	朱蘭（Juran）
品質的定義	符合需要	以低成本滿足市場對產品的一致性與期望	適用性
高階管理的責任	對品質負責	對94%的品質問題負責	低於20%的品質問題源自勞工
績效標準與激勵	零缺點	品質有許多方面，應用統計來衡量各方面的表現零缺點的重要	不要求完美的工作結果
常用方法	預防而非檢查	由持續改善來降低差異，停止大量的檢查	一般管理品質方法，特別在人員方面
架構	品質改善14個步驟	管理14個重點	品質改善10個步驟
統計品質管制（SPC）	排除統計上可接受水準（追求100%完美）	品質控制的統計方法使用	推薦SPC，但可能會形成工具導向品質
改善基礎	流程而非計畫，漸進式目標	持續降低變異	專案的團隊方式，設定目標
團隊合作	品質改善團隊，品質稽核	員工參與決策，降低部門間障礙	團隊與品管圈
品質成本	不合格的成本，品質是免費	沒有最佳，持續改善	品質非免費，且也沒有最佳
購買及貨品接受度	陳述需求，大部分的缺失導於買方的錯誤	檢查的太慢，統計證據與管制圖須應用	問題是複雜的，利用正式調查
供應商分級	贊成，品質稽核是無用的	反對	贊成，必須協助供應商改善

表10-2　產品與服務的品質範圍

項目	產品（汽車）	服務（汽車修理）
1.績效	功能及特性優良。	依約修理完成。
2.美學	車內設計、觸感柔軟。	友善、禮貌、熱忱、迅速。
3.特性		
（1）方便	量規之安裝及控制。	清潔工作、等候區域。
（2）高科技	免持聽筒手機座、DVD設備。	修竣後自動通知。
4.安全性	ABS煞車、安全氣囊。	電腦診斷。
5.耐久性	使用壽命（里程數）、防塵、防侵蝕。	汽車修理正確無誤，一經承諾正確無誤。
6.可靠性	故障頻率。	分隔等候區域。
7.被認知的品質	高等級轎車。	獲獎的服務部門。
8.售後服務	顧客抱怨處理或顧客對資訊的要求。	顧客抱怨處理。

1. 有形產品
（1） 物理上的因素：長度、重量、強度、黏度及硬度。
（2） 感官上的因素：品味、外觀、顏色。
（3） 時間上的因素：可靠度、維修度、服務度。

2. 無形產品（服務）
（1） 時間上的因素：預訂、等待、回應、服務、事後服務、交貨、延遲、保證、修正的時間。
（2） 服務人員的因素：服務的態度、耐心的聆聽、理解的能力、溝通的能力、詳盡的說明、禮貌與儀容、技術與能力、服務的正確性、對顧客的尊重。
（3） 服務方式的因素：回應與接待、符合顧客要求、服務品質一致性、先到先服務、錯誤次數與比率、修正的品質、負責的態度、服務的價格、後續的服務、主動徵詢顧客的意見。
（4） 服務本身的因素：商品的品質、商品種類、商品是否齊全、服務的項目合乎顧客口味、服務項目之完整性、服務之適合性。
（5） 設施與位置的因素：地點及停車便利性、環境的好壞、服務場所的整潔、設施安全性、設施便利性、設施舒適性、設施的維護、設施故障率。

✖ 品質的範圍

品質是以最經濟的手段，製造出市場最有用的產品與服務，符合生產製造或服務提供廠商的規格，更能讓使用者適用，因而顧客滿意，更為一件件產品出廠後，帶給社會最小的損失，其範圍為：

1. 以產業而言：包括：製造業、服務業、非營利機構、教育機構及政府部門等各行業。（表10-2）（Stevenson, 2002）
2. 以企業經營管理架構而言：計有經營品質、管理品質及產品品質。（圖10-1）（劉武，2003）
3. 以管理而言：計有產品（研發、製造）、過程（工作、服務）、環境（心理、硬體）、管理（人力、決策）及生活（精神、物質）等品質。
4. 以品管作業而言：其階段為品質檢驗（QI）、品質管制（QC）、品質

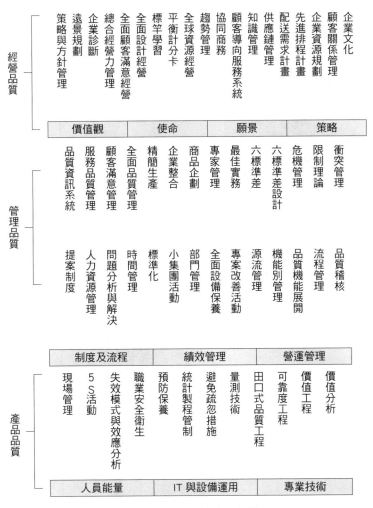

	價值觀	使命	願景	策略

經營品質
- 策略與方針管理
- 遠景規劃
- 企業診斷
- 總合經營力管理
- 全面顧客滿意經營
- 全面設計經營
- 標竿學習
- 平衡計分卡
- 全球資源經營
- 趨勢管理
- 協同商務
- 知識管理
- 顧客導向服務系統
- 供應鏈管理
- 配送需求計畫
- 先進排程計畫
- 企業資源規劃
- 顧客關係管理
- 企業文化

管理品質
- 品質資訊系統
- 服務品質管理
- 顧客滿意管理
- 全面品質管理
- 精簡生產
- 企業整合
- 商品企劃
- 專家管理
- 最佳實務
- 六標準差
- 六標準差設計
- 限制理論
- 危機管理
- 衝突管理
- 提案制度
- 問題分析與解決
- 時間管理
- 標準化
- 小集團活動
- 部門管理
- 全面設備保養
- 專案改善活動
- 源流管理
- 機能別管理
- 品質機能展開
- 流程管理
- 品質稽核

制度及流程	績效管理	營運管理

產品品質
- 現場管理
- 5S活動
- 失效模式與效應分析
- 職業安全衛生
- 預防保養
- 統計製程管制
- 避免疏忽措施
- 量測技術
- 田口式品質工程
- 可靠度工程
- 價值工程
- 價值分析

人員能量	IT與設備運用	專業技術

圖10-1　企業經營管理架構

保證（QA）、全面品質管理（TQC、CWQC、TQM）及全面顧客系統（TCS）。（**圖10-2及表10-3**）（Chase, Aquilanu & Jacobs, 1999）

5.以企業體本質而言：包括：人（品質意識、技術及潛能）、事（標準、制度、調變）、物（正確、精度、追溯、基準）及利潤（合理目標、合理化、經濟過程）等。（**表10-4**）（劉大銘，1998）

6.以作業而言：分為設計（由製品規格、原材料規格所規定者，以規格值具體的規定──什麼是良品，為指望目標）、製造（表示實際做出

789

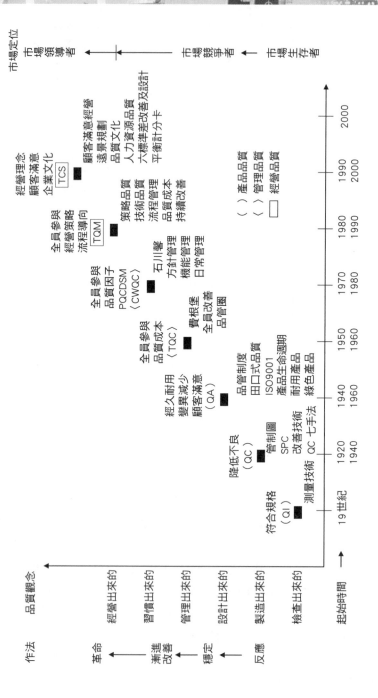

圖10-2　品質發展歷程

表10-3　品質活動說明表

活動名稱	定義	補充說明
品質管制 （quality management）	在整體管理功能中，涉及有關決定及執行品質政策的部分。	1.為獲得預期的品質，需要組織內全體員工的承諾及參與，而品質管理的責任則屬於高階層管理人員。 2.品質管理包括：策略規劃、資源分配及其他有系統的品質活動。例如，品質計畫、品質作業及品質評估等。
品質保證 （Quality Assurance, Q.A.）	為使人們確信某一產品或服務能滿足規定的品質要求，所需提供的一切有計畫、有系統的活動。	1.除非設定之要求能充分反映使用之需要，否則品質保證就不夠完整。 2.為求有效起見，品質保證須不斷評估影響設計或規格在應用適切性之各種因素，以及對生產、安裝及檢驗作業等之查證和稽核。為了建立信心，可能需要提出客觀的證據。 3.在一組織內，品質保證用作一種管理工具。在簽有合約的情況下，品質保證也可建立供應商本身的信心。
品質管理 （Quality Control, Q.C.）	為了達到品質要求所採取的一切作業技術與活動。	1.為了避免術語混淆，應當善用修飾語詞。例如，「製造品質管制」是指品質管制的部分項目，而「全公司品質管制」則有較廣泛的觀念。 2.品質管制所包括的一切作業技術與活動，其目是為在品質環圈（品質螺旋）的各相關階段中，監測過程及消除不滿意績效原因，以達成經濟效益。

表10-4　企業體本質之品質範圍

人：員工服務態度、重視時間效率、儀容及禮儀。
事：業務規章與制度、服務項目或企劃案簡介（內容、價格、樣品）、員工教育與訓練（接待禮節、外語）。
物：提供服務的物品或設施、場所空間規劃與設計、場所識別或指標。
利潤：設定經營目標、制定單元成本、生產力分析。

來的製品與設計品質符合的程序——批或製程的合格率，批或製程的平均與變異表示為實際製造的產品）服務（符合顧客期望及需求的程度、評估服務的遞送過程及結果）及使用（在實際使用時，製品的品質能否發揮期望的機能來評估，使用者要求的品質稱之）品質。（陳文哲等，1991）

✖ 品質標準與品質目標

品質在產品的研發及製造有不同的要求：（圖10-3）（並木高矣，2000）

1. **品質目標**：研發設計部門的目標品質（考慮業務或技術方面而決定），定在設計圖上所規定的品質。
2. **品質標準**：製造部門想製作的品質（依作業標準進行即可生產），實際上所製造出的製品品質，亦稱適合品質，和設計品質有一些差距。
3. **檢驗基準**：業務部門作為檢驗判定基準所使用的品質。
4. **保證品質**：業務部門作為服務顧客時的基準品質。

上述四種品質而言，品質目標設定最高，依序而低。實際的產品要如實線的曲線圖般表示分布的情形，要努力做到接近虛線的曲線才行。經抽樣檢查（檢驗）時若有測定或試驗誤差，其判定基準必須要保證品質的水準高。

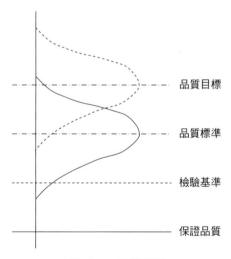

圖10-3　品質種類

✖ 品質的重要性

第二次世界大戰後十年內，美國企業顧問戴明博士試圖說服美國國內企業，品質與數量是同等重要。可惜，未受到重視，但是，他的主張欲贏得日本的青睞，日本經過多年努力，製造商已將日本製（Made in Japan）的作法，都是緣自於戴明的理念。事實上，日本有一項最高的產業成就獎，就是以戴明為名，稱為戴明品質獎（Deming Award for Quality）。反觀，美國是在1970年和1980年代時遭遇經濟困境時，才接受戴明的理念。美國企業在汽車、鋼鐵和消費電器等方面輸給了高品質的日本產品。在1980年代中期，美國企業重新強調品質以因應。某些美國公司，如摩托羅拉（Motorla）以提昇產品品質作為反攻霸主地位的利器。1989年，佛羅里達能源公司（Florida Power & Light）因為在消費者服務上有優異的品質，而成為第一家贏得戴明獎的非日本公司。

美國政府及企業瞭解品質的重要性，體認品質與成本、利潤與競爭優勢有密切的關係（圖10-4）。（蔡文豐，2000）1987年8月20日美國總統雷根（Romald Reagon）簽署通過著名的Malcolm Baldrige全國品質改進法案，建立以全面品質管理為基礎的國家品質獎，代表美國政府重視「品質為企業重要的策略」年度全國性品質競賽，為改進品質及增加生產力，並提供企業評

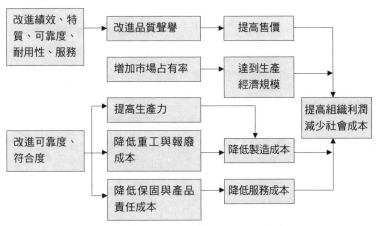

圖10-4　品質與成本、利潤、競爭優勢的關係

量組織全面品質的標準，利用對績效的追蹤來激勵持續性的改善，特別強調品質成果，係源自「沒有衡量便無法改進」的原則，對企業已造成相當大的衝擊，喻為企業的諾貝爾獎，使美國企業重振其地位，汽車業有凱迪拉克（Cadillac）公司得獎。

歐洲企業也體認到品質的重要性，在1988年，由奧利維多（Olivetti）雷諾等公司的總經理，成立歐洲品質管理基金會（European Fundation of Quality Management, EFQM）。EFQM主要的宗旨是在增進品質意識和促進全歐洲商品和服務的品質，雖然已超過數百家會員公司，亦面臨一項重大挑戰，就是如何為不同語言、文化和經濟體制下的顧客，提供高品質的產品和服務。

我國行政院亦在1990年設立國家品質獎，權責機關為經濟部，委由中衛發展中心主辦，是希望經由每年的頒獎，使國內品質提昇的工作大步向前邁進。申請國家品質獎的企業，可經由申請資料之整理與評審作業之進行，對全公司作一次品質診斷，發掘業經營上之優缺點，並可參考評審委員會於評審後所做的意見書，進行改善。一個公司獲獎，除了代表該公司的企業經營及產品（服務）品質獲得肯定，同時也提高了企業的形象及員工向心力。國家品質獎分為企業、中小企業、機關團體及個人獎四類，每類之名額每年以兩名為限，其評審項目各類皆相同，企業獎之項目如表10-5。（http://nqa.csd.org.tw, 2004）

雖然隨著時間的推移與環境的變遷，消費型態業已起了變化。消費者在購買物品時，影響購買決策最主要的因素，先由顧客重視品質、性能與價格的理性消費時代，進入顧客重視品牌、設計與形象的感性消費時代，如今則已重視充實感、滿足與喜悅的感動消費時代邁進，滿不滿意成為消費者所特別關心的。但是，品質仍是消費者購買產品與服務最基本的要件。（石滋宜，1993）

企業為此，莫不全力以赴，推動全面品質的管理活動，對企業本身有莫大的利益（表10-6），對企業的員工也有好處（表10-7），同時使消費者對產品產生滿意的程度，創造三贏的局面，有利企業的永續經營。（Rabbitt & Bergh, 1986）

表10-5 第十四屆國家品質獎、企業獎、中小企業獎及機關團體獎

評審項目	權重	評審項目	權重
一、領導與經營理念 　1.經營理念與價值觀。 　2.組織使命與願景。 　3.高階經營層的領導能力。 　4.全面品質化的塑造。 　5.社會責任。	15%	五、資訊策略、應用與管理 　1.資訊策略規劃。 　2.網路應用。 　3.資訊應用。	11%
二、創新與策略管理 　1.創新價值。 　2.經營模式與策略規劃。 　3.策略執行與改進。	11%	六、流程（過程）管理 　1.產品流程（過程）管理。 　2.支援性活動管理。 　3.跨組織關係管理。	11%
三、顧客與市場發展 　1.產品（服務）與市場策略。 　2.顧客與商情管理。 　3.顧客關係管理。	11%	七、經營績效 　1.顧客滿意度績效。 　2.市場發展績效。 　3.財務績效。	
四、人力資源與知識管理 　1.人力資源規劃。 　2.人力資源開發。 　3.人力資源運用。 　4.員工關係管理。 　5.知識管理。	11%	4.人力資源發展績效。 　5.資訊管理績效。 　6.流程管理績效。 　7.創新及核心競爭力績效。 　8.社會評價（品質榮譽）。	30%

表10-6 企業推動全面品質管理活動的效益

1.維持一定的標準（諸如可交替互換的零件）。
2.符合顧客的規範。
3.符合法律的要求。
4.獲得國內外消費者的品質承認，提昇企業形象。
5.建立企業永續經營的制度規範。
6.提昇幹部的管理能力。
7.養成全員實踐品質的習慣。
8.在生產程序中找出問題處理，減少不良、降低成本、提高企業經營效益。
9.將產品分級（諸如木材或雞蛋）。
10.提供個別員工或部門的績效資訊。

表10-7　推動全面品質經營的好處——由員工的立場觀之

1. 可依流程按部就班的處理工作。
2. 有共同語言促進彼此的瞭解。
3. 依循制度進行工作；而非看主管的臉色。
4. 良好創意的大家庭。
5. 企業整體皆按同一系統運作。
6. 有明確的矯正措施程序。
7. 工作績效獲得優良的成果。
8. 重做的現象獲得改善。
9. 早期察覺潛在設計的問題。
10. 團隊溝通獲得改善。
11. 設計審查參與幅度的提昇。

✖ 品質管理的沿革

✦ 品質管理的演進

　　品質管理的演進，大致可分為七階段（**表10-8**），每一段時間約為20年之久。（徐世輝，1999）

✦ 我國品管推行狀況

　　我國品管活動的推行，亦可分為七個時期（**表10-9**）。

✦ 品質管理的未來

　　品質管理其工作是全面的，涵蓋各階層與各部門，每位員工均需參與且均需負有責任，為達到全面品質的提昇。應熟悉現代品質管理的理念及技巧。

　　由於品質的全面改善可滿足顧客的需求，進而可達工業技術與經營管理績效的提昇。品質的提昇有賴於各種品質管制、品質保證方法之實施以及全面品質管理（TQM）、全面品質保證（TQA）、國際品質保證（ISO 9000）及六標準差（6 sigma）之執行。過去「品質」著重於製造及檢驗。如今，消費者意識抬頭，品質的觀念必須要考慮顧客的需求。因此，品質是設計出來。

表10-8 品質管理演進表

順序	階段	時間	特性
I	作業員的品管 （operator）	自有製造工作開始，一直延伸至十九世紀末。	由一個工人或極少數工人，對整個一般產品都由製造者負責其所製造產品的品質。
II	領班的品管 （supervisor）	近代工程型態的產出。 1900～1918	將從事相同工作的許多人集合在一起，由一個領班監督管理，全權負責製造產品品質。
III	檢驗員的品管 （inspector）	1918～1937	一般工廠組織變成龐大及複雜，因而 ，產生了專責人員，使檢驗人員與生產組織分離，並另設檢驗主管加以監督管理。
IV	統計的品質管制 （Stactistical Quality Control, SQC）	1937～1960 二次大戰期間	1.大戰期間需要大量軍需品，因此發展出有效率的檢驗方法，專業的檢驗人員利用統計學的知識。 2.採用抽樣檢驗來代替全數檢驗，節省大量檢驗的時間和成本。
V	全面品質管制 （Total Quality Control, TQC）	1961～1985	1.費根堡（A. V. Feignbaum）所倡，謂凡與產品品質有關的部門，由市場調查、產品設計至銷售服務，均須對品質負責，形成一整體系統，而不只限於製造或技術等部門，亦包括：硬體（產品性能、特點）及軟體（美學與服務）。 2.根據顧客對產品需求特性來制定品質標準，並以數量的方法有系統性控制品質是否符合原先設計的標準。
VI	全面品質管制 （Total Quality Management, TQM）	1986～迄今	1.組織內各部門之品質發展，維持與改善等各項努力總合起來，使生產及服務皆能在最經濟之水準上，使顧客完全滿意之一種有效制度。 2.影響品質的因素除了產品設計、生產、出貨等直接因素外，亦強調企業的決策品質（高階決策）與經營品質（組織氣候、企業文化）。
VII	國際標準品質與品質保證	1987～迄今	1.提供企業建立一套可依據實施的品質保證系統，有助於企業依據所訂目標達成預定品質，履行提供顧客滿意之品質與安全的責任。 2.企業內部人員實施品質管制而建立產品市場銷售環境適用的品質系統，亦提供顧客對企業品質保證下能力進行評價及使用。

表10-9　我國品管推行狀況表

順序	階段	時間	特性
I	介紹期	1952～1954	1.只有台灣肥料公司第五廠試辦統計品質管制（SQC）及聯勤軍需工廠實行品質管制。 2.未為企業界普遍採用。
II	推廣期	1955～1961	1.1955年成立中國生產力中心協助企業提倡生產力及品質管制。 2.選擇示範廠商推行，舉辦講習會，訓練各企業人才，並派員赴美、日受訓考察。
III	發展期	1962～1968	1.1962年成立全國推行品質管制最高審議機構，並釐訂相關規定。 2.1964年成立「中華民國品質管制學會」發行月刊，舉辦各項品質活動。 3.1967年日本專家石川馨抵台演講。
IV	革新期	1969～1988	1.進行國際觀摩，吸收新知，推行品管活動。 2.1973年成立中華國標準學會及設立中興管理顧問公司推動品管活動。 3.1974年美國專家朱蘭抵台演講。
V	成長期	1989～1993	1.經濟部工業局推動第一期「全面提高產品品質計畫」，並導入國家品質獎活動。技術輔導項目包括：全面品質管理、品質機能展開、田口式品質工程、可靠度工程、統計製程品管。 2.1990年將ISO 9000系列轉訂為CNS 12680-1264的中國國家標準。
VI	茁壯期	1994～1998	經濟部工業局推動第二期「全面提高品質計畫」，技術輔導項目包括：方針管理、顧客滿意品質管理、國際品保制度、全員參與生產保養及品質資訊系統。
VII	擴張期	1999～2003	經濟部工業局推動第三期「全面提高品質計畫」，技術輔導項目包括：產品開發創意、品質技術整合、品質創造力與創意工程、價值與速度系統、總合經營力管理、企業整合、全面顧客滿意經營、平衡計分卡。

因品質單位層次的提昇，更因此品質也是管理出來。品質的觀念若能由大家的生活習慣中養成，使提昇品質為所有員工共同一致的價值觀，再經由持續不斷地改善來塑造一個以品質為中心的企業文化，相信這個企業必是具有高水準的經營管理績效的公司，其產品能暢銷至世界各地，而為永續經營與成長成功的企業。

🔧 品質管制系統

管制（control）係監視企業活動的程序，以確保企業活動能依照計畫正確執行，並矯正任何重大偏重，使管理者能達到組織目標。

管制是管理功能（management function）中重要的一環，此乃根據規劃的方案執行後，予以檢核執行結果是否達成預期目標。故管制的活動為一連續不斷的工作，其中包括：計畫提出、執行與控制。計畫的提出是管制努力的方向，亦即要談管制需先談管理，以確定其規劃方向，兩者是密不可分的。

品質管制的定義為：「對於任一產品在性能上、特點上、可信度、認定性、耐用性、服務性、美學上，以及認知的品質上，根據市場上顧客的需要及工程、製造上的要求，先予以設定標準，而後檢視其是否達到標準，所採取的連續活動。」日本JIS標準將其定義為：「以經濟之方法，生產高品質之產品或服務，以滿足購買者需求之手段。」

狹義品質管制只限定於企業內的製造工程及採購階段，效果有限。廣義則擴大至依靠企業業務、產品開發、資材、會計等部門的參與及協助，為全公司性的活動，即為全公司的品質管制（TQC）。在此時，要以經營者的目標為基礎，採取全公司的管制體制。

品質管制的目標可分為：

1.良好的品質：品質的提昇（品質標準的變更）。

2.不良品不製造：品質的均一化（品質的維持）。

品質管制活動可以用PDCA管理循環來說明。此循環係由美國謝華德（Shewhart）博士所提出，但在1950年，日本人將其改稱為戴明循環（Deming cycle）如圖10-5及表10-10所示。此循環是不斷重複計畫（Plan）、執行（Do）、查核（Check）及修正（Action）等四項活動。（鄭春生，1999）

品質管制系統（Quality Control System）是以最經濟的方法，生產顧客能滿意的產品或服務的所有活動。戴明博士將品管活動循環表示成圖10-6，稱為戴明循環。（劉大銘，1998）

✈ 設計管制

產品品質欲加管制之前，應先瞭解產品的設計、性能、製造方法及成本是否符合使用者要求，而協調設計、製造及業務各部門間對品質的差異，訂

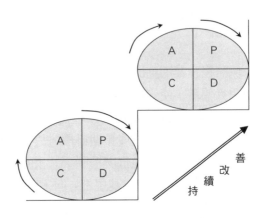

圖10-5　戴明（PDCA）循環

表10-10　PDCA 循環

階段	說明
計畫	1.決定目標：根據市場需要、公司的技術與製造成本、原料的供應與經濟性等因素，訂定產品的品質水準。 2.決定達成目標的方法：當產品之品質目標決定後，進一步訂定原材料之規格、設備、機器、工具之標準、操作標準及檢驗標準等。 3.決定目標達成與否的評估基準。
執行	1.教育訓練：針對各種標準預先教導員工，使其熟悉各項標準，並確實按標準工作。 2.生產作業：依照標準作業實際操作，注意員工是否按照作業標準工作，隨時予以指正。如果原訂作業標準不夠齊全或不切實際時，應鼓勵員工提出建議，以便進行改善。
查核	1.量測：量測產品之品質特性，並做成紀錄。 2.分析：利用統計或其它方法整理、分析量測之數據，推論產品之品質狀況。 3.判定：根據分析之結果，判定是否存在差異。 4.評定品質目標，查核實際績效。
修正	1.研擬改善對策：深入研究造成差異之原因，採取有效措施，防止差異原因再發生。 2.改善對策之複核：執行改善措施後，應對產品抽樣測定，以判定改善措施是否達到預期之效果。若改善措施無效，則應重新研擬改善對策。 3.標準化：若改善對策被證明有效，則應將修改之作業方法予以標準化，並根據新的作業方法訓練員工，使同樣的問題不再發生。

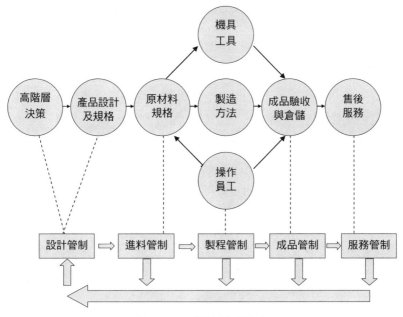

圖10-6　品質管制系統圖

出各部門都能接受的規格。其內容包括：建立新產品的品質標準、設計符合
品質標準的產品、保證維持品質要求的規劃、新設計及其製造設備在生產前
的最後審核。因而在設計階段應決定：（1）材料之檢驗標準、抽樣計畫；
（2）各檢驗站之管制項目、樣數取樣間隔、測試工具；（3）成品檢驗規
範、成品抽樣計畫；（4）量規儀器管制計畫。也就是當一種產品問世以
前，必先通過一嚴格而徹底的試驗及檢驗，以證明該產品在設計上是完全適
當的。如裕隆飛羚101得到荷蘭測試之驗證或豐田凌志在日本豐田測試中心
完成。

✦進料管制

在最經濟的品質水準，接收、儲存、發送品質與規格相符之材料、零
件、半成品，其管制對象包括協力廠商，供應商之外部材料及公司內部之加
工零件、半成品等內部材料，以確保進料品質、數量能夠適質、適時、適量
地供應，並運用全數、抽樣及免檢驗方法。必要時亦應派員前往實地查看。

至於物料驗收後的倉儲，對品質的影響亦大，如通風、曝曬、塗油及去濕等問題亦應注意。

✦ 製程管制

是從生產開始到成品入庫間的產品管制，從製造過程中，利用工程知識與統計方法，對材料、機械、冶工具，製造方法、操作人員充分瞭解、分析，並作成規定或標準，使產品的品質變異能在管制狀態之下。在製程管制中，必須設定標準為：（1）產品標準包括：書面產品規格、樣品、藍圖等；（2）製程標準包括：書面製程規格、製造流程圖、作業指導書、使用材料零件表、機器設備表、操作程序、製品規格、不良事故處理須知、機器維護說明、安全須知等。若發生異常時則能設法找出，並迅速予以消除，而且設法不再發生。各種管制圖表無疑地大有用處，但若產量有限或產品價格昂貴、性能重要（汽車之安全零件──煞車系統等）則全數檢查亦不為過。

✦ 成品管制

雖然有良好的進料及製程管制，但仍不能確保成品都符合規格，為避免顧客買到不良產品而損害公司信譽，必須做好成品測試、倉庫及運輸管理、庫存品抽驗，以確保送到顧客手中的產品為完全合格。汽車成品係價格較貴的耐久財，因而製訂每輛車須做好檢查，成品管制一方面要站在公司立場考量成品品質，要將該批產品重驗或修正；另一方面亦需以顧客為中心，替顧客設身處地著想，對這些等待交貨的品質嚴加維護，如耐用、壽命、震動、衝擊及天候試驗等，以對成品做真實的評價。

✦ 服務管制

顧客購買商品，除了有形的貨物本身，也買下了無形的售後服務，其服務內容包括使用前服務（使用說明書、安裝協助）及使用後服務（保證期間之服務、檢修、退換及訴怨事項），使顧客在心理上或實質上獲得滿足。

另方面，以汽車修護廠為例，說明服務品質的內容如下：（田中掃六，1992）

1.顧客無法看見的內部品質（internal qualities）

汽車修護廠之設備、設施所充分發揮的機能及維護工作是否完善，如果

維護不良，對顧客服務品質降低，而服務不爲顧客所見。

2.顧客看得見的品質（hardware qualities）

汽車修護廠的客戶接待室及修護工場室內裝潢、家具擺設、照明亮度、場地清潔、設備布置的適當，以及汽車修護完成後的外觀。

3.顧客看得見的軟體品質（software qualities）

電腦的失誤、請款的錯誤、紀錄的錯誤等。

4.服務的時間迅速性（time promptness）

汽車修護預約作業時間、汽車入廠修護時文件作業時間、汽車入廠修護等待時間、汽車完成修護結帳時間、汽車入廠修護車輛太多等待時間。

5.心理的品質（psychological qualities）

禮儀周到的服務（接待、親切），即對接待顧客的態度和心態問題。

品質管理的組織

要確實做好品質管理的工作，必須要有健全的組織。建立組織的架構以利制訂和安排組織內各單位的權利和責任，並改善溝通和增加生產力。建立品管組織的主要工作包含定義與品管有關之工作活動，找出各項工作之間的關係，並爲每項工作指定負責人員。

品管組織結構之決定受到公司結構的大小、產品的特性和管理文化等因素的影響。一般而言，現今中小企業的組織結構較爲精簡（圖10-7）。對大公司而言，管理層級較多，且管理幅度較窄，工作也較專門。但其資訊之傳遞將會受到影響。無論如何，品管單位須爲獨立工作單位，直屬總經理。

在建立品管組織時，另一項需要加以考慮之因素是品管功能要採用分散式或集中式組織。一般的企業，製程管制工作中之檢驗與試驗工作多採分散式組織，其他品管工作則採用集中式組織。

企業在推行相關品質管理活動時，可組成各種委員會（圖10-8）來協助推動，有利於品質管理觀念的建立及全員參與，蔚成風氣。

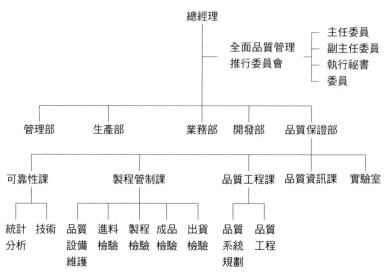

圖10-7 典型品質保證部門組織

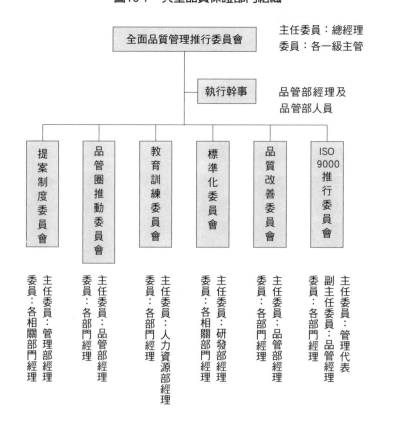

圖10-8 TQC推行委員會組織圖

品質策略、政策及目標

✖ 品質策略

　　企業生存最大的目的是為股東謀求最大的利益，也就是在獲利，而且能夠永續的經營。因此，就必須不斷地改善經營體質與提昇競爭力。而品質提昇是生產作業的重點工作之一，也是企業重要的策略。

　　策略是制定企業未來較長時間的發展方向與目標，先有公司的方向與目標，再延伸出各功能部門的策略。近年來企業為達到品質提昇的策略，不約而同導入與推行TQM、ISO 9000及六標準差，這需要具有系統、制度及全面性來進行，而且需要全員參與及跨部門合作才行。所以須藉助完整的品質策略規劃（圖10-9）及PDCA管理循環來推動各項相關的品質活動，才能有效推動提昇品質經營與管理。（楊錦洲，2002）

圖10-9　品質策略規劃的推行步驟

⚒ 品質政策

品質政策是公司在整體品質追求的意圖或方向，它是公司在品質管理、品質標準上的指南、指導原則以及大方向。所以，品質政策非常重要，一般公司都會訂定全體員工都能認同及遵守的品質政策。其內容如下：

1.品質追求的意圖：品質第一的公司。

2.品質活動的方向：顧客滿意的品質經營。

3. 品質目標的宣示：全面顧客滿意是我們的品質目標。

4.品質理念的宣導：做好品質人人有責。

5. 品質推動的指南：追求真善美全面品質提昇。

6.品質執行的指導原則：藉由持續改善與全員參與達成顧客滿意。

訂定品質政策之後，一定要儘速進行全面性宣導，最好能在公司的重要會議或年會中盛大宣示，再利用公司內的各種文宣工具，如公文、公告、BBS、E-mail、網路、海報、會議及各種聚會方式向員工宣導。而且，各級主管要以身作則遵守品質政策，以利向所有員工要求。

⚒ 品質目標

期盼品質政策的落實與實踐，有賴於品質目標的配合。品質目標可分為長、短期要追求的目標，它包含了目標項目及其目標值。目標項目應著重於公司所要突破的、發展上的、品質管理、系統制度的導入或強化。而目標值是指在這些目標項目上所欲達成之水準、程度及所欲完成之期限等。例如：

1.2004年得到ISO 9001的認證。

2.2004年顧客滿意度為90分。

3.2004年重工率為3%。

4.2004年報廢率為2.5%。

5.2004年生產力每人每月產值新台幣100萬元。

6.2004年設備運轉率95%。

7.2004年交期延遲件數1件。

統計方法

統計學是有關數據蒐集、分類、列表、分析和根據數據或資訊做推論之一門科學、統計學分類為：（張健邦，1994）

✖ 描述性統計（演繹）

描述性統計是根據蒐集的資訊來描述一群事物，可採用下列的方法運用：

1. 機率分配為一數學模式，用來描述一隨機變數之所有可能值（稱之變量）之出現機率。機率分配可分成連續和不連續兩種。通常被用來當做描述或作為品質特性之模式。品質管理中，最常用到有二項分配（描述產品之不合格品數之分配）卜瓦松分配（描述產品不合格點數之分配）及常態分配。

2. 指數分配通常應用於可靠度分析，用來描述產品失效時間。

3. 韋伯分配一般被應用在可靠度工程中，作為電子、機械元素和一個系統失效時間的模式。

4. 卡方分配、t分配和F分配為定義為常態分配之抽樣分配。

✖ 推論統計

推論統計之估計是根據樣本中的資訊來獲得母體之重要結論，可分類為：

1. 點估計

利用樣本資料求得一估計值，用以表示未知參數的方法。點估計量是指能夠產生單一數值，作為未知參數之估計值的統計量。估計值則是指將樣本資料代入估計式後所得之特定值。估計量與估計值之關係有如隨機變數與變量之關係。例如，統計量為母體平均數之估計量，在獲得樣本資料後計算所得之平均值稱為估計值。

2. 區間估計

參數之區間估計是尋找由兩個端點U和L，所定義之區間，使得參數落在此區間內之機率具有某種水準。假設檢定是根據機率理論，由樣本資料來驗證對母體參數之假設是否成立之統計方法。統計假設是對機率分配之參數值所做之陳述。

管制圖

✖ 由來

　　管制圖（control chart）為謝華特博士（W. A. Shewhat）在1924年所創，利用中心線及上下線管制界限線，以觀察資料變動的情形。在工廠應用管制圖（圖10-10），記錄每天製品的品質分布，管理者及工作人員觀看管制圖，即可查知品質分布是否常態分布於管制圖內。如有變異，探究其原因，作適當的處理。如果工作是在常態，所繪之點應在二線之界限內，表示可繼續工作。如其所繪此點超出下邊界限或上邊界限以上時，生產過程一定有變異，必查出其原因而加以糾正。

✖ 用途

　　管制圖與一般圖表最大的不同地方，即在於管制圖上有一對判斷變異的原因究係機遇原因或是非機遇原因的管制界限，戴明博士曾經說過要知道製程變異原因最簡單的方法就是利用管制圖，所以如果有任何未管制的製程變異原因，找出他們最迅速的方法，大概就是利用管制圖了。

　　管制圖依用途可分為：

✦ 解析用管制圖

　　其主要目的在於調查製程是否處於穩定狀態的管制圖。此一解析用管制圖一般是由主管人員或幕僚人員來執行的，當確定製程是處於穩定狀態，且製造能力足夠時，則將解析用管制圖的中心線、管制上限、管制下限移到管制用管制圖上，而現場的作業人員或檢驗人員只要依據作業規定或工程品質管理表內的規定依次實施抽樣、檢驗、計算、點繪及判圖即可。此種解析用管制圖由上面所述知其作用在製程解析用的，或製程能力調查用的，或製程管制準備用的。

✦管制用管制圖

　　其主要目的在於維持在穩定狀態的管制圖，此一管制用管制圖一般是由現場作業人員來執行的，如有點超出管制界限外，或在管制界限內分布排列成不隨機情況時，則作業人員應立即採取下列措施：（1）追查不正常的原因；（2）迅速消除此項不正常的原因；（3）研究採取防止此項不正常原

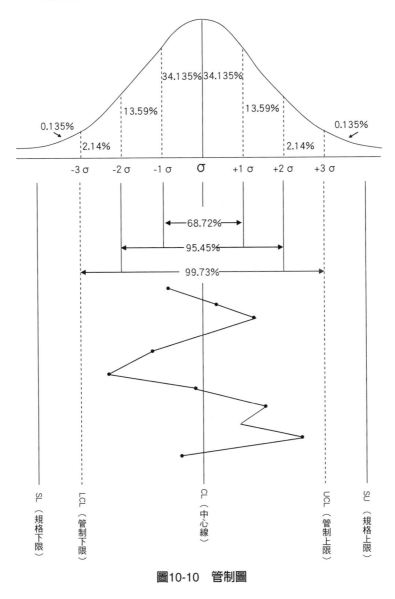

圖10-10　管制圖

因，再發防止的措施。

　　管制圖其功能在區別：（1）機遇性原因所發生偏差；（2）非機遇性原因所導致的偏差。在管制圖上，畫有中心線、管制上限與管制下限。在此，以所繪之點來表示產品之品質，機遇性原因所發生偏差在界限內，非機遇性原因所導致的偏差在界限外。

✖ 分類

　　管制圖依數據之性質來分類，各有其優缺點（表10-11）。（徐世輝，1999）

✦ 計量值管制圖

　　計量值管制圖係管制圖所依據之數據均屬於由測量工具所實際量測而得，例如，長度、厚度、外經、黏度、重量等，而用中央趨勢及衡量變異來描述品質特徵很方便的。計量值管制圖有不同的管制圖：

1.平均值與全距管制圖（$\overline{X}-S$ chart）

　　為最常用的一種品質管制的技術，使用時，樣本大小需為$n \leqq 10$時，平均值（$\overline{X}$）管制製程平均值之變化，而全距（R）管理製程變異性或散布之變化程度。繪製管制圖之初，可先將以往資料加以蒐集整理，將其分若干小組，每組樣本不得多於10個，至少2個，一般以3～5個為宜，而求出其平均值與全距，並點入圖中。

表10-11　計量值與計數值管制圖優缺點比較表

項目	優點	缺點
計量值管制圖	1.用於製程管制，時間上甚靈敏容易調查原因，並予測故障的發生。 2.及時並正確找出事故發生之真正原因，使品質穩定。	需經常抽樣並予以測定與計算，且需點上管制圖，較為麻煩且費時。
計數值管制圖	1.生產完成後，方加以抽樣，並將其分為良品與不良品，因此實際所需之資料，能以簡單調查方法得之。 2.對工廠整個品質情況瞭解非常方便。	1.調查事故發生之原因比較費時。 2.有時已製造相當多之不良品，而無法及時處理之情況。 3.只靠此種管制圖有時無法尋求事故發生之真正原因。

$$\overline{X} = \frac{X_1 + X_2 + \ldots X_n}{n} = \frac{\Sigma \ X}{n}$$

X：各小組樣品測定值

n：各小組樣品數

R（全距）＝X最大值－X最小值

2. 平均值與標準差管制圖（$\overline{X}$－S chart）

使用時，樣本大小為n≧10時，則以此圖來監視計量值品質數據。

$$\overline{X}（中心線值）= \frac{X_1 + X_2 + \ldots \overline{X}_n}{K}$$

K：各小組之組數

上限（U、C、L）＝ $\overline{\overline{X}} + A_2 R$

下限（L、C、L）＝ $\overline{X} - A_2 R$

3. 個別數值與移動全距管制圖（X－R_m chart）

在有些情況之下，我們可能無法或不需使用n＞1之樣本。當n＝1時，可用此法：

$$R（中心線值）= \frac{R_1 + R_2 + \ldots R_n}{K}$$

上限（U、C、L）＝ $D_4 \overline{R}$

下限（L、C、L）＝ $D_3 \overline{R}$

D_2，D_3，D_4，A_2係3σ管理界限之係數，視樣本n個而定。

✦計數值管制圖

許多品質特殊無法用數值表示，而依據之數據均屬單位計數者，如不良數、缺點數等，則無法採用平均與全距管制圖，而用此法。本法之優點在於能彙整一件產品上不同品質特性之資訊，因此一張管制圖可以用來管制不同之品質特性。

1. 不良率管制圖（P chart）

可用來管制不合格率，適用於樣本大小固定或不固定之情況。

$$P（不良率）= \frac{樣本中不良個數}{樣本檢查總數} = \frac{d}{n}$$

$$\overline{P}（不良率平均數）= \frac{各組不良樣本數之和}{各組樣本數總和} = \frac{\Sigma\, d}{\Sigma\, n}$$

P為不良率，則合格率q＝1－P，因此

$$\sqrt{\frac{P_q}{n}} = \sqrt{\frac{P(1-\overline{P})}{n}}$$

因此，不良率管制圖之計算

a.中心線

$$C、L_p = \overline{P} = \frac{\Sigma\, d}{\Sigma\, n}$$

b.管制上限

$$U、C、L = \overline{P} + 3\sqrt{\frac{\overline{P}(1-\overline{P})}{n}} = n\overline{P} + 3\sqrt{P_n(1-\overline{P})}$$

c.管制下限

$$L、C、L_p = \overline{P} - 3\sqrt{\frac{\overline{P}(1-\overline{P})}{n}} = n\overline{P} - 3\sqrt{P_n(1-\overline{P})}$$

2.不良數管制圖（np chart）

管制不合格品數，適用於樣本太小固定之情況。np管制圖比P管制圖更容易使用（可省略計算各組不合格率之步驟）。實務工作上，可將上管制界限為大於或等於UCL$_{np}$之最小值，而下管制界限設為小於或等於LCLnp最大整數。

$$U、CL_{np} = n\overline{P} + 3\sqrt{n\overline{P}(1-\overline{P})}$$

$$CL_{np} = n\overline{P}$$

$$LCL_{np} = n\overline{P} - 3\sqrt{n\overline{P}(1-\overline{P})}$$

3.缺點數管制圖（C chart）

C chart是用來管制產品之不合格數。缺點數管制圖之樣本，應取一定長度、一定面積或一定數量的製品。亦可說即在單位數量內缺點發生次數為準。適用於樣本大小固定情況下。

$$中心線\ C、L_C = \overline{C} = \frac{\Sigma c}{K}$$
　　　　　　C：樣本缺點

$$上限\ UCL_C = \overline{C} + 3\sqrt{\overline{C}}$$
　　　　　　C：各組樣本缺點平均值

$$上限\ LCL_C = \overline{C} - 3\sqrt{\overline{C}}$$
　　　　　　K：樣本組數

4.單位缺點數管制圖（μ chart）

μ chart是用來管制每單位之不合格品數。適用於不合格點數常隨產品之長度、面積、體積而改變，計算每檢驗單位中之不合格點數。

$$UCL_\mu = \overline{\mu} + 3\sqrt{\frac{\overline{\mu}}{n}}$$
　　　　　　C：樣本缺點

$$CL_\mu = \overline{\mu} = \frac{\Sigma c}{\Sigma n}$$
　　　　　　N：樣本檢查總數

$$LCL_\mu = \overline{\mu} - 3\sqrt{\frac{\overline{\mu}}{n}}$$
　　　　　　K：樣本組數

✖ 作業方式

管制圖的點繪原則，依照下列這些原則去點繪管制圖，較易整齊劃一，有助於資料的整理、研判與追溯。

1. 管制圖編號、製品名稱、品質特性、測量單位、規格、製造部門、機器號碼、工作者、抽樣方法、測定者、期限須清楚填入，以便資料的整理與分析，及知道管制圖的背景。
2. 製程要因（人員、設備、材料、方法、環境）之任何變更資料，須詳細記載，以便日後追查非機遇性原因時可作為參考之資料，此點非常

重要。

3.中心線（CL）記以實線，管制上限（UCL）及管制下限（LCL）記以虛線，並在中心線及管制上限、管制下限的尾端處，分別記入CL、UCL、LCL等符號及其數值。

4.依據UCL與LCL之計算位數，比所測定樣本的位數多一位數或兩位數即可。

5.根據UCL與LCL之距離決定座標位置，太寬與太窄均不適宜，並預留管制界限外的空間。

6.依據規定進行抽樣，並計算測定值，立刻將計算之數值點繪至管制圖上。

7.若有點在判讀時屬異常，則應立即追究原因，並將原因填入原因追查欄內，千萬不可置之不理。

抽樣檢驗

✸ 由來

抽樣檢驗（acceptance sampling）為美國貝爾研究所的道奇（H. F. Dodge）及雷明（H. G. Roming）所創始，倡導應用統計方法來製作抽樣檢驗計畫。此計畫需指出樣本量大小並且包含允收及不允收的準則。也可以說，是指從群體中隨機中抽取一定數量的樣本，以事前訂定的檢驗標準加以試驗或測定後，將其結果與判定基準相比較，然後用統計方法來判定此群體合格或不合格的過程。抽樣檢驗有其優缺點（表10-12）。（徐世輝，1999）

✸ 觀念

在使用抽樣檢驗時，需有正確的觀念：

1.抽樣檢驗是用來評估貨批之品質，它是用來決定貨批之處理（允收或拒收），也可以決定允收或拒收貨批的風險。

表10-12 抽樣檢驗優缺點

優點	缺點
1.抽樣檢驗之檢驗次數少，較全檢經濟。 2.抽樣檢驗所需人力較少，人員之訓練及監督較易。 3.可降低檢驗誤差，在全檢中，檢驗員可能因疲勞而造成大量之不合格被接受。 4.可降低搬運過程所造成之損壞。 5.將整批產品批退，可給予賣方改善品質之壓力。 6.可以應用於破壞性檢驗。	1.具有將不好之產品予以允收之風險，同時亦具有將良好產品予以拒收之風險。 2.發展抽樣計畫需要時間規劃，同時要管理不同的抽樣計畫。對於計量值抽樣計畫，其抽樣計畫之數目且隨品質特性數目之增加而增加。 3.抽樣所獲得之產品資訊較少。

2.抽樣檢驗並無法管制品質，它無法提供任何型式的品質管制。抽樣計畫只是用來接受或拒絕貨批。即使所有貨批具有相同之品質水準，抽樣計畫有可能接受某些貨批但拒絕其貨批。被接受的貨批之品質水準可能並不比被拒絕的貨批好。

3.抽樣檢驗無法達成有系統地改善品質，但最終的目的是對下一工程或顧客保證品質，而不是期望因為檢驗而得到品質之改善。

✖分類

抽樣檢驗計畫之內容主要說明允收或拒收之條件。

1.數據之性質分類

（1）計量值：可以量測且必須量測之品質特性，如長度、重量等。計畫只能處理一個品質特性。

（2）計數值：指可以量測但不需要實際值之數據；或不可量測之品質。計畫可以同時處理不同的品質特性。

2.抽樣方式

（1）單次抽樣：指從批量隨機抽取檢驗樣本，如果此樣本所包含的不合格數大於某一極限值（允收數），則此批產品拒收，否則允收。包括：批量、樣本量及允收數三個參數。

（2）雙次抽樣：為單次抽樣計畫之延伸。當第一次樣本無法決定允收或拒收產品批時，才抽第二次樣本決定允收或拒收，包括：

第一次樣本量、第二次樣本量、第一次樣本允收數及第二次樣本允收數四個變數。

（3）多次抽樣：為雙次抽樣計畫之延伸，在多次抽樣計畫上，對每一檢驗批決定是否允收，可能需要進行超過兩次以上抽樣。在MIL-STD-105E表中可使用嚴格、正常與減量檢驗多次抽樣表，其最多可進行七次的抽樣，且每次抽樣的樣本數均相同。在每次抽樣間亦指定特定的允收數及拒收數作為其判斷允收與否的依據。

（4）逐次抽樣：每次抽一件檢查，直到我們獲得夠數量之不合格品來拒收貨批或者是獲得足夠數量之合格品來允收貨批。

3.選別檢驗

抽樣檢驗的一種型式，對於拒收批將以100%全檢方式檢驗，並要求賣方以合格數取代檢驗後即發現之所有不合格品。此法之優點在於出廠品質水準之改善。平均出廠品質（Average Outgoing Quality, AOQ）是此計畫的一種指標，表示一連串之貨批在應用選別檢驗後，貨批之平均品質水準。而平均總檢驗件數（Average Total Inspection, ATI）也可用來評估選別檢驗計畫。貨批之平均檢驗件數。

4.標準型抽樣計畫（MIL-STD-105E）

MIL-STD-105E是廣為業界所採用的標準型抽樣計畫，是以可接受品質水準（Acceptable Quality Level, AQL）為基礎的抽樣計畫（一般通稱允收品質水準）。AQL是指買方可以接受之品質水準。當AQL≦10%時，可用來表示不合格率或百件之之不合格數，當AQL大於10%時，則僅能用來表示百件中之不合格數。

此計畫包括單次、雙次和多次抽樣三種，每一種抽樣計畫又可分為正常、加嚴和減量三種檢驗方式。（圖10-11）樣本大小是由批量大小和檢驗水準來決定。檢驗水準用來描述檢驗量相對大小。不同之檢驗水準對於生產者有大約相同之保護。但對於消費者則有不同的保護程度。不同之檢驗水準也代表著檢驗成本與產品之保護間的平衡。

本計畫提供七種檢驗水準，分別為一般檢驗水準Ⅰ、Ⅱ、Ⅲ和特殊檢驗水準S-1、S-2、S-3、S-4。大多數之產品採用一般檢驗水準，其中檢驗水準Ⅱ級稱為正常檢驗水準。（表10-26、表10-27、表10-28及表10-29）

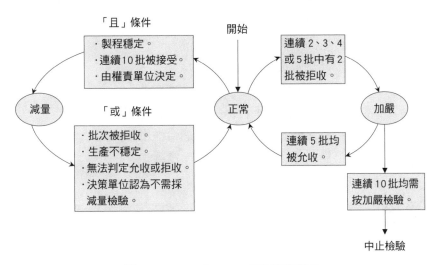

圖10-11　MIL-STD-105E之轉換程序

⚒ 實務運用

1.檢驗作業用途

（1）進料檢驗：對外採購物料所作的檢驗。

（2）製程檢驗：物料在公司內部部門移轉所作的檢驗。

（3）成品檢驗：公司生產之成品入庫時所作的檢驗。

（4）出貨檢驗：製造公司在成品運交顧客前所作的檢驗。

2.檢驗方式

（1）全數檢驗：對全數物品之檢驗方法，耗時且耗費成本。因此，全檢通常被用在機械化或自動化之檢驗中。適用於下列情況：

a.任何不合格品將造成安全或經濟上損失。

b.製程品質水準惡化，極需修正為規定品質水準時。

（2）免檢：根據品質及技術資訊判定貨批的允收與否，而不直接對物品檢驗。通常用於當供應商品質狀況良好且穩定時。

（3）抽樣檢驗：為介於免檢與全數檢驗間之一種檢驗方法。可適於下列情況：

a.破壞性檢驗（燈泡、保險絲試驗）。

b.允許有少量不合格品。

c.檢驗費用高或檢驗時間長之情況。

d.受驗物品個數很多時。

e.100%全檢不可行時（全檢可能影響交期）。

f.當全檢成本遠高於不合格品所造成之成本時。

g.受檢物品之群體面積很大，不適合採用全檢。

h.受檢群體為連續性物體（紙張、電線）。

可靠度

✖ 定義

可靠度（reliability）依美國國家標準協會（ANSI）及美國品質管制協會（ASQC）的定義為：「一元件在特定時間及條件下能正常執行其功能的機率」。也就是表示系統、產品或零件的機能在時間上之安定性的程度或性質。（Calabro, 1984）

可靠度係指一個系統中多個零件交互作用的結果，其包括故障率和時間兩個維度，均可應用於零件和系統兩方面。前者係指零件在既定時間內故障的傾向而重於產品整體的最終面向，而後者是指系統中所有零件在指定的時間內正常進行預期功能的可能性，是由許多零件累積計算的結果。

可靠度是一重要之品質特性，是用來衡量產品持續之績效，包含下列因素：

1.數字值：產品在特定時間內不會發生失效的機率。

2.預定功能：產品為特定用途而設計，並且希望能達成這些用途。

3.使用壽命：希望產品可以使用多久。

4.環境情況：產品的使用環境。

為了達到消費者對產品最大滿足需求，價格最低、品質最佳、安全性最高及可靠度最好，廠商研發人員通常在設計階段，就已執行很多可靠度工程工作項目。如現有與新創分析及擇優、減額設計準則、零組件選用與管制、

複置設計及方法、環境因素之效應、失效模式與效應分析（FMECA）、失效樹分析（FTA）、應力及最劣狀況分析、複聯分析、人性因素分析、可靠度預估、零件篩選（Burn-in, ESS）、性能試驗、可靠度成長試驗（RDGT）、可靠度鑑定試驗（RQT）、設計變更管制、設計審查、數據蒐集分析及回饋，就能使研發產品很快達到功能強、品質佳、可靠度高、成本低的要求。

可靠度工程始於應用於國防、航空、太空及軍事工業，到現在活用領域已經普及於各種消費性電子、家電產業、車輛、機電製造業及一般產業，實施範圍也從產品規劃、設計製造、運輸搬運到現場使用及操作，可謂是歷久不衰的有效工程保證技術。

⚒ 產品的壽命曲線

大多數產品從開始到磨耗會經過三階段（**圖10-12**），是一曲型壽命曲線（Life-Cycle Curve），亦稱浴缸曲線（Bathtub Curve），它顯示故障率（failure rate）如何隨時間而變化。（鄭春生，1999）

1.早夭期（infant mortality period）

源自設計或生產上之缺陷或產品被錯誤使用。公司常對新產品和設備用除錯和產生等方法發掘和矯正此缺點。

2.機遇失效期（chance failure period）

通常因為產品設計上之先天限制、環境因素、使用或維護時之意外所造成。故障率保持固定，失敗之發生是隨機且彼此獨立，亦稱壽命期。

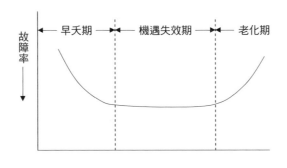

圖10-12　產品壽命曲線

3.老化期（wear-out period）

產品之故障率隨時間而增加，代表產品之老化。

✖ 可靠度影響的因素

影響可靠度之因素，可分內部及外部兩大項（**圖10-13**），瞭解這些因素後，必須對這些因素加以研究和控制，以提昇產品之可靠度。（Rabbitt & Bergh, 1986）

✖ 可靠度分析工具

有許多方法能讓設計變得更加可靠，其工具為：（Foster, 2002）

✦ 失效模式與效應分析

失效模式與效應分析（Failure Modes & Effects Analysis, FMEA）係由航太業於1960年代提出，是在產品生命週期各階段中預測可能發生的問題，事先採取對策防止問題的發生。1972年福特汽車公司首次應用於分析引擎設計，現在更配合電腦運用，效果更佳。

FMEA係指有組織地評量一套系統的每一零件，亦即確認分析和記錄系統內可能存在的故障模式及故障對系統的影響，其範圍從零件至整套系統的設計和運作進行地毯式的分析，獲得的結果涉及故障對系統運作的影響至個人的安全。此外，FMEA亦可解釋系統或零件故障的原因。

FMEA的步驟（**圖10-14**）應用在產品設計構思過程中，可用於分析一

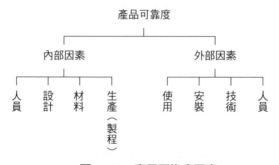

圖10-13　產品可靠度因素

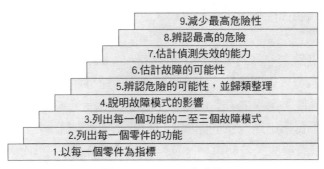

圖10-14　FMEA的步驟

機器系統或次系統，在大量製造產品零件前，先分析產品。亦可運用於分析
生產及裝配過程、銷售產品之前測試產品過程的故障率、採購設備亦可藉此
分析。

✦ 失效樹分析

　　失效樹分析（Fault Tree Analysis, FTA）係由AT&T貝爾實驗室於1961年
用來衡量爲避免意外發射導彈的Minuteman發射控制系統，可進行可靠度分
析、維護度分析及安全分析。FTA是在設計系統中，找出失效原因或進行安
全性解析，找出阻礙安全性眞正要因或發生故障時，檢討並找出眞正原因。

　　FTA係以圖解分析造成系統故障的錯誤組合，其步驟進行（圖10-15），
有利於說明及評量系統的活動（包括正常或非正常），且該順序與組合方式

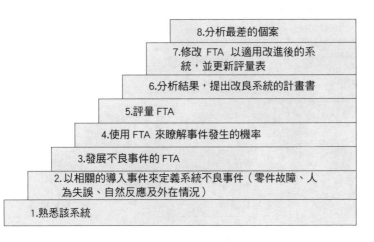

圖10-15　FTA的步驟

至關重要。可指出因任一事件而導致失效的機率，因而更廣泛用於航太、電子及核子產業。

FTA的優點之一為簡單易懂，是以圖示（圖10-16）來說明資料，因此每個人可在數分鐘內閱讀及瞭解。主要包括三種事件：

1. 主要事件：過程中產品可能發生故障的階段。包括：基本（最初的故障，不需指出所發生的原因）、未開發（因資料不足而未引起嚴重後果或沒有擴大失效的事件）及外部（預計會發生的事，不被歸納為故障，不需擴張）事件。

2. 中間事件：指故障的組合，可能包括主要事件。

3. 擴張事件：此種事件過度複雜，需要列於不同的缺陷樹，放置缺陷樹的頂端。

FTA存在兩種狀況，一為「真實狀況」，即發生的原因為零件或元素可正常運作；二為「假狀況」，其發生的原因是零件或元素無法正常運作。FTA係使用布林（Boolean）邏輯來說明造成危險的事件組合及狀況，並為以上兩種狀況各指定一個數值：真實狀況為1，假狀況為0。（http//www.bmp-coe.org/know how/BESTPRAC/analyzedes 6.html, 1998）

✦故障模式、效應與關鍵性分析

故障模式、效應與關鍵性分析（Failure Mode, Effect & Criticality Analysis, FMECA）係根據故障發生機率及影響的嚴重性來評定故障模式，亦根據預估的風險而做出優先修正行動，以分析可能造成產品故障的原因、

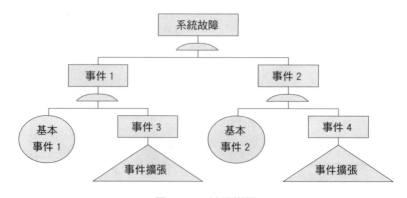

圖10-16　缺陷樹圖

判定問題對顧客的影響、指出可能的製造或應負責的裝配過程、指出應注重哪一個過程控制變數才能做到事前偵測，並瞭解對顧客產生影響的程序。FMECA是一種較全面、簡易的方法，以辨認系統可能會故障的地方。

在FMECA中，關鍵性可列出設計團隊應如何利用資源，可利用FMECA表格，其內容包括：

1. 產品功能的敘述。
2. 潛在故障模式的清單。
3. 每一故障模式對最終使用者可能造成的潛在影響。
4. 每一故障模式的潛在誘因及其可能性的等級。
5. 為達穩定的計畫，生產過程開始前即備有預防措施。
6. 列出每一預防措施的有效性等級。
7. 列出偵測困難度等級。
8. 估計潛在故障發生原因會被偵測的可能性，以及產品到達最終使用者手上前即被修復的可能性。

可靠度與品質管制

可靠度與品質管制（QC）之間具有時間、關聯較深部門、常使用分配、母數（平均）的估計、不良或故障次數、期待不良數或故障數及檢查的QC曲線等項的差異，但幾乎是相對性，但這不表示在可靠性中不需要生產的管理，而是需利用相對的特徵與方法（**表10-13**），藉此做到綜合性的活用。（陳耀茂，1996）

可靠度管理

可靠度管理是品質保證上不可或缺的要素，尤其在QS 9000認證的體系，更為重要，其管理可分為：

1. **技術性活動**：在設計、製造階段上，設法把固有的可靠度附加到產品上去，以維持高度的使用可靠度。
2. **管理性活動**：對技術性活動加以綜合性管理，藉此有效實現可靠性的一種活動。可使用PDCA管理循環來推動。

表10-13　可靠度與品質管制的工作

項次	工作內容	可靠度	品質管理
1	檢討契約上的要求、顧客的規格式樣。	○	○
2	製作可靠度式樣規格。 （系統可靠度分配、預測及決定環境條件）	○	
3	製作製造品質的式樣、規格。		○
4	決定主要零件與特性。	○	○
5	設計審查。	○	○
6	數據報告體制訂定、故障與時間的不良。	○	○
7	綜合性品質保證體系訂定。	○	○
8	實施教育訓練計畫。	○	○
9	對外包廠商、進貨廠商進行審查、監視，對可靠度計畫做經常監視。	○	
10	諮詢服務。	○	○
11	訂定、實施可靠度試驗計畫。	○	
12	訂定、實施製造試驗計畫。		○
13	檢查進廠及生產零件。	○	○
14	試驗設備的維護。	○	○
15	蒐集、解析故障數據、資料。	○	○
16	糾正、追蹤設計及零件相關問題及製造問題。	○	○
17	檢討維修性（服務性）。	○	
18	決定備品、零件數目。	○	
19	檢討使用中的保管及處理條件。	○	
20	報告與建議、指示。	○	○

品質管理技巧與觀念

🛠 5S活動

✦簡介

　　5S活動對開始執行品質改善或及時化（JIT）生產作業的公司極為有用，5S主要的重點在於創造一個將浪費減至最低的文化。（Osada, 1991）

　　日本豐田公司，在推動豐田式生產管理時，在公司內小集團改善活動中採5S活動，是此生產管理的基礎活動，全員從事5S活動，其定義為：（賴士

葊，1995）

1.**整理**（Seiri）：不要的東西在工作場所及周圍加以除去。

2.**整頓**（Seiton）：要使用的東西以正確的方法放置在規定的位置上，容易取用及迅速使用。

3.**清掃**（Seiso）：把工作場所打掃乾淨去除垃圾，也就是工作場所打掃一塵不染。

4.**清潔**（Seiketsu）：以上3S維持與身心的清潔及個人儀容、服裝穿著要保持整齊、清潔。

5.**修身**（Shitsuke）：大家所決定的規定，全體員工必切實遵守，也就是把4S習慣化，特別要先施予心理建設。

✦進行方式

在雜亂的工廠裡是無法期待其生產力提高，要達到徹底合理化的境界，應從工廠內每一件基本的事情著手改善。由工廠的現場情形可以看出該企業的管理能力，所以5S活動是很重要。

一般在舉行此活動，通常以看板作戰方式實施（**圖10-17**），先分開公司要用與不要用的物品（**圖10-18**）活動，稱紅牌作戰，前者續以一般5S步驟處理，而後者再做第二次整理，分出堪用品整修入庫，餘者做第三次整理，將可回收品、可燃物、不可燃物再分別以廢棄物回收作業處理。作法可先指定公司一個小示範圍單位辦理，成果不錯，再推展之。最後再運用檢核表（**表10-14**）加以檢查，並加以處置，以確保環境清潔美化。

✖ 腦力激盪法

✦簡介

腦力激盪法（Brain Storming, BS）是美國奧斯朋博士（Dr. Alex F. Osborm）於1941年所創。它是使一群人在短暫的時間內，利用集體方思考的方式給予無批評之虞的自由環境下，讓彼此思想相互激盪，發生連鎖反應，以引導出創造性思考（創意及評價）的模式。（經濟部工業局中心衛星工廠制度推動小組，1987）

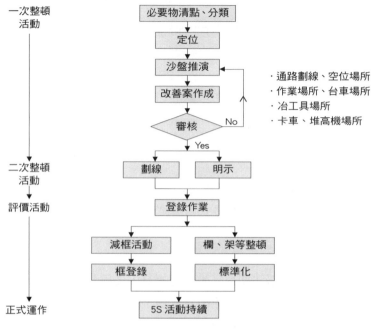

圖10-17　看板作戰

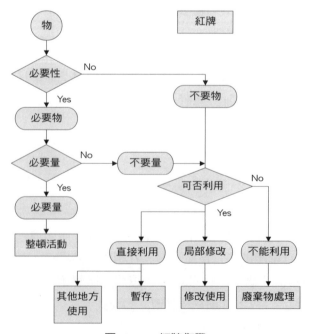

圖10-18　紅牌作戰

表10-14 5S檢查表

5S檢查表		區域			
		日期	年	月	日
項目	檢查內容	扣分標準	扣分	得分	
整理 20 分	1.有否廢棄、不良物品任意堆放。	每處扣2分			
	2.電線管路凌亂，危及安全。	每處扣2分			
	3.機器運轉的部位，應加裝安全護罩。	每處扣2分			
	4.工作場所任意吊掛毛巾、衣服、雨具等物品。	每處扣1分			
	5.門窗是否破損、殘缺。	每處扣1分			
	6.資料是否分類歸檔、更新。	每處扣1分			
整頓 20 分	1.通路劃線且無其他物品放置。	每處扣2分			
	2.作業區劃線且無其他物品放置。	每處扣1分			
	3.台車、容器是否在劃線範圍內。	每處扣1分			
	4.物品堆高超過1.5m。	每處扣1分			
	5.物品放置凌亂無標示。	每處扣1分			
	6.模具放置凌亂無標示。	每處扣1分			
	7.防火設備是否定位且易取。	每處扣1分			
	8.各種標示是否破舊不清。	每處扣1分			
清掃 15 分	1.紙屑、菸蒂、垃圾或小物品未清除。	每處扣1分			
	2.紙片、紙箱、塑膠袋未清除。	每處扣1分			
	3.菸灰缸、垃圾箱填滿未清除。	每處扣1分			
	4.排水溝是否阻塞不通。	每處扣1分			
清潔 15 分	1.工作場所有油垢、積水。	每處扣1分			
	2.機械設備工具、門窗、桌椅、茶桶等不潔。	每處扣1分			
	3.菸灰缸、垃圾箱不潔或凌亂。	每處扣1分			
	4.排水溝、廁所等不潔。	每處扣1分			
教養 25 分	1.提早收工、等候吃飯、打卡。	每處扣1分			
	2.上班時聊天、遲到、早退。	每處扣1分			
	3.未在指定場所抽菸。	每處扣1分			
	4.機械設備、門窗、桌椅、牆壁亂塗鴉。	每處扣1分			
	5.服裝不整、穿拖鞋。	每處扣1分			
	6.安全衛生不注意。	每處扣1分			
	7.未配合團體行動與遵守規定，恣意孤行。	每處扣1分			
	8.員工請假頻繁。	每4%扣1分			
	9.員工流動率高。	每10%扣1分			
5分	事由：	依狀況			
受檢主管	檢查人	評語：	總分		

✦進行方法

1.開會準備

（1）先準備會場，召集開會以1小時最適當，不要超過2小時以上，過長的疲憊則少有創意及不感興趣。

（2）所提主題，事先由主席調查，將內容作成說明資料，就限定範圍、問題細則等，前一日交給參加者，讓大家有充裕時間來思考。

（3）必要的用具，包括大白紙2～3張，紅色及黑色簽字筆各1支，記錄用紙。

（4）推定記錄一人，將大家的創意要點迅速記錄。

（5）開會時主席詳細說明問題的緣由、內容等，並且說明BS進行中的四大原則。

2.四大原則

（1）禁止作任何批判：創意或發言內容的正誤、好壞完全不去批評。

（2）提出奔放無羈的創意：歡迎有不同角度的看法，因為能夠脫離習慣上的想法，才能發展出很凸出的創意。

（3）儘量提出自己的創意：在有限的時間中，要求多量的創意。因此，必須有清新奇特的想法，一個創意產生多數的創意。

（4）歡迎對他人的創意做補充或改善：利用他人提出的創意，聯想結合新的創意，期待創意的連鎖反應。

3.會議進行

（1）主席要全力營造會中自由快樂的氣氛，若能摻雜笑聲，可說是成功會議。

（2）應先舉手後發言。

（3）不妨礙「主意」的暢流，第二次相同的主意也要寫下來。

（4）不發言的人，可在適當的時機，指名使之發言。

（5）鼓勵搭便車（對外人創意再聯想、補充），互相激發。

　　　a.是否還有另外較佳的方法？

　　　b.可否備用？

　　　c.可否變更？

d.可否代用？

（6）原則上主席不發言，只著重在發問。如遇到發言停頓時，可以誘引成員，繼續發言。

（7）從各角度的觀點發言。

（8）掌握時間內完成會議。

4.會議十大誡條（不使用下列扼殺別人創意的詞句）

（1）理論上行得通，但實際上沒辦法！

（2）恐怕上級主管不接受！

（3）這事以前曾經有人提過！

（4）違反公司基本政策！

（5）沒有價值吧！

（6）可能沒有這麼多的時間！

（7）會被人譏笑的！

（8）可能大家不會贊成的！

（9）我已想過了，這件事沒有多大把握！

（10）以後再想想看，或以後再研究吧！

創意的評價

從所提創意中，選出最好的創意，並有下列措施：

1.立即可用（可以馬上採用實施）。

2.修改可用（略加修改補充）。

3.缺乏實用性（無可行性或胡思亂想）。

無缺點計畫

無缺點計畫（Zero Defects, ZD）是美國馬丁（Martin）公司於1962年承製美國陸軍潘興飛彈的過程中，所發展出之一種員工激勵方法和管理哲學。ZD是一種心理建設，其眞義要求企業全體員工隨時注意做好本分的工作，從工作開始至完成 ，不允許有人爲之疏忽，並防止任何缺點產生，以證產品品質無瑕疵，而不是在缺點發生後才採取矯正措施。

一般而言，發生錯誤的原因包括工作人員漫不經心、訓練不夠、缺乏經

驗、聯繫、注意、關心及環境不良等項所致。因此，組織應朝向採用激勵、指導、改錯及檢驗四項原則推行。可採取與目標管理的推行步驟爲之，使每個作業員都是品管員，都能自行檢驗，即可獲得「第一次就把它做好」的成果。

✖ 提案制度

✦ 簡介

提案制度（suggestion system）是鼓勵個人對企業的部門及其作業提出各種建議的機制，通常皆明定提案方式、審查流程及獎勵辦法，是善用員工智慧與知識來改善經營管理活動的基本工具。但一般而言，許多企業的提案制度，都成官樣文章，因爲負責審查提案的人員往往無意推動變革，久而久之自然沒有人再有興趣提案。

✦ 目的

1. 提供全員參與管理的管道，與TQC、5S活動都是讓非管理人員藉以參與管理。
2. 凝聚向心力、歸屬感及忠誠度，化被動爲主動。
3. 提昇本身工作之改善意識，積極達成目標。

✦ 推行注意事項

1. 全員參與，尤其是要求高階主管的參加提案，以身作則。
2. 針對本身工作及相關事項，避免互挖牆腳。
3. 速審速決，本單位執行由本單位主管決策，他單位執行由他單位主管決策。
4. 明確回覆，不採納告知理由，採納告知執行單位及期限。
5. 成果量化，以執行完成換算一年之成果敘獎，若提案與執行單位不同則均分。
6. 考績分段，推動期間不予考績，自動推行期方以考績彰顯榮譽。
7. 團隊競賽，分提案率、普及率、執行率等項，使數量及水準提昇。
8. 結合目標管理，爲達目標勢必不斷改善。

🔧品質成本

對產品品質採取預防的作法，這種觀念是較少受到爭議的部分。企業通常經過痛苦的考慮才能決定出應該投入多少預防的行動。1951年朱蘭（Joseph Juran）博士在品質管制手冊中首先提出此種觀念。品質成本是指企業在生產過程中，因產品無法達到100%合格品所發生的成本。包括：重作、廢棄、服務、測試、保固及其他相關項目，其內容為：（賴士葆，1995）

1.鑑定成本（appraisal cost）

對購入原物料的檢驗與試驗、量測儀器（包括量規、量具）的校正、產品品質的稽核、材料與試件的消耗等活動所發生的成本，以確定產品及流程是可接受的。

2.預防成本（prevention cost）

所有預防品質失敗成本的總和，包括：尋找失敗的原因，消除錯誤的修正行動、人員訓練、產品或系統的重新設計、創新或修改設備等。

3.內部失敗成本（internal failure cost）

由於品管單位或製造單位的疏忽而發生不良品由前工程流入後工程。因此，造成這些不良品需要重修、報廢、重新檢驗、品質降級等工作，由此而引起的成本。

4.外部失敗成本（external failure cost）

通過生產系統的不合格品流入市場，因而造成顧客抱怨、產品退貨、修理、產品更換、產品責任等問題，由這些問題所引發的費用或機會成本（信譽不佳而使訂單流失）。

🔧品管七大手法

品管七大手法分別為柏拉圖、特性要因圖、檢核表、管制圖、直方圖、層別圖及散布圖，分列如下：

✦柏拉圖

1.簡介

柏拉圖（Dareto Diagram）係於1897年義大利經濟學者柏拉圖（Viltredo

Pareto）所創。是一種將數據從左向右或下降順序排列的圖形（**圖10-19**）。又稱ABC圖或重點分析圖，是根據所蒐集之數據按不良原因、不良狀況、不良發生位置或客戶抱怨種類安全事故等不同區分標準，以尋求占最大比率的原因、狀況或位置的一種圖形。

2.用途

（1）瞭解全部不良品有多少，那一種比例最大。

（2）重點項目採取改善便可減少很多不良品。

（3）可採行重點管理，在物料管理上形成ABC管制，而一般可為80/20法則（80%的問題來自於20%的原因）逐步消除缺失的作業整合方法。因此，可提昇效率，降低成本。

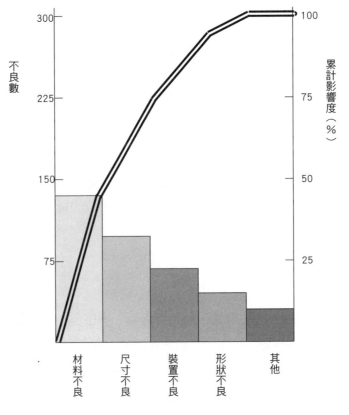

圖10-19　銑床加工不良數圖

3.柏拉圖作業方法

（1）決定數據之分類項目

a.由結果分類：不良項目別、場所別、工程別。

b.由原因分類：材料別、機械別、裝置別、作業員別、操作方法別。

（2）決定蒐集數據之期間並按分類項目蒐集數據。

（3）計算累積不良數、百分率、累積百分率。

（4）以左縱軸標示損失金額（發生次數），右縱軸標示百分率，橫軸表示分類項目，以各不良項目損失金額或不良發生次數繪成柱形。

（5）點上累積次數或累積百分率，並以直線連結。

4.何種數據可整理為柏拉圖

（1）品質

a.不良品發生別、損失金額（依結果分類）、不良項目別、發生場所別、發生製程別。

b.不良品發生數、損失金額、原料、材料、機械別、作業者別、作業方法別。

c.消費者的抱怨件數、修理件數。

（2）時間

a.作業所費時間：製程別、單位作業別。

b.機械設備的故障時間。

（3）成本

a.裝配品的零件單價。

b.裝配品的要素別單價。

c.商品別的成本。

（4）安全

a.災害件數。

b.場所別、職種別、人體部位別。

（5）業務

a.商品銷售量、銷售金額。

b.營業場所別、個人別。

✦特性要因圖

這種技法是日本品管專家石川馨先生所提倡，亦稱石川圖（Ishikawa diagram）（圖10-20）（林豐隆，1999），圖形以層別法將問題加以層別而幫助問題之解決。因其形狀類似魚骨圖（Fishbone Diagrams），企業界簡稱之。而學界皆以正名為特性要因圖（Cause-and-effect diagrams）是提供問題解決之結構性方法，其特點是明確存在的問題，並據此找出適當的對策、創意。一般皆在腦力激盪會議後才使用，以組織所產生的構想。也可以與腦力激盪法、品管圈聯合使用。

特性要因圖的「特性」即表示結果，「要因」則是原因。也就是說，出現問題的地方一定有其原因，我們通常發現原因（互因），用圖來表示結果（特性）的相互關聯，即能把握問題的現狀，找出其解決方法，為此法的特徵。

這種方法適合品質改進，對現場問題提出對策，也能應用於市場活動方面，一般作業程序為：（小泉俊一，1999）

1.決定特性：經過缺點列舉法，希望點列舉法來確定問題，此時以「名

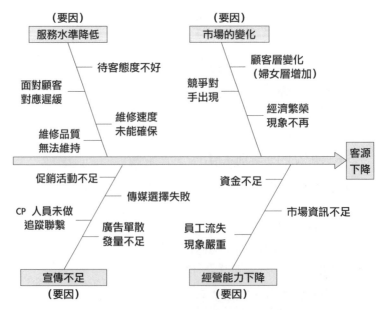

圖10-20　舒而美汽車修護廠進廠台數下降的特性要因圖

詞＋動詞」的形式歸納「什麼事物怎麼樣」。

2. 找出原因：用小集團思考法找出問題的要因（原因），將類似內容彙集在一起，分成大、中、小項目。

3. 製作特性要因圖：將圖箭頭部分，記入特性，大骨部分記入大項目，中骨、小骨部分分別記入中、小項目，這便完成此圖。

4. 分析重要原因：再從中挑選出重要原因，用「○」圈上以便明確各問題，將問題明確之後，再確立對策。

✦ 檢核表

檢核表（check list）為使資料蒐集、資料整理容易、不易遺漏，且能合理地進行資料檢核的表格，可分為檢核用與記錄用兩種。（**表10-14**）

1. 檢核表目的

（1）日常管理：品質的點檢、作業前的點檢、設備安全、作業標準的遵守。

（2）特別調查：問題已發生要加以調查、或主題調查、不良原因調查、發現改善點的點檢。

（3）取得紀錄：為了要報告，需取得紀錄。

2. 檢核對象

在日常工作中必須調查很多，因此要瞭解點檢的方法及責任，對生產的要素（材料、人員、設備、方法），要加以測定記錄檢核及檢討改善。而且對過程（原因）和結果檢核項目要分開。

3. 檢核表製作注意事項

（1）檢討項目的層別要下功夫，如機械、機種、年齡、季節、年資、男女、場所、原因等比較容易。

（2）愈簡單愈好，容易記錄、看圖。

（3）要記錄的項目，根據什麼項目（如製程順序須按部就班）。

（4）有無遺漏大家集思廣義。

（5）要儘量設法不會誤記（設計不會記錄錯誤的檢核表）。

（6）要以後計算方便起見，列有合計欄。

（7）並非一次完成就好，要修正後才好使用。根據狀況使用，隨時修改。

4.檢核重要注意事項

（1）掌握異常數據狀態（脫離規格、標準或與平常不同之處）。

（2）蒐集之數據用圖表整理，瞭解其變化情形。

（3）對於已經層別的項目，加以比較，追究差異。

（4）不只是在某段時間及狀態加以比較，也要瞭解其推移情形。

（5）有關人員參與檢討。

✦ 管制圖

管制圖上橫的實線代表製程平均的中心線（CL），以其為中心的上下對稱的虛線代表管制界限，上方為管制上限（UCL），下方為管制下限（LCL）。管制界限是用來區別機遇及非機遇原因的變動，一般以中心線±3個標準差為其界限。詳見本章前述。（蔡文豐，1996）

✦ 直方圖

1.定義

在某種條件下將蒐集的數據分組別、組界、計算各組內出現數據的次數，製作次數分配表，並繪成直方圖（histogram）（**圖10-21**），藉以瞭解連續型的統計數據的中心值、變異情形及群體分布狀況。

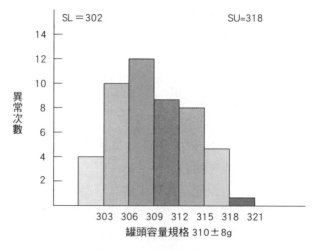

圖10-21　罐頭重量統計圖

2.作法

（1）蒐集數據並且記錄在紙上。

（2）找出數據最大值與最小值。

（3）找出全距。

（4）決定組數與組距。（組數K＝1＋3.23log N）

（5）決定各組的上組界及下組界。

（6）決定組的中心點。

（7）製作次數分配表。

（8）製作直方圖。

3.用途

（1）測知製程能力。

（2）計算產品不良率。

（3）調查是否混入兩個以上不同群體。

（4）測知有無假數據。

（5）測知分配型態。

（6）藉以訂定規格界限。

（7）與規格或標準值比較。

（8）設計管制界限是否用於管制製程。

✦ 層別圖

1.定義

層別圖（stratification）依問題發生的原因，計有時間、人員、設備、方法、原料等，將數據加以分組或分類後，再以圖表列出。有條形圖、折線圖、圓形圖、帶狀圖、雷達圖等方式。（圖10-22）

2.作法

（1）確定實施前，首先應針對何種目的而層別確定，是為瞭解分析不良率、提高作業效率、或作業人員訓練適當等。

（2）選定影響品質特性的原因。

一般影響原因很多，故層別的基準包括：

a.原料、材料或零件來源或批別層別。

b.機械號碼或廠牌層別。

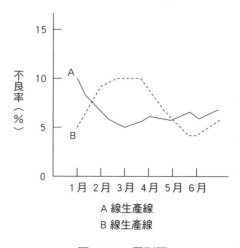

圖10-22　層別圖

　　c.生產線別。

　　d.作業人員或班別。

　　e.時間之日、夜、週、月、季別。

　　f.操作方法別。

（3）製作紀錄卡，每一單位產品均附一張紀錄卡，自原料至成品詳加記錄其經歷。

（4）整理數據，依原料別、操作別、機械別分別整理。

（5）比較與檢定

　　a.全數檢查：將原料、操作者及機械別直接比較。

　　b.抽樣檢查：採統計方法以比較原料、操作、機械等個別群體的優劣。

3.用途

　　在透過各種分類（分層），依各類蒐集數據以尋找不良所在或最佳條件以爲改善品質的有效方法。

✦散布圖

1.定義

　　散布圖（scatter diagram）以二度空間來描繪X、Y兩變數之間關係的圖形（圖10-23），根據分布狀態以顯示兩品質特性或品質特性與其可能要因間

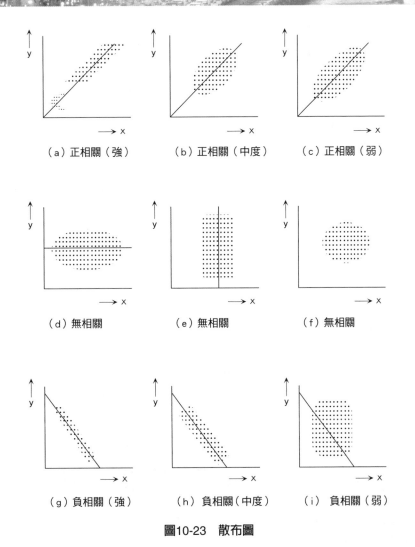

圖10-23 散布圖

的相關性。

2.作法

（1）蒐集相對應數據至少三十組以上，並且整理寫到數據表上。

（2）找出數據表中最大值和最小值。

（3）劃出縱軸（結果）與橫軸（原因）刻度，計算組距。

（4）將各組對應數據標示在座標上。

（5）記入必要事項。

3.用途

（1）檢視是否有偏離情形，若有極端點子應除去，再行分析。

（2）檢視有無未予層別，而應採層別措施的情形。

（3）測出兩變數間有無關係。若抽樣檢驗中，原品質特性測試後即行破壞、測試成本高或測試困難，則可另選一特性，研究其與原特性間之關係。若其關係密切，則可採用另一非破壞性、成本較低或測試容易之特性，以降低檢驗成本。

（4）自變數對應變數間的關係如呈直線相關，可依散布圖求出直線迴歸方程式，以爲訂定標準之用。

✦品管七大手法之應用

品管七大手法之應用如**圖10-24**所示。

🔧 品管新七工具

1.箭形圖法：以達成目的之必要實施事項（作業、手段等）爲主體，依時間序列的順序，連結成網狀的箭形圖，而訂定最適當的日程計畫，

項次	步驟	手法	特性要因圖	柏拉圖	層別圖	檢核圖	直方圖	散布圖	管制圖
1	選定主題		○	◎	○	○	○		○
2	現狀掌握與設定目標	現況掌握	◎	○	◎	○	○		○
		目標設定		○	◎		○		○
3	擬定活動計畫				◎				
4	要因分析	調查要因與特性關係	◎					○	
		調查過去狀況或現況		○	◎	○	◎		◎
		分層	○	○	◎	○	◎	◎	◎
		觀察時間變化			◎				◎
		觀察相互關係		○	○			◎	
5	對策檢討與實施		◎		○				
6	確認效果			○	○	○	◎		◎
7	標準化與管理實務			○	◎	○			◎

說明：◎特別有效　○有效

圖10-24　品管七大手法應用

有效率地管理進度，PERT（計畫評核術）即是箭形圖。

2.**親和圖法**：從混沌的狀態中（未知、未經驗的領域、將來的問題），將所蒐集到的語言資料，依據其相互間的親和性（類似性）來分類，將問題明確化。

3.**PDPC法**：針對計畫的實施，隨著事態之進展而設想各種問題、結果，制定出能獲得理想結果之過程，分逐次展開型PDPC（類型Ⅰ）及強制連結型PDPC（類型Ⅱ）。

4.**系統圖法**：爲了達成所決定的目的與目標，依「目的・手段」系列作有系統的展開，以尋求最適當手段及策略的方法。可分「方法展開型系統圖」與「構成要素展開系統圖」兩種。

5.**關聯圖法**：對於各種複雜性原因纏繞的問題，針對問題將原因群展開成1次、2次原因，將其因果關係明朗化，以找出主要原因（必須採取對策的重點項目）。

6.**矩陣圖法**：利用二元性的排列，找出其相對因素，探索出問題的所在、問題形態；也可從二元性的關係中，獲得解決問題的構想。有L型矩陣、T型矩陣、Y型矩陣、X型矩陣、C型矩陣五種。

7.**矩陣數據解析法**：對於矩陣圖中所排列的大量數值資料，藉由各要素間的相關性定量化，計算求得數個代表特性（主成分），而獲得能夠掌握全體的較好結論。又稱爲主成分分析法，是多變量解析法中的一個方法。新QC七大手法中，唯一的數值資料解析法，一般須使用電腦協助計算。

品質機能展開

品質機能展開（QFD）請詳見第四章〈產品研究發展未來趨勢〉。

全面生產維護

全面生產維護（TPM）請詳見第二章〈設備管理〉。

田口式品質工程

田口玄一（Genichi Taguchi）於1960年所提出之品質工程（Quality Engineering）的理念和方法，是將品質改善之重點由製造階段向前提昇到設計階段，一般稱爲線外品質管制方法（off-line quality control），與通常所使用統計製程管制（爲線上管制，on-line）不同。其目的是在產品和其對應之製程內建立品質，不僅可提昇產品品質，同時亦是降低成本之有效方法。（徐世輝，1999）

此法，對品管的重大影響爲：

1.賦予品質新的定義：一件產品的品質爲該產品出廠後給社會帶來的最小損失，並加入金錢的觀念，使人員瞭解。

2.建立品質損失函數（Quality Loss Function）：當品質特性符合目標值（產品成效與設計標值）時，損失爲零，只要連續且與品質特性偏離目標值m之量的平方成正比則產生損失。

3.介紹穩健設計（Robust Design）：此種設計基礎以控制雜音因子，建立產品／製程之設計，使產品遠離不可控制因子之影響，將可控制因子與雜音因子分開，並指出一組對雜音因子的變化影響不敏感的可控制因子而設計。

4.信號雜音S/N比（Signal to Noise Ratio）：一些不可控制之雜音（如環境因素）造成品質特性偏離目標值則造成損失，其重點放在降低這些雜音對產品品質的影響性。並以此值爲評估設計績效的一種量測。

5.動態性分析：須做實驗來確認所選定之參數組合的再現性。亦是決定最佳品質及製程的一種方法。

田口方法可分爲三階段：

1.系統設計：設計工程師依據經驗與科學、工程原理原則，進行產品原型之設計。訂出產品、製程之規格，以達到產品機能的要求。

2.參數設計：尋找對產品、製程具有影響性參數進行最佳設計。目的在降低產品品質的變異性，使設計出來的產品對雜音因子最不敏感。

3.允差設計：指在參數設計中，參數或因子允許變動範圍之決定。

✖ 全面品質管制

全面品質管制（Total Quality Control, TQC）請詳見本章前述之品質管制系統。

✖ 全面品質管理

✦ 概念

全面品質管理（Total Quality Management, TQM）有時亦稱品質保證（Quality Assurance），是使高品質商品進入市場一切的總稱。品質的層面予以擴大化、影響品質的因素除原有的產品設計、生產及出貨等因素外，其他如高階決策、組織氣候、企業文化等間接因素亦影響，TQM強調企業決策品質及經營品質，工作內容包括：規劃、組織、導向和控制。

全面品質管理源自於全面品質管制（TQC）及全公司品質管制（Company-Wide QC, CWQC）之觀念，自從在美國推行後，即獲品管界之重視，美國不但將它列為國家品質獎評審重點，美國國防部更將TQM作法編印成指南，要求所有的美國國防合約商據以執行。TQM的指導原則是在告訴企業經營者在從事經營活動時，除統計方法之運用外，必須牽涉到顧客和供應商互動關係，必須以顧客為重，結合企業內部以及企業外協力廠商整體的力量，不僅重視生產過程，亦對顧客給予產品的定義及評估，視為生產過程的輸入，不斷地解決問題以提昇產品、服務品質及顧客滿意度，爭取市場上的優勢地位。

TQM之目的是要塑造一個工作環境（包含企業內員工及其供應商），鼓勵員工學習、合作、發揮其潛能，用以追求內、外部顧客之滿意。TQM其特性為：（Burr, 1993）

1.專注於顧客要求（顧客導向）。

2.支持性的組織文化。

3.持續不斷地改進品質。

4.全員參與、團隊合作。

5.組織中所有人員接受品質管理訓練。

6.高階管理領導與承諾。

7.客觀的衡量標準。

✦ 推行模式

TQM提供一個組織在管理及各項作業持續改善所需的領導能力、訓練與激勵的經營架構與理念（圖10-25）（Chase & Aquilano, 1997）。TQM之推行牽涉到公司內部之改變，包含管理方式及技巧、團隊合作及獎勵制度等。TQM的推行模式，包含下列步驟：（戴久永，1992）

1.建立經營與文化環境。

2.界定組織內各部門的任務。

3.設定績效改進的機會、目標及優先順序。

4.建立改善專案與行動計畫。

5.採用改進工具與方法來執行專案。

6.確認效果。

7.檢討與再循環。

✦ 全面品質管理實施的步驟

TQM的實施步驟（圖10-26），其重點為：

1.導入期

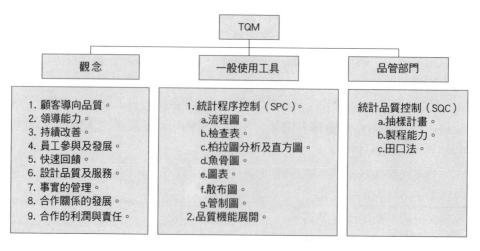

圖10-25　全面品質管理架構

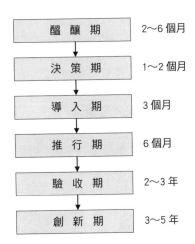

醞 釀 期	2～6 個月
決 策 期	1～2 個月
導 入 期	3 個月
推 行 期	6 個月
驗 收 期	2～3 年
創 新 期	3～5 年

圖10-26　TQM實施步驟

（1）成立指導委員會。

（2）委任統籌主任。

（3）進行全面品質評核。

（4）聆聽顧客心聲。

（5）瞭解競爭對手動態。

（6）制定或修訂品質政策。

（7）制定策略性品質目標。

（8）決定是否申請品質認證或獎項。

（9）分析品質成本。

（10）制定品質改善指標。

（11）摸清管理人員接受程度。

（12）檢討現存所有委員會及會議功能。

（13）確定五個攸關改善項目。

2. 推行期

（1）向全公司宣布全面品質管理推行計畫。

（2）分層向下傳達期望與步驟。

（3）進行基礎教育訓練。

（4）委任及訓練督導員。

（5）內部增強傳達市場資訊。

（6）成立改善攻關小組。

（7）重新制定在職培訓練計畫的內容。

（8）檢討現有獎勵制度。

（9）重新界定任用與晉升準則。

（10）成立「全面品質管理評議會」。

（11）成立「歡樂委員會」。

（12）慶祝獲得初步成果。

✦ 全面品質管理的制度層面

1. 管理循環

　　TQM的PDCA循環見**圖10-27**。

2. 品質檢驗制度

（1）進料、製程、成品、出貨檢驗程序。

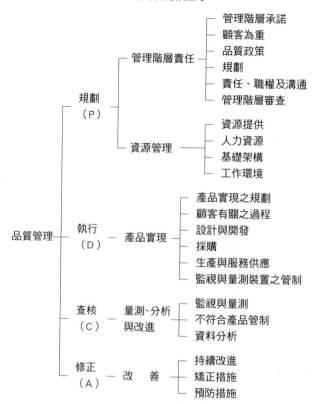

圖10-27　TQM的PDCA循環（ISO 9001、2000版）

　　（2）標準作業程序（SOP）。

　　（3）標準檢驗程序（SIP）。

　　（4）檢驗儀器校驗管理。

　　（5）抽樣管理。

3.製程管制制度

製程管制制度實施流程如圖10-28。（徐世輝，1999）

4.提案改善制度

5.品質改善活動

　　（1）6S

　　　　a.整理。

　　　　b.整頓。

　　　　c.清掃。

　　　　d.清潔。

　　　　e.修身。

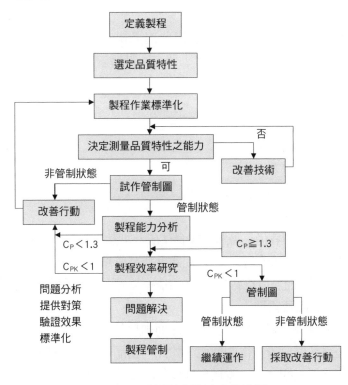

圖10-28　製程管制制度實施流程

    f.習慣化。

  （2）品質改善小組

    a.品管圈。

    b.專案小組。

 6. ISO 9000系列

 7.全面品質管理的技術層面

  （1）品管七大手法。

  （2）品質新七工具。

  （3）品質機能展開。

  （4）田口式品質工程。

✦ 全面品質管理實施的問題點

  在TQM中，「全面」代表組織各單位，各層級員工都需要以追求品質為目標，品質代表組織各層面之卓越性，管理則是藉管理過程追求高品質的結果。（Bounds, Yorks & Ranny, 1994）

  實施TQM是一個長期之過程，需要領導和完善的管理。專家學者認為成功推行TQM之企業與其他企業之主要不同點為：（鄭春生，1999）

 1.管理階層的領導。

 2.具有不凡的目標。

 3.完善的行動計畫。

 4.全員以品質為目標。

 5.重視教育訓練。

 品質管理不能做好，計有下列的原因：

1.品質觀念錯誤

  工作人員或管理者仍存著錯誤觀念存在，如容許少數不良、品質是檢驗出來的、品質是生產單位的事、品質問題就找品管單位、提高品質就是提高成本、品質紀錄繁多而無用及品質教育無用論等，而形成推動上莫大的阻力。

2.員工無法自我管理

  品質管制若事事均由檢驗發現缺點而加以防止，則品質成本的增加可能抵消甚且超過品質改善獲得的價值。如此，則品管就失去意義。因此，工作人員的自我管理的觀念——授權自我執行，以使管理者跳脫平時大量例行的

管理工作，而能致力於創造性的工作，以解決基層不能解決的工作。但是，有些工作人員仍不知道——他必須做什麼，他正在做什麼及採取調整或改善行動，有待努力。而自我管理的要點為：

（1）自己的工作，應該自己查核。

（2）自己的工作，應該自己保證。

（3）找出管制點，防止思慮上的失誤。

（4）事先洞悉異常之原因，先行防止。

（5）採用防呆（Fool Proof）對策。

3.抗拒心理

對於TQM的推行，將傳統品質觀念顛覆，而採用新觀念（表10-15）（戴久永，1995），管理者及工作者無法適應，則產生莫大阻力（表10-16）。（Gitlow & Gitlow, 1994）唯有全體具有共識，方能尋出對策為之。

4.未設立激勵措施

企業管理者，認為推行TQM是企業例行工作，為全公司各階層理所當然去推動，亦做好各項規劃工作，但往往卻吝於採用考核激勵模式。因此，而失去原動力，身為管理者，宜制定一套合理的考核標準及激勵方案，可收事半功倍之效果。

表10-15　小q和大Q間的差異

類別	小q觀念	大Q觀念
產品方面	製造為主。	所有產品及服務。
製造方面	與貨品製程有直接關係的製程。	製程、支援及業務等過程均包括在內。
職能方面	只將製造產品有直接關係的部門納入。	將企業所有部門均納入。
設施方面	以工廠為主。	所有設施。
顧客方面	以外部顧客為對象。	含企業內及外的顧客。
品質成本	只管不良的產品。	包含追求事事完美以消除不良品的成本。

表10-16　全面品質管理的阻力

1. 主管人員無法調整心智模式。	8. 懼怕主管盤查。
2. 無法維持變革的基本動力。	9. 懼怕流程標準化。
3. 缺乏一致性的管理模式。	10. 懼怕個人權益的喪失。
4. 缺乏長期的策略方針。	11. 懼怕嚴厲。
5. 無法調整企業文化。	12. 缺乏財力及人才。
6. 缺乏有效的溝通。	13. 缺乏教育與訓練。
7. 缺乏變革所需的修練。	14. 缺乏管理承諾。

✖ 標竿法

標竿法（Bench Marking）是全面品質管理的新工具，以其他公司最佳作法為典範，用於企業設定內部極需待改進的主要業務領域，確認並研究其他企業對此相同業務領域的最佳作法，一直到移植或吸收這些作法及制度，以強化自身生產力及品質的一連串的過程。其步驟為：

1. 取得高階管理階層的承諾與支持。

2. 組織標竿團隊。

3. 定義出所需要改善的流程，即選出持續改善的主題。

4. 找出在此流程上表現最佳的企業作為目標。（嚴謹地評估競爭者，甚至其他行業的公司，以決定哪些商品或服務有較佳的表現？有哪些特定的性能受到消費者的青睞？生產力或品質績效？）

5. 與標準公司的管理者接觸及進行親自拜訪該公司管理或員工。（選定改善流程成員組團隊）

6. 資料分析兩家公司選定標竿目標間之差距，去檢討衡量指標。（徐世輝，1999）

（1）程序：績效、能力、原物料、供應等。

（2）績效：生產力、顧客滿意度、品質、成本等。

（3）策略：產品、服務、活動等。

7. 擬定縮小差距之行動計畫。

8. 實施。

9. 追蹤實施改進結果，並修正更新標準基礎，重新由原有步驟開始循環執行。

依2003年天下雜誌調查267家企業選出「台灣標竿企業聲望調查報告」，以「企業是否不斷地研發及生產新產品、企業是否一直不斷地更新改善生產流程、企業是否因為流程改善而導致營收及獲利不斷地成長、企業是否有用到真正的創新令人眼睛為之一亮的人才、企業是否因為新產品創新而導致營收及獲利不斷地成長、企業CEO是否相當有創意求新求變」等項為評分項目，計有21行業標竿企業表（表10-17）及十大最佳聲望標竿企業表（表10-18），可以作為學習的典範。

表10-17 21行業標竿企業（2003年）

行業別	標竿企業
金控業	中信金
食品業	統一企業
半導體	台灣積體電路
電腦業	鴻海精密
通訊業	國碁電子
電子業	台達電子
石化業	奇美實業
汽車業	中華汽車
紡織業	遠東紡織
鋼鐵業	中國鋼鐵
廣告業	奧美廣告
批發零售業	統一超商
資訊服務業	台灣國際商業機器
知識科技業	聯發科技
營建業	中鼎工程
觀光旅館業	台北君悅大飯店
壽險業	ING安泰人壽保險
銀行業	美商花旗銀行
證券業	富邦證券
光電業	友達光電

表10-18 2003年十大最佳聲望標竿企業

排名	企業名稱
1	台灣積體電路
2	鴻海精密
3	台灣塑膠
4	廣達電腦
5	聯發科技
6	華碩電腦
7	花旗銀行
8	統一超商
9	明基電通
10	中國信託商業銀行

國際標準品質管理

簡介

國際標準化組織（International Organization for Standardzation, ISO）於1946年成立於瑞士日內瓦，代表各會員國家建立各類國際標準，ISO組織至2001年11月底已達137個會員國，乃是一個遍布全世界國際標準機構。ISO組織之制定標準工作乃採取分配予組織中各會員國所組成的技術委員會，當技術委員會完成建立各項標準的工作之後，這些標準即在ISO組織裡提出並經由所有會員國的75%投票同意之後發行。

ISO 9000系列標準爲ISO組織，擷取多國之國家標準，並加以擴充與整合而成，其參考主要爲美國國防部MIL-Q-9858A，北大西洋公約組織（NATU）品保規範、英國國家標準（BS5750）、英國國防部標準及加拿大國家標準等所制定。ISO組織於1987年發布的「品質管理與品質保證系列標準」，它是由ISO 9000、ISO 9001、ISO 9002、ISO 9003及ISO 9004等五個標準所組成，並提供了三種品質保證模式（ISO 9001、ISO 9002及ISO 9003）分別適用於三種不同要求的外部品質標準，而ISO 9004是用於指導企業建立品質管理體系之標準。ISO組織於2000年12月15日正式公布2000年版標準，對1987年版與1994年版作大幅修正，並要求須在2003年12月14日前完成轉換。

我國於1989年積極引進，推展ISO標準，並由標準檢驗局之前身商檢局展開評審驗證工作，同時商檢局於1990年制定「國際標準品質保證制度實施辦法」，且於1991年1月1日正式實施，使我國品質制度向前邁向國際化一大步。

組成架構（圖10-29）

ISO 9001：展現符合顧客要求之能力。

ISO 9004：超越品質管理要求，朝向廣泛品質管理系統發展，經由顧客滿意達成組織績效與利害關係者利益之改進。

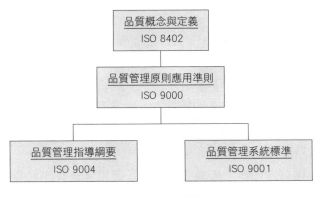

圖10-29　ISO架構圖

✦品質文件架構

ISO品質文件架構如**圖10-30**。

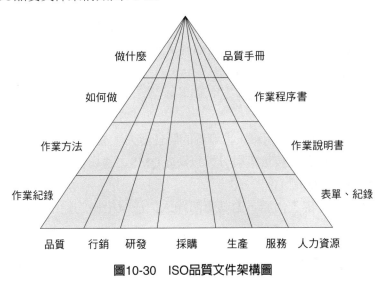

圖10-30　ISO品質文件架構圖

✦2000年版標準的重點（吳松齡，2002）

1.唯一的驗證標準ISO 9001，不再區分ISO 9001、ISO 9002及ISO 9003。

2.強調品質管理系統的整體功能及未來全面品質管理的目標。

3.品質管理八大原則在ISO 9004中予以定義及描述，以最高管理階層建

立其組織架構及改進績效的機制，以增進組織的營運成效。

4.與其他管理系統相容性，包括：品質管理系統（QMS）、環境管理系統（EMS）、職業健康與安全管理（OHSAS）等調整為一個整合的標準。

5.較少文件化程序，僅要求文件管制、品質紀錄管制、內部稽核、不符合產品之管制、矯正措施及預防措施等六個，對於系統與流程有效運作，規劃及管制所需之其他文件由組織自行決定。

6.PDCA品質管理系統流程模式。

7.為了組織有效運作，組織必須鑑別及運用資源管理眾多連結系統化流程，以利連續管制系統內單一流程與系統諸流程之連結，組合與相互關係。

8.重視外包管理。

9.需有設計與開發流程與作業。

10.組織需有可量測的品質目標。

11.內部訊息溝通流程以提供資訊與協助系統的有效性。

12.顧客為重，需有顧客需求、顧客溝通及顧客滿意之流程。

13.要求對法令規章之符合度。

14.需具備流程與產品之監視與量測。

15.組織需能持續改善。

16.要求資源管理與組織人力資源的勝任能力，必要時需有證照。

17.使用適當資料被蒐集與分析以決定QMS之適切性、有效性及鑑別可供改善之處。

18.強調管理審查內涵，對其資訊輸入與決策措施的輸出，特別加以規定。

✦2000年版標準的範圍

依CNS 12681及ISO 9001（2000）之規定，其範圍如下：（BSM1, 2001）

1.適用範圍（概述、應用）

2.引用標準

3.名詞與定義

4.品質管理系統

（1）一般要求。

（2）文件化要求（概述、品質手冊、文件管制、品質紀錄管制）。

5.管理階層責任

（1）管理階層承諾。

（2）顧客為重。

（3）品質政策。

（4）規劃（品質目標、品質管理系統規劃）。

（5）責任、職權及溝通（責任與職權、管理代表、內部溝通）。

（6）管理階層審查（概述、審查輸入、審查輸出）。

6.資源管理

（1）資源提供。

（2）人力資源（概述、能力認知及訓練）。

（3）基礎架構。

（4）工作環境。

7.產品實現

（1）產品實現之規劃。

（2）顧客有關的過程（產品有關要求之決定、審查、顧客溝通）。

（3）設計與開發（設計與開發之規劃、輸入、輸出、審查、查證、
　　確認及變更管制）。

（4）採購（採購過程、資訊、所購產品之查證）。

（5）生產與服務供應（生產與服務供應之管制、過程的確認、識別
　　與追溯性、顧客財產、產品防護）。

（6）監視與量測裝置之管制。

8.量測、分析及改進

（1）概述。

（2）監視與量測（顧客滿意度、內部稽核、過程監視與量測、產品
　　之監視與量測）。

（3）不符合產品之管制。

（4）資料分析。

（5）改進（持續改進、矯正措施、預防措施）。

✦ 申請ISO品質管理系統認可登錄作業程序

1.程序圖

申請ISO品質管理系統認可登錄作業流程見圖10-31。

2.申請驗證應具備文件（以BSMI為例）

（1）申請書（正本一份，影本兩份）。

（2）廠商基本資料及問卷（正本一份，影本兩份）。

（3）ISO 9001驗證服務之權利與義務聲明書（正本）。

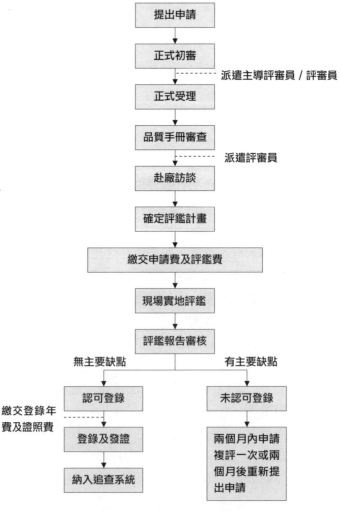

圖10-31　申請ISO品質管理系統認可登錄作業流程

（4）品質手冊（一份）。

（5）組織系統表（兩份）。

（6）簡要工廠／場地布置圖（兩份）。

（7）主要產品製程／服務製程簡要作業流程圖（兩份）。

（8）工廠登記（服務業免附）影本一份。

（9）營利事業登記證影本（兩份）。

（10）組織地點簡要相關位置或路線圖。

✦ 評鑑結果通過驗證後之追查

追查作業乃爲在三年證書有效期限內，持證者必須滿意下列之各項要求。

1. 依據組織情況及時更新品質手冊，並通知驗證機構。

2. 品管系統有重大變更前應和驗證機構事先會商。

3. 由驗證機構稽核人員進行週期性追查或複審之稽核（六個月至一年一次），每次週期性稽核的內容只包括品質管理系統之一部分，但三年期間內藉由多次週期性稽核做爲評估QMS的全部。

4. 利益關係者對持證者之QMS有重大意見時，驗證機構有權在通知後短期間內進行不定期稽核，其費用仍由持證者負擔。

5. 追查結果合格者仍保持登錄資格，而有不符合事項，須在一個月內改善完成，一個月後複查，若仍不符合，則撤銷認可登錄，但可在四個月後重新申請認可登錄。

⚒ 服務品質的管理

✦ 服務品質

服務公司塑造差異化的另一種主要途徑是比競爭者提供更一致且高品質的服務，而這種作法的關鍵是在所提供的服務是否能符合或超越目標顧客所期望的服務品質。顧客的期望仍基於過去的經驗、親朋好友的口碑相傳及服務公司的廣告訊息，而顧客也根據這種期望來選擇提供服務者，並接受服務，將其認知的服務水準（perceived service）與所期望的服務水準（expected service）加以比較，而有差距。（Kotler, 1998）

Parasuraman、Zeithaml與Berry共同發展出一套服務品質模式（圖10-32），指導服務提供者在傳達所期望的服務水準時（Zeithmal & Berry, 1985）應具備的條件，而指出可能導致服務不佳的差距，其內容為：

1. 消費者期望與管理當局必須每次都能正確認知顧客所想要的服務品質：例如，汽車修護管理人員可能認為修理價格是車主最關切的問題，殊不知車主最在意的是修理技師技術能力與負責的態度。

2. 管理當局認知與服務品質標準之間的差距：管理當局可能正確認知顧客的慾求，但卻未設定具體的服務標準。例如，汽車修護廠業務人員可能告訴修理技師「快速」地服務，但未給予數量化的具體標準。

3. 服務品質標準與服務提供之間的差距：服務人員可能訓練不夠或工作負荷過高及無法或不願意符合標準，或與這標準相互衝突。例如，必須花時間傾聽顧客抱怨而且又要快速地完成客訴處理。

4. 服務提供與外在溝通之間的差距：消費者期望的服務水準會受到公司業務代表或廣告的宣傳資料影響。例如，一家汽車修護廠廣告刊載的是具有電腦診斷設備及專業技術人員，但顧客到廠時卻發現完全不是

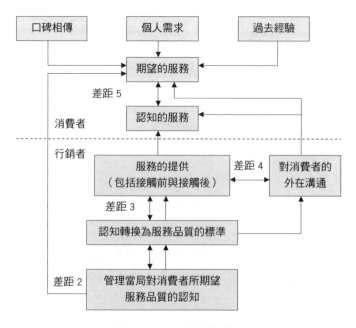

圖10-32　服務品質模式

那麼一回事，此時外在的溝通已扭曲顧客期望的水準。

5.認知服務與期望服務之間的差距：當顧客以不同方式衡量公司的績效水準且對服務品質有錯誤的認知，會產生差距。例如，汽車修護可能定期派遣專人拜訪車主並瞭解車況以表示關懷，但車主也許會解釋成這僅是例行的工作，毫無用途而真正該做的工作卻常出差錯。

✦服務品質不良原因

Parasuraman等三人之服務品質構面論點中指出，服務品質不良原因為：（Parasuraman, Berry & Zeithmal, 1991）

1.可靠性：服務政策失誤、標價錯誤、包裝錯誤、產品缺陷、缺貨、錯誤服務、記帳錯誤。

2.反應性：延遲服務和員工反應不佳。

3.信賴性：維修失誤。

4.關懷性：未反應之服務失誤。

5.禮貌性：錯誤承認和服務態度不佳。

6.安全性：企業員工所造成「窘境」。

7.信賴性：業者之欺騙。

✦服務改善的對策

針對服務品質不佳，並檢討其不良原因，企業當局應朝向下列作法努力：（鄭紹成，1998）

1.強化購買系統

服務失誤多在購買系統，因之對此系統之規劃、執行、監控須加以注意，可藉助電腦科技進步，使有效處理商品之訂貨、供應等問題。

2.導正員工正確服務觀念

員工個人行為失誤中「欺騙」，可看出企業員工之服務態度，如何教育員工不產生令顧客感覺受騙的言語、行為、誤解，此為企業應加強員工教育訓練的重點。再搭配「懲罰」措施應有明確規章，使用專責稽核系統來執行。

3.便利導向思考

企業應思考如何使顧客具有更多「便利」購物享受？或降低不便利顧客

事件之發生。

✦服務品質的評估

Parasuraman等三人同時發展出一套服務品質評估基準，其重要性排列為：

1. 可靠度（reliability）：服務品質是否維持一致與精確的水準。
2. 反應性（responsiveness）：主動協助顧客與迅速地提供服務予以回應。
3. 確實（assurance）：員工所具備的知識與禮貌及其所具備的能力，能否傳達信任與信賴感。
4. 同感心（empathy）：關懷顧客之心及特別照顧到個別的顧客。
5. 有形性（tangibles）：實體的設施、設備、人員及溝通內容能否更具體地反映出來。

✦服務品質保證為企業活動的原動力

許多企業皆提出服務品質保證作為一項行銷的工具，以供不確定其服務的顧客嘗試他們的服務，並經常使用「一定、絕對、明天」耳熟能詳的言詞，然而卻是隱含必須藉由作業中組織去執行這些承諾的行動。

從作業的觀點，服務品質保證不僅是一項改善的工作，亦是在設計階段有助於將公司提供服務的系統整合於作業中以滿足顧客，其重點為：

1. 無條件（無但書）：顧客無需再支付各種費用，其服務系統的每一個作業應與公司的作業焦點配合，而每一程序中的每一步驟皆在提昇服務的速度。
2. 對顧客有意義：企業所提供服務的品質是以顧客所珍惜的方式來表示，雖然在許多服務的後場做了許多事，但仍須在前場讓顧客看見，可藉溝通方式使顧客信賴。
3. 對員工及顧客易於瞭解與溝通：服務品質保證系統使它容易的使用，讓顧客與企業建立良好的互動，藉媒體管道推薦，更賴企業建立簡明的表單、具邏輯性的程序步驟以及服務人員能夠迅速答詢的作業規範。
4. 服務能夠主動地且易於使用：企業必須建立完善且健全的系統、有效

處理顧客需求的變動及資源的取得，支援的技術是真正有幫助且可信賴地，更需主動地去關懷顧客，創造雙贏的局面。

Filpo認為提昇服務有形化程度的方法為：（Flipo, 1998）

1. 對服務的印象。

2. 為直接接觸顧客者印象。

3. 相對於競爭者服務者提供顧客的印象。

4. 對一般顧客印象。

5. 對消費點（point of purchase）的印象。

6. 服務點的氣氛。

7. 服務人員。

8. 作業性物料。

🛠 品質改善小組

品質改善小組（Quality Improvement Teams），有時亦稱品管圈（Quality Circles），在我國稱為團結圈。是由一群在同一單位內工作員工所組成的，成立的目的在於自我啟發、相互啟發的原則下活用各種統計方法，以全員參加的方式不斷地進行維持及為改善自身的工作及所生產的產品。（曾耀煌，1996）

品管圈的精神為尊重人性建立光明愉快的現場、發揮人的能力開發無限的腦力資源及改善企業體質、繁榮企業，而其目標為現場成為品管重心、提高改善意識、提高問題意識、提高品質意識、提高現場士氣及提高現場水準等。

品管圈活動推行步驟如圖10-33，並在導入此活動前進入評估其評估項目如表10-19。一般品管圈的編組依工作相同的人、同一組織建制的人來組成，每圈3～7人為原則，最好不超過10人。

品管圈的教育訓練課程及其進度如表10-20。而品管圈的圈會進行方法如表10-21。

品管圈常用的工具為，利用結構化的統計製程序管制（SPC）、腦力激盪的團體改善及戴明循環（亦稱PDCA循環，見圖10-5）等方法。PDCA循環為Plan-Do-Check-Action（表10-22），規劃是指確認改進的地方（主體）

或特定的主題，而對改變的執行應從小規模方式進行，並將計畫中的任何改變都加以記錄或文件化，而在查核方面，其主要在於評估計畫推行期間所蒐集的相關訊息，來比較原始與實際目標之間的差異。在行動修正活動將會產生的標準都是一致（徐世輝，1999）。在執行改善中運用5W2H的方法（表10-23）。

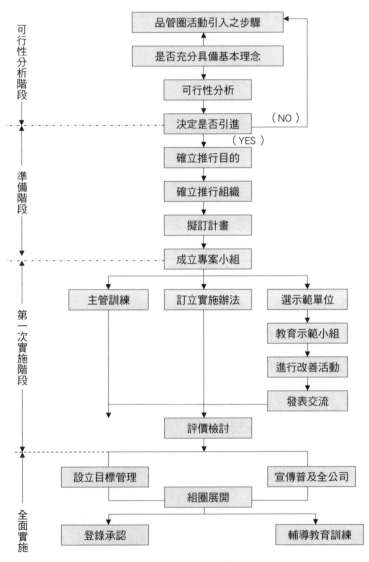

圖10-33　品管圈活動的推行步驟

表10-19 查驗品管圈活動導入前的指標

內部參與活動的人員	人員應包括管理者、幕僚或顧問（外面）專職推動單位。
管理階層的開放態度	高階主管支持瞭解程度。 允許反對主管延後加入或不參加。 決策係開放程度（管理風格、角色的改變）。
時間上的承諾	時間是否恰當。 活動時間的提供。
財務上的承諾	提供活動有關成本（時間、顧問費、人力）。
組織遭逢的危機	合併、重整（組織調整）員工紛爭（勞資間）人員調遷活動。
對技術訓練的承諾	訓練涵蓋層面（管理者、推行人、圈長、圈員）。
員工的自願性	主管的自願性。 活動利益、問題、技巧的瞭解。 員工的自願性。
成長率	組織成長速度、狀況。
規模	組織規模。 初期導入規模（一般作業規範、價值觀、文化）。

表10-20 品管圈教育訓練課程及進度表

訓練課程表	進度表
組圈作業規劃	一個月
1. 圈活動的基本認識 2. 圈會方式　選舉圈長的過程　組圈 3. 選定主題　問題意識　認識偏差 4. 把握現況　蒐集數據和數據處理　演練	一個月
5. 進度管制　甘特圖　統計圖　演練 6. 果因探討　骨排理論　魚骨圖　演練 7. 排列優先　柏拉圖　演練 8. 訂目標值	一個月
9. 腦力激盪　聯想原則　演練 10. 思考對策　討論 11. 工作研究　動作研究 12. 確認效果　經濟分析	一個月
13. 建議事項　提案制度 14. 標準化　標準化制度　演練 15. 資料整理　投影片製作 16. 準備發表　預習	一個月
17. 準備參與全公司競賽活動	一個月

表10-21　品管圈的圈會進行方法

步驟		內容
計畫的擬定、檢討		圈長須先把開會要檢討的內容作成計畫並加以檢討。
開會準備	召開準備	圈長須根據活動進度，開會一週前先瞭解活動情況，準備開會事宜。 ・作成內容概要。 ・蒐集活動資料。
	上司許可召集開會	請所屬主管批准召開會議，事先（二～三日）聯絡圈員，使知道參加情形。
	確認出席人員	確認出席圈員及列席圈員通知他們開會場所、時間。
實施	開會進行	確確實實的進行會議：一個問題有結論後再進行另一個問題。 ・開會時間有限所以只能討論必須由全員協議討論事項。 ・活用腦力激盪法。
開會	複誦及預定說明	圈長把前次的開會討論事項及決議或指定工作，簡單說明及複誦，並把這次的預定內容向圈員說明。
	分配工作的報告	前次的分配工作由各擔任者報告其工作情形，並調整各團員的意見。 ・依分配工作之內容報告之，在開會的最後報告也可以。 ・報告時必須使用規定用紙。
	開會指導及查檢	請求所屬主管列席，並請求指導。
	教育活動的實施	啟發及提高圈員的水準。 ・活用管制圖，提出具體事實，加以檢討。 ・有關提高收率、效率等事實及實例。 ・有關減低成本的具體實例的教育。 ・研讀《現場管理──品管圈活動》月刊。
	實施內容的整理及確認	散會之前圈長應把這次開會決議事項複誦一次，並請圈員確認。 ・決定問題點，分擔工作、期限。 ・決定下次預定開會日期。 ・整理開會紀錄。
	對上司、有關單位之聯絡	開會後三天內把小組開會紀錄整理並向直屬上司，有關單位及品管課提出。

表10-22 PDCA範例

項目	步驟	功能	使用工具
計畫	1.選擇主題	1.決定改善主題。 2.解釋為何選擇此主題。 3.蒐集資料。 4.找出問題的主要特性。	・下一個流程是我們的顧客。 ・標準化、教育及立即處理或防止再發。 ・檢核表。 ・直方圖。
	2.現況瞭解	1.縮小問題的範圍。 2.建立優先順序，嚴重問題優先。 3.列出所有造成嚴重問題可能的原因。 4.對可能因素及問題關係的研究。	・柏拉圖。 ・魚骨圖。 ・散布圖。
	3.行為的分析	1.選擇原因及建立有關可能性相關的假設。	・圖表。
	4.準備對策	2.蒐集資料及研究因果關係。 3.準備對策來消除原因。	・本身的技術與經驗。
執行	5.執行對策	依對策執行。	
查核	6.檢核對策的成效	1.蒐集所有影響對策的資料。 2.計畫執行前、後的比較。	・七大工具。
修正	7.將對策標準化 8.定義其他問題及評估整個流程	對已確定會影響到對策之因素加以修正	

表10-23 5W2H的方法

型態	5W2H	說明	對策
主要問題	What?	已完成的步驟？ 這種步驟可以取消嗎？	消除不必要步驟
目標	Why?	為何這個步驟是必要的？ 明確的目標？	
地點	Where?	在什麼地方完成？ 是否應該做？	改善順序或合併
時間	When?	什麼時間是最佳時間？ 是否有必要完成？	
人	Who?	誰做？ 是否應由其他人去做？	
方法	How?	如何完成？ 這是最好的方法嗎？ 是否有其他方法？	工作簡化
成本	How Much?	成本多少？ 改善後之成本如何？	選擇改善方法

⚒ 六標準差

✦ 簡介

六標準（6 Sigma）差始於摩托羅拉公司於1987年開始推動，許多著名公司IBM、SONY、Allied Signal跟隨投入成功，奇異（GE）於1995年開始全力推動。前者推行較重於產品品質及製程品管（每一百萬個產品中的品質水準是3.4PPM，亦即每百萬個產品中僅有3.4個不良品，而三標準差的不良率為每百萬個有66,800個，也就是使品質水準達到百萬分之三的壞品率），而後者推展到所有跟顧客滿意、顧客服務有關的重要流程。

六標準差的定義為：「確認重大的問題點，以及評估問題所能改造之效果，指定專案小組及任務分配，確認顧客需求及訂定專案之目標」。奇異的六標準差運作步驟在某程度上是以PDCA為考量基礎，而採用DMAIC（Define-Measure-Analyze-Improve-Control）。

✦ 成功的因素

奇異運作成功的因素包括：最高階經營者負有關鍵的責任、強力領導、全力支持、專案與公司策略規劃一致、以財務績效衡量效果、40%年終獎金是與本專案有關、影響員工升遷、著重於關鍵流程、運用統計工具掌握關鍵問題點、高倍速的改進及短期（三至六個月）的完成專案、第一線作業成效的要求與完成等項。

TQM與六標準差在品質管理、領導、文化要求上頗多相似，只是作法有些差異（如表10-24），但並無相互排斥之處。企業如果繼續成功推行TQM，且導入六標準差，以補TQM之不足，甚至部分運作方式作調整，融入六標準差，則在追求顧客滿意的同時，也會有相當突出的獲利與成就。（楊錦洲，2003）

✦ 導入重點

一般企業在導入六標準差時，須選對人員投入大量資源於人才的培育，包括：

表10-24　TQM與奇異六標準差之比較

比較項目	TQM	奇異六標準差
發展	・80年代中期 ・90年代達到高潮	・摩托羅拉1987年開始推動 ・奇異1995年推動，將之發揮光大
觀念	・顧客滿意（顧客聲音） 　・追求零缺點 ・強調每個人品質責任 　・預防重於檢查	・重視財務績效
本質	・觀念、方法、流程與系統之整合	・突破性效果之關鍵流程的專案改造
運作	・持續改善為核心 ・全員參與、團隊合作 ・全面性品質活動	・關鍵流程之改造 ・獨特角色之設計與運作 ・學、用、激勵之結合
活動重心	・QCC、QIT 　・專案管理 ・日常管理 ・方針管理 ・SPC、TPM	・DMAIC或DMADV ・BPR（流程改造） ・Benchmarking
統計工具	・QC七大手法 ・DOE、田口式品質工程 　・Cp、Cpk、ppm ・新QC手法 ・基本統計手法	・多變量分析、迴歸分析 ・FMEA、可靠度工程 ・QFD、Kano's model
領導	・主管以身作則，影響及領導 ・Empowerment之推動 ・員工自主管理	・高階主管強勢領導 ・高階主管是projects之支持者 ・獨特角色之運作與領導
激勵	・主管之讚許與獎勵 ・公司經營成果之回饋 ・品質活動中可挖掘人才	・年終獎金40%是以六標準差專案成果來考量 ・六標準差專案之成果與升遷有關 ・獲得MBB及BB有很高榮譽
教育訓練	・非常重視教育訓練 ・品質意識、品質觀念 ・改善手法、QC手法 ・主管的身教與言教	・DMAIC之運作步驟 ・統計工具 ・GB至少兩星期 ・BB至少四星期 ・學、用與激勵相結合 ・投資很大
改變	・對改變之反應是漸進的，逐步的 ・改善之速度慢、幅度小，故改變較慢	・追求大幅度之改變 ・屬於改造（re-engineering）之程度 ・改變快且大
文化	・重視文化之轉換與良好文化之建立 ・建立重視品質、重視顧客之文化 ・員工自動自發、團隊合作	・由改造結果帶來文化之轉變 ・重視改造績效

1. 黑帶大師（Master Black Belts, MBB）：專案運作全職訓練講師，具良好數量技術以及教學與領導能力。
2. 黑帶（Black Belts, BB）：專案的主角，是全職的執行者，帶領專案小組，執行DMAIC，而且對進行步驟負全責。
3. 綠帶（Green Belts, GB）：參與由黑帶所主導的專案小組成員，非全職的參與者，因而仍負有原有工作之責任。

有關MBB及BB人員之投入，大型企業可先採行兼職的方式，從企業的標竿部門擴展至全公司皆接受六標準差理念和管理之後，可以建立專職的MBB及BB的角色；而中小企業由於經濟規模的考量，通常可訓練主管擔任BB角色，再由其培訓內部基層幹部成GB，則花費成本不高；至於小型企業可聯合數家夥伴企業，各自選派3～5名主管或幹部一起接受GB訓練，並由外聘顧問擔任BB的指導及諮詢工作，可降低訓練費用，待第一階段完成後，再加入至BB的訓練，可提昇改善能力和專案層次。（張玲利，2003）

✖ 知識管理

✦ 簡介

知識管理（Knowledge Management, KM）始於1965年杜拉克（Peter Drucker）預言「知識將取代土地、勞動、資本、機器設備等，而成為最重要的生產因素」。知識就是力量，是恆古不變的真理，也傳達知識的重要性，企業為提高組織生產力和績效以維持生存和競爭優勢，紛紛導入。

知識管理的定義可歸納如下：
1. 知識管理等於「資訊和通訊科技」加上「新的工作組織」。（Wilmote, 2000）
2. 知識管理強調「無形資產」。（Liebowitz, 1999、Seviby 1997）
3. 知識管理是一種「有意的策略」，將合宜的知識適時提供給適當的人員，並協助他們分享以及將資訊應用至增進組織表現的行動之中。（O'Dell & Essaides, 1998）
4. 知識管理的對象是「智慧資產」。（Seviby, 1997）
5. 知識管理是將「隱性知識外顯化」的過程。（Nijhof, 1999）

圖10-34　知識循環

6.強調「知識循環」的知識管理（**圖10-34**）。（Nijhof, 1999）

7.主張知識管理是「整合的知識系統」。（王如哲，2000）

8.知識管理是透過「資訊管理」和「組織學習」來改進組織知識之使用。

✦ 範圍

1.程序

知識管理包括：知識的創造、篩選、記錄、分析、複製、傳播、分享等過程，大致可分為：

（1）知識的生產與取得（知識更新）

　　a.外部購買：最常見的方式是併購其他公司或僱用擁有這項專才的人員。

　　b.內部創造：可由組織成員分享內隱、外顯知識後所創造出來的新知識或是企業內部自行研究實驗。

（2）知識整理與儲存（知識創造）

　　a.知識整理：將知識以最簡顯易懂的方式呈現給需要的人，並在整理過程中對知識進行評估及保存的動作，重點在於確定目的、掌握適合知識、評估及判斷適合整理及找出適當媒介整理和傳播。

　　b.知識儲存：將組織過去得來的經驗資訊，彙整成組織有用的知識，並再儲存組織中，形成組織記憶以供組織成員未來重複使用，可以資料庫、管理資訊系統、教育訓練等方式為之。

（3）知識的移轉（知識分享）

　　a.透過教育訓練作正式移轉。

　　b.工作內社交及工作外社交的非正式移轉。

（4）知識的應用：教育組織，希望組織成員在面對問題時，都能藉應用平台使組織內資訊互通的網路，找到解決方案，同時與其他成員分享處理問題的經驗，作爲下一次處理的參考（圖10-35）。

2.知識表現方式

（1）內隱知識：是難以用語言、文字等清晰而完整地說明出來，而是具有高度主觀化、個人化的知識，它深藏在每個個人、團體或組織中，不容易被複製或模仿。

（2）外顯知識：是能夠被書寫、用語言完整表達，能夠有系統的整理，很容易傳遞和分享的知識，包括：產品規範、技術報告、工作心得等。

3.知識項目

（1）管理技術類：包括知識管理流程、知識文件流程、知識分享環境塑造、知識地圖、社群經營、組織學習等項。

（2）資訊技術類：包括：資料檢索系統、文件管理系統、入口網站系統、群組軟體、數位學習環境建置、自動分類系統、資料探礦、文字探礦、企業智慧系統等項。（表10-25）

（3）知識管理系統的定位（圖10-36）。（管理雜誌編輯室，2002）

✦推行方向

1.企業推動知識管理事項

（1）建立完善的機制做好文件管理：可先從企業與顧客接觸部門爲首，資訊管理部門協助有效蒐集及歸檔管理文件，並充分瞭解顧客的要求與感受，很快累積歸類顧客的要求和抱怨之道，結合成知識管理平台，可在很短時間解決大多數的問題。

表10-25　知識管理系統與文件管理系統比較

知識管理系統	文件管理系統
1.活用知識與創造未來價值的活動結合，有效運用知識。	1.記錄管理，來管理過去的紀錄，只是知識管理的一部分。
2.以激發組織創造力為主。	2.以蒐集、閱讀、參考為主。
3.組織全體行動，同步追求知識的質與量。	3.規模有限，工作重點在於量的擴充和蒐集。

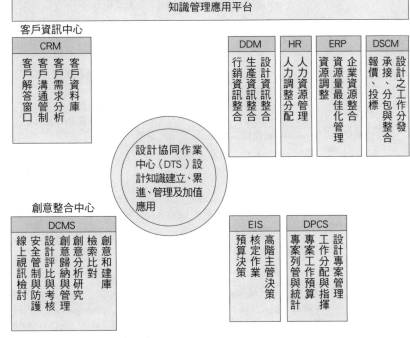

圖10-35　知識管理應用平台的內容

（2）擴充推展各部門：將「工作知識外顯化」、「建置知識傳承系統」及「強化知識移轉能力」為主，將企業各相關部門陸續加入，共同推動並落實到每個部門。為此，特別要培養知識管理的內部講師，鼓勵員工將常見的問題引導以及運用一些手法，將經驗說出並記錄之。在可見於提案改善制度、專利、QFD、教材等資料庫，加以有效分類、建立索引，再藉此利用教育訓練課程、培養講師及工作教導做好開放式的溝通為之擴展。

（3）導入為企業文化的一環：知識管理納入企業文化及制度之中，為企業成長的重要指標，形成學習型的知識。

2. 企業執行知識管理員工具備特質

（1）擁有正確的知識管理理念。

（2）擁有推動知識管理的熱情。

（3）擅長溝通協調的能力。

（4）具有專案管理的能力。

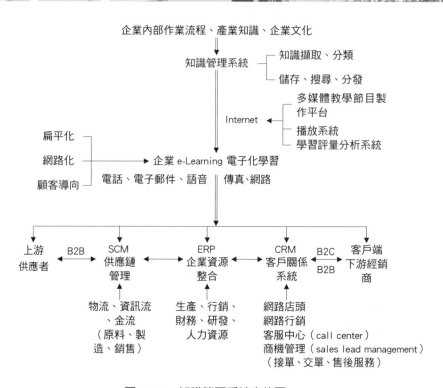

企業內部作業流程、產業知識、企業文化

知識管理系統 ── 知識擷取、分類
　　　　　　　└ 儲存、搜尋、分發

Internet ── 多媒體教學節目製作平台
　　　　　├ 播放系統
　　　　　└ 學習評量分析系統

扁平化
網路化 ──→ 企業 e-Learning 電子化學習
顧客導向　電話、電子郵件、語音 ‖ 傳真、網路

| 上游供應者 | B2B | SCM 供應鏈管理 | ERP 企業資源整合 | CRM 客戶關係系統 | B2C B2B | 客戶端下游經銷商 |

物流、資訊流、金流
（原料、製造、銷售）

生產、行銷、財務、研發、人力資源

網路店頭
網路行銷
客服中心（call center）
商機管理（sales lead management）
（接單、交單、售後服務）

圖10-36　知識管理系統定位圖

✖ 平衡計分卡

✦ 由來

　　平衡計分卡（Balanced Score-Card, BSC）或稱全方位績效衡量（Balanced Scorecard）的概念最早出現於1988年，由KPMG協助蘋果電腦公司（Apple）評估設計績效制度而問世。爾後於1990年，由美國Nolan Norton Institute所支助之一年期研究計畫將之詳述彙總，並加以發揚光大而成。此計畫係由美國十二家公司共同參與，並聯合學術界，由哈佛大學Robert Kaplan教授領導的一個研究小組一同進行研究。經過近十年不斷的發展歷程，已儼然不再僅是一種績效評估制度而已，更是一項策略性的管理制度，

而其基本精神乃在於「將策略轉換成具體行動」（圖10-37、圖10-38、圖10-39），以達成公司之願景為最高目標。（楊錦洲，2004；黃錦銘，2003）

近年來品質管理理論由統計品管、全面品管、全面品質管理、ISO 9000

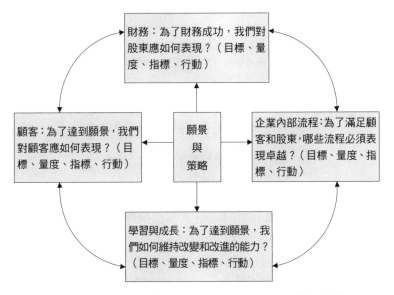

圖10-37　營利事業平衡計分卡提供轉化策略為營運架構

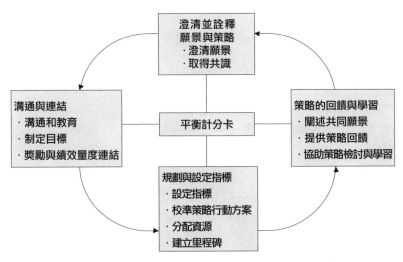

圖10-38　營利事業平衡計分卡做為策略行動的架構

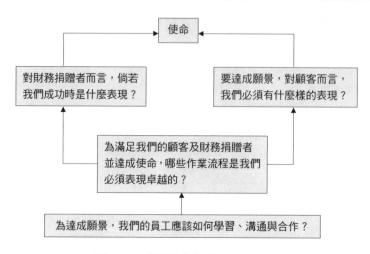

圖10-39 非營利事業應用BSC架構

品質系統都在創新學習強化企業的競爭優勢，ISO基本原則在於流程的標準化與管理，TQM在於持續不斷的改善，改善目標也是流程，流程逐漸變成組織內部管理的焦點。做好流程的管理及進行流程改善其主要的目的，都在於追求顧客滿意，提昇管理。為此，BSC不僅考慮經營績效衡量構面時，更將傳統的財務構面及顧客構面亦加入，而形成四大構面（圖10-40），正符合了整個管理發展趨勢。

✦企業推行步驟（蕭淑藝，2003）

1.組織診斷與經營分析：調查組織溫度與滿意度、SWOT分析以及商品、營業、經營與成效分析。

2.公司定位與願景確認：公司的定位、願景、經營理念以及經營目的有更深入探討與確認。

3.訂定中長期經營目標（3～5年公司期望達成）：有關營業收入、稅前淨利、新產品營收、成本控制及管理制度（人力資源）推動。

4.經營策略研討：為達成企業願景與經營目標，依四大構面所必須採取具體管理作業。藉圖10-37以尋找公司重要經營策略，使公司的資源有效運用和管理，並依目標管理模式達成各部門年度經營目標與策略。

5.確認績效衡量：由年度目標，依據其重要度與緊急度綜合評估優先的

構面	指標	成效
財務	1. 營業額之成長 2. 市場之擴充	1. 獲利之提昇 2. 顧客購買數量之增加
顧客	1. 創造顧客價值 2. 顧客滿意度高 3. 顧客需求之滿足	1. 顧客忠誠度高 2. 顧客抱怨降低 3. 顧客服務品質提昇
流程	1. 顧客服務效率高 2. 顧客需求快速回應 3. 流程時間短 4. 產品開發速度快	1. 產品品質提昇 2. 生產週期縮短 3. 生產效率高 4. 新產品量產效率高
創新學習	1. 創新經營策略 2. 良好工具之應用 3. 知識管理程度高	1. 技術之提昇 2. 員工提案與創新 3. 員工學習與成長

圖10-40　營利事業BSC構面指標間相互因果關係

　　績效指標，找出關鍵績效指標（Key Performance Index, KPI），並評選出綜合評估優先順序與權數。

6.訂定行動方案：由各部門針對KPI展開具體可行與必要的管理作業以制定其策略樹，並以展開後之策略樹提出重要管理作業執行步驟等具體對策。

7.為BSC的KPI評核：KPI的計算數與目標值（KPI量化的標準，如金額、件數、百分比）的設定。

8.BSC年度計畫書彙編：彙編出部門BSC年度事業計畫書，以及年度BSC計畫開始（kick off）。

9.執行期與檢討：每月統計BSC的KPI，並提出差異項目，每月定期召開BSC檢討會議、檢討並修訂進度。

表10-26　樣本大小代字

批量	特殊檢驗水準				一般檢驗水準		
	S-1	S-2	S-3	S-4	I	II	III
2至8	A	A	A	A	A	A	B
9至15	A	A	A	A	A	B	C
16至25	A	A	B	B	B	C	D
26至50	A	B	B	C	C	D	E
51至90	B	B	C	C	C	E	F
91至150	B	B	C	D	D	F	G
151至280	B	C	D	E	E	G	H
281至500	B	C	D	E	F	H	J
501至1,200	C	C	E	F	G	J	K
1,201至3,200	C	D	E	G	H	K	L
3,201至10,000	C	D	F	G	J	L	M
10,001至35,000	C	D	F	H	K	M	N
35,001至150,000	D	E	G	J	L	N	P
150,001至500,000	D	E	G	J	M	P	Q
500,001及以上	D	E	H	K	N	Q	R

表10-27　正常檢驗單次抽樣計畫（主抽樣表）

允收品質準（正常檢驗）

（下表各格數值為 Ac Re；↓＝採用前頭下第一個抽樣計畫，↑＝採用前頭上第一個抽樣計畫）

樣本大小代字	樣本大小	0.010	0.015	0.025	0.040	0.065	0.10	0.15	0.25	0.40	0.65	1.0	1.5	2.5	4.0	6.5	10	15	25	40	65	100	150	250	400	650	1000
A	2	↓	↓	↓	↓	↓	↓	↓	↓	↓	↓	↓	↓	↓	↓	↓	↓	0 1	1 2	2 3	3 4	5 6	7 8	10 11	14 15	21 22	30 31
B	3	↓	↓	↓	↓	↓	↓	↓	↓	↓	↓	↓	↓	↓	↓	↓	0 1	1 2	2 3	3 4	5 6	7 8	10 11	14 15	21 22	30 31	44 45
C	5	↓	↓	↓	↓	↓	↓	↓	↓	↓	↓	↓	↓	↓	↓	0 1	1 2	2 3	3 4	5 6	7 8	10 11	14 15	21 22	30 31	44 45	↑
D	8	↓	↓	↓	↓	↓	↓	↓	↓	↓	↓	↓	↓	↓	0 1	1 2	2 3	3 4	5 6	7 8	10 11	14 15	21 22	30 31	44 45	↑	↑
E	13	↓	↓	↓	↓	↓	↓	↓	↓	↓	↓	↓	↓	0 1	1 2	2 3	3 4	5 6	7 8	10 11	14 15	21 22	30 31	44 45	↑	↑	↑
F	20	↓	↓	↓	↓	↓	↓	↓	↓	↓	↓	↓	0 1	1 2	2 3	3 4	5 6	7 8	10 11	14 15	21 22	30 31	44 45	↑	↑	↑	↑
G	32	↓	↓	↓	↓	↓	↓	↓	↓	↓	↓	0 1	1 2	2 3	3 4	5 6	7 8	10 11	14 15	21 22	30 31	44 45	↑	↑	↑	↑	↑
H	50	↓	↓	↓	↓	↓	↓	↓	↓	↓	0 1	1 2	2 3	3 4	5 6	7 8	10 11	14 15	21 22	30 31	44 45	↑	↑	↑	↑	↑	↑
J	80	↓	↓	↓	↓	↓	↓	↓	↓	0 1	1 2	2 3	3 4	5 6	7 8	10 11	14 15	21 22	30 31	44 45	↑	↑	↑	↑	↑	↑	↑
K	125	↓	↓	↓	↓	↓	↓	↓	0 1	1 2	2 3	3 4	5 6	7 8	10 11	14 15	21 22	30 31	44 45	↑	↑	↑	↑	↑	↑	↑	↑
L	200	↓	↓	↓	↓	↓	↓	0 1	1 2	2 3	3 4	5 6	7 8	10 11	14 15	21 22	30 31	44 45	↑	↑	↑	↑	↑	↑	↑	↑	↑
M	315	↓	↓	↓	↓	↓	0 1	1 2	2 3	3 4	5 6	7 8	10 11	14 15	21 22	30 31	44 45	↑	↑	↑	↑	↑	↑	↑	↑	↑	↑
N	500	↓	↓	↓	↓	0 1	1 2	2 3	3 4	5 6	7 8	10 11	14 15	21 22	30 31	44 45	↑	↑	↑	↑	↑	↑	↑	↑	↑	↑	↑
P	800	↓	↓	↓	0 1	1 2	2 3	3 4	5 6	7 8	10 11	14 15	21 22	30 31	44 45	↑	↑	↑	↑	↑	↑	↑	↑	↑	↑	↑	↑
Q	1250	↓	↓	0 1	1 2	2 3	3 4	5 6	7 8	10 11	14 15	21 22	30 31	44 45	↑	↑	↑	↑	↑	↑	↑	↑	↑	↑	↑	↑	↑
R	2000	↓	0 1	1 2	2 3	3 4	5 6	7 8	10 11	14 15	21 22	30 31	44 45	↑	↑	↑	↑	↑	↑	↑	↑	↑	↑	↑	↑	↑	↑

↓＝採用前頭下第一個抽樣計畫，如樣本大小等於或超過批量時，則用100%檢驗。

↑＝採用前頭上第一個抽樣計畫。

Ac＝允收數。

Re＝拒收數。

表10-28　加嚴檢驗單次抽樣計畫（主抽樣表）

允收品質準（正常檢驗）

樣本大小代字	樣本大小	0.010	0.015	0.025	0.040	0.065	0.10	0.15	0.25	0.40	0.65	1.0	1.5	2.5	4.0	6.5	10	15	25	40	65	100	150	250	400	650	1000
		Ac Re	Ac Re	Ac Re	Ac Re	Ac Re	Ac Re	Ac Re	Ac Re	Ac Re	Ac Re	Ac Re	Ac Re	Ac Re	Ac Re	Ac Re	Ac Re	Ac Re	Ac Re	Ac Re	Ac Re	Ac Re	Ac Re	Ac Re	Ac Re	Ac Re	Ac Re
A	2	↓	↓	↓	↓	↓	↓	↓	↓	↓	↓	↓	↓	↓	↓	↓	↓	↓	0 1	1 2	2 3	3 4	5 6	8 9	12 13	18 19	27 28
B	3	↓	↓	↓	↓	↓	↓	↓	↓	↓	↓	↓	↓	↓	↓	↓	↓	0 1	1 2	2 3	3 4	5 6	8 9	12 13	18 19	27 28	41 42
C	5	↓	↓	↓	↓	↓	↓	↓	↓	↓	↓	↓	↓	↓	↓	↓	0 1	1 2	2 3	3 4	5 6	8 9	12 13	18 19	27 28	41 42	↑
D	8	↓	↓	↓	↓	↓	↓	↓	↓	↓	↓	↓	↓	↓	↓	0 1	1 2	2 3	3 4	5 6	8 9	12 13	18 19	27 28	41 42	↑	↑
E	13	↓	↓	↓	↓	↓	↓	↓	↓	↓	↓	↓	↓	↓	0 1	1 2	2 3	3 4	5 6	8 9	12 13	18 19	27 28	41 42	↑	↑	↑
F	20	↓	↓	↓	↓	↓	↓	↓	↓	↓	↓	↓	↓	0 1	1 2	2 3	3 4	5 6	8 9	12 13	18 19	27 28	41 42	↑	↑	↑	↑
G	32	↓	↓	↓	↓	↓	↓	↓	↓	↓	↓	↓	0 1	1 2	2 3	3 4	5 6	8 9	12 13	18 19	27 28	41 42	↑	↑	↑	↑	↑
H	50	↓	↓	↓	↓	↓	↓	↓	↓	↓	↓	0 1	1 2	2 3	3 4	5 6	8 9	12 13	18 19	27 28	41 42	↑	↑	↑	↑	↑	↑
J	80	↓	↓	↓	↓	↓	↓	↓	↓	↓	0 1	1 2	2 3	3 4	5 6	8 9	12 13	18 19	27 28	41 42	↑	↑	↑	↑	↑	↑	↑
K	125	↓	↓	↓	↓	↓	↓	↓	↓	0 1	1 2	2 3	3 4	5 6	8 9	12 13	18 19	27 28	41 42	↑	↑	↑	↑	↑	↑	↑	↑
L	200	↓	↓	↓	↓	↓	↓	↓	0 1	1 2	2 3	3 4	5 6	8 9	12 13	18 19	27 28	41 42	↑	↑	↑	↑	↑	↑	↑	↑	↑
M	315	↓	↓	↓	↓	↓	↓	0 1	1 2	2 3	3 4	5 6	8 9	12 13	18 19	27 28	41 42	↑	↑	↑	↑	↑	↑	↑	↑	↑	↑
N	500	↓	↓	↓	↓	↓	0 1	1 2	2 3	3 4	5 6	8 9	12 13	18 19	27 28	41 42	↑	↑	↑	↑	↑	↑	↑	↑	↑	↑	↑
P	800	↓	↓	↓	↓	0 1	1 2	2 3	3 4	5 6	8 9	12 13	18 19	27 28	41 42	↑	↑	↑	↑	↑	↑	↑	↑	↑	↑	↑	↑
Q	1,250	↓	↓	↓	0 1	1 2	2 3	3 4	5 6	8 9	12 13	18 19	27 28	41 42	↑	↑	↑	↑	↑	↑	↑	↑	↑	↑	↑	↑	↑
R	2,000	↓	↓	0 1	1 2	2 3	3 4	5 6	8 9	12 13	18 19	27 28	41 42	↑	↑	↑	↑	↑	↑	↑	↑	↑	↑	↑	↑	↑	↑
S	3,150	↓	0 1	1 2	2 3	3 4	5 6	8 9	12 13	18 19	27 28	41 42	↑	↑	↑	↑	↑	↑	↑	↑	↑	↑	↑	↑	↑	↑	↑

⇩ ＝採用箭頭下第一個抽樣計畫，如樣本大小等於或超過批量時，則用100%檢驗。
⇧ ＝採用箭頭上第一個抽樣計畫。
Ac＝允收數。
Re＝拒收數。

表10-29 減量檢驗單次抽樣計畫（主抽樣表）

以下各欄之允收品質準（減量檢驗）值依序為：0.010、0.015、0.025、0.040、0.065、0.10、0.15、0.25、0.40、0.65、1.0、1.5、2.5、4.0、6.5、10、15、25、40、65、100、150、250、400、650、1000（每一欄均分 Ac、Re 兩欄）。

樣本大小代字	樣本大小	0.010	0.015	0.025	0.040	0.065	0.10	0.15	0.25	0.40	0.65	1.0	1.5	2.5	4.0	6.5	10	15	25	40	65	100	150	250	400	650	1000
A	2	⇩	⇩	⇩	⇩	⇩	⇩	⇩	⇩	⇩	⇩	⇩	⇩	⇩	0 1	0 2	0 3	1 3	1 4	2 5	3 6	5 8	7 10	10 13	14 17	21 24	30 31
B	2	⇩	⇩	⇩	⇩	⇩	⇩	⇩	⇩	⇩	⇩	⇩	⇩	⇩	0 1	0 2	0 3	1 3	1 4	2 5	3 6	5 8	7 10	10 13	14 17	21 24	30 31
C	2	⇩	⇩	⇩	⇩	⇩	⇩	⇩	⇩	⇩	⇩	⇩	⇩	⇩	0 1	0 2	0 3	1 3	1 4	2 5	3 6	5 8	7 10	10 13	14 17	21 24	30 31
D	3	⇩	⇩	⇩	⇩	⇩	⇩	⇩	⇩	⇩	⇩	⇩	⇩	0 1	0 2	0 3	1 3	1 4	2 5	3 6	5 8	7 10	10 13	14 17	21 24	30 31	⇧
E	5	⇩	⇩	⇩	⇩	⇩	⇩	⇩	⇩	⇩	⇩	⇩	0 1	0 2	0 3	1 3	1 4	2 5	3 6	5 8	7 10	10 13	14 17	21 24	30 31	⇧	⇧
F	8	⇩	⇩	⇩	⇩	⇩	⇩	⇩	⇩	⇩	⇩	0 1	0 2	0 3	1 3	1 4	2 5	3 6	5 8	7 10	10 13	14 17	21 24	30 31	⇧	⇧	⇧
G	13	⇩	⇩	⇩	⇩	⇩	⇩	⇩	⇩	⇩	0 1	0 2	0 3	1 3	1 4	2 5	3 6	5 8	7 10	10 13	14 17	21 24	30 31	⇧	⇧	⇧	⇧
H	20	⇩	⇩	⇩	⇩	⇩	⇩	⇩	⇩	0 1	0 2	0 3	1 3	1 4	2 5	3 6	5 8	7 10	10 13	14 17	21 24	30 31	⇧	⇧	⇧	⇧	⇧
J	32	⇩	⇩	⇩	⇩	⇩	⇩	⇩	0 1	0 2	0 3	1 3	1 4	2 5	3 6	5 8	7 10	10 13	14 17	21 24	30 31	⇧	⇧	⇧	⇧	⇧	⇧
K	50	⇩	⇩	⇩	⇩	⇩	⇩	0 1	0 2	0 3	1 3	1 4	2 5	3 6	5 8	7 10	10 13	14 17	21 24	30 31	⇧	⇧	⇧	⇧	⇧	⇧	⇧
L	80	⇩	⇩	⇩	⇩	⇩	0 1	0 2	0 3	1 3	1 4	2 5	3 6	5 8	7 10	10 13	14 17	21 24	30 31	⇧	⇧	⇧	⇧	⇧	⇧	⇧	⇧
M	125	⇩	⇩	⇩	⇩	0 1	0 2	0 3	1 3	1 4	2 5	3 6	5 8	7 10	10 13	14 17	21 24	30 31	⇧	⇧	⇧	⇧	⇧	⇧	⇧	⇧	⇧
N	200	⇩	⇩	⇩	0 1	0 2	0 3	1 3	1 4	2 5	3 6	5 8	7 10	10 13	14 17	21 24	30 31	⇧	⇧	⇧	⇧	⇧	⇧	⇧	⇧	⇧	⇧
P	315	⇩	⇩	0 1	0 2	0 3	1 3	1 4	2 5	3 6	5 8	7 10	10 13	14 17	21 24	30 31	⇧	⇧	⇧	⇧	⇧	⇧	⇧	⇧	⇧	⇧	⇧
Q	500	⇩	0 1	0 2	0 3	1 3	1 4	2 5	3 6	5 8	7 10	10 13	14 17	21 24	30 31	⇧	⇧	⇧	⇧	⇧	⇧	⇧	⇧	⇧	⇧	⇧	⇧
R	800	0 1	0 2	0 3	1 3	1 4	2 5	3 6	5 8	7 10	10 13	14 17	21 24	30 31	⇧	⇧	⇧	⇧	⇧	⇧	⇧	⇧	⇧	⇧	⇧	⇧	⇧

⇩ ＝採用前頭下第一個抽樣計畫。如樣本大小等於或超過批量時，則用100%檢驗。
⇧ ＝採用前頭上第一個抽樣計畫。
Ac ＝允收數。
Re ＝拒收數。
十 ＝如不良數超過允收數，但尚未達到拒收數時，可允收該批，惟以後須復回到正常檢驗。

案例

⚒ **小華盛頓旅館的創辦人歐康諾——作一場五星級的演出**

✦ 公司小檔案（世界經理文摘雜誌社編輯部，2003）

小華盛頓鎮，距離美國首府車程90分鐘，1978年至今，人口依然沒有改變，只有180人，距離最近的城市還有100多公里，交通不便。

1978年歐康諾（Partick O`connell）和一位合夥人租下一間曾是加油站的廢棄倉庫，開始經營「小華盛頓旅館」（Inn at little washington），當時鎮上連一間雜貨店也沒有，最近的餐廳遠在60公里之外。

小華盛頓旅館在荒蕪的環境中，打造了一塊世界級的招牌，只有100個座位，14個房間的飯店，最初員工兩名，迄今已有100多名。旅館的餐飲與服務雙雙出色，曾獲得下列的殊榮：

1. 美國餐飲業的奧斯卡獎「比爾德基金會」（James Beard Foundation），頒發年度餐廳及主廚獎。
2. 知名Zagat 美食指南給予有史以來首次獲得評分滿分。2003年再度名列全美第一。
3. 第一個獲得「汽車旅遊指南」（Mobil Travel Guide）餐飲和住宿雙料五星級獎項。

由於橫越美食、住宿及服務的各項獎項，顧客需要在幾個星期，甚至幾個月前就提早預定，有些乘坐大型豪華轎車，甚至直昇機前來，也常有名人和國外遊客造訪，每年為旅館帶進數百萬美元的進帳。

✦ 負責人的小檔案

歐康諾先生現已將屆耳順之年，身兼經營者及主廚的角色，畢業於美國天主教大學戲劇系。其經營哲學為：

1. 把注意的範圍推到極限，就是非常好的顧客服務。
2. 在服務業想要讓顧客快樂的動力，是成功的關鍵。
3. 如果員工的態度不佳，能力並沒有太大的意義。

他認為經營旅館是一種藝術表演，跟一部電影和一場演奏會一樣，運籌管理的人需要掌握所有的細節，參與演出的人，需要具有狂熱和紮實功夫，才能為觀眾或聽眾做一場完美的演出。因此，可看到他為顧客設想到最細節處，也會看到他高標準要求員工展現專業水準。

✦ 服務特色

1.為顧客的心情打分數（滿足顧客需求，甚至是超出顧客預期）

（1）顧客進入餐廳時，帶位者第一件要事，就是為顧客的心情評分（設定一至十的評分系統，七分以下為心情不佳），帶位者評分後輸入電腦，分數會顯示在顧客的點菜單，也會貼在廚房的公告欄，所有的員工都可看見評分，並且根據評分調整自己的行為，目標是在顧客的心情分數不應該低於九。員工可能會適時贈送一瓶香檳、雙份甜點、請老闆親自招呼或者提供顧客參觀廚房，給顧客驚喜。

（2）為給予顧客驚喜，餐廳每天換菜單，每個星期五餐廳召開菜單發展研討會，每位在廚房工作者都必須提出一個菜色新構想，然後由同事回饋，一起動腦來準備。

（3）員工來自17個國家，由各國員工提出各自國家的食材、想法，充實構想。

（4）旅館地處偏僻，但聘請英國倫敦知名設計師掌舵，旅館大廳的地板以上好的法國木材舖成，室內處處可見十九世紀的古董。

（5）旅館天花板珍藏1萬5千瓶全世界好評的美酒，以便顧客選擇。

（6）花費500萬美元（1999年）重整廚房及餐廳，使之優美，並開放參觀。

2.永遠不對顧客說不

（1）旅館的住宿者，全天候都可以隨時點餐。

（2）旅館沒有客房服務項目表，但櫃台24小時都有一位員工，專門負責做到房客的各種要求。

（3）「我不知道」這句話是員工的禁用語，不可以此句回應顧客。

（4）餐廳中不應該有任何地方限制顧客進入，也不應該有任何陰暗的角落，不希望顧客看見。

3.100%投入熱情

（1）每年一月關閉餐廳，到歐洲進行美食之旅，找出名列各種評鑑為首的餐廳，一家一家去試吃觀摩，參觀廚房及加入採購行列，以求能經營更好。

（2）歐康諾現今四處演講教課或為美食比賽當評審，但只要在鎮上，則每晚親自掌廚。有時顧客早到，可嚐到試作的新菜。（重申要把注意力集中一處，可把事情做好）

（3）廚師對自己調味火候深具信心，上煮菜時，服務生會把顧客桌上的調味料收走。

4.專業，提供顧客完美的經驗

（1）每個員工都必須意識到自己的重要性，隨時都要有最好的表現。有如表演中有人說錯台詞，會破壞整場演出。

（2）歐康諾未受過任何烹飪專業教育，十五歲開始餐廳打工，從大學畢業後，每天都待在圖書館裡，閱讀各類的食譜，回家之後，就練習烹煮當天學到的新菜，他要求自己不只學習一道菜如何去做，也要瞭解其後的歷史文化。

（3）餐廳服務生需遵守各種規定，除非上桌或收盤子，在顧客用餐時，服務生不會在餐桌旁走動，但當顧客點頭或招手時，立刻就會有服務生前來。不是由一名指定服務生提供服務，而是由所有的服務生提供服務。

（4）在整個用餐時間，都有一個服務生安靜地拿著一籃麵包四處穿梭，當他看到顧客的麵包用完，他會悄悄補上，不會開口打斷顧客用餐。

（5）旅館的員工，從主管到服務生，每個人都被分配進行研究報告。他們必須針對自己的報告主題，閱讀及蒐集資料，成為該主題的專家，然後向同事發表他們研究結果。

（6）廚房的工作團隊，每個人也都被分配一名知名美食評鑑家，要求員工熟悉他們所負責的美食評鑑家，包括：他最重視什麼、最喜歡使用的字句為何。員工必須到其他餐廳用餐，以他們所負責的美食評鑑員的風格，撰寫餐廳評鑑，然後向同事報告。

✦ 人才培訓

1. 應徵員工時，把應徵者粗略分爲兩大類，一類是喜歡以前主管的人；第二類是不喜歡以前主管的人。應徵者談論以前工作若會表達一些正面看法，通常態度比較好的員工，是希望僱用的人員。因爲，態度良好的員工，只要經過一段時間的訓練，幾乎可以學會任何事情，所以態度是第一要件。

2. 服務生在受訓滿一年以前，除了告知顧客廁所在哪裡以及現在幾點鐘等簡單的事物之外，不能跟顧客說話。新服務生一開始要接受餐廳的訓練，花幾個月時間，跟著資深的服務生，一邊協助他們服務顧客，一邊學習。等到訓練期滿，對自己有信心，便可申請測驗。

3. 測驗爲兩小時的口試，資深的員工會詢問問題，從餐廳的歷史到菜單上的某一道菜，或者顧客曾經問過的任何一個問題，都在口試的範圍之內，只有在通過考試後，新服務生才能獨當一面。

4. 餐廳每月出版的員工刊物也會刊登餐廳所統計，上月顧客最常詢問的十二個問題，以及當時員工如何回答這些問題，進行知識及經驗分享。

5. 正式上場的員工，如果犯了錯誤，只有一次的機會。當員工出錯時，主管必須私下立刻讓員工知道，而不是等到晚餐過後或到檢討會時再提出，而是即時糾正，讓員工立刻知道正確的作法，斷絕他們養成壞習慣的任何可能性。

第11章

生產修正

- ❌ 修正
- ❌ 改善
- ❌ 標準化
- ❌ 案例

修正

　　PDCA循環是由美國Shewhart博士所提出，稱為Shewhart循環，在1950年代，日本人將其改稱為戴明之輪（Deming wheel）（圖11-1）所示，此循環不斷重複計畫（Plan）、執行（Do）、查核（Check）及修正（Action）等四項活動。（Hage, 1990）

　　計畫階段的主要工作是訂定各項標準或規格。循環的計畫面是何處為改善地區（有時稱為主題）以及所找到的特殊問題所在。同時在分析之時可用改善的方法來解決一項或多項問題。

　　執行這一層則是將步驟的計畫付諸實施，而使有所改變。專家常建議應先以小規模來做，而計畫中的任何改變都要以文件做記錄（檢核表在此十分有用）。

　　查核是將實際作業與原定計畫比較，查明其差異性。也就是評估實施之中所蒐集的資料，其目標就是為了證明是否原先的目標和實際的結果有良好的契合。

　　修正是調查實際作業成果與目標的偏差，採取矯正行動並確認其效果。亦是組織中新的標準程序的全盤改進，其工作內容可分為：（鄭春生，1999）

　　1.研究改善對策：深入研究造成差異的原因，採取有效措施，防止差異原因再發生。

　　2.改善對策的複核：執行改善措施後，應對產品抽樣測定，以判定改善

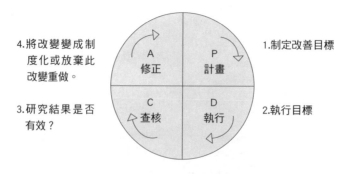

圖11-1　PDCA循環（戴明之輪）

措施是否達到預期的效果，若改善措施無效，則應用重新研擬改善對策。

3.標準化：若改善對策被證明有效，則應將修改的作業方法予以標準化，並根據新的作業方法訓練員工，使同樣的問題不再發生。

改善

✖前言

　　管理者在從事工作執行時，不時遇到瓶頸、困難或出錯的情況，於是就去考慮是否有更好的方法來節省成本、增加效率、減低人力、提昇品質等問題。也許經過不斷地嘗試研究之後，終能有所突破，這就是工作改善，目的就是「好，還要更好」，在以往稱之合理化，而到了JIT盛行後，業界都採用改善（kaizen）這個名詞（**表11-1**）。

表11-1　改善的歷史

時間	公司	內容
1894年	美國 NCR公司	工作績效差及低道德意願，建立一個解決品質問題的計畫，研究改善工廠計畫使工作環境更宜人，改善工作安全性、建立提案制度及強化員工進修並開始持續改善的活動。
1915年	美國 Lincoln Electric 公司	強化員工解決問題能力，創立按件計酬制度及以利潤為基礎的紅利制度。
1950年	日本豐田公司	1.接受使用改善生產和減低成本方法。 2.日本政府強制必須用持續改善方法來協助重建工作。 3.美軍與TWI簽約，以標準方法訓練人員，培養訓練人員。
1960年	美國 Procter & Gamble公司	適度的改變作業為減少生產成本，以小組為基準單位的方法。
1973年	日本產業界	利用品管圈和提案制度做為日常管理的一部分，成為日本式改善（kaizen）的觀念。
1980年	美國全錄公司	再次使用CI導向的品質計畫成功，使美國產業界紛紛投入。

⚒ 定義

改善是指發現法則，確立目的，以最少費用、最大成果的原則，應用於經濟活動，而設立標準，爲達成標準，以科學之方法設計各種具體方案而付之實施。改善運動的主要目的，乃是要促進一切有關工作聯合起來，以科學的、選擇的方法，祛除浪費與低效能，並謀求各種生產與分配技術的改良與進步。（張右軍，1986）

改善仍是不斷地不合理調適爲合理的努力過程。改善是動詞，僅存在持續追求的過程中，一旦停止，即不合理。改善雖無深奧的技巧，但亦絕非輕易的工作即可完成的，而是一經發動，便需永無止境地運作下去，否則前功盡棄。其內容爲：（楊望遠，1990）

1. **不斷地**：改善不在大刀闊斧，而在細水長流。亦非打破傳統，新換一套，而是突破現狀，衍舊出新；乃一脈相承，貫徹始終而不中斷的。

2. **挑出**：挑出、抓住也。非用口說，而是具體的行動。見不合理，任何人都有責任挑出、抓住，而非視若無睹事不相關，或通知「有關單位」處理。

3. **不合理**：所謂不合理，就是異常。不符標準有異現況，按理很容易發現才對，其實不然。人們往往因怕事，而積非成是、積久成習、見怪不怪視不合理爲當然。

4. **調適爲**：調是調整，並非打破一切，從頭開始。適是適當並非鉅細靡遺，齊頭並進。爲是成爲，非說說就算，有頭無尾。調適不僅是表象的行爲，尙包括團隊與個體內涵的心志，使能充分配合時代及企業的需求。

5. **合理**：看似簡單，只要合乎道理，合乎標準便是合理；然而，道理在人心，公婆說不清；有標準沒標準，人人自有說詞，各有一套；想要合理，到底要合誰的理？合理，其實要合大家的、團體內每一分子的理。也就是將各不同的理，找出去共同的交集，也就是大家認同的理。

6. **努力**：憑空得到，也會輕易失去，不勞而獲，是禍不是福，改善沒有仙丹靈藥，亦無速成捷徑，唯有靠本身努力，團隊成員互相激勵，親身投入歷練一段時日，方能不偏持續的追求，結果僅是靜態停滯的現

象。經由努力所累積的經驗與實力，機緣到了，自然水到渠成；切勿羨慕他人的成果的果實，而應效法其腳踏實地努力的過程。

持續改善（Continuous Improvement, CI）是一種挑戰產品及流程永無止境的小改善哲學，其亦是全面品質管理系統中的一部分。CI是在尋求對設備、物料及人力運用等作改善，經由團隊成員的意見及參與達到持續改善的目標。持續改善與傳統上依賴重大科技或理論創新，來企求成功的大改善大不相同。也就是利用團隊努力不斷的追求作業流程改善的哲學。（Jacobs, 2001）

在ISO 9001（2000）條文中8、5、1的持續改善其精義為組織應經由品質政策、目標、稽核結果、資料分析、矯正與預防措施及管理審查的使用，以利品質管理系統有效性的持續改善。此條文特別說明其作業過程確實的執行。（ISO 9001）

⚒ 工作改善的組織

企業為改善工作，則需設置改善推動組織，尤重於改善分析計畫方面，其所採取組織方式其優缺點如表11-2為：

1.各部門（實施部門）為主體自行改善。

2.組織委員會執行改善。

3.專門部門負責改善。

4.委託管理顧問公司或顧問師。

一般改善的動力，來自工作者本身發現其缺點要求改善，主管及上司體察內外環境變遷須改革的壓力而指示及經由第三者（顧客、經銷商、供應商等）指責所要求改善。在台灣的大型企業較多採用專門部門負責（企劃處、總管理處、總經理室、工業工程處），而中小企業人才缺乏，則可外聘企業管理顧問公司來協助居多。

⚒ 改善的觀念

為實現改善，管理階層必須學習一些基本觀念：（今井正明，1999）

表11-2 改善組織優缺點表

項目	優點	缺點
部門自行改善	各部門對自己所擔任工作內容最瞭解也最精通，容易掌握問題的所在，亦可期望真正執行實施。	1.缺乏綜合的整體的視野。局限於片斷局部，影響全局。 2.較缺乏分析技術與改善能力的人才。 3.偏向現況的偏好，易與現狀妥協，有消極的態勢。
委員會執行改善	1.具有綜合及整體的視野，可真正綜觀全局。 2.可集合眾智，意志溝通。 3.可促進啟發改善之意願。	1.責任易分散，動口的人多而做事的人少。 2.要花費長時間協調，而其調查檢討定案時間不易安排。 3.不易深入細節。
專門部門負責改善	1.具有專門知識及經驗。 2.具有專門時間從事不斷精細的分析檢討工作。	1.不易得到有關部門充分合作。 2.專門而具有綜合整體能力的人才不易求得。
委託顧問執行	1.具有專門知識及綜合的能力及經驗。 2.具有總體的視野。	1.花費經費較大。 2.如果不得其人，不懂業務內容而不知謙虛，反而失敗。 3.對外人指導會有反抗性及不合作的態度。 4.主管及工作人員易置身於外，不熱心。

1.改善與管理

在改善的範圍，管理具有維持（maintenance）與改進（improvement）的功能（圖11-2及表11-3）。前者是指從事於保持現有技術、管理及作業上標準的活動，以及支持這些標準所需的訓練和紀律。而後者則以提昇現有標準為指向的活動。（Melcher, Acar, Dumont & Khouja, 1990）

改進又可再區分為改善和創新（innovation）。所謂改善是由於持續不斷的努力，所產生諸多小步伐的改進，而逐次累積而成。創新則是藉由大筆資源投資於新技術或設備，而產生戲劇性的改進（圖11-3）。

2.過程與結果

改善是著重在過程為導向的思考模式上，但許多公司改善活動都是輕忽此過程，在改善過程中是以人際面的努力是最具關鍵性的要件，也就是最高當局的承諾和參與，必須適時及持續的表現出來方能成功。而非只重視結果

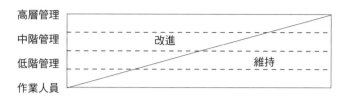

圖11-2　日本觀的工作機能

表11-3 標準維持vs.持續改進系統

項目	標準維持系統	持續改進系統
發現問題的方法	由自然事件來分析： · 需求的變異 · 有瑕疵的原料 · 工具的損毀	除了自然事件再加入人為規劃： · 勞力減少 · 過程中工作的減少
分析範圍	地點性： 問題分成片段，並於問題所在處解決之	歷史性： 問題的分從副系統到整個系統
解決的時間性	短程： 處理問題的表徵	長期： 從問題的根本原因解決
解決的型態	· 加入資源的緩衝（存貨或是勞工） · 以懲罰作為激勵 · 使控制範圍縮小	系統的改進： · 改變產出 · 改進產品設計 · 改變機器 · 訓練與教育員工
解決方法之普遍性	解決方法是唯一僅適於此問題的	評估解決方法以施用於其他地方
資訊流向	大多往下游： · 與他們流通標準和方法 · 如何處理差異	向上而且是水平的： · 向上提出建議評估 · 解決方法平行溝通以利開展
資訊流動的頻率	低，例外性的： · 當偏離標準時 · 當績效改變時	高，正常性的： · 提議系統與其評估
作業水準管理人員角色	嚴格的主管： · 監督工人 · 提供個別指導	協助的主管： · 為工人的顧問 · 提供指導給忙於解決問題的工作小組
中級管理人員角色	監督並解決問題： · 監督執行 · 若績效在標準之下則介入	支援和訓練： · 訓練工人解決問題 · 評估實施之提議
高級管理階層的角色	傳統上： · 短程的控制 · 注意底線 · 壓制以解決目前危機	未來性： · 長程的遠見 · 觀察環境 · 提供領導者做出互動的規劃
環境的觀察與計畫	最小範圍的： · 沒人正式認同此功能	伸展性的： · 透過一正式功能或是採用分層負責的方法

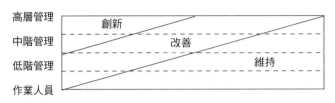

圖11-3　改進分為創新和改善

面的思想，因為要改進結果，必須先改進過程。

3.遵循PDCA循環及SDCA循環

SDCA的目的（圖11-4），就是在標準化和穩定現有的製程（維持），而PDCA的目的則在於提昇製程的水準（改進）。PDCA不斷地在旋轉循環，一旦達成改善的目標，改善後的現狀，便隨即成為下一個改善的目標。PDCA的意義就是永遠不滿足現況，因為員工通常較喜歡停留在現狀，而不會主動去改善。因此，身為管理者必須不斷地設定新的挑戰目標，以帶動PDCA循環。

4.品質第一

就生產／服務作業管理，其主要的目標就是交期、數量、品質和成本，要經常將品質視為最優先的目標，不可因屈就數量、交期和降低成本的壓力，而對品質妥協讓步。如此則冒著犧牲品質和危及企業生命的風險。

5.用數據說話

改善是一種解決問題的過程。為能正確瞭解及解決問題，首先必須蒐集及分析相關資料，以確定問題的真相。沒有生產管理各種數據，則僅能用臆

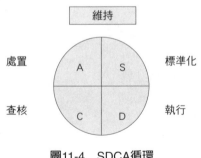

圖11-4　SDCA循環

測，而無法蒐集現況來作爲分析及改善的出發點。

6.下一製程就是顧客

所有產品與服務的工作，都需經歷一連串的加工／服務的過程來完成，而每一道製程都有其供應商和顧客。而顧客可分爲內部顧客（公司內部）及外部顧客（公司外部的市場）。

在公司內大部分人員所接觸的都是內部顧客。有此認知一下一個製程就是顧客，便應當承諾不將不良品或不正確資訊，往下一製程傳送。則在外部的市場最終也能接收高品質的產品或服務。

改進選擇的方向

公司的工作場所，恰有如一座寶山似的，隨時等待管理者去挖掘。乍看之下，工作場所似乎已經盡善盡美。但是，技術的進步日新月異，周圍的環境不斷改變，以至維持現況就是表示落伍。站在這種立場來看，可以改善的方向（表11-4）很多。（陳文哲，2002）

管理者切莫存著「這種雞毛蒜皮的小事……」只要是有改善的必要，再

表11-4 現場改善著眼點及任務說明

分類	內容
1.品質	降低不良、提高品質、防止抱怨、減少異常、減少變動、維持管制狀態及減少修正工作。
2.成本	降低費用、減少工時、活用時間、縮短時間、節省材料零件、降低購入價格。
3.設備	提高效率、預防故障、自動化、機械化、減少工時、改良模工具、布置改善。
4.失誤	減少失誤、減少疏忽、防呆、減少事故、檢驗遺漏、資訊錯誤。
5.效率	生產力、產量、縮短時間、時效性改善、減少等待時間、縮減庫存量、進度管制、交期改善、時間研究、動作研究、程序分析。
6.管制	制訂標準、標準化、達成標準、採取對策、管制點、防止再發、作業稽核。
7.訓練	品質管制技術教育訓練、專業技能訓練提高水準。
8.安全	安全、疲勞、環境整理。
9.環境	環境改善、人因工程、姿勢、布置、適性的檢討。
10.士氣	人際關係、提高士氣、踴躍提案、改善資訊通路、提高出勤率。
11.發展	強化與企業外部關係、主管及幕僚幹部的溝通、部門間協調的改善、品管圈的活躍化、交流、發表會、觀摩。
12.其他	方針、理想、切身的主題、事務流程及表單改善。

微小的事也不宜放過。不僅要考慮自己的工作立場，是否有改善的必要，如果時間上許可的話，不妨把下一段工程也列入考慮的範圍，儘量從事使作業人員會感到高興的改善。換句話說，不妨將下一段的工程當成顧客看待，對下一段工程的服務，做一些顧客所喜歡的工作，日後，這兩件事是愈來愈重要。使前後工程間密切配合，以圖全體的方便，這正是工程改善的重點。

✖ 改善的重點

要將改善落實做好，一如自然節令四季分明，井然有序，有條不紊按部就班，生生不息地運轉下去，其重點為：

1.異常的重點管理

改善並非什麼都管，或到處亂管，而是管理重點在將不合理的異常，列入管制。正常的事，自有制度標準去運作，不管多費心，而可將有限心力，針對異常加以檢討改進。

2.追根究底，止於至善

大部分的人並未能做到追根究底，以致問題反覆發生。係因未按部就班去做，其步驟為：
（1）找出真正問題。
（2）與以標本兼治。
（3）再發防止措施。
（4）標準化，納入正常管理體系。
（5）標準化後的確實貫徹的執行力。

3.自我回饋，自動自發

企業或個人運作都需要動力的泉源，若來自外界，終有時而竭，是不可靠的。唯有本身自我激勵、自我挑戰，產生自動自發的原動力，不受外界左右，才能生生不息運作下去，形成改善推進的力量。

✖ 改善的方法

欲改善，非遵守改善的方法不同，其內容為：

1.改善的步驟

改善進行的步驟,簡述如圖11-5。

(1) 問題的發生與發現:問題非常明顯化的場合很少。最重要的一件事,乃是要時時存著問題意識,想著為了使工作場所及條件更完美,應該如何著手改善?為此,必須以積極的態度,從事主題的選定,以解決問題。(石渡惇一,1998)

在考慮發生什麼問題以前,可用PQCDSM檢查表(表11-5),實施一次檢查,以便確定問題的所在。

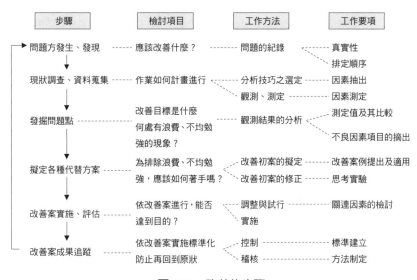

圖11-5 改善的步驟

表11-5 PQCDSM檢查表

檢查項目	檢查重點
生產力(Productivity, P)	最近生產力是否降低?生產力是否提高?是否必要的人員多而生產力又不好呢?
品質(Quality, Q)	品質是否降低?不良率是否提高?品質是否能提高些?顧客抱怨是否太多?
成本(Cost, C)	成本是否提高?原料、燃料、人工、費用等成本是否提高?
交貨(Delivery, D)	交貨期有沒有延遲?能否縮短文件處理日期?能否縮短製造日期?
安全(Safety, S)	安全方面沒有問題嗎?災害件數多嗎?有沒有不安全的作業?
士氣(Morale, M)	有士氣與幹勁嗎?人際關係有問題嗎?作業員的分配適當嗎?

（2）現狀調查、資料蒐集

    a.調查計畫的擬定：在改善開始前，首先要確立目標，得採用下列方法：

        a）預備調查：蒐集資料，找出問題的真正所在。

        b）一般調查：確立目標、對象、範圍，並謀求各部門的均衡發展。

        c）確立改善的組織成員。

        d）宣導及溝通，爭取其他部門協助及上級的支持。

    b.現況調查、掌握現況資料：現況調查目的在瞭解現在作業或事務如何進行處理。由現況調查而得資料再與作業標準、制度、規章、原則原理或所追求的目的相比較，進而發現應改善的地方。

    一般調查內容包括：組織架構、流程圖、職掌表、表單、傳票、布置圖、量測等項紀錄。

（3）發覺問題點：把現況的事實把握以後，即可做分析與檢查，可使用5W2H表（詳見品質管制表10-23）來尋找問題點的所在。

憑現狀分析，發現作業的浪費、不平衡、勉強以及不理想之後，即可縮小問題，訂立改善目標。可運用工程分析來協助縮小問題的重點，諸如運搬次數太多，運搬距離太長或等待時間太長等，再採用特性要因圖整理，由成員討論整理一套可行的方法。

（4）替代方案

    a.改善構想具體化：為求進步，必定否定現況，把問題點找出並加以檢討以後，必定會產生構想，這種改善構想的原則，並非是固定不變的。最基本原則乃是以科學的、客觀的觀點配合企業所追求的目的，而選定當時認為最佳的方式，諸如考慮使作業人員舒服（減輕疲勞）、良好的產品（品質提高）、快捷（製造時間縮短）、節省費用（經費減少）；如何運用改善四原則——剔除、簡化、合併及重排（表11-6）去進行。

    b.執行狀況：在制訂改善案，必須分成三種情況考慮：

        a）第一案：能夠很快就制訂好的改善案。

        b）第二案：必須稍作準備才能制訂的改善案。

表11-6　改善四原則

原則	目標	案例
剔除	不能取消？ 取消又會變成如何？	1. 檢驗工作省略。 2. 布置變更的運搬工作省略。
簡化	不能更為簡單嗎？	1. 作業重新估計。 2. 自動化。
合併	能否把兩種以上的工程（作業）結合在一起？	1. 兩種以上的加工，能否同時進行。 2. 加工與檢驗同時進行。
重排	能否更換工程（作業）？	變更加工的流程，以便提高效率。

　　　　c）第三案：必須大規模從事準備，方能制訂的改善案。

（5）改善案實施、評估

　　　a.準備作業：改善案一旦決定，並不表示就可立即實施，而須視
　　　　情況而定，並區分輕重緩急以及投入多少資源。其考慮事項計
　　　　有：

　　　　a）改善氣候是否已成熟？

　　　　b）人員是否充足？

　　　　c）實施時間是否適當？

　　　　d）所需費用是否編列預算？

　　　　e）相關部門是否能配合實施？

　　　b.日程計畫：實施順序決定後，接著就是決定日程，其要項為：

　　　　a）改善案說明（向部門員工說明目的、組織、方式）。

　　　　b）教育訓練。

　　　　c）相關資料及表單準備。

　　　　d）試行。

　　　　e）規模作成。

　　　c.執行：改善案的實施，主要在工作部門確實去推動，除取得共
　　　　識、同心協力外，更要定期檢討並控制進度。

　　　d.評估：改善案付之實施，就得查看是否按照改善案程序預算進
　　　　行以及改善案的目的是否達成進行比較檢討，有助未來改善的
　　　　依據。

（6）成果追蹤：改善案經過實施，若評估得到十分有效果的評價，則

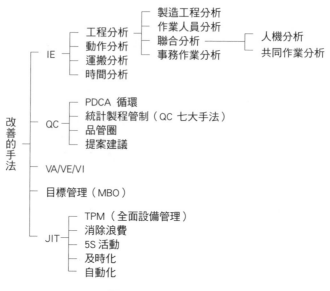

圖11-6　改善的手法

須編入實際作業，而把它標準化，以防止再退回原狀。

2.改善的手法

IE及品質管制乃是實踐的學問（圖11-6），也就是說透過實踐，重複了幾次改善以後，就能很自然的牢記手法。單純把它當成知識的話，根本就不能發揮實際的效果。

標準化

✖定義

所謂的標準化（standardization），即產品限制少數式樣、大小及特質之內。使工作程序、原料及工作時間均可固定，而便於管理，以降低生產成本。由專業化更進一步。為生產的標準化。依據各企業實況，合理的制定、材料、零件、設備、製品等的說明書，作業方法，業務手續等標準規格或規

定並且經由組織的靈活有效運用這些標準，以達到經營管理目的的一切活動。（林豐隆、吳榮振，2002）

　　舉個例子來說：一個小吃店的老闆，若能在適當的時機煮出一碗恰到好處不會太生也不會爛的白米飯，將使客人可以高興的享用餐點。然而，恰到好處的白飯並非所有人都煮得出來，即使經驗豐富者，也不見得每次煮可以煮得到好處。一碗符合要求的白米飯，需具下列條件：

　　1.清洗乾淨，符合衛生及營養標準。

　　2.煮好的白米飯，不太生、不太爛，恰當的香Q有彈性。

　　3.要於適當的時間煮好，以配合客人到來的時間。

　　4.要在經濟原則下煮好，不浪費材料與燃料費用。

　　當然，我們也可於許多次經驗中煮成最恰當的白米飯。但是，如果每次煮都要嘗試多次，不但無法配合用餐的時間，也浪費材料、燃料。故須做到「一次就煮好」可依下述方法進行：

　　1.經挑選、評估後，購買最合適的白米飯種類，最好是新來的。（材料的採購）

　　2.檢查買來的米是否符合，所需的品質標準。（材料的檢驗）

　　3.在進行烹煮之前，需先將買來的米先進行處理，例如，米的清洗、烹煮前的浸泡等等。（準備工作）

　　4.事先決定所煮的熟爛的程度。（確定基準）

　　5.研究煮好恰當白米飯的各種方法，選擇其中最經濟、最方便、最好吃的煮法。（決定方法）

　　6.把每次的方法之要領記錄下來，以防忘記煮之前多少水煮多久，以及煮好之後需悶在鍋中多久等之步驟及有關條件，儘可能以數量表示出來。並且評定飯的好壞。（記錄各項作業及測試資訊）

　　7.依測試成果的好壞，修正及制定作業標準，使之文字化。（制定各項標準）

　　8.根據記下來的要領，切實去做，每次都能煮成恰好的白米飯。（按標準實施，得標準化之成果）

　　有了具體的標準，以後只要照著去做，就是生手也能煮出最恰到好吃的白米飯。這種把方法數量化的表示出再遵循去做達到最佳成效就是標準化。把它撰寫成固定的格式，就是一般所謂之操作標準書（S. O. P.）。

⚒ 標準化之性質

1. **標準化有強制性**：即作業經標準化後其標準未更改之前操作人員須嚴格遵守其規定。
2. **標準化有固定性**：作業或物品經標準化後除有必要不要隨意變更。
3. **標準化不封鎖創意**：作業標準化後，如有更優秀的新物品、新技術、新方法可資運用，則仍然可以改變標準化之規定，唯其改變須徹底的分析研究，認為有改變的價值之後才行。

⚒ 標準化之特徵

1. **代表最好、最容易、最安全的工作方法**
標準是集合員工多年的工作智慧及技巧的結晶。當管理階層要維持及改進某件事的特定工作方式時，要確認不同班別的所有人員，都遵守同樣的程序。（今井正明，1999）

2. **提供一個保存技巧和專業技術的最佳方法**
一個員工知道工作最佳方法，唯有憑藉標準化與制度化，方能將此知識分享及留存。

3. **提供一個衡量績效的方法**
依所建立的標準，管理者可以採公正方法來評估工作績效。

4. **表現出因果之間的關係**
沒有標準或是不遵守標準，一定會導致異常、變異及浪費的發生。

5. **提供維持及改善的基礎**
遵守標準即為維持，而提昇標準則為改善。而維持標準是管理者每天在現場活動的主要工作，而改善則是維持後所計畫下一個挑戰。

6. **作為目標及訓練目的**
標準可顯示如何工作的一組視覺訊號的集合，可為管理者及從業人員追求的目標。

7. **作為訓練的基礎**
一旦建立標準，爾後最重要的工作就是要訓練作業人員，使其能習慣成為自然，依照標準去工作。

8.建立成為稽查或診斷的基礎

在現場工作基準已公布，以表現作業員工作的主要步驟及查核點，更重要有助管理者去查核是否正常地進行。

9.防止錯誤再發生及變異最小化的方法

管理者任務要對每一個製程的主要控制點，予以確認定義、標準化及執行，方可防止錯誤及變異。

⚒ 標準化之功用

實施標準化生產後對公司之經營管理可產生許多好處與方便，生產標準化是要使產品一致，所用的材料、配件劃一，及使其互換簡單容易。目的是使生產操作簡單，裝配容易。遇有必要其整修更換的地方少及使生產能順利進行效率提高。而且標準實施之後，也可以減少檢驗工作，使物料的購買、儲存、分發工作簡化，操作人員的訓練時間縮短，人工得以充分利用，故其所具之功能很多。下列是其中幾項重要功能：

1.保證產品的品質：作業實施標準化作業後其所用之物料均一配件得以互換生產程式與操作固定如此可促進其產品品質的實現。

2.提高生產效率：標準化生產後物料種類減少人工的操作可以專業化配件的互換簡單不僅可以使生產作業錯誤減少而且效率可以提高。

3.降低生產成本：標準化生產後物料加工報廢的損失情況少而且物料的規格統一可減少物料之種類，因此，可減少物料之購置儲存避免資金積壓的損失。

4.便利生產管理：標準化是管理的工具，它可用以設定操作標準及建立操作方法，使人員得以有效利用而且標準化後其產品具有均一性，即產品之尺度型狀品質性能都保持一致，如此對工廠生產管理有許多便利。

5.使新進人員或人員異動時，快速投入生產：傳統生產的技術經驗都是由老技師，以土法鍊鋼的方式，經過多年的經驗累積得來的，新進人員無法很快的投入生產，而標準化作業的進行則將部分基本的作業書面化、簡單化。因而新進人員，只要照規範去執行。即可快速的投入生產的工作。

🔧 標準化之優缺點

1.優點

（1）減低製造成本：實施標準化的結果，生產效率必須提高，而且還能減少浪費，故可節省製造費用。

（2）減少銷貨及存貨之費用：產品標準化，品質可靠而且劃一，可使交易簡便快速；尤其是原料及成品之儲存比較單純，也易於管理，故能節省有關銷貨及存貨的人工費用。

（3）利於大量生產：實施標準化，可使採購、生產、銷售等各項營業活動單純便捷，而且成本也比較低，在物美價廉的情況下，有利於推廣市場增加銷售量，故可實施大量生產以求進一步降低生產成本。

（4）規格劃一具有互換性：產品經過標準化之後，縱使是由不同廠商所製造的不同品牌之商品，其規格必須一致，例如，軸承、螺絲、螺帽和華司等產品，全世界每家製造廠出品的規格都大致一樣，因此既利於製造廠商亦又便於消費者，用戶買到任何品牌都可以自行安裝應用。

2. 缺點

（1）影響自由競爭：標準化之實施，已具有規模之大企業，可享有大量生產之經濟利益；而新創設之企業或小廠商，可能因為資本薄弱，產量少而成本高，即無法在同一條件下與大廠商抗衡，生產企業間不能自由競爭，即妨礙產品之進步發展。

（2）缺乏應變之彈性：標準化的結果，各種業務之執行會受到較嚴格的限制，難以迎合不同偏好之消費者；而且標準化生產線上專用的機器不易轉換生產，因此而使營業無法及時通權達變，以適應市場需求之劇烈變化。

（3）工作單調乏味：現代化分工合作情況下，工作非常單純，而一切生產活動又皆標準化，無工作技巧可言，機械化的單調工作，引不起自動自發的學習及研究樂趣，易使員工對工作感覺厭倦乏味。

（4）阻礙產品進步：標準一經設定，即不能輕易變更，若新產品標準化太早，設計未達完善，即可能妨礙產品之進步和發展。例如，英文打字機鍵盤的安排非常拙劣，但是由於標準化普遍採用後，如果想重新安排，顧客反而會感覺不便。

目前推行標準化的組織

推行標準化的組織，可以從標準化的種類來區分：

1.工廠的標準

這是工廠本身考慮市場的需要，及生產技術與成本等的情況，自己擬定產品生產的條件。其主要的範圍如**表11-7**。（並木高矣，2000）

2.同業標準

即同業間為共同改善產品的品質，促進生產上的方便，由該同業公會選定若干產品，共同設定該團體各分子所共同遵守的生產條件。此種標準往往具有相當高的約束力，生產此種標準之產品的工廠，往往須將其列為廠內標準化作業。例如，美國三大汽車廠福（Ford）、通用（GM）及克萊斯勒（Chrysler）為摒除汽車廠各自為政的品質系統，遂由三大採購部門副總裁共同成立一個工作小組制定一套調和標準為QS-9000。

QS-9000適用於直接供給福特、通用及克萊斯勒等汽車公司汽車零件供

表11-7 工廠標準化的範圍

對象		標準化的方法	目的	方向
物的要素	產品、零件	形狀、尺寸、特性、構造、機能等。	最小手段的最大活用	簡單化 統一化 規格化
	物料	材質、品種、形狀、尺寸等		
設備要素	機械、工具	形狀、尺寸、能力、性能、特性、處理方法等。		
人員要素	主管、作業人員	適性、教育、訓練、態度、服裝、說詞、姿勢、音調等。		
方法的要素	設計方法	尺寸、標示、角法、公差、圖紙、符號等。	生產活動的容易化、安定化	一定化
	製造方法	作業順序、動作、姿勢、布置、加工方向、加工條件、尺寸、精度、完成程度等。		
	作業條件	溫度、濕度、空氣狀態、音響、採光照明、時間、速度、休息等。		明文化
	事務方式	組織、制度等規定、傳票、帳簿、設計圖、度量衡、用語、紀錄。		規定化

應商，或其他贊同本標準的OEM顧客：

（1）生產原材料。

（2）生產性零件或服務性零件。

（3）熱處理件、塗裝件、鍛金件或其他表面處理件的內部／外部供應商。

3.國家標準

即國家為了促進工業界改進其生產技術，提高產品品質，保證消費者的利益等規定國內某些產品所須具備之條件，為生產該產品之各工廠應共同遵守。其標誌如我國之CNS、美國之ANS、英國之BS、德國之DIN等我國現有國家標準之產品約23類4千多種。

我國為了加強工業發展，提高產品品質水準，保障消費者之利益，對標準化之推行採下列兩種方式。

（1）強制性：即對國民健康及公共安全有關之產品，如食品罐頭、家用電器材、建築材料等百多種產品目，無論是在國內或國外製造，都要符合我國國家所要求之標準，經過商品檢驗局合格後，才能在市場上公開銷售。

（2）志願性：一般性的產品，國家對品質未規定必須達某種標準才能上市銷售，但如工廠所生產之品質合於國家所規定之標準，經考核合格者，則由中央標準局授與一項證明，即正字標誌，消費者也能憑此認識優良產品而安心的購買、使用。

4.國際標準

即國際間為了生產及使用上的方便，由設在瑞士的日內瓦的國際標準化機構（The International Organization for Standard, ISO）訂立的國際推薦規格，建議國際間生產該產品時能採納其規格。ISO為目前各大企業所追求公認的標準。

案例

⚒ 案例一　績效改善案

日本的7-11為突破瓶頸，在日趨艱困的經營環境中持續成長獲利，近年來針對門市推動了兩項績效提昇活動，有效地讓門市的競爭力變得更強。（邱建樺，2003）

手法一：將經營改善活動的單位縮小，由區域縮小到單店。

要如何能夠快速地因應市場的需求變化，做出適當的對策？還要層層上報的方式是曠日費時、緩不濟急的。於是日本7-11採取授權的方式，以往是由區域督導召集各店的店長開會，針對問題討論解決的方案，改變為由各店的店長在自己的店內就召集店員進行開會討論，讓大多數問題的解決決策層級，壓縮到只有一個層級。店長及店員是第一線人員，最瞭解門市問題的真實情況，在正常情況下，他們所提出的解決方案也會是最有效的。

手法二：將經營改善活動的週期縮短，由每月一次到每週一次。

經營績效改善活動的步驟，通常都是Plan（計畫）→Do（執行）→Check（查核）→Action（執行），而一般的企業在執行這個改善流程時，抓的時間都是一個月。

日本7-11要求門市店長將這個改善流程縮短為一週。當下發現有異狀時，立即召集同仁檢討分析真正的問題點，以及可以解決的方案。當達成共識時，立即就施行改善方案，過1～2天檢討改善方案是否有效。如果無效，則重新檢討分析，再跑一次PDCA；如果有效，就繼續施行這個改善方案，並且修正標準作業程序。

⚒ 案例二　顧客服務滿意度改善案

日本小田急百貨導入「小田急Michelin*」的待客態度評分制度，顧客服務促進部的12名人員每年會到賣場巡視、評分12次，半年統計一次結果，對成績低下的員工進行具體的指導，除了希望藉此增加固定消費顧客，而且有

客觀的數字統計，在和廠商談價格時也比較有利。（台灣連鎖暨加盟協會，2003）

「請問一下三省堂書店在哪裡？」一名男子在仕女服飾部向店員尋問書店位置，仔細一看原來是顧客服務促進部的部長早川淳，他默默在一旁觀察店員們的情形。

回答得吞吞吐吐的話只能得1分，查詢隨身攜帶的手冊後才能回答的得2分，輕易地就答出來的可以得3分，不但可以快速的回答還順便指出電梯方向的就可以得到最高4分，這就是早川部長在巡視賣場時給店員們出的考試。

「小田急Michelin」評分的項目共有十項，從基本的問候語、笑容、用詞遣字等，到如何觀察顧客的需求並自然的向上搭話、從顧客的談話中推薦最適合的商品等小地方的待客態度，都列入評分中。

除此之外，每個月設定不同的主題，例如，12月年終送禮季節，銀髮族顧客增加，特別針對其發生事故時的應變處理進行演練；還有小田急百貨明年起新會員卡上市，也將針對新會員卡介紹進行特訓。

及格分數是30分，依照Michelin的標準，27分以下是一顆星，28到30為二顆星，30分以上等於三顆星，今年上半年度並沒有任何一人獲得三星級的肯定。

「小田急Michelin」制度從2001年9月開始實施，據說顧客申訴每年減少5%，國外品牌專櫃也必須接受評分，每年秋季和春季都會公布排名表揚名列前茅的賣場。過去四次的調查中成績最優異的是日式點心部門「謙倉五郎」，以親切的笑容和態度，屢次獲得最高分。

評分員由顧客服務促進部的11人和負責教育訓練的顧問組成，其中有包含四位女性。各部門的評分員每二個月輪替一次以求評分的客觀性。評分表上不但有分數，還有時間、人數，以及詳細地記錄的所有待客時的動作，評分結果會具名發送到各部門，評分員幾乎每天都會到賣場巡視。

針對分數不佳的部分也會考慮撤換員工，目前最重要的工作就是加強分數在倒數15%部門的服務員自覺。

＊：Michelin是一本介紹歐洲飯店、餐廳的旅遊書，書中以星等來評價好壞，每年都會出版。

案例三 Peugeot 305排氣歧管切削加工改善案

1.產品

法國標緻汽車公司向羽田機械公司訂購305轎車用排氣歧管（**圖11-7**），主要功能為使汽車排氣順暢，上接引擎，下接排氣管，將引擎排氣廢氣之四孔合併為一孔，利用排氣管排出車外。

2.訂購量

有鑒於本公司自設鑄造廠自行加以製造，供給國產車生產裝配，品質優良，價格合理。標緻汽車公司要求供應每月4,000件，加上國產使用量1,000件，每月需生產5,000件方可配合。

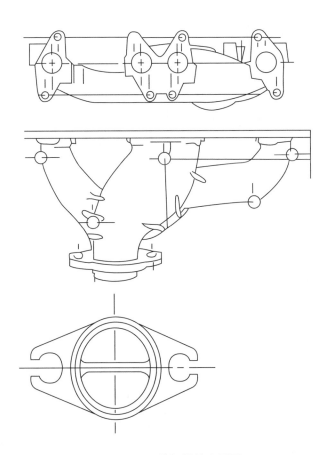

圖11-7　305排氣歧管產品圖

表11-8 設備明細表

OP工程	10	20	30	40
加工機器	圓盤銑床	多軸鑽床	多軸鑽床	臥式鑽床
工作內容	銑平面	鑽孔	搪孔	銑平面槽

50	60	70	80	90
單能鑽床	多軸鑽床	多軸鑽床	多軸鑽床	單能銑床
銑凸緣帽	鑽孔	攻牙	鑽雙耳孔	鑽雙耳槽

100	110	120	130
洩漏機	清洗	浸油	包裝
試壓	去除水分、雜質	防蝕	出貨

3.現今狀況

（1）設備明細（表11-8）。

（2）製造流程圖（圖11-8）。

（3）操作程序表（圖11-9）。

（4）工作人員：班長1人及作業員6人，共7人。

（5）生產標準之時為2.55分（表11-9）。

 a.每日生產量：正常班7.5小時×60÷2.55×25天＝4,410件。

 b.每日生產量：加班（每日3小時）9.75小時×60÷2.55×25天＝5,735件／月。

 c.每日鑄件不良率（砂孔）為10%。

（6）問題：每日加班及例假日加班方可應付（人員每日加班，非常勞累）。

4.改善專案

（1）目標：減少長期加班時間，提升產量20%。

（2）作法

 a.重新設定標準工時。

  a）測定305排氣歧管寬放率而得16.4%。

  b）測定各OP的操作工時（圖11-10）。

  c）可得各工作站人機工時（表11-9）。

  d）建議：

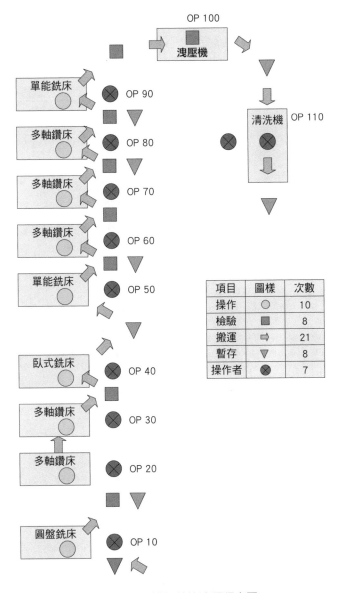

OP 100
洩壓機

清洗機 OP 110

單能銑床
OP 90

多軸鑽床
OP 80

多軸鑽床
OP 70

多軸鑽床
OP 60

單能銑床
OP 50

臥式銑床
OP 40

多軸鑽床
OP 30

多軸鑽床
OP 20

圓盤銑床
OP 10

項目	圖樣	次數
操作	○	10
檢驗	■	8
搬運	⇨	21
暫存	▽	8
操作者	⊗	7

圖11-8 305排氣歧管流程程序圖

製造種類：305排氣歧管　　　　　　日期：

FCD45　　305排氣管鑄造毛胚

110	○	銑削平面
DW	□	檢驗厚度 8 處
5	○	噴漆
30	○	鑽定位孔
7	○	倒角
12	○	搪 4-ϕ30*20孔
DW	□	檢查鑽孔情形 8 處
27	○	銑削 16.5 處
52	○	銑削 ϕ58，ϕ66 帽頭
DW	□	檢驗銑削情形 6 處
33	○	鑽 ϕ6-5 孔
DW	□	以目視檢驗深度（視錐度大小）
14	○	攻牙 M7*1-5 孔
DW	□	檢驗攻牙情形（以螺桿旋入目視無光）
36	○	鑽 2-ϕ20孔
DW	□	檢驗鑽孔情形 2 孔（以柱規）
36	○	銑削 W9.6 槽
2	○	噴漆
5	○	去毛邊
DW	□	以量規檢查 2 處（要通過）
DW	□	洩漏試驗
50	○	清洗、浸油
7	▽	包裝

事件	次數	時間秒
操作	15	429
檢驗	8	DW

圖11-9 操作程序圖

操作名稱：鑽銑作業　　　　　　　　　　製表日期：
使用機器（台數）：多軸鑽床2，臥式銑床　　分　析　者：
圖號：　　　料號：　　　　　　　　　　技術等級：

順序	操作單元	比例	時間秒 操作者	時間 NO.1	比例 鑽床	時間 NO.2	比例 鑽床	時間 NO.3	比例 鑽床
1	取工件置 NO.1 於夾具		4	裝置		閒置			
2	按 NO.1 夾具開關		2						
3	按 NO.1 主軸開關		1						
4	倒角		7						
5	取工件置 NO.2 於夾具		4			裝置		閒置	
6	按 NO.2 夾具開關		2						
7	按 NO.2 主軸開關		1						
8	取出 NO.3 工件		3					拆卸	
9	噴氣		3						
10	取工件置於 NO.3 夾具		4					裝置	
11	按 NO.3 開關		1						
12	取出 NO.2 工件		3			拆卸			
13	噴氣		2						
14	工件置於物架上		3	閒置					
15	檢查尺寸		7			閒置			
16	取出 NO.1 工件置於物架上		3	拆卸					

每週期人工閒置時間　0 ──→ 秒
每週期人工操作時間　50 ──→ 秒
每週期 NO.1 鑽床閒餘時間 11 ──→ 秒
每週期 NO.1 鑽床生產時間 30 ──→ 秒
每週期 NO.2 鑽床閒餘時間 27 ──→ 秒
每週期 NO.2 鑽床生產時間 12 ──→ 秒
每週期 NO.3 鑽床閒餘時間 13 ──→ 秒
每週期 NO.3 鑽床生產時間 27 ──→ 秒

圖11-10　人OP20/OP30/OP40機程序圖

（a）OP10和OP80人機動作的合併。

　①OP10人員閒置時間36秒。

　②OP80人員閒置時間17秒。

　③可將其人機動作合併。

（b）OP80檢驗動作之省略。

表11-9　305排氣歧管修正工時

	修正前			修正後		
項次	加工內容	S.T.	項次	加工內容	S.T.	備註
10	銑削平面	2.55	10	銑削平面	2.13	第一人
20	鑽定位孔	1.10	20	鑽定位孔	2.44	第二人
30	搪4-ψ34*20孔	0.45	30	搪4-ψ34*20孔	0.44	
40	銑削16.5處	1.43	40	銑削16.5處	0.44	
50	銑削ψ58ψ66處	1.05	50	銑削ψ58ψ66處	1.31	第三人
60	鑽ψ6-5孔	1.17	60	鑽ψ6-5孔	0.66	第四人
70	攻M7*1-5孔	0.85	70	攻M7*1-5孔	.066	
80	鑽2-ψ20H12孔	0.64	80	鑽2-ψ20H12孔	1.31	第五人
90	銑削W9.6槽	1.11	90	銑削W9.6槽	0.66	第六人
100	洩壓試驗	2.08	100	洩壓試驗	0.66	
110	清洗	1.26	110	清洗　浸油　包裝	1.31	第七人
120	浸油	0.57	120			
130	包裝	1.15	130	-		
合計		15.41（分）			10.01（分）	

　　①根據近年度加工不良率統計，不良品發生在OP 80的機率為0.7%。

　　②經查大部分不良原因為碰撞受傷。

　　③故可將檢驗動作省略。

（c）修定工時為2.13分，則不必加班即可配合交貨。

　　①每日生產量：正班7.5小時×60÷2.13×25天＝5,281件。

　　①每日生產量：加班（每日3小時）9.75×60÷2.13×25天＝6,866件。

✖案例四　績效改善案

1.公司簡介

　　大葉工業（股）公司，係製造小家電產品，其公司組織（**圖11-11**）如下：

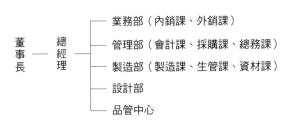

業務部（內銷課、外銷課）

管理部（會計課、採購課、總務課）

董事長 — 總經理 — 製造部（製造課、生管課、資材課）

設計部

品管中心

圖11-11　大葉工業股份公司組織

2.產品出貨作業規定

（1）表單

　　a.訂單。

　　b.訂單登記簿。

　　c.交貨單。

　　d.發票。

　　e.庫存管制簿。

　　f.銷貨傳票。

　　g.顧客簿。

　　h.貨款請求單。

（2）程序說明

　　a.經銷商使用電話通知訂貨或開出訂單至內銷課，內銷課開出交貨單及發票各一式三聯，自存第三聯，送第一及第二聯至資材課。登記在訂單登記簿。

　　b.資材課查核產品後，通知貨運公司（電話）裝運至經銷商點交，並將發票第一、二聯及交貨單第二聯存於經銷商，而交貨單第一聯簽收後交回資材課，轉記於庫存管制簿，後送內銷課。

　　c.內銷課依交貨單核對後，登記在產品庫存簿，以控制存貨。

　　d.內銷課依交貨單開出銷貨傳票，合併送至會計課。（一式一聯）

　　e.會計課依交貨單及銷貨傳票登錄於顧客簿上。

　　f.會計課於每月月底依顧客交貨金額統計開出貨款請求單，送達經銷商。（一式兩聯）自存第二聯。

g.經銷商開出支票送達會計課，並核對金額及內容正確無誤轉記顧客簿後辦理收款手續。

3.流程圖

產品出貨作業流程見**圖11-12**。

4.問題及改善

（1）內銷課

a.交貨單未查產品庫存簿，未知是否有庫存，即開立交貨單及發票。

b.開立交貨單未說明業務人員及主管的權限。

c.訂單登記簿僅做第一次控制，未做每階段的工作追蹤。

d.產品庫存簿不必在內銷課設置，增加帳冊工作，可直接與資料課電話聯絡或電腦連線。

e.月底貨款請求單及支票收取，應由業務單位自行負責，方可使業務自我控制。

f.顧客交易資料未登錄於顧客簿建立各項資料。

（2）資材課

a.交貨單送至，應先查核庫存管制簿內是否有貨可交。

b.出貨前未通知品管單位進行出貨檢驗作業。

c.電話連線貨運公司未有正式單據通知。

d.貨運公司交貨完成，未有單據確認，以後運費支付如何處理。

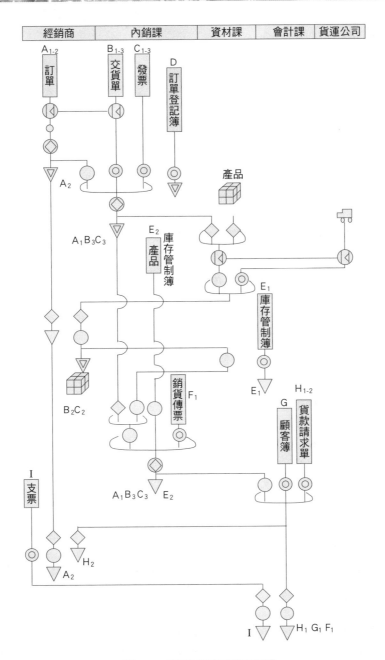

圖11-12 產品出貨作業流程圖

參考文獻

一、中文

Albrecht, K. 著，尉謄蛟譯（1982）。《22種新管理工具》。長河出版社，19～34。

Aottman, J. 著，石文新譯（1999）。《綠色行銷——企業創新的契機》。商業周刊出版有限公司，204～205。

Armstrong, M., *A Handbook of Management Techniques*，羅耀宗譯（1996）。《管理技術手冊》。哈佛企業管理顧問公司，96，158，162～163，167～168，274～275。

Bateman, T. S. & Snell, S. A.，張進德等譯（2002）。《管理學——新世紀的競爭》，340。

BSM1（2001）。中國國家標準「品質管理系統——要求」。CNS12681，24～25。

Calabro, S. R., *Reliablity principles and practices*，褚崑成譯（1984）。《可靠性理論與實務》。中興管理顧問公司，1～2。

Chase, R. B. & Aquilano, M. J. 著，郭倉義譯（1997）。《生產與服務作業管理》。美商麥格羅‧希爾國際（股）公司。

Chase, R. B. & Aquilano, N. J. 著，方世榮譯（1996a）。《生產與作業管理（上）》。五南圖書，3，332。

Chase, R. B. & Aquilano, N. J. 著，方世榮譯（1996b）。《生產與作業管理（下）》。五南圖書，559～596，882～883。

Chase, R. B., Aquilano, N. J. & Jacobs, F. R., *Production and operations management-Manufacturing and Services 8/e*，郭倉義譯（1998）。《生產與服務作業管理》。美商麥格羅‧希爾國際（股）公司，159～164，366。

Chase, R. B., Aquilano, N. J. & Jacobs, F. R., *Production and operations management-Manufacturing and services*，郭倉義譯（1999）。《生產與服務作業管理》。美商麥格羅‧希爾國際（股）公司，90～10，200～201，210，289。

Chase, R. B., Aquilano, N. J. & Jacobs, F. R., *Production and Services 8/e*，郭倉義譯（1999）。《生產與服務作業管理》，二版。美商麥格羅‧希爾國際（股）公司，128，145。

Chase, R. B., Aquilano, N. J., & Jacobs, F. B., *Operations Management for Competitive Advantage*，郭倉義譯（2001）。《作業管理》。美商麥格羅‧希爾國際（股）公司，225～227，234～236，462。

Davis, M. M., Aguilano, N. J. & Chase, R. B., *Fundamentals of Operations Management 3/e*，賴慶松、鄒慶士譯（2001）。《生產與作業管理》，第三版。滄海書局，84～85，

305～307，332～336，584，586～589，603～605，765～768。

Donald, W. H. & Hendon, R. A., *How to negotiate worldwide*，李瑞典、汪芳譯（1992）。《縱橫天下──跨國商談戰略》。天下文化，272～273。

Ebert, R. J. & Giffin, R. W. 著，吳淑華譯（1997）。《企業概論》。華泰文化，89～90，161～167。

Foster, S. T. T., *Managing quality: An integrative approach*，戴久永譯（2002）。《可靠性品質管理》。智勝文化，300～306。

Heskett, J. L. 著，王克捷、李慧菊譯（1997）。《服務業的經營策略》。天下文化，58～96，122～143。

Hisrich, R. D. & Peter, M. P. 著，林隆儀等合譯（1987）。《新產品行銷策略》，再版。清華管理科學圖書中心，94～96。

Hoffmamm, F. B., *Production & Inventory Management 2/e*，張盛鴻等譯（2000），《生產計畫與管理》。高立圖書，601～602。

Jacobs, C. A. 著，郭倉義譯（2001）。《企業管理》。美商麥格羅‧希爾國際（股）公司，186～189，569～571。

Kaplan, R., & Norton, D. P., *The Balanced Scorecard*，朱道凱譯（1999）。《平衡計分卡──資訊時代的策略管理工具》。城邦文化發行，36～38。

Kotler, P. 著，方世榮譯（1998）。《行銷管理學──分析計畫執行與控制》。東華書局，542～544。

Nickels, W. G., Mchugh, J. M. & Mchugh, S. M., *Understanding Business 6/e*，藍毓仁、陳智凱譯（2003）。《企業管理》。美商麥格羅‧希爾國際（股）公司，264～266。

Robbins, S. P. 著，李茂興譯（1992）。《管理概論──理論與實務》。曉園出版社，114～115。430～435。

Robbins, S. P., *Organizational behavior-Concepts, controversies and applications*，黃曬莉、李茂興譯（1990）。《組織行為──管理心理學理論與實務》。揚智文化，186～187。

Rue, L. W. & Brarys, L. L. 著，吳忠中譯（1998）。《管理學（第七版）──科技與應用》。滄海書局，218。

Stevenson, W. J., *Operations Management 7/e*，張倫譯（2002）。《作業管理》。美商麥格羅‧希爾國際（股）公司，192，200～201，236-237，245-257，345～346，348，354-355，371，486～487，590～619，648～652，719～720，742～758，836～868。

Stevenson, W. J.著，傅和彥譯（1995）。《生產管理》。前程企業管理公司，351～391。

小泉俊一著，干大德譯（1999）。《企劃書實用手冊》。維德文化，66～67。

工研院經資中心（2001年12月）。ITIS計畫。

中田信哉著，陳玲玲譯（2002）。《物流入門》。大地出版社，29～31。78～106。

中鳴靖著，文汩澤（1998）。《Lexus凌志汽車漫長之路》。絲路出版社，140～145。79
　　～80。

今井正明著，許文冶譯（1999）。《現場改善——日本競爭力成功之鑰》。美商麥格羅·
　　希爾國際（股）公司，40，56～62，128～132，222～241。

日比宗平（1984）。《經營計畫實踐手冊》。新技術開發中心，80～84。

日本日立精機公司（1985）。NC車床自動化的動向與將來展望。工廠自動化與彈性製造
　　系統應用研討會講義，中國生產力中心，1～20。

日本自動化技術雜誌編輯（1982）。《無人化工場的挑戰》，26～32。

水戶誠一著，林青芬譯（1992）。《採購管理的知識》。建宏出版社，36～37。

王士峰、劉明德（2002）。《生產作業管理》。普林斯頓國際有限公司，128。

王文洋（1992）。《企業投資方向規劃與選擇之研究——南亞塑膠公司銅箔基板投資個
　　案分析》，再版。華泰文化，69～83。

王忠宗（1996）。《採購Q&A》。商周文化，204～217。

世界經理文摘雜誌社編輯部（2003）。小華盛頓旅館合宜的創辦人歐康諾——作一場五
　　星級的演出。EMBA，52～61，204。

古火田友三（1998）。《五大現原主義》。現場管理研究小組譯先鋒企業管理發展中心，
　　176～181。

台灣連鎖暨加盟協會（2003）。Michelin評分制，小田急百貨客服利器。《經濟日報》，
　　2003.11.30。

田中良治（1991）。整廠整線自動化設計規劃與實例。經濟部工業局自動化與企業經營
　　國際研討會，58～62。

田中掃六著，吳宜芬譯（1992）。《服務業品質管理》。大展出版社。

石渡惇一著，李常傳譯（1998）。《作業現場的工程分析》。書泉出版社，14～21。

石滋宜（1993）。橫掃全球的趨勢——顧客滿意。《世界經理文摘》，85，23。

吉岡達夫（1993）。（在日本所推動的動向與事例之自動化——CIM）。經濟部工業局。
　　《自動化與企業經營國際研討會專輯（一）》，179～209。

朱高寧（1995）。物料管理實務。行政院勞工委員會職業訓練南投縣工業工程訓練班講
　　義。大葉大學研究推廣處。

江口一海（1991）。21世紀FA及CIM策略。21世紀企業革新策略規劃研討會。豐群基金
　　會，42～53。

江泮聰（1980）。我國工業科技發展及移轉之研究。台大商研碩士論文。

池惠婷（2002）。我國物流產業現況與展望。《機械工業雜誌》，232，166～174。

行政院科技顧問室（1983）。《技術移轉作業規範》，再版，92～93。

吳怡銘（2003）。推動知識管理──強健企業體質。《經濟日報》，2003.12.27。

吳松齡（2002）。《國際標準品質管理之觀念與實務》。滄海書局，7～8，187。

吳松齡（2003）。《休閒產業經營管理》。揚智文化，233～236。

吳琮璠、李書行（1997）。《物流成本分析與管理》。經濟部商業司，2～3，54～55。

呂鴻德等（1989）。《研究發展管理手冊》。經濟部科技顧問室，1-10～1-14，1-23～1-30，2-1～2-4，2-6～2-11，4-2～4-18，4-27～4-28，5-7～5-8，5-23-～5-33。

李友錚（2003）。《作業管理──創造競爭優勢》。前程企業管理公司，19，23～24，90～125，231～232，，389～390，404，518～530。

李吉仁、陳振祥（1999）。《企業概論──本質、系統、應用》。華泰文化，214～216，438～441。

李宜萍（2003a）。e化後，要M起來嗎？。《管理雜誌》，108，354。

李宜萍（2003b）。M化能補管理上那些缺失？。《管理雜誌》，354，116～119。

李建華、陳琇（1996）。《財務管理與診斷》，再版。超越企管顧問股份公司，145～146，158～161。

李嘉柱、李佳穎（1999）。半導體後段廠之現場生產流程與作業管制條件分析方法探討。《機械工業雜誌》，201，109～115。

李穆生（1997）。《環保法規及案例》。中國技術服務社環境管理輔導單位輔導人員研習高雄訓練班。

並木高矣（2000）。《生產管理──實施之步驟與方法》。清華管理科學圖書中心，308。

並木高矣、島田清一（昭和六十三年）。《事務管理》。丸善株式會社，4。

並木高矣著，鍾明鴻譯（2000）。《生產管理──實施之步驟與方法》，五版。清華管理科學圖書中心，106～107，140，148～152，185～210。

官如玉（2003）。沃爾瑪降低成本，採射頻識別條碼。《經濟日報》，2003.8.6。

林東清（2003）。《資訊管理──e化企業的核心競爭能力》。智勝文化，67～70，75～79，80～87，276，326～331，367，487～488，490～491，513～518，534～559，568～570。

林俊雄（1983）。有效建立設備管理之方法。《機械月刊》，100，6～57。

林建煌（2000）。《行銷管理》。智勝文化，104～109。

林清河（1995）。《物料管理》。華泰文化，5～11，106～107，110～114，240～241，377～392，410～411，498～502。

林清河（2000）。《工業工程與管理》。俊傑書局，108～110，228～229，242～246，363～364，429～463。

林榮盛（1987）。《潤滑學》。全華科技圖書公司，309～310，452～455。

林豐隆（1983a）。FMS的現況。《機械月刊》，92，9～18。

林豐隆（1983b）。自動倉庫簡介（上）。《機械月刊》，92，49～63。

林豐隆（1983c）。自動倉庫簡介（下）。《機械月刊》，93，144～150。

林豐隆（1983d）。彈性製造系統之刀具應用概念。《機械月刊》，95，18～28。

林豐隆（1983e）。彈性製造系統的設備管理。《機械月刊》，100，64～66。

林豐隆（1983f）。彈性製造系統的無人運輸車。《機械月刊》，97，119～133。

林豐隆（1983g）。彈性製造系統應用於汽車製造工業（1）。《機械月刊》，91，123～128。

林豐隆（1984）。談談機械系統的測感器。《機械月刊》，104，45～57。

林豐隆（1988）。談談——汽車平準化生產模式，《機械月刊》，155，76～88。

林豐隆（1990）。談分類編號——踏入資訊管理重要的腳步。《機械月刊》，174，96～106。

林豐隆（1992）。從研究發展轉入生產前評估作業模式之研究——潤生科技公司油茶籽粕個案分析。大葉大學事業經營研究所碩士論文，149～154。

林豐隆（1997）。《企業管理實務——從事務管理著手》。高立圖書，145。

林豐隆（1999）。《汽車修護廠經營管理實務》。復漢出版社，2～49。

林豐隆（2003a）。《企業管理實務——從事務管理著手》，二版。高立圖書，152～163，453～454，577～603。

林豐隆（2003b）。安平工業區／永康工業區服務中心建置 ISO 14001環境管理系統報告。

林豐隆（2003c）。中小企業計畫性變革成功關鍵作業之選擇——以包裝材料公司建構技術研發體制為例。2003年台灣經驗創業與創新管理個案研討會論文集傳統產業組。大葉大學事業經營研究所，53～71。

林豐隆、吳榮振（2002）。標準化制度的落實——以某大陸台商之精密五金廠為例。大葉大學企業管理系畢業專題。

林豐隆、楊炳森（1991）。《305排氣歧管作業分析》。羽田機械股份有限公司工業工程處。

林豐隆、潘振雄、郭國基（2000）。台灣物流中心績效衡量之研究。2000年台北國際加盟研討會論文集，469～489。

邱建樺（2003）。學習習日本7-11績效倍升。《經濟日報》，2003.12.22。

苑世雄（1988）。公司級零組件標準化理念及規劃。《機械技術雜誌》，38。

唐富藏（1988）。《企業政策與策略》。大行出版社，476～477。

徐氏基金會（1989）。《最新產品管理精義》，271，315～316，329～330。

徐世輝（1999a）。《全面品質管制》。華泰文化，226～231。

徐世輝（1999b）。《品質管理》，5～9，23，26，91～95，196，458，549～565。

徐丕洲（1973）。《現代工廠管理改善實務——以創造利潤、降低成本爲中心》。現代企業經營管理公司，4-1，4-13，4-45～4-54。

高原眞著，事務管理研究小組譯（1989）。《事務管理——提高事務效率的有效作法》。先鋒企業管理發展中心，18。

高耀智（1984）。電液伺服控制系統簡介。《機械月刊》，90期第10卷第5期，80～83。

張右軍（1986）。《企業管理》。復文書局，39～144，181～182，354。

張志育（1998）。《管理學》。前程企業管理公司，14～15。

張保隆等（2000）。《生產管理》。華泰文化，174～176，382，482～483，506。

張保隆等（2003）。《生產管理》，二版。華泰文化，224～227。

張玲利（2003）。六個標準差——企業經營法寶。《經濟日報》，2003.7.5。

張祖華（1998）。《生產實務》。儒林圖書，頁11～17。

張健邦（1994）。《統計學》。三民書局。

張傳杰（1997）。《物流中心系統化布置與規劃》。經濟部商業司，2～3，6。

許士軍（1983）。《現代行銷管理》。商略印書館，頁142，178。

許敦牟等（1997）。《物流中心系統化的布置與規劃》。經濟部商業司，82～246。

許總欣（1982）。《生產管制技術與制度實務》，哈佛企業管理顧問公司，196～212，260～271，279～286。

郭鎭榮（1994）。少林寺武功祕笈即將電腦化。《全錄人》，117，30～32。

陳文哲（2002）。《現場管理與改善》，三版。中興管理顧問公司，3～16。

陳文哲、葉宏謨（1992）。《工作研究》。中興管理顧問公司，169～224。

陳文哲、劉樹童（1994）。《工廠布置與物料搬運》，五版。中興管理顧問公司，10～11，58，142～143，193～205，326。

陳文哲等（1991）。《生產管理》。中興管理顧問公司，6～8，15，111～113，251～254，440～457，459。

陳弘等（2001a）。《企業管理（下）》。鼎茂圖書，71-1～71-8。

陳弘等（2001b）。《企業管理——管理實務與個案分析》。鼎茂圖書。

陳定國（2003）。《現代企業概論》。三民書局，47，67，181，187～196，208～209。

陳明志（1999）。四行程機車引擎測試發展概述。《機械工業雜誌》，200，132～134。

陳森輝（1998）。目標導向研發部門之績效評估。經濟部工業局工業技術人才培訓計畫——設計單位人力資源鞏固與發展實務研習班講義。大葉大學，4-2～4-24。

陳慧娟（1997）。《物流中心作業系統》。經濟部商業司，頁277～290。

陳燕妮（2003）。英業達參與D計畫，成效卓著。《經濟日報》，2003.11.10。

陳耀茂（1996）。《可靠性分析與管理》。五南圖書，12～19，28～33。

傅和彥（1995）。《物料管理》。前程企業管理公司，18～21，367～369，419～420。

曾耀煌（1996）。品管圈。行政院勞工委員會職業訓練南投縣品質管理訓練班講義。大葉大學研究推廣處。

黃明沂（1986）。《價值工程與價值分析》。經濟部工業局中心衛星工廠制度推動中心，1～11，29。

黃明沂（1988a）。工作衡量──時間分析與標準時間的設定講義。經濟部工業局中心衛星工廠制度推動小組。

黃明沂（1988b）。提高生產力IE改善技術──績效管理講義。經濟部工業局中心衛星工廠制度推動小組。

黃明祥（1992）。《資訊管理系統》。松崗電腦圖書，535～545。

黃俊英（1991）。《多變量分析》。中國經濟企業研究所，51～80。

黃錦銘（2003）。非營利機構也適用。《經濟日報》，2003.4.19。

楊金福（1981）。《材料系統──計畫、分析與管制》。華能出版事業有限公司，82。

楊旻洲（1997）。研發單位的創建過程與實例說明。大葉大學事業經營研究所專題研討會。

楊旻洲（1998）。試作與測試問題之偵錯。經濟部工業局工業技術人才培訓計畫──設計管理實務基礎班講義，6-2～6-7。

楊啓元（1998）。設計人員特質與管理模式。經濟部工業局工業技術人才培訓計畫──設計管理實務基礎班講義。大葉大學，頁3-2～3-6。

楊望遠（1990）。合理化永無止境。《管理雜誌》，192，32～35。

楊博統（2003）。全員參與生產保全。《經濟日報》，2003.9.20。

楊舜仁、胡光輝、戴基峰（1999）。《企業網路Any time-Intranet實例研究》。跨世紀電子商務出版社。

楊錦洲（1998）。我怎能不懂你的心？。《管理雜誌》，292，39～41。

楊錦洲（2002）。《服務業品質管理》。中華民國品質管理學會，2～3，47～68。

楊錦洲（2003）。六個希格瑪風潮下，TQM過時了嗎？。《管理雜誌》，350，32～36。

楊錦洲（2004）。平衡計分卡風潮能延續多久？。《管理雜誌》，357，64～66。

經濟部工業局（1994）。《重點產業自動化責任輔導計畫成果彙編（一）》，74～83。

經濟部工業局中心衛星工廠制度推動小組（1987）。團結圈活動師資人員訓練教材，再版，57～70。

經濟部中小企業處（1992）。《電腦輔助設計在汽車零組件設計變更上的應用》。大葉大學，15～38，90～94。

雷邵辰（1992）。《電腦整合製造（CIM）── CAD/CAM應用》，松岡電腦圖書，48～50，70～78，307～309，330～335，374～392，540～573，985～1000。

福特台灣產品開發設計簡訊，1998年11月5日發行，2。

管理雜誌編輯室（2002）。數位化企業動起來。《管理雜誌》，342，131。

遠藤建兒著設計管理研究小組譯（1996）。《設計管理要點──人人都會做的設計管理》，四版。先鋒企業管理發展中心，5-7～5-8，101～104。

劉大銘（1998a）。品保理念與品質管理。大葉大學國際標準品質保證制度訓練班講義，1～10，459～491。

劉大銘（1998b）。國際標準品質保證制度班講義。大葉大學研究推廣處，15。

劉水深（1984）。《生產管理──系統方法》，四版。華泰文化，215～218，246～247，403，473～490，493～518，527～541，589～590。

劉水深、賴士葆、吳思華（1986）。我國現行研究發展制度對企業研究發展活動影響之研究。行政院科技顧問組，35。

劉武（2003）。全面品質經營，追求卓越發展。《經濟日報》，2003.2.29。

潘俊明（2003）。《生產與作業管理》。三民書局，66～376，383～387，407～420，461～462。

潘振雄、林豐隆、郭國基（2000）。台灣物流中心績效衡量之研究，2000年台北國際加盟研討會論文集。

蔡文豐（1996）。現場工作技術改善實務班──品質實務講義。行政院勞工委員會職業訓練局。

蔡文豐（2000）。全面品質管理。行政院勞工委員會職業訓練局大葉大學廠務管理班講義，3-1～3-12。

鄭俊年（2001）。精敏製造系統的彈性運用方式。《機械工業雜誌》，225，147～155。

鄭春生（1999）。《品質管理》，修訂版。育成圖書公司，頁1-5～1-7，3-3，12-2～12-3。

鄭紹成（1998）。服務失誤類型之探索研究──零售服務業顧客觀點。《管理評論》，17（2），25～43。財團法人光華管理策進基金會。

鄭達才（2000）。《設備維護管理──現在與未來》。中國生產力中心，257。

盧東宏（2001）。SME-PDM產品設計服務管理平台。《機械工業雜誌》，225，88～95。

蕭淑藝（2003）。導入平衡計分卡──維力績效三級跳。《經濟日報》，2003.4.19。

賴士葆（1992）。研究發展／行銷互動與新產品發展績效相關之研究。科技管理論文

集。大葉文教基金會，99。

賴士葆（1995）。《生產作業管理——理論與實務》，二版。華泰文化，11～17，20，31
　　～46，67～116，125，155～156，158～161，184～189，226～227，230～232，
　　267，305～309，327，367～370，382～393，403～411，442～450，507，524，
　　538～539，545～581，655～704，714～744，747～756，809～813。

賴山水（1995）。《連鎖加盟經營》。啓現發行股份有限公司，142～145。

賴明玲、陳妙禎（1997）。《物流中心資訊系統概論》。經濟部商業司，83。

駱家麟（1983）。設備管理簡介。《機械月刊》，100，8～9。

鮑爾一（1981）。《會計學》。自印，888～890。

龜山芳雄著，張大經譯（1994）。《服務業經營要訣》。創意力文化公司，14～21，99～
　　113。

戴久永（1992）。《全面品質經營》。中華民國品質管制學會。

戴久永（1995）。關於TQM。《品質管制月刊》，7～8。

謝清佳、吳琮璠（2003）。《資訊管理——理論與實務》。智勝文化，14～15，72～73，
　　98～500，647～652，679，741～746，750。

瀧澤正雄著，徐漢章譯（1999）。《企業危機管理——組織邁向安全經營法則》。高寶國
　　際集團有限公司，352～356。

嚴永晃（1987）。《技術管理與策略——理論與實務》。環球經濟社。

蘇雄義（2000）。《物流與運籌管理——觀念、機能、整合》。華泰文化，32～37，151
　　～152，211～240，306～312。

顧志遠（1998）。《服務業系統設計與作業管理》。華泰文化，13，26～27，46～418，
　　421～422，437～439，464～502，510～512，596～627，620～621。

嶋津司，簡錦川譯（1996）。《採購管理——企業經營的成功關鍵》。書泉出版社，225
　　～227。

二、英文

Abita, J. L. (1985). Technology developmet to production. *IEEE Transactions on Engineering Management,* vol. EN-32 NO:3, 129-131.

Allen, B. & Hamilton (1982). *New product development for the 1980's*. New York: Booz. Allen & Hamilton, 140-155.

Applequte, L. & Gogam, J. (1995). *Electronic commerce: opportunities and trendsboston.* Harvance Buniness School publishing.

ARC Consulting(2000, Oct.). "Knowledge management for building the intelligent enterprise," e Business Executive Report(14).

ARC Consulting(2001, Apr.). "Collaborative commerce," e Business Executive Report(20).

ARC Consulting(2001, Sep.). "Enterprise information portal," e Business Executive Report (25).

Benjamin, R. I., Rockart, J. F., Scott Morton, M. S., & Wyman J. (1984, Spring). "Information Technology: A strategic opportunity." *Sloan Management Review* (24:3), 3-10.

Bitner, M. J. (1992, April). Servicescapes: The impact of physical surroundings on customers and employees. *The Journal of Marketing*, 57-71.

Bounds, G. L., Yorks, M. A. & Ranny, G. (1994). *Beyond Total Quality Mangement*. NY: Mlgraw-Hill.

Branson, J. (1996, May). Transfer technological knowledge by international corporation to developing countries. *Amerian Economics Review*, 259-267.

Browne, J. J. & Tibrewala, R. K. (1975). *Manpower Scheduling Industrial Engineering,* 7(8), 22-23.

Buffa, E. S. (1963). *Models for production and operations management.* John Wiley & Son Inc.

Burr, J. T. (1993). A new name for a not-so-new concept. *Quality Progrees,* 87-88.

Chase, R. B., Aquilano, N., Jacobs, F. R. (1998). *Production and Operations Management Manufacturing and Services.* 8th edition. Irwin McGraw Hill Co., Inc, 400-401.

Chopra, S. & Meindl, P. (2000). *Supply chain management strategy, planning and operation.* Prentice Hall Inc.

Chuck, M. (2000). *Net Future.* Mcgraw-Hill.

Collier, D. A. (1983). *Service Management: The Automation of Services.* New York: Prentice-Hall.

Cooper, M. C., Lambert, P. M. & Pagh, J. D. (1998). Supply chain management: Implementation issues and research opportunities. *The International Journal of Logistics Management* (9: 2), 1-19.

Cooper, R. G. (1988). Predevelopment activities determine new product success. *Industrial Marketing Management.* Elsevier Science publishing Co., 237-247.

Daft, R. L. (1988). *Management 4/e.* The Dryden press, 8.

Davis, M. M. & Berger, P. D. (1989). Sales forecasting in a retail service environment. *The Journal of Business Forecasting,* 8-17.

Dessler, G. (2001). *Management-leading people and organizations in the 21st Century.* second edition. Prentice Hall international Inc., 190.

Djeflat, A. (1988). The management of technology transfer: Views and experience of developing countries. *International Journal of Technology Management, 3*(1), 159-165.

Downes Ly. & Mvi Cy. (1998). 〝Unleashing the Killer App: Digital Strategies for Market Dominance.〞Harvard Business School Press.

Flipo, J. (1998). On the intangibility services. *The Service Industries Journal, 8* (3), 286-298.

Flores, F. & Bell, C. (1984, Fall). 〝A new understanding of managemenial work improves system design.〞*Computer Technology Review,* 179-183.

Ghosh(1998, March-April). 〝Making Buniness Sense of the internet.〞*Harvard Business Review.*

Gitlow, H. S. & Gitlow, S. T. (1994). *Total Quality Management.* Prentice Hall, 33.

Glueck, W. F. (1976). *Business policy: strategy formation and management action 2/e.* N. Y. : Mcgraw-Hall.

Hackman, J. R. & Oldham, G. R. (1975). Development of the job diagnostic surver. *Journal of Applied Psychology,* 159-170.

Hage, E. C. (1990). Quality of Conformance to Design. in Ernst & Young Quality Consulting Group, Total Quality: A Executive's Guide for the 1990s.

Hanna, M. D. & Newman, W. R. (2001). *Integrated operations Management-adding Value for customer.* Prentice-Hall Inc, 9, 11.

Hass. R.W. (1989). *Industrial Marketing Management: Ttexts and Cases 4thed.*

Hayes & Wheelwright(1979). Link manufacturing process and product life cycle. *Harvard Business Review,* 133-140.

Heizer, J. & Render, B. (1996). *Production and operation management-Strategic and lactical decision 4/e.* Prentice Hall, Inc, 485.

Heizer, J. & Render, B. (1999). *Principles of operations management.* Prentice Hall Inc., 482-489.

Heizer, J. & Render, B. (2001). *Operations Management.* 6th edition. Prentice Hail International Inc, 336-355.

Holt, D. J. (1993). 1993汽車風雲人物──Ignacio Lopez. Automtive Engineering Internation(SEA). Homewood, Ill., Business one IRWIN, 144.

ISO 9001: 2000 Quality Management System-Requirements.

Jarret, D. (1982). 〝The Electronic office: A Mangement Quide to the office of future.〞Great Britain: Gower publishing Co.

John A. Pearce II, Richand B. Robinson, Jr. Richand D. (1982). *Strategic Management.* IRWIN Inc., 8.

Jonse, B. & Learmonth, G. P. (1984, Dec.). "The information system as A competitive weapon," CACM (27: 12) .

Kimes, S. E. & Fitzsirmos, J. A. (1990). "Selecting profitable hotel sites at La Quinta Motor Inns." *Interfaces,* 20(March-April 1990), 12-20.

Kimes, S. E. (1989). "Yield—Management: A tool for capacity—Constrained serivefirms." *Journal of Operations Management, 8*(4).

Langeard, E., Bateson, J. E. G., Lovelock C. H. & Eigler, P. (1981). Marketing of services "New in sights from consumers and Manager." Massachusetts, Marketing Science Institute, report No 81-104.

Lin, F. R. & Shaw, J. (1998). Reengineering the order fulfillment process in supply chain networks. *The Information Journal of Flexible Manufacturing System*(10), 197-229.

Lovelock, C. (1992). "Strategies for managing capacity—Constrained services." *Managing Service: Marketing Operation Management and Human Resources,* 2nd ed., Englewood Cliffs, NJ: Prentice Hall.

Mcnulin, B. & Spraque, R. Jr. (1998). "Information system management in practice." 4th ed. Prentice-Hall.

Melcher, A., Acar, W., Dumont, P. & Khouja, M. (1990). Standard maintaining and continuous improvement system-experiences and comparison. *Interface, 20*(3), 27.

Melnyk, S. A. & Denzler, D. R. (1996). *Operations Management—A Value—Driven Approach.* Richard D. Irwin, a time mirror Higher Education Group Inc. Co., 705.

Mizuno, S. & Akao, Y. (1994). QFD: The customer-drven approach to quality planning and development. Asian productivity organization. Tokyo Japan.

Moore, K., Barback, R. & Heeler, D. (1995). "Using neural networks to analyze qualitative date." *Marketing Research,* 7, 34.

Organization for Economic Cooperation and Development (1974). "The measurment of scientific and technical activities: prosed standard practice for surveys of research and experimental development paris." *OECD*, 15-25.

Osada, T. (1991). *The 5Ss:Five keys to a total quality envirommrnt.* APO, Tokyo Japan.

Parasuraman, A., Berry, L. L. & Zeithmal, V. A. (1991, Spring). Understanding customer expectation of service. *Sloan Management Review, 32 ,* 39-49.

Parasuraman, A., Zeithaml, V. A. & Berry, L. L. (1985). A conceptual model of service quality and its implications for future research. *Journal of Marketing,* 44-60.

Quinn, R. D., Causey, G. C., Merat, F. C., Sargent, D. M., Barerch, N. A., Newman, W. S., Velasco, V. B. Jry A. Podgurski, Jo, J.Y., Sterling, L. S., Kim, Y. H. (1996). "Design of an Agile Manufacturing Work-cell for Light Mechanical Applications," Proc. of IEEE international conference or Robotics and Automation, 858-863.

Rabbitt, J .T & Bergh, P. A. (1986). *The ISO 9000 Book,* 2nd ed. AMMACOM, 72, 323-324.

Ramaswamy, R. (1996). *Design and Management of Service Process.* New York: Addison-wesley.

Rogers, E. M. (1983).Key concepts and models including technology change for ecomomics. *Growth and Development.*

Schroedes, R. G. (1985). *Operations management—Decision making in the operation function.* 2nd edition. New York: McGraw-Hall, 101.

Shafer, S. M., & Meredith, J. R. (1998). *Operations Management—A Process Approach with Spread Sheets.* John Wiley & Sons Inc., 683-691.

Shaw, J. C. (1990). *The service focus: Developing winning game plans for service companits.* New York, IRWIN.

Starr, M. K. (1996). *Operations management: A system approach.* Boyd & Franser Publishing Co., 550-557.

Takenchi, H. & Nonaka, I. (1986). The new product development Game. *Harvard Business Review,* 137-146.

Tepas, D. I. (1993). *Flextime, compressed workweeks and other alternative work schedules.* Chichester, John Wiley & Sorns.

Zeithmal, P. & Berry (1985). A conceptual model of service quality and its implication for future research. *Journal of Marketing*(AMS), 44.

Zmud, R. W. (1998). "An empirical investigation of dimensionality of the concept of information." *Decision Science,* 187-190.

Zwass, V. (1996). "Electronic commerce: Structures and issues." *International Journal of Electronic Commercem*(1:1), 3-23.

三、網站

BMP，http://www.bmpcoe.org/know how/BESTPRAC/analyzedes 6.html, 1998。

經濟部工業局國家品質獎網站，http://nqa.csd.org.tw，2004。

經濟部技術處網站，http://doit.moea.gov.tw/，2003.1.12。

經濟部商業司網站，http://www.moea.gov.tw/~meco/doc/ndoc/default.htm。

彰化縣環境保護局，http://www.chepb.gov.tw/service.htm，2004.2.3。

note

note

note

note

生產與服務作業管理

作　　者／林豐隆

出 版 者／揚智文化事業股份有限公司

發 行 人／葉忠賢

登 記 證／局版北市業字第 1117 號

地　　址／台北縣深坑鄉北深路三段 260 號 8 樓

電　　話／(02)2664-7780

傳　　真／(02)2664-7633

E-mail ／service@ycrc.com.tw

郵撥帳號／19735365

戶　　名／葉忠賢

印　　刷／鼎易印刷事業股份有限公司

ISBN ／957-818-660-6

初版二刷／2006 年 10 月

定　　價／新台幣 750 元

國家圖書館出版品預行編目資料

生產與服務作業管理 / 林豐隆著. -- 初版.
-- 臺北市：揚智文化，2004[民 93]
面；　公分. --（工業管理叢書；3）
參考書目：面
ISBN　957-818-660-6（精裝）

1.生產管理

494.5　　　　　　　　　　　　93014091